王东 著

Introduction to Machine Learning

机器学习导论

清华大学出版社
北京

内容简介

本书分类介绍机器学习领域的主要模型和算法，重点阐述不同方法背后的基本假设以及它们之间的相关性，帮助读者建立机器学习的基础理论功底，为从事该领域的相关工作打下基础。具体内容包括机器学习研究的总体思路、发展历史与关键问题，线性模型，神经网络及深度学习，核方法，图模型，无监督学习，非参数模型，演化学习，强化学习，数值优化方法等。

本书可作为高等学校相关课程的教材，也可作为研究生及对机器学习感兴趣的科技、工程技术人员的参考用书。

图书在版编目(CIP)数据

机器学习导论 / 王东著. --北京：清华大学出版社，2021.2（2024.3重印）
ISBN 978-7-302-54605-4

Ⅰ.①机… Ⅱ.①王… Ⅲ.①机器学习 Ⅳ.①TP181

中国版本图书馆 CIP 数据核字(2020)第 002539 号

责任编辑：刘翰鹏
封面设计：常雪影
责任校对：刘　静
责任印制：丛怀宇

出版发行：清华大学出版社
网　　址：https://www.tup.com.cn，https://www.wqxuetang.com
地　　址：北京清华大学学研大厦 A 座　　**邮　　编**：100084
社 总 机：010-83470000　　**邮　　购**：010-62786544
投稿与读者服务：010-62776969，c-service@tup.tsinghua.edu.cn
质量反馈：010-62772015，zhiliang@tup.tsinghua.edu.cn
课件下载：https://www.tup.com.cn，010 83470410
印 装 者：三河市龙大印装有限公司
经　　销：全国新华书店
开　　本：170mm×240mm　　**印　　张**：30.5　　**字　　数**：593
版　　次：2021 年 2 月第 1 版　　**印　　次**：2024 年 3 月第 4 次印刷
定　　价：128.00 元

产品编号：082780-01

推荐序

机器学习是人工智能最基础的分支之一，其终极目标是让机器从环境（数据）中自主学习知识，改进与完善系统技能，达到智能体的终极目标。通过设计一个可学习的基本结构，利用数据对这一结构进行确认和优化，机器学习可实现对经验的积累，并与人类固有知识融合，形成推理与决策能力。因此，无论从人工智能学科的理论研究范畴，还是人工智能应用的技术研究范畴，机器学习的研究都被寄予厚望，被认为是实现人工智能必经之路上的利器。

经过半个多世纪的发展与积累，机器学习技术取得了巨大进步。特别是近二十年来，人类进入互联网信息时代，数据资源不断丰富，计算机的计算能力日益强大，为从数据中学习提供了必备的条件，引发了深度学习的爆发性兴起、推广、完善。统计机器学习已经成为诸多应用研究领域的基础工具，在语音处理、图像处理、自然语言处理等领域取得了累累硕果。

然而，机器学习是一门数学底蕴极其深厚的学科，掌握真谛需要长期深入的学习，并非是一件轻松的事情。特别是从应用角度（如语音、图像识别、自然语言处理任务）切入该领域的研究生与技术人员，一方面急需利用机器学习的各种方法解决各自面临的具体应用问题；另一方面又苦于没有精力深入到机器学习相关基础高等数学海洋中，从理论的角度融会贯通。因此，需要相关教材，让初学者从基本概念和模型入手，快速形成对机器学习的整体理解，同时与面对的具体任务相结合，以达到按需取舍，事半功倍的效果。

阅读了王东博士《机器学习导论》初稿后，我发现这本书可以满足上述从实战出发的需求。第一，该书比较全面，从基本概念，如线性回归、线性分类、线性概率入手，介绍了各种机器学习的基本类型，包括监督学习、非监督学习、强化学习。现代机器学习部分，不仅仅是最受关注的深度神经网络学习，包括其基本原理和深度扩展后的各种特性。同时，还介绍了近十年取得令人关注进展的其他机器学习分支，包括核方法、图模型、非参数贝叶斯方法等。着重于现代方法，但是也没有忘记详尽地介绍包括聚类、遗传算法等经典方法，刻画了机器学习学科发展历史上的各个里程碑式的重要成果，基本覆盖了机器学习技术各个时期的主要方向。第二，本书内容比较浅显，对大多数方法的介绍做到点到为止。这样有利于刚入门的学生摆脱具体算法的纠缠，而快速通读下去，避免信息破碎。第三，本书对各种方法的关联性做了重点阐述，有利于形成知识脉络。最后，作者对每种技术都给出了大量参考文献，便于读者根据个体需求深入学习。上述这些特点对从事应用研究的初学者非常重要，基于这些信息，便于形成对机器学习技术总体思路的把握，从而可以在需要的时候能理清头绪，从众多机器学习方法中找到合适的工具。

本书的上述特点与作者的科研经历是相关的。王东博士 1997 年开始就进入我们课题组，开始语音信号处理方面的研究，其后二十多年一直在该领域耕耘。众所周知，语音处理是机器学习技术影响最深远的领域之一。因此，王东博士关注各种机器学习方法的基础假设和适用范围，以便在合适的时候选择合适的工具；关注各种方法之间的关联性，以便在一种方法有效或失效时可以对相关方法进行联想。王东博士在潜心理论研究的同时，致力于理论与实践相结合的技术研究，硕士毕业时就以一人之力开发完成了一个完整的语音识别系统的全部代码，得到同期最好的效果。他本人对于理论算法的学习与应用有着真真切切的体会，在清华大学任教多年，对年轻学生们对优秀教材的热切企求有着深刻了解，因此下决心，倾全力撰写了本书。多年积累的心得与经验都深深地融入了本书。

因此，这本书展示的是一个机器学习技术应用者的视角，而非一个机器学习研究者的视角。可以相信该书区别于当前大多数机器学习教材，对从事语音、图像、自然语言处理等应用研究领域的初学者具有较大的参考价值。

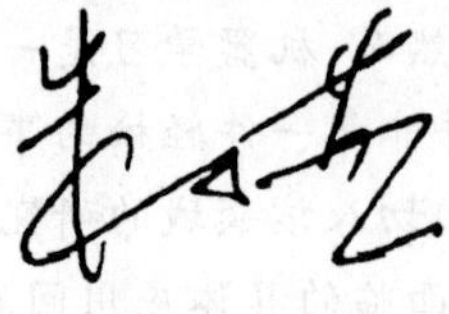

清华大学教授

前 言

2012年,我回到清华大学语音语言技术中心(CSLT)任教,继续关于语音和语言信息处理领域的研究。在这些研究中,机器学习是基础工具,掌握机器学习方法和学会敲代码一样,属于基本功。因此,不论是在授课还是在研究中,我们一向重视向学生传授机器学习的基础知识。

当前关于机器学习方面的资料非常丰富:Andrew Ng在Coursera上的机器学习教程、Christoper Bishop的《模式识别与机器学习》和周志华的《机器学习》都是非常好的基础教材;Goodfellow等人编写的《深度学习》是学习深度学习技术的首选资料;麻省理工学院、斯坦福大学等名校的公开课也非常有价值;一些主要会议的Tutorial、Keynote也都可以在网上搜索到。然而,在教学过程中,我深感这些资料的专业性很强,且入门不易。一方面可能是因为语言障碍,另一方面可能是因为机器学习覆盖面广,研究方向众多,各种新方法层出不穷,初学者往往在各种复杂的名词和算法面前产生了畏难情绪,导致半途而废。

2016年7月到8月,我在CSLT组织了一次关于机器学习的内部暑期研讨班,主要目的不是细致讨论各种具体算法,而是将各种看似高深的方法有机地组织起来,告诉学生每种方法的基本思路、基本用法及与其他技术的关联,帮助他们走入机器学习的宏伟殿堂。除了我讲以外,还有冯洋、王彩霞、王卯宁三位教师,分别讲述图模型、核方法和遗传算法。研讨班取得了意想不到的效果,很多学生不仅掌握了基础知识和基本方法,对这些方法与具体应用研究的结合也有了更深刻的理解,为在本领域的深入研究打下了基础。

本书的主体内容是基于该研讨班形成的总结性资料,从2016年8月开始整理,历经数次大规模修正,直到2019年1月定稿。全书共分11章,内容如下。

第1章:介绍机器学习研究的总体思路、发展历史与关键问题;

第2章:介绍线性模型,包括线性预测模型、线性分类模型和线性高斯概率模型;

第3章:介绍神经网络的基础知识、基础结构和训练方法;

第4章:介绍深度神经网络的基础方法和最新进展;

第 5 章：介绍核方法，特别是支持向量机模型；

第 6 章：介绍图模型的基本概念和基于图模型的学习与推理方法；

第 7 章：介绍非监督学习方法，特别是各种聚类方法和流形学习；

第 8 章：介绍非参数模型，重点关注高斯过程和狄利克雷过程；

第 9 章：介绍遗传算法、遗传编程、群体学习等演化学习方法；

第 10 章：介绍强化学习，包括基础算法及近年来兴起的深度强化学习方法；

第 11 章：介绍各种数值优化方法。

基于作者的研究背景，这本书很难说是机器学习领域的专业著作，而是一本学习笔记，是从一个机器学习技术使用者角度对机器学习知识的一次总结，并加入编著者在本领域研究中的一些经验和体会。与其说是一本专业著作，不如说是一本科普读物，用简洁的语言和深入浅出的描述为初学者打开机器学习这扇充满魔力的大门。打开大门以后，我们会发现这是一个多么让人激动人心的领域，每天都有新的知识、新的思路、新的方法产生，每天都有令人振奋的成果。我们希望这本书可以让更多学生、工程师和相关领域的研究者对机器学习产生兴趣，在这片异彩纷呈的海域上找到属于自己的那颗贝壳。

本书的出版凝聚了很多人的心血。冯洋、王卯宁、王彩霞、邢超、李蓝天、汤志远、张记袁、李傲冬、刘艾婷、白子薇、罗航、石颖、林婧伊、汪洋、张安迪、陈怿翔等老师和同学对本书资料进行了整理，并形成了初始版本。张森同学对全书进行了校对。蔡云麒博士对全部引用和图片做了整理。张雪薇、林婧伊、蔡佳音、景鑫、傅豪、何丹、于嘉威、齐诏娣、吴嘉瑶、张阳、姜修齐、刘逸博、张镭铜等同学参与了文字整理工作。

感谢朱小燕老师为本书做序并提出了很多中肯建议。感谢苏红亮、戴海生、利节、黄伟明等老师对部分章节的审读和建设性意见。感谢语音语言中心的郑方、周强及其他老师，中心宽松的治学环境是本书得以完成的前提。

感谢我的家人，他们为我承担了学术以外的所有生活压力，没有他们的支持，就没有本书的出版。

由于编著者在知识和经验上的局限性，书中难免会出现各种错误和疏漏，敬请各位读者批评、指正。

著者

2020 年 6 月 18 日

于清华大学

本书符号说明

a	标准斜体小写字母代表(1)标量;(2)单个随机变量的取值
A	标准大写斜体字母代表(1)集合;(2)单个随机变量
$\boldsymbol{a}$	黑体小写斜体字母代表向量或序列
$\mathbf{A}$	黑体大写斜体字母代表矩阵
$\mathscr{A}$	花体大写斜体字母代表空间
x_i	集合 $X=\{x_1,\cdots\}$中第 i 个元素,向量 $\boldsymbol{x}$ 中的第 i 个元素
$\boldsymbol{x}_i$	集合 $X=\{\boldsymbol{x}_1,\cdots\}$中第 i 个元素,或矩阵 $\boldsymbol{X}$ 中的第 i 列
x_{ij}	矩阵 $\boldsymbol{X}$ 的第(i,j)个元素
$\boldsymbol{x}(i)$、$X(i)$、$\boldsymbol{X}(:,i)$	元素提取符号(·)提取向量、集合、矩阵中的元素
$f(\boldsymbol{x})$	函数一般用 f、g、h 等小写字母表示
$\boldsymbol{f}(\boldsymbol{x})$	当确知函数返回值为一个向量,且该返回值出现在公式中参与向量计算时,通常用黑体斜体表示
$\boldsymbol{x}^t$	上标表示:(1)迭代过程的迭代序号;(2)聚类中的分类号;(3)采样算法中的采样序号等

本书使用说明

- 本书的目的在于提供理解机器学习各种方法所需的基本思路、基本用法及与其他技术的关系，并非细致讨论各种具体算法和编程实现，然而我们对每种技术都提供了相关参考文献，读者可按图索骥，深入学习技术细节。
- 本书作为大学本科"机器学习"课程的教材使用时，应重点关注基础方法，特别是线性模型、神经模型、核方法及图模型等具有代表性的经典方法，同时关注深度学习这一前沿方法的基本思路和最新进展。
- 研究生和对机器学习感兴趣的科技、工程技术人员阅读本书时，可在了解全书主体知识的前提下，对个人感兴趣的章节做深入学习。
- 本书采用的是相关文献中常用的符号并统一了用法，这些用法与参考文献中的用法可能会有所差异，读者在阅读时应注意符号在不同文献中的具体定义。
- 机器学习是一门快速发展的学科，不论在理论还是技术上的更新都很快。就在本书成书之际，新的优秀成果正在源源不断地涌现出来，原来看起来很正确的观念可能变得不再那么正确，一些新的思想在慢慢成型。为反映技术的最新进展，本书编著者将持续对本书内容进行勘误、修订和增补，将最新进展呈现在读者面前。扫描下方二维码可获得当前修订内容。

目　录

第 1 章　机器学习概述

机器学习的目的是让机器通过经验积累来学习知识和掌握技能。通过学习，机器可以获得类似人类的能力，如感知、记忆、推理、决策等。近年来，机器学习技术飞速发展，取得了一系列令人瞩目的研究成果。这些成就的取得一方面得益于移动互联网的发展所提供的大量廉价数据；另一方面得益于计算资源的极大丰富。这两者结合使得以前难以实现的算法和模型得以推广，并快速应用到社会生产生活实践中。

本章将向读者简述机器学习的历史与发展现状，探讨机器学习技术飞速发展的动力、方向以及对人类社会的影响。另外，本章将给出机器学习技术的基本概念、基本研究方法及一些基础模型，并讨论面对一个机器学习任务的基本思路。

1.1　什么是机器学习

1959 年，Arthur Samule[575] 在 *IBM Journal of Research and Development* 上发表了一篇名为 *Some Studies in Machine Learning Using the Game of Checkers* 的文章。该文提出一种会学习的西洋棋计算机程序，人们只需告诉该程序游戏规则和一些常用知识，经过 8～10 小时的学习后，该程序即可学到足以战胜

程序作者的棋艺。这款西洋棋游戏是世界上第一个会自主学习的计算机程序，宣告了机器学习的诞生。半个多世纪后，机器学习飞速发展，给人类带来前所未有的深刻变革，这一切成就与 Arthur Samule 当初“让机器自主学习”的启蒙性思想密不可分。[437]

什么是机器学习？Samule 在上述奠基性论文中提出，机器学习(Machine Learning)的目的是“让计算机拥有自主学习的能力，而无须对其进行事无巨细的编程”。另一位机器学习领域的大师 Tom M. Mitchell 则用更形式化的语言来定义机器学习。他认为，“计算机程序如果通过某种方法，利用经验 E，提高在任务 T 上的性能(以 P 为评价标准)，则可认为该程序从经验 E 中进行了学习”。[458] Nils J. Nilsson 则认为机器学习是“机器在结构、程序、数据等方面发生了基于外部信息的某种改变，而这种改变可以提高该机器在未来工作中的预期性能”。[485] 上述这些定义本质上是一致的，即认为机器学习是通过接收外界信息(包括观察样例、外来监督、交互反馈等)获得一系列知识、规则、方法和技能的过程。这一过程对人类和其他生物而言称为“生物学习”，对计算机而言称为“机器学习”。之所以特别强调**学习**这一特性，是因为这是机器学习技术能在今天取得巨大成就的根本原因。传统意义上的计算机算法是以人类逻辑为基础的，人们需要对所用到的数据结构作明确的定义，对所有可能遇到的流程和分支作细致的设定，这种“固化逻辑”有明显的局限性。一方面，很多需要完成的任务的内部细节并不完全可知(如大气运动、人类感知等)，对这些任务的过程进行清楚的定义非常困难；另一方面，即使已经知道了系统和过程的细节，也很难穷尽各种复杂的可能性。特别是当外部环境发生改变时，基于旧有经验定义的过程很难被修正。机器学习的一个巨大优势在于，设计者不必定义具体的流程细节，只需告诉机器一些通用知识，定义一些足够灵活的通用结构(如图模型定义的概率关系、神经网络定义的拓扑结构)，机器即可通过观察和体验积累实际经验，对所定义的结构及其参数进行调整、改进，从而获得面向特定任务的处理能力。这种通过学习取得知识的方法与传统方法相比具有明显优势：第一，机器可以通过学习得到适合它自身的细节，减轻了人为设计的压力；第二，当环境发生变化时，机器可以通过学习对现有知识进行自动更新；第三，如果外部信息足够丰富，机器可以获得比人为设计更丰富的细节，获得超过设计者想象的能力。毫不夸张地说，只有当计算机拥有了学习能力以后，它才开始由机器变成人类的助手和伙伴。

1.2 机器学习的基本框架

研究者对机器学习有各种各样的表述，这些表述的侧重点不同，相应研究内容和思路也略有差异。本书将着重从**知识**和**经验**两个概念来理解机器学习。所谓知识，可以理解为人类已经获得的可形式化的某种理性表达。这些表达可以是确定的，也可以是概率的；可以是全局的，也可以是局部的。在很多情况下，这些知识也被称为**先验知识**。所谓经验，是指机器在运行环境中得到的反馈。这些反馈并不具有条理性，有些是事实，有些是假象，有些是系统的，有些是随机的。不论如何，这些经验里都包含大量有用信息，只是掩盖在复杂的表象之下，很难被直接利用。

"知识"和"经验"是构造机器学习系统时常用的两个基本信息源，基于这两个信息源中的任何一个都可以构造有效的智能系统：基于知识可构造一个基于推理的智能系统，基于经验可以构造一个基于归纳的智能系统。但是，基于单一信息源的系统存在明显缺陷，一种很自然的想法是将两者结合起来，用先验知识设计一个合理的结构，再用实际经验对这一结构的细节进行修正和优化。这类似一个新生儿，从诞生的那一刻起父母已经通过遗传基因为他构造了一个合理的神经结构。这一结构可以认为是一个基于知识的"设计"，可以做些呼吸、哭闹等基础动作，但更高级的能力，如语言、推理等，则需要通过学习一点一点地建立。和单纯依赖知识的系统相比，这种学习系统具有开放性，可根据新的经验对旧有知识进行更新；和单纯依赖经验的系统相比，这种学习系统具有更好的抽象能力，经验不再是记忆的简单罗列，而是基于已存在的知识架构重新抽象出的新知识。这一学习框架实现了知识和经验的融合：新的经验不断出现，并逐渐被抽象成新的知识，这样既保证了知识框架的稳定性，也保证了知识内容的新颖性。我们认为这种先验知识和实际经验相结合的信息处理方式是现代机器学习的基本特征之一。

图 1-1 给出基于知识—经验的机器学习基础框架。该框架将机器学习表达为一个将**人类知识**(Human Knowledge)和**实践经验**(Empirical Evidence)结合在一起的计算模式，该模式依赖知识设计合理的学习结构，利用实际经验对学习结构进行调整，实现既定学习目标最优化。下面从**学习目标**、**学习结构**、**训练数据**、**学习方法**四个方面展开讨论。

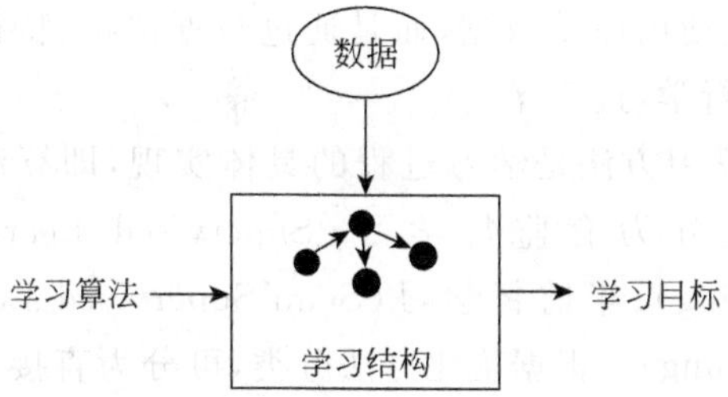

图 1-1　基于知识—经验的机器学习基础框架

注：利用先验知识设计一个合理的学习结构，学习算法从数据中归纳出新的经验，并利用这些经验对学习结构进行调节、优化和更新，这些修正使得系统得以更好地完成目标任务。

(1) **学习目标**。机器学习任务可从不同角度进行分类,不同学习任务的目标不同。从应用角度看,学习任务可分为感知任务(Perception)、归纳任务(Induction)、生成任务(Generation)等。从技术角度看,学习任务可分为预测任务(Prediction)和描述任务(Description),其中预测任务包括回归(Regression)和分类(Classification)等,描述任务包括聚类(Clustering)和概率估计(Density Estimation)等。对每个学习任务,通常会定义一个目标函数,将模糊的"任务最优化"量化为精确的"目标函数最大化"(或"损失函数最小化")。不同任务的目标函数差别很大,如在回归任务中一般采用均方误差(Mean Squared Error,MSE),在分类任务中一般采用交叉熵(Cross Entropy,CE)。其他常用的目标函数包括Fisher 准则、稀疏性、信息量等。另外,一些任务相关的目标函数也经常被相应领域的研究者使用,如语音识别中的最小音素错误准则(Minimum Phone Error,MPE)。

(2) **学习结构**。学习结构定义学习任务如何进行,一般称为模型。一些可能的学习结构包括函数、神经网络、概率图、规则集(Rule Set)、有限状态自动机(Finite State Machine,FSM)。

定义学习结构,本身即是对先验知识进行形式化的过程,如贝叶斯网络里的相关性和条件概率,神经网络里的节点大小和激发函数等,都是基于先验知识所做的设计。定义了学习目标和学习结构,一个机器学习系统的主体就成形了。

(3) **训练数据**。数据是经验的累积,利用数据对系统进行学习可以更新先验知识、提高系统的可用性。数据的质量、数量和对实际场景的覆盖程度都会直接影响学习的结果,因此数据积累是机器学习研究的基础,"数据是最宝贵的财富"已经成为机器学习从业者的共识。数据的形式多种多样。从取值类型看,包括二值、多值、连续数据等;从复杂度看,包括单值、向量、图、自然物等。在收集和整理数据时,我们通常会关注数据是否完整,是否有动态性,不同数据间的相关性如何。另外,我们一般不会直接使用原始数据,而是通过数据选择、特征提取、预处理等,抽取最有价值的数据进行学习。

(4) **学习方法**。学习方法是学习过程的具体实现,即算法。一般将算法根据是否需要人为标注分为有监督学习(Supervised Learning)、无监督学习(Unsupervised Learning)、半监督学习(Semi-Supervised Learning)和增强学习(Reinforcement Learning)。根据优化方法分类,可分为直接求解(如 PCA 模型中求解数据协方差矩阵的特征向量)、数值优化(如神经网络中的梯度下降算法)和遗传进化(如群体学习中的蚁群算法)等。特别注意的是学习方法的选择是由学习结构、学习目标及数据特性等几方面因素共同决定的,目前还不存在一种普适的学习方法可在任何模型、目标和数据上通用,也不存在一种学习方法在所有任务中全面胜出。

总之，我们认为机器学习是一种将人类先验知识和实际经验相结合，以提高计算机处理某种特定任务能力的计算框架。这一框架包括学习目标、学习结构、训练数据和训练方法四个组成部分。基于这一框架，我们依赖先验知识设计合理的学习结构，设计相应的学习算法，从经验数据中得到知识并对现有学习结构进行更新，使得既定的学习目标最优化。

1.3　机器学习发展简史

机器学习的历史充满了曲折。我们回顾这段历史，以期从中得到一些启发，对机器学习这门学科的发展有一个清醒的认识，并获得继续前行的经验和教训。表 1-1 列出了机器学习发展历史上的一些标志性事件。

表 1-1　机器学习发展简史

时间	事　　件
1763 年	Thomas Bayes 提出贝叶斯定理[41]
1805 年	Adrien-Marie Legendre 提出最小二乘法[390]
1912 年	Ronald Fisher 提出最大似然准则[515]
1913 年	Andrey Markov 定义马尔可夫链[431]
1950 年	Alan Turing 提出图灵学习机[680]
1951 年	Marvin Minsky 和 Dean Edmonds 构造第一个可学习的神经网络模型 SNARC[454]
1954 年	Barricelli 等人提出遗传算法[34]
1957 年	Frank Rosenblatt 在康奈尔发明感知器[565]
1958 年	David Cox 提出 Logistic 回归[130]
1959 年	Arthur Samuel 发表自动学习的下棋程序[575]
1962 年	Hunt 提出概念学习，为决策树模型打下基础[293]
1966 年	Baum 等人提出隐马尔可夫模型[38]
1969 年	Marvin Minsky 和 Seymour Papert 发表《感知器》，讨论感知器模型的局限性。人工神经网络的研究陷入低谷[455]
1977 年	Dempster 等人提出 EM 算法[148]
1979 年	Quinlan 提出 ID3 决策树[540]
1980 年	Kunihiko Fukushima 发表 Neocognitron，成为卷积神经网络的前趋[197]
1980 年	Kindermann 提出马尔可夫随机场[341]
1982 年	John Hopfield 提出 Hopfield 网络，成为递归神经网络的前趋[287]
1984 年	Leslie Valiant 提出 PAC 学习理论[685]
1985 年	Pearl 提出贝叶斯网络[511]

续表

时间	事　件
1986 年	David Rumelhart、Geoffrey Hinton 和 Ronald J. Williams 提出 BP 算法[569]
1986 年	Michael Jordan 提出循环神经网络[313]
1988 年	Judea Pearl,S.L. Lauritzen 和 D.J. Spiegelhalter 提出图模型[512]
1989 年	Christopher Watkins 提出 Q-learning,增强学习开始受到重视[715]
1990 年	Yann LeCun 等提出多层卷积神经网络[382]
1995 年	Corinna Cortes 和 Vladimir Vapnik 提出支持向量机(Support Vector Machine, SVM)[127]
1995 年	Vladimir Vapnik 提出统计学习理论[688]
1997 年	Sepp Hochreiter 和 Jürgen Schmidhuber 提出长短时记忆网络(Long-Short Term Memory,LSTM)[283]
2001 年	John Lafferty 等提出条件随机场模型[369]
2006 年	Geoffrey Hinton 给出第一个训练深度神经网络的有效方法[280]
2011 年	IBM Watson 系统在 Jeopardy! 中战胜人类[430]
2014 年	Alex Graves 提出神经图灵机[239]
2014 年	Facebook 发布 DeepFace,人脸识别率超过人类水平[645]
2016 年	Google DeepMind 团队利用深度学习在围棋中战胜人类顶级棋手[609]
2016 年	微软公司宣布基于深度学习的语音识别系统超过人类[735]

机器学习是**人工智能**(Artifcial Intelligence,AI)的一个分支,并受到**统计学**(statistics)的深刻影响。人工智能是研究怎样使机器拥有人类智能的学科。一个理想的智能机器能够通过感知外界环境,采取合理动作,使得完成目标任务的可能性最大化。[570]机器学习很早就被认为是实现人工智能的方法之一,并被纳入到其研究范围。同时,机器学习注重从观察样本中学习规律,因此本身就具有概率统计的基因,从统计学研究中借鉴了大量理论和工具。经过几十年的发展,机器学习已经成长为一门具有鲜明特色的新兴学科,对人工智能的发展产生了深远影响,并直接推动了人工智能的第三次高潮。

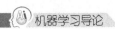

1956 年的达特茅斯会议通常被认为是人工智能的起始元年。[132,438,296]三年后,Arthur Samule 设计出第一个可学习的西洋棋程序,机器学习技术开始萌芽。当时人工智能的主要研究内容是符号演算系统的推理方法,而机器学习的主要任务则是通过经验样本对该演算系统进行优化。同一时期,起源于认知学(Cognitive Science)研究的**人工神经网络**(Artificial Neural Network,ANN)开始在机器学习领域受到重视。人工神经网络结构简单而同质,必须通过学习才能获得完成某种

任务的能力，这给机器学习提供了更大的自由空间。和神经网络同时萌芽的另一个研究方向是**概率学习和推理方法**(Probabilistic Learning and Inference)，这一方法源于统计学和概率论(特别是贝叶斯理论)，后来发展成现代统计学习方法和图模型理论。早期机器学习研究的第三种方法是**遗传算法**(Genetic Algorithms)，模拟生物界的自然选择理论对计算系统进行学习。由此可见，当代机器学习的几种主要技术早在 20 世纪 60 年代就已经出现萌芽。然而，归因于符号演算方法在人工智能中的统治地位，当时的机器学习研究也多集中在符号方法，其余方法的影响极为有限。到了 80 年代，人工智能全面进入专家系统时代，统计学习和神经网络受到冷落。*Machine Learning* 杂志在最初的征稿说明中明确提出"欢迎在符号表达和知识学习(如产生式规则、决策树等)方面的研究，不欢迎神经网络及其他非符号方法的论文"，[374] 由此可见，当时机器学习研究所面临的困境。尽管如此，机器学习的研究者们依旧坚持自己的信仰，直到 20 世纪 90 年代，逐渐发展出一个独立的研究领域，研究内容不再是模拟人类智能的空泛口号，而是对现实问题的解决；研究方法更侧重统计模型；评价指标也从追求整体智能转变为对某一具体任务的定量评价。方法论上的改变使得机器学习的研究者更严格、更专注，而统计模型的引入也给学习本身提供了更自由的空间。

进入 21 世纪以后，互联网的发展积累了大量数据，计算机的性能比以前有了大幅提高，这为以统计学习为特征的机器学习方法提供了广阔的发展空间。今天，机器学习在信号处理、自然语言理解、图像处理、生物与医学等各方面取得了前所未有的成功，远远超出了传统人工智能的研究范畴。今天当我们谈论人工智能的时候，大多谈论的是机器学习。关于机器学习和人工智能的发展历史，有兴趣的读者可参考最近出版的一些科普著作。[1,158]

1.4　机器学习的流派

前面我们提到，机器学习早期起源于人工智能。事实上在演化和发展过程中，机器学习与众多学科发生交叉融合，既从其他学科吸收营养，也启发其他学科发展出新的思路和方法，最终形成一个包容共生的新兴领域。从总体上看，当前机器学习的研究主要受四门基础学科的启发：传统人工智能、概率与统计理论、生理学与神经学、仿生学与进化论。这些学科的研究对象和研究方法各有不同，启发了机器学习从不同方向思考学习问题，形成了四个不同流派，即**符号学派**、**贝叶斯学派**、**连接学派**和**进化仿生学派**。①

① 不同学者对机器学习的流派有不同的意见。如在《大演算》一书中，作者认为基于相似度的学习方法(特别是支持向量机等核方法)应自成一派，称为类比推理学派。[158]

1.4.1 符号学派

符号学派的研究者认为所有智能行为都可以被简化成在一个逻辑系统中的符号操作过程。这有点像数学中的定理证明:设定一个要证明的目标,在系统中寻找假设、定理,基于推理规则组合成一个推理过程,即可得到对目标的证明。事实上符号学派最大的成就之一即是在自动定理证明中的应用。

符号学派依赖严格的知识结构和推理规则。在受限领域中,这一方法表现出明显优势,如定理证明、专家系统等。然而,在通用领域,符号方法的局限性十分明显。首先,符号方法需要人们手动对知识进行整理加工,成本很高,容易出错。当知识越来越复杂时,知识的顺序、适用层次和范围也越来越难以判断,人工整理变得越来越不现实。其次,不同领域、不同任务的知识差别很大,通过一个任务积累的知识很难在其他任务中被复用。特别严重的是,符号方法很难通过学习进行自我完善。这是因为当知识增多时,知识之间发生矛盾的可能性会显著增加,很难得到一个合法的逻辑系统。因此,传统符号学派里的学习多是有限学习,仅对既有知识做排序或组合上的调整,较少引入全新的带有高风险的知识。

当然,新符号学派的研究者们(如知识图谱的研究者)对传统符号方法做了大量拓展和改进,引入了概率模型、神经模型等计算工具,极大地提高了符号系统的容错性和可学习性。符号系统的学习不仅是当前机器学习研究的重点,也是由感知智能走向认知智能的基础。

1.4.2 贝叶斯学派

传统符号方法的一个基本缺陷是对不确定性的描述能力不足。"不确定性"植根于我们对世界认知的局限性。事实上,在几乎所有现实场景中,现有数学和物理学定理都不可能穷尽一切因素,那些无法确切知晓的因素总会产生观察数据的不确定性。例如飞机的飞行轨迹、键盘的每一次敲击、人的每一次呼吸,这些看似非常确定的事情,由于有大气流动、击键错误、呼吸深浅等细节上的差异,每次发生时都会有所不同,更不用提股市价格、未来天气、地震海啸这种极为不确定的事件。

引入概率工具来描述事件的不确定性是贝叶斯学派的基本理念。在贝叶斯学派的学者们看来,所有事件都是不确定的,因此要用随机变量来描述;同时,不同事件之间的关系是不确定的,也应该用概率形式来描述。在贝叶斯学派看来,只需将表达事件的两个随机变量之间的条件概率关系确定,所有事件将组成一个相互连接的网络,则任何两个事件之间的关系即可通过这一网络推理得到。后面我们会看到,对于一个包含众多随机变量的网络,我们甚至可以将其表达为一个有向图(贝叶斯网络或信任网络)或无向图(马尔可夫场),利用图论方法使推理过程简单化、形象化,因而可处理非常复杂的事件集合及其相互关系。

和传统符号方法相比，贝叶斯方法引入的概念是革命性的：它引入了随机变量，对事件的随机性有了基本描述手段；它用条件概率来描述事件之间的关系，对规则上的不确定性具有天然描述能力；它将复杂事件之间的关系统一到概率框架中，将推理过程归结为**后验概率**（Posterior Distribution）计算，简洁而自洽；它将人工智能里的推理请求转化成概率理论里的计算请求，事实上为人工智能找到了一个严谨统一的计算体系进行演绎、推理与学习。

有了贝叶斯方法，我们再也不用编写繁杂而难以协调的规则了，我们要做的只是定义好表达事件的随机变量和事件之间的条件概率。特别需要指出的是，我们只需定义这些概率的函数形式，将具体参数的取值留给机器完成，让它们从经验中自己学习。这为机器学习提供了广阔的空间：我们可以为这些参数设定一个合理的初始值，如果有新的经验（数据），就可以通过学习使模型更适合当前环境。更重要的一点是，对这些参数的学习基于严格的概率理论，具有坚实的理论基础，避免了符号方法里规则排序等方法的次优问题。

贝叶斯方法具有一定局限性，特别是在推理过程中计算会比较复杂，虽然有抽样（Sampling）和变分（Variational）等近似计算方法，但在大规模问题上计算量依然很大。另一个可能出现的问题是，为了推理上的简单，先验概率和条件概率一般会采用比较基础的函数形式，如高斯分布、多类分布等。这些简单的概率结构显然会降低模型对实际问题的描述能力。最后，在复杂问题上，两个变量之间是否存在关系、存在何种关系，通常只有领域专家才能确定，这给应用带来某种局限性。总之，贝叶斯方法在很大程度上依然是一个以知识为驱动的方法，只不过需要指定的知识比符号方法要抽象很多（仅为变量和变量间的条件概率），因此也需要更多数据对系统进行优化，这意味着学习方法在贝叶斯学派里更重要、更灵活。直到今天，贝叶斯方法依然是机器学习领域最重要的研究内容之一，很多实际系统也基于这一方法。图 1-2 给出了贝叶斯方法中的概率图模型的一个例子。

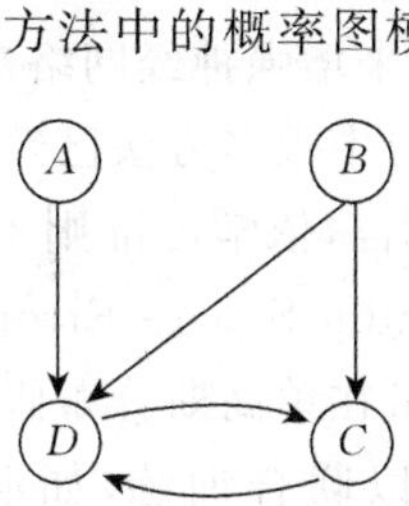

图 1-2　贝叶斯学派的概率图模型

注：随机变量 $A \sim D$ 定义了四个事件，每个事件间的有向连接代表事件间的关系。对这些关系定义某种形式的条件概率，通过训练数据对这些概率函数的参数进行优化，从而实现模型学习。推理时，给定某些观察变量，可通过计算后验概率实现对其他变量的估计。

1.4.3 连接学派

连接学派也称为神经网络学派，其基本思想是基于大量同质节点的连接网络来模拟智能行为。这一方法可能源于对人类大脑神经结构的模拟：人脑的神经结构是由众多同质的神经细胞通过强弱不同的连接组成的网络，其功能主要取决于连接模式而非神经元本身。连接学派基于这一思路，设计人工神经网络来模拟人脑功能。人工神经网络的结构多种多样，一般常用的结构是层次结构，有时会加入空间结构限制或时序递归连接。神经网络的连接权重一般采用随机初始化，并基于训练数据进行优化。对预测任务，训练准则是使网络预测值与实际观值之间的误差最小，训练方法一般采用反向传播算法(Back Propagation)。对记忆任务，训练准则为使网络生成训练数据的概率最大。一般来说，神经网络的结构越复杂，学习越困难。

一方面，连接学派和贝叶斯学派都依赖一个节点网络，不同的是在贝叶斯学派中，网络中的每个节点都有清晰的定义，而连接学派网络中的节点模仿神经元，是同质的，不代表具体事件；另一方面，贝叶斯学派中的节点都是随机变量，具有概率意义，而连接学派中的节点更像计算节点，较少具有概率意义。缺少概率意义使得神经网络对不确定性的抵抗能力较弱，容易产生过拟合现象(本章后面会有详述)；另外，不考虑概率使得神经网络的演绎和推理变得更简单，计算更容易(仅包括一些基础矩阵运算)。

如果我们把节点的同质性和随机性作为两个重要特征来考虑不同学派的区别，会发现一个很有趣的现象：当节点不随机亦不同质，则更接近符号方法；当节点随机且非同质，则得到典型的贝叶斯方法；当节点同质且非随机，则得到典型的神经网络方法；当节点既同质又随机，则得到兼具贝叶斯和神经网络的概率模型。事实上，有些网络，如玻尔兹曼机正是这种兼具概率属性和神经属性的网络模型。最近发展起来的随机神经网络，如变分自编码器(Variational Auto-Encoder，VAE)，通过在神经网络中引入随机节点来增强神经网络对复杂概率分布的表征能力。

值得注意的是，现代机器学习中很多方法已经被统一到概率模型中，神经网络也不例外。对大多数神经网络而言，依学习准则不同，输出具有不同的概率意义。例如，基于最小平方误差(Minimum Square Error，MSE)准则训练的线性输出网络，其输出节点可认为是目标变量在单高斯分布假设下的均值(见第 2 章)。同时，某些神经网络与贝叶斯网络可以联合训练，如混合密度网络(Mixture Density Network，MDN)，其训练目标是使得以神经网络输出为参数的贝叶斯网络生成训练数据的概率最大。这从另一个侧面反映了贝叶斯方法和神经网络方法在现代机器学习体系下互相融合、互相促进的共生状态。

从学习角度来看，连接学派是最注重学习的学派。符号学派定义好了一系列知识，即便不通过学习也能在特定领域里取得较好的结果；贝叶斯学派引入了事件之间的概率相关性及其函数形式，需要通过少量学习来确定概率函数的具体参数值;连接学派引入的知识仅是网络大小、神经元之间的连接性等较弱的假设,对于连接权重这一决定网络性能的参数没有先验知识,只能从数据中学习。因此,神经网络最需要学习也最有潜力学习,但也需要更多数据来支持这一学习需求。图 1-3 给出了一个典型的人工神经网络。

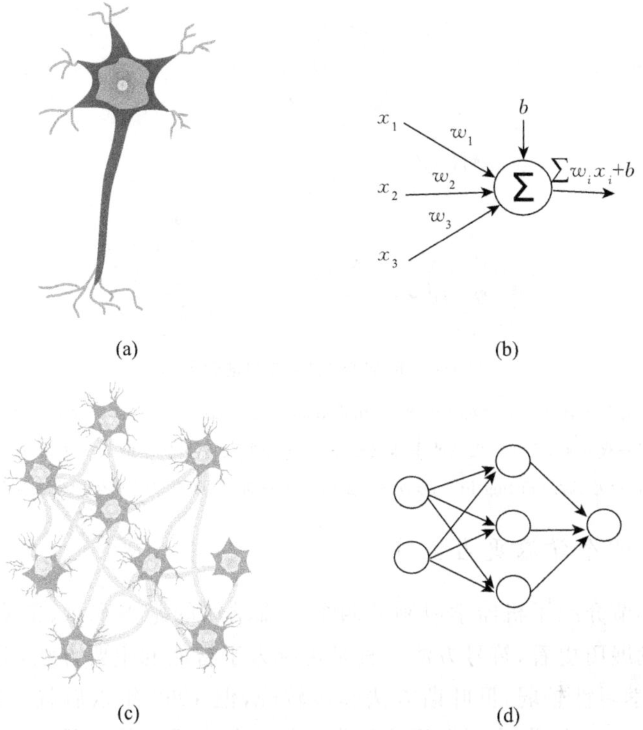

图 1-3　连接学派的人工神经网络

注:(a)一个单独的生物神经元;(b)对这一神经元的数学建模;(c)生物神经元可以互相连接;(d)对这一连接关系进行数学建模后形成的一个人工神经网络。

1.4.4　进化仿生学派

在进化论者看来,真正有价值的学习在于自然选择;与其辛苦地做后验概率计算或反向梯度传播,不如让计算机模拟出各种模型结构和参数,检测基于这些不同结构和参数得到的模型性能,留下优秀的,淘汰不好的。只要计算资源足够强大,计算时间足够长,这种 Trial-and-Error 方法总能找到足够优秀的模型,如图 1-4 所示。这是进化仿生学派的思想基础。因此,进化仿生学派并没有自己特别的学习结构,而是一种学习方法,这种方法可以应用到各种学习结构上。该方法的优点在于它可以优化很多传统学习方法无法优化的模型,如离散参数的神经网络,或后验概率计算极为复杂的贝叶斯网络。另外,这种 Trial-and-Error 方法的效率很低。为提高学习效率,进化仿生学派的研究者提出各种遗传算法(Genetic

Programming)，模拟大自然种群变异和繁衍过程，通过交叉和变异选择最有希望的结构进行尝试。遗传算法一般很难得到全局最优结果，但当局部最优点较多时，这一方法却最容易摆脱局部最优。近年来，随着普适计算设备的发展，群体学习(Social Learning)兴起[738]，进化仿生学派迎来新的发展机会。

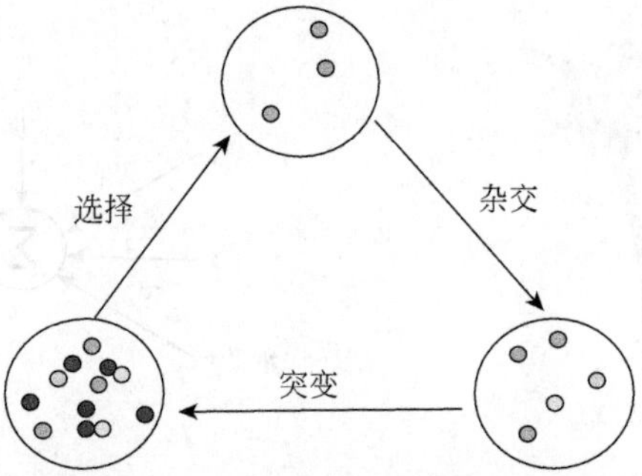

图1-4彩图

图 1-4　进化仿生学派的遗传算法

注：将模型结构或参数表达成种群中的个体(Individual)，从随机种群开始选择优化个体，这些选择出的个体进行杂交生成下一代种群，这些新生成的个体通过基因突变生成更多个体供下一次选择。上述过程循环若干次后，即可得到在适应函数(Fitting Function)意义上的优化种群，该种群中的个体即代表优化的模型。

1.4.5　哪个学派更占主流

前几个小节介绍了机器学习领域四个主流学派的基本观点、主要工具和各自优缺点。从发展历史看，符号方法一直是传统人工智能的主要方法，对领域知识依赖性较强，可学习性较弱；贝叶斯方法起步较晚，但 1990 年以后就一直稳步发展，取得了令人瞩目的成就，直到今天依然作为描述复杂系统的工具；进化仿生学派一直自由发展，但并未成为主要研究方向。连接学派的发展最为曲折，经历了最初 20 世纪 60 年代的兴奋，70 年代的低谷，80 年代的复苏，90 年代的重新冷却，到 2006 年后深度学习技术的大放异彩，在众多领域一枝独秀，成为当代机器学习领域最重要的一个研究方向。到底哪个学派、哪种方法才是机器学习的主流？

我们认为，一方面，技术发展肯定是往前进的，该成为历史的注定会成为历史。例如，考虑到对不确定性描述的困难，基于符号演算的方法在大多数复杂的、通用的问题上很难再成为主流，这一过程不可逆转。另一方面，技术发展又具有一定曲折性，任何思想和方法随着时代的进步会有不同的表现形式，传统方法经过改造、融合，一样可以焕发青春。一个典型的例子是知识图谱技术。从思路上，知识图谱和传统专家系统很相似，二者都属于符号学派的典型方法。然而，知识图谱的研究者并没有局限于逻辑演算，而是大量应用概率模型和神经模型工具，创新了方法论。同时，Web 2.0 带来的自由编辑革命产生了一批像 Wikipedia 这样人为标注的大规模免费知识源。这些思路、方法上的革新和数据资源上的变化，使得知识图谱技术取得了极大成功。

关于深度学习技术，自 2006 年萌芽以后，最近几年在众多应用领域都取得了令人瞩目的成果，特别是在那些数据庞大、关系复杂、实用性强的领域，神经网络超强的学习能力与丰富的数据资源相结合，取得了一系列令人振奋的成果。深度学习方法虽然只是传统神经网络方法的扩展，甚至连基础的优化方法也是几十年前提出的 BP 算法，但其成功远不是把旧有系统在新数据上跑一遍那么简单，其中包括了在模型结构、训练准则、计算效率等各方面的重新探索。今天的深度学习已经具有非常丰富的内容，包括和贝叶斯方法的融合、对多种数值优化方法的借鉴、各种复杂结构的创新，这些已经远不是 20 世纪 80 年代的多层感知器了。然而，深度神经网络也有明显的弱点，特别是过于灵活的结构和过度依赖数据的学习方法导致其可解释性不足，从而在应用上带来潜在风险。

还有一个问题：未来哪个学派会占据主流？现在看起来，以深度学习为代表的神经模型还会在一段时期内吸引众多研究者的目光，但未来人们也许会更加关注如何将贝叶斯方法和神经模型方法结合起来，从而实现先验知识和实际数据的更好结合。基于此，各个学派之间的界限也许会越来越模糊。

1.5 让人惊讶的学习

2006 年以来，以深度学习为代表的机器学习技术突飞猛进，发展速度不仅远远超出了公众的想象，让相关领域的研究者备感惊讶。我们举几个有趣的例子来看一看今天的机器学习技术是如何让人耳目一新的。

1.5.1 从猴子摘香蕉到星际大战

首先看一个人工智能里的经典问题(图 1-5)：在一个房间内有一只猴子、一个箱子和一束香蕉。香蕉挂在天花板下方，但猴子的高度不足以碰到它。那么这只猴子怎样才能摘到香蕉呢？传统符号方法会定义若干产生式规则，这些规则代表猴子能进行的所有操作，以及每个操作在特定状态下产生的结果(或状态变化)。通过逆向演绎算法，可以搜索得到完成“吃到香蕉”这一结果所需的状态变化序列及相应的产生式规则。

上述推理方法有明显缺点：当场景稍微复杂一些，原有系统就需要做相应的重新设计。如香蕉晃动一些、多挂几串、地板上有个坑、猴子左手使不上力、多了几只猴子……处理这些现实场景中的复杂现象不能依赖既定的规则，必须从经验中学习。基于这样的考虑，研究者们利用现代机器学习方法来解决这一问题：不是试图建立所有规则，而是让猴子不断尝试各种方法去获得香蕉，每向正确的方向前进一步都给猴子一定鼓励，这样猴子就可以摆脱人为设计的规则而在尝试中学会在各

图 1-5　人工智能经典问题——猴子摘香蕉

注：屋中有箱子，猴子的任务是利用箱子摘到屋顶上悬挂的香蕉。

种场合摘到香蕉的技能。

另一个典型的例子是 DeepMind 基于深度神经网络和强化学习教会机器打电子游戏[460]，这一任务和摘香蕉类似，游戏中每做出一个正确动作就给机器一定奖励。经过大量尝试以后，机器从对游戏一无所知到成了游戏高手，甚至超过了绝大多数人类玩家。图 1-6 是机器操作游戏杆玩外星入侵者游戏的视频截图。

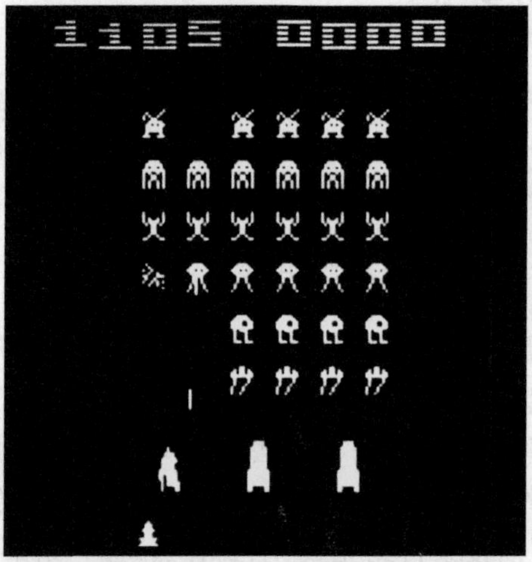

图 1-6　DeepMind 利用深度神经网络和强化学习教会机器操作“太空入侵者”游戏

注：该图片是机器操作“太空入侵者”游戏的画面。图片来自 DeepMind 视频。

1.5.2　集体学习的机器人

如果把前面那个摘香蕉的猴子看成是个机器人的话，它处理摘香蕉这个任务的过程是这样的：观察—计划—执行。这一过程显然和人类处理问题的方式有所不同：我们一般会在执行过程中依据当前的行为结果不断进行重新规划，直到任务完成。例如，将猴子摘香蕉变成让猴子穿针，而且针在风的吹动下不断变动，这样一个复杂的任务别说猴子，连人都无法在任务初期就形成一个完整的行动计划。因此，通常会先确定一个近期目标，如走近悬针的位置，再调整目标，将线接近针孔，最后将目标调整为将线送入针孔中。这一过程中，所有近期目标的达成都会面临很多不确定性（如风把针吹走），当不确定事件发生时，要及时调整策略，确保最终目标能够实现。

近年来，机器学习的研究者试图让机器可以像人一样进行类似的思考和动作，并取得了突破性进展。首先，人们用深度神经网络提取环境信息，包括视觉、听觉、触觉、红外、超声等，这些信息可由神经网络通过逐层学习获得[396,209,738]；其次，强化学习方法被广泛用在策略学习上，用自动学习得到的策略代替以往人工定义的策略，提高了应对复杂场景的能力[209,118,347,243]；最后，群体学习方法使得多台机器可以共享学习成果，一台机器学会了，其他机器马上得到同样的知识。[396,738]如果我们细致地想一想上述事实，就会感受到其中包含的变革是何等深刻。首先，基于深度神经网络，不必为机器设计各种复杂的感知系统，只需通过神经网络学习，即可从各种感知信号中得到信息；其次，不必为机器设计复杂的推理系统，只需给它提供足够的经验数据，即可学得在未知环境中如何操作。这意味着，只需给机器设定一个可学习的框架，哪怕开始它对如何完成任务一无所知，也可以慢慢学会。更强大的是，如果允许多个机器同时学习，学习速度即可大幅提高，实现单独一台机器无法完成的学习任务。

图 1-7 是谷歌公司发布的一个机器人群体学习系统，其中一群机器人正在努力学习从盘中抓取物体。每个机器人的手臂类似一个钳子，可以放下和收紧。这群机器人开始一无所知，包括对物体形状和自己手臂的样子，仅有的只是一个摄像

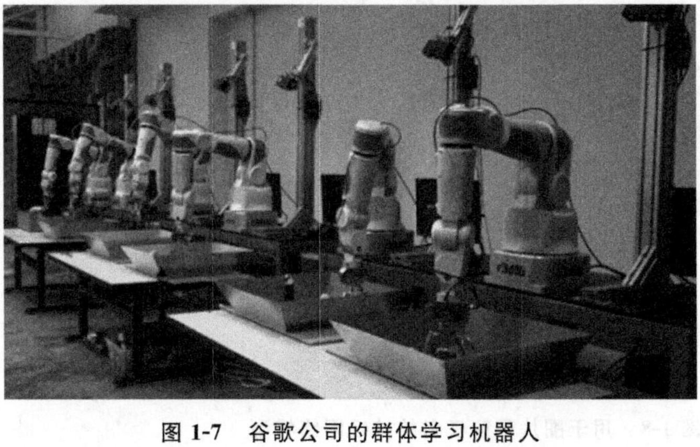

图 1-7　谷歌公司的群体学习机器人

注：若干机器人协同学习，从随机状态开始，经过多次尝试后可学习得到抓取物体的能力。图片来自文献[396]。

头和抓住物体后的奖励信号。谷歌公司的研究者们耗时两个月的时间用 14 台机器收集了 80 万次随机抓举尝试。这些随机尝试有 10%～30%的可能性抓住物体(不同物体被抓住的可能性不同)。用这些数据训练深度神经网络之后,机器人学会了如何在盘子中找到物体并将它抓起来,抓取成功率达 80%。特别让人震惊的是,即便是以前从没有见过的物体,机器人一样会照抓不误。

1.5.3 图片理解

机器学习另一个有趣的例子是理解一幅图片的内容,并用自然语言描述出来。按照传统图像处理和自然语言处理的思路,要理解一幅图片内容,首先需要抽取出图中的主要对象,进而考虑每个对象的属性、不同对象之间的位置关系、对象组合之后形成的整体效果。理解了这些属性、关系、效果后,需要用自然语言将它们表达出来。为此,机器必须理解每个单词的意义,并理解词与词的结合方式及其表义规则。可见,基于传统方法完成图片理解是非常困难的事情。

突破发生在 2015 年,Bengio 研究组提出一种基于神经网络的端到端学习技术。这种方法的基本原理如图 1-8 所示,其主要思路是以互联网上大量带标签或

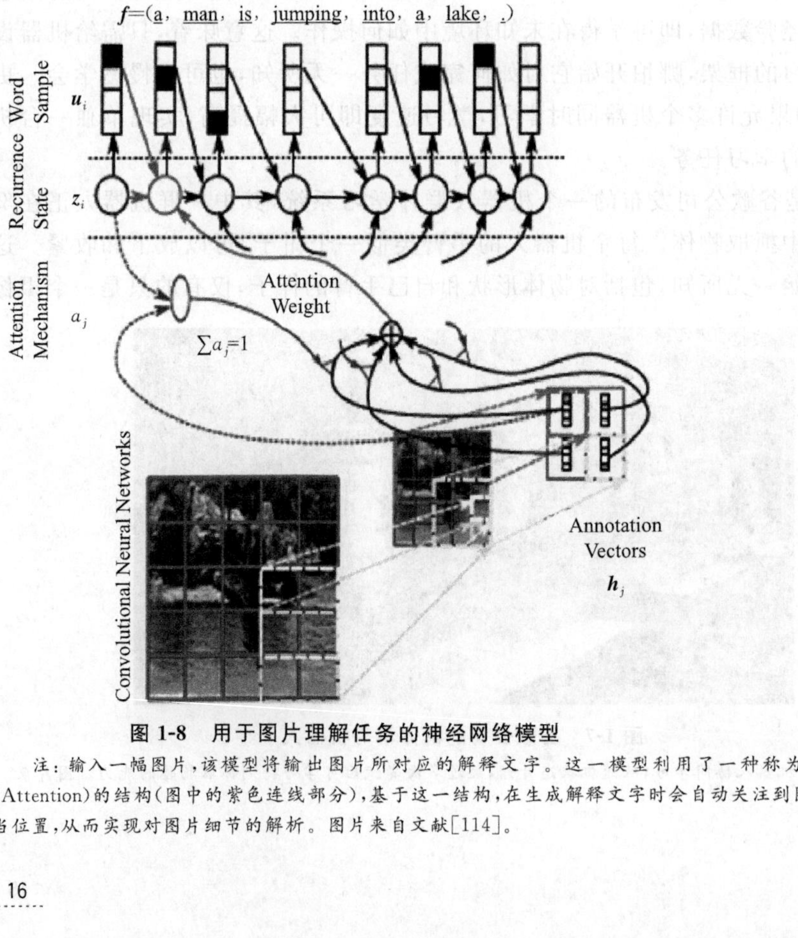

图1-8彩图

图 1-8　用于图片理解任务的神经网络模型

注:输入一幅图片,该模型将输出图片所对应的解释文字。这一模型利用了一种称为“注意力机制”(Attention)的结构(图中的紫色连线部分),基于这一结构,在生成解释文字时会自动关注到图片中的某一适当位置,从而实现对图片细节的解析。图片来自文献[114]。

评语的图片为资料，学习图片和文字的对应关系。虽然系统一开始对图片、文字及其对应关系一无所知，但经过学习后，就可以轻松理解图片中的某些部分应该用什么样的文字表达。特别有趣的是，这一方法可将图片中的多个物体与其描述文字中的多个词语进行对齐（称为 Attention 机制），进一步提高了对图片内容的理解能力。通过大量数据学习，这一模型可对图片中的每个物体和物体间的关系进行文字标注，表现出来的效果就如同“理解”了这幅图片。图 1-9 给出了两个例子，其中上面两幅图机器理解成“一个女人正在公园里扔飞盘”，下面两幅图机器理解成“一个小女孩抱着一个泰迪熊坐在床上”。其中每幅图左半部分是原图，右半部分解释了机器如何通过 Attention 机制关注到了图片中的细节区域。

A woman is throwing a <u>frisbee</u> in a park.

图1-9彩图

A little <u>girl</u> sitting on a bed with a teddy bear.

图 1-9　基于神经网络模型的图片理解的两个例子

注：图下方的文字是由机器自动生成的。对每个例子，左侧图是原图，右侧图是生成带下画线的目标词（frisbee 和 girl）时注意力机制所关注的图片内容。可以看到，注意力机制使得机器得以关注局部模式，从而实现对图片内容的更好理解。图片来自文献[114]。

在上述神经网络模型中，机器只是通过大量语言和文字的平行数据进行学习，即抽取到了文字之间、图片的局部模式之间以及文字和图片模式之间的对应关系。特别的，该方法将文字和图片“嵌入”到了一个共同的连续隐藏空间，在该空间中意义相近的文字、内容相似的图片、具有对应关系的图片—文字对会聚合在一起，不相近或无关的文字、图片及图片—文字对会互相远离。这种看似简单的向量化和通常概念中对语言和图片的“理解”似乎相距甚远，但却取得了极大成功。我们可能不得不重新思考所谓“理解”的本质，或者一种基于相似性的模糊化抽象即可描述“理解”的大部分内容，至少对于经验性任务是如此。在后面的例子中将继续探讨“理解”的意义。

1.5.4 金融市场量化分析

金融市场中的价格信号具有高度随机性，如何从这些杂乱的市场信号中预测出资产价格的未来走势对投资者来说十分重要。金融学者们对此进行了大量研究，基本分为两个主要方向，一是基于供求、政策、环境等因素进行预测，称为基本面分析；二是仅通过价格、交易量等市场信号进行预测，称为量化分析。[476,468,532] 量化分析的有效性一直存在较大争议，因为在有效市场假设下，所有市场信息被迅速吸收到价格信号中，这使得价格信号表现出很强的维纳过程性质，市场应该是不可预测的。然而，量化分析学者认为，市场毕竟不是经常有效的，一条市场信息从出现到消失总有一个发展过程，而投资者的心理变化也会表现出某种既定的模式[195]，进而为金融信号带来某种可预测性。有研究表明，量化分析确实在外汇、期货市场上表现出价值，特别是可以在短期预测上取得不错的效果。在投资实践中，量化分析也是交易员们常用的工具，甚至比基本面分析更受重视。[86,658,476,475,502]

传统基于金融学的量化方法一般是对金融信号进行建模（如线性模型或二阶模型）。基于 Wiener-Kolmogorov 预测理论的朴素线性自回归模型是这一方法的典型代表。[62] 实际应用中的量化分析方法更具有经验性，如基于趋势支持的方法(Trend Crossing)、基于移动均线的方法(Moving Average)、基于形态的方法(Pattern)等。Neftci 的分析表明，这些方法相比朴素线性自回归更具优势，并将这一优势归结为金融信号中的某些非线性。然而，这些经验主义的预测方法具有很大的不确定性。[476]

机器学习提供了更好的解决方法。[6,538] 基于机器学习，我们不必对金融信号的具体函数形式做过多假设，而是利用大量数据让机器自动学习市场的变化规律，进而预测出未来走向。大量机器学习模型已经被应用到金融信号预测中，如神经网络模型[778,571,246,351,295,673]、支持向量机[740,339]、稀疏编码(Sparse Coding)[151]、遗传算法[475,760]、神经混沌推理(Nero-fuzzy Inference)系统[101]等。也有学者用多模型方法来规避单一模型的风险。[535,498]

上述这些方法大多属于有监督学习方法，即为每个训练样本给出明确的训练目标，如价格涨跌、操作头寸等。然而，在实际金融市场操作中要考虑短期振荡、长期趋势、交易费用、预测不确定性等各种复杂因素，单纯有监督学习方法并不能取得很好效果。研究者们提出利用强化学习来处理这种复杂性。与监督学习不同，强化学习在学习过程中不需要告诉机器每一个交易操作的细节，只需告诉它进行某种操作可能带来的收益或损失即可。经过一段时间的学习，计算机即可掌握获得稳定收益的策略。最近一系列研究证实了这种方法的有效性。[760,537,434,508,389] 特别值得关注的是，当强化学习方法和深度学习结合起来，会表现出更强大的潜力。[152]这是因为金融信号含有较强的噪声，深度学习可以帮助我们从原始信号中提取出有价值的特征，进而提高强化学习的效果。图 1-10 给出了基于深度强化学习对恒生指数（HSI）进行操作的结果。[712]可见，深度强化学习策略（deep Q-trading）表现出较好的性能。可以预期，现代机器学习方法将对量化交易产生深远影响，可能会改变金融系统的运行现状：人为交易将逐渐退出历史，自动交易可能会占据主流，价格对价值的偏离被迅速发现并填平，金融市场也许会趋于稳定，但当突发事件出现时，自动交易系统的止损策略可能会带来更加严重的系统风险……不论如何，这一新的金融体系也许会在未来某一天成为现实。

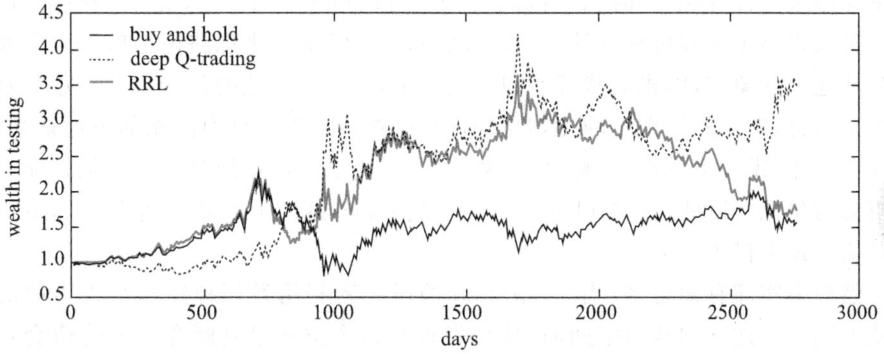

(a)

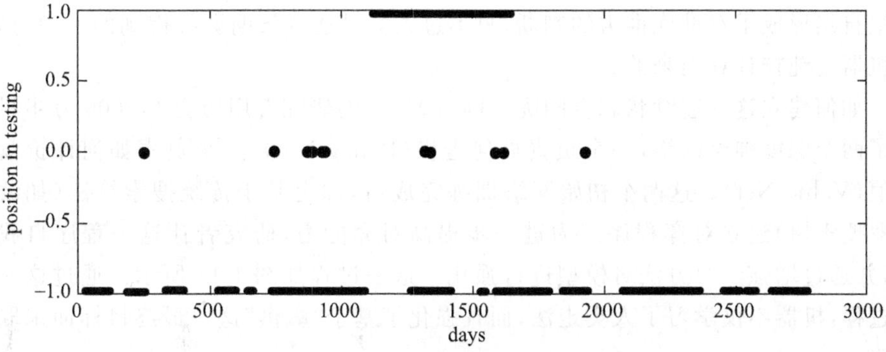

(b)

图1-10彩图

图 1-10　基于深度强化学习进行股票交易的例子

注：(a)表示持有策略（buy and hold）、递归强化学习方法（RRL）、深度强化学习方法（deep Q-trading）所生成的交易过程得到的收益；(b)表示深度强化学习模型在每个交易时刻所采取的策略（−1，0，1 分别表示卖出、持有和买入）。

1.5.5 AlphaGo

2016年人工智能界发生了一件令人瞩目的大事：DeepMind的AlphaGo围棋机器人战胜了世界级棋手李世石九段，而这距离它战胜欧洲围棋冠军华裔法籍棋士樊麾二段仅过去半年时间。

机器在人机对弈中战胜人类已经不是新闻，典型的如IBM的“深蓝”于1997年战胜当时的世界国际象棋冠军卡斯帕罗夫，成为首个在标准比赛时限内击败国际象棋世界冠军的计算机系统。那次胜利被认为是人工智能领域的重要成就。当时依靠强大的计算能力和内存资源，“深蓝”可以搜索估计12步之后的棋局，而一名人类象棋高手最多可估计约10步。然而，“深蓝”的基本思路还是启发式搜索。

比起国际象棋，围棋的状态空间要大得多，对估值函数的设计也更困难。对人类棋手而言，对这种复杂性的感知与处理往往被归结为对盘面潜能的灵性认知，围棋经典著作《棋经十三篇》中称之为“势”。围棋高手们往往把对“势”的把握能力看作棋力的象征。因此，在AlphaGo之前，很多围棋界人士曾断言机器永远不可能战胜人类顶尖棋手。

然而事实却有趣得多：当DeepMind的研究者利用卷积神经网络将离散的棋局映射到一个连续的状态空间时，他们发现在这个空间里判断盘面的价值会容易得多。这一连续空间就如同人类棋手脑海里的感觉空间：看到一个盘面，在这个空间里自然形成了对谁优谁劣的判断，只不过人类是通过长期训练得到的一种直觉，而机器是纯粹计算出来的。

如何建立这一连续状态空间呢？DeepMind的研究者用历史上3000万步棋学习了两个深度神经网络，一个负责如何走棋(Policy Net)，一个负责如何评价盘面价值(Value Net)。这两个初始网络训练完成后，即可基于传统搜索算法(如蒙特卡罗搜索树)建立对弈程序。为进一步提高对弈能力，研究者让这一程序自我对弈，并通过增强学习方法对模型进行强化。这一过程如图1-11所示。通过这一训练过程，机器不仅学习了人类走法，而且强化了基于“赢棋”这一最终目标而采取的策略。

AlphaGo将离散的盘面映射到连续空间的方法具有重要意义，这意味着AlphaGo不是通过局部特征计算赢亏，而是基于整个盘面进行计算，类似于对棋局进行了某种“理解”，再依此“理解”进行决策和评估。特别重要的是，这种“理解”并不是人为建立的，而是神经网络通过大量棋局自动学习出来的，是纯粹基于获胜的目标建立起来的。基于这一“理解”，AlphaGo不会墨守成规，它会创造很多让人匪夷所思的走法，这些走法的目标只有一个：获胜。相反，人类棋手往往受制于固有思维的限制，从取胜角度看未必是最优的。正因为这种只顾胜负的理解的方式，才让AlphaGo与人类对弈中表现出让人似曾相识又不循常理的“智慧”。

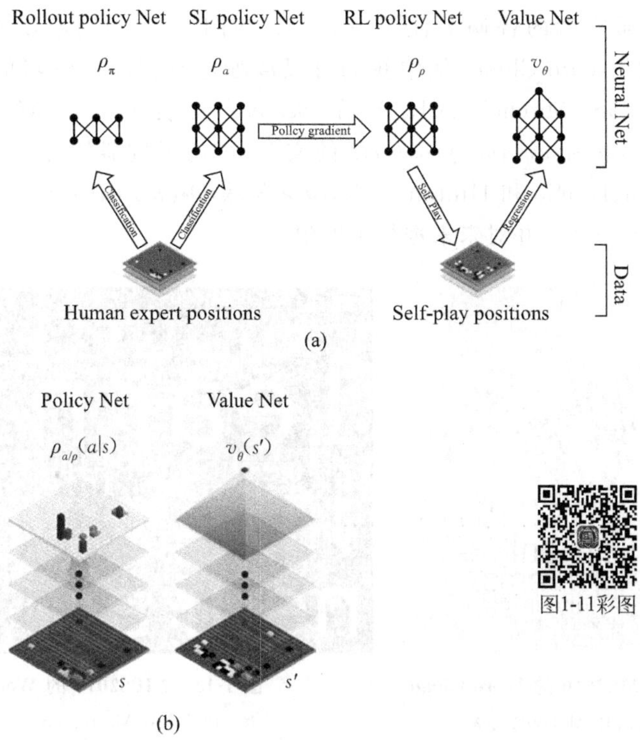

图1-11彩图

图 1-11　AlphaGo 的神经网络模型

注：(a)网络训练方法。训练三个策略网络(Policy Net)和一个值网络(Value Net)。策略网络用来决定下一步如何落子，值网络用来计算某一盘面状态的获胜概率；前者可减少路径搜索宽度，后者可减少搜索深度。第一个策略网络 ρ_π 是小型模型，用来在路径搜索中快速完成走棋模拟，第二个策略网络 ρ_σ 用来精确计算下一步落子概率。这两个网络由人类棋局训练，训练的目标是让机器走棋接近人类的走棋方式，因此是一种监督学习方法。第三个策略网络 ρ_ρ 由 ρ_σ 通过自我对弈生成的数据进行训练，训练目标为终局获胜，因此是一种强化学习方法。值网络 ρ_θ 由策略网络 ρ_ρ 或 ρ_σ 自我对弈生成的数据训练，训练方法为强化学习。该值网络可用来在路径搜索时计算盘面的估值。(b)策略网络和值网络的网络结构。两个网络输入都是盘面状态(包括落子位置及其他人为抽取的局部特征)，通过多层卷积，策略网络输出下一步走棋在每个有效位置的概率分布，值网络输出当前盘面的获胜概率。图片来自文献[609]。

1.6 机器学习技术的前沿

机器学习技术的顶级会议 ICML 和 NIPS 上总结的关键词频率可以反映出当前机器学习研究者们关注的重点。例如，在 NIPS2016 上，深度学习和神经网络无疑占最重的分量，紧随其后的是大规模学习和大数据、优化问题、稀疏编码和特征选择、分类问题、概率模型和方法、非监督学习、在线学习、图模型、聚类、矩阵分解等。可见，深度学习依然是最重要的研究方向，特别是基于大数据的深度学习技术，受到了研究者的普遍关注①。图 1-12 和图 1-13 分别给出了 ICML2016 和 NIPS2016 的 Word Cloud，从中我们可以清晰地看到深度学习的热度。Michael Jordan 和 Tom Mitchell 2015 年在 *Science* 发表了一篇 *Machine learning: Trends, perspectives, and prospects* 的文章，讨论了机器学习的进展和未来。[317] 同年，LeCun、Bengio 和 Hinton 在 *Nature* 发表 *Deep Learning* 一文，对深度学习的进展进行了总结，并对未来进行了展望。

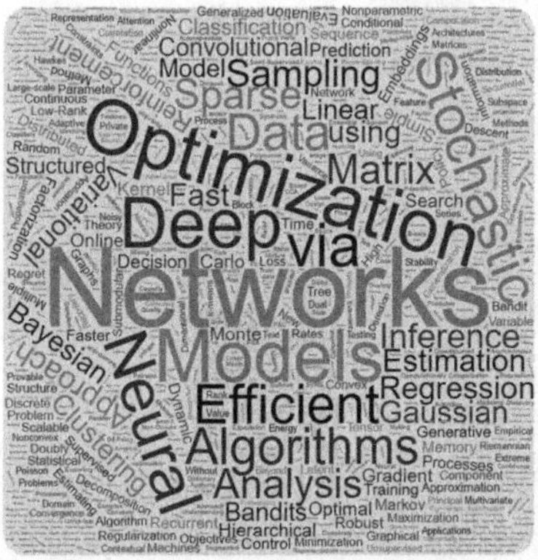

图 1-12　ICML2016 的 Word Cloud

注：图片来自 Abhay 的博客。

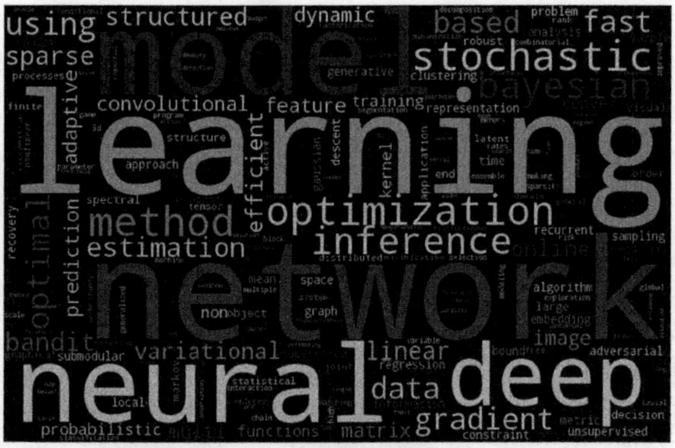

图 1-13　NIPS2016 的 Word Cloud

注：图片来自 Martin Thoma 的博客。

1.7　机器智能会超过人类智能吗

2014 年以来，人工智能概念开始被业界重提并热捧，特别是 AlphaGo 以明显智能的方式战胜人类以后，很多人（包括一些业界领袖）都在思考一个问题：机器未来会超过人吗？我们认为，一方面，机器学习技术虽然在近年来取得了长足进步，但距离成熟还有相当长的路要走；另一方面，机器在众多任务上一项一项超过人类并不奇怪，人类的历史就是一部被机器超越的历史，从汽车到飞机，从计算器到 GPU。机器学习近几年飞速发展，人们用大量真实数据、更强大的计算资源去训练更复杂的模型，完成以前无法想象的任务；人们研究迁移学习、协同学习和群体学习等各种知识继承方法，争取让机器具有类人的泛化能力；人们甚至在研究让机器具有自主创造力、目标驱动力、情感、艺术鉴赏力等。[684] 如果考虑到快速增长的数据量、强大的分布式计算资源、开放的知识共享模式，可以预期机器学习技术的发展只会越来越迅速。因此，谁有理由相信未来总会有一天机器会在绝大多数任务

① http://www.tml.cs.uni-tuebingen.de/team/luxburg/misc/nips2016/index.php.

上超过人类，至少是绝大部分人类。

1.8 机器学习基础

机器学习在很大程度上是一种权衡（Trade-off）的艺术，包括数据量与模型复杂度的权衡、复杂度与效率的权衡、内存使用量与计算时间的权衡、表达能力与可扩展性的权衡。没有一种机器学习技术一定优于另一种，一种算法在获得某种优势的同时必然在某一方面存在劣势。一个好的机器学习系统需要对这些因素通盘考虑，结合任务需求和数据特性，选择最合适的模型和算法。这种“权衡”在机器学习的实践中是很重要的，因此我们用一节的篇幅对此进行阐释，以期让初学者对此有一个清晰的认知。

1.8.1 训练、验证与测试

我们从一个最简单的机器学习任务开始。假设一个学习任务的输入是 $\boldsymbol{x}$，预期输出是 y，模型是一个以 $\boldsymbol{w}$ 为参数的映射函数 f_w。我们的任务是学习一个合理的 f_w，使得基于 $\boldsymbol{x}$ 对 y 的预测与实际观测值偏差最小。要完成这一学习任务，我们将实验过程分为**训练**（Training）和**测试**（Testing）两个阶段。

- 训练：给定一个包含 N 个样本的**训练集** $D=\{(\boldsymbol{x}_1,t_1),\cdots,(\boldsymbol{x}_N,t_N)\}$，调整映射函数 f_w 的参数 $\boldsymbol{w}$，使得预测结果 $f_w(\boldsymbol{x}_n)$ 和标注 t_n 尽可能接近。
- 测试：将映射函数 f_w 应用在一个独立的**测试集** $\{(\tilde{\boldsymbol{x}}_1,\tilde{t}_1),\cdots,(\tilde{\boldsymbol{x}}_{N'},\tilde{t}_{N'})\}$，验证所学到的映射函数能否在该数据集上做出准确预测，即 $f_w(\tilde{\boldsymbol{x}}_n)$ 是否与 $\tilde{t}_n$ 接近。

这里有一个基本问题：为什么对模型性能的测试要在一个独立的测试集上进行，而不是基于训练集？这是因为模型在实际应用中必然要面对新的数据，因此独立数据集上的测试结果才能反映模型在实际应用中的真实性能。事实上，模型在训练集和测试集上的性能可能差别非常大：在训练集上性能很好的模型，在测试集上的表现可能会很差；反之，在训练集上看起来不是最优的模型，在测试集上的表现可能会很好。产生这种偏差的主要原因是训练和测试两个阶段的目标是不同的。在训练阶段，我们的目标是使得模型对训练数据的描述越精确越好，最好是在所有训练数据上的误差为零。为了达到这一目标，可以采用各种复杂模型和精细的优化方法。在测试阶段，我们的目标是验证模型在实际场景中的性能，因此测试数据是必须独立于训练集。如果模型对训练数据学习得过于精细，有可能学到一些细枝末节的变化甚至噪声。因为这些变化和噪声不具有规律性，对它们的过度学习将导致模型在测试数据上性能的大幅下降，这一现象称为**过拟合**（Over-Fitting）。

过拟合现象可以分为两种:参数过拟合和结构过拟合。参数过拟合是指模型训练过程中对参数调节得过于细致,导致对训练数据学习过度;结构过拟合是指选择的模型过于复杂,以致对训练数据描述得过于精细。我们将分别讨论这两种过拟合现象。

1.8.2 参数过拟合、交叉验证与正则化

如果将训练过程中训练集和测试集上的性能(如错误率)画出来,可得到如图 1-14 所示的结果。在训练初期,模型参数还没有足够优化,因此在训练和测试数据上的性能都比较差,这时训练处于**欠拟合**(Under-Fitting)状态;当训练继续进行,在测试集上达到最优时,模型具有最好的实用性;随着训练持续进行,模型对训练数据的学习越来越精细,进入过拟合状态,模型变得不可用。

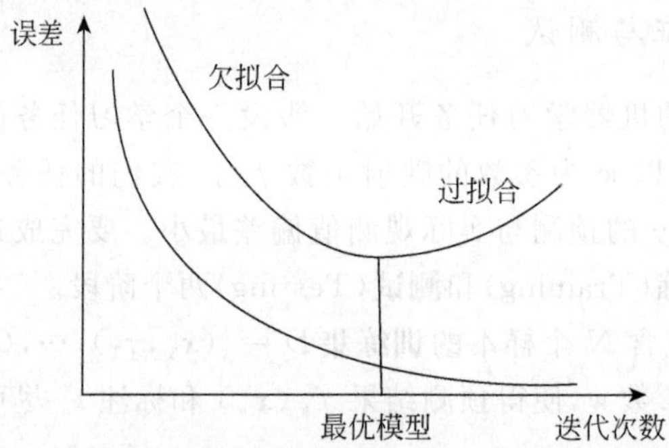

图1-14彩图

图 1-14 模型训练过程中在训练集(绿线)和测试集(红线)上的误差变化

注:过度训练导致在测试集上误差增大,从而产生参数过拟合。

一个防止过拟合的简单方法是在训练过程中用测试集来检测模型的性能,当模型性能在测试集上开始下降的时候,即认为出现了过拟合,应该停止训练。但这一方法在训练时用到了测试集信息,得到的模型与测试集的相关性较强。为了防止这一问题的出现,通常会单独设计一个**验证集**(Validation Set),基于验证集进行模型选择,最后在测试集上进行测试。

另一种防止过拟合的常用方法是在训练的目标函数中加入一个正则项,以控制参数的取值范围,这一方法称为**正则化**(Regularization)。常见的正则项包括二阶范数 $\|\boldsymbol{w}\|_2$ 和一阶范数 $\|\boldsymbol{w}\|_1$,前者是所有参数的平方和的平方根,后者是所有参数的绝对值之和。这些正则项会对过大的参数值进行惩罚,从而对训练过程形成约束。

1.8.3 结构过拟合与模型选择

不同复杂度的模型对数据的描述能力不同,越复杂的模型对数据的描述能力

越强，但产生过度学习的风险也越大，导致结构过拟合。图 1-15 给出了不同复杂度的模型对训练数据的拟合情况。可以看到，当模型复杂度过低时（图 1-15 中(a)、(b)两种情况），模型描述能力不强，无法学到数据的基本规律；但当模型复杂度过高时（图 1-15 中(d)情况），模型描述能力过强，学习数据基本规律的同时也记住了不具有规律性的噪声，从而失去了对数据真实分布的代表性，产生了过拟合。

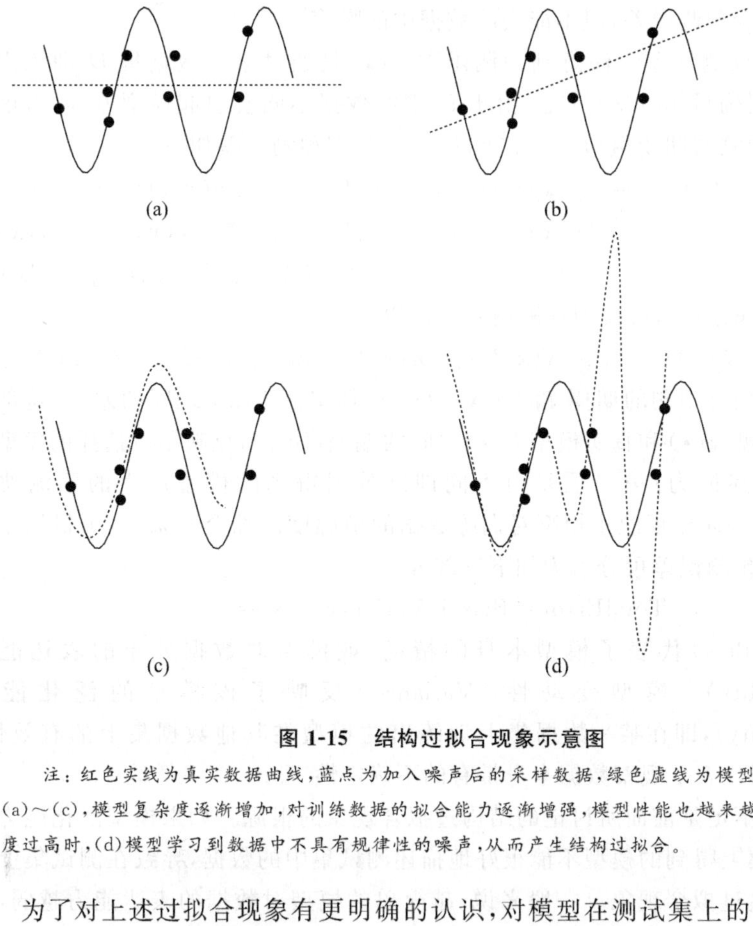

图1-15彩图

图 1-15　结构过拟合现象示意图

注：红色实线为真实数据曲线，蓝点为加入噪声后的采样数据，绿色虚线为模型拟合曲线。从(a)～(c)，模型复杂度逐渐增加，对训练数据的拟合能力逐渐增强，模型性能也越来越好。但当复杂度过高时，(d)模型学习到数据中不具有规律性的噪声，从而产生结构过拟合。

为了对上述过拟合现象有更明确的认识，对模型在测试集上的误差做简要分析。设测试数据 $\boldsymbol{x}$ 的真实目标值为 $h(\boldsymbol{x})$，观察到的目标值为 t，模型预测值为 $y(\boldsymbol{x})$，并记 $\boldsymbol{x}$ 和 t 的联合分布为 $p(\boldsymbol{x},t)$。整理目标值 t 与预测值 $y(\boldsymbol{x})$之间的误差如下。

$$\begin{aligned}&\iint (y(\boldsymbol{x})-t)^2 p(\boldsymbol{x},t)\mathrm{d}\boldsymbol{x}\,\mathrm{d}t\\=&\iint (y(\boldsymbol{x})-h(\boldsymbol{x})+h(\boldsymbol{x})-t)^2 p(\boldsymbol{x},t)\mathrm{d}\boldsymbol{x}\,\mathrm{d}t\end{aligned}$$

$$=\int (y(\boldsymbol{x})-h(\boldsymbol{x}))^2 p(\boldsymbol{x})\mathrm{d}\boldsymbol{x}+\iint (h(\boldsymbol{x})-t)^2 p(\boldsymbol{x},t)\mathrm{d}\boldsymbol{x}\,\mathrm{d}t$$

其中,假设目标值 t 符合以 $h(\boldsymbol{x})$ 为中心的正态分布,因此交叉项为零。可见,误差函数可分解为预测误差 $\int (y(\boldsymbol{x})-h(\boldsymbol{x}))^2 p(\boldsymbol{x})\mathrm{d}\boldsymbol{x}$ 和噪声 $\iint (h(\boldsymbol{x})-t)^2 p(\boldsymbol{x},t)\mathrm{d}\boldsymbol{x}\,\mathrm{d}t$ 两部分,前者与模型有关,后者与数据中的噪声有关。一般来说,可以通过改进模型来减少预测误差,但不能去除数据中的噪声。

下面考虑预测误差。注意到预测函数 $y(\boldsymbol{x})$ 是通过某一数据集 D 训练出来的,因此将其明确写作 $y(\boldsymbol{x};D)$。由于 D 中的数据不同会引起模型差异,考虑这些差异,模型预测的期望值为 $\mathbb{E}_D(y(\boldsymbol{x};D))$。整理预测误差如下。

$$\begin{aligned}\{y(\boldsymbol{x};D)-h(\boldsymbol{x})\}^2 &= \{y(\boldsymbol{x};D)-\mathbb{E}_D[y(\boldsymbol{x};D)]+\mathbb{E}_D[y(\boldsymbol{x};D)]-h(\boldsymbol{x})\}^2\\ &= \{y(\boldsymbol{x};D)-\mathbb{E}_D[y(\boldsymbol{x};D)]\}^2+\{\mathbb{E}_D[y(\boldsymbol{x};D)]-h(\boldsymbol{x})\}^2\\ &\quad +2\{y(\boldsymbol{x};D)-\mathbb{E}_D[y(\boldsymbol{x};D)]\}\{\mathbb{E}_D[y(\boldsymbol{x};D)]-h(\boldsymbol{x})\}\end{aligned}$$

如果对 D 取期望,可得到预测误差的期望如下。

$$\mathbb{E}_D\{y(\boldsymbol{x};D)-h(\boldsymbol{x})\}^2=\{\mathbb{E}_D[y(\boldsymbol{x};D)]-h(\boldsymbol{x})\}^2+\mathbb{E}_D\{[y(\boldsymbol{x};D)-\mathbb{E}_D(\boldsymbol{x};D)]\}^2$$

上式右侧第一项是预测的期望 $\mathbb{E}_D(y(\boldsymbol{x};D))$ 和真实值 $h(\boldsymbol{x})$ 之间的差距,这部分误差来源于模型 $y(\cdot)$ 和真实模型 $h(\cdot)$ 之间的偏差(Bias),反映了所选择的模型对真实数据的描述能力;第二项是由不同训练数据得到的模型产生的预测波动(Variance),这一误差反映了模型对训练数据的敏感度。综合起来,一个机器学习系统观察到的预测误差可分解为如下三部分:

$$\text{TotalError}=\text{Bias}+\text{Variance}+\text{Noise}$$

上式中偏差(Bias)代表了模型本身的精度,或模型对数据分布的**表达能力**(Representability)。模型变动性(Variance)反映了该模型的**泛化能力**(Generalizability),即在某一数据集上训练出的模型在其他数据集上的有效性。噪声(Noise)则代表了观察数据本身带有的不确定性。

泛化能力不足是前面所讨论的结构过拟合现象的根源。如果模型泛化能力弱的话,在训练集上得到的模型不能很好地描述测试集中的数据,导致在测试集上的性能下降,产生过拟合现象。一般来说,越简单的模型对数据的表达能力越弱,但泛化能力越强,在不同数据上的性能越稳定;反之,越复杂的模型对数据的表达能力越强,但泛化能力越弱,容易产生过拟合现象。

模型的表达能力和泛化能力之间的关系如图 1-16 所示,越复杂的模型,模型表达能力越强,在训练集上的误差越小。对测试集而言,复杂模型一方面有较强的表达能力,另一方面也带来泛化能力的下降,因而总体误差随着复杂度的增加呈现出先降后升的趋势。

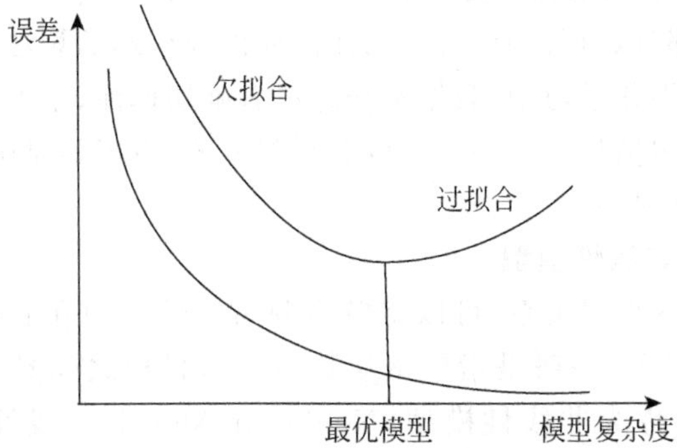

图1-16彩图

图 1-16　不同复杂度的模型在训练集(绿线)和测试集(红线)上的误差变化示意图

注：模型复杂度较低容易产生欠拟合，复杂度过高容易产生过拟合。

考虑到模型表达能力和泛化能力的权衡，在机器学习实践中需要选择合适的模型复杂度。一般情况下，我们希望在保证模型表达能力的前提下尽量选择简单的模型，以保证模型的适用性。这一原则通常称为 **Occam 剃刀准则**。

那么，是否有一种模型绝对优于所有其他模型呢？答案是否定的。事实上，所谓模型的好坏都是相对特定任务、特定环境、特定数据分布情况而言的。如果一个模型在某一条件、某一数据环境下具有某种优势，则在其他条件、其他数据环境下必然具有相应的劣势。这一原则称为 **No Free Lunch** 原则，即常说的"天下没有免费的午餐"。[729,730] 基于这一原则，我们经常要在精确性、复杂性、计算资源、泛化能力等各种因素间进行权衡，以期得到最适合应用场景的模型和算法。

1.8.4　机器学习方法分类

机器学习中方法种类繁多，每种方法各有优劣。为了给读者一个总体概念，我们尝试对这些方法从不同角度进行分类，并讨论每类方法的特点。值得说明的是，这些分类方法只是大致上的总体划分，既不能穷尽所有算法，也不能确保每种算法都可以得到清晰的分类。

1. 监督学习与非监督学习

依训练数据是否需要人为标注，可以将学习算法分为监督学习和非监督学习。在**监督学习**中，每个训练样本 $\boldsymbol{x}$ 有人为标注的目标 t，学习的目的是发现 $\boldsymbol{x}$ 到 t 的映射，典型的如分类任务和回归任务。在**非监督学习**中，学习样本没有人为标注，学习的目的是发现数据 $\boldsymbol{x}$ 本身的分布规律，如聚类、流形学习等。人类的学习大多数是非监督学习：儿童在没有接受正规教育前，也可以通过观察体验学习到大量知识。与之相比，当前机器学习方法大多基于监督学习，因而大量依赖人为标注的数据。

除了监督学习和非监督学习，常用的学习方法还包括**半监督学习**(Semi-

Supervised Learning)和**强化学习**(Reinforcement Learning)。在半监督学习中，少量数据有标注，大部分数据没有标注，因而需要设计合理的算法对这些未标注数据进行有效利用。在强化学习中，数据本身并没有确切标注，学习基于系统和环境进行交互时得到的反馈信息。这一反馈可能是部分的，也可能是随机的，有可能是即时的，也有可能是延迟的。[347]

2. 线性模型与非线性模型

依模型所描述的变量关系，可以将模型分为线性模型和非线性模型。所谓**线性模型**(Linear Model)，一般是指模型参数与学习目标之间具有线性关系。不具有线性关系的模型称为**非线性模型**(Nonlinear Model)。线性回归模型(Linear Regression)是典型的线性模型；Logistic 回归模型(Logistic Regression)虽然不是完全线性模型，但其预测函数取对数后即成为线性模型，因此也称为对数线性模型。典型的非线性模型包括支持向量机(SVM)和人工神经网络(ANN)等。一般来说，线性模型简单、泛化能力强，但对表达能力较弱；非线性模型的表达能力较强，但泛化能力较弱，容易产生过拟合。依 Occam 剃刀原则，我们在处理实际问题时一般会首选线性模型，在对问题有了初步探索之后再扩展到非线性模型。

3. 参数模型与非参数模型

依模型本身的表示形式，可将模型分为参数模型和非参数模型。**参数模型**(Parametric Model)是结构固定，可由一组参数确定的模型。典型的参数模型包括高斯混合模型(GMM)、人工神经网络(ANN)等。**非参数模型**(Non Parametric Model)没有固定的模型结构，参数量通常和训练数据相关。典型的非参数模型包括 K 近邻(K-Nearest Neighbor，KNN)算法、高斯过程(Gaussian Process，GP)等。一般来说，参数模型含有较强的模型假设，因此需要的训练数据较少；非参数模型对测试数据的表达依赖训练数据本身，因此需要较多的训练数据以覆盖数据空间。

事实上，参数模型和非参数模型并没有明确的界限，非参数模型也可能会有参数设置，如狄利克雷过程(Dirichlet Processing，DP)是非参数模型，但该模型中的基础函数(Base Function)和散度因子(Concentration Factor)都是参数。另外，一些模型既可以看作是参数模型，也可以看作是非参数模型。如线性 SVM，既可以认为是一个对分类面进行优化的参数模型，也可以看作一个基于支持向量的非参数模型。

4. 生成模型与区分性模型

依对任务的完成机制，可将模型分为生成模型和区分性模型。**生成模型**(Generative Model)建立对数据的描述模型，再基于该描述模型完成目标任务。以分类任务为例，生成模型建立每一类的概率模型 $p(\boldsymbol{x} \mid C_k)$，再依贝叶斯公式得到分类模型：

$$C^* = \operatorname*{argmax}_{C_k} \frac{p(\boldsymbol{x} \mid C_k) P(C_k)}{p(\boldsymbol{x})}$$

典型的生成模型包括混合高斯模型(GMM)、隐马尔可夫模型(HMM)、受限玻尔兹曼机(RBM)等。**区分性模型**(Discriminative Model)不以描述数据作为中间步骤,而是直接对任务进行建模。对于分类任务,该模型直接对分类面建模;对于回归任务,该模型直接对条件概率进行建模。典型的区分性模型包括线性回归模型、Logistic 回归模型、条件随机场(CRF)、支持向量机(SVM)等。

一般来说,生成模型有较强的模型假设,如果数据符合这一假设,则得到的分类模型较好。反之,如果数据和假设不符,则得到的分类模型较差,这时就不如基于区分性模型对任务目标进行直接学习。同时,如果数据量较少,一般选择生成模型,利用模型中的人为假设来减小数据稀疏的影响;如果数据量较大,一般选择区分性模型,利用数据本身学习复杂的映射关系或分类面。

5. 概率模型与神经模型

按模型对知识的表达方式,很多模型可以归结为概率模型和神经模型。**概率模型**(Probabilistic Model)来源于贝叶斯学派,通过变量本身的概率分布及变量之间的概率关系来表示知识。**神经模型**(Neural Model)来源于连接学派,这一模型不对变量建立明确的概率形式,而是通过同质化因子(神经元)之间的连接关系来表示知识。概率模型中有较强的先验假设,需要的训练数据较少;神经模型则需要较多的训练数据来确定因子之间的连接强弱。

总体上说,当我们对任务细节了解得比较清楚,各个变量间的因果关系比较明确时,一般会选择概率模型;如果对细节了解得不清楚,但有大量训练数据,那就不妨选择神经模型,让数据驱动发挥更大作用。

1.9 开始你的机器学习之旅

1.9.1 如何开始一个机器学习任务

我们已经了解了机器学习的基本思路和一些典型的机器学习方法,现在可以开始尝试一个机器学习任务。下面的步骤供初学者参考。

- 设计目标函数:对学习任务进行合理的形式化,定义学习目标 $L(\boldsymbol{w})$。
- 设计模型结构:选择合适的模型 $M(\boldsymbol{w})$,使其假设与实际数据分布尽可能匹配。
- 设计约束方法:为防止过拟合,需要设计合理的约束机制,如在目标函数中增加正则项,提前结束训练等。
- 设计训练算法:选择合适的模型优化方法,在合理时间内完成模型训练。
- 设计推理算法:选择合理的推理方法,使得推理可高效完成。

1.9.2 如何学习机器学习

常有人问这样的问题：机器学习困难吗？答案应该是 Yes 或 No。一方面，机器学习确实很困难，有那么多的算法、理论、公式，发展又如此迅速，新方法层出不穷，让人无所适从。另一方面，如果我们理解了这些算法的内在脉络，就会发现绝大部分算法都是顺延着某一主线一脉相承下来的，算法与算法之间的差别并不大，不同算法之间也有或多或少的关联，只是解决问题的方式和角度不同。如果我们将这些脉络和关联理清楚，学习机器学习并不是很难的事。

那么，学习机器学习应该做哪些知识准备呢？第一，你需要一些线性代数的基础，至少熟悉矩阵运算以及特征值和特征向量等基础概念；第二，你需要一些概率论的知识，至少理解高斯分布。对不同背景的读者，可能还需要一些思路上的转换。如果你具有较强的工程背景，可能需要更加关注理论。机器学习是一门科学，有其坚实的理论基础，只有理解了这些基础，才能更有效率地掌握具体的算法和工具。反之，如果你的背景偏于理论，则需要多关注实际场景中的复杂性和特异性。机器学习是一门应用科学，只有充分考虑实际应用场景，才能设计出有价值的系统和方案。

1.10 相关资源

机器学习是非常开放的研究领域，有众多资源可供初学者使用。本节列出一些常用资源供读者参考。

1. 教科书

早期教科书包括 Tom Mitchell 所著的 *Machine Learning* 和 Nils J. Nilsson 的 *Introduction to Machine Learning*，及一些与人工智能相关的书。对于绝大多数想在机器学习领域进行系统学习的人来说，Christopher Bishop 所著的 *Pattern Recognition and Machine Learning* 是较好的教材。这本书以概率方法为主线，兼顾神经网络、核方法、抽样理论等，由浅入深，细致明晰，值得作为典藏读物。[67] 相似的一本书是 Hastie、Tibshirani 和 Friedman 所著的 *The Elements of Statistical Learning*。[261] 这本书和 Bishop 所著的 *PRML* 不论在难度和覆盖面上都属同一水平，有些内容是相似的，但也有很大互补性，且可免费下载①。这两本书如果结合来读，互相印证，基本上可以建立起统计机器学习方法的知识框架。然而，这两本书对最近几年发展起来的深度学习技术没有涉及。Goodfellow 和 Bengio 等人所著的 *Deep Learning* 一书是深度学习方面的经典教材[231]，这本书也可以在线下

① http://statweb.stanford.edu/tibs/ElemStatLearn/.

载①。有志于机器学习研究的读者应该将这三本书作为床头读物认真学习。中文机器学习方面的教材首推周志华所著的《机器学习》。[2] 网上也可以找到一些志愿者对 *PRML* 和 *Deep Learning* 这两本书的中文翻译。虽然阅读起来要比英文资料容易，但我们还是建议想做深入研究的读者养成阅读英文原著的习惯。

2. 实践参考书

对于不需要太多理论知识，但在工作中需要大量使用机器学习的方法和工具，并希望了解更多机器学习算法的读者，下面是一些有价值的读物。

- Toby Segaran 所著的 *Programming Collective Intelligence: Building Smart Web 2.0 Applications*。这本书描述了若干重要算法，如协同过滤、聚类算法等。书中没有数学内容，通过一个个 Python 示例程序指导工程人员如何通过简单的程序调用完成机器学习任务。
- Drew Conway 和 John Myles 所著的 *White Machine Learning for Hackers: Case Studies and Algorithms to Get You Started*。同样，这本书手把手地教一些没有机器学习背景的程序员完成一些机器学习任务。
- Sean Owen 和 Robin Anil 所著的 *Ted Dunning, and Ellen Friedman, Mahout in Action*。该书基于 Apache Mahout，通过一些例子介绍了推荐系统、聚类方法、分类器等几种机器学习任务的实现方法。
- 范淼、李超所著的《Python 机器学习及实践：从零开始通往 Kaggle 竞赛之路》。该书对 Python 语言中的几个机器学习程序库进行了汇编整理，通过生动形象的描述帮助初学者快速掌握利用 Python 搭建机器学习系统的技能。
- Ian H. Witten, Eibe Frank and Mark A. Hall 所著的 *Data Mining: Practical Machine Learning Tools and Techniques*。这本书从数据挖掘角度介绍了若干机器学习方法，给出了一些基于 Weka 的实践案例。这本书不像上面两本书一样是纯程序，其中包括了一些较深入的算法介绍，同时注重实践经验，是一本很不错的应用类参考书。
- Andrew Ng 的机器学习讲义(http://cs229.stanford.edu/materials.html)。这虽然是一本讲义，但里边包含了非常适合初学者学习的资料。数学公式比前面几本书要多一些，但总体来说比较简单易懂。同时，Andrew 也给出了一些 Octave 的代码供初学者参考。

3. 在线数据库

- UCI 免费数据中心(http://www.ics.uci.edu/mlearn/MLRepository.html)
- DMOZ 开放数据目录(http://www.dmoz.org/Computers/Artificial_Intelligence/Machine_Learning/Datasets/)

---

① http://www.deeplearningbook.org/.

- ChemDB:化学数据库(http://cdb.ics.uci.edu/cgibin/LearningDatasetsWeb.py)
- Delve 数据集(http://www.cs.toronto.edu/delve/data/datasets.html)
- BigML 数据列表(https://blog.bigml.com/list-of-public-data-sources-fit-for-machine-learning/)
- LDC:语音语言数据中心(https://www.ldc.upenn.edu/)

更多在线数据资源可见 CSLT 的数据收集列表①。

4. 论文分享平台

- 康奈尔大学公开论文库 Arxiv(http://arxiv.org/corr/home)
- 印第安那大学公开论文库(http://dlc.dlib.indiana.edu/dlc/)
- NIPS 论文中心(https://papers.nips.cc/)
- ICML and JMLR 论文中心(http://www.jmlr.org/)

5. 开源工具

- Tensorflow:Google 开源的深度学习训练平台(https://www.tensorflow.org/)
- Theano:Bengio 组开源的深度学习工具(https://github.com/Theano)
- Caffe:UC Berkeley 开源机器学习工具(http://caffe.berkeleyvision.org/)
- CNTK:微软深度学习工具包(https://github.com/Microsoft/CNTK/wiki)
- Scikit Learn:基于 Python 的机器学习工具包(http://scikit-learn.org/)
- Weka:基于 Java 的数据挖掘开源工具包(http://www.cs.waikato.ac.nz/ml/weka/)
- NLTK:自然语言处理开源工具(http://www.nltk.org/)
- Kaldi:语音识别开源工具(http://kaldi-asr.org/)

其他领域相关工具可见 CSLT 收集的开源工具列表②。

6. 免费课程

- Tech Talker(http://techtalks.tv/)
- Coursera 公开课(https://www.coursera.org/)
- Super Lecture(http://www.superlectures.com/conferences.php)
- 斯坦福大学在线课程(http://online.stanford.edu/courses)
- MIT 公开课(http://ocw.mit.edu/index.htm)
- 加州大学伯克利分校公开课(http://webcast.berkeley.edu/courses.php)
- CMU 公开课(http://www.cmu.edu/oli/)

其他免费公开课和图书资源可见 CSLT 收集的公开资源列表③。

① http://cslt.riit.tsinghua.edu.cn/mediawiki/index.php/Data_resources.

② http://cslt.riit.tsinghua.edu.cn/mediawiki/index.php/Public_Research_Tools.

③ http://cslt.riit.tsinghua.edu.cn/mediawiki/index.php/Free_libraries.

第2章 线性模型

线性模型是机器学习中最简单、最常用的模型。所谓线性，是指变量间具有如下简单形式：

$$t \approx \boldsymbol{y} = \boldsymbol{W}\boldsymbol{x} \tag{2.1}$$

其中，$\boldsymbol{x}$、$\boldsymbol{y}$ 和 t 为模型变量，$\boldsymbol{W}$ 为模型参数矩阵。线性模型虽然简单，但在机器学习中有重要意义。首先，线性模型简单高效，容易实现；其次，很多实际问题都具有粗略的线性，特别是在选择了合理的特征提取方式之后，这一线性特征会更为明显，使得线性模型已经足以胜任工作；最后，线性模型参数较少，适应性强，具有很强的泛化能力。因此，当我们面对一个机器学习问题的时候，首先要考虑的就是线性模型。

本章我们将讨论几种简单的线性模型：一种是**线性预测模型**，包括线性回归和 Logistic 回归，在讨论它们概率意义的基础上引入贝叶斯方法；另一种是**线性概率模型**，基于隐变量和观察变量间的线性假设来推理数据的内在结构，如 PCA、LDA、PLDA 等。前者一般用于监督学习，后者一般用于无监督学习。

2.1 线性预测模型

如果 $\boldsymbol{x}$ 和 t 都是可见变量，则式(2.1)表示一种 $\boldsymbol{x}$ 对 t 的预测模型。这一模型称为**线性预测模型**。在有些问题中，$\boldsymbol{x}$ 和 t 之间不存在直接线性关系，但可以通过

某种变换 $\boldsymbol{\phi}(\cdot)$ 建立这种关系，即

$$\boldsymbol{t} \approx \boldsymbol{y} = \boldsymbol{W}\boldsymbol{\phi}(\boldsymbol{x}) \tag{2.2}$$

其中，$\boldsymbol{\phi}(\cdot)$ 通常是非线性的。从模型角度看，不论是基于原始数据，还是基于变换后的数据，模型的线性属性和优化方法没有区别。然而，$\boldsymbol{\phi}$ 的引入确实具有重要意义，它使得很多复杂问题可以在变换空间中基于线性模型得到解决。下面我们从简单的多项式拟合问题开始讨论。

2.1.1 从多项式拟合说起

假设一个包括 N 个样本的数据集 $D=\{(x_n,t_n):n=1,2,\cdots,N\}$，其中 x_n 和 t_n 都是一维的，且 t_n 为 x_n 对应的目标值。我们的任务是学习一个预测函数 $y=f(x)$，使其对数据集 D 中任一样本 x_n 的预测结果尽可能接近 t_n。如果限定该预测函数为 M 次多项式，则得到预测公式为

$$y(x;\boldsymbol{w}) = w_0 + w_1 x + w_2 x^2 + \cdots + w_M x^M = \sum_{j=0}^{M} w_j x^j \tag{2.3}$$

其中，$\boldsymbol{w}=[w_0,w_1,\cdots,w_M]^{\mathrm{T}}$ 是每一阶多项式对应的预测系数。图 2-1 给出一个 $M=1$ 的预测函数，该函数是一条以 w_0 为截距、以 w_1 为斜率的直线。

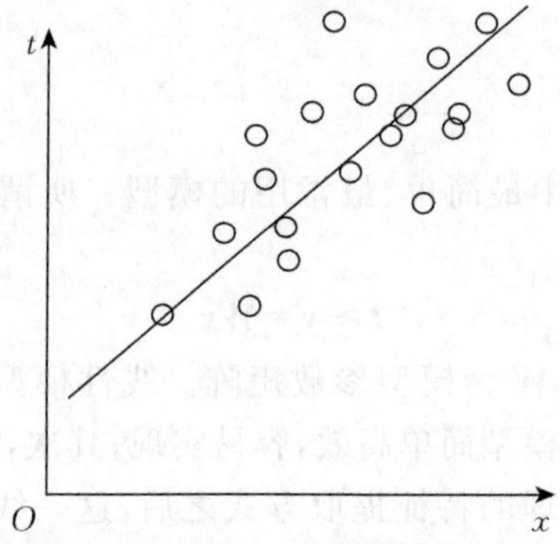

图 2-1 多项式拟合得到的线性预测函数 $y(x;w)=w_0+w_1x$

注：该函数表示为图中直线。

给定预测模型形式(多项式最大阶数 M 确定)，需要对预测系数 $\boldsymbol{w}$ 进行优化。为此，我们需要定义一个**目标函数**，并通过修改参数 $\boldsymbol{w}$ 来使该目标函数最优化。通常将训练集 D 上的**平方误差**(Square Error)作为目标函数，公式如下：

$$L(\boldsymbol{w}) = E(\boldsymbol{w}) = \frac{1}{2}\sum_{n=1}^{N}\{y(x_n;\boldsymbol{w}) - t_n\}^2 \tag{2.4}$$

注意该目标函数是 $\boldsymbol{w}$ 的函数，我们的任务是通过修改 $\boldsymbol{w}$ 使得 $L(\boldsymbol{w})$ 最小化。将式(2.3)代入式(2.4)，有

$$L(\boldsymbol{w})=\frac{1}{2}\sum_{n=1}^{N}\left\{\sum_{j=0}^{M} w_j x_n^j - t_n\right\}^2$$

对每个参数 w_k 求偏导数并令其等于零，可得

$$\sum_{n=1}^{N} x_n^k \sum_{j=0}^{M} w_j x_n^j = \sum_{n=1}^{N} t_n x_n^k,\quad k=0,1,2,\cdots,M$$

整理得

$$\sum_{j=0}^{M} w_j \sum_{n=1}^{N} x_n^{k+j} = \sum_{n=1}^{N} t_n x_n^k,\quad k=0,1,2,\cdots,M$$

展开写成

$$\begin{aligned}
w_0\sum_{n=1}^{N} x_n^0 + w_1\sum_{n=1}^{N} x_n^1 + \cdots + w_M\sum_{n=1}^{N} x_n^M &= \sum_{n=1}^{N} t_n x_n^0 \\
w_0\sum_{n=1}^{N} x_n^1 + w_1\sum_{n=1}^{N} x_n^2 + \cdots + w_M\sum_{n=1}^{N} x_n^{M+1} &= \sum_{n=1}^{N} t_n x_n^1 \\
&\vdots \\
w_0\sum_{n=1}^{N} x_n^M + w_1\sum_{n=1}^{N} x_n^{M+1} + \cdots + w_M\sum_{n=1}^{N} x_n^{2M} &= \sum_{n=1}^{N} t_n x_n^M
\end{aligned}$$

写成矩阵格式有

$$\begin{bmatrix}
\sum_{n=1}^{N} x_n^0 & \sum_{n=1}^{N} x_n^1 & \cdots & \sum_{n=1}^{N} x_n^M \\
\sum_{n=1}^{N} x_n^1 & \sum_{n=1}^{N} x_n^2 & \cdots & \sum_{n=1}^{N} x_n^{M+1} \\
\vdots & \vdots & & \vdots \\
\sum_{n=1}^{N} x_n^M & \sum_{n=1}^{N} x_n^{M+1} & \cdots & \sum_{n=1}^{N} x_n^{2M}
\end{bmatrix}
\begin{bmatrix} w_0 \\ w_1 \\ \vdots \\ w_M \end{bmatrix}
=
\begin{bmatrix}
\sum_{n=1}^{N} t_n x_n^0 \\
\sum_{n=1}^{N} t_n x_n^1 \\
\vdots \\
\sum_{n=1}^{N} t_n x_n^M
\end{bmatrix}$$

注意上式中左侧矩阵是个方阵。如果该矩阵是可逆的，则 $\boldsymbol{w}$ 有唯一解，即为最优预测系数。上述以多项式形式对 (x,t) 的关系进行建模的方法称为**多项式拟合**。

如果将多项式拟合中的每一阶 x^j 看作一个非线性映射 $\phi_j(x)=x^j$，并将自变量 x 扩展到多维变量，则上述多项式拟合可以扩展为一般线性拟合方法。设非线性映射个数为 M，将映射后的变量写成向量格式：

$$\boldsymbol{\phi}(\boldsymbol{x})=[\phi_0(\boldsymbol{x}),\phi_1(\boldsymbol{x}),\cdots,\phi_M(\boldsymbol{x})]^{\mathrm{T}}$$

$\boldsymbol{\phi}(\boldsymbol{x})$ 也称为 $\boldsymbol{x}$ 的特征。同样采用平方误差作为目标函数：

$$L(\boldsymbol{w})=\frac{1}{2}\sum_{n=1}^{N}\{\boldsymbol{w}^{\mathrm{T}}\boldsymbol{\phi}(\boldsymbol{x}_n)-t_n\}^2 \tag{2.5}$$

为了使上述目标函数最小化，可取该函数对 $\boldsymbol{w}$ 的梯度并置零，有

$$\nabla_w L(\boldsymbol{w}) = \sum_{n=1}^{N} \{\boldsymbol{w}^{\mathrm{T}} \boldsymbol{\phi}(\boldsymbol{x}_n) - t_n\} \boldsymbol{\phi}(\boldsymbol{x}_n)$$
$$= \boldsymbol{w} \sum_{n=1}^{N} \boldsymbol{\phi}^{\mathrm{T}}(\boldsymbol{x}_n) \boldsymbol{\phi}(\boldsymbol{x}_n) - \sum_{n=1}^{N} t_n \boldsymbol{\phi}(\boldsymbol{x}_n)$$
$$= \boldsymbol{0}$$

写成矩阵形式，有

$$\boldsymbol{\Phi}^{\mathrm{T}} \boldsymbol{\Phi} \boldsymbol{w} = \boldsymbol{\Phi}^{\mathrm{T}} \boldsymbol{t}$$

其中，$\boldsymbol{\Phi}$ 为数据矩阵，每一行代表一个样本，每一列代表一个非线性映射，即

$$\boldsymbol{\Phi} = \begin{bmatrix} \phi_0(\boldsymbol{x}_1) & \phi_1(\boldsymbol{x}_1) & \cdots & \phi_M(\boldsymbol{x}_1) \\ \phi_0(\boldsymbol{x}_2) & \phi_1(\boldsymbol{x}_2) & \cdots & \phi_M(\boldsymbol{x}_2) \\ \vdots & \vdots & & \vdots \\ \phi_0(\boldsymbol{x}_N) & \phi_1(\boldsymbol{x}_N) & \cdots & \phi_M(\boldsymbol{x}_N) \end{bmatrix}$$

$\boldsymbol{t}$ 为训练集中所有训练样本的目标值组成的向量，即

$$\boldsymbol{t} = [t_1, t_2, \cdots, t_N]^{\mathrm{T}}$$

由此可得线性拟合的最优预测参数为

$$\boldsymbol{w} = (\boldsymbol{\Phi}^{\mathrm{T}} \boldsymbol{\Phi})^{-1} \boldsymbol{\Phi}^{\mathrm{T}} \boldsymbol{t}$$

上面推导中，假设目标 t 是一维变量，这一推导很容易扩展到目标是多维变量的情况，即式(2.1)所示的一般形式。此时模型参数不再是一个向量 $\boldsymbol{w}$，而是一个矩阵 $\boldsymbol{W}$。

到目前为止，我们似乎已经完美解决了线性拟合问题，连包含非线性变换的线性拟合问题也得到了确定解。然而，一个简单的问题是：为什么要使用平方误差作为误差函数而不用其他函数，比如绝对值误差？下一小节我们将引入概率这一工具来解释这一选择。我们会发现，平方误差事实上对应的是训练数据中的一种高斯不确定性。

2.1.2 线性回归

几乎所有实际问题中都存在**随机性**或**不确定性**。这些不确定性可能来自于观测手段的不精确，但更多来自我们对数据本身理解上的局限性。例如，当我们考察一架从北京飞往上海的飞机时，可以看到其飞行轨迹总体上是一条平稳的曲线，但细致观察后，就会发现很多不确定性。这些不确定性有些来自驾驶员的自主操作，有些来自发动机转动时的不稳定，有些来自飞行过程中遇到的气流、云朵等的影响，还有些来自机舱内乘客的活动，等等。假设我们能考虑到所有这些细节，依动力学列出一个庞大的方程组，则飞行过程中的绝大部分不确定性是可以解释的。然而，在实际应用中，考虑到问题的复杂度，不可能对这些细节一一建模；即便我们想这么做，也不可能穷尽所有影响因素，总会有些因素超出我们的考虑范围和理解

能力。因此，在处理一个任务时，我们不得不忽略很多细节；一旦忽略这些细节，就产生了不确定性。这意味着不确定性在绝大多数实际问题中都是不可避免的。

这一小节将引入**概率模型**来帮助我们描述这些不确定性，并由此得到**基于概率的最优解**。概率模型的引入是机器学习历史上里程碑式的事件，本书中几乎所有章节都围绕概率展开。就本章而言，概率方法可让我们对线性模型有更深刻的理解。这一理解有助于我们将线性模型和未来要讨论的复杂模型联系起来，并基于此对现有模型和算法进行系统性的优化和扩展。

回到之前的线性拟合任务 $y=\boldsymbol{w}^{\mathrm{T}}\boldsymbol{\phi}(\boldsymbol{x})$。我们希望拟合得到的预测值 y 和目标变量 t 越相似越好，因此提出了基于平方误差的优化准则。现在我们假设：y 与 t 之所以存在差别，是因为观察值 t 本身存在的随机性。不论这种随机性产生的原因是什么，假设这一随机性符合一个以 0 为均值，以 β^{-1} 为方差的**高斯分布**。引入一个随机变量 ε 来表示这一随机性，则有

$$\begin{aligned} t &= y(\boldsymbol{x};\boldsymbol{w})+\varepsilon \\ &= \boldsymbol{w}^{\mathrm{T}}\boldsymbol{\phi}(\boldsymbol{x})+\varepsilon \end{aligned} \tag{2.6}$$

其中，$\varepsilon\sim N(0,\beta^{-1})$。

式(2.6)构造了一个由 $\boldsymbol{x}$ 到观察值 t 的生成模型：首先，由输入变量 $\boldsymbol{x}$ 经过非线性映射生成特征向量 $\boldsymbol{\phi}$，再经过线性映射生成预测 y，最后加入一个高斯噪声得到观察值 t。这一模型称为**线性回归模型**(Linear Regression)。所谓回归，是指对输入变量 $\boldsymbol{x}$ 和目标变量 t 之间关系的统计分析。图 2-2 给出了在一维输入变量情况下，线性回归模型生成目标变量的示意图。

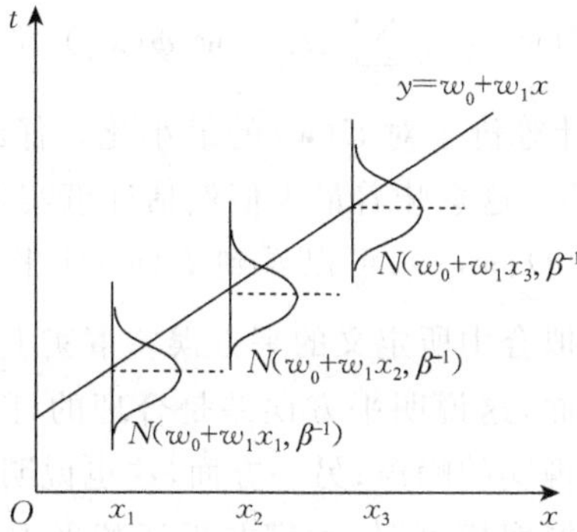

图 2-2　线性回归模型示意图

注：图中数据的实际规律为 $y(\boldsymbol{x};\boldsymbol{w})=w_0+w_1x$，观察值 t 中包含噪声。线性回归模型假设该噪声是一个均值为零的高斯分布，因此 t 服从以 $y(\boldsymbol{x};\boldsymbol{w})$ 为中心的高斯分布。

给定一个输入变量 $\boldsymbol{x}$，可以基于上述线性回归模型计算对应的目标观察值 t 的生成概率：

$$p(t \mid \boldsymbol{x};\boldsymbol{w},\beta)=N(t \mid y(\boldsymbol{x};\boldsymbol{w}),\beta^{-1})$$

如果我们将 $(\boldsymbol{x},t)$ 作为一个整体，则上式也是该二元组在这一模型下的生成概率。对给定的训练集 $D=\{(\boldsymbol{x}_n,t_n):n=1,2,\cdots,N\}$，该模型生成这一数据集的总概率为

$$p(D;\boldsymbol{w},\beta)=\prod_{n=1}^{N}N(t_n \mid \boldsymbol{w}^{\mathrm{T}}\boldsymbol{\phi}(\boldsymbol{x}_n),\beta^{-1}) \tag{2.7}$$

上式是 $\boldsymbol{w}$ 和 β 的函数，一般称为**似然函数**。显然，模型对某一数据集的描述能力越强，则该模型生成这一数据集的概率越大，似然函数的值也越大。如果我们能找到一组参数，使得该目标函数的取值最大化，则可以实现该模型在生成概率意义上的最优化。这一优化准则称为**最大似然**(Maximum Likelihood, ML)准则，相应的优化方法称为**最大似然估计**。对线性回归模型而言，最大似然估计可形式化为

$$\{\boldsymbol{w}_{\mathrm{ML}},\beta_{\mathrm{ML}}\}=\underset{\boldsymbol{w},\beta}{\operatorname{argmax}}\,p(D;\boldsymbol{w},\beta)$$

上述优化问题有解析解。为计算方便，我们对似然函数取对数作为目标函数，即

$$L(\boldsymbol{w},\beta)=\ln p(D;\boldsymbol{w},\beta)$$

代入高斯分布的概率公式，有

$$\begin{aligned}L(\boldsymbol{w},\beta)&=\sum_{n=1}^{N}\ln\{N(t_n \mid \boldsymbol{w}^{\mathrm{T}}\boldsymbol{\phi}(\boldsymbol{x}_n),\beta^{-1})\}\\&=\frac{N}{2}\ln\beta-\frac{N}{2}\ln(2\pi)-\beta E(\boldsymbol{w})\end{aligned}$$

其中前两项与 $\boldsymbol{w}$ 无关，第三项中

$$E(\boldsymbol{w})=\frac{1}{2}\sum_{n=1}^{N}\{t_n-\boldsymbol{w}^{\mathrm{T}}\boldsymbol{\phi}(\boldsymbol{x}_n)\}^2$$

因此，对 $\boldsymbol{w}$ 的最大似然估计等价于对 $E(\boldsymbol{w})$ 的最小化。仔细观察发现，$E(\boldsymbol{w})$ 正是式(2.5)所定义的平方误差。这意味着最大似然估计事实上等价于线性拟合。

仔细观察似然函数 $p(D;\boldsymbol{w},\beta)$，可以看到 $E(\boldsymbol{w})$ 项来自高斯分布中的指数项 $\mathrm{e}^{-\frac{\beta}{2}(t-\boldsymbol{w}^{\mathrm{T}}\boldsymbol{\phi}(\boldsymbol{x}))^2}$，这说明线性拟合中所定义的平方误差事实上假设了目标观察值中的噪声符合高斯分布。一方面，这说明平方误差是合理的，因为基于中心极限定理，高斯噪声是最简单也是最现实的噪声；另一方面，这也说明概率模型是一种更有效的建模方式。在没有引入概率模型时，我们并不清楚平方误差对应的数据分布情况，因此不好判断该误差的合理性。一旦我们引入了概率工具，即可将这一误差和高斯假设联系起来，从而更深刻地理解这一误差的合理性与局限性。我们在下面几节会反复看到类似的情况：当引入概率模型后，很多传统方法背后的假设变得更加清晰，其适用范围和缺陷更加明确，从而提示我们如何对这些方法进行改进和扩展。

现在让我们完成对线性回归模型的学习，即对 $L(\boldsymbol{w},\beta)$ 进行优化。首先取

$L(\boldsymbol{w}, \beta)$对 $\boldsymbol{w}$ 的梯度,有

$$\nabla_{\boldsymbol{w}} L(\boldsymbol{w}, \beta) = \sum_{n=1}^{N} \{\boldsymbol{w}^{\mathrm{T}} \boldsymbol{\phi}(\boldsymbol{x}_n) - t_n\} \boldsymbol{\phi}(\boldsymbol{x}_n) \tag{2.8}$$

上式说明该目标函数对 $\boldsymbol{w}$ 的梯度由预测值和观察值之间的差异导致,以这些差异为权重对输入变量取加权和即得到模型在当前参数下的梯度。将该梯度置零,解得 $\boldsymbol{w}$:

$$\boldsymbol{w}_{\mathrm{ML}} = (\boldsymbol{\Phi}^{\mathrm{T}} \boldsymbol{\Phi})^{-1} \boldsymbol{\Phi}^{\mathrm{T}} t$$

其中,下标 ML 表明该解基于最大似然准则得到。同理,取 $L(\boldsymbol{w}, \beta)$对 β 的梯度并置零:

$$\nabla_{\beta} L(\boldsymbol{w}, \beta) = \frac{N}{2\beta} - E(\boldsymbol{w}) = 0$$

代入 $\boldsymbol{w}$ 的最大似然估计 $\boldsymbol{w}_{\mathrm{ML}}$,得到

$$\frac{1}{\beta_{\mathrm{ML}}} = \frac{1}{N} \sum_{n=1}^{N} \{t_n - \boldsymbol{w}_{\mathrm{ML}}^{\mathrm{T}} \boldsymbol{\phi}(\boldsymbol{x}_n)\}^2 \tag{2.9}$$

注意,$\frac{1}{\beta}$ 事实上是高斯分布的方差,上式说明,对该方差的最大似然估计等于回归模型对训练数据进行预测的平方误差。

假设我们已经通过上述最大似然估计得到了一个线性回归模型:

$$t = \boldsymbol{w}^{\mathrm{T}} \boldsymbol{\phi}(\boldsymbol{x}) + \varepsilon$$

如何基于该模型预测一个新的输入变量 $\boldsymbol{x}_*$ 的目标 t_* 呢? 首先要注意,该模型包含一个随机变量 ε,因此是一个随机生成模型,该模型对一个确定的输入 $\boldsymbol{x}_*$ 并没有一个确定的预测 t_*,而是给出 t_* 的概率 $p(t_* | \boldsymbol{x}_*)$。后面我们会看到,这种基于概率的预测对完整描述一个带有随机性的系统具有重要意义,但现在我们只希望像通常的预测模型一样有一个确定的预测值。一种方法是求预测的期望,可计算如下:

$$\mathbb{E}[t_* | \boldsymbol{x}_*] = \int t p(t | \boldsymbol{x}_*) \mathrm{d}t = y(\boldsymbol{x}_*; \boldsymbol{w}_{\mathrm{ML}}) = \boldsymbol{w}_{\mathrm{ML}}^{\mathrm{T}} \boldsymbol{\phi}(\boldsymbol{x}_*)$$

可见,该预测结果正是线性拟合的预测结果,同时也是基于该线性回归模型得到的概率最大的预测。

一个问题是,线性回归模型中的高斯分布假设是合理的吗? 一般来说,如果我们对数据的特性了解得并不清楚,高斯分布通常是合理的选择。然而,当数据明显具有非高斯性时,这一假设会产生较大误差,从而导致线性回归模型失效。一个典型例子是当 t 是离散分布时,高斯假设显然是无效的。下节要讨论的 Logistic 回归即是一种适用于离散分布的模型。

2.1.3 Fisher 准则与线性分类

在分类问题中,给定输入向量 $\boldsymbol{x}$ 的特征 $\boldsymbol{\phi} = \boldsymbol{\phi}(\boldsymbol{x})$,我们希望分类器能预测该

输入所属的类别 t。总体来说,分类问题有三种可能的求解方法。

- **区分函数法**:设计一个区分函数 $f(\boldsymbol{\phi})$,基于某种准则对该函数进行优化,进而得到分类面。代表性方法如 Fisher 线性分类函数。与线性拟合类似,这一方法基于人为定义的准则,没有考虑概率意义,但直观简洁。
- **生成性概率模型法**:对每个类 C_k 建立一个统计模型 $p(\boldsymbol{\phi} \mid C_k)$,在分类时考察测试样本在每个模型上的概率,再基于贝叶斯公式得到属于某一类的后验概率 $p(C_k \mid \boldsymbol{\phi})$。这一方法依赖模型 $p(\boldsymbol{\phi} \mid C_k)$ 与实际数据的契合程度,契合程度越高,分类性能越好。
- **区分性概率模型法**:直接对后验概率 $p(C_k \mid \boldsymbol{\phi})$ 建模。这一方法不对数据分布做显式假设,只关注分类面,在分类面比较复杂的任务中更有优势。

本节我们从 **Fisher 区分函数**开始讨论。[181] 为了简便起见,我们只讨论二分类问题,但相关结论可以扩展到多分类任务中。设包含 N 个样本的训练集 $D=\{(\boldsymbol{\phi}_n,t_n);n=1,2,\cdots,N\}$,其中 $t_n \in \{C_1,C_2\}$,C_1 和 C_2 为两类。这些点通过一个线性映射投影到一维空间 y:

$$y=\boldsymbol{w}^{\mathrm{T}}\boldsymbol{\phi} \tag{2.10}$$

其中,$\boldsymbol{w}$ 是映射参数。如果基于该训练数据能学习一个优化的 $\boldsymbol{w}$,使得不同类的训练样本在映射空间里的"区分性"最大,则基于式(2.10)可得到一个简单的分类函数。**Fisher 准则**定义了如下区分性度量:

$$L(\boldsymbol{w})=\frac{(m_2-m_1)^2}{\sigma_1^2+\sigma_2^2} \tag{2.11}$$

其中,m_1、m_2 是 C_1 和 C_2 的样本点在映射空间里的均值,σ_1^2 和 σ_2^2 是映射空间里的方差。式(2.11)表明类间距离越大,类内的分散程度越小,则这两类的区分性越强。这显然是符合直觉的。代入式(2.10),有

$$L(\boldsymbol{w})=\frac{\boldsymbol{w}^{\mathrm{T}}\boldsymbol{S}_{\mathrm{B}}\boldsymbol{w}}{\boldsymbol{w}^{\mathrm{T}}\boldsymbol{S}_W\boldsymbol{w}} \tag{2.12}$$

其中,$\boldsymbol{S}_W$ 是原始数据的类内协方差矩阵:

$$\boldsymbol{S}_W=\sum_{\boldsymbol{\phi}_n\in C_1}(\boldsymbol{\phi}_n-\boldsymbol{\mu}_1)(\boldsymbol{\phi}_n-\boldsymbol{\mu}_1)^{\mathrm{T}}+\sum_{\boldsymbol{\phi}_n\in C_2}(\boldsymbol{\phi}_n-\boldsymbol{\mu}_2)(\boldsymbol{\phi}_n-\boldsymbol{\mu}_2)^{\mathrm{T}}$$

其中,$\boldsymbol{\mu}_1$ 和 $\boldsymbol{\mu}_2$ 是两类样本在原数据空间中的均值。$\boldsymbol{S}_{\mathrm{B}}$ 是原始数据的类间协方差矩阵,定义如下:

$$\boldsymbol{S}_{\mathrm{B}}=(\boldsymbol{\mu}_2-\boldsymbol{\mu}_1)(\boldsymbol{\mu}_2-\boldsymbol{\mu}_1)^{\mathrm{T}}$$

基于式(2.12)可对 $\boldsymbol{w}$ 进行优化。取 $\nabla_{\boldsymbol{w}}L(\boldsymbol{w})=0$,可推出:

$$(\boldsymbol{w}^{\mathrm{T}}\boldsymbol{S}_{\mathrm{B}}\boldsymbol{w})\boldsymbol{S}_W\boldsymbol{w}=(\boldsymbol{w}^{\mathrm{T}}\boldsymbol{S}_W\boldsymbol{w})\boldsymbol{S}_{\mathrm{B}}\boldsymbol{w}$$

注意到 $(\boldsymbol{w}^{\mathrm{T}}\boldsymbol{S}_{\mathrm{B}}\boldsymbol{w})$ 和 $(\boldsymbol{w}^{\mathrm{T}}\boldsymbol{S}_W\boldsymbol{w})$ 都是标量,且

$$\boldsymbol{S}_{\mathrm{B}}\boldsymbol{W}=(\boldsymbol{\mu}_2-\boldsymbol{\mu}_1)\{(\boldsymbol{\mu}_2-\boldsymbol{\mu}_1)^{\mathrm{T}}\boldsymbol{w}\}\propto\boldsymbol{\mu}_2-\boldsymbol{\mu}_1 \tag{2.13}$$

因而有

$$\boldsymbol{S}_W\boldsymbol{w} \propto \boldsymbol{\mu}_2 - \boldsymbol{\mu}_1$$

如果 $\boldsymbol{S}_W$ 满秩，则有

$$\boldsymbol{w} \propto \boldsymbol{S}_W^{-1}(\boldsymbol{\mu}_2 - \boldsymbol{\mu}_1) \tag{2.14}$$

上式意味着最具有区分性的 $\boldsymbol{w}$ 应该和这两类样本中心的连线 $\boldsymbol{\mu}_2 - \boldsymbol{\mu}_1$ 大致同向，但应基于类内方差矩阵 $\boldsymbol{S}_W$ 进行调整。上述基于 Fisher 准则的线性分类模型也被称为**线性判别分析**(Linear Discriminant Analysis，LDA)。通过对 Fisher 准则进行合理定义，LDA 很容易扩展到多分类问题。[164]

Fisher 准则的合理性是显然的，但我们碰到了与线性拟合同样的问题：为什么要选择这一准则，其他准则不好吗？为了回答这一问题，让我们换一种思路，用线性拟合来求解区分函数。

设类 C_1 中的样本数为 N_1，C_2 中的样本数为 N_2，二者加起来一共有 N 个训练样本点。对 C_1 中的样本点，设其目标 $t=N/N_1$，对 C_2 中的样本点，设其目标为 $t=-N/N_2$。则线性拟合的误差为

$$E(\boldsymbol{w}) = \frac{1}{2}\sum_{\boldsymbol{\phi}_n \in C_1}(\boldsymbol{w}^{\mathrm{T}}\boldsymbol{\phi}_n - N/N_1)^2 + \frac{1}{2}\sum_{\boldsymbol{\phi}_n \in C_2}(\boldsymbol{w}^{\mathrm{T}}\boldsymbol{\phi}_n + N/N_2)^2$$

取 $\nabla_{\boldsymbol{w}}E(\boldsymbol{w}) = \mathbf{0}$，有

$$\sum_{\boldsymbol{\phi}_n \in C_1}(\boldsymbol{w}^{\mathrm{T}}\boldsymbol{\phi}_n - N/N_1)\boldsymbol{\phi}_n + \sum_{\boldsymbol{\phi}_n \in C_2}(\boldsymbol{w}^{\mathrm{T}}\boldsymbol{\phi}_n + N/N_2)\boldsymbol{\phi}_n = \mathbf{0}$$

整理可得

$$\left(\boldsymbol{S}_W + \frac{N_1N_2}{N}\boldsymbol{S}_B\right)\boldsymbol{w} = N(\boldsymbol{\mu}_1 - \boldsymbol{\mu}_2)$$

由式(2.13)可知，$\boldsymbol{S}_B\boldsymbol{w}$ 与 $\boldsymbol{\mu}_2 - \boldsymbol{\mu}_1$ 同向，这说明：

$$\boldsymbol{w} \propto \boldsymbol{S}_W^{-1}(\boldsymbol{\mu}_2 - \boldsymbol{\mu}_1)$$

而这正是式(2.14)所示的 Fisher 区分函数的解。

让我们梳理一下上面的推理逻辑：我们希望得到一个分类函数，使得不同类之间的区分性最大，为此我们定义了一个以 $\boldsymbol{w}$ 为参数的线性映射，并定义了 Fisher 准则来优化 $\boldsymbol{w}$。在这一过程中，我们并没有过多考虑为什么选择 Fisher 准则，只是直觉上觉得这一准则定义了一个合理的区分性标准。然而，经过推导，我们发现在上述二分类问题中，**依 Fisher 准则得到的映射函数和基于线性拟合得到的映射函数是等价的**。由上一小节讨论可知，线性拟合等价于一个线性回归模型，其基本假设是 $p(t \mid \boldsymbol{\phi})$ 为高斯分布。综合起来，说明 Fisher 方法事实上假设了分类任务中的类别标记是符合高斯分布的。这显然是不合理的。

用一个简单的例子来观察这一不合理假设带来的影响。如图 2-3 所示，任务中的两类数据点分别标记为 1 和 0，均值分别在 $\boldsymbol{\mu}_1$ 和 $\boldsymbol{\mu}_2$。正常情况下，每一类数据分布在各自均值附近，基于线性拟合(等价于 LDA)得到的分类函数如图中绿线

所示。当出现一些奇异点(标为红色)时,为了照顾这些点,分类函数必须往水平方向趋近(红线),使得 y 的区分度下降。

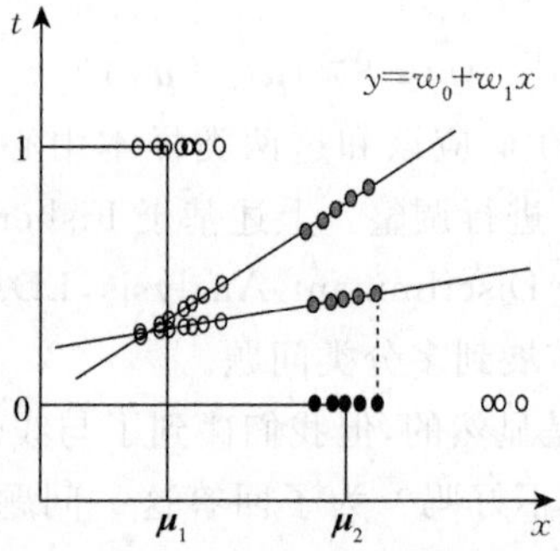

图2-3彩图

图 2-3 基于线性拟合的分类方法(等价于 LDA)

注:图中数据 x 为一维,白点和黑点分属两类,其类别标记分别为 1 和 0。如果没有奇异数据,拟合直线为绿线,如果加入奇异数据(蓝色双圈点),则拟合直线偏向这些奇异数据,导致类间区分性下降。注意图中拟合直线是拟合函数而非分类面,分类面需依训练数据在该函数上的取值(即$\{y_n\}$)确定。

2.1.4 Logistic 回归

基于线性回归的分类方法之所以对奇异点(如图 2-3 中的红点)敏感,一个直观的原因是奇异点的分类函数值 y 和其标记 t 的距离过大,基于最小平方误差准则,这些奇异点在误差中所占的比重过大。一个可能的解决方法是利用非线性函数对距离进行压缩,限制误差过大的点造成的影响。另外,分类任务中的样本标记只能是固定的离散值,线性回归中的高斯分布假设无法适用,因而需要设计更合理的分布函数 $p(t\mid\boldsymbol{\phi})$。**Logistic 回归**从这两方面对线性回归进行了修正,使之适用于分类问题。

同样以二分类问题展开讨论。给定一个包括 N 个样本的训练集 $D=\{(\boldsymbol{\phi}_n, t_n);\boldsymbol{\phi}_n=\boldsymbol{\phi}(\boldsymbol{x}_n), t_n\in\{0,1\}\}$,其中 t_n 取不同值代表不同类。不失一般性,可假设 1 代表 C_1 类、0 代表 C_2 类。Logistic 回归假设 t 符合如下**伯努利分布**(Bernoulli Distribution):

$$p(t\mid\boldsymbol{\phi};\boldsymbol{w})=y(\boldsymbol{\phi};\boldsymbol{w})^t(1-y(\boldsymbol{\phi};\boldsymbol{w}))^{1-t} \tag{2.15}$$

其中,$y(\boldsymbol{\phi};\boldsymbol{w})$是$\boldsymbol{\phi}$ 属于 C_1 的预测函数,定义为

$$y(\boldsymbol{\phi};\boldsymbol{w})=p(C_1\mid\boldsymbol{\phi};\boldsymbol{w})=\sigma(\boldsymbol{w}^{\mathrm{T}}\boldsymbol{\phi}) \tag{2.16}$$

其中,$\sigma(\cdot)$ 称为 **Logistic 函数**,定义为

$$\sigma(a)=\frac{1}{1+\mathrm{e}^{-a}}$$

注意,$\sigma(\cdot)$ 将整个实数域映射到开区间(0,1),因而起到非线性压缩的作用。

Logistic 函数在机器学习里的应用非常广泛，在后续章节会陆续看到。注意预测函数(2.16)非常接近线性模型，只不过在线性预测结果后加入了一个非线性压缩。基于 Logistic 函数的简单性，可以“近似”认为这一模型依然是一种线性模型，称为**近线性模型**(Approximate Linear Model)或**扩展线性模型**(Generalized Linear Model)。

和线性回归一样，式(2.15)和式(2.16)定义了一个生成过程：首先对输入 $\boldsymbol{x}$ 经过一个非线性映射 $\boldsymbol{\phi}(\cdot)$生成特征，再经由一个线性映射 $\boldsymbol{w}^{\mathrm{T}}\boldsymbol{\phi}$ 投影到一个标量空间，再经过 $\sigma(\cdot)$压缩到(0,1)内，最后以该压缩值作为伯努利分布的参数生成目标 t。这一模型称为 Logistic 回归模型。比较 Logistic 回归模型和线性回归模型，可见二者具有相似性，差别只是增加了一个非线性映射函数 $\sigma(\cdot)$，并用伯努利分布假设代替了高斯分布假设。

基于上述回归模型，可以用最大似然估计来优化模型参数 $\boldsymbol{w}$。首先，定义 y_n 为

$$y_n=\sigma(\boldsymbol{w}^{\mathrm{T}}\boldsymbol{\phi}_n)=p(C_1\mid\boldsymbol{\phi}_n)$$

依式(2.15)，一个样本点$(\boldsymbol{\phi}_n,t_n)$的概率可形式化为

$$p(t_n\mid\boldsymbol{\phi}_n;\boldsymbol{w})=\{y_n\}^{t_n}\{1-y_n\}^{1-t_n}$$

则在数据集 D 上的似然函数可以表示为

$$p(D;\boldsymbol{w})=\prod_{n=1}^{N}\{y_n\}^{t_n}\{1-y_n\}^{1-t_n}$$

为了计算方便，取上述似然函数的负对数作为目标函数，则

$$L(\boldsymbol{w})=-\ln p(D;\boldsymbol{w})=-\sum_{n=1}^{N}\{t_n\ln y_n+(1-t_n)\ln(1-y_n)\}$$

这一目标函数称为**交叉熵**(Cross Entropy,CE)函数。因此，对似然函数 $p(D;\boldsymbol{w})$的最大化(即最大似然准则)等价于对交叉熵的最小化。

取 $L(\boldsymbol{w})$对 $\boldsymbol{w}$ 的梯度，并利用关系 $\sigma'(a)=\sigma(a)(1-\sigma(a))$，整理后可得

$$\nabla_{\boldsymbol{w}}L(\boldsymbol{w})=\sum_{n=1}^{N}(y_n-t_n)\boldsymbol{\phi}_n \tag{2.17}$$

这意味着交叉熵函数对 $\boldsymbol{w}$ 的梯度取决于预测值和目标值之间的误差。类似形式在线性回归里也出现过，见式(2.8)。需要注意的是，将上述梯度取零并不能直接得到 $\boldsymbol{w}$，这是因为式中的 y_n 是 $\boldsymbol{w}$ 的非线性函数。但式(2.17)中给出的梯度已经足够我们采用梯度下降法对 $\boldsymbol{w}$ 进行优化了。

梯度下降法(Gradient Descend,GD)是一种通用的函数优化方法。设有函数 $f(\boldsymbol{w})$，优化的目标是找到一个 $\boldsymbol{w}^*$ 使得该函数的取值最小。梯度下降法从一个随机的 $\boldsymbol{w}$ 开始进行迭代优化，每一步 t 选择一个使 $f(\boldsymbol{w})$下降最大的方向，并往该方向前进步长 η_t。因为使 $f(\boldsymbol{w})$下降最大的方向即是 $f(\boldsymbol{w})$在 $\boldsymbol{w}^t$ 点的梯度方向，因此该方法称为梯度下降法。如果步长 η_t 选得合理，梯度下降法可以保证收敛到局部最优。GD 被广泛应用到各种模型优化任务中。我们将在第 3 章、第 4 章和第

11 章进一步讨论 GD 算法。

现在，让我们利用 GD 对 Logistic 回归中的交叉熵函数 $L(\boldsymbol{w})$ 进行优化，参数的迭代更新过程形式化如下。

$$\boldsymbol{w}^{t+1}=\boldsymbol{w}^{t}-\eta_t \nabla_{\boldsymbol{w}} L(\boldsymbol{w}^{t})$$

一般来说，η 的取值最初比较大，随着迭代的进行可以逐渐减小，直到某一小值后保持固定。

图 2-4 给出基于线性回归(Fisher 区分函数)和 Logistic 回归模型对两组二维数据生成的分类面。当数据分布比较正常且没有奇异值时，可以看到这两种分类方法效果很相似，但当某一类中出现奇异数据时，Logistic 回归受到的影响要小得多。

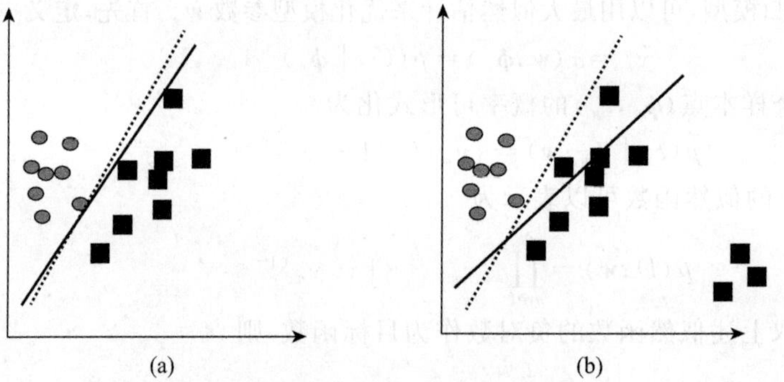

图2-4彩图

图 2-4　线性回归和 Logistic 回归示意图

注：黑色实线和绿色虚线分别是线性回归和 Logistic 回归模型对两组二维数据生成的分类面。(a)两组数据分布都比较集中，这两个模型给出的结果相差不大；(b)出现了一些离分类面较远的奇异样本，此时线性回归模型的表现明显变差，而 Logistic 回归模型受到的影响较小。

Logistic 回归的基本方法可扩展到多分类问题上，称为 **Softmax 回归**。基于多分类问题的性质，Softmax 回归将目标 t 用一个 ***one-hot*** 向量表示(向量中对应所属类别的一维设为 1，其余维设为 0)，并将二分类问题中的伯努利分布扩展为多分类问题中的**多类分布**(Categorical Distribution)。基于交叉熵准则，利用梯度下降法可实现对模型参数的优化。

2.1.5　小结

至此，我们已经介绍了最基本的线性模型。这些模型虽然简单，却是分析更复杂模型的基础。我们特别强调模型的概率意义。传统基于朴素优化准则(如平方误差和 Fisher 准则)的模型方法是直观的，但对模型本身的理解并不深入。引入概率模型以后，可以发现隐藏在各种优化准则背后的数据分布假设。认识这些假设对理解某种方法的适用范围有重要意义。例如，在图 2-4 所示的分类例子中，Fisher 准则之所以在奇异数据上性能下降，是因为这种方法对数据做了高斯假设，这一假设与实际数据的分布特性有明显偏差，从而导致了建模失败。当将高斯假设换成伯努利假设后，这种偏差就被纠正了。如果对 Fisher 准则背后的假设不了解，将很难发现这一问题并对其进行修正。从另一个角度看，这也提示我们在学习某种模型和算法时，理解其基础假设至关重要。

上面我们谈到各种对应关系、数据分布假设等，到目前为止都是基于最大似然(ML)准则，即模型对数据的生成概率最大化。最大似然显然是一种理性选择，但并不完美。例如，我们通常希望将知识和数据结合在一起，这时不仅要考虑训练数据概率最大化，还要考虑先验知识在目标函数中的比重，这时的准则不再是最大似然，而是**最大后验**(Maximum A Posterior，MAP)。事实上，并没有哪种学习准则是绝对最优的，重要的是面对不同任务时选择恰当的准则，并根据数据的分布情况选择恰当的模型。

2.2 线性概率模型

在前一节讨论的线性预测模型中，假设输入变量和目标变量是可见的，建模的目的是基于输入变量对目标变量进行预测。这事实上是建立一个条件概率模型 $p(t \mid \boldsymbol{x})$。现在考虑一个反向问题：如果给定一个目标变量 $\boldsymbol{t}$，是否可以推理出 $\boldsymbol{x}$ 呢？如果 $\boldsymbol{x}$ 和 $\boldsymbol{t}$ 都是可见的，基于前一节给出的方法可以直接建立模型 $p(\boldsymbol{x} \mid \boldsymbol{t})$，从而实现推理目标。然而，在很多推理任务中 $\boldsymbol{x}$ 是不可见的，即**隐变量**(Latent Variable)，这时无法显式地建立一个基于 $\boldsymbol{t}$ 对 $\boldsymbol{x}$ 的预测模型。为了解决这类推理问题，通常对 $p(\boldsymbol{x})$ 和 $p(\boldsymbol{t} \mid \boldsymbol{x})$ 的分布形式进行假设，基于最大似然准则对这些分布的参数进行优化。训练完成后，即可利用贝叶斯公式计算后验概率 $p(\boldsymbol{x} \mid \boldsymbol{t})$。

可以将上述过程形式化，定义 $\boldsymbol{x}$ 和 $\boldsymbol{t}$ 之间具有如下线性关系：

$$\boldsymbol{t}=\boldsymbol{W}\boldsymbol{x}+\boldsymbol{\varepsilon}$$

其中，$\boldsymbol{W}$ 是参数矩阵，$\boldsymbol{t}$、$\boldsymbol{x}$、$\boldsymbol{\varepsilon}$ 都是随机变量，分别代表观察量、隐变量和随机噪声。

这一模型称为**线性概率模型**。

注意线性概率模型和线性预测模型具有类似形式，区别在于线性概率模型中 $\boldsymbol{x}$ 是不可见的隐变量，而在线性预测模型中 $\boldsymbol{x}$ 是可见的输入值，如图 2-5 所示。这一区别很重要：当 $\boldsymbol{x}$ 变成隐变量后，能观察到的数据只有 $\boldsymbol{t}$，因此学习方式由监督学习变成了无监督学习，推理过程也由前向预测变成了反向推理。

线性概率模型建立了一种对观察变量 $\boldsymbol{t}$ 进行概率描述的框架，在这一框架下，每当观察到一个 $\boldsymbol{t}$ 时，可以依定义好的线性关系去推理数据背后的隐藏原因 $\boldsymbol{x}$。因此，该模型被广泛用于因子分析和特征提取等任务中。在后面的章节中会看到，线性概率模型是概率图模型的简单形式。将这一模型放到本章讨论，目的是强调不同模型之间的相关性，即使是线性拟合和因子分析这两种很不相同的方法也具有很强的内在联系。

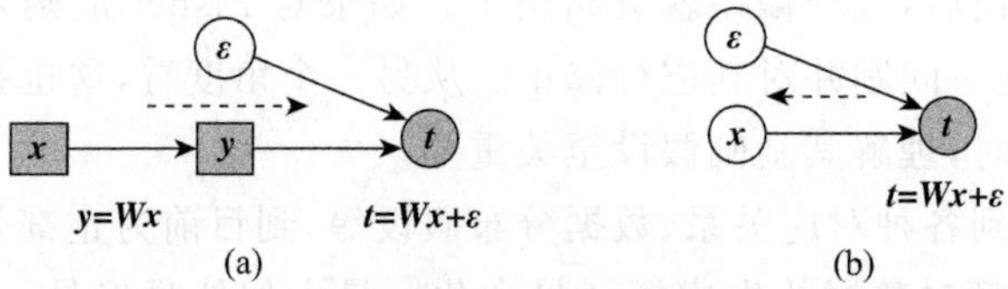

图 2-5　线性预测模型和线性概率模型的区别

注：图中方框表示确定值，圆圈表示随机变量；白色表示隐变量，灰色表示可见值或变量。如图中虚线所示，线性预测模型的推理过程从左到右，线性概率模型的推理过程从右向左。

2.2.1　主成分分析

主成分分析(Principal Component Analysis，PCA)希望找到若干相互正交的方向，使得观察数据在这些方向上的映射最大可能地代表原数据的分布性质。这些方向称为主成分(Principle Component，PC)。一般来说，选择有限的几个主成分即可很好地代表原数据，因此 PCA 常用在数据降维中。

主成分可以基于**方差最大准则**得到。这一准则的思路是，数据在一个映射空间中的方差越大，说明该空间对数据的代表性越强。因此，主成分应该是使得数据在由其所构成的映射空间中方差最大的方向。

1. 寻找最具代表性的主成分(称为第一主成分)

设包含 N 个样本的训练数据集 $D=\{\boldsymbol{t}_n \in R^D : n=1,2,\cdots,N\}$，现在的任务是要找到一个方向 $\boldsymbol{v}_1 \in R^D$，使得数据集 D 在这一方向上的投影方差最大。不失一般性，令 $\boldsymbol{v}_1$ 为单位向量，即 $\boldsymbol{v}_1^{\mathrm{T}}\boldsymbol{v}_1=1$。数据集在投影空间的方差计算如下：

$$\begin{aligned}
\mathrm{Var}(\boldsymbol{v}_1) &= \frac{1}{N}\sum_{n=1}^{N}(\boldsymbol{v}_1^{\mathrm{T}}\boldsymbol{t}_n - \boldsymbol{v}_1^{\mathrm{T}}\bar{\boldsymbol{t}})^2 \\
&= \frac{1}{N}\sum_{n=1}^{N}\boldsymbol{v}_1^{\mathrm{T}}(\boldsymbol{t}_n-\bar{\boldsymbol{t}})(\boldsymbol{t}_n-\bar{\boldsymbol{t}})^{\mathrm{T}}\boldsymbol{v}_1 \\
&= \boldsymbol{v}_1^{\mathrm{T}}\left\{\frac{1}{N}\sum_{n=1}^{N}(\boldsymbol{t}_n-\bar{\boldsymbol{t}})(\boldsymbol{t}_n-\bar{\boldsymbol{t}})^{\mathrm{T}}\right\}\boldsymbol{v}_1 \\
&= \boldsymbol{v}_1^{\mathrm{T}}\boldsymbol{S}\boldsymbol{v}_1
\end{aligned} \tag{2.18}$$

其中，$\bar{\boldsymbol{t}}$ 为训练样本的均值，$\boldsymbol{S}$ 是协方差矩阵。求使 $\mathrm{Var}(\boldsymbol{v}_1)$ 最大化的 $\boldsymbol{v}_1$ 且满足约束条件 $\boldsymbol{v}_1^{\mathrm{T}}\boldsymbol{v}_1=1$。基于拉格朗日乘子法，上述带约束的优化任务等价于对如下目标函数的无约束优化：

$$L(\boldsymbol{v}_1) = \mathrm{Var}(\boldsymbol{v}_1) + \lambda_1(1 - \boldsymbol{v}_1^{\mathrm{T}}\boldsymbol{v}_1) = \boldsymbol{v}_1^{\mathrm{T}}\boldsymbol{S}\boldsymbol{v}_1 + \lambda_1(1 - \boldsymbol{v}_1^{\mathrm{T}}\boldsymbol{v}_1) \tag{2.19}$$

求上式对 $\boldsymbol{v}_1$ 的梯度，并使之为零：

$$\nabla L(\boldsymbol{v}_1) = 2\boldsymbol{S}\boldsymbol{v}_1 - 2\lambda_1\boldsymbol{v}_1 = \boldsymbol{0}$$

整理可得下式：

$$\boldsymbol{S}\boldsymbol{v}_1 = \lambda_1\boldsymbol{v}_1$$

上式说明满足优化条件的主成分方向 $\boldsymbol{v}_1$ 必然是协方差矩阵 $\boldsymbol{S}$ 的特征向量。将上式代入优化目标函数，有

$$\mathrm{Var}(\boldsymbol{v}_1) = \boldsymbol{v}_1^{\mathrm{T}}\boldsymbol{S}\boldsymbol{v}_1 = \lambda_1$$

上式说明数据集在 $\boldsymbol{v}_1$ 上投影的方差等于 $\boldsymbol{v}_1$ 对应的特征向量 λ_1。因此，为取 $L(\boldsymbol{v}_1)$ 最大的主成分，只需取协方差矩阵的最大特征值所对应的特征向量即可。

2. 寻找其他主成分

取得第一主成分后，依类似步骤可得到后续各个主成分。设已经得到前 $k-1$ 个主成分，现在寻找第 k 个主成分 $\boldsymbol{v}_k$，使得数据在 $\boldsymbol{v}_k$ 上的投影方差最大，且 $\boldsymbol{v}_k$ 与前 $k-1$ 个主成分正交。基于这些目标和条件，得到类似式(2.19)的目标函数：

$$L(\boldsymbol{v}_k) = \boldsymbol{v}_k^{\mathrm{T}}\boldsymbol{S}\boldsymbol{v}_k + \lambda_k(1 - \boldsymbol{v}_k^{\mathrm{T}}\boldsymbol{v}_k) + \sum_{i=1}^{k-1}\lambda_i\boldsymbol{v}_k^{\mathrm{T}}\boldsymbol{v}_i$$

取对 $\boldsymbol{v}_k$ 的梯度：

$$\nabla L(\boldsymbol{v}_k) = 2\boldsymbol{S}\boldsymbol{v}_k - 2\lambda_k\boldsymbol{v}_k + \sum_{i=1}^{k-1}\lambda_i\boldsymbol{v}_i = 0$$

将上式两端分别左乘 $\boldsymbol{v}_i^{\mathrm{T}}(\forall i < k)$，依正交性可得 $\lambda_i = 0(\forall i < k)$，因此得到与求第一主成分一样的形式，即 $\boldsymbol{v}_k$ 为协方差矩阵 $\boldsymbol{S}$ 的特征向量，在该方向投影的方差为其所对应的特征值 λ_k。由此可知，所有主成分都是协方差矩阵的特征向量，且加入每一个主成分后所增加的方差等于该主成分对应的特征值。因此，若要求前 K 个主成分，只需选择特征值最大的 K 个特征向量即可。

2.2.2　概率主成分分析

PCA 是经典的无监督学习方法，广泛应用于降维、正规化、流形学习等任务中。然而，PCA 的优化函数(映射空间方差最大)和主成分之间的正交限制在很大程度上是人为定义的，这使得 PCA 的适用性缺少明确解释。本节我们将寻求 PCA 的概率意义，用线性概率模型来解释 PCA，这一方法称为**概率主成分分析**(Probabilistic PCA，PPCA)。[671]

考虑如下简单的线性概率模型：

$$\boldsymbol{t} = \boldsymbol{\mu} + \boldsymbol{W}\boldsymbol{x} + \boldsymbol{\varepsilon} \tag{2.20}$$

其中，$\boldsymbol{t} \in R^D$ 是 D 维观察变量，$\boldsymbol{\mu} \in R^D$ 是固定偏移量，$\boldsymbol{W} \in R^{D\times M}$ 是模型参数，$\boldsymbol{x} \in R^M$ 是符合正态分布的 M 维隐变量，则有

$$p(\boldsymbol{x}) = N(\boldsymbol{x} \mid \boldsymbol{0}, \boldsymbol{I})$$

$\boldsymbol{\varepsilon} \in R^D$ 是 D 维高斯变量，则有

$$p(\boldsymbol{\varepsilon}) = N(\boldsymbol{x} \mid \boldsymbol{0}, \sigma^2 \boldsymbol{I})$$

上式定义了数据 $\boldsymbol{t}$ 的生成模型：首先基于先验概率 $p(\boldsymbol{x})$ 生成隐变量的采样点 $\boldsymbol{x}$，通过线性变换生成 $\boldsymbol{Wx}$，再加入一个高斯噪声 $\boldsymbol{\varepsilon}$，最后加入位移 $\boldsymbol{\mu}$。这一过程如图 2-6 所示。值得一提的是，这一模型中所有变量都是高斯的：$\boldsymbol{x}$ 是一个高斯变量，其线性变换 $\boldsymbol{Wx}$ 也是高斯的，再加入高斯噪声 $\boldsymbol{\varepsilon}$ 和位移 $\boldsymbol{\mu}$ 得到的 $\boldsymbol{t}$ 依然是高斯的。这种基于高斯分布的线性概率模型通常称为**线性高斯模型**。本节所讨论的模型都属于这一类型。

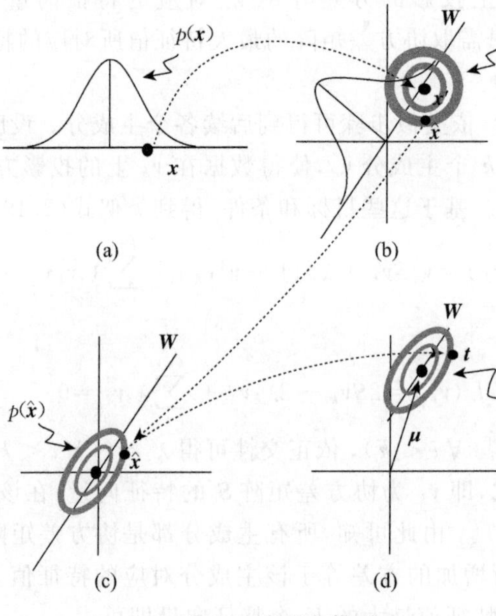

图2-6彩图

图 2-6　PPCA 模型

注：观察数据 $\boldsymbol{t}$ 是二维变量，$\boldsymbol{x}$ 是一维隐变量。(a)根据隐变量 $\boldsymbol{x}$ 的分布 $p(\boldsymbol{x})$ 得到一个采样点 $\boldsymbol{x}$；(b)对该采样点做线性变换 $\boldsymbol{x}'=\boldsymbol{Wx}$，并加入高斯噪声 $\boldsymbol{\varepsilon}$，得到 $\hat{\boldsymbol{x}}=\boldsymbol{x}'+\boldsymbol{\varepsilon}$；(c) $\hat{\boldsymbol{x}}$ 的边缘分布 $p(\hat{\boldsymbol{x}}) = \int p(\hat{\boldsymbol{x}} \mid \boldsymbol{x})\mathrm{d}\boldsymbol{x}$；(d)加入位移 $\boldsymbol{\mu}$，得到观察值 $\boldsymbol{t}=\boldsymbol{\mu}+\hat{\boldsymbol{x}}$。椭圆线表示 $\boldsymbol{t}$ 的边缘分布 $p(\boldsymbol{t})$。图片参考文献[67]的图 12-9。

仔细观察 PPCA 的模型(见式(2.20))，可以看到这一方程和线性拟合十分相似，但 $\boldsymbol{x}$ 不论在训练还是推理时都是不可见的，我们所能知道的只是一个假设的先验概率 $p(\boldsymbol{x})$。另外，注意 $\boldsymbol{\mu}$ 是模型参数，而非随机变量。

下面我们基于最大似然准则估计 PPCA 的模型参数 $\boldsymbol{W}$、$\boldsymbol{\mu}$ 和 σ^2。基于 PPCA 的模型假设，$p(\boldsymbol{x})$ 和 $p(\boldsymbol{t} \mid \boldsymbol{x})$ 都服从高斯分布，因而边缘分布 $p(\boldsymbol{t})$ 也服从高斯分布，其均值可由期望得到

$$\mathbb{E}[\boldsymbol{t}] = \mathbb{E}[\boldsymbol{\mu} + \boldsymbol{Wx} + \boldsymbol{\varepsilon}] = \boldsymbol{\mu} \tag{2.21}$$

其中，利用了 $\boldsymbol{x}$ 和 $\boldsymbol{\varepsilon}$ 的均值为零的事实。类似，$p(\boldsymbol{t})$ 方差可由 $\boldsymbol{t}$ 的协方差矩阵得到

$$\begin{aligned}\mathrm{Cov}(\boldsymbol{t}) &= \mathbb{E}[(\boldsymbol{Wx}+\boldsymbol{\varepsilon})(\boldsymbol{Wx}+\boldsymbol{\varepsilon})^{\mathrm{T}}] \\ &= \mathbb{E}[\boldsymbol{Wxx}^{\mathrm{T}}\boldsymbol{W}^{\mathrm{T}}]+\mathbb{E}[\boldsymbol{\varepsilon\varepsilon}^{\mathrm{T}}] \\ &= \boldsymbol{WW}^{\mathrm{T}}+\sigma^2\boldsymbol{I}\end{aligned} \tag{2.22}$$

由此可得

$$p(\boldsymbol{t})=N(\boldsymbol{t}\mid\boldsymbol{\mu},\boldsymbol{C})=N(\boldsymbol{t}\mid\boldsymbol{\mu},\boldsymbol{WW}^{\mathrm{T}}+\sigma^2\boldsymbol{I})$$

基于上述公式，根据最大似然准则可确定模型的参数。给定数据集 $D=\{\boldsymbol{t}_n: n=1,2,\cdots,N\}$，对数似然函数为

$$\begin{aligned}\ln p(D\mid\boldsymbol{\mu},\boldsymbol{W},\sigma^2) &= \sum_{n=1}^{N}\ln p(\boldsymbol{t}_n\mid\boldsymbol{\mu},\boldsymbol{W},\sigma^2) \\ &= -\frac{ND}{2}\ln(2\pi)-\frac{N}{2}\ln(|\boldsymbol{C}|)-\frac{1}{2}\sum_{n=1}^{N}(\boldsymbol{t}_n-\boldsymbol{\mu})^{\mathrm{T}}\boldsymbol{C}^{-1}(\boldsymbol{t}_n-\boldsymbol{\mu})\end{aligned}$$

Tipping 和 Bishop 证明[671]，对上述似然函数进行最大化可得如下最大似然估计：

$$\boldsymbol{\mu}_{\mathrm{ML}}=\bar{\boldsymbol{t}}$$
$$\boldsymbol{W}_{\mathrm{ML}}=\boldsymbol{U}_M(\boldsymbol{L}_M-\sigma^2 I)^{1/2}\boldsymbol{R}$$
$$\sigma^2_{\mathrm{ML}}=\frac{1}{D-M}\sum_{i=M+1}^{D}\lambda_i$$

其中，λ_i 是原始数据协方差矩阵 $\boldsymbol{S}$ 的第 i 个特征值（按数值由大到小排列），$\boldsymbol{U}_M\in R^{D\times M}$ 由前 M 个最大特征值对应的特征向量按列排列组成的矩阵，$\boldsymbol{L}_M\in R^{M\times M}$ 是对应的特征值组成的对角矩阵，$\boldsymbol{R}\in R^{M\times M}$ 是任意正交矩阵。注意正交矩阵 $\boldsymbol{R}$ 是任意的，不会对数据分布 $p(\boldsymbol{t})$ 产生影响，这一特性来源于先验概率 $p(\boldsymbol{x})$ 的各向同性。

基于上述生成模型，可以从观察变量 $\boldsymbol{t}$ 推理出隐变量 $\boldsymbol{x}$，即后验概率 $p(\boldsymbol{x}|\boldsymbol{t})$。由于先验概率 $p(\boldsymbol{x})$ 和条件概率 $p(\boldsymbol{t}|\boldsymbol{x})$ 都是高斯的，可以确定该后验概率亦具有高斯分布形式。依贝叶斯定理，可得

$$p(\boldsymbol{x}\mid\boldsymbol{t})=\frac{p(\boldsymbol{t}\mid\boldsymbol{x})p(\boldsymbol{x})}{p(\boldsymbol{t})}=N(\boldsymbol{x}\mid\boldsymbol{M}^{-1}\boldsymbol{W}^{\mathrm{T}}(\boldsymbol{t}-\boldsymbol{\mu}_{\mathrm{ML}}),\sigma^{-2}\boldsymbol{M})$$

其中，

$$\boldsymbol{M}=\boldsymbol{W}^{\mathrm{T}}\boldsymbol{W}+\sigma^2\boldsymbol{I}$$

基于该后验概率，对给定的一个观测变量 $\boldsymbol{t}$，可基于**最大后验**（MAP）准则确定一个最能描述 $\boldsymbol{t}$ 的隐变量取值 $\boldsymbol{x}$。由于该后验概率是高斯的，MAP 估计等同于均值，因此有

$$\boldsymbol{x}_{\mathrm{MAP}}\mid\boldsymbol{t}=\boldsymbol{M}^{-1}\boldsymbol{W}^{\mathrm{T}}(\boldsymbol{t}-\boldsymbol{\mu})=(\boldsymbol{W}^{\mathrm{T}}\boldsymbol{W}+\sigma^2\boldsymbol{I})^{-1}\boldsymbol{W}^{\mathrm{T}}(\boldsymbol{t}-\boldsymbol{\mu})$$

当 $\sigma\to 0$ 时，可推导出 $\boldsymbol{x}$ 的 MAP 估计为

$$\boldsymbol{x}_{\mathrm{MAP}}\mid\boldsymbol{t}=(\boldsymbol{W}^{\mathrm{T}}\boldsymbol{W})^{-1}\boldsymbol{W}^{\mathrm{T}}(\boldsymbol{t}-\boldsymbol{\mu})$$

取参数的 ML 估计，有

$$\boldsymbol{x}_{\mathrm{MAP}} \mid \boldsymbol{t} = \boldsymbol{R}^{\mathrm{T}} \boldsymbol{L}_{\mathrm{M}}^{-1/2} \boldsymbol{U}_{\mathrm{M}}^{\mathrm{T}} (\boldsymbol{t} - \boldsymbol{\mu})$$

上式表明 PPCA 在对原始数据 $\boldsymbol{t}$ 进行 MAP 估计时，首先将其映射到和传统 PCA 同样的子空间($\boldsymbol{U}_{\mathrm{M}}$ 由协方差矩阵的前 M 个特征向量组成)，再通过引入一个对角阵 $\boldsymbol{L}_{\mathrm{M}}^{-1/2}$ 进行尺度调整，从而使得到的 $\boldsymbol{x}$ 具有各向同性。这说明 PCA 的降维过程是 PPCA 在 $\sigma \to 0$ 时的 MAP 估计。从另一个角度说明 PCA 事实上假设了一个线性高斯模型，基于这一模型，观察数据由一个简单的各向同性的正态分布经过一个线性变换得到，因此观察变量 $\boldsymbol{t}$ 也应该符合高斯分布。当这一条件不满足时，PCA 的结果可能会产生较大偏差。

2.2.3　概率线性判别分析

PCA 描述数据的整体分布特性，不考虑数据的类别。本节对该模型做简单扩展，使其可以对有类别标记的数据进行建模。为了表达得更清楚，我们将 PPCA 模型(2.20)重写为

$$\boldsymbol{t} = \boldsymbol{\mu} + \boldsymbol{W}\boldsymbol{x} + \boldsymbol{\varepsilon}$$
$$\boldsymbol{x} \sim N(\boldsymbol{0}, \boldsymbol{I}), \quad \boldsymbol{\varepsilon} \sim N(\boldsymbol{0}, \sigma^2 \boldsymbol{I})$$

该模型描述了如下生成过程：首先从高斯分布中得到 $\boldsymbol{x}$，再经过一个线性映射得到 $\boldsymbol{\mu} + \boldsymbol{W}\boldsymbol{x}$，最后加入高斯噪声 $\boldsymbol{\varepsilon}$。基于最大似然准则，可以对参数 $\{\boldsymbol{\mu}, \boldsymbol{W}, \sigma^2\}$ 进行估计。

注意，上述模型中的 $\boldsymbol{t}$ 没有区分类别，因此是一个标准描述型模型(对数据的分布属性进行描述)。现在考虑 $\boldsymbol{t}$ 属于不同类，每一类 C_k 的均值 $\boldsymbol{\mu}_k$ 各不相同，则上述生成模型可写成：

$$\boldsymbol{t} = \boldsymbol{\mu}_k + \boldsymbol{W}\boldsymbol{x} + \boldsymbol{\varepsilon} \tag{2.23}$$
$$\boldsymbol{x} \sim N(\boldsymbol{0}, \boldsymbol{I}), \quad \boldsymbol{\varepsilon} \sim N(\boldsymbol{0}, \sigma^2 \boldsymbol{I})$$

同样基于最大似然准则，可对参数 $\{\boldsymbol{\mu}_k\}$、$\boldsymbol{W}$、σ^2 进行估计。注意在上式中，不同类别的数据仅是均值不同，但方差共享。这一模型事实上等价于前一节讨论过的线性区分性分析(LDA)。[367] 因此，LDA 可以认为是一个多类生成模型，其中每一类数据用一个线性高斯模型表示，且所有类共享一个线性映射矩阵 $\boldsymbol{W}$。

上述模型中的类中心 $\{\boldsymbol{\mu}_k\}$ 是模型参数，因此该模型的参数量随训练数据中类别的增加而增长，这种模型称为**非参数模型**(Non-Parametric Model)。这种模型的潜在问题是如果数据中包含的类别很多，计算开销将显著增加。另外，这一模型中各个类的 $\boldsymbol{\mu}_k$ 是独立的，因此对数据的利用不够充分。最后，对于一个新类，因为其中心 $\boldsymbol{\mu}_k$ 未知，因此该模型无法生成该类的数据。

概率 LDA(Probabilistic LDA，PLDA)将 $\boldsymbol{\mu}_k$ 看作一个随机变量(而非模型参数)解决了上述问题。[297,531] 在 PLDA 中，首先由一个先验概率采样出类别变量 $\boldsymbol{u}$，

再由一个线性高斯模型 $\boldsymbol{\mu}+\boldsymbol{u}+\boldsymbol{W}\boldsymbol{x}+\boldsymbol{\varepsilon}$ 生成该类的所有采样。在实际应用中，$\boldsymbol{u}$ 通常代表某种物理性质(如人脸、声音等)，因此通常限制在一个低维空间上。由此，PLDA可形式化成如下公式：

$$\boldsymbol{t}=\boldsymbol{\mu}+\boldsymbol{F}\boldsymbol{u}+\boldsymbol{W}\boldsymbol{x}+\boldsymbol{\varepsilon} \tag{2.24}$$
$$\boldsymbol{u}\sim N(\boldsymbol{0},\boldsymbol{I}),\quad \boldsymbol{x}\sim N(\boldsymbol{0},\boldsymbol{I}),\quad \boldsymbol{\varepsilon}\sim N(\boldsymbol{0},\sigma^2\boldsymbol{I})$$

注意，上式中的 $\boldsymbol{u}$ 和 $\boldsymbol{x}$ 是不同低维空间的两个随机变量，其中 $\boldsymbol{u}$ 代表类间差异，$\boldsymbol{x}$ 代表类内差异。基于该模型，模型参数量不再和训练样本中的类别数相关，且可以生成任何一类数据，因此是一个严格的生成模型。给定一个测试数据样本 $\boldsymbol{t}$，基于上述生成模型可推理得到后验概率 $p(\boldsymbol{u}\mid\boldsymbol{t})$，该后验概率代表 $\boldsymbol{t}$ 的类别属性，因而可用于分类任务。注意这一推理与数据的类别没有直接关系，因为在模型中没有和类别相关的参数，所有参数在不同类间都是共享的。

图 2-7 给出 PLDA 模型的生成过程：首先从一个一维正态分布采样生成一个类别变量 $\boldsymbol{u}_k$，经过线性映射 $\boldsymbol{\mu}_k=\boldsymbol{\mu}+\boldsymbol{F}\boldsymbol{u}_k$ 在二维空间上生成类 k 的中心变量 $\boldsymbol{\mu}_k$。

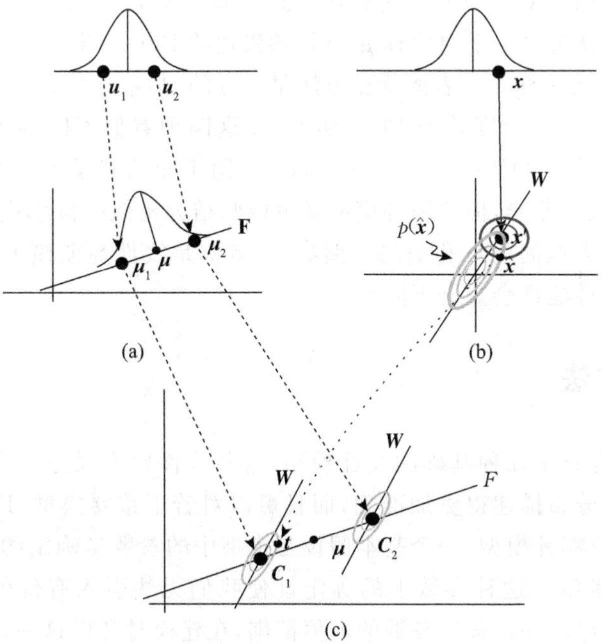

图2-7彩图

图 2-7　PLDA 模型

注：其中观察数据 $\boldsymbol{t}$ 是二维变量，类中心隐变量 $\boldsymbol{u}$ 和类内隐变量 $\boldsymbol{x}$ 都是一维。(a)基于正态分布采样得到类 k 的类别变量 $\boldsymbol{u}_k$，经过线性变换得到在数据空间中的中心向量 $\boldsymbol{\mu}_k$；(b)对每一类，依下述过程采样生成所有数据点：首先根据正态分布采样得到一维变量 $\{\boldsymbol{x}_i\}$，经过线性变换得到数据空间中的采样 $\{\boldsymbol{x}'_i=\boldsymbol{W}\boldsymbol{x}_i\}$，然后加入高斯噪声 $\boldsymbol{\varepsilon}$，得到 $\{\hat{\boldsymbol{x}}_i=\boldsymbol{x}'_i+\boldsymbol{\varepsilon}_i\}$；(c)将步骤(a)生成的类中心向量和步骤(b)生成的采样点相加，即得到该类的观察变量 $\{\boldsymbol{t}_{ki}=\hat{\boldsymbol{x}}_i+\boldsymbol{\mu}_k\}$。

基于此中心，依 PPCA 的生成过程得到该类的所有样本数据。具体来说，首先由一个高斯随机变量依一维正态分布生成随机数 $\{\boldsymbol{x}_i\}$，经过一个线性变换 $\boldsymbol{W}$ 映射到二维空间，得到 $\{\boldsymbol{x}'_i=\boldsymbol{W}\boldsymbol{x}_i\}$，加入高斯随机变量 $\boldsymbol{\varepsilon}$，得到 $\{\hat{\boldsymbol{x}}_i=\boldsymbol{W}\boldsymbol{x}_i+\boldsymbol{\varepsilon}_i\}$，最后与类中心 $\boldsymbol{\mu}_k$ 相加，即可得到该类的所有数据 $\{\boldsymbol{t}_{ki}=\hat{\boldsymbol{x}}_i+\boldsymbol{\mu}_k\}$。注意上述对类 k 的数据生成基于同一个类中心采样 $\boldsymbol{\mu}_k$。

上述 PLDA 模型的参数 $\{\boldsymbol{\mu},\boldsymbol{F},\boldsymbol{W},\boldsymbol{\sigma}\}$ 可基于最大似然准则进行估计。直接求似然函数需要对所有隐变量做边缘化，计算上比较困难，可采用**期望最大化**（Expectation Maximization，EM）算法通过迭代方式求解。该方法是一个迭代优化过程，每一轮迭代分为期望计算（E）和期望优化（M）两步。在期望计算时，利用当前参数求 $\boldsymbol{u}$、$\boldsymbol{x}$ 的后验概率，并基于该后验概率计算似然函数的期望；在期望优化时，依前面得到的期望函数对模型参数进行优化，得到更新后的参数。上述 E 步和 M 步交替迭代进行，直到收敛。EM 算法是解决包含隐变量的概率模型问题的基本方法，可以证明该算法总会收敛到局部最优。[148,733]

对比 PLDA 和 PPCA，可以发现它们在形式上非常相似，都是线性高斯模型。事实上，PLDA 可以认为是一个对位移 $\boldsymbol{\mu}$ 进行随机化的 PPCA，即在 PPCA 采样之前，首先对 $\boldsymbol{\mu}$ 进行一次采样。二者的优化方法是一样的，都基于最大似然准则。上述相似性让我们从另一个角度认识 PCA 和 LDA 这两种看似不同的机器学习工具：PCA 用于描述任务，LDA 用于分类任务，PCA 用于非监督学习，LDA 用于监督学习。虽然存在很大差异，但这两种模型都可以归结为相似的概率模型，存在非常密切的联系，具有类似的优点和缺陷。例如，二者都是线性高斯模型，如果数据不符合高斯分布时，性能都会显著下降。

2.3 贝叶斯方法

前面几节我们介绍了几种基础的线性模型，这些线性模型通过引入若干随机变量，不仅对数据的分布描述得更加准确，而且可以对若干重要模型（PCA、LDA）进行概率解释。不论哪种模型，一个基本假设是模型中的参数是确定的，因而可用各种优化方法进行求解。这种参数上的确定性使我们无法引入有价值的先验知识。例如，如果我们已经知道某些参数的取值范围，在建模时考虑这一知识会降低模型过训练的风险。然而，这些知识在确定性参数的框架下很难被利用。

本节将介绍**贝叶斯方法**。该方法将模型参数看作随机变量而非某个确定的值，通过设计这些变量的先验概率，可以将人为知识引入到模型中。更重要的是，贝叶斯方法对模型的优化不再是寻找一个最优参数（一般称为参数的点估计），而是对参数的后验概率进行估计，从而可以进行非确定性推理。

令模型参数为 $\boldsymbol{w}$，先验概率为 $p(\boldsymbol{w})$。基于某一观察数据集 D，依**贝叶斯定理**

可估计 w 的后验概率：

$$p(\boldsymbol{w} \mid D)=\frac{p(D \mid \boldsymbol{w}) p(\boldsymbol{w})}{p(D)} \tag{2.25}$$

上式中的 $p(\boldsymbol{w})$ 是对参数 $\boldsymbol{w}$ 的先验概率(Prior)，表示在没有任何观察数据的情况下，对 $\boldsymbol{w}$ 取值的人为假设；似然函数 $p(D \mid \boldsymbol{w})$ 是经验知识，表示在给定一组参数 $\boldsymbol{w}$ 时，模型可以生成数据 D 的概率；后验概率 $p(\boldsymbol{w} \mid D)$ 表示在观察到数据 D 后，对参数 $\boldsymbol{w}$ 的概率估计。$p(D)$ 是归一化因子，同时也是基于所有可能的 $\boldsymbol{w}$ 得到的似然函数的期望，经常用在模型结构的选择中。

基于后验概率 $p(\boldsymbol{w} \mid D)$，可依 MAP 准则选择最优模型参数，即最大后验估计：

$$\boldsymbol{w}_{\mathrm{MAP}}=\underset{\boldsymbol{w}}{\operatorname{argmax}} p(\boldsymbol{w} \mid D)$$

和最大似然估计相比，最大后验估计考虑了 $\boldsymbol{w}$ 的先验知识，因此当数据 D 较少时通常可获得更好的估计。当数据量增大时，先验知识占的比重越来越小，最大后验估计趋近于最大似然估计。

最大后验估计依然是点估计，即选择某一确定的参数进行预测和推理。事实上，后验概率 $p(\boldsymbol{w} \mid D)$ 提供了一种更有价值的预测和推理方式，即在预测或推理时考虑所有可能的参数 $\boldsymbol{w}$，这样得到的结果会更加可靠。这一方法称为贝叶斯方法。以预测任务为例，贝叶斯方法可写成下式：

$$t_{*}=\int t p(t \mid \boldsymbol{w}, \boldsymbol{x}_{*}) p(\boldsymbol{w} \mid D) \mathrm{d} \boldsymbol{w}$$

下面以 2.1 节中介绍的线性回归模型为例来说明贝叶斯方法。与传统线性回归模型类似，定义输入 $\boldsymbol{x}$ 和输出 t 之间存在线性关系，不同的是对参数 $\boldsymbol{w}$ 定义高斯先验：

$$t=\boldsymbol{w}^{\mathrm{T}} \boldsymbol{x}+\varepsilon$$

$$\boldsymbol{w} \sim N(\mathbf{0}, \alpha^{-1} \boldsymbol{I}), \quad \varepsilon \sim N(\mathbf{0}, \beta^{-1} \boldsymbol{I})$$

上式等价于

$$\begin{aligned} p(t \mid \boldsymbol{x}, \boldsymbol{w}, \beta) &=N(t \mid \boldsymbol{w}^{\mathrm{T}} \boldsymbol{x}, \beta^{-1} \boldsymbol{I}) \\ p(\boldsymbol{w} \mid \alpha) &=N(\boldsymbol{w} \mid \mathbf{0}, \alpha^{-1} \boldsymbol{I}) \end{aligned} \tag{2.26}$$

给定一个数据集 $D=\{(\boldsymbol{x}_n, t_n); n=1,2,\cdots,N\}$，由贝叶斯公式可知：

$$p(\boldsymbol{w} \mid D) \propto p(D \mid \boldsymbol{w}) p(\boldsymbol{w} \mid \alpha)$$

整理可得

$$\begin{aligned} \ln p(\boldsymbol{w} \mid D) &=\ln \prod_{n=1}^{N} p(t_n \mid \boldsymbol{x}_n, \boldsymbol{w})+\ln p(\boldsymbol{w} \mid \alpha)+\text{const} \\ &=-\frac{\beta}{2} \sum_{n}\{t_n-\boldsymbol{w}^{\mathrm{T}} \boldsymbol{x}_n\}^{2}-\frac{1}{2} \boldsymbol{w}^{\mathrm{T}} \boldsymbol{w}+\text{const} \end{aligned}$$

其中，const 是与 $\boldsymbol{w}$ 无关的常量。最大后验估计即是取使上式最大的 $\boldsymbol{w}$。注意到上式包含一个平方误差和一个二阶量 $w^{\mathrm{T}}w$，其中平方误差是标准线性回归模型的目标函数，而二阶量来源于先验概率 $p(w)$。如果将该二阶量看作原目标函数的**正则项**(Regularization)，则引入先验概率等价于在原目标函数上引入一个 l_2 约束，该约束使得优化目标倾向于取更小的参数，而这正是先验概率 $p(w)$ 取值最大的区域。不同的先验概率对应不同的正则约束。这从概率模型角度解释了传统模式识别方法中正则约束的作用。

注意，式(2.26)定义的先验概率包含一个参数 α，这一参数是参数 w 的先验概率的参数，因此也称为超参数。超参数可以依经验设定，也可以基于最大似然准则学习。注意到 $p(D)=\int p(D \mid w)p(w;\alpha)\,\mathrm{d}w$ 是 α 的函数，因此可以将 $p(D)$ 作为目标函数优化 α。也可对 α 引入一个先验概率，再基于最大后验准则求解 α，这种方法称为**层次性贝叶斯模型**(Hierarchical Bayes Model)。

一般来说，先验概率的形式可以自由选择，但在实际建模时通常希望基于贝叶斯公式得到的后验概率越简单越好。通常的做法是选择一种先验概率，其与似然函数组合后得到的后验概率具有和先验概率相同的形式。这一先验概率称为似然函数的**共轭先验**。共轭先验不仅简化了模型计算复杂度，而且提供了一种简单的在线学习框架。在这一框架中，依过去经验 D 得到的后验 $p(w \mid D)$ 在下一步学习时成为新的先验，新的数据 D' 可依此先验进一步学习得到新的后验。这一过程迭代进行，可逐渐学习最新知识。注意这一学习方法的前提是先验概率与条件概率必须是共轭的，否则后验概率无法得到与先验概率一致的形式，从而无法形成新的先验。

2.4 本章小结

线性模型是机器学习里最简单的模型，也是最重要的模型之一，是学习其他复杂模型的基础。本章讨论了两种线性模型：一种是输入变量可见的预测模型，一种是输入变量不可见的描述模型。预测模型多用于预测任务，描述模型多用于推理任务；预测模型多用于监督学习，描述模型多用于非监督学习。不论是哪种模型，都可归结为简单的线性形式 $\boldsymbol{y}=\boldsymbol{W}\boldsymbol{x}$ 或 $\boldsymbol{y}=\boldsymbol{\delta}(\boldsymbol{W}\boldsymbol{x})$。这些模型对观察值或隐变量做出某种分布假设，并依最大似然准则估计模型参数。

在线性预测模型中，我们讨论了用于回归问题的线性回归模型和用于分类问题的 Logistic 回归模型。线性回归模型假设目标变量的条件分布 $p(t \mid \boldsymbol{x})$ 是一个高斯分布，而 Logistic 回归模型假设 $p(t \mid \boldsymbol{x})$ 是一个伯努利分布。通过讨论发现，线性回归模型通过最大似然估计得到的回归参数与线性拟合得到的拟合参数是一致的，表明这两种模型具有等价性，这为线性拟合找到了合理的概率解释。同时，我们发现传统基于 Fisher 准则的线性分类模型在二分类问题上也等价于线性回归模型，这相当于对数据的类别标签假设了高斯分布，显然是不合理的。Logistic 回归模型将高斯分布假设修正为伯努利分布假设，因此更适合分类问题。

在线性概率模型中，我们讨论了基于非监督学习的概率 PCA(PPCA)方法和基于监督学习的概率 LDA(PLDA)方法。类似线性拟合与线性回归模型的关系，PPCA 是传统 PCA 方法的概率形式，而 PLDA 是传统 LDA 方法的概率形式。在 PPCA 方法中，观察数据是由一个符合正态分布的隐变量通过一个线性变换再加上一个高斯噪声生成，这意味着 PPCA(及其传统形式 PCA)只适用于符合高斯分布的数据。PLDA 在 PCA 基础上考虑类间差异。这一模型假设每个类的中心向量由低维空间中一个符合正态分布的隐变量经过一个线性变换生成；得到中心向量后，再通过一个 PPCA 模型生成该类的所有数据。不同类数据共享同一个 PPCA 模型，因此该模型假设不同类的协方差矩阵是相同的，唯一差别是均值(中心向量)上的不同。和 LDA 相比，PLDA 将原来作为模型参数的类均值向量修正为随机变量。这一修正具有重要意义，它使得模型参数与数据无关，因此具有更强的泛化能力，可以更好地描述训练数据中没有见过的新类别。

最后，线性模型的贝叶斯扩展将原来确定性的参数扩展为随机变量，依据先验知识对这些变量设置先验概率。利用贝叶斯公式，这些先验知识可以和经验知识(数据)有效结合起来，得到一种更有效的参数估计方法——最大后验估计。更重要的是，贝叶斯方法改变了我们对模型参数的认识：模型参数不一定是一些确定的数值，还可以是一个概率分布。基于这一分布，在推理时可以综合考虑参数的各种可能取值，从而做出更合理的推理。

2.5 相关资源

- 本章对线性预测部分的讨论参考了 Bishop 所著的 *Pattern Recognition and Machine Learning* 第 3 章、第 4 章。对 PCA 部分的讨论参考了该书的第 12 章关于连续隐变量模型的讨论。[67]
- 对 PLDA 的讨论参考了 Prince 等人的论文 *Probabilistic Linear Discriminant Analysis for Inferences About Identity*。[531]
- 线性模型在各种机器学习和模式识别经典教材中都是基础内容。如 Hastie、Tibshirani 和 Friedman 所著的 *The Elements of Statistical Learning* 一书的第 3、第 4 章[261]，周志华所著的《机器学习》的第 3 章。[2]
- 关于线性高斯模型，可参考 Roweis 等人在 1999 年的综述文章。[567]

第3章 神经模型

第 2 章我们了解了最简单的机器学习方法——线性模型。线性模型的基本假设是变量之间存在简单的线性关系。显然，这一假设忽略了现实应用中大量非线性关系的存在。我们可以利用一个非线性变换将原始变量投影到一个变换空间，使得这些变量在该空间具有更明显的线性关系。非线性变换可以通过两种方式得到：一是利用先验知识手动设计，但这种设计通常比较困难，适用性很难保证；另一种方法是通过数据进行学习，从数据中自动总结出这一变换函数。这种数据学习方法避免了人为设计的困难，同时得到的变换函数和任务的相关性更强，通常会得到更好的效果。本章和下一章将讨论一类重要的变换函数学习方法，即人工神经网络模型(ANN)。简单来说，ANN 通过一系列嵌套的非线性函数来学习复杂的非线性变换，使得经过该变换后得到的变量得以通过较简单的模型(特别是线性模型)进行预测和分类。历史上 ANN 模型具有深刻的生理学背景，被认为是描述人类神经系统、产生类人思维方式的基础模型。随着深度神经网络(DNN)的巨大成功，神经网络模型已经成为机器学习领域最重要的模型之一。本章主要讨论神经网络的基本结构和基本算法，DNN 方法将在下一章深入讨论。

3.1 神经网络概述

19 世纪 40 年代，受人类神经系统结构的启发，研究者提出神经网络模型。简单地说，人类神经系统的信息处理方式是一种基于同质单元的结构化传递，其中每个神经元的结构基本相同，但神经元之间的连接却很复杂。通过这种复杂连接，可以实现各种复杂的记忆、推理等功能。这说明在人类神经系统中，信息的处理和知识的表达体现在连接结构上，而非神经元本身。这和传统基于符号的信息处理方式存在很大差异：在符号方法中，大量信息集中在符号的定义中，而符号间的推理规则相对简单、通用。受神经系统这种特性的启发，研究者提出了人工神经网络的概念[439]，期望通过模拟人类神经系统的处理方式来实现类人的信息处理能力。图 3-1 给出了生物神经系统和人工神经网络的示意图。

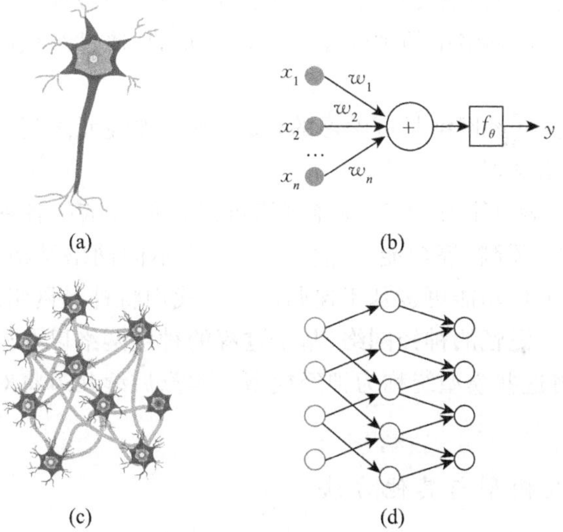

图 3-1　生物神经系统和人工神经网络示意图

注：(a)一个独立的生物神经元；(b)一个 McCulloch-Pitts 人工神经元；(c)生物神经系统，其中神经元互相连接；(d)模拟生物神经系统的人工神经网络。图片(a)、(c)来自免费图片库 Vecteezy。

对人工神经网络的研究可分为两个方向。一部分研究者集中研究如何描述人类大脑的实际运作方式，如激励方式、传导模型等，这些研究对理解人类智能的产生过程具有重要意义。基于这些研究结果，可设计相似的人工结构对其进行模仿。另一部分研究者更关注神经网络的表达能力，关注神经网络可实现的功能，至于该网络是否对应真实神经系统则不是核心内容。机器学习中对神经网络的研究主要采用第二种思路，设计各种结构来提高网络对数据的建模能力和推理功能。

3.1.1 什么是人工神经网络

关于人工神经网络，Wikipedia 给出的定义是：在机器学习和认知科学中，人工神经网络(ANN)是一个受生物神经网络(动物的，特别是大脑的中枢神经系统)启发而提出的统计学习模型家族。该网络可用来估计或近似那些未知的、能够根据大量输入而产生反馈的生物神经网络的一些功能①。

Simon Haykin 给出的定义更加工程化[264]：神经网络是由简单处理单元构成的大规模并行分布式处理器，天然地具有存储经验知识并对其进行运用的能力。神经网络在两方面对人脑进行模拟：①知识通过学习从环境中获得；②知识被存储在神经元之间的连接权重中。

综合上述定义，神经网络的主要特性可总结为如下三点。

(1) 同质性：神经网络中的处理单元(神经元)是简单的、同质的，不同单元不论从信息接收、信息处理、激发模式等方面都具有高度一致性。

(2) 连接性：神经网络中的神经元之间是互联的，通过组成网络来存储知识和模拟推理过程。

(3) 可学习性：神经网络是可学习的，通过改变神经元之间连接的权重来适应经验数据，实现网络学习。

基于其强大的学习能力，人工神经网络可以近似人脑的各种功能，包括记忆、归纳(抽象)和演绎(预测)等功能。这些功能基于不同网络结构，如预测功能一般基于前向网络，而记忆功能更多基于递归网络。我们将神经网络结构分为：**基于映射的神经网络**、**基于记忆的神经网络**、**基于过程的神经网络**以及模拟人类大脑的**神经图灵机**。可以将这些模型统称为神经模型。本章后续几节将对这些模型做逐一介绍。

3.1.2 神经模型与其他方法

如第1章所述，神经模型的提出对机器学习乃至人工智能的发展起到了重要作用。早期的人工智能多基于符号方法(Symbolic AI)②，该方法将人工智能问题归结为依据某种计算规则的符号演算系统。符号方法是一个白箱系统，对问题进行精确定义，包括每一个概念的内涵和外延、概念与概念之间的关系和操作。这一方法是人类逻辑思维的形式化，具有清晰的问题描述和严格的形式化推理，很少具有不确定性。符号方法是安全的、可理解的、可信任的，但在实际应用中存在很多局限性。首先，概念符号化具有任务特殊性，需要对每个任务单独设计，缺少通用性；其次，概念与概念之间的关系缺少概率意义，对实际应用中的不确定性缺乏泛

① https://en.wikipedia.org/w/index.php? title=Artificial_neural_network&oldid=666866254.

② https://en.wikipedia.org/wiki/Symbolic_artificial_intelligence.

化能力；最后，如果有新的数据（经验）出现，很难对现有系统进行修正和增强。为解决这些困难，研究者提出了连接主义方法①，用简单同质的神经单元组成网络来描述复杂的映射关系，即神经网络方法。在这种方法里，首先，我们只需关注对问题的解决而非解决过程，可以由不必对所有概念进行精确定义，从而避免了概念符号化的困难；其次，网络的功能结构及其参数确定具有很强的学习性，当新的知识出现时，可以实现自适应；最后，这一学习依赖大量数据，从数据中抽取出显著性特征和规律，忽略个性和特例，因此对数据中的不确定性有较强的抵抗能力。

然而，神经模型处理传统人工智能中的符号问题还有一定困难，因为符号表达是离散的，不适合神经模型学习时对目标函数求梯度的要求。相对来说，基于统计概率模型的符号方法更适合对这种离散数据建模。最近研究者提出了符号嵌入的概念，将符号表达成低维向量，再基于该向量构造神经网络。这一方法扩展了神经模型的应用范围，使其得以处理离散的符号。神经模型方法在自然语言处理领域得到广泛应用，如语言模型、词性标注、句法分析、机器翻译、语言理解等。[51,126]

尽管如此，将神经模型应用于符号任务依然存在困难。因为该模型虽然可有效学习通用的、典型的信息和模式，但在很多符号任务中，很多小概率的特例是有价值的，有时甚至要比大概率事件更重要。例如在机器翻译中，大量专有名词出现的概率很低，但这些名词包含重要信息，对翻译的质量有直接影响。基于神经模型，这些小概率专有名词很有可能被当作噪声忽略，代之的是以一些语法或语义上相似但不正确的翻译。一种可行的思路是将神经模型和基于概率的符号方法结合起来，让神经模型和符号方法分别处理高频词和低频词，可有效提高翻译系统的性能。[762,739]

3.2 基于映射的神经模型

基于映射的神经网络是最常见到的神经模型之一。在这种网络中，输入为一个特征向量，输出为该特征向量的预测目标。这一目标既可以是回归任务中的一个预测值，也可以是分类任务中的后验概率。这一模型是上一章所述线性预测模型的非线性扩展。

3.2.1 从线性模型开始

1. 线性预测模型回顾

一个简单的线性回归模型可表示为

$$y=\sum_{i=0}^{D} w_i x_i=\boldsymbol{w}^{\mathrm{T}}\boldsymbol{x}$$

① https://en.wikipedia.org/wiki/Connectionism.

其中，$\boldsymbol{x}=[x_1,\cdots,x_D]^{\mathrm{T}}$ 为 D 维自变量(又称特征向量)，y 为一维输出变量，$\boldsymbol{w}=[w_1,\cdots,w_D]^{\mathrm{T}}$ 为相应的回归参数。图 3-2(a)给出该模型的图形化表示。这一表示可以认为是一个简单的、不包括隐藏层的神经网络。如果输出变量是多维的，则该网络结构如图 3-2(b)所示。第 2 章讨论过，该模型的最小平方误差估计等价于假设目标变量的观察值 t 为以 y 为中心的高斯分布时的最大似然估计。

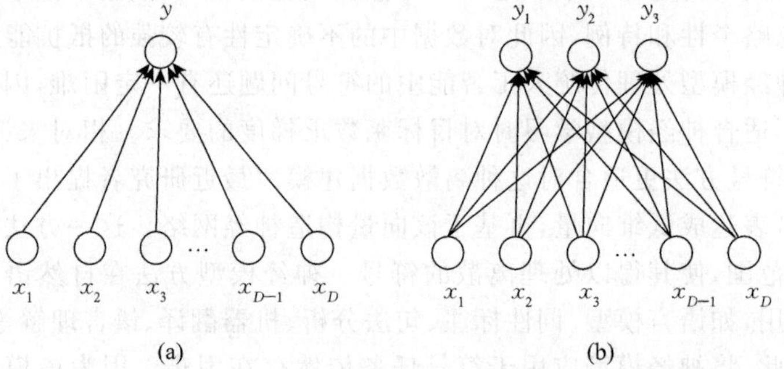

图 3-2　线性回归模型可表示为一个不包含隐藏层的神经网络

注：(a)输出为单一变量的线性回归模型；(b)输出为多变量的线性回归模型。

相应的，在二分类问题中的 Logistic 回归模型为

$$y=\sigma\left(\sum_{i=0}^{D} w_i x_i\right)=\sigma(\boldsymbol{w}^{\mathrm{T}}\boldsymbol{x})$$

$$\sigma(a)=\frac{1}{1+\exp(-a)}$$

与线性回归模型相比，Logistic 回归模型在线性模型的基础上增加了一个 Logistic 变换。前一章讨论过，如果假设观察值(分类标记)是以 y 为参数的伯努利分布，则该模型的最大似然估计等价于一个以交叉熵为准则的优化问题。

如果将上述 Logistic 函数替换为如下阶跃函数：

$$g(a)=\begin{cases}-1 & a<0\\ +1 & a\geqslant 0\end{cases}\tag{3.1}$$

则对二分类问题的预测为

$$y=g\left(\sum_{i=0}^{D} w_i x_i\right)=g(\boldsymbol{w}^{\mathrm{T}}\boldsymbol{x})$$

其中，$y\in\{-1,+1\}$ 代表预测结果。这一模型即是神经网络发展早期著名的**感知器模型**(Perceptron)。Logistic 回归模型和感知器模型本身都是非线性模型，但和线性模型很接近，可称为**近线性模型**。

2. 模型优化方法

线性回归模型存在闭式(Closed-form)解，即通过数学公式可直接求出参数 $\boldsymbol{w}$ 的最优值。对于近线性模型或更复杂的模型，一般不存在闭式解，这时通常采用数

值解法，通过迭代逐渐逼近最优解。**梯度下降法**(Gradient Descent，GD)是最常用的数值解法，通过求目标函数(平方误差或交叉熵)对参数的梯度，选择合适的步长，将参数沿梯度方向做小量变动，可得到比当前解更优的解。这一过程迭代进行，当步长选择合理时，可得到局部最优解。更复杂的数值优化方法将在第11章介绍。

梯度下降法要求目标函数已知且连续可导。对感知器模型，其误差中包含阶跃函数，因此不能直接利用梯度下降法进行优化。一种解决方法是不考虑阶跃函数，仅考虑线性预测 $\boldsymbol{w}^{\mathrm{T}}\boldsymbol{x}$ 部分，使其与目标变量 t 尽可能符号相同。由此可得到如下误差函数：

$$L(\boldsymbol{w}) = -\sum_{n \in \mathcal{M}} \boldsymbol{w}^{\mathrm{T}} \boldsymbol{x}_n t_n$$

其中，$\boldsymbol{x}_n$ 为第 n 个训练样本，$t_n \in \{-1,1\}$ 为该样本的分类，$\mathcal{M}$ 为预测错误(即 y_n 与 t_n 的符号相反)的样本集合。注意上述目标函数依然是不连续的，因为 $\mathcal{M}$ 会随着 $\boldsymbol{w}$ 的更新发生改变。尽管如此，我们仍然可以假定 $\mathcal{M}$ 在 $\boldsymbol{w}$ 的某个邻域内保持不变，由此求出 $L(\boldsymbol{w})$ 在该处的梯度。通过简单计算可得到如下参数更新公式：

$$\boldsymbol{w}^{t+1} = \boldsymbol{w}^{t} - \alpha \nabla L(\boldsymbol{w}) = \boldsymbol{w}^{t} + \alpha \sum_{n \in \mathcal{M}} \boldsymbol{x}_n t_n$$

注意，经过上述参数更新后，$\mathcal{M}$ 可能会发生变化，因此 $L(\boldsymbol{w})$ 可能会发生阶跃性变化，且收敛性并不直观。人们经过研究发现，上述迭代过程在任何一个线性可分的数据集上经过有限步迭代后，都可确保收敛到一个对该数据集完美可分的分类器。这一结论称为**感知器收敛定理**(Perceptron Convergence Theorem)。[488,66]

3. 非线性扩展

感知器收敛定理给研究者很大信心，推动了神经网络技术的早期发展。然而，现实生活中绝大部分问题是线性不可分的，对这些问题感知器模型不仅缺乏区分能力(这一模型本质上是线性的)，而且收敛性也不能保证。一个经典例子是如下异或运算问题：

$$y(x_1,x_2) = \begin{cases} 0 & (x_1=0,x_2=0) \,||\, (x_1=1,x_2=1) \\ 1 & (x_1=0,x_2=1) \,||\, (x_1=1,x_2=0) \end{cases}$$

其中，$x_i \in \{0,1\}$ 为输入变量，$y \in \{0,1\}$ 为类别标签。如图3-3所示，无论怎样设计，都无法找到一条直线将黑色的点和白色的点按类分开。换句话说，线性模型无法模拟异或运算。

经典感知器模型遇到线性不可分问题时，训练不能收敛，使得该方法在实际应用中受到很大限制，这也是导致早期神经模型走向低谷的原因之一。[455] 为了解决这一问题，可以将传统感知器模型的阶跃输出函数(式(3.1))修改为连续输出函数(如 *Sigmoid*)，并通过调整学习率保证训练收敛，即 *Logistic* 回归或 *Softmax* 回归。这一方法对于因噪声导致的线性不可分问题具有良好效果，但当数据本身具

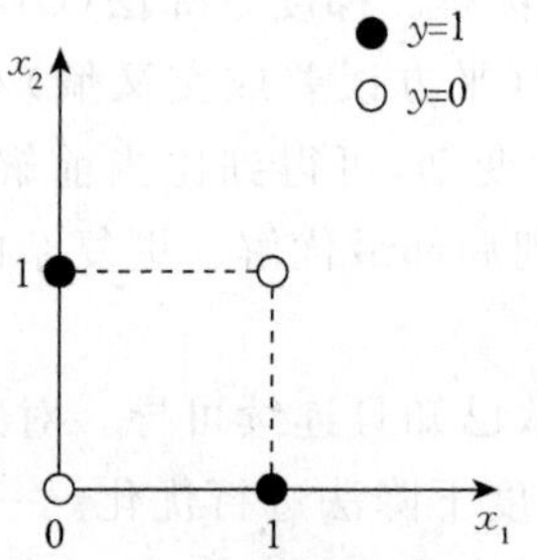

图 3-3　异或运算表示图

注：x_1 和 x_2 是两个输入变量，$y = x_1 \text{ xor } x_2$。该图上不存在一条直线可将黑点和白点分开，这意味着不存在一个线性模型可以模拟异或运算。

有很强的非线性时，包括一层感知器在内的各种线性模型都很难适用。

为了解决线性不可分问题，研究者对传统线性模型(包括感知器)进行了非线性扩展，将输入变量通过非线性变换映射到变换空间，并在变换空间建立线性模型，即

$$y(\boldsymbol{x}) = \boldsymbol{w}^{\mathrm{T}} \boldsymbol{\phi}(\boldsymbol{x})$$

其中，$\boldsymbol{\phi}(\boldsymbol{x})$是对 $\boldsymbol{x}$ 的非线性变换函数。依变换函数的形式不同，可得到不同的非线性模型。几种典型的非线性变换和其对应的模型如下。

多层感知器：　$\phi_{nj}(\boldsymbol{x}) = g\left(\sum_i w_{ij}\, \phi_{n-1,i}(\boldsymbol{x})\right)$

径向基函数：　$\phi_j(\boldsymbol{x}) = \phi_j(\| \boldsymbol{x} - \boldsymbol{v}_j \|)$

核函数：　$K(\boldsymbol{x}, \boldsymbol{y}) = \boldsymbol{\phi}(\boldsymbol{x})^{\mathrm{T}} \boldsymbol{\phi}(\boldsymbol{y})$

本章将介绍多层感知器和径向基函数，关于核函数方法将在第 5 章讨论。注意，在第 2 章介绍线性模型时，同样提到对 $\boldsymbol{x}$ 进行非线性变换，但该变换是固定的，不需要学习，因此模型依然是线性的。本章所讨论的非线性变换需要对变换函数进行学习，因而模型是非线性的。

3.2.2　多层感知器

将传统一层感知器模型扩展到多层即得到**多层感知器**(Multi-layer Perceptron，MLP)模型。除了结构上的扩展，当前通用的 MLP 模型不再采用阶跃函数作为输出函数，而是采用线性或 Logistic 函数，这些函数是连续可导的，因此可基于梯度下降算法进行优化；同时，这些输出函数对应不同的数据分布假设，可分别对回归任务和分类任务进行建模。因此，与其说 MLP 是一层感知器的扩展，不如说是对线性回归和 Logisitc 回归或 Softmax 回归的扩展。本小节将介绍多层感知器的基本结构和训练方法。

1. 模型结构

多层感知器是对线性回归模型和近线性分类模型的扩展。从结构上看，MLP 将线性模型的一层网络扩展到多层，每一层输出经过一个非线性变换后作为下一层的输入，由此得到一个信息逐层传导的**前向网络**（Feed-Forward Network）。图 3-4 给出了一个包含一个**隐藏层**的 MLP 结构。该模型的计算过程可形式化为

$$
\begin{aligned}
a_j &= \sum_{i=0}^{D} w_{ij}^{(1)} x_i \\
z_j &= g(a_j) \\
a_k &= \sum_{j=0}^{M} w_{jk}^{(2)} z_j \\
y_k &= \tilde{g}(a_k)
\end{aligned}
\tag{3.2}
$$

其中，$g(\cdot)$ 和 $\tilde{g}(\cdot)$ 分别为隐藏层和输出层的**激发函数**（Activation Function），z_j 为第 j 个隐藏节点的**激发值**。注意该网络第二层相当于以隐藏层激发值为输入的线性或近线性模型，因此，在回归任务中，激发函数 $\tilde{g}$ 一般取线性函数，在分类任务中，一般取 Logistic 函数或 Softmax 函数。

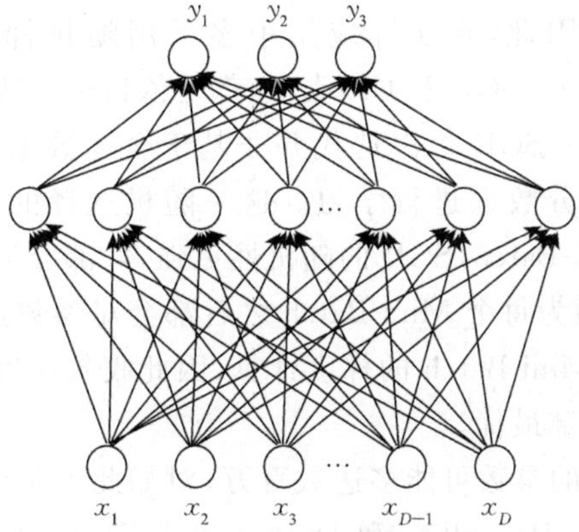

图 3-4　多层感知器结构图

注：其中 x_i 为输入节点，y_i 为输出节点，中间为隐藏节点。每一层上的节点只与前后两层节点相连，形成前后相连的层次结构。

通过上述前向网络，输入 $\boldsymbol{x}$ 经过逐层非线性变换，直到倒数第二层，得到非线性映射 $\boldsymbol{\phi}(\boldsymbol{x})$，再由最后一层线性或近线性模型完成回归或分类任务。对包括一个隐藏层的网络，简单计算可得到变换 $\boldsymbol{\phi}(\boldsymbol{x})$：

$$
\phi_j(\boldsymbol{x}) = g\left(\sum_{i=0}^{D} w_{ij}^{(1)} x_i\right)
$$

输出层的激发值为

$$y_k = \widetilde{g}\left(\sum_{j=0}^{M} w_{jk}^{(2)} g\left(\sum_{i=0}^{D} w_{ij}^{(1)} x_i\right)\right)$$

研究表明，如果激发函数选择适当（如 Sigmoid、Tanh、ReLU 等），当隐藏层的神经元个数足够多时，包含一个隐藏层的 MLP 可以有效模拟任意连续函数。这一结论称为神经网络的**通用近似定理**（Universal Approximation Theorem）。[288,259,66,134]

2. 训练方法

MLP 的训练和线性模型的训练遵守同样的原则：定义好一个目标函数，通过调整模型参数使得目标函数最大化。在 MLP 中，标准的目标函数是对训练数据的生成概率最大化。由第 2 章线性模型的讨论可知，这一目标函数对应于损失函数最小化。和线性模型不同的是，多层结构和非线性激发函数使得 MLP 的目标函数变得非常复杂，一般不能得到解析解，因此通常采用数值解法。最常用的方法是梯度下降（Gradient Descent）法，其参数更新为

$$\boldsymbol{w}^{t+1} = \boldsymbol{w}^t - \eta(t) \nabla L(\boldsymbol{w}^t)$$

其中，$\boldsymbol{w}^t$ 为第 t 次迭代的模型参数，$L(\boldsymbol{w})$是以 $\boldsymbol{w}$ 为参数的目标函数，$\nabla L(\boldsymbol{w}^t)$为目标函数在第 t 次迭代的梯度，η 为学习率。GD 算法每次迭代都要在整个数据集上计算梯度，效率较低，因此，在实际应用中多采用**随机梯度下降法**（Stochastic Gradient Descent，SGD）。SGD 和 GD 类似，都是依目标函数的梯度方向对参数进行迭代调整。不同的是，SGD 每次迭代并非基于全体数据集计算目标函数的梯度，而是随机选择一部分数据进行学习。这一随机选择的数据集通常称为一个 Mini-Batch。基于 Mini-Batch，SGD 的随机性更强，可部分消除不合理的参数初始化带来的影响；同时，因为每个 Mini-Batch 之后都会对参数进行更新，这一更新后的参数会用于下一个 Mini-Batch 的梯度计算，因此收敛速度更快。不论是 GD 还是 SGD，都只能达到局部最优。

一个大规模 MLP 的参数可能多达数百万，对如此大量的参数进行优化，即使是 SGD 算法也很困难。Rumelhar 和 Hinton 等人[569]在 1986 年提出了**反向传递算法**（Backpropagation，BP）来解决这一问题。BP 算法利用了 MLP 的层次结构、导数的链式法则和动态规划算法对参数进行顺序求导，避免了重复计算。我们用一个简单的例子来说明 BP 算法的原理。设一个 k 层 MLP，每一层只有一个神经元，这一结构代表的映射函数如下：

$$f_{\text{MLP}} = f_{w_1}^1 \odot f_{w_2}^2 \odot \cdots \odot f_{w_k}^k$$

其中，$\odot$ 表示函数嵌套，$f_{w_k}^k$ 为倒数第 k 层代表的映射函数，$\boldsymbol{w}_k$ 为该函数的参数。目标函数 $L(\boldsymbol{w}_1, \boldsymbol{w}_2, \cdots, \boldsymbol{w}_k)$ 对 $\boldsymbol{w}_k$ 的导数可写成如下形式。

$$\frac{\partial L}{\partial \boldsymbol{w}_k} = \frac{\partial L}{\partial f^1} \frac{\partial f^1}{\partial f^2} \cdots \frac{\partial f^{k-1}}{\partial f^k} \frac{\partial f^k}{\partial \boldsymbol{w}_k}$$

上式说明，要求 L 对 $\boldsymbol{w}_k$ 的导数，需要对第 k 层之后的所有层求映射函数对输入的

梯度。如果对每个 $\boldsymbol{w}_k$ 单独求导，显然会造成重复计算。一种解决方法是利用如下递推公式，由 $\frac{\partial L}{\partial f^1}$ 开始顺序计算 $\frac{\partial L}{\partial \boldsymbol{w}_k}, k=1,2,3,\cdots$。

$$\frac{\partial L}{\partial f^k}=\frac{\partial L}{\partial f^{k-1}}\frac{\partial f^{k-1}}{\partial f^k}$$

$$\frac{\partial L}{\partial \boldsymbol{w}_k}=\frac{\partial L}{\partial f^k}\frac{\partial f^k}{\partial \boldsymbol{w}_k}$$

从神经网络角度看，这一过程可形象地表示为梯度由最后一层向前逐层传导，因此称为反向传递算法。以回归任务为例，其目标函数为如下最小平方误差：

$$L=\sum_{n=1}^{N}(f_{\mathrm{MLP}}(\boldsymbol{x}_n)-t_n)^2$$

起始梯度的计算为

$$\frac{\partial L}{\partial f^1}=2\sum_{n=1}^{N}\{f_{\mathrm{MLP}}(\boldsymbol{x}_n)-t_n\}$$

注意，上述梯度为预测值与观察值的误差之和，因此 BP 算法也可以看作是误差的反向传递。

3. 训练技巧

BP 算法在原理上是清晰的，但在实际实现时还需要仔细设计。这是因为，首先，当层数增加以后，受到非线性函数嵌套的影响，误差向前传递变得越来越困难，可能会发生梯度消失或爆炸。其次，当模型参数增加时，过拟合问题越来越严重，导致在测试集上性能下降。最后，因为无法得到全局最优，模型质量受初始参数的影响较大。研究者总结了一些训练 MLP 模型的经验，这些经验可以有效提高训练的稳定性和收敛速度。需要说明的是，这些经验在训练其他神经模型时也经常用到。

(1) **输入/输出正规化和特征变换(Feature Normalization and Transfer)**。如果输入和输出在取值上过于分散，训练难度将大幅增加。一方面，神经网络的连接权重一般初始化在零点附近，如果输入或输出过大或过小，则需要更多轮迭代才能使模型适应数据的域值。另一方面，有些非线性函数在零点附近较为敏感，过大或过小的输入会进入非线性函数的饱和区，导致梯度传递效率下降。因此，将输入特征和输出目标变量进行正规化是提高神经网络训练效率的重要方法。常用的正规化方法包括最大—最小值归一(将一个 Mini-Batch 里的值归一到 0 到 1 或 −1 到 1 之间)、均值—方差归一(对一个 Mini-Batch 里的值减均值除标准差)、高斯化(将一个 Mini-Batch 里的数据变换为高斯分布)。最近提出的 Batch Norm 方法不仅对输入层进行正规化，对隐藏节点的激发值也进行了正规化，有效提高了模型训练效率。[298]除了正规化外，一些变换方法也可以促进模型训练，特别是各种降维方法，如 PCA、LDA 等。这些降维方法可预先去除输入数据中一些与任务无关的噪声，从而降低神经网络训练的难度。

（2）**选择合适的激发函数(Appropriate Activation Function)**。对于不同任务，应考虑选择不同的激发函数。可选的激发函数有 Sigmoid、Tanh、ReLU、PNorm、Max-out 等。实验表明，某些激发函数（如 Sigmoid）容易在训练初始阶段陷入饱和区，导致训练困难[220]；有些激发函数（如 ReLU）具有无界性，容易导致训练发散。[221]因此，应根据不同任务、不同数据分布情况对激发函数做认真选择。在深度神经网络中，研究者普遍倾向使用分段线性函数（如 ReLU、Max-out）作为激发函数，这些函数的线性属性使得梯度的传导更加容易。[221]

（3）**连接权重初始化(Weight Initialization)**。权重初始化往往会影响最终训练效果。不同任务、不同参数（如连接权重和偏移量）可能需要采用不同的初始化方法。通常的建议是，对第 k 层权重进行初始化时，可以从一个方差为 $\frac{1}{n_{k-1}}$ 的随机变量进行采样，其中 n_{k-1} 为前一层的节点数。这一方法使得每层隐藏节点的方差在前向计算过程中保持为 1。最近的研究表明，同时考虑前向计算的方差和反向梯度传递的方差可得到更好的初始模型，如可采用如下均匀分布对第 k 层的前向连接的权重进行采样，即 $\left[-\frac{6}{\sqrt{n_{k-1}+n_{k+1}}},+\frac{6}{\sqrt{n_{k-1}+n_{k+1}}}\right]$，其中 n_{k-1} 为前一层节点数，n_{k+1} 为下一层节点数。[220]

（4）**二阶信息(Second Order Information)**。SGD 方法是一阶方法，只考虑目标函数的梯度，不考虑目标函数的曲率。这种方法的一个缺陷在于对所有参数使用相同学习率，这显然是不合适的，因为曲率越大，学习率应该越小，否则容易引起振荡；反之，曲率越小，学习率应该越大，否则会降低收敛速度。牛顿-拉弗森方法(Newton-Raphson method)可依曲率对学习率进行调整，因而学习效率更高。该方法可形式化如下：

$$\boldsymbol{w}^{t+1}=\boldsymbol{w}^{t}-\boldsymbol{H}^{-1}\nabla L(\boldsymbol{w}^{t})$$

其中，$\boldsymbol{H}$ 为目标函数的 Hessian 矩阵，$\nabla L(\boldsymbol{w}^t)$ 为 t 时刻目标函数的梯度。由上式可知，引入二阶信息相当于对各个参数自动设置学习率。为了说明方便，我们考虑 Hessian 矩阵上的对角值，即沿某一参数方向的曲率。可以看到，对那些曲率较大的参数方向，目标函数取值变化较大，参数的学习率自然调低，使学习不至于过度激进引起振荡；对那些曲率较小的参数方向，目标函数取值变化不大，可放心学习，该参数的学习率自然增加，加快了学习步伐。对小规模网络，二阶方法的效率很高，但对较大规模网络，直接计算 Hessian 矩阵非常困难，这时一般采用一阶信息的统计量来近似二阶信息，如 Hessian Free[432]、AdaGrad[163]、AdaDelta[752]、Adam[343]、Natural SGD[566,13,505,526]等方法。

（5）**使用动量(Using Momentum)**。动量是指在更新当前参数时，不仅考虑当前梯度，也考虑上一个 Mini-Batch 的梯度。形式化如下：

$$w^{t+1}=w^{t}-\alpha[\beta\nabla L(w^{t-1})+(1-\beta)\nabla L(w^{t})]$$

其中，β 是动量参数，$\nabla L(w^{t})$ 为在 t 时刻目标函数的梯度。当目标函数在不同方向曲率相差较大时，动量方法可有效补偿不同曲率方向对学习率的要求，从而增加训练的稳定性和训练效率。[522] 动量方法可认为是一种以较低计算代价获得二阶信息的方法。

(6) **课程学习(Curriculum Learning)**。Bengio 等人[52]研究表明，在神经网络训练中，将训练样本进行分组，先学习比较容易的样本再学习比较困难的样本，可提高学习效率。这可类比于学生的学习过程，先学习较容易的知识，再学习较深入的知识，通常可以提高学习效率。

(7) **迁移学习(Transfer Learning)**。神经网络训练需要大量数据，但很多时候领域数据的获取难度较大。一种解决方法是基于一个既有网络来训练新的网络，这相当于利用既有网络中所包含的知识帮助新网络进行学习，这一方法称为迁移学习。研究表明[46,45]，如果我们已经有一个较好的网络，可以用多种方法将其中的知识迁移到新的网络中，最简单的方法是将现有网络的前几层直接用作新网络的特征提取层，再基于领域数据对新网络进行训练。另一种解决方法是利用现有网络对新网络的学习进行指导，使得两者的预测结果近似。[282,708,650] 研究表明，这些迁移学习方法提高了新网络的训练效果，特别是当训练数据较少时，效果更加明显。

(8) **正则化(Regularization)**。神经网络模型缺少先验知识，完全是基于数据驱动来优化参数，因此容易陷入过拟合。在训练过程中加入正则化可有效防止过拟合，从而提高模型的泛化能力。一种正则化方法是在目标函数中加入对参数或神经元的正则化因子，如一阶范数(l_1)[412]或二阶范数(l_2)[365,593]。另一种正则化方法是 Eearly Stop，该方法基于一个验证集，当在验证集上的性能开始下降时即停止训练。[529,530,95] 除此之外，我们可能需要对参数更新过程进行控制，如对梯度或参数本身的取值范围进行限制，防止参数数值上的不稳定性。[506] 带噪训练也可认为是一种正则化方法，通过在训练数据中随机加入一些噪声，可以使神经网络关注更有价值的数据模式和规律。[747] 最近提出的 Dropout 方法[624]也可认为是一种加噪训练，只不过噪声不是加在数据上的，而是加在隐藏节点上的。研究表明，这一方法可有效防止参数间的依赖性(Co-adaptation)，使每个神经元更有代表性。最后，各种模型剪裁方法也可以认为是一种引入结构稀疏性的正则化方法。[383,555,749,413,412]

3.2.3 径向基函数网络

MLP 基于函数嵌套(Function Composition)设计非线性变换 $\boldsymbol{\phi}(\boldsymbol{x})$，每一层变

换函数包括一个简单的线性映射和一个非线性激发函数。**径向基函数**(Radio Basis Function,RBF)网络基于另一种思路实现这一线性变换。该方法在变换空间设计一系列标识点(Anchor Points)$\{\boldsymbol{v}_j\}$,基于这些标识点,可以将每一个采样点 $\boldsymbol{x}$ 用该点到 $\{\boldsymbol{v}_j\}$ 之间的距离表示出来,从而实现由原始空间到变换空间的非线性变换。每个标识点 $\boldsymbol{v}_j$ 代表变换空间中的一个基(Basis),以 $\boldsymbol{v}_j$ 为参数的距离函数称为一个径向基函数,即 RBF。RBF 网络在函数近似、时序预测、分类任务以及系统控制中有广泛应用。[85,584,418]

1. RBF 网络与训练方法

一个包含 M 个 RBF 的网络如图 3-5 所示,其中第二层为映射层,每个 ϕ_j 对应一个 RBF,定义如下:

$$\phi_j(\boldsymbol{x}) = \phi_j(\| \boldsymbol{x} - \boldsymbol{v}_j \|)$$

其中,ϕ_j 是任意一个变换函数,$\|\cdot\|$ 表示向量间的某种距离测度(如欧氏距离)。输出层计算与 MLP 类似,即

$$y_k(\boldsymbol{x}) = \sum_{j=0}^{M} w_{jk}\, \phi_j(\boldsymbol{x}) \tag{3.3}$$

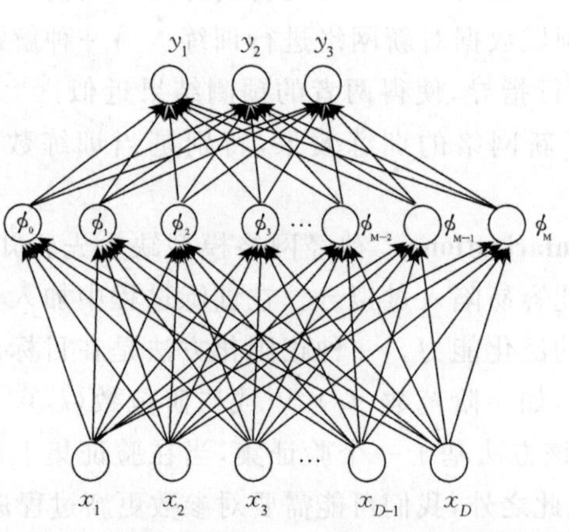

图 3-5　包含 M 个 RBF 的径向基函数网络

注:x_i 是输入节点,ϕ_i 是隐藏节点,y_i 是输出节点。每个 ϕ_i 的输出可以认为是输入 x 与某一中心向量 v_i 的距离。

RBF 中的 ϕ_j 形式可以是多样的,最常用的是如下高斯形式:

$$\phi_j(\boldsymbol{x}) = \exp\left(-\frac{\| \boldsymbol{x} - \boldsymbol{v}_j \|^2}{2\sigma_j^2}\right) \tag{3.4}$$

其中,$\{\boldsymbol{v}_j\}$ 即为前面讨论的标识点集,σ_j^2 是高斯分布的方差。注意,上述高斯形式是距离 $\|\boldsymbol{x}-\boldsymbol{v}_j\|$ 的单变量函数,而非以 $\boldsymbol{x}$ 为变量的多变量高斯分布。Hartman 等人证明[257],当隐藏节点足够多时,式(3.4)所示的高斯 RBF 组成的网络可以近似任意连续函数。Park 和 Sandberg 等人扩展了这一结论,他们发现很多 RBF 形式

(即ϕ_j)在满足一定限制条件后都可以近似任意连续函数。[503]

RBF 网络的核心思想是用变换空间里一些具有代表性的点(标识点)作为基来实现原始数据的非线性变换,因此这些标识点的选择至关重要。通常用无监督学习方法来选择标识点,如高斯混合模型,它不仅可以确定$\boldsymbol{v}_j$,还可以用来学习每个$\phi_j(\boldsymbol{x})$的参数,如高斯 RBF 中的σ_j。确定好 RBF 之后,可利用线性模型的学习方法学习第二层映射的参数。另一种模型训练方法是将 RBF 和线性模型看作一个整体,基于 BP 算法进行统一学习。这种方法得到的 RBF 对当前任务更为优化,但得到的 RBF 可能表征性比较差(每个 RBF 的中心可能不再代表一个合理的标识点),从而降低模型的泛化能力。

2. 多层感知器与径向基函数网络的比较

上文介绍了 MLP 和 RBF 两个典型的神经网络结构,这两种神经网络采用不同的非线性扩展方法得到特征映射,当隐藏节点足够多时,均可描述任意连续函数。比较这两种模型可发现它们有很多不同之处。一个显著不同是 MLP 模型中的每个隐藏节点的"等激发线"是一个平面$c=\boldsymbol{w}^{\mathrm{T}}\boldsymbol{x}$,而 RBF 模型中的每个隐藏节点的"等激发线"是一个球面$c=\|\boldsymbol{x}-\boldsymbol{v}_j\|$。这说明 MLP 中$\boldsymbol{x}$的变动对隐藏层的影响是全局的,不论$\boldsymbol{x}$在什么位置,对所有隐藏节点都会产生影响,而 RBF 中$\boldsymbol{x}$的变动对隐藏层的影响是局部的,只对那些和$\boldsymbol{x}$相近的$\boldsymbol{v}_j$所对应的隐藏节点产生影响。

换句话说,MLP 的信息传递可认为是分散的(Distributed),$\boldsymbol{x}$的信息通过所有隐藏节点分散地向后传递,梯度信息也会通过所有隐藏节点分散地回传,所有参数都可能因为要描述某一信息而被修正。因此,MLP 是一个参数高度共享的网络。RBF 则不同,对任何输入$\boldsymbol{x}$,其信息只通过少数和它邻近的$\boldsymbol{v}_j$所对应的隐藏节点向后传递,对应地,梯度回传也仅与这些隐藏节点相关,因此 RBF 的参数共享性较弱。基于此,RBF 需要更多隐藏节点,且泛化能力较弱,在没有被标识点有效覆盖的数据空间通常预测性能较差。

从训练角度看,RBF 网络可用无监督学习来训练 RBF 函数,降低了训练难度。即便是监督学习,因为 RBF 的局部特性,参数共享较弱,参数更新时的互相依赖较小,训练起来也比参数高度共享的 MLP 要容易。

3.2.4 神经网络模型与先验知识

标准 MLP 模型是一种全连接结构,具有强大的学习能力,但这一模型缺少先验知识,是一种纯数据驱动方法。这意味着网络训练需要大量数据,且容易发生过训练或欠训练。在很多实际应用问题中,我们对问题本身是有一定先验知识的,例如数据本身的数值特性和分布特性、和问题相关的显著特征、问题的复杂程度、可能的解决方法等。这些知识有些可以用于 MLP 的特征选择、目标函数设定、网络超参数选择(如层数、每层节点数),从而降低模型复杂度,提高训练效率。下面介绍几种将先验知识用于神经网络建模的方法。

1. 结构化模型与卷积神经网络

很多数据具有结构化特性，这些特性可用来设计更有针对性的网络。几种典型的结构化特性包括空间结构、时序结构和频域结构。

(1) 空间结构。例如在图像数据中，相近位置的像素往往具有相关性，不同位置的局部模式具有很大的重复性。

(2) 时序结构。一些序列数据，如语音信号和文本数据，往往包含很强的时序结构，时序上相近数据相关性很强，而相同模式可能出现在一个序列的不同位置。

(3) 频域结构。在语音或图像数据中，相近频段具有较强的相关性，相同模式也有可能在不同频段上重复出现。

上述结构化特性可用来设计有针对性的神经网络，其中**卷积神经网络**(Convolutional Neural Network，CNN)具有很强的代表性。CNN 是利用上述结构化特性设计局部的、共享的网络子结构，该设计使得每个子结构可学习某种局部模式，且不同空间、时序、频域位置的子结构共享网络参数。图 3-6 给出一个简单的 CNN 网络，其中包括一个卷积层和一个降采样层。卷积层利用一个局部网络将某一位置的输入映射到特征空间的某一节点，且不同位置的局部网络共享参数。这相当于利用一个由该局部网络组成的卷积核对输入平面进行卷积操作，生成一个特征平面(Feature Map)。降采样层利用一个简单的卷积核(如平均或取最大值)对特征平面进行降维。卷积核的作用类似于一个滤波器(Filter)，可以用来学习输入信号中的重复模式。为了提高表征性，一般 CNN 会通过多个卷积核生成多个特征平面，每个特征平面学习输入数据的某一方面特性。由于每个卷积核对应

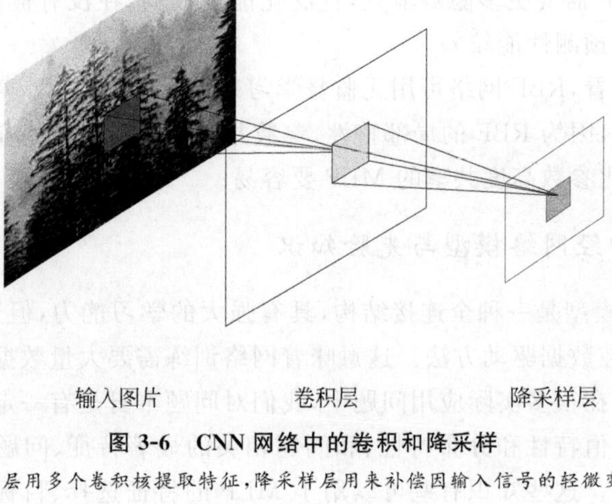

图 3-6　CNN 网络中的卷积和降采样

注：卷积层用多个卷积核提取特征，降采样层用来补偿因输入信号的轻微变化产生的特征抖动。注意卷积核在不同位置进行卷积操作时的参数不变。

的局部网络参数远少于全连接网络，CNN 的模型的复杂度一般比全连接网络低很多。降采样层不仅可以对特征平面降维，还可以去除因输入数据的轻微变化引起的特征抖动，从而提高模型的泛化能力。

图 3-7 给出了一个用于手写数字识别任务的 CNN 结构。该结构包括两层卷积，每层卷积后接一个降采样层，最后通过一个全连接层实现对输入图片的分类。卷积神经网络的思路来源于 1984 年日本学者 Fukushima 提出的神经认知机(Neocognitron)[197]，这在图像处理任务上获得了成功。LeCun 等人明确提出 CNN 结构，并提出了有效的训练方法。[381] 其后，CNN 被广泛应用于各种模式识别和机器学习任务中。

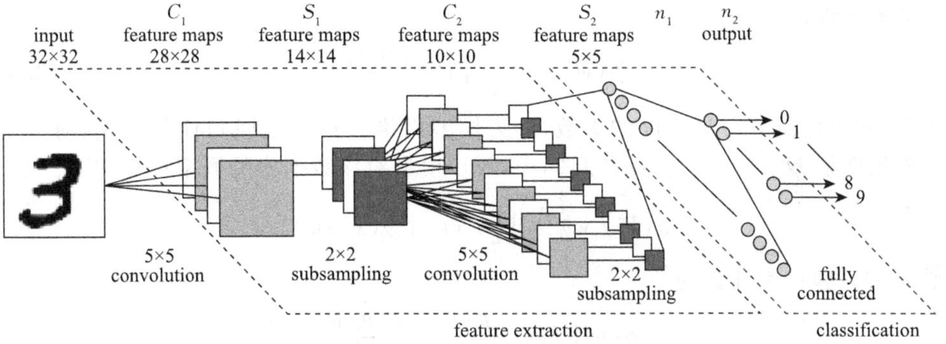

图 3-7　用于手写数字识别的卷积神经网络

注：该结构包括两个卷积层，每个卷积层后接一个降采样层。这些卷积和降采样操作用于提取图像特征。最后通过一个全连接层对输入进行分类。图片来源于文献[513]。

总体来讲，卷积神经网络具有下列性质：①使用卷积核可以学习重复性局部模式，因而可起到特征提取作用；②降采样增强对空间、时间、频域上轻微形变的鲁棒性；③参数量少，训练容易；④可以基于先验知识(如模式的大小)设计卷积核，因而有利于将知识结合到网络结构中，避免盲目学习。

2. 混合密度网络

将先验知识与神经网络相结合的另一种方式是基于对数据分布的先验知识建立适当的概率模型，用神经网络来预测模型的参数。这种方式可以将概率模型的描述能力和神经网络的学习能力相结合，由概率模型表达关于数据分布的先验知识，由神经网络增强参数估计能力。**混合密度网络**(Mixture Density Network, MDN)即是这样一种混合模型。[65] 以高斯混合密度网络为例，假设数据的条件概率符合如下高斯混合模型(GMM)：

$$p(\boldsymbol{t} \mid \boldsymbol{x}) = \sum_{k=1}^{K} \pi_k(\boldsymbol{x}) N(\boldsymbol{t} \mid \boldsymbol{\mu}_k(\boldsymbol{x}), \sigma_k^2(\boldsymbol{x})\boldsymbol{I})$$

其中，π_k、$\boldsymbol{\mu}_k$、$\sigma_k^2\boldsymbol{I}$ 分别代表第 k 个高斯成分的权重、均值和协方差矩阵，它们都是

输入 $\boldsymbol{x}$ 的参数,通过神经网络预测得到。K 为高斯成分的个数。基于这一模型,即可对 $\boldsymbol{x}$ 和 t 之间的复杂概率关系建模。注意,传统基于平方误差的 MLP 事实上是上述混合密度网络模型取 $K=1$ 时的特例。

3. 贝叶斯方法

贝叶斯方法是将先验知识引入神经网络的另一种有效途径。在线性模型一章中,我们知道贝叶斯方法通过对模型参数设定先验概率来约束模型的学习,从而改变模型的特性。这一先验概率的设计多基于任务本身的特点,这相当于将先验知识集成到神经网络建模中。一个典型的例子是稀疏先验知识的引入。生理学研究表明,人类神经系统是稀疏的、结构化的,只有特别必要时,神经元之间才会建立连接。[33,189,494] 这一先验知识可以通过在网络权重上引入一个拉普拉斯分布作为先验概率来实现:

$$p(\boldsymbol{w})=\frac{1}{2b}\exp\left(-\frac{|\boldsymbol{w}|_1}{b}\right) \tag{3.5}$$

其中,b 为控制分布集中度的参数,$\boldsymbol{w}$ 为模型网络权重。以回归任务为例,对一个训练数据集 $D=\{(\boldsymbol{x}_n,t_n):n=1,2,\cdots,N\}$,模型对该数据集的概率计算如下。

$$p(D\mid\boldsymbol{w})=\prod_{n=1}^{N}P(t_n\mid y(\boldsymbol{x}_n;\boldsymbol{w}))$$

则 $\boldsymbol{w}$ 的后验概率计算为

$$p(\boldsymbol{w}\mid D)=\frac{p(D\mid\boldsymbol{w})p(\boldsymbol{w})}{p(D)}$$

模型训练的目标是优化模型参数 $\boldsymbol{w}$,使得 $p(\boldsymbol{w}|D)$ 最大。这一目标可形式化为如下目标函数:

$$\widetilde{L}(\boldsymbol{w})=\ln p(D\mid\boldsymbol{w})+\ln p(\boldsymbol{w})$$

注意,上式中 $\ln p(D\mid\boldsymbol{w})$ 即为传统神经网络训练的误差函数的负值 $-L(\boldsymbol{w})$。代入式(3.5),有

$$\widetilde{L}(\boldsymbol{w})=-L(\boldsymbol{w})-\frac{|\boldsymbol{w}|_1}{b}+\text{const}$$

其中,const 为与待优化参数无关的常量。由此可见,引入拉普拉斯先验的 MLP 相当于在训练准则上加入了一个 l_1 正则项,这一正则项除了鼓励模型选择较小的参数外,同时鼓励缺少显著关联的神经元之间的连接权重置零。[668] 因此,加入拉普拉斯先验鼓励生成更稀疏的模型,而这正是我们希望引入模型中的结构限制。推而广之,贝叶斯方法可以通过对模型权重引入不同的先验概率,在模型训练过程中引入对应的先验知识,以减少神经网络在建模和训练中的盲目性。

3.3 基于记忆的神经模型

上一节我们讨论了基于映射的神经网络模型,该模型学习一个从 $\boldsymbol{x}$ 到 y 的映射 $y=f(\boldsymbol{x})$,使得 y 与目标变量 t 的误差最小。这一模型主要用于预测任务。在

实际生活中，还有另一类问题，在这些问题中仅有数据 $\boldsymbol{x}$ 而没有明确的数据标记 t，我们希望设计一个模型可以描述 $\boldsymbol{x}$ 的分布，或者得到代表 $\boldsymbol{x}$ 的抽象特征。对这类任务，基于映射的神经网络并不适合。研究者提出各种基于记忆的神经网络来处理这一问题。当网络训练完成后，该网络即可代表数据背后的隐藏结构。对于一个测试样本，可以基于网络中的记忆信息得到该样本的概率，采样出与之近似的样本。这一记忆模型有重要的意义。一方面，对一个含有噪声的测试样本，通过提取近似样本，可以起到去噪效果；另一方面，如果训练样本足够多，这一网络可以学习样本中有价值的模式，进而提取有效特征。这一性质非常重要，是下一章要讨论的深度学习方法的基础。

本节将介绍几种典型的神经记忆模型，包括 **Kohonen 网络**、**Hopfield 网络**、**玻尔兹曼机**(Boltzmann Machine，BM)、**受限玻尔兹曼机**、**自编码器**(Auto-Encoder，AE)等。

3.3.1 Kohonen 网络

Kohonen 网络又称自组织映射(Self Organization Map，SOM)，由 Kohonen 于 1982 年提出。[349] Kohonen 网络的基本思想是将高维数据映射到一个低维空间，使得在高维空间中的分布结构在低维空间得以保持。一个 Kohonen 网络包含若干神经元节点，这些节点一般置于一个规整的平面上，如图 3-8 所示。每个节点 s_i 对应一个 D 维向量 $\boldsymbol{v}_i$，其中 D 为数据空间的维度。在训练过程中，对一个输入向量 $\boldsymbol{x}_n$，可以计算该向量与所有神经元节点间的距离 $\{d(\boldsymbol{v}_i, \boldsymbol{x}_n)\}$，基于该距离可得到最相近的节点 s_j，称为最佳匹配节点(Best Matching Unit，BMU)。找到 BMU 之后，对 BMU 对应的向量 $\boldsymbol{v}_j$ 进行更新，使之与 $\boldsymbol{x}_n$ 更加接近。一种简单的更新方法如下：

$$\boldsymbol{v}_j^{t+1} = \boldsymbol{v}_j^t + \eta(t)\boldsymbol{x}_n; \qquad s_j = \mathrm{BMU}(\boldsymbol{x}_n)$$

其中，$\eta(t)$ 是 t 时刻的学习率，该学习率一般随 t 的增加而衰减。上述更新对所有 $\{\boldsymbol{x}_n\}$ 循环迭代进行，即可使 Kohonen 网络的神经元节点收敛到原始数据的分布结构。这一过程如图 3-9 所示，其中蓝色表示数据分布，网格中的节点位置由该节点对应的向量决定。对一个新的数据点(图 3-9 中的白色点)，寻找 BMU，将其向该数据点方向更新，如此循环往复，最后网络节点的对应向量即可充分代表训练数据。

如果仔细考察一下上述训练算法，可以发现它事实上是一个在线 K-mean 算法。这一方法可保证网络中的节点充分代表训练数据的分布，但并不能保证在高维平面上相近的点在低维平面上的激发节点(BMU)是相近的。这是因为在更新神经元向量的时候并没有考虑各个神经元在低维空间中的相邻性。这显然不能满足在低维空间描述数据分布的要求(可以参考在 K-mean 算法中，各个中心矢量是互相独立的,没有明确的近邻关系)。为了解决这一问题,可以使低维空间中相邻的神经元被同一数据激发,如图 3-8 所示,除了 BMU(红色节点)被激发外,周围节点也同时被激发,只不过被激发的级别要低一些。注意,各个神经元节点之间的相邻关系是由事先定义的拓扑结构决定的,而非由其对应的向量计算。在实际训练过程中,对每一个训练数据 $\boldsymbol{x}_n$,神经元节点对应的向量更新公式如下。

$$\boldsymbol{v}_k^{t+1} = \boldsymbol{v}_k^t + \eta(t)\theta(k,j)\,\boldsymbol{x}_n;\quad s_j = \mathrm{BMU}(\boldsymbol{x}_n),\ s_k \in N(s_j)$$

其中,$N(s_j)$表示s_j的相邻节点集合,$\theta(k,j)$为相邻神经元节点间的相关性强度。通过这种相邻激发,拓扑结构所定义的近邻关系被引入到模型中,即可实现对高维空间中相邻关系的捕捉和呈现。注意,图 3-9 所示的例子中已经引入了这种相邻关系。引入相邻关系是 Kohonen 网络区别于 K-mean 的一个显著特点。

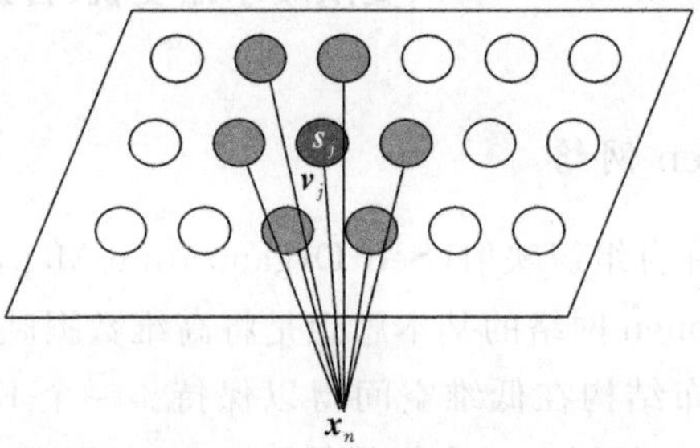

图3-8彩图

图 3-8　Kohonen 网络结构

注:神经元节点被均匀分布在一个平面上,每个神经元 s_j 对应一个向量 $\boldsymbol{v}_j$。每个输入 $\boldsymbol{x}_n$ 依 $\boldsymbol{x}_n$ 和$\{\boldsymbol{v}_j\}$之间的距离激发一个最佳匹配节点(BMU) s_j(红色双圈),同时激发 s_j 相邻的节点(黄色圈)。

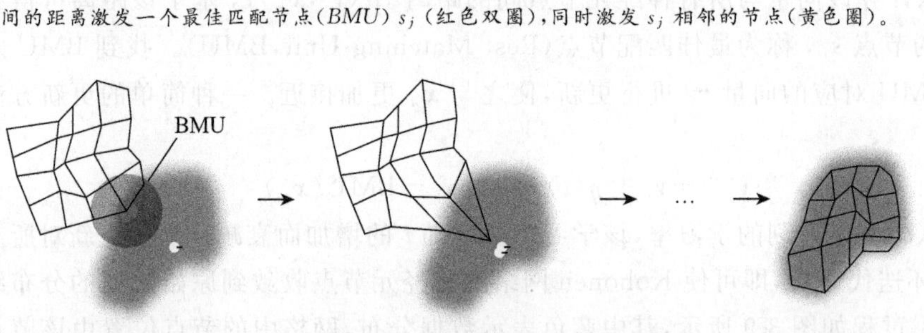

图 3-9　Kohonen 网络的训练过程

注:给定一个训练数据,如图中白点所示,训练过程将对应的 BMU 及其相邻节点往该训练数据方向拉动。这一过程对所有数据循环迭代进行,直到网络中节点的向量可充分代表训练数据。图片来源于 Wikipedia。

Kohonen 网络是一种局部映射。高维空间中的某个数据点只与和它最相似的网络节点相关,而与大多数节点无关。这种局部性和 RBF 有些类似,但在 RBF 网络中,所有 RBF 节点都会参与计算,虽然绝大多数节点并没有太大贡献,而 Kohonen 网络则可通过拓扑结构定义网络节点的相邻关系。这种局部映射属性说明该映射天然是一种非线性映射,可描述复杂的数据分布。这一点和 PCA 显著不同,后者是全局映射,只对全局符合高斯分布的数据有效。图 3-10 给出了在一个非高斯数据上 Kohonen 网络和 PCA 的对比,显然 Kohonen 网络在这种数据上的描述能力更强。

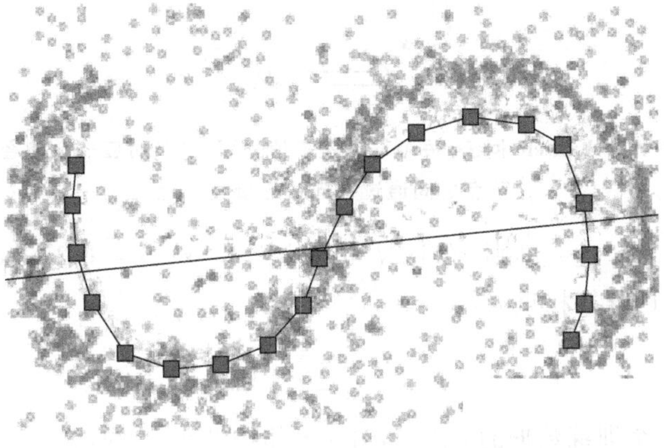

图3-10彩图

图 3-10 Kohonen 网络与 PCA 在非高斯数据上的对比

注:红色曲线代表一维 Kohonen 网络,每个节点的位置由其对应的向量决定。PCA 的第一成分在图中表示为一条蓝线。显然,Kohonen 网络更能表示数据的实际分布情况。图片来源于 Wikipedia。

Kohonen 网络是一种非常简单的记忆网络,该网络通过一些记忆节点(由网络节点对应的向量表示)对训练数据进行记忆和表达,在模式提取时将数据映射为最相似的节点。因为网络节点通常会记忆最有代表性的数据,Kohonen 网络可发现数据分布的基础模式,并可用于简单的特征提取。

3.3.2 Hopfield 网络

Kohonen 网络的表达能力与矢量量化(Vector Quantization,VQ)相似,不同节点有独立的代表向量,节点间缺少参数共享,没有形成结构化协同表示,因此记忆能力较低。

Hopfield 等人在 1982 年受人类记忆模式的启发提出一种更有效的记忆网络,称为 **Hopfield 网络**[287],如图 3-11 所示。该网络包含若干二值的神经元节点(取 +1 或 −1) $\{s_i\}$,每一对节点 (s_i, s_j) 间通过有向边 w_{ij} 相连。我们将所有节点的取值组成一个向量,称为一个"模式"。Hopfield 网络的目的是通过这一互连结构记住训练过程中遇到的模式,当训练完成后,可以通过"回忆"提取前期记住的模式。

1. 模型学习

Hopfield 网络的学习过程即是对训练数据所代表的模式进行记忆的过程。一种常见的学习方法采用 **Hebbian 准则**[266],该准则可简单表述为"同时激发的单元

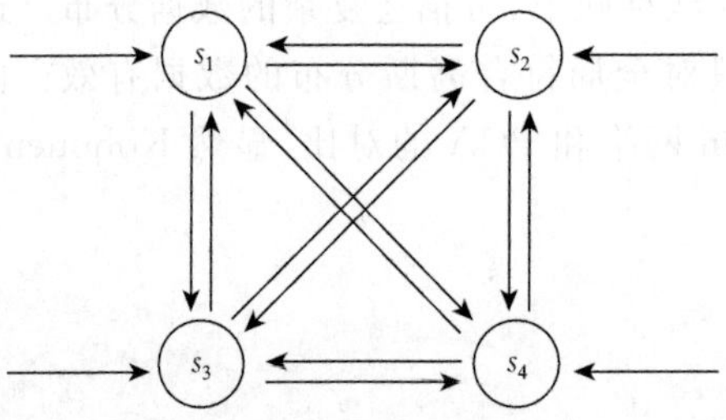

图 3-11　Hopfield 网络，每个节点是二值且可见的，对应一个神经元，节点之间通过有向边连接在一起

互相连接"。[419] 基于这一准则，给定 N 个训练样本 $\{\boldsymbol{x}_n: n=1,2,\cdots,N\}$，可计算节点 s_i 和 s_j 之间的连接权重为

$$w_{ij}=\frac{1}{N}\sum_{n=1}^{N}x_{ni}x_{nj}$$

其中，x_{ni} 为第 n 个训练数据的第 i 维，对应网络中节点 s_i 的输入。由上式可见，如果 x_{ni} 和 x_{nj} 符号相同，则该样本对 w_{ij} 的贡献为正值，意味着 s_i 和 s_j 之间的连接加强，符合 Hebbian 准则。上述学习也可以采用增量模式，即

$$w_{ij}^{n}=w_{ij}^{n-1}-\frac{1}{n}(w_{ij}^{n-1}-x_{ni}x_{nj})$$

其中，w_{ij}^{n} 为学习第 n 个样本后神经元 s_i 和 s_j 之间的连接权重。

Hebbian 学习可以理解为一个最大似然问题。给定训练集 $D=\{\boldsymbol{x}_n: n=1,2,\cdots,N\}$，定义如下似然函数：

$$L(\boldsymbol{W})=p(D;\boldsymbol{W})=\prod_{n}p(\boldsymbol{x}_n;\boldsymbol{W})$$

其中，$\boldsymbol{W}=\{w_{ij}\}$ 为网络参数。设上述概率具有**吉布斯形式**(Gibbs Measure)如下：

$$p(\boldsymbol{x}_n;\boldsymbol{W})\propto \mathrm{e}^{\sum_{ij}w_{ij}x_{ni}x_{nj}-\sum_{i}\theta_i x_{ni}}$$

其中，$\{\theta_i\}$ 为人为指定的模型参数(不需训练)。引入 w_{ij} 的 L_2 范数作为正则项，对 E 进行优化，即可得到 Hebbian 准则。对应上述概率形式，一个输入 $\boldsymbol{x}$ 的能量函数为

$$E=-\sum_{i,j}w_{ij}x_i x_j+\sum_{i}\theta_i x_i \tag{3.6}$$

因此，Hebbian 准则也可以理解为使训练数据的能量最小或概率最大。

图 3-12 给出一个能量函数示意图，其中横轴表示 Hopfield 网络所处的模式(即输入 $\boldsymbol{x}$ 的不同取值)，纵轴表示该模式对应的能量。经过学习以后，在网络记忆能力范围内，训练数据所对应的模式将处于能量局部最低状态，这些能量局部最低点称为 Attractor。注意，并不是所有能量局部最低点都对应一个训练模式。对于复杂网络，某些能量局部最低点并非实际需要记忆的模式，而是为了对目标函数进

行优化而自动引入的“赝模式”。[271] 如果训练模式超出了网络的记忆能力，有些模式不能被很好记忆，有可能不对应能量最低点。

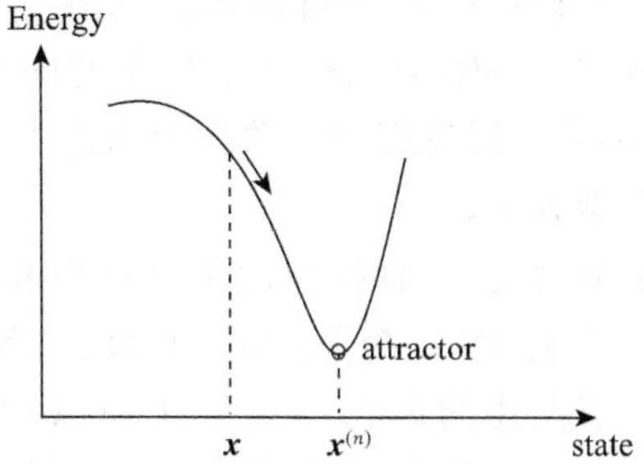

图 3-12 Hopfield 网络的能量函数示意图

注：在网络记忆能力范围内，训练样本被记忆成能量函数的局部最低点，称为 attractor。在模式提取时，输入一个新样本 $\boldsymbol{x}$，通过迭代更新，网络节点的取值会收敛到与该输入邻近的 attractor，实现对记忆模式的提取。图中 $\boldsymbol{x}$ 收敛到 $\boldsymbol{x}^{(n)}$ 对应的 attractor。

2. 模式提取

在模式提取时，固定模型的权重，给定一个新样本作为网络的初始模式，经过迭代运行，可得到一个与该样本最相似的记忆模式，这一过程如图 3-12 所示。初始模式为样本 $\boldsymbol{x}$，通过迭代寻找邻近的能量局部最低点，最终得到被记忆的模式。为了实现这一迭代搜索，首先将网络节点初始化为 $\boldsymbol{x}$，即 $s_i = x_i$。根据式(3.6)，可求某一神经元 s_i 取值变化时所引起的能量变化：

$$\Delta E_i = E(s_i = +1) - E(s_i = -1) = -2\sum_j w_{ij} s_j + 2\theta_i$$

上式意味着如果满足如下条件，则节点 s_i 取$+1$会使能量更低：

$$-\sum_j w_{ij} s_j + \theta_i < 0$$

如果不满足上式条件，则应对 s_i 取-1。这一结论总结为如下迭代准则：

$$s_i = \begin{cases} +1 & \sum_j w_{ij} s_j > \theta_i \\ -1 & \text{其他} \end{cases}$$

基于上述单一神经节点的更新方式，可对整个网络进行更新。更新可采用两种方式：在同步更新中，对所有节点统一更新；在异步更新中，从某个节点开始更新，并利用更新后的节点去更新其他节点。Hopfield 证明这一非线性动态系统是稳定的，因此这一更新过程总会收敛到一个局部最低能量点(attractor)。这一最低能量点通常是模型经过学习得到的一个记忆模式，但也有可能是一个赝模式。

3. Hopfield 网络的记忆能力

在 Hopfield 网络的模式提取过程中，从一个初始模式出发，可以发现与其相近的记忆模式。这种通过相似性提取记忆内容的方式称为联想记忆(Associative Memory)。[499,287]这一方法常用于基于内容的寻址(Content-based Addressing)。由于提取过程会收敛到一个记忆模式,Hopfield 网络具有一定的去噪能力。例如,我们通过学习,可以让 Hopfield 网络记住 10 个数字的图片,在提取时输入某个数字的带噪图片,Hopfield 网络可以发现训练数据中和这个数字最相近的图片,这事实上提供了一种有效的去噪方法。

Hopfield 网络的记忆能力是有限的,与网络节点数和节点间的连接数直接相关。Hertz 等人证明,对一个有 1000 个节点的 Hopfield 网络,能被有效记忆的模式大约为 138 个,即模式/节点比约为 0.138。[271] Liou 等人证明,这一比例可能会提高到 0.14 以上。[411] 显然,这一模式/节点比还是非常低的,说明 Hopfield 网络的记忆效率不高。

3.3.3 玻尔兹曼机

Hopfield 网络有两个特点:一是所有神经元节点都是可见的,二是节点的取值是确定的。这两点限制了该网络的表达能力。**玻尔兹曼机**(Boltzmann Machine)引入隐藏节点和节点取值的随机性来解决这一问题。这一模型由 Hinton 和 Sejnowski 在 1985 年提出。[3] 一个典型的玻尔兹曼机如图 3-13 所示,其中灰圈表示可见节点 $\{v_i\}$,白圈表示隐藏节点 $\{h_j\}$。不论是可见节点还是非可见节点都是二值随机变量,且每个节点的概率分布依赖与其相连的节点的取值。在第 6 章我们会看到,这一模型事实上是一个无向图,或称为马尔可夫随机场(Markov Random Field,MRF)。

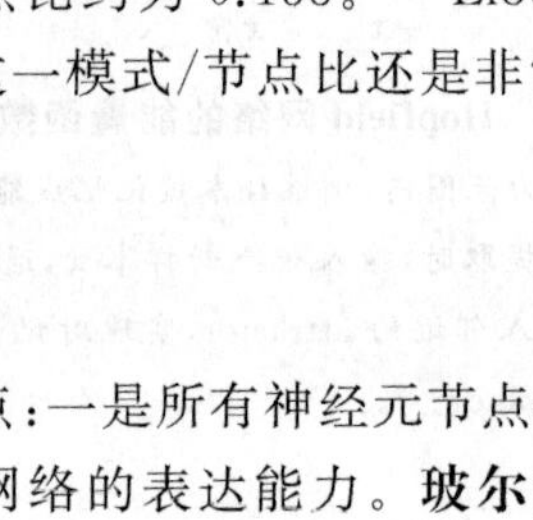

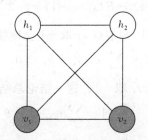

图 3-13 玻尔兹曼机结构图

注:灰色节点 v_i 为可见节点,白色节点 h_i 为隐藏节点。

可见节点和隐藏节点都是二值随机变量。

1. 运行与采样

在介绍 Hopfield 网络时,我们提到该网络在模式提取时,通过迭代更新每个神经元节点取值来寻找能量函数的局部最低点。玻尔兹曼机的运行方式与之类似,也是通过迭代方式达到能量最低。不同的是,玻尔兹曼机是随机模型,因而这一能量最低不是状态取值上的能量最低，而是节点取值达到一种稳定的分布状态。

和 Hopfield 网络类似，我们定义玻尔兹曼机的一个模式 s 为所有可见节点和隐藏节点的一种取值方式。定义模式 s 的能量为

$$E(s) = -\sum_{i,j} w_{ij} s_i s_j - \sum_i \theta_i s_i \tag{3.7}$$

和 Hopfield 网络稍有不同的是，玻尔兹曼机习惯上取 $s_i \in \{0,1\}$。假设该模式的概率分布为**玻尔兹曼分布**，则有

$$p(s) \propto \mathrm{e}^{-\frac{E(s)}{\mathrm{T}}} \tag{3.8}$$

其中，T 为一常数。我们考察某个节点 s_i（可能是隐藏节点或可见节点），其能量变动为

$$\Delta E_i = E(s_i = 0) - E(s_i = 1) = \sum_j w_{ij} s_j + \theta_i \tag{3.9}$$

由玻尔兹曼分布公式，可知：

$$\frac{p_{i=0}}{p_{i=1}} = \mathrm{e}^{-\frac{\Delta E_i}{\mathrm{T}}}$$

注意到 $p_{i=0} = 1 - p_{i=1}$，经过简单计算可得

$$p_{i=1} = \frac{1}{1 + \mathrm{e}^{-\frac{\Delta E_i}{\mathrm{T}}}} \tag{3.10}$$

上式表明在运行一个玻尔兹曼机时，应基于式(3.10)对 s_i 进行抽样，其中 ΔE_i 依式(3.9)计算。注意，ΔE_i 依赖与节点 i 相关的所有相邻节点 s_j，因而是一个对所有节点的迭代采样过程。经过一段时间的运行后，玻尔兹曼机将达到稳定状态，该稳定状态与初始状态无关，只与模型参数相关。上述运行过程事实上是一个**吉布斯采样**，在该过程中，每次只对一个节点 s_i 依条件概率 $P(s_i \mid s_{-i})$ 进行采样，其中 s_{-i} 表示去除节点 s_i 外其他所有节点的取值。在第 6 章我们会看到上述采样过程在较宽泛的假设下将收敛到一个稳态分布。

和 Hopfield 网络相比，玻尔兹曼机是一个随机网络，不能像 Hopfield 网络那样收敛到一个与输入模式最接近的记忆模式，而是依概率生成各种模式。虽然在采样过程中有较大概率先生成和输入模式接近的记忆模式，但最终会稳定到模型参数决定的概率分布上，与初始输入无关。

2. 训练方法

玻尔兹曼机的参数包括每个神经元的偏置量 $\{\theta_i\}$ 和神经元间的连接权重 $\{w_{ij}\}$，确定了这些参数即可确定玻尔兹曼机所代表的概率分布，即式(3.8)和式(3.7)。在实际操作时，我们希望一个玻尔兹曼机能尽可能代表训练样本的实际分布。注意到训练样本对应模型的可见节点，为了便于区分，我们记训练数据为 $\boldsymbol{v}$，其实际分布为 $p^+(\boldsymbol{v})$。同时，记玻尔兹曼机所代表的分布为 $p^-(\boldsymbol{v})$，该分布可通过对隐藏节点的边缘化得到：

$$p^{-}(\boldsymbol{v})=\sum_{\boldsymbol{h}}p(\boldsymbol{v},\boldsymbol{h})$$

模型训练的任务是调整玻尔兹曼机的参数 $\{w_{ij},\theta_i\}$，使该模型所代表的分布 $p^{-}(\boldsymbol{v})$ 和实际数据分布 $p^{+}(\boldsymbol{v})$ 尽可能接近。采用 Kullback-Leibler(KL)散度来描述这两个分布间的距离，可得到如下目标函数：

$$L(\{w_{ij},\theta_i\})=\sum_{\boldsymbol{v}}p^{+}(\boldsymbol{v})\ln\frac{p^{+}(\boldsymbol{v})}{p^{-}(\boldsymbol{v})} \tag{3.11}$$

对上式进行最小化，即可完成对玻尔兹曼机的训练。实际实现时，可采用梯度下降法对上述 KL 散度进行优化，即

$$w_{ij}=w_{ij}-\alpha\frac{\partial L}{\partial w_{ij}} \tag{3.12}$$

$$\theta_i=\theta_i-\alpha\frac{\partial L}{\partial \theta_i} \tag{3.13}$$

其中，α 为学习率。通过简单计算可得如下梯度公式：

$$\frac{\partial L}{\partial w_{ij}}=-(p_{ij}^{+}-p_{ij}^{-}) \tag{3.14}$$

$$\frac{\partial L}{\partial \theta_i}=-(p_i^{+}-p_i^{-}) \tag{3.15}$$

其中，p_{ij}^{+} 表示实际数据集中神经元 s_i 和 s_j 同时激发的概率，p_{ij}^{-} 表示玻尔兹曼机的稳态分布中神经元 s_i 和 s_j 同时激发的概率。p_i^{+} 和 p_i^{-} 分别表示依实际数据分布和玻尔兹曼机的稳态分布，神经元 s_i 的激发概率。

从形式上看，式(3.14)和式(3.15)代表的训练过程非常简单，对某一参数更新时只需考虑与该参数相关的神经元节点的激发概率，考察基于模型计算得到的这一概率是否符合实际概率即可。从另一个角度看，这一训练事实上与 Hebbian 准则是一致的：当在训练数据中看到两个神经元同时激发时，p_{ij}^{+} 较大，这时如果 p_{ij}^{-} 较小，说明模型对这一协同激发性描述不够，则式(3.14)为负值，因此依式(3.12)对 w_{ij} 进行更新时，会增加 w_{ij} 的取值。这正是 Hebbian 准则中“同时激发的神经元连接增强”的原则。

虽然形式上很简单，但在实现这一训练算法上却相当困难。因为 $p^{-}(\boldsymbol{v})$ 的计算非常复杂，需要玻尔兹曼机运行到稳态分布才能得到较好的估计。然而，运行到稳态分布不仅要耗费大量时间，而且是否已经达到稳态很难判断。正是因为这些困难，通用的玻尔兹曼机在实际应用中受到很大限制。尽管如此，这一模型所带来的理论价值非常显著：一是其训练过程与 Hebbian 准则的一致性，从某一方面证明该模型可以部分模拟人类神经系统的学习方式；二是这一模型连接了贝叶斯方法和神经模型方法两大学派，一方面证明了神经学习中可以利用概率方法，另一方面表明概率模型可以允许更通用的结构，如同质的节点和统一的条件概率；三是这一模型连接了物理学中某些简单的动态系统(如铁磁化过程)和机器学习中的概率模

型[287]，揭示了概率方法与物理学的某些深刻联系。

3.3.4 受限玻尔兹曼机

通用玻尔兹曼机很难训练，但如果对其结构进行若干限制，则可得到有效的训练方法。一种限制结构是将可见节点$\{v_i\}$和隐藏节点$\{h_j\}$分为两组，只有不同组的两个节点可以互相连接。这一结构称为**受限玻尔兹曼机**(Restricted Boltzmann Machine，RBM)，最初由 Paul Smolensky 在 1986 年提出，当时称为 Harmonium。[615]一个 RBM 的结构如图 3-14 所示。

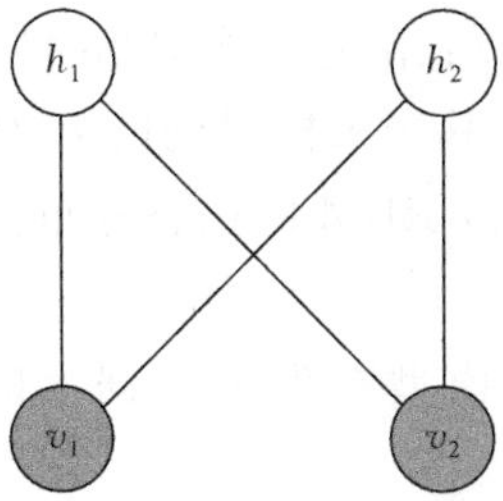

图 3-14 受限玻尔兹曼机结构图

注：灰色节点为可见节点，白色节点为隐藏节点。不同组节点间有无向边连接，同组节点间无连接。

RBM 的应用广泛。第一，RBM 是一种生成模型，可用来学习数据的分布规律并基于此生成新样本。[280]第二，RBM 是一种非监督学习模型，其隐变量可以表达数据的显著模式，因此可用于降维和特征提取。[278,123]例如，Hinton 等人利用这一能力在文本分析中学习主题模型。[279]第三，如果数据中包含分类标记，RBM 也可适用于监督学习，用于分类任务中。[375]

1. RBM 的运行

RBM 的运行方法和通用玻尔兹曼机类似，但由于引入了结构限制，运行起来更加简单。考虑 RBM 的能量函数如下：

$$E(\boldsymbol{v},\boldsymbol{h}) = -\sum_i a_i v_i - \sum_i b_i h_i - \sum_{ij} w_{ij} v_i h_j$$

基于这一能量函数可定义如下联合概率分布：

$$p(\boldsymbol{v},\boldsymbol{h}) = \frac{1}{Z} \mathrm{e}^{-E(\boldsymbol{v},\boldsymbol{h})} \tag{3.16}$$

其中，$Z = \sum_{\boldsymbol{v},\boldsymbol{h}} \mathrm{e}^{-E(\boldsymbol{v},\boldsymbol{h})}$是归一化因子。这一因子由模型参数决定，与模型状态无关。RBM 的受限结构极大简化了条件概率计算：给定隐藏节点，每个可见节点的概率分布是条件独立的(Conditional Independent)；反之，给定可见节点，隐藏节点也具有同样属性。这一条件独立属性形式化如下：

$$p(\boldsymbol{v} \mid \boldsymbol{h}) = \prod_{i} p(v_i \mid \boldsymbol{h}) \tag{3.17}$$

$$p(\boldsymbol{h} \mid \boldsymbol{v}) = \prod_{j} p(h_j \mid \boldsymbol{v}) \tag{3.18}$$

通过简单计算可得

$$p(v_i = 1 \mid \boldsymbol{h}) = \sigma\left(a_i + \sum_j w_{ij} h_j\right) \tag{3.19}$$

$$p(h_j = 1 \mid \boldsymbol{v}) = \sigma\left(b_j + \sum_i w_{ij} v_i\right) \tag{3.20}$$

可见,RBM 中的条件独立假设使得吉布斯采样得以分块进行,简化了模型的运行过程。具体运行过程如下:给定一个初始状态,基于当前观察变量 $\boldsymbol{v}$,依式(3.18)和式(3.20)采样出 $\boldsymbol{h}$;基于采样得到的 $\boldsymbol{h}$,依式(3.17)和式(3.19)采样出 $\boldsymbol{v}$。如此循环采样,即可收敛到该 RBM 的稳态分布。

2. RBM 的训练

在训练过程中,我们希望模型在训练数据上的概率更高,或能量更低。由式(3.16)可知:

$$p(\boldsymbol{v}) = \frac{1}{Z} \sum_{\boldsymbol{h}} \mathrm{e}^{-E(\boldsymbol{v},\boldsymbol{h})}$$

对一个训练集 $D = \{\boldsymbol{v}_n : n = 1,2,\cdots,N\}$,其目标函数可写成最大似然函数的负值:

$$L(\{w_{ij}, a_i, b_i\}) = -\frac{1}{N}\sum_n \ln p(\boldsymbol{v}_n) = -\frac{1}{N}\sum_n \left\{\ln\left[\sum_{\boldsymbol{h}} \mathrm{e}^{-E(\boldsymbol{v}_n,\boldsymbol{h})}\right] - \ln[Z]\right\}$$

可采用梯度下降法对上式中的参数进行优化。以 w_{ij} 为例,注意到 $-E(\boldsymbol{v},\boldsymbol{h})$ 中只有一项和 w_{ij} 相关,因而有

$$E(w_{ij}) = -v_i h_j w_{ij} + \mathrm{const}$$

代入目标函数

$$L(w_{ij}) = -\frac{1}{N}\sum_n \left\{\ln\left[\sum_{\boldsymbol{h}} \mathrm{e}^{v_{ni} h_j w_{ij} + \mathrm{const}}\right] - \ln[Z]\right\}$$

计算目标函数对 w_{ij} 梯度为

$$\begin{aligned}\frac{\partial L(w_{ij})}{\partial w_{ij}} &= -\frac{1}{N}\sum_n \frac{\left[v_{ni} h_j \mathrm{e}^{v_{ni} h_j w_{ij} + \mathrm{const}}\right]_{h_j=1}}{\sum_{\boldsymbol{h}} \mathrm{e}^{v_i h_j w_{ij} + \mathrm{const}}} + \frac{\partial \ln[Z]}{\partial w_{ij}} \\ &= -\frac{1}{N}\sum_n [(v_{ni} h_j) p(h_j = 1 \mid \boldsymbol{v}_n)] + \frac{\partial \ln[Z]}{\partial w_{ij}} \\ &= -\langle v_i h_j \rangle_{\text{data}} + \frac{\partial \ln[Z]}{\partial w_{ij}}\end{aligned}$$

其中,$\langle v_i h_j \rangle_{\text{data}}$ 表示基于实际训练数据得到的 $v_i h_j$ 的期望。注意到 $Z = \sum_{\boldsymbol{v}}\sum_{\boldsymbol{h}} \mathrm{e}^{-E(\boldsymbol{v},\boldsymbol{h})}$,因此可用同样的方法提取出和 w_{ij} 相关的项进行求导,可得

$$\frac{\partial \ln[Z]}{\partial w_{ij}}=\sum_{v}\sum_{h} v_i h_j p(v_i,h_j)=\langle v_i h_j\rangle_{\text{model}}$$

其中，$\langle v_i h_j\rangle_{\text{model}}$ 表示基于当前模型的稳态分布得到的 $v_i h_j$ 的期望。综合起来，有

$$\frac{\partial \ln p(\boldsymbol{v})}{\partial w_{ij}}=\langle v_i h_j\rangle_{\text{data}}-\langle v_i h_j\rangle_{\text{model}} \tag{3.21}$$

基于相似的过程，可对偏置 a 和 b 进行更新：

$$\frac{\partial \ln p(\boldsymbol{v})}{\partial a_i}=\langle v_i\rangle_{\text{data}}-\langle v_i\rangle_{\text{model}}$$

$$\frac{\partial \ln p(\boldsymbol{v})}{\partial b_j}=\langle h_j\rangle_{\text{data}}-\langle h_j\rangle_{\text{model}}$$

如果我们回顾一下通用玻尔兹曼机的训练公式(3.14)，就会发现上述 RBM 的训练公式(3.21)和式(3.14)十分相似，都是“局部训练”，即对某一参数 w_{ij} 的更新仅考虑与该连接相关的两个节点。这一特点显然是和玻尔兹曼机的能量函数形式相关的。

3. 对比散度训练

上述训练方法虽然看起来简单，但计算 $\langle v_i h_j\rangle_{\text{model}}$ 还是需要模型运行到稳态分布，因此效率依然较低。Hinton 在 2002 年提出了一种**对比散度**(Contrastive Divergence，CD)算法[276]，该方法只需几次吉布斯采样即可完成一次参数更新，而不需系统运行到稳态分布。具体过程如下所示。

while Not Converge **do**
  从训练数据中随机一个样本 $\boldsymbol{v}$；
  以 $\boldsymbol{v}$ 为输入变量，基于式(3.18)采样出隐变量 $\boldsymbol{h}$；
  基于 $\boldsymbol{h}$，利用式(3.17)得到 v 的重构样本 $\hat{\boldsymbol{v}}$；
  基于 $\hat{\boldsymbol{v}}$，重复利用式(3.18)采样出隐变量 $\hat{\boldsymbol{h}}$；
  对模型更新如下：

$$\Delta w_{ij}=\eta(\langle \boldsymbol{v}\boldsymbol{h}\rangle-\langle \hat{\boldsymbol{v}}\hat{\boldsymbol{h}}\rangle)$$
$$\Delta a_i=\eta(\langle \boldsymbol{v}\rangle-\langle \hat{\boldsymbol{v}}\rangle)$$
$$\Delta b_j=\eta(\langle \boldsymbol{h}\rangle-\langle \hat{\boldsymbol{h}}\rangle)$$

  其中，η 是学习率，期望〈·〉由上述采样过程得到的训练样本和重构样本计算得到。
end

CD 算法的优化目标并不是求最大似然函数，而是模拟对比散度(即两个 KL 散度的差)的梯度，但也仅是近似的。Sutskever 和 Tieleman 证明，CD 的更新方式并不对应任何一个目标函数的梯度。[636]尽管如此，CD 算法在实际应用中依然有良好表现，有效提高了模型训练效率。对 CD 方法的一个改进是持续进行对模型的采样(模型参数在采样过程中会被持续更新)，而不是对每个训练数据重新开始采样。这一方法称为 Persistent CD(PCD)。[669] CD 算法为 RBM 提供了高效的训练

工具，使 RBM 得以广泛应用，特别是有力推动了深度学习技术的发展。[280]

4. RBM 模型的改进

研究者基于 RBM 提出了很多改进模型。Larochelle 在 2008 年提出用于监督学习的 RBM。[375] 在这种 RBM 中，可见变量中除了包含样本的特征外，还包含样本的类别标记。运行时固定输入特征，对类别标记计算后验概率，即可实现分类任务。这一模型可基于最大似然或对比散度训练，同时也可以基于区分性目标训练，即最大化 $p(c \mid \boldsymbol{v})$，其中 c 是类别变量，$\boldsymbol{v}$ 是数据特征，二者都是可见变量。不仅如此，监督学习和非监督学习还可以同时作为训练目标，实现混合训练或多任务训练。

Lee 等人在 2009 年提出卷积 RBM(Convolutional RBM，CRBM)。[388] 类似卷积神经网络，CRBM 将隐藏节点分为若干组，每一组称为一个特征平面(Feature Map)，每个特征平面的节点共享连接参数。Nair 等人在 2009 年提出一种混合 RBM 模型[471]，该模型类似混合高斯模型，引入第三组向量(类似高斯混合模型的权重)来控制不同组 RBM 在能量函数中的贡献。

3.3.5 自编码器

自编码器(Auto Encoder，AE)是另一种基于记忆的神经模型。一个标准 AE 包括两个部分：一个编码器(Encoder)和一个解码器(Decoder)，其中编码器 $f_{\boldsymbol{\phi}}(\boldsymbol{x})$ 将原始数据 $\boldsymbol{x}$ 编码到一个特征空间，生成特征 $\boldsymbol{h}$，解码器 $g_{\boldsymbol{\theta}}(\boldsymbol{h})$ 基于特征 $\boldsymbol{h}$ 对原始数据进行重构 $\hat{\boldsymbol{x}}=g(\boldsymbol{h})$。一个典型的 AE 结构如图 3-15 所示。AE 的学习目标是使得重构数据和原始输入数据尽可能接近，形式化为如下目标函数：

$$L(\boldsymbol{\theta},\boldsymbol{\phi}) = \|\hat{\boldsymbol{x}} - \boldsymbol{x}\|^2 = \|g_{\boldsymbol{\theta}}(f_{\boldsymbol{\phi}}(\boldsymbol{x})) - \boldsymbol{x}\|^2$$

定义了上述目标函数后，基于 BP 算法即可对网络参数 $\boldsymbol{\phi}$、$\boldsymbol{\theta}$ 进行优化。

AE 的概念早在 1987 年就出现了[744,29]，只是直到深度学习发展起来后才受到更多重视。一个可能的原因是浅层网络对特征的学习能力较弱，而深层网络的训练一直存在困难，直到 Hinton 等提出 RBM 预训练方法之后才得以较好解决。[278] 关于深度学习的知识，我们将在下一章具体讨论。

1. AE 与其他模型的关系

AE 和 PCA 有天然联系。[79,111] 在线性模型一章我们提到过，PCA 的训练目标是使得线性变换后得到特征在对输入进行重构时误差最小，因此 PCA 可以认为是一种特殊的 AE，其中编码器和解码器是线性的，且二者共享参数。显然，AE 的结构比 PCA 更灵活，允许非线性编码和解码，允许解码器和编码器有独立的参数，允许更灵活的目标函数。因此，AE 具有比 PCA 更强大的学习能力。[278]

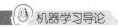

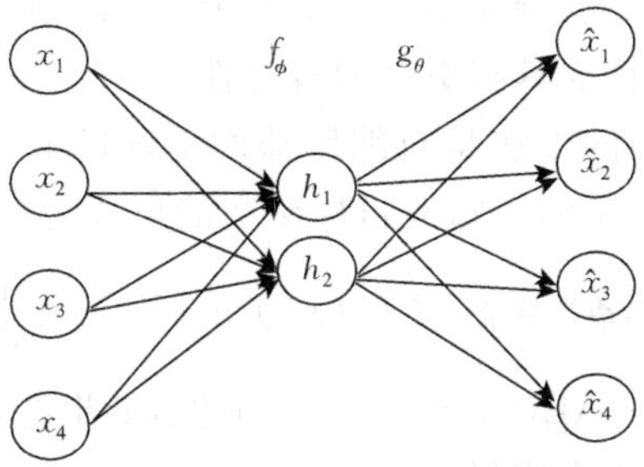

图 3-15 自编码器(AE)的网络结构

注：编码器 $f_{\boldsymbol{\phi}}(\boldsymbol{x})$将 $\boldsymbol{x}$ 编码到特征空间，生成特征（编码）$\boldsymbol{h}$，解码器 $g_{\boldsymbol{\theta}}(\boldsymbol{h})$基于该特征生成 $\boldsymbol{x}$ 的重构 $\hat{\boldsymbol{x}}$。

AE与RBM也有紧密关系。由RBM的对比散度训练过程可知，RBM的训练目标也是对原始输入数据的重构误差最小，这与AE的训练目标非常相似。Bengio[48]讨论了这种相关性，证明RBM中的CD训练等价于AE中的梯度下降过程。AE和RBM的区别在于RBM的编码与解码都是随机的，而AE的编解码过程是确定的。这一区别启发研究者将随机变量引入到AE中，由此产生了一种随机的变分自编码器(Variational AE，VAE)。[344]VAE假设数据由解码器 $p_{\boldsymbol{\theta}}(\boldsymbol{x} \mid \boldsymbol{h})$随机产生，其中 $\boldsymbol{h}$ 符合某一先验概率 $p(\boldsymbol{h})$，而编码器用来模拟该生成过程的后验概率 $q_{\boldsymbol{\phi}}(\boldsymbol{h}|\boldsymbol{x})$。VAE提供了一种将贝叶斯方法和神经网络相结合的新思路，既可利用神经网络的强大学习能力，也可以对学习过程进行概率约束。

2. 其他约束

AE的学习目标是对数据进行重构，因此需要一定的约束条件才能避免得到平凡解（等值映射）。在传统AE结构中，特征层的维度小于数据维度，这事实上是提供了一种低维约束，强制网络学习显著特征（类似PCA中的主成分）。低维约束有一定的局限性，研究者提出了更多约束方法来提高AE的学习能力。一种约束是使生成的特征具有稀疏性，即稀疏编码(Sparse Coding)。[493]传统的稀疏编码不存在一个参数化的编码器，而是通过一个优化过程实现，该优化过程的目标函数中带有鼓励稀疏编码的正则项，即

$$\boldsymbol{h}^* = \underset{\boldsymbol{h}}{\operatorname{argmin}}\{E(g(\boldsymbol{h}),\boldsymbol{x}) + \lambda\Omega(\boldsymbol{h})\}$$

其中，$E(g(\boldsymbol{h}),\boldsymbol{x})$是重构误差，$\lambda$ 是控制稀疏性的参数，$\Omega(\boldsymbol{h})$是鼓励稀疏性的正则项。常见的正则项包括 l_0 范数和 l_1 范数。上述优化过程一般计算量较大，一种可能的方法是用神经网络来学习这一编码过程，如PSD方法。[333]稀疏自编码器(Sparse AE)则是将鼓励稀疏编码的正则项引入到AE中，其形式化如下：

$$L_{\text{sparse}}(\boldsymbol{\theta},\boldsymbol{\phi}) = \|g_{\boldsymbol{\theta}}(f_{\boldsymbol{\phi}}(\boldsymbol{x})) - \boldsymbol{x}\|^2 + \lambda\Omega(\boldsymbol{h})$$

加入该正则项后，特征空间不再受低维限制，其维度甚至可以大于输入向量的维

度,因而可学习更复杂的数据分布形式;另外,稀疏编码将学习到的特征向量中非显著维度置为零,使得该特征具有更强的解释性。

另一种引入稀疏特征的方法是对编码器的 Jacobian 矩阵进行约束,目的是减小输入数据噪声的特征的影响。写成目标函数的形式为

$$L_{\mathrm{CAE}}(\boldsymbol{\theta},\boldsymbol{\phi})=\|g_{\boldsymbol{\theta}}(f_{\boldsymbol{\phi}}(\boldsymbol{x}))-\boldsymbol{x}\|^2+\lambda\left\|\frac{\partial \boldsymbol{h}}{\partial \boldsymbol{x}}\right\|^2$$

这一模型称为 Contractive AE(CAE)。[562,561] 显然,如果特征层的激活函数在 $h_i=0$ 的梯度为 0,CAE 将倾向于生成稀疏特征。

除了稀疏性,另一种约束方法是向输入数据中加入噪声,包括白噪声、实际场景噪声或某些维度上的缺失或破坏,利用 AE 从这些加噪数据中恢复原始数据。这种加噪训练相当于在原始目标函数上加入一个正则项,使得目标函数对训练数据变化的敏感性降低。[234] 这一模型称为去噪自编码机(Denoising Auto Encoder, DAE)。[696,697]

最近研究表明,DAE 具有学习数据分布的能力。[695,8,55] 这些研究得到的一个结论是,对一个编码/解码系统,如果噪声和重构余量(Reconstruction Residual)都符合高斯分布,DAE 将可以代表数据的概率密度函数。具体来说,设噪声符合如下规律:

$$C(\tilde{\boldsymbol{x}}\mid\boldsymbol{x})=N(\boldsymbol{x},\sigma^2\boldsymbol{I})$$

其中,$\tilde{\boldsymbol{x}}$ 表示加入噪声后的数据,当模型训练完成后,取 $\sigma\to 0$, $\frac{g(f(\boldsymbol{x}))-\boldsymbol{x}}{\sigma^2}$ 是 $\frac{\partial \ln(Q(\boldsymbol{x}))}{\partial \boldsymbol{x}}$ 的一致估计,$Q(\boldsymbol{x})$ 表示数据的实际分布。

从这一结果可以得到若干重要结论。第一,如果对那些可以精确重构的点 $\boldsymbol{x}$,有 $\frac{g(f(\boldsymbol{x}))-\boldsymbol{x}}{\sigma^2}=\boldsymbol{0}$,则在点 $\boldsymbol{x}$ 处的数据分布概率 $Q(\boldsymbol{x})$ 存在极值。第二,对那些无法精确重构的点,重构误差 $\frac{g(f(\boldsymbol{x}))-\boldsymbol{x}}{\sigma^2}$ 事实上与 $\ln(Q(\boldsymbol{x}))$ 在该点的梯度方向是一致的。注意 $\ln(Q(\boldsymbol{x}))$ 可以认为是数据 $\boldsymbol{x}$ 的能量场,这说明 DAE 学习了数据在能量场中的梯度,梯度越大的地方,重构误差越大。图 3-16 给出 DAE 学习到的能量场。[8] 基于上述发现,Bengio 等人对 DAE 提出了一种概率解释,认为 DAE 可以被看作一个生成模型,利用 DAE 进行反复迭代(即将 DAE 的输出结果加入噪声后作为下一次输入),可以生成对数据分布的采样。[55]

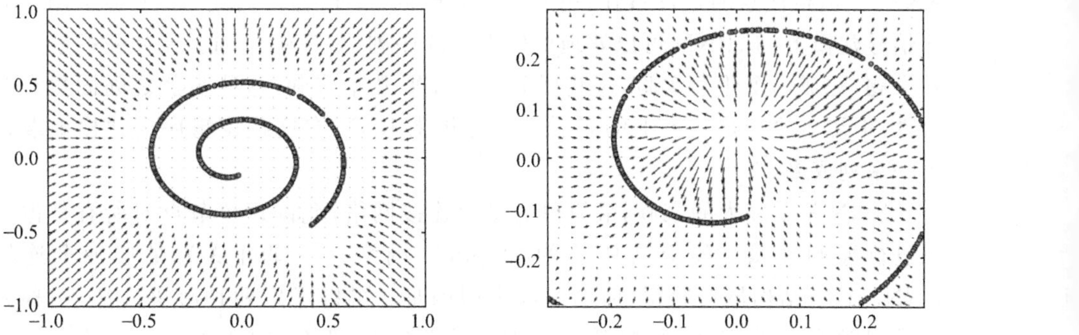

(a) $r(\boldsymbol{x})-\boldsymbol{x}$ vector field, acting as sink, zoomed out　　(b) $r(\boldsymbol{x})-\boldsymbol{x}$ vector field, close-up

图 3-16　DAE 可以学习数据的能量场[8]

注：左图是远景图，右图是放大图。图中曲面表示数据实际分布的位置，每个位置 $\boldsymbol{x}$ 处的箭头表示 $r(\boldsymbol{x})-\boldsymbol{x}$，其中 $r(\boldsymbol{x})=g(f(\boldsymbol{x}))$。可以看到在数据的实际分布位置上，能量场的梯度为零，达到局部极小值。注意右图的中间位置，能量梯度也为零，但这些位置并非数据分布位置，因此是能量场的局部极大值点而非局部极小值点。图片来自文献[8]。

3.4　基于过程的模型

上文我们提到的映射模型和记忆模型可以认为是一种静态模型，即仅描述数据的分布特性。在实际应用中，我们还常遇到另一些问题，在这些问题中，样本的出现具有很强的时序性，且序列中的样本间存在很强的时序相关性，例如语音信号中不同时刻的采样点，自然语言理解任务中的文本序列，股票交易信号中不同时刻的交易记录，脑电波信号中不同时段的样本等。这类和时序相关的问题称为序列问题。解决序列问题的模型通常称为动态模型或过程模型。

解决序列问题的基本思路是使模型本身带有时序性，使之可以描述时序信号的动态发展过程。传统方法包括各种动态概率模型，如离散状态空间的隐马尔科夫模型（HMM）[38,543]、连续状态空间的线性卡尔曼滤波器（Kalman Filter）[324,567,251]，或更通用的动态贝叶斯模型（Dynamic Bayesian Network，DBN）等。[135,136,213,194,470,149]这些方法都对数据的动态性和随机性做出某种概率假设（一般为线性和高斯的）。简单的动态概率模型很容易训练，但适用性不强，不能描述复杂数据；复杂的动态模型不论训练和推理都比较困难。虽然研究者提出了一些近似方法以提高训练和推理效率（如变分法或采样法），但这些近似方法有可能带来较大偏差。

基于过程（序列）的神经模型利用神经网络来模拟这种动态性。在这种神经网络中，网络输出不仅依赖当前输入，还依赖前序输入和输出，因而可学习数据中的序列相关性。这种网络通常称为**递归神经网络**（Recurrent Neural Network，

RNN)。值得注意的是,序列问题通常是和时间序列相关,因此 RNN 通常用在时序信号建模上,但 RNN 可以处理更广义上的序列,如逻辑序列。比如我们解一道数学题,完成一个化学实验,这些任务一般需要几个步骤,这些步骤之间固然有时序性,但更重要的是逻辑上的先后性。近年来 RNN 在这些逻辑序列建模上取得了一系列成果。[242,63]

RNN 是个庞大的家族,最简单的是全连接网络,允许每个节点对所有其他节点进行递归连接。如上文所述的 Hopfield 网络[287],即可认为是这种全连接 RNN。这一结构虽然通用,但训练起来很困难。可以考虑两种解决方法,一种方法是对这些递归连接保持随机初值,不必参与训练,如 Echo State Network (ESN)。[305]另一种方法是引入某些结构化限制,以降低网络复杂度。RBM 可以认为是将节点分为两组,两组之间存在递归连接的 RNN。更常见的方式是将节点分层,只允许同层节点之间存在时序上的递归连接,如 Elman 网络[169],或只允许输出层和下一时刻的隐藏层存在递归连接,如 Jordan 网络。[314]我们下面从 Elman 网络讲起。

3.4.1 Elman RNN

Elman RNN 的结构如图 3-17 所示。和 MLP 相比,可以看到隐藏层的输出被传回到隐藏层,作为下一时刻的输入,因此形成一个递归网络。数学表示为

$$\boldsymbol{h}_t=\sigma_h(\boldsymbol{W}_{(h)}\boldsymbol{x}_t+\boldsymbol{U}_{(h)}\boldsymbol{h}_{t-1}+\boldsymbol{b}_{(h)})$$

$$\boldsymbol{y}_t=\sigma_y(\boldsymbol{W}_{(y)}\boldsymbol{h}_t+\boldsymbol{b}_{(y)})$$

其中,$\boldsymbol{x}_t$ 和 $\boldsymbol{y}_t$ 分别为网络在 t 时刻的输入和输出,$\boldsymbol{h}_t$ 为 t 时刻的隐藏节点,$\{\boldsymbol{W}_{(h)},\boldsymbol{U}_{(h)},\boldsymbol{b}_{(h)},\boldsymbol{W}_{(y)},\boldsymbol{b}_{(y)}\}$为模型参数。

Elman RNN 训练可采用传统 BP 算法。如图 3-17 所示,如果将 RNN 的递归连接按时间轴展开,可以发现它等价于一个无限长的深层前向网络。基于这一等价网络,我们可以将每一时刻的预测误差沿时间轴反方向回传,对 RNN 中的参数进行修正。这一沿时间轴做反向误差传播的 BP 算法一般称为 BP Through Time (BPTT)。[724,718]从理论上说,任何一个时刻的预测误差都会回传到所有历史状态,但在实际中我们一般都会限制一个回传长度,这是因为随着时间的增长,信号间的相关性变弱,较远处的状态不会对当前预测产生显著影响;BPTT 回传步骤越多,梯度发生爆炸或消失的可能性越大[50],训练越困难,即使不做长度限制,RNN 也很难将信息回传到过去的状态。Truncated BPTT 如图 3-18 所示。

Elman 网络很容易扩展到其他更复杂的结构。图 3-19 给出了几种 RNN 的扩展结构。在这些结构中,双向 RNN 不仅考虑过去的历史,还考虑未来,通常会带来更好的建模能力。近年来,深层 RNN 得到了广泛应用。与单层 RNN 相比,深层 RNN 可以在抽象特征上学习时序的相关性,事实上提供了一种将特征学习和

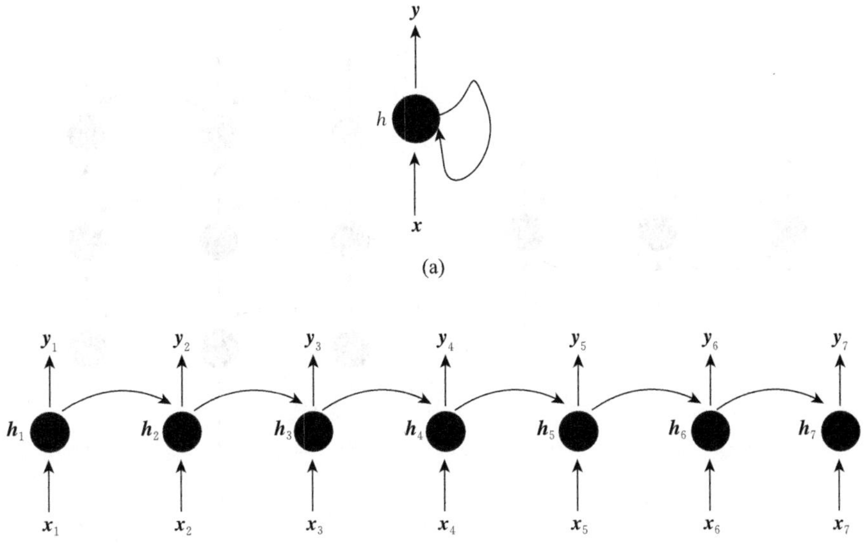

图 3-17　Elman RNN 网络结构

注：(a)是带有递归连接的网络结构；(b)是将递归连接按时间展开后的等价网络。

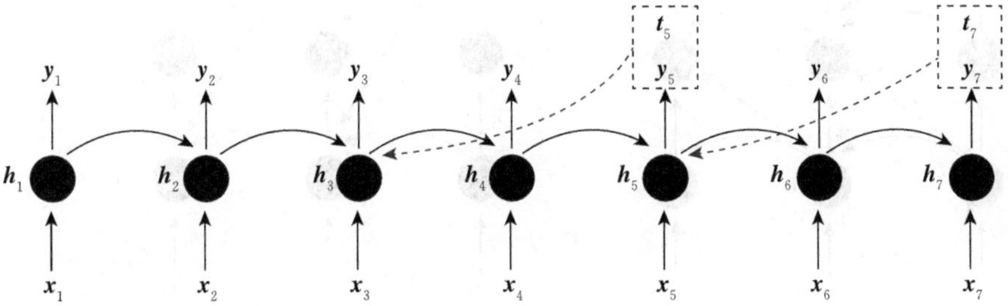

图3-18彩图

图 3-18　Truncated BPTT

注：在时刻 t，网络输出为 $\boldsymbol{y}_t$，对应的目标为 $\boldsymbol{t}_t$，由此产生的误差向前回传(红色虚线)。回传时我们限制传递长度为 3。

时序学习结合在一起的有效方式，因而受到了重视。如百度公司的 DeepSpeech2 语音识别系统，其声学模型就是一个包含了 3 个卷积层和 7 个递归层的深度 RNN 网络。[14]

3.4.2　门网络

前面讨论的 RNN 模型存在一个显著缺陷：它虽然在理论上具有学习长时动态性的能力，但因为训练上的困难[50]，往往只能学到较短的时序关系。Gers 等人

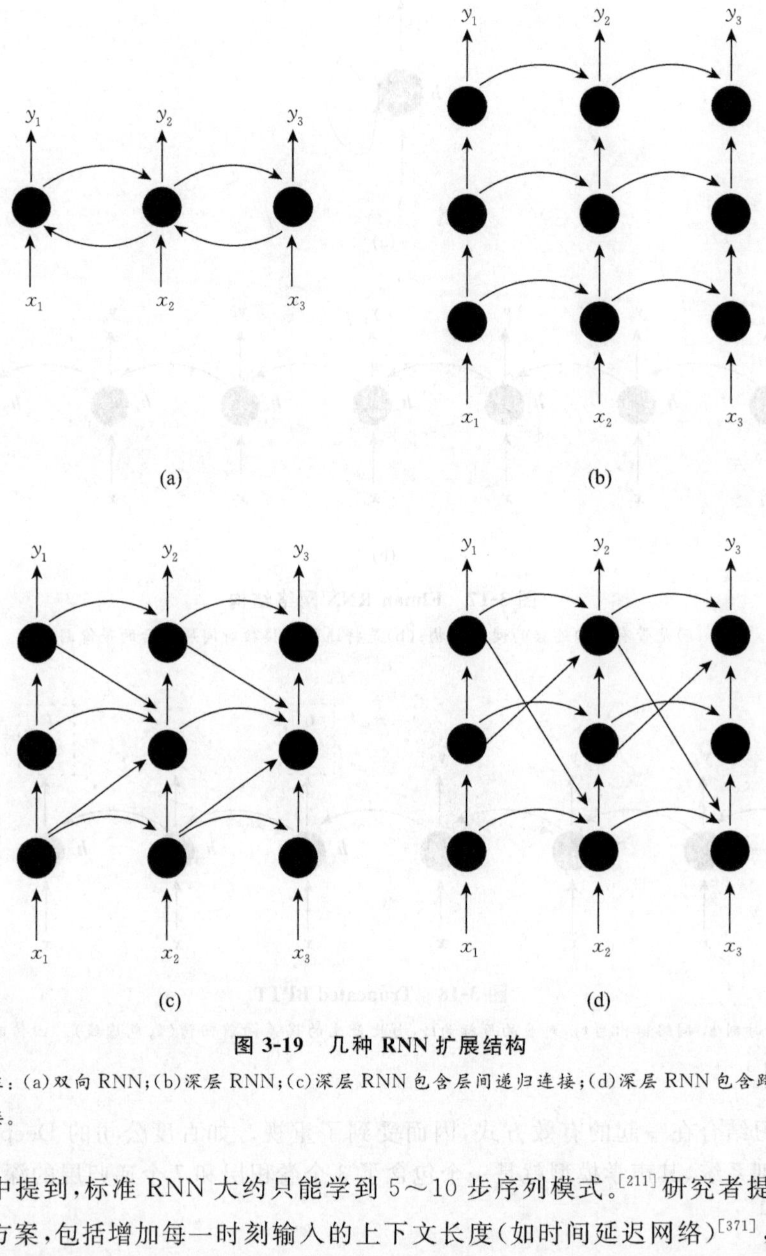

图 3-19　几种 RNN 扩展结构

注：(a)双向 RNN;(b)深层 RNN;(c)深层 RNN 包含层间递归连接;(d)深层 RNN 包含跨层递归连接。

在论文中提到，标准 RNN 大约只能学到 5～10 步序列模式。[211] 研究者提出了各种解决方案，包括增加每一时刻输入的上下文长度(如时间延迟网络)[371]，引入时间常数对隐藏层节点的输出进行平滑[465]，利用多种时间常数以学习不同尺度的时序结构[465]，引入卡尔曼滤波器对隐藏层节点的输出进行平滑。[534] 这些方法都起到了一定效果，直到 1997 年 Hochreiter 等人提出门网络(Gate Network)，才真正较好地解决了 RNN 的长时学习问题。

Hochreiter 等人提出的门网络称为**长短时记忆单元网络**(Long Short-Term Memory,LSTM)[283],其结构如图 3-20 所示。和标准 RNN 不同的是,LSTM 网络将隐藏节点替换成一个个复杂的记忆单元(LSTM),这些单元本身具有记忆功能。

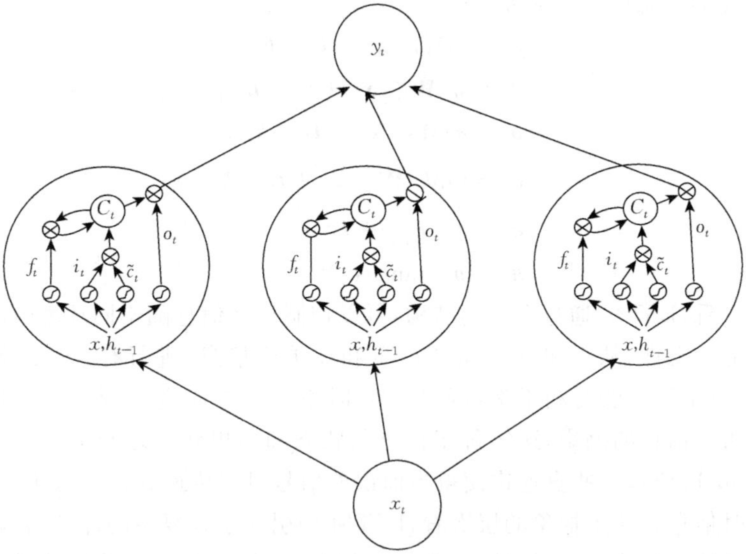

图 3-20 LSTM 网络

注:输入节点顺序读入时间序列,输出节点顺序进行预测。隐藏层的每个节点为一个 LSTM 单元,该单元本身具有记忆功能。

一个 LSTM 单元结构如图 3-21 所示。这一结构包括三个依赖输入变量 $\boldsymbol{x}$ 的门结构,分别是输入门(Input Gate)、遗忘门(Forget Gate)和输出门(Output Gate)。这些门结构用来控制信息的记忆、更新和输出。具体来说,输入门决定当

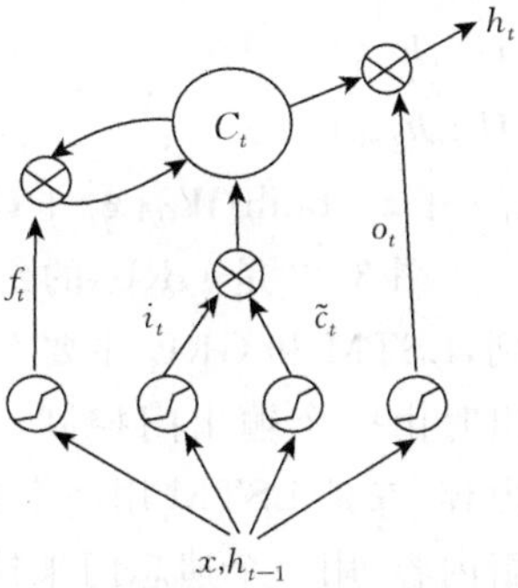

图 3-21 LSTM 单元

注:输入通过非线性变换,分别形成控制信息流动的输入门 i_t、遗忘门 f_t 和输出门 o_t,这些门结构的输出分别作用到输入信号、记忆单元、输出结果上,实现对复杂动态性的学习。

前信息是否重要到需要被记忆;遗忘门控制对当前记忆单元内容的更新;输出门控制在当前输入情况下是否应该对记忆内容进行输出。设 t 时刻的输入门、遗忘门、输出门分别为 $\boldsymbol{i}_t$、$\boldsymbol{f}_t$、$\boldsymbol{o}_t$,令 $\boldsymbol{c}_t$ 代表该时刻的记忆单元内容,$\boldsymbol{h}_t$ 代表网络输出,则该 LSTM 单元的动态性可写成如下公式。

$$\boldsymbol{i}_t = \sigma(\boldsymbol{W}_{(i)}\boldsymbol{x}_t + \boldsymbol{U}_{(i)}\boldsymbol{h}_{t-1})$$
$$\boldsymbol{f}_t = \sigma(\boldsymbol{W}_{(f)}\boldsymbol{x}_t + \boldsymbol{U}_{(f)}\boldsymbol{h}_{t-1})$$
$$\boldsymbol{o}_t = \sigma(\boldsymbol{W}_{(o)}\boldsymbol{x}_t + \boldsymbol{U}_{(o)}\boldsymbol{h}_{t-1})$$
$$\tilde{\boldsymbol{c}}_t = \tanh(\boldsymbol{W}_{(c)}\boldsymbol{x}_t + \boldsymbol{U}_{(c)}\boldsymbol{h}_{t-1})$$
$$\boldsymbol{c}_t = \boldsymbol{f}_t \circ \boldsymbol{c}_{t-1} + \boldsymbol{i}_t \circ \tilde{\boldsymbol{c}}_t$$
$$\boldsymbol{h}_t = \boldsymbol{o}_t \circ \tanh(\boldsymbol{c}_t)$$

直观上看,LSTM 通过引入门结构,可以控制记忆信息随不同环境(输入)发生相应变化的动态性,从而可区分重要信息和非重要信息,进行有选择地记忆和遗忘,这种重点记忆方法有利于学习重要的长时模式。同时,记忆结构中的信息保持了对过去历史信息的缩影,这等价于在当前状态和历史状态之间引入了一条直连边(Shortcut Path),这些直连边使得当前误差信号可以传递到较远的历史状态,进而学习长时信息。从更抽象的层次看,LSTM 中引入了较复杂的计算结构,特别是在门结构的输出与信息变量(输入、输出和记忆单元)之间引入乘法关系。这事实上突破了传统神经网络中的矩阵乘加操作,从而引入了更大的自由度来学习较复杂的数据模式。后面我们会看到,当引入更丰富的操作时,可能会得到更有效的学习模型,这一结构被称为**神经图灵机**(Neural Turing Machine,NTM)。[239]

LSTM 在计算上较复杂,而 Cho 等人则提出了门递归单元(Gated Recurrent Unit,GRU)[112]来代替 LSTM 结构。GRU 用一个更新门和一个重置门来控制信息的记忆和更新,其计算公式为

$$\boldsymbol{z}_t = \sigma(\boldsymbol{W}_{(z)}\boldsymbol{x}_t + \boldsymbol{U}_{(z)}\boldsymbol{h}_{t-1})$$
$$\boldsymbol{r}_t = \sigma(\boldsymbol{W}_{(r)}\boldsymbol{x}_t + \boldsymbol{U}_{(r)}\boldsymbol{h}_{t-1})$$
$$\boldsymbol{h}_t = (\boldsymbol{1} - \boldsymbol{z}_t) \circ \boldsymbol{h}_{t-1} + \boldsymbol{z}_t \circ \tanh(\boldsymbol{W}_{(h)}\boldsymbol{x}_t + \boldsymbol{U}_{(h)}(\boldsymbol{r}_t \circ \boldsymbol{h}_{t-1}) + \boldsymbol{b}_{(h)})$$

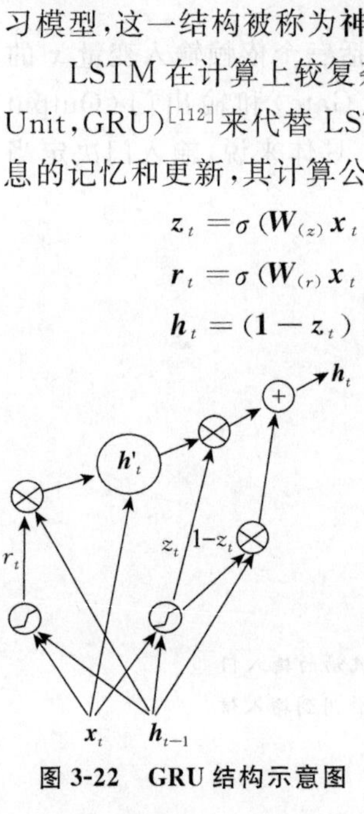

图 3-22　GRU 结构示意图

图 3-22 是 GRU 的结构示意图。从图中可以看到,LSTM 和 GRU 主要有两点区别:一是 LSTM 在输出时由一个输出门控制,而 GRU 直接输出当前记忆内容;二是 LSTM 用一个输入门控制对记忆单元的更新内容,用一个遗忘门来控制历史信息的保存,这两个门是独立的,而 GRU 用一个更新门来控制二者的比例。第二点区别的影响可能更深刻一些,它使得 GRU 中的记忆单元的取值是有界的,而 LSTM 的记忆单元的取值是无界的。最近研究发现,归因于这一区别,

GRU 倾向于用更极化的表达来描述信息。[652] Chung 等人对 GRU 和 LSTM 做了一些对比研究,发现这两种门结构在音乐和语音信号建模任务中表现出类似的性能。[119] Zaremba 等人对各种 RNN 结构进行了一些实证研究,通过搜索和验证大量可能的 RNN 结构后发现,虽然可以找到一些网络结构在某些任务上超过 LSTM 和 GRU,但这些模型并不能在所有任务上一致性地超过 LSTM 和 GRU,这说明 LSTM 和 GRU 还是非常有效的模型。[321] Karpathy 等人用可视化工具对 RNN 的学习方式做了探讨。基于一个字母级的语言模型建模任务,他们发现 RNN 的记忆单元中确实可以学到有价值的语义信息。[327]

LSTM-RNN 近年来在序列学习方面取得了一系列重要进展,在语言模型[448,634]、语音识别[238,572]、语音合成[174]、乐谱合成[78]、语种检测[229]、韵律检测[177]、机器翻译[639]、社交信号分析[88]等任务中都取得了不错的效果。

3.4.3 序列对序列网络

RNN 提供了强大的序列编码能力。给定一个序列,基于 RNN,特别是基于各种门结构的 RNN,可以通过递归方式顺序累积每一步的输入信息,并将这些信息保存在记忆单元中,从而将不定长序列转换成定长的特征向量,我们称这一过程为序列编码。基于序列编码得到的特征向量,可以对时序数据进行分类、聚类等各种学习。[294] RNN 也提供了强大的序列解码能力:给定一个初始状态,RNN 可以自动运行,递归生成随机序列,这一过程称为序列解码。这一序列解码能力已经被成功用于手写体字母生成[236]和文本生成任务中。[637] 图 3-23 给出了 RNN 用于序列编码和序列解码的过程。

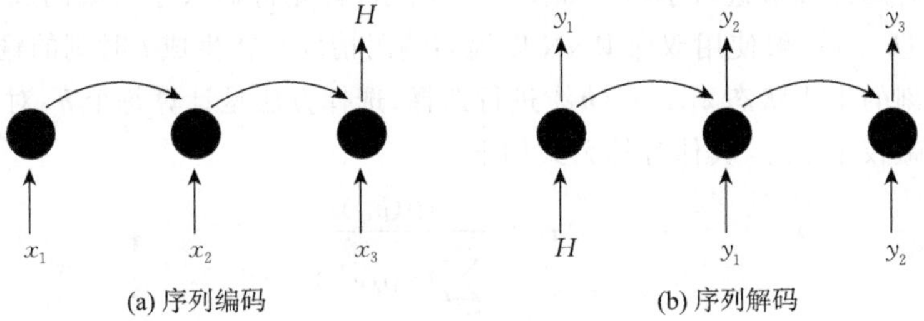

图 3-23 基于 RNN 的序列编码和序列解码

注:在解码过程中,每次解码的输出可作为下一次解码的输入。

上述编码和解码过程可以结合起来:用一个 RNN 对一个输入序列进行编码,基于该编码结果,再用另一个 RNN 进行解码,这样就可以学习到一个序列到另一个序列的映射关系。这一模型称为**序列对序列网络**(Sequence to Sequence Network,S2S),由 Sutskever 等人在 2014 年提出。[639] S2S 网络可以认为是自编码器(Auto Encoder,AE)的扩展。不同于传统 AE,AE 中的输入和输出是同一个原始特征向量,而S2S模型的输入和输出是两个序列,这两个序列一般是不同的。一个典型的S2S网络如图3-24所示。

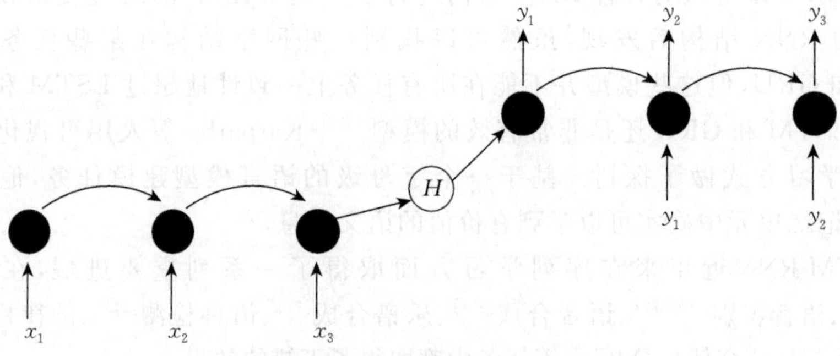

图 3-24 序列对序列网络

注:输入序列经过一个RNN编码器压缩成一个特征向量H,另一个RNN作为解码器,以H作为初始输入,递归生成输出序列。

序列对序列模型在解码时依赖由编码器生成的特征向量,这一特征向量的维度是确定的,当输入序列较长时,有可能会带来信息损失。一种可能的方法是引入双向RNN,从序列的两个方向进行编码,并将两组编码结合起来作为特征向量。但是这一方法并不能完全解决RNN的信息丢失问题,特别是对较长的输入序列,双向RNN无法描述局部细节信息。

为解决这一问题,研究者提出**基于注意力机制的序列对序列模型**(Attention S2S)。[28,595,114] 在这一模型中,每一个生成步骤关注输入序列中的某一部分信息,从而可以对局部细节进行学习。如图3-25所示,首先将输入序列编码成一个记忆单元序列$\{\boldsymbol{h}_i\}$(一般使用双向RNN以提高编码精度),在生成t时刻的输出$\boldsymbol{y}_t$时,依前一时刻的生成状态$\boldsymbol{z}_{t-1}$对$\{\boldsymbol{h}_i\}$进行选择,选择方法是计算每个$\boldsymbol{h}_i$对当前生成步骤的贡献权重α_{ti}。具体计算公式如下:

$$\alpha_{ti}=\frac{\exp(e_{ti})}{\sum_{k=1}^{T_x}\exp(e_{tk})}$$

$$e_{ti}=g(\boldsymbol{z}_{t-1},\boldsymbol{h}_i)$$

其中,g为任意一种距离测度模型(如cosine距离或神经网络)。基于α_{ti},可计算当前生成步骤所关注的局部输入信息$\boldsymbol{c}_t$:

$$\boldsymbol{c}_t=\sum_i \alpha_{ti}\boldsymbol{h}_i$$

由此可生成对$\boldsymbol{y}_t$的预测和对$\boldsymbol{z}_t$的更新:

$$\boldsymbol{y}_t=f_y(\boldsymbol{z}_{t-1},\boldsymbol{c}_t)$$

$$\boldsymbol{z}_t=f_z(\boldsymbol{z}_{t-1},\boldsymbol{c}_t)$$

其中，f_y 和 f_z 为 RNN 解码器中相应的预测函数。

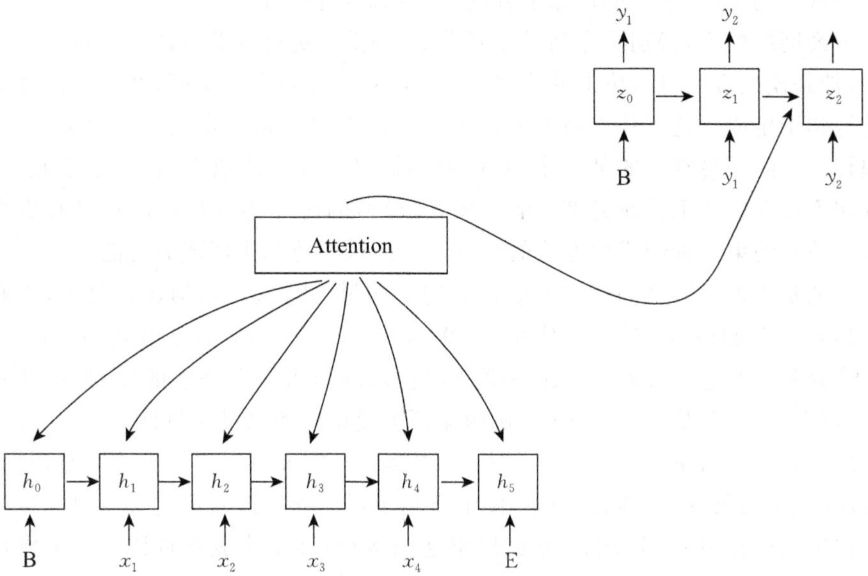

图 3-25 基于注意力机制的序列到序列网络示意图[28]

注：在每一步解码时，仅关注与当前解码状态相关的编码信息，基于此提高下一步解码的针对性。图中 B 和 E 分别代表序列开始符和结束符。

引入 Attention 机制的 S2S 模型可对不同类型的序列之间的相关性进行建模，因而有效扩展了 RNN 的建模能力。例如在机器翻译中[28]，S2S 模型可以将各种不同语言映射到同一个语义空间，基于该语义空间实现多语言翻译。另一个例子是图像理解[114]，S2S 模型将图像和对应的文本映射到同一个语义空间，可生成对图片的文本描述。[699]类似的方法在智能问答[595]、视频理解[693]等领域都取得了很大成功。

3.4.4 基于 Attention 模型的诗词生成

本节以诗词生成为例介绍 Attention S2S 模型的强大建模能力。[711,763]诗词是中华民族的文化瑰宝，无数优秀诗篇至今为人传诵。写诗作词一向被认为是人类独有的能力，要求创新能力、审美能力和灵感，这些看起来都是机器无法做到的。同时，人们又认为“熟读唐诗三百首，不会作诗也会吟”，只要阅读的诗文足够多，是可以写出好诗来的，这意味着机器也有可能从已有的诗词作品中学到诗词创作的规律，从而实现自动写诗。

传统诗词生成方法是拼凑法：给定一个主题，从大量诗词库中搜索相关诗句，将这些诗句切分成片段并打乱次序，再基于诗词规则挑选出一些片段组合起来，即可成为一首新诗。[774]这种拼凑方法显然过于机械化，既没有对句子意义的理解，也没有对规则的学习，生成的诗除了合规之外观赏价值较低。

神经网络模型，特别是序列对序列模型，提供了更有效的方法。和拼凑法不同的是，神经模型方法将历史上的诗词通过 RNN 映射到语义空间，并在该语义空间中进行句子生成。这意味着该模型在生成之前需要对句子意义进行理解，虽然这一理解仅是隐变量空间的某一个向量，但却提供了深层的语义信息，基于此，生成的诗句不仅在形式上更加连贯（源于 RNN 模型的时序连续性），而且具有更强的语义和情感约束。神经模型方法的出现使高质量的诗词生成成为可能。

早期基于神经网络的诗词生成基于句子向量[770]，这一结构比较复杂，不利于扩展到较复杂的诗词结构（如宋词）。Wang 等人在 2016 年提出利用 Attention S2S 模型来解决这一问题。[711]这一模型将整首诗作为一个完整的序列（包括断句符号）逐字生成，并基于 Attention 机制保证生成诗句的语义连贯性。

图 3-26 给出了该模型的主要结构，其中编码 RNN 将用户提供的关键词“春花秋月何时了”编码成一组隐藏向量（图下方的矩形序列），该向量包含用户的生成意图。在生成过程中，一个 RNN 解码网络递归运行，逐字生成整首诗。在生成每一

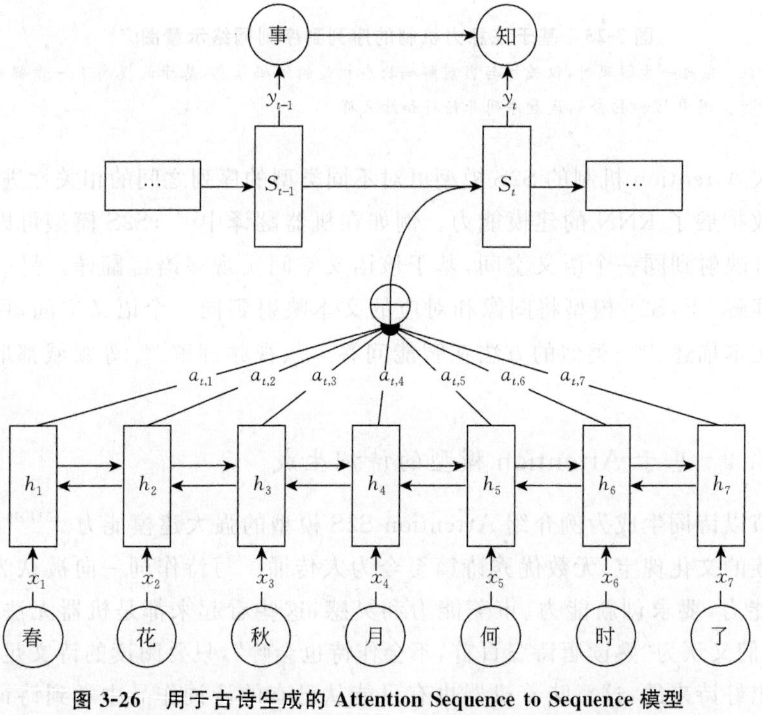

图 3-26　用于古诗生成的 Attention Sequence to Sequence 模型

注：用户的输入被编码器转换成一个编码序列，解码器将整首诗看作一个完整的汉字序列，逐字生成。生成时基于注意力机制选择合适的用户输入，保证生成过程的语义连贯性和用户意图表达的完整性。图片来自文献[711]。

个字的时候，对用户输入的编码序列进行查看，找到与当前生成状态最相关的输入指导当前字的生成。在生成过程中，强制加入断句、押韵、平仄等需要遵守的规则，这样就保证了生成的句子既能符合诗词规则，也能保持语义连贯，同时反映用户的生成意图。一些生成的例子如图 3-27 所示。

美人	海棠花
花香粉脸胭脂染，	红霞淡艳媚妆水，
帘影鸳鸯绿嫩妆。	万朵千峰映碧垂。
翠袖红蕖春色冷，	一夜东风吹雨过，
柳梢褪叶暗烟芳。	满城春色在天辉。

菩萨蛮
哀筝一弄湘江曲，
风流水上人家绿。
小艇子规啼，
不堪春去时。
花前杨柳下，
红叶满庭洒。
月落尽成秋，
愁思欲寄留。

图 3-27 古诗生成例子

3.5 神经图灵机

回顾神经模型的发展，可以发现模型越来越异构化。传统的前向网络仅包含矩阵乘加操作，发展到 LSTM 网络后，增加了记忆单元并引入了门结构。特别重要的是，门结构的参数是通过数据学习出来的。这种“端到端”的黑箱学习方式需要更多数据，学习起来也更困难，但却可以学习到非常复杂的实际系统。

一个很自然的想法是，如果对神经网络中的操作进一步扩充，定义一系列元操作，并将这些元操作进行组合，是否有可能学习到更复杂的结构、过程和规律。基于这一思路，Graves 等人提出了神经图灵机的概念。[239] 所谓神经图灵机，是基于神经模型对传统图灵机模型的一种模拟。一个图灵机包括如下几个部分：一条无限长的纸带，一个读写头，一个控制器，一个状态寄存器。Graves 利用神经网络来模拟这些单元，将一些内存开辟出来代表纸带，定义一系列寻址和读/写操作来模拟读写头，用神经网络模型和内部记忆单元分别作为控制器和寄存器。包含这些定义的神经网络即可视为一个虚拟的图灵机，称为神经图灵机（Neural Turing

Machine,NTM)。Graves 等人提出的神经图灵机模型如图 3-28 所示。

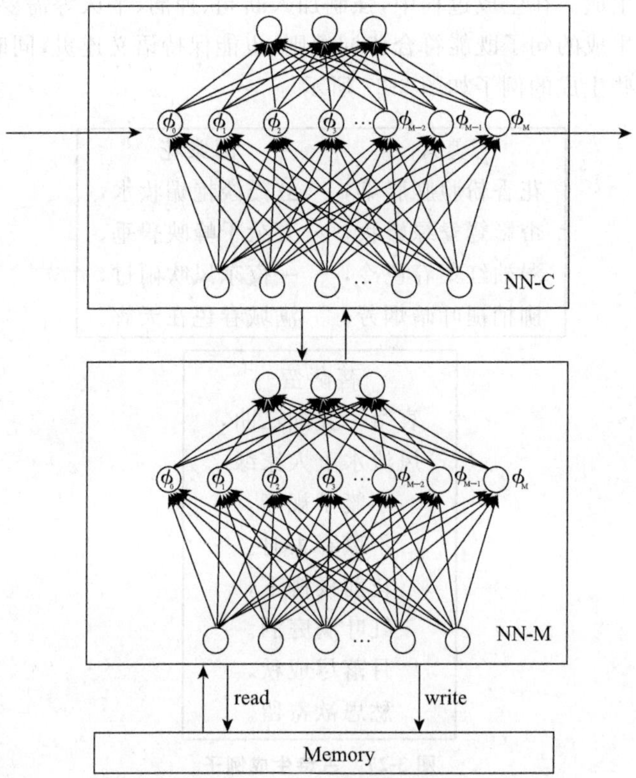

图 3-28　神经图灵机模型

注：内存单元 Memory 相当于读写纸带，用神经网络 NN-C 作为中心控制器(CPU)，其中的神经元相当于寄存器。中心控制器 NN-C 通过发出读写指令给一个神经网络 NN-M，该神经网络通过定义一系列寻址操作来模拟图灵机中的读写过程。NN-C 的读写指令被 NN-M 转化成对 Memory 的访问和读写。

NTM 并不是图灵机的简单复制。首先，NTM 可以定义更灵活的寻址方式，如基于内容的寻址和基于地址的寻址，对应的读写头操作可以非常复杂。同时，读写方式也可以灵活定义。如在 Graves 等人的实现中，可利用 Attention 机制定位当前寄存器相关的内存单元，再基于 Attention 的强度对该内存做读/写操作。除了这一基于内容的寻址机制，也可以通过当前状态直接计算出下一个读写位置(如基于移位操作)。最近，Graves 等人扩展了 NTM 方面的工作，提出可微分神经计算机(Differentiable Neural Computer，DNC)模型，引入更有效的寻址方式来提高复杂任务上的建模能力。[240]图 3-29 给出了可微分神经计算机的基础结构。

NTM 是一个非常强大的计算框架，给机器学习研究者提供了广阔的想象空间。这种强大的建模能力可以归因于两个方面：内存机制的引入和控制逻辑的可

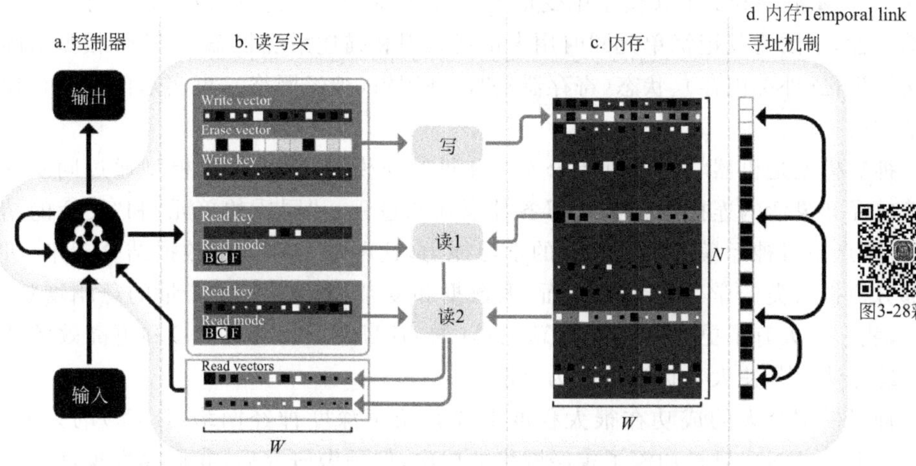

图3-28彩图

图 3-29　可微分神经计算机结构

注：该结构继承了神经图灵机的基本概率和架构，但在寻址方面更加灵活。例如，DNC 设计了一种 Temporal link 寻址机制（模块 d），通过在内存单元之间建立连接关系，可实现更灵活的寻址，进而处理更复杂的任务。图片来自文献[240]。

学习性。首先，引入内存机制相当于为神经网络提供了一个记事本，有效扩展了神经网络信息记忆能力和推理能力。特别是内存的读/写机制是由数据驱动自动学习得到的，这意味着寻址和数据的协同优化。Weston 在 2014 年提出了类似的概念，认为外部内存是神经网络的重要补充。[719] NTM 引入的可学习控制逻辑丰富了机器学习的内容。传统机器学习中，虽然模型是可学习的，但完成一个任务仍然需要人为定义好逻辑控制过程（即算法），程序依此逻辑机械执行。NTM 打破了这种固有观念，实现了真正可学习的神经机器。在 NTM 中，所有模块都是可训练的，包括控制逻辑本身。这意味着未来人们可能不必再为机器编写程序，只需为它提供足够的数据，设定好学习目标，机器即可自动学会完成任务的处理逻辑，从而有效完成设定的目标。Neural Program Interpreter（NPI）在这方面做出了有益的探索。[557,606] 通过给定若干例子，NPI 可以学会加减、排序、交换等简单操作。

3.6　本章小结

本章简要介绍了神经模型的基本概念和一些神经模型的结构与训练方法。我们将神经模型分为四种：用来学习输入/输出关系的映射模型、用来学习内部模式的记忆模型、用来学习时序过程的动态模型和用来学习复杂操作的神经图灵机。在这些模型中，映射模型的结构最简单，训练起来相对容易。记忆模型和动态模型具有相关性，有些模型（如 Hopfield 网络）既是记忆模型，也是动态模型。这一概念在LSTM模型和NTM模型中变得更加清晰:之所以某些模型同时具有记忆性和动态性,是因为其记忆单元同时用来记忆知识和描述系统状态。NTM模型清晰定义了记忆(外部内存)、状态(寄存器)和控制逻辑(神经网络),事实是前述三种模型结构的扩展。

神经模型是机器学习的重要分支。和贝叶斯模型相比,神经模型通过同质的计算单元和灵活的连接结构来学习各种模式和过程。"同质的单元"和"灵活的结构"这两点使得神经模型具有强大的学习能力,这种能力和大量数据结合起来,可以部分模拟人类的学习过程。然而,大数据和复杂模型带来计算量的急剧增加。幸好,我们今天有了更高性能的计算工具(如GPU[546]和TPU[320])和更高效的并行训练方法[144],使大数据训练成为可能。

神经模型今天的成功在很大程度上要归功于深度神经网络(DNN)的兴起。从表面上看,DNN只是加深了神经网络的层次,但稍做研究后,我们会发现这一方法带来的变革要深刻得多。我们将在下一章对深度学习方法做出具体介绍。

3.7 相关资源

- 本章主要参考资料包括Simon Kaykin所著的*Neural Networks and Learning Machines*[264],Christopher Bishop所著的*Neural Networks for Pattern Recognition*[66]和Ian Goodfellow、Yoshua Bengio所著的*Deep Learning*。[231]
- 文中关于神经网络发展的部分内容参考了Schmidhuber最近的综述论文[578]①。Schmidhuber的个人主页还包含关于RNN众多有价值的资料②。
- 关于神经网络训练,可以参考的资料包括*Neural Networks: Tricks of the Trade*[462],特别是其中LeCun的*Efficient Backprop*一文很值得一读。[384] Anthony和Bartlett所著的*Neural Network Learning: Theoretical Foundations*[17]也是很不错的参考书。递归神经网络的训练可参考Jaeger的*Tutorial on Training Recurrent Neural Networks, Covering BPPT, RTRL, EKF and the "Echo State Network" Approach*。[304]
- 文中关于Kohonen网络和Hopfield网络部分内容参考了Wikipedia相关页面③④。

---

① http://people.idsia.ch/juergen/deep-learning-overview.html.

② http://people.idsia.ch/juergen/rnn.html.

③ https://en.wikipedia.org/wiki/Self-organizing_map.

④ https://en.wikipedia.org/wiki/Hopfield_network.

第4章 深度学习

深度学习的崛起是近十年来机器学习领域最令人瞩目的成就之一。从某种意义上说，近年来人工智能领域所取得的很多重要成果都与深度学习有或多或少的关系。**深度神经网络**(Deep Neural Net,DNN)是深度学习的主要工具。今天我们用到的深度神经网络已经不仅仅是传统神经网络在层数上的简单扩展，而是一种高度自由的计算模型，是一种知识与数据紧密结合的可学习系统。这一系统用类人的学习方法从经验中积累知识，并对知识进行深刻的记忆、理解与运用，从而为机器赋予可计算的灵魂。本章我们将讨论深度学习的思路与灵感，体会这一方法为机器学习乃至整个人工智能领域带来的方法论上的革命。同时，我们将简述深度模型的学习方法、计算框架以及取得的一些代表性成就。

4.1 从浅层学习到深度学习

20世纪90年代，神经网络(NN)模型蓬勃发展，取得了一系列重要成果。然而，连接学派的研究者们知道，在这些成就背后是一系列让人不安的不确定性。这是因为神经网络是一种高度非线性的模型，其目标函数在参数空间里具有众多局部极值，使得训练无法得到全局最优。研究者们总结了各种训练技巧[384]，但模型训练上的困难始终是神经模型的天然缺陷。因此，当 Cortes 和 Vapnik 在 1995 年提出支持向量机(SVM)模型[127]后，人们对神经网络的热情开始降温，转而支持 SVM，因为后者的目标函数是凸函数，很容易实现全局最优。由此，神经模型经历了近十年的沉寂。直到 2006 年，Hinton 等人在 Neural Computation 上发表了一篇文章[280,278]，阐述了如何通过逐层学习方法生成一个深度置信网络，并证明了这种深度网络具有强大的数据表征能力之后，对神经模型的研究才迎来了另一次高潮。自此以后，深度学习技术蓬勃发展，人们提出了各种深度神经网络(DNN)结构，深入研究了它们的性质和计算方法，在众多领域取得了令人瞩目的成就。虽然深度学习的概念可能早在这之前已经出现[578]，特别是对递归神经网络和记忆网络的研究，事实上已经触及了深度学习的某些重要概念和思想，但 2006 年 Hinton 等人的工作确实使这一方法走向前台，并迅速引起关注，成为深度学习的实际起点。

本节我们从几个方面来理解深度学习的优势：第一，深层网络有比浅层网络更强大的函数表达能力；第二，深层网络的层次学习方式可以从原始数据中抽象出典型特征，这和人类神经系统处理信息的方式一致；第三，深度学习提供了基于非监督方法进行特征学习的有效方式；第四，深度学习已经超越特征学习的范畴，成为一种知识积累和过程学习的有效工具。

4.1.1 网络表达能力

我们首先从表达能力的提高来理解深层结构的优势。根据**通用近似定理**(Universal Approximation Theorem)[288,134]，在很宽松的假设下，一个包含一个隐层的神经网络能近似任何连续函数。这似乎是一个让人非常满意的结论，意味着我们只需用简单的单隐藏层网络就可以做几乎所有事情，而不必费力去尝试其他复杂的多层结构。但实际上并非如此，因为通用近似定理只是理想情况，真要逼近一个复杂函数，仅用一层网络往往需要大量的隐藏节点，这会带来参数量的大幅提高，不仅增加了对训练数据的需求，也会导致模型泛化能力的下降。深度学习通过加深网络层数，可以用相对较少的参数量对函数进行近似。这是因为每一层是一个函数映射，层与层之间的关系相当于函数嵌套，这种嵌套可实现网络表达能力的指数级提高。

关于深层网络的表达能力，研究者们进行了一系列探索。[49]早在 1985 年，Yao 等人就发现如果用一个两层门电路实现一个奇偶校验函数(Parity Function)，则所需要的门电路个数(对应神经网络的节点数)和输入的数据维度 d 呈指数关系。如果用多层门电路，只需用 $O(\log(d))$ 层，总共 $O(d)$ 个门电路即可实现该函数。[745] Hastad[260]证明有些函数用 k 层网络实现时需要的门电路数和维度 d 呈线性关系，但如果用 $k-1$ 层网络实现，所需门电路的数将与维度 d 呈指数关系。[260] Braverman 等人进一步证明有些函数用浅层网络基本无法有效近似，必须依靠深层网络。[83] Bengio 等人在 2011 年证明，对于某些由加-乘网络（Sum-Product Network，即网络节点所做的操作限制为输入变量的加法或乘法）表示的函数，如果用一个层数为 $O(\log d)$ 的深层网络来表示，所需的节点数为 $O(d)$，但如果用两层网络来表示，所需的隐藏节点数将为 $O(2^{\sqrt{d}})$。[147] Montufar 等人研究了以分段线性函数作激发函数（如 Rectifier 或 Maxout）的深层网络，证明这些网络所能代表的线性区域的个数随层数增加而指数增长。[463]

深度模型在函数近似能力上的优势具有重要价值：我们可以用同样数量的参数得到更精确的近似，这意味着深度模型有更强的表达能力。同时，我们可以用更少的参数训练具有同样表达能力的网络，从而得到泛化能力更强的模型。需要说明的是，深度模型在表达能力上的优势仅是一种理论分析。在实际任务中，能否发挥这一优势，还取决于模型是否可以得到有效训练。如果训练无法有效完成，就算模型在理论上的表达能力再强也无济于事。事实上，正是训练上的困难导致了深度学习在很长时间内无法发挥其潜力，直到 Hinton 提出高效的学习算法后，深度学习才得以长足发展。

4.1.2 层次表示与特征学习

理解深度学习的另一个角度是层次表达。**层次性**是自然界的基础原则，从微观粒子到整个宇宙，我们周围的物质世界就是按不同层次组织起来的。层次性也是人类思维的基础：程序员都知道，写一个功能复杂的模块需要分层设计，通过函数的嵌套调用可以实现高效清晰的程序；写一篇文章，我们要罗列出一级标题、二级标题等，才能让说理分条缕析；我们的语言结构，从最小的发音单元——音素，到音节、字、词、短语、句子、篇章，形成一个优美的表达体系。神经科学家的一些研究表明，人类大脑对信息的处理过程也是层次性的，相邻层之间互相连接，后一层用前一层提供的信息做进一步加工处理。[487,591,591] 例如，在人类的视觉系统中，光从进入眼睛开始，要经历 6～8 层信息处理，才能传递到大脑皮层并在那里形成理解。类似的，人类听觉系统也有一套层次处理机制。因为声音中包含语法语义等信息，这一处理机制更复杂，层次性更丰富。[541]

神经网络的研究者很早就意识到这种层次性学习的重要性，只不过由于模型训练上的困难，较复杂的层次模型一直没有取得较好的效果。现在我们已经知道，一个深层神经网络确实能学习到层次性特征：在网络底层可能只是些原始特征，越往高层越抽象，越具有不变性。图 4-1 表示一个用于人脸识别系统的深度卷积神经网络在每一个隐藏层学习得到的特征（严格讲，是卷积层学习得到的卷积核）。从图中可以看到该网络对特征的渐次学习过程：在第一层学习一些简单的线条，表达图像中某些位置和某些方向上的轮廓；第二层会根据前一层检测出的线条，学习一些局部特征，如眼睛、口、鼻等；到第三层，已经可以学习到大体的人脸轮廓。通过这三层网络，即可从原始充满各种不确定性的图片中提取出和人脸特征相关的信息。值得强调的是，这些特征是由神经网络通过自动学习得到的，而非人为设计的。众多实验表明，这种自动学习的特征往往比人为设计的特征更有任务相关性，对环境变化的鲁棒性也更强。

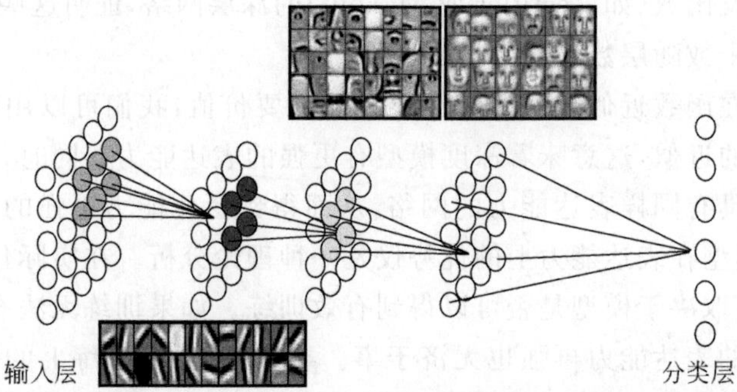

图 4-1 用于人脸识别的深度卷积神经网络(CNN)所提取的层次性特征

注：该网络中的每一层包含若干卷积通道(Channel)，每个通道对应一个可学习的卷积核。CNN 每一层提取的特征即是这些卷积核所对应的模式。图中的层次性特征样例来源于文献[388]。

4.1.3 显著特征的非监督学习

前面我们提到，深度学习通过层次结构可以提取抽象特征，这些特征具有很强的表征性和鲁棒性。抽象特征提取是深度学习的重要贡献，因此深度学习也经常被称为**表示学习**。然而，深度学习是如何具有这种抽象学习能力呢？Juang[322] 从非监督学习的角度对此做出了解释。

非监督学习是人类认识世界的基础工具：尽管没有任何监督信息（如家长的提示，教师的指导），人们依然可以通过观察得到对世界万物的朴素印象，如区分猫和狗的形象、建立乌云和下雨的联系、区分不同鸟类的叫声等。通过接触各类事物，我们可以逐渐总结出不同事物的显著的、不易改变的特征，去掉非显著的、容易变动的特征。例如通过观察各种猫的动作行为，我们会慢慢知道，这一动物的叫声、步态和口鼻形状等都具有明显一致性，不会发生太大变化，因而是显著特征；而毛皮颜色，眼睛的动作等都有很强的变动性，因而是非显著特征。当接触足够多的样例之后，虽然没有人告诉我们这种动物叫作“猫”，但其显著特征已经非常清晰。因此，当有一个人告诉我们这种动物的某一个样例叫作“猫”时，我们将可以立即掌握“猫”的概念，从而可以认识各种各样的猫。

Juang[322] 认为神经记忆模型即可起到上述无监督学习的作用。如第三章所述，神经记忆模型可以记住一些典型的训练样本，从而提取到某一类样本的典型模式。以 Hopfield 网络为例，给定若干训练样本，经过训练后，这些样本所对应的位置即成为模型能量较低的局部极小值点，从而实现对样本的记忆。给定一个这样的网络，输入一个带噪声测试样本，通过模式提取过程即可得到训练集中和该测试样本相似的样本。通过这一"推理"过程，Hopfield 网络即可利用带噪样本中的不变特征对样本进行去噪和识别。受限玻尔兹曼机(RBM)是 Hopfield 网络的随机版本，当给定一个测试样本 $\boldsymbol{v}$ 时，基于该输入样本通过随机采样得到隐变量 $\boldsymbol{h}$，再基于 $\boldsymbol{h}$ 采样得到 $\boldsymbol{v}'$，这一采样过程持续进行，经过几次迭代后，会依概率得到一个和 $\boldsymbol{v}$ 相似，但在学习过程中见过的模式 $\boldsymbol{v}^*$。图 4-2 给出这一采样过程。由于模型仅记录训练数据的典型特征，原始带噪输入 $\boldsymbol{v}$ 中和这一典型特征无关的部分在上述迭代采样过程中将被逐渐滤除。

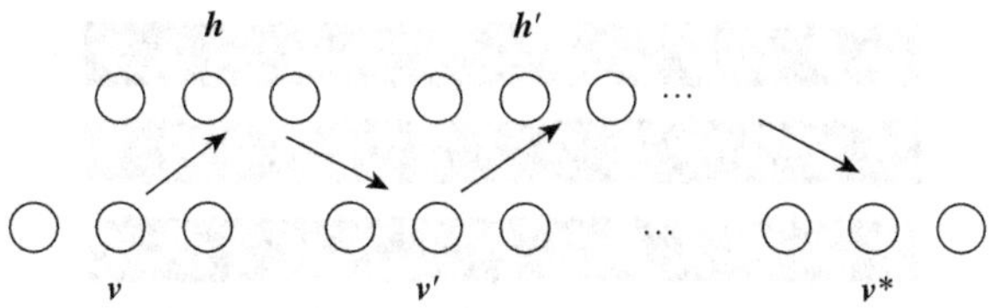

图 4-2　基于 RBM 的迭代采样过程

注：给定可见变量的初始值 $\boldsymbol{v}$，采样得到隐变量 $\boldsymbol{h}$，再由 $\boldsymbol{h}$ 采样得到可见变量的重构 $\boldsymbol{v}'$。经过几次迭代，可得到和 $\boldsymbol{v}$ 相似的显著模式 $\boldsymbol{v}^*$。注意上述迭代过程如果持续进行，生成的 $\boldsymbol{v}^*$ 将收敛到与 $\boldsymbol{v}$ 无关的稳定分布。

为说明上述采样过程的特征提取能力，Juang[322] 给出了一个在 MNIST 手写数字数据库上的实验结果。在实验中，用所有标为 2 的样本训练一个 RBM 网络，在推理时，将 0～9 个数字分别作为 $\boldsymbol{v}$ 输入到该网络，经过若干次采样得到的可见节点输出如图 4-3 所示。从图中可以看到，给定不同的数字作为输入时，经过若干次采样将得到不同的有效模式，这一有效模式是当前输入数字和数字 2 相关联的部分。换句话说，RBM 从输入中提取出了与数字 2 相关的特征。值得注意的是，该 RBM 模型是通过无监督学习训练得到的，我们并没有告诉它哪部分特征对识别 2 是重要的，而是模型通过学习自己发现的。之所以有这一性质，是因为 RBM 总结了数字 2 的各种样本，从而发现了使 2 的各种样本能量统一降低的有效表示，而这些有效表示即是表达数字 2 的显著特征，如开口圆形、底部平直等。当输入一个任意样本后，RBM 会努力通过采样在该样本附近寻找能量最低的点，从而得到包含 2 的显著特征所对应的图像。①

上述显著特征提取过程对噪声具有很强的鲁棒性。图 4-4 给出当输入节点中加入少量高斯噪声 $\varepsilon \sim N(0,1/25)$ 后的运行结果，图 4-5 给出加入较强高斯噪声 $\varepsilon \sim N(0,1)$ 的运行结果。由这两幅图可以看到，RBM 的特征提取具有很强的噪音鲁棒性，即使加噪后的图片已经非常模糊，RBM 依然可以提取出很清晰的显著特征。

---

① 如果让该 RBM 运行足够长时间，则得到图片都会收敛到 2，与输入的初值无关。

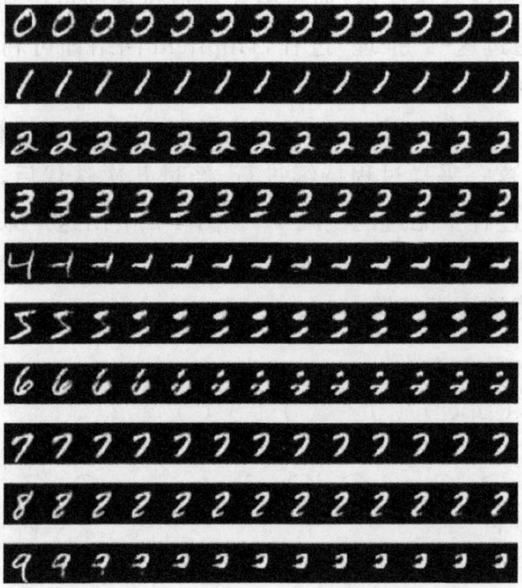

图 4-3　给定一个用数字 2 训练的 RBM，运行时分别以数字 0～9 作为初值得到的采样

注：每一行从左到右为采样过程中可见节点所对应的图像。可见该采样过程得到了与 2 相关的显著特征。图片来自文献[322]。

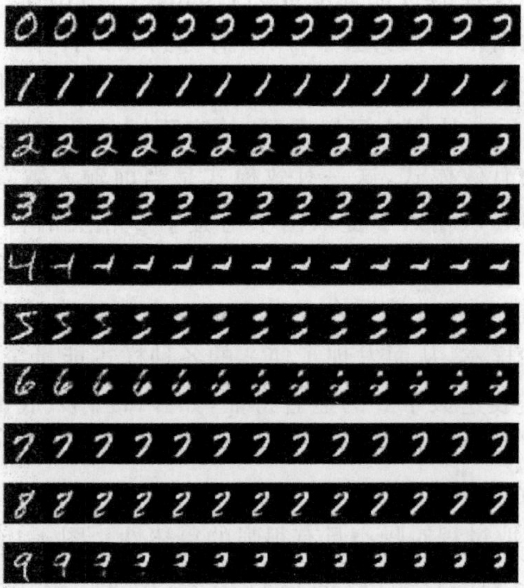

图 4-4　给定一个用数字 2 训练的 RBM，运行时分别以数字 0～9 作为初值加入噪声后得到的采样(1)

注：输入图片中加入了分布为 $N(0,1/25)$ 的高斯噪声。可见 RBM 采样过程可以滤除加入的噪声，得到和 2 相关的显著特征。图片来自文献[322]。

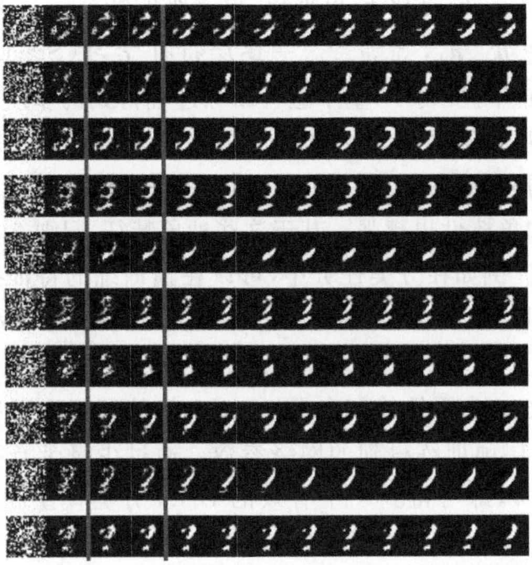

图 4-5　给定一个用数字 2 训练的 RBM，运行时分别以数字 0～9 作为初值加入噪声后得到的采样(2)

注：输入图片中加入了分布为 $N(0,1)$ 的高斯噪声。可见 RBM 采样过程可以滤除加入的噪声，得到和 2 相关的显著特征。图片来自文献[322]。

如果我们将 RBM 的迭代采样过程展开成一个参数共享的前向神经网络，即可得到一个深度神经网络(DNN)结构，如图 4-6 所示。显然，这一前向结构和 RBM 的迭代采样过程是等价的。这种等价性部分说明了 DNN 模型进行特征提取的基本原理。一般来说，我们只需进行少数几次迭代即可得到较好的特征，如图 4-5 中竖线中间部分的所示。

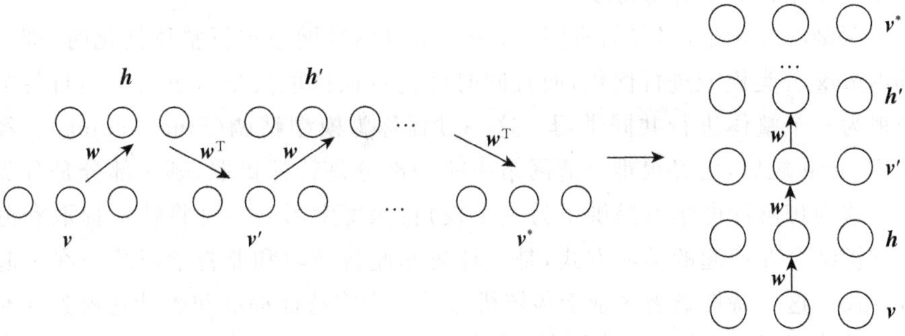

图 4-6　RBM 的采样过程可以展开成参数共享的前向深度神经网络(DNN)

如果我们将上述特征提取过程稍作扩展，当 RBM 训练完成后只取一次由 $\boldsymbol{v}$ 到 $\boldsymbol{h}$ 的采样，则 $\boldsymbol{h}$ 可以作为代表 $\boldsymbol{v}$ 的显著特征，记为 $\boldsymbol{h}_1$。以这一特征作为可见节点的输入，可训练另一个 RBM，该 RBM 训练完成后可得到关于 $\boldsymbol{h}_1$ 的显著特征 $\boldsymbol{h}_2$。显然，对原始输入 $\boldsymbol{v}$ 而言，$\boldsymbol{h}_2$ 是比 $\boldsymbol{h}_1$ 更抽象、更高级的特征。基于类似的过程，可以得到更高级的特征 $\boldsymbol{h}_3$、$\boldsymbol{h}_4$，等等。这一**逐层特征学习**(Stack Training)方法由 Hinton 等人在 2006 年提出。[280] 基于这一训练过程得到的多层 RBM，其参数可以用来初始化一个多层神经网络，这一方法称为**基于 RBM 的预训练**。

经过这种逐层预训练，神经网络即可获得 RBM 的特征提取能力，并且层次越深，特征的抽象性和鲁棒性也越强。基于这些抽象特征，只要少量标注数据即可训练一个较好的模型。例如在分类任务中，可以在预训练的特征提取网络之上加入一个 Softmax 分类层(见图 4-7)，即得到一个用于分类的 DNN 模型，表示如下：

$$\sigma(\boldsymbol{w}^{\mathrm{T}} f_{\boldsymbol{\theta}}(\boldsymbol{x}))$$

其中，$\boldsymbol{w}$ 为模型参数，$\boldsymbol{x}$ 为原始特征向量，$f_{\boldsymbol{\theta}}(\cdot)$ 为特征提取网络所代表的特征映射函数，$\boldsymbol{\theta}$ 为经过逐层预训练得到的网络参数。通过少量带有类别标记的数据来优化该模型的参数 $\boldsymbol{w}$，即可得到一个有效的 DNN 分类模型。和标准的 Softmax Regression 模型 $\sigma(\boldsymbol{w}^{\mathrm{T}}\boldsymbol{x})$ 相比，该模型在形式上只是增加了一个经过无监督学习得到的非线性映射，然而，正是这一非线性映射帮助我们提取到了显著特征，从而减小了监督学习的难度。

图 4-7 所示的 DNN 模型分为特征提取模型和 Softmax 分类模型两部分，前者通过非监督学习得到，后者通过监督学习进行优化。由此可见，虽然 DNN 在形式上和传统多层神经网络没有太大区别，但在概念上已经发生了根本变化：其基本原则已经不仅是以任务最优化为目标的分类/回归函数的近似，而是对原始、粗糙特征的层次化学习。在这一学习过程中，非监督学习占有非常重要的地位，负责将重要的、有区分性的、不容易受噪声干扰的特征提取出来，而监督学习只是在这些特征之上的选择和建模。由于这些特征已经较为显著和鲁棒，基于这些特征建模显然要比在原始特征上容易得多。

更深刻的变化是，当我们对图 4-7 所示的 DNN 网络进行整体优化时(即不仅对 Softmax 分类模型进行优化，而且同时优化特征提取模型)，事实上是将特征和模型视为一个整体进行共同学习。这一过程称为**模型精调**(Fine Tuning)。经过 Fine Tuning 之后，已经很难分清网络中哪一部分是特征提取，哪一部分是分类模型了。这为理解深度学习提供了另一个视角：深度学习是一种将特征提取和分类模型有机结合在一起的学习方式，是一种将非监督学习和监督学习统一在一起的学习方式。这一特性显著区别于传统机器学习中将特征提取和统计建模独立对待的二分思路，特征和模型不再有清晰的分界，而是对数据进行逐层递进处理，直到任务目标得以完成。这种将特征和模型统一到一起的学习方式常被称为**端到端学习**。

一个有趣的问题是，为什么非监督学习可以得到层次性特征呢？一种直观的理解是：为了表达数据的特性，需要选择那些最具有代表性的特征，而在参数数量

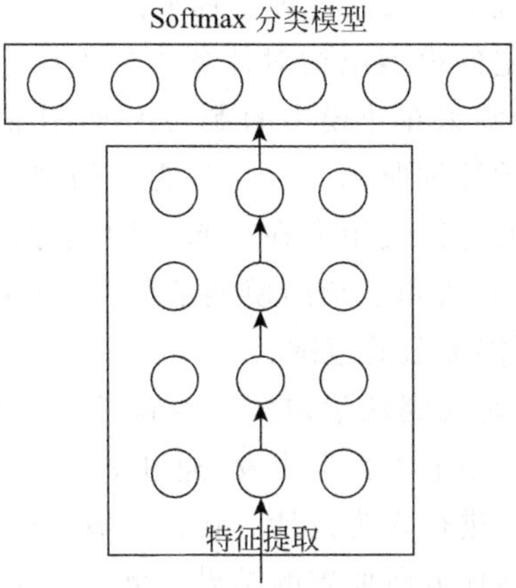

图 4-7　由特征提取网络和分类模型组成的 DNN 网络

注：特征提取网络通过无监督学习生成，Softmax 分类模型通过监督学习训练得到。Fine Tuning 对两部分网络进行统一训练。

固定的条件下，学习系统应该优先选择那些简单的特征，因为这些特征容易在表达多种数据模式中复用，从而提高表达能力。这是为什么 DNN 的第一层通常学习到简单模式的原因。当扩展到第二层时，基于第一层输入，系统会在这些简单模式基础上进行组合，生成较复杂的模式。这一过程逐层进行，即得到了层次特征。Paul 等人基于群论理论对这一过程进行了探讨，证明简单特征对输入信号有更普遍的表达能力，因而在训练中有更高的概率被选中。[509]

4.1.4　复杂结构与数据驱动

深度学习不仅带来了深度神经网络这一建模工具，更重要的是引起了观念上的变革，使研究者得以突破传统机器学习的认识，拓展了机器学习的边界。

今天的深度学习已经远远不止多层前馈网络（MLP），而是包括卷积网络（CNN）、递归网络（RNN）、记忆网络（Memory Net）等各种丰富的网络结构。得益于自动求导技术和计算图模型的提出（见 1.5 节），这些各异的网络结构可以灵活组合在一起，形成更为复杂和强大的神经模型。这一模型不仅可以学习特征映射，还可以记忆知识、刻画动态过程、学习推理方法等，典型的如神经图灵机（Neural Turing Machine，NTM）和可微分神经计算机（Differentiable Neural Computer，DNC）。由此可见，深度学习事实上已经从**深层结构**扩展到了**复杂结构**，这一扩展丰富了深度学习的内涵和应用范畴，带来广阔的想象空间。

一个观念上的变革是对数据驱动的重新认识。从机器学习诞生那一天起，数据作为学习的原材料就被反复强调。然而，传统机器学习对数据保持很强的警惕性，认为数据中包含太多不确定性，因此需要人为知识去规范。例如，人们设计了各种特征提取方法，利用人为定义的处理流程来提取任务相关信息，同时提出了各种统计模型，通过人为设定的模型结构对任务中的不确定性进行刻画和分解。深度学习的成功减少了人为知识在建模中的参与程度，让机器从数据中自动发现知识和规律，实现了更普遍的数据驱动。这一观念上的转变显然源于神经模型的普适性：将一些同质神经元通过连接组合在一起，只要数据足够充分，即可超过人们精心设计的各种特征提取方法和复杂的模型结构，这事实上表明数据中蕴含的知识有可能超过人为设计所能覆盖的范围。

另一个观念上的变革是**端到端学习**概念的普及。所谓端对端学习，是指设定好学习任务后，让机器从原始输入数据出发，通过学习自动获得完成任务的方法和步骤，而不需要对学习过程进行人为设计。在这一概念中，"端到端"中的一端是指原始输入数据，另一端是指任务所要求的结果。例如在汉语语音识别任务中，一个端到端系统的输入是原始特征（如声音频谱），输出为汉字的字符。[446,100] 端到端学习与数据驱动密切相关，但端到端学习的成功意味着更灵活、更强大的智能机器是有可能的，这些机器将不再依赖人类的指导，只要可以获得足够多的数据，即可学习到完成某一任务的方法和过程。从某种意义上说，这表明机器已经能够自我编程来完成任务了。[557]

4.2 深度神经网络训练

深度神经网络（DNN）可以描述复杂的层次性和时序关系，但其训练往往非常困难。[50,220] 经过不懈努力，现在研究者对 DNN 训练中存在的困难有了更深刻的理解，提出了若干高效的训练方法。本节我们将从最基本的梯度下降算法开始，讨论 DNN 训练中的困难，特别是马鞍点问题带来的干扰，并介绍一些有效的训练技巧，如 Dropout、批规范化（Batch Normalization）等。

4.2.1 基础训练算法

1. 梯度下降算法

梯度下降（Gradient Descend，GD）是机器学习中最常用的优化方法。记模型参数为 $\boldsymbol{w}$，模型优化的目标函数为 $L(\boldsymbol{w})$。如果优化任务是最小化 $L(\boldsymbol{w})$ 的，则 GD 选择梯度下降最大的方向来调整参数 $\boldsymbol{w}$，即

$$\boldsymbol{w}^t = \boldsymbol{w}^{t-1} - \eta \nabla_{\boldsymbol{w}} L(\boldsymbol{w}^{t-1})$$

其中，η 为学习率。梯度下降是一个迭代算法，$\boldsymbol{w}^t$ 表示第 t 次迭代得到的参数值。实际训练中，一般选择一个随机初始值 $\boldsymbol{w}^0$，依上述迭代公式对 $\boldsymbol{w}$ 进行迭代优化。注意 GD 算法依赖目标函数 $L(\boldsymbol{w})$ 对 $\boldsymbol{w}$ 的一阶导数，因此一般称为一阶优化方法。

根据每次迭代选取的训练样本不同，可以将梯度下降算法分为三类：如果每次

迭代时使用所有训练样本，则称为**批梯度下降**（Batch Gradient Descent，Batch GD）。如果每次迭代时只使用一个训练样本，则称为**随机梯度下降**（Stochastic Gradient Descent，SGD）。如果每次迭代时使用一部分训练样本，则称为**小批量随机梯度下降**（Mini-Batch SGD）。在 Mini-Batch SGD 中，每次迭代所用的样本数称为批尺寸（Batch-Size）。

假设目标函数是凸函数，如果选择合适的学习率（如 $\eta=k/t$），则 GD 算法可稳定达到全局最优解，但是因为每次迭代需要对所有数据进行计算，效率较低，收敛速度较慢。SGD 是序列学习（Sequential Learning）算法。Robbins 和 Monro 证明，在学习率满足一定条件的前提下，如果优化目标是凸函数，序列学习可依概率收敛到和批学习同样的解。[563,196] SGD 的优点是每次迭代后新的 $\boldsymbol{w}^t$ 会应用到下次迭代的梯度计算中，因此收敛速度更快。SGD 的另一个好处是，当目标函数非凸时，样本间的随机性有利于摆脱较差的局部最优。[66] 然而，样本上的随机性导致模型更新也具有随机性，有可能影响模型的收敛速度。SGD 的另一个问题是每次只计算一个样本，因而无法利用现代计算设备中的并行处理能力。实践表明，SGD 方法在大数据训练中表现明显优于 Batch GD[44,725]，同时，实时在线学习场景中只能使用 SGD，而不能使用 Batch GD。

Mini-Batch SGD 综合 Batch GD 和 SGD 的优点，既保证迭代快速进行，同时减小每次迭代的随机性，使得总体收敛速度提高。当目标函数非凸时，不论哪种 GD 算法都不能保证全局最优，但 SGD 和 Mini-Batch SGD 通常表现得更好，因为样本的随机性有利于帮助训练过程跳出由较差的初始参数带来的局部最优。[175] 一般来说，Mini-Batch 的大小可取从 1 到所有训练样本总数之间的任意整数值，但考虑到计算设备的处理机制和存储能力（如 GPU 设备需要将 Mini-Batch 读入显存），通常取 2 的幂次方。同时，Mini-Batch 大小的选择和优化算法有关，对于 SGD，取 100 左右即可，对于二阶方法（见 4.3 节），需要利用目标函数的曲面特征，因而对样本噪声更为敏感，一般需要较大的 Mini-Batch，如 10000 左右。[231]

SGD 算法，特别是 Mini-Batch SGD 算法，对 DNN 模型训练有特殊意义。这是因为 DNN 通常具有非常复杂的结构和大量参数，很多高效但复杂的算法（如二阶方法）因计算开销过高无法实用。同时，SGD 在 DNN 训练中天然具有一种正则化效果（Regularization），使得训练得到的模型具有平滑性。这一特性使得即使很庞大的 DNN 模型依然可以保持良好的泛化能力。如果采用更高效的训练方法，如 Conjugate Gradient（CG），虽然模型可以收敛得更快，但其泛化能力反而可能下降。[379,95] 因此，虽然人们探索了各种优化方法，当前应用最多的还是 SGD。

2. 二阶方法

SGD 方法的一个显著缺陷是在优化过程中对不同参数的学习率相同。设想一个具有类似 V 字形状的目标函数，SGD 从一边岩壁开始寻找最低点。如

图 4-8 所示，如果学习率设的较大，则对曲率较大的垂直岩壁方向会形成振荡，如果学习率设的较小，则对曲率较小的平行岩壁方向效率过低。因此，当在不同方向上曲率相差较大时，SGD 的稳定性和效率都会显著下降。二阶优化方法通过考虑曲率信息解决上述困难，如牛顿法。然而，牛顿法复杂度高，内存占用量大，大规模 DNN 训练无法承受，因此人们常用一些近似二阶方法来提高优化效率。我们介绍两种常用的近似二阶方法。关于优化方法更详细的介绍见本书第 11 章。

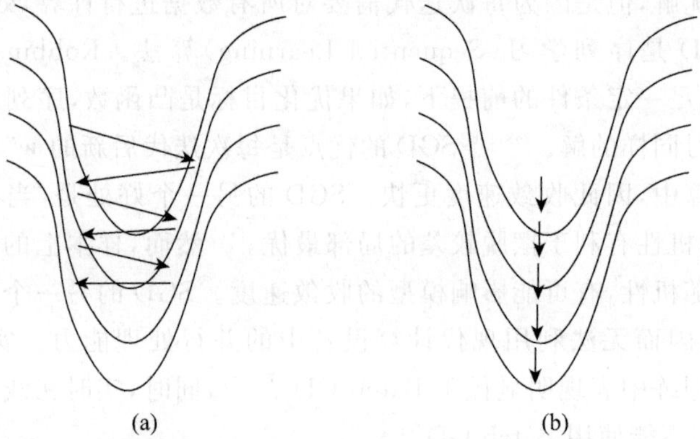

图 4-8　V 字形状目标函数的 SGD 优化过程

注：(a)当学习率较大时，在曲率较大的方向形成振荡；(b)当学习率较小时，在曲率较小的方向学习效率低下。

(1) 牛顿法

考虑对目标函数 $L(w)$ 在 w^0 点做二阶 Taylor 展开：

$$L(w) \approx L(w^0) + (w - w^0)^{\mathrm{T}} \nabla_w L(w^0) + \frac{1}{2}(w - w^0)^{\mathrm{T}} \boldsymbol{H}(w - w^0) \tag{4.1}$$

其中，$\boldsymbol{H}$ 为 $L(w)$ 在 w^0 处的 Hessian 矩阵。取该目标函数梯度为零的点为最优解，有

$$\frac{\partial L(w)}{\partial w} \approx \nabla_w L(w^0) + \boldsymbol{H}(w - w^0) = \boldsymbol{0}$$

如果 $\boldsymbol{H}$ 是可逆的，有

$$\boldsymbol{w} = \boldsymbol{w}^0 - \boldsymbol{H}^{-1} \nabla_w L(\boldsymbol{w}^0)$$

显然，如果 $L(w)$ 是二阶的，则 Taylor 展开是精确的，依上式可一步求出目标函数的最优解；如果 $L(w)$ 不是二阶的，则需要一个迭代过程，有

$$\boldsymbol{w}^t = \boldsymbol{w}^{t-1} - \boldsymbol{H}^{-1} \nabla_w L(\boldsymbol{w}^{t-1})$$

上述迭代优化方法称为**牛顿法**(Newton)。注意上面推导中假设 $\boldsymbol{H}$ 是正定的，因而目标函数在梯度为零时取极小值。后面我们会看到，对于 DNN，$\boldsymbol{H}$ 在参数空间的绝大多数位置是非正定的，对应的驻点并不是极小值点，而是马鞍点(见

4.2.2 小节)。牛顿法不能判断驻点是否是极小值点,一旦进入驻点即认为已经完成优化,因而无法摆脱马鞍点的吸引,这是牛顿法的一个主要缺点。一种简单的解决方法是对 $\boldsymbol{H}$ 进行正定化,人为加入一个对角阵 $\lambda\boldsymbol{I}$。[394] 这一方法的问题是,马鞍点上 $\boldsymbol{H}$ 矩阵的特征值可能很小,从而要求 λ 取较大的值,这显然会影响其他方向的收敛性。另一种方法是将 $\boldsymbol{H}$ 中的负特征值替换成固定正值,相当于忽略该方向的曲率信息。较好的处理方式是对负特征值取绝对值,以保证 $\boldsymbol{H}$ 的正定。见 4.2.2 小节的详细讨论。

(2) 拟牛顿法

牛顿法的一个显著缺陷是需要计算 Hessian 矩阵的逆矩阵。对于包含动辄上百万参数的 DNN 模型,不论是求 Hessian 矩阵还是求其逆矩阵都是不现实的。**拟牛顿法**(Quasi-Newton)求 Hessian 矩阵的近似矩阵,可以显著减少计算量。典型的如 Broyden-Fletcher-Goldfarb-Shanno(BFGS)算法,通过累积梯度信息的统计量来估计 Hessian 矩阵的逆矩阵。[319,184] 记 t 时刻的 Hessian 逆矩阵为 $\boldsymbol{B}_t$, BFGS 算法对参数更新如下:

$$\boldsymbol{w}^{t+1} = \boldsymbol{w}^t - \boldsymbol{B}_{t+1} \nabla_w \mathrm{L}(\boldsymbol{w}^t)$$

$$\boldsymbol{B}_{t+1} = \boldsymbol{H}_{t+1}^{-1} = (\boldsymbol{I} - \rho_t \boldsymbol{s}_t \boldsymbol{y}_t^{\mathrm{T}}) \boldsymbol{B}_t (\boldsymbol{I} - \rho_t \boldsymbol{y}_t \boldsymbol{s}_t^{\mathrm{T}}) + \rho_t \boldsymbol{s}_t \boldsymbol{s}_t^{\mathrm{T}}$$

其中,

$$\boldsymbol{s}_{\mathrm{t}} = \boldsymbol{w}^t - \boldsymbol{w}^{t-1}$$

$$\boldsymbol{y}_{\mathrm{t}} = \nabla_w L(\boldsymbol{w}^t) - \nabla_w L(\boldsymbol{w}^{t-1})$$

$$\rho_t = \frac{1}{\boldsymbol{y}_t^{\mathrm{T}} \boldsymbol{s}_t}$$

BFGS 算法的一个缺点是需要保存逆 Hessian 矩阵 $\boldsymbol{B}_t$。一般实际应用的 DNN 参数可多达百万至千万,保存 $\boldsymbol{B}_t$ 会耗费大量内存资源。L-BFGS[91] 是 BFGS 的内存优化版本,在计算 $\boldsymbol{B}_t$ 时将 $\boldsymbol{B}_{t-1}$ 设成单位阵,大大节约了内存空间。

(3) Truncated Newton

Truncated Newton 也称 **Hessian Free**,是另一种常用的近似二阶方法[472,486,433,432],其基本思路是将优化问题转换成解以 Hessian 矩阵为参数的线性方程组,而在解这一方程组时不必依赖 Hessian 矩阵 $\boldsymbol{H}$,只需依赖 $\boldsymbol{H}$ 与偏移量 $\boldsymbol{d}$ 的乘积 $\boldsymbol{Hd}$ 即可。考虑对目标函数的二阶展开式(4.1)进行优化,等价于解如下线性方程组:

$$\boldsymbol{H}^t \Delta \boldsymbol{w} = -\nabla_w L(\boldsymbol{w}^t) \tag{4.2}$$

如果 $\boldsymbol{H}^t$ 已知,对 $\Delta\boldsymbol{w}$ 优化相当于解以 $\boldsymbol{H}^t$ 为参数、以 $\Delta\boldsymbol{w}$ 为变量的线性方程组。这一方程组可用 CG(Conjugate Gradient)方法。[599] 然而, $\boldsymbol{H}^t$ 是不可计算的,这一方程组事实上无法写出。所幸的是,CG 在实际求解中并不需要写出 $\boldsymbol{H}^t$ 的形式,只需计算 $\boldsymbol{H}^t$ 和某一偏移量 $\boldsymbol{d}$ 的乘积 $\boldsymbol{H}^t\boldsymbol{d}$,并通过一个迭代过程即可求出 $\Delta\boldsymbol{w}$ 的近似

解。事实上，$\boldsymbol{H}^t\boldsymbol{d}$ 可以通过数值微分得到，即

$$\boldsymbol{H}^t\boldsymbol{d}=\lim_{\varepsilon\to 0}\frac{\nabla_w(L(\boldsymbol{w}^t+\varepsilon\boldsymbol{d}))-\nabla_w(L(\boldsymbol{w}^t))}{\varepsilon}$$

因此虽然我们不知道 $\boldsymbol{H}^t$ 的具体值，依然可以通过计算 $\boldsymbol{H}^t\boldsymbol{d}$ 对式(4.2)所示的方程组求解，从而得到优化的 $\Delta\boldsymbol{w}$，进而得到新一轮参数 $\boldsymbol{w}^{t+1}=\boldsymbol{w}^t+\Delta\boldsymbol{w}$。另一方面，虽然理论上 CG 方法需要通过 N 步才能对 $\Delta\boldsymbol{w}$ 求解，但实际上少数几步迭代即可得到较好的近似解，这极大提高了计算效率，使得该方法可以在大规模 DNN 训练中应用。[432] Truncated Newton 方法的缺陷是 CG 对参数的初值选择比较敏感，一般需要某些预处理方法(Pre-Conditioning)，同时估计 $\boldsymbol{H}^t\boldsymbol{d}$ 可能出现较大的误差，影响精度。最后，这一方法应用到在线学习上(类似 SGD)比较困难。

3. 自然梯度下降(NSGD)

梯度下降法(GD/SGD)有一个潜在的假设：模型的参数空间是欧几里得的，即

$$|\Delta\boldsymbol{w}|^2=\Delta\boldsymbol{w}^{\mathrm{T}}\Delta\boldsymbol{w} \tag{4.3}$$

基于这一假设，对目标函数 $L(\boldsymbol{w})$ 进行一阶优化相当于在欧几里得空间中寻找一个长度为某一确定小量 c 的向量 $\Delta\boldsymbol{w}$，使得 $L(\boldsymbol{w}+\Delta\boldsymbol{w})$ 取值最小，形式化如下：

$$\min_{\Delta w}L(\boldsymbol{w}+\Delta\boldsymbol{w})\approx\min_{\Delta w}\{L(\boldsymbol{w})+\nabla_w L(\boldsymbol{w})^{\mathrm{T}}\Delta\boldsymbol{w}\}\quad \text{s. t. } \Delta\boldsymbol{w}^{\mathrm{T}}\Delta\boldsymbol{w}=c$$

其中，c 为学习步长。应用拉格朗日乘子法，可将上式转化为对如下函数的优化任务：

$$L(\boldsymbol{w})+\nabla_w L(\boldsymbol{w})^{\mathrm{T}}\Delta\boldsymbol{w}+\lambda(\Delta\boldsymbol{w}^{\mathrm{T}}\Delta\boldsymbol{w}-c)$$

简单计算可得到优化的 $\Delta\boldsymbol{w}$ 如下：

$$\Delta\boldsymbol{w}=-\frac{1}{2\lambda}\nabla_w L(\boldsymbol{w})$$

可见，在欧几里得空间里，$\Delta\boldsymbol{w}$ 的优化方向正是目标函数的梯度方向，这正是梯度下降法的理论基础。

然而，如果参数 $\boldsymbol{w}$ 不在一个欧几里得空间，梯度方向一般不再是目标函数的优化方向。在这样的空间中，距离将具有如下扩展形式：

$$|\Delta\boldsymbol{w}|^2=\Delta\boldsymbol{w}^{\mathrm{T}}\boldsymbol{G}\Delta\boldsymbol{w} \tag{4.4}$$

其中，$\boldsymbol{G}$ 为代表空间曲率信息的矩阵，一般为 $\boldsymbol{w}$ 的函数。如果 $\boldsymbol{G}$ 是对称正定的，则基于这一距离定义的空间称为黎曼空间[94]，$\boldsymbol{G}$ 称为度规张量(Metric Tensor)。和欧几里得空间中的优化过程类似，黎曼空间中对 $L(\boldsymbol{w})$的优化相当于在黎曼空间中寻找一个长度为某一确定小量 c 的向量 $\Delta\boldsymbol{w}$，使得 $L(\boldsymbol{w}+\Delta\boldsymbol{w})$取值最小，形式化如下：

$$\min_{\Delta w}L(\boldsymbol{w}+\Delta\boldsymbol{w})\approx\min_{\Delta w}\{L(\boldsymbol{w})+\nabla_w L(\boldsymbol{w})^{\mathrm{T}}\Delta\boldsymbol{w}\}\quad \text{s. t. } \Delta\boldsymbol{w}^{\mathrm{T}}\boldsymbol{G}\Delta\boldsymbol{w}=c$$

利用拉格朗日乘子法，可得到优化的 $\Delta\boldsymbol{w}$，即

$$\Delta \boldsymbol{w} = -\frac{1}{2\lambda} \boldsymbol{G}^{-1} \nabla_{\boldsymbol{w}} L(\boldsymbol{w}) \tag{4.5}$$

可见，在黎曼空间中，目标函数的优化方向是受到度规张量 $\boldsymbol{G}$ 调整的梯度方向，这一方向称为**自然梯度**(Natural Gradient)。基于自然梯度的一阶优化方法称为**自然梯度下降**(NSGD)。[553,505]梯度和自然梯度的区别如图 4-9 所示。

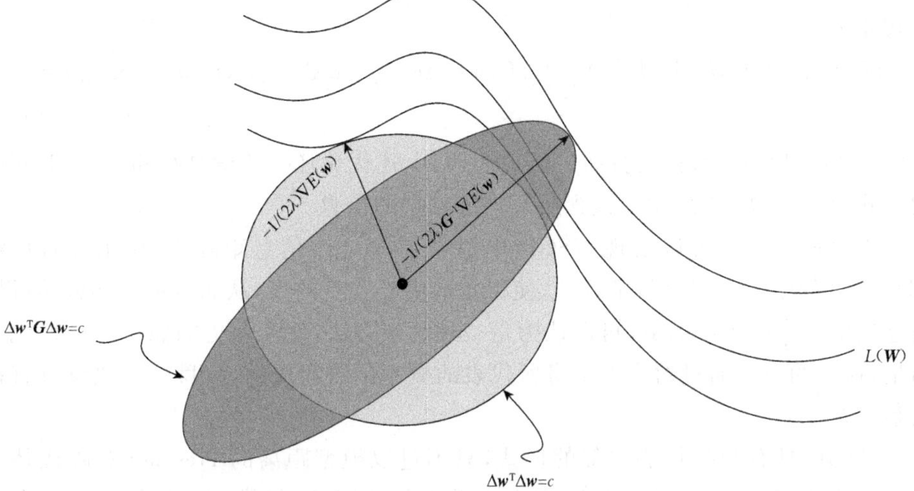

图 4-9　梯度和自然梯度

注：梯度是以 $\Delta \boldsymbol{w}^{\mathrm{T}} \Delta \boldsymbol{w}=c$ 为约束的优化方向，自然梯度是以 $\Delta \boldsymbol{w}^{\mathrm{T}} \boldsymbol{G} \Delta \boldsymbol{w}=c$ 为约束的优化方向。

对神经网络来说，网络的参数决定一个概率函数 $p_w(t \mid \boldsymbol{x})$，因此，参数间的距离不应该用欧氏距离来度量，而应该基于其所决定的概率函数 p_w 的距离来度量。[550] KL 距离是度量概率函数的常用方法。设当前模型为 p_w，加入变动 $\Delta \boldsymbol{w}$ 后的模型为 $p_{w+\Delta w}$，这两个模型间的 KL 距离为 $KL(p_w \parallel p_{w+\Delta w})$。由此得到 NSGD 的优化公式为

$$\min_{\Delta w} L(\boldsymbol{w}+\Delta \boldsymbol{w}) \approx \min_{\Delta w}\{L(\boldsymbol{w}) + \nabla_w L(\boldsymbol{w})^{\mathrm{T}} \Delta \boldsymbol{w}\} \quad \text{s.t.}\ KL(p_w \parallel p_{w+\Delta w}) = c \tag{4.6}$$

注意，上式中的 KL 距离为 $\Delta \boldsymbol{w}$ 的函数，且在 $\Delta \boldsymbol{w}=0$ 处取最小值零，这说明该函数在 $\Delta \boldsymbol{w}=0$ 处做 Taylor 展开时，只有二阶以上的分量为零。取二阶近似，有

$$KL(p_w \parallel p_{w+\Delta w}) \approx \frac{1}{2}(\Delta \boldsymbol{w})^{\mathrm{T}} \boldsymbol{F} (\Delta \boldsymbol{w}) \tag{4.7}$$

其中，$\boldsymbol{F}$ 是上述 KL 距离在 $\Delta \boldsymbol{w}=\boldsymbol{0}$ 处的 Hessian 矩阵，通常称为 Fisher 信息矩阵(Fisher Information)。值得注意的是，$\boldsymbol{F}$ 是对称正定的，因此上述 KL 距离定义了一个 $\boldsymbol{w}$ 的黎曼空间，其度规张量为 Fisher 信息矩阵 $\boldsymbol{F}$。将式(4.7)代入式(4.6)，可求得 $\Delta \boldsymbol{w}$ 的优化值为

$$\Delta \boldsymbol{w} = -\frac{1}{\lambda} \boldsymbol{F}^{-1} \nabla_w L(\boldsymbol{w}) \tag{4.8}$$

可以证明[550]，$\boldsymbol{F}$ 可由下述一阶或二阶统计量得到：

$$\boldsymbol{F}(i,j) = -\mathbb{E}_{t \sim p_w(t|x)} \frac{\partial \ln p_w(t \mid \boldsymbol{x})}{\partial \boldsymbol{w}_i \partial \boldsymbol{w}_j} = \mathbb{E}_{t \sim p_w(t|x)} \frac{\partial \ln p_w(t \mid \boldsymbol{x})}{\partial \boldsymbol{w}_i} \frac{\partial \ln p_w(t \mid \boldsymbol{x})}{\partial \boldsymbol{w}_j}$$

在实际神经网络训练中，需要考虑所有训练数据 $\boldsymbol{x}$ 对应的 $p_w(t \mid \boldsymbol{x})$，优化目标可形式化为[505]

$$\min_{\Delta w} L(\boldsymbol{w} + \Delta \boldsymbol{w}) \approx \min_{\Delta w} \{L(\boldsymbol{w}) + \nabla_w L(\boldsymbol{w})^{\mathrm{T}} \Delta \boldsymbol{w}\} \quad \text{s. t. } \mathbb{E}_{x \sim q(x)} KL(p_w \| p_{w+\Delta w}) = c \tag{4.9}$$

其中，$q(\boldsymbol{x})$ 为训练数据的分布。研究表明，上述优化任务的解具有和式(4.8)相同的形式，只不过矩阵 $\boldsymbol{F}$ 中要包含所有训练数据的信息。[505]

观察式(4.8)，可以发现 NSGD 中引入了 Fisher 信息矩阵 $\boldsymbol{F}$，该矩阵对传统 GD/SGD 的学习方向进行了调整，使得参数更新受到约束，从而避免了参数的过快或过慢更新。因此，NSGD 可以认为是一种约束方法，使学习更加稳定。值得说明的是，这一约束是通过对模型本身所代表的概率函数实现的，与目标函数没有直接关系。

NSGD 具有与牛顿法类似的形式，只不过以模型距离的 Hessian 矩阵代替了目标函数的 Hessian 矩阵。这两者在本质上是不同的，但模型和目标函数具有天然联系。例如在模型空间中某一方向的曲率较低时，意味着模型对这一方向的参数变化不敏感，相应的目标函数也不敏感，因此对这一方向应提高学习率，而这正是 NSGD 基于 Fisher 信息矩阵对 SGD 进行的修正。值得说明的是，Fisher 信息矩阵可由梯度的一阶统计量得到，因此可以认为是一种对 Hessian 矩阵的一阶近似方法。实验表明，NSGD 在一些任务中表现出比 SGD 更好的性能。[526]

4.2.2 DNN 训练的困难

不论是一阶 SGD 方法还是二阶牛顿方法，不论是批优化还是在线优化（如 Mini-Batch SGD），应用到 DNN 训练中依然有一定难度。基于 DNN 模型结构的复杂性，这些困难的成因本身就是很复杂的问题。直到最近，人们才渐渐对 DNN 的目标函数曲面有了较深刻的理解，由此对训练的复杂性有了较明确的认识。本小节我们将讨论 DNN 训练的困难所在，4.2.3 小节将讨论一些解决方法。

1. 局部极值

对 DNN 训练困难的一种直观解释是：DNN 的结构复杂，因此存在很多**局部最优点**。[622,233] 这些局部最优点的形成比较复杂，其中一个原因是神经网络存在很强的对称性。所谓**对称性**，是指同一个映射函数可以通过多种等价的参数配置实现。例如，同一层中任意两个节点互换，或相邻两层的连接权重做反向尺度变换都不会影响网络所代表的映射函数。这些不变性导致神经网络的多种参数配置对应同一个目标函数值,因而形成局部最优点,如图 4-10 所示。传统经验告诉我们,这些局部最优点会给训练带来很大障碍,导致训练算法可能陷入一个质量较差的局部最优解。为解决局部最优问题,人们对 SGD 提出一系列改进,特别是预训练方法,可以有效提高训练速度。[278] Erhan 等人[171]细致研究了预训练对模型训练的影响,发现预训练似乎是为后续的监督学习找到一个较好的初值,从而使其更容易收敛。

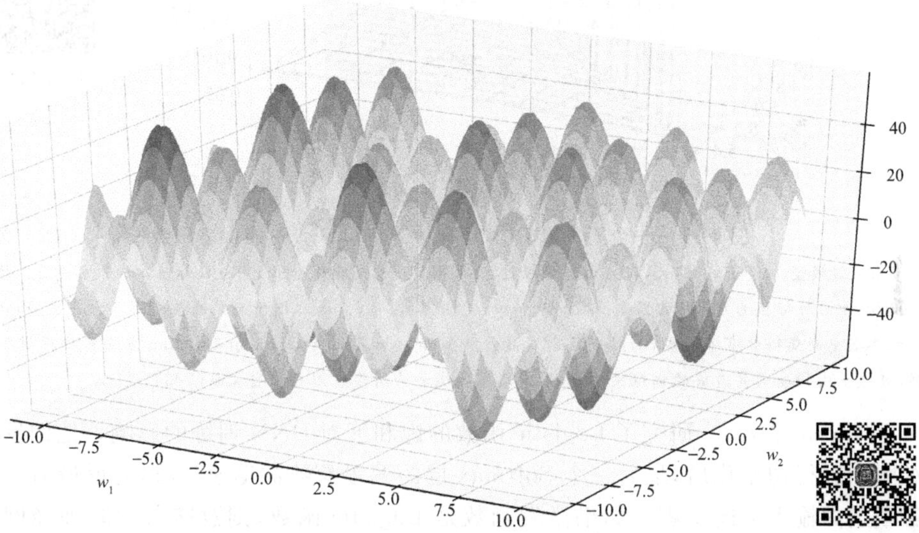

图 4-10 彩图

图 4-10 DNN 的目标函数曲面示意图

注:其中 w_1 和 w_2 是 DNN 的两个参数。可以看到,该曲面包含众多局部极值和马鞍点。

2. 梯度奇异

DNN 训练的另一个困难是由于复杂的非线性引起的梯度过大或过小,使得目标函数呈现类似断崖形状,导致参数更新时发生剧烈变动。Pascanu 等人[506]在研究 RNN 训练过程时发现 RNN 的目标函数曲面上确实存在一些断崖式的**奇异点**,如图 4-11 所示。为解决这一问题,他们提出一种 Gradient Clipping 方法,当梯度大于一定域值时,对该梯度进行限制,这样可有效避免因梯度奇异导致的训练失败。

3. 激发函数非线性饱和区

对 DNN 训练困难的另一种认识是由非线性函数引起的**饱和区**,导致梯度无法反向传递。如 Logistic 函数在输入很小时,输出趋近于 0,当输入很大时,输出趋近于 1,我们说该函数在这些区间进入了饱和区(Saturation)。在这些饱和区,Logistic 函数的导数为零,意味着梯度无法通过这一函数进行反向传递。

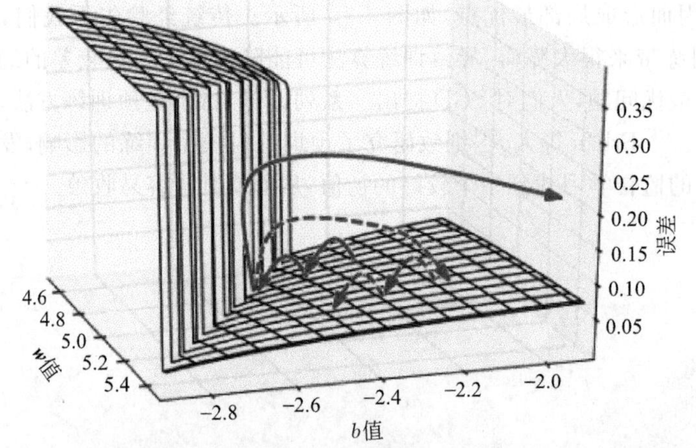

图 4-11 彩图

图 4-11　一个简单 RNN 模型 $x_t = w\sigma(x_{t-1}) + b$ 的误差函数

注：该模型初始值 $x_0 = 0.5$，误差函数为经过 50 步 RNN 迭代后的输出 x_{50} 与目标值 t 的平方误差。该图给出 50 步后目标值为 0.7 时的误差函数，即 $error = (\sigma(x_{50}) - 0.7)^2$。图中可见断崖式梯度奇异区域，在该区域参数更新变得非常不稳定，如图中蓝色实线箭头所示。如果采用 Gradient Clipping 方法对梯度进行限制，可减少由梯度奇异造成的训练失败，如图中蓝色虚线箭头所示。图片来自文献[506]。

Glorot 等人[220]研究了 Logistic 函数的饱和区对 DNN 训练的影响。他们发现对网络进行初始化后，最后一个 Softmax 层的偏置参数被迅速学习，使得最后一个隐藏层的输入趋向于零。如果激发函数是 Logistic 函数，则意味着此时神经网络倒数第二层的输出进入饱和区，从而无法进行反向误差传递。为解决这一问题，Glorot 等人提出用双曲函数(Tanh)代替 Logistic 函数，该函数在输出为 0 时处于线性区域，因此梯度可以自由传递。

4. 梯度爆炸和梯度消失

更多学者认为 DNN 训练的困难在于网络层数增加以后，梯度在反向传递过程中会依传递次数指数性增长或减少，导致**梯度爆炸**或**梯度消失**。[50,506] 这是因为 DNN 中每一层的 Jacobi 矩阵的特征值可能过大或过小。如果过大，会导致梯度在传递过程中扩大；如果过小，会导致梯度在传递过程中消失。对 DNN 而言，因为层数较多，梯度传递过程中产生梯度爆炸或消失的可能性会增加。例如，当激活函数是非线性函数时，在梯度传递过程中如果有一层处在饱和区，则梯度将无法继续回传。因此，激活函数饱和区问题可以看作梯度消失的一个特例。

梯度爆炸和消失问题在 RNN 训练中更明显，这是因为 RNN 的梯度在沿时间方向反向回传时基于同一个 Jacobi 矩阵，如果该矩阵有远大于 1 或远小于 1 的特征值，则经过若干次相乘后这些方向的梯度即产生爆炸或消失。Bengio[50] 研究了 RNN 的训练过程，发现 SGD 很难训练出一个稳定鲁棒的模型，凡是试图训练这一模型的 SGD 算法都会遇到梯度消失的问题。这意味着 RNN 很难学习长时相关性。他们同时发现时间加权的 Pseudo-Newton 方法和离散误差传递(激发函数不可导)可部分解决 RNN 在长时模式上的学习困难。对于梯度消失问题，Pascanu 在目标函数中引入了一个正则化因子，鼓励在误差回传时，该误差信息的二阶范数趋近于 1。[506]

5. 马鞍点

最近研究表明，DNN 训练中的困难可能更多来自目标函数中的马鞍点问题。[141,507,115] 所谓**马鞍点**，是指目标函数在某些方向局部最小，在另一些方向局部最大的点，如图 4-12 和图 4-13 所示。一个复杂的 DNN 网络往往包括大量的马鞍点，如图 4-10 所示。这些马鞍点是驻点，对典型的优化方法(如 SGD、牛顿法等)具有“吸引力”，使得这些方法趋向收敛到这些点，但这些点又不是局部极小值点，因此会导致训练进入非优化状态。我们从目标函数的 Hessian 矩阵性质来讨论马鞍点的存在性。

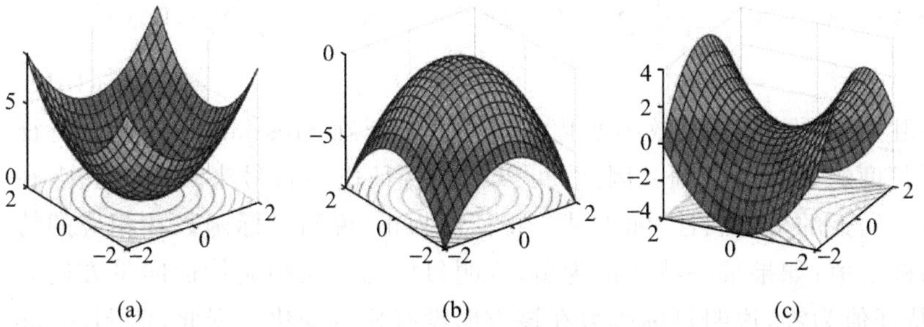

图 4-12 彩图

图 4-12　不同 Hessian 矩阵形成的不同驻点

注：(a)所有特征值为正，局部极小点；(b)所有特征值为负，局部极大点；(c)所有特征值有正有负，但无零值，严格马鞍点。

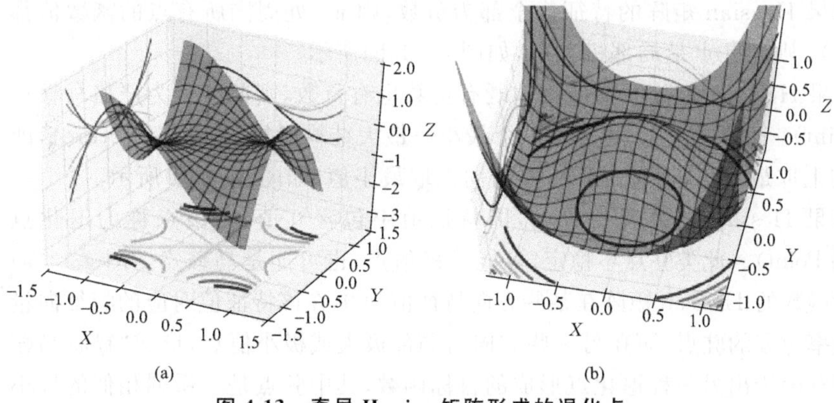

图 4-13 彩图

图 4-13　奇异 Hessian 矩阵形成的退化点

注：(a)猴状马鞍点；(b)环状驻点。图片来自文献[141]。

记 DNN 的优化目标函数为 $f(\boldsymbol{w})$，其中 $\boldsymbol{w}$ 为 DNN 网络中的 n 个参数。我们将参数空间中梯度消失的点称为驻点。对任何一个驻点 $\boldsymbol{w}^*$，可以通过求该点处的 Hessian 矩阵来判断此驻点的性质。考虑对驻点进行二阶 Taylor 展开，由于在驻点处梯度为 0，其展开式为

$$f(\boldsymbol{w}^* + \Delta\boldsymbol{w}) \approx f(\boldsymbol{w}^*) + \frac{1}{2}(\Delta\boldsymbol{w})^{\mathrm{T}}\boldsymbol{H}\Delta\boldsymbol{w} \tag{4.10}$$

其中，$\boldsymbol{H}$ 为 Hessian 矩阵，记该矩阵 n 个特征向量为 $\{\boldsymbol{e}_1, \cdots, \boldsymbol{e}_n\}$，对应特征值为 $\{\lambda_1, \cdots, \lambda_n\}$。定义 $\Delta\boldsymbol{v}$ 为 $\Delta\boldsymbol{w}$ 在这些特征向量上的投影：

$$\Delta\boldsymbol{v} = \begin{pmatrix} \boldsymbol{e}_1^{\mathrm{T}} \\ \vdots \\ \boldsymbol{e}_n^{\mathrm{T}} \end{pmatrix} \Delta\boldsymbol{w} \tag{4.11}$$

则有

$$f(\boldsymbol{w}^* + \Delta\boldsymbol{w}) \approx f(\boldsymbol{w}^*) + \frac{1}{2}\sum_{i=1}^{n}\lambda_i(\boldsymbol{e}_i^{\mathrm{T}}\Delta\boldsymbol{w})^2 = f(\boldsymbol{w}^*) + \frac{1}{2}\sum_{i=1}^{n}\lambda_i(\Delta\boldsymbol{v})_i^2 \tag{4.12}$$

上式意味着在驻点 $\boldsymbol{w}^*$ 处的任何微小变化 $\Delta\boldsymbol{w}$，可由 $\Delta\boldsymbol{w}$ 在 Hessian 矩阵各个特征向量上的投影长度的平方和得到。因此，可以根据特征值的符号来判断该驻点在不同特征向量方向上的极值属性：如果某一特征值为正，说明目标函数在相应的特征向量方向为极小值；如果某一特征值为负，说明目标函数在相应特征向量方向为极大值；如果特征值为零，说明目标函数在该方向没有显著变化。据此，依 Hessian 矩阵的特征值可以将驻点分为如下几类。

(1) 如果 Hessian 矩阵的特征值全部为正数，则 $\boldsymbol{w}^*$ 处周围所有点的函数值都大于 $f(\boldsymbol{w}^*)$，此驻点是一个局部极小点，如图 4-12(a)所示。

(2) 如果 Hessian 矩阵的特征值全部为负数，则 $\boldsymbol{w}^*$ 处周围所有点的函数值都小于 $f(\boldsymbol{w}^*)$，则此驻点是局部极大点，如图 4-12(b)所示。

(3) 如果 Hessian 矩阵的特征值中既有正数也有负数，则此驻点为严格马鞍点(Saddle Point)。此类马鞍点通常是一个最小—最大结构(Min-Max Structure)，即在某些方向上取最大值，而在另外一些方向上取最小值，如图 4-12(c)所示。

(4) 如果 Hessian 矩阵是奇异的，即特征值中包含 0 值，则该点称为退化点(Degenerate Point)。此类驻点不稳定，可能是极值点，也可能是马鞍点。图 4-13(a)所示的目标函数的 Hessian 矩阵在某些方向特征值为 0，在该特征值对应的特征向量方向形成曲率为零的驻点，而在另一些方向为局部极大或极小值点，形成"猴状马鞍点"。图 4-13(b)给出另一种退化点形成的目标函数，其中驻点是一系列相似的极小值点，形成类似瓶底外围的环状结构。

研究发现，在目标函数维度较高时(即参数量较大时)，马鞍点的数量会随着维度的增大而呈指数增长，因此马鞍点的数量比局部最小值会多很多。[507,141] 如此之

多的马鞍点对 DNN 的训练带来困难，因为马鞍点显然不是局部最优，但很多优化方法会陷入马鞍点中，导致优化难以继续。例如 SGD 方法，在进入马鞍点附近时训练速度会明显下降，因为在马鞍点附近各方向的梯度都会消失，SGD 很难从负特征值对应的特征向量方向跳出来。但是，一旦跳出来，目标函数值即可得到较大幅度的改善。这一学习过程如图 4-14 所示。一种可能避免马鞍点的"吸引力"的方法是在进入马鞍点附近时对参数更新过程加入轻微扰动，希望负特征值对应的特征向量方向产生更强的"引力"。然而，如何加入扰动本身就是一个问题，因为判断训练是否进入马鞍点附近需要较长时间的观察，如果在确定进入马鞍点附近再加入扰动，可能已经耗费了很多计算资源；如果每次更新都加入扰动，则有可能带来性能下降。

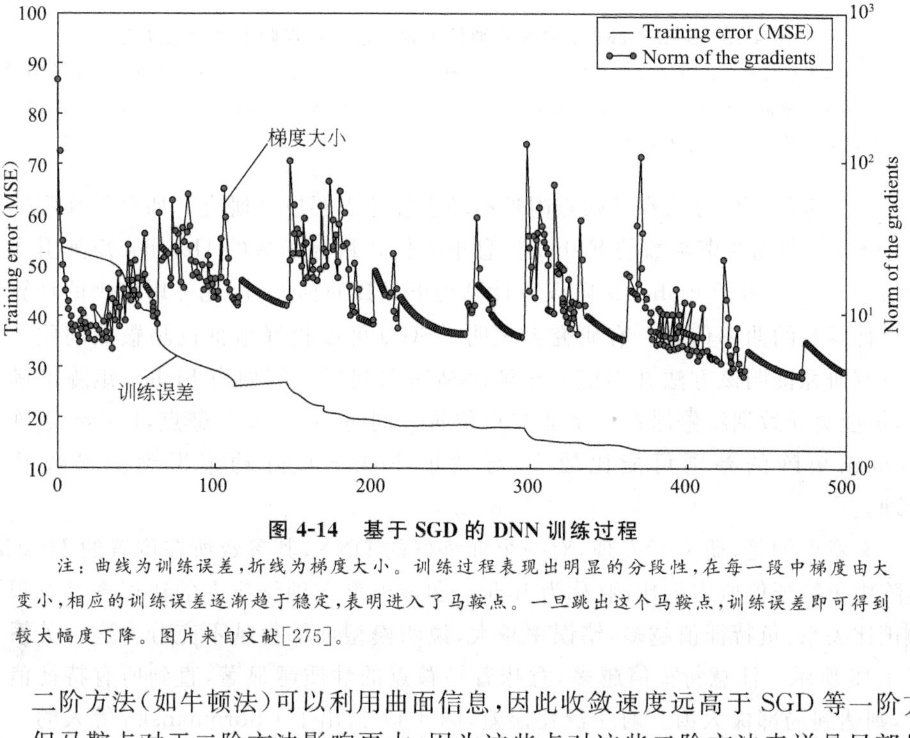

图 4-14　基于 SGD 的 DNN 训练过程

注：曲线为训练误差，折线为梯度大小。训练过程表现出明显的分段性，在每一段中梯度由大变小，相应的训练误差逐渐趋于稳定，表明进入了马鞍点。一旦跳出这个马鞍点，训练误差即可得到较大幅度下降。图片来自文献[275]。

二阶方法（如牛顿法）可以利用曲面信息，因此收敛速度远高于 SGD 等一阶方法。但马鞍点对于二阶方法影响更大，因为这些点对这些二阶方法来说是局部最优点，训练会在这些点上收敛。一些改进方法可以帮助二阶方法摆脱马鞍点的影响。一种简单方法是把 Hessian 矩阵的负特征值去掉，仅保留正的特征值。这种方法的缺点是不能利用负特征值对应的特征向量快速摆脱马鞍点。最近提出的 Saddle-Free Newton(SFN)方法是将负特征值用其绝对值代替。研究表明，这种看似经验性的解决方法可以通过信任域优化方法导出，因此具有严格的理论基础。[141] 图 4-15 给出 SGD、Newton 和 SFN 三种优化方法在马鞍点附近的表现。

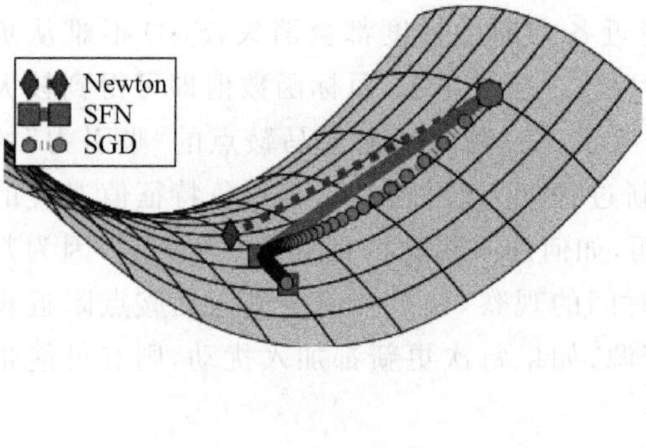

(a)

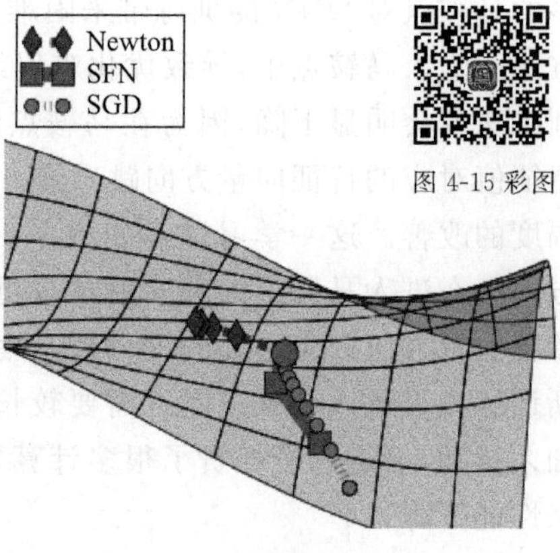

(b)

图 4-15 彩图

图 4-15 SGD、Newton、SFN 三种优化方法在马鞍点附近的动态属性

注：(a)严格马鞍点；(b)猴状马鞍点。可以看到，SGD 法可以逃离马鞍点，但在趋近马鞍点时参数更新显著变慢，导致逃离过程漫长；Newton 法在趋近马鞍点时有较好的趋近速度，但无法逃离马鞍点；SFN 法可有效逃离马鞍点。图片来自文献[141]。

一些近似二阶方法在马鞍点附近的动态性还需要更多研究。如自然梯度下降法(NSGD)利用约束函数的 Fisher 信息矩阵代替目标函数的 Hessian 矩阵引入二阶信息。[553,505] 由于 Fisher 矩阵仅需计算约束函数的梯度，因此可用较少的计算得到目标函数的曲率信息。有研究者表明 NSGD 可以较好地抵抗马鞍点问题[553]，但也有研究证明该方法并不能完全解决马鞍点问题。例如当 Fisher 矩阵不满秩时，可能会导致训练停滞在一个非驻点位置。同时，对一些马鞍点，Fisher 矩阵和 Hessian 矩阵的差别可能比较大，导致依 Fisher 矩阵约束得到的参数并不合理。[459]

有意思的是，研究者发现，对一个训练好的 DNN，其参数所在位置的 Hessian 矩阵中负特征值所占的比例(称为 Index)和该模型在训练集上的错误率具有很强的正比关系：负特征值越多，错误率越大，说明模型训练得越不充分。这一关系如图 4-16 所示。注意特征值越多，意味着马鞍点的性质越显著，直到所有特征值为负，则达到局部极大值。对于泛化误差，图 4-17 给出了 Choromanska 等人的一个实验结果[115]，其中横轴表示模型在局部最优时在测试集上的误差，纵轴表示实验中该误差出现的次数，因此该图给出的是误差的分布情况。由该图可见，模型越复杂(如图中的红色分布)，得到的模型越集中在较小的测试误差区间。这一结果表明，复杂的 DNN 模型只要训练合理，达到局部最优，即可得到高质量的模型；反之，如果模型较简单(如图中黄色分布)，则其局部最优点的测试误差值较为分散，表示模型进入局部最优时有可能得到较差的模型。这些结果表明，对于深度模型，局部最优并不是一个特别严重的问题，过训练也不会产生太大影响。真正的风险来自马鞍点导致的欠训练。只要我们能从马鞍点中摆脱出来，进入一个局部最优，就有较大概率得到质量较高、泛化能力较强的模型。[379,95]

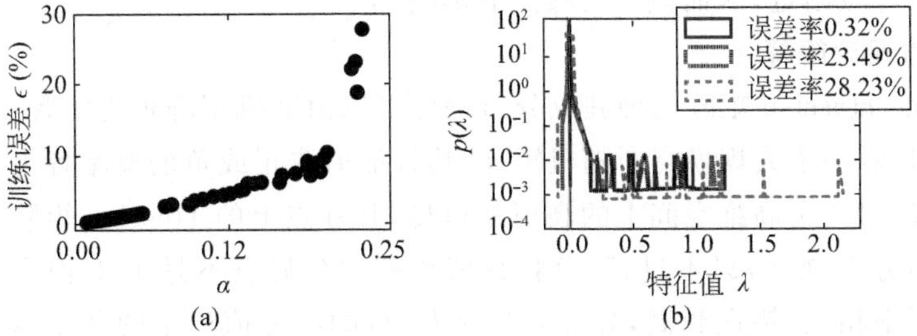

图 4-16 彩图

图 4-16 Hessian 矩阵的特征值与训练误差之间呈显著正向关系

注：(a)负特征值个数在 Hessian 矩阵所有特征值中所占比例 α 与训练误差的关系；(b)特征值的分布与训练误差的关系。该图选自文献[141]。实验采用 MNIST 手写体数字数据库。由图(a)可知，Hessian 矩阵中负特征值占的比例越大，马鞍点性质越强，训练误差越高，说明模型训练得越不充分。由图(b)可得到类似的结论：错误率越低的模型，Hessian 矩阵中负特征值的比例越小。

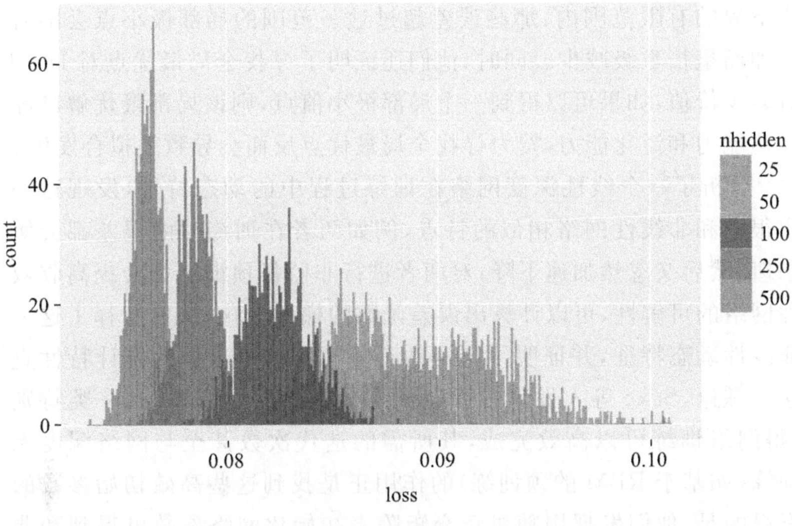

图 4-17 彩图

图 4-17 DNN 复杂度与测试误差的关系

注：每种颜色代表一个模型，横轴表示模型在进入一个局部最优时在测试集上的误差，纵轴表示得到该误差的次数。可见，越复杂的模型，其局部极值点的测试误差越低，也越集中，说明对复杂模型，局部极值点即具有较高的质量。因此，复杂模型训练的风险不在于局部最优，而在于是否可以达到局部最优。该图选自文献[115]。

早期的一些实验结果已经证明了上述结果。如 Li 等人[405]的实验即证明从不同的起始位置出发，DNN 学习到相似的特征，表明处在不同局部极值点的模型的质量是相似的。Dauphin 等人[140]用实验表明当 DNN 深度增加时，欠训练会显著影响 DNN 模型潜力的发挥，这事实上是因为 DNN 训练陷入了马鞍点。Erhan 对预训练作用的研究表明预训练起到某种正则化的作用,从而将 DNN 参数置于一个相对合理的初始位置。[170,171] 从本节分析可知,预训练的一个作用可能是将 DNN 参数置于一个局部最优点附近,从而减小马鞍点的影响。

6. 马鞍点现象的理论解释

DNN 目标函数的 Hessian 矩阵这种驻点分布特性可以由随机矩阵理论解释。Winger 定律[721]表明,对一个大规模高斯随机矩阵,其特征值取正或负的概率各为1/2,Bray 等人[84]发现对一个高维空间上的高斯随机场,其驻点上的 Hessian 矩阵的特征值具有相似的分布规律,只不过正、负特征值概率的分界点不是 1/2,而是与该驻点的训练错误率相关:错误越高,分界点越靠右,负的特征值产生的概率越大,成为马鞍点的可能性越大。从另一个角度看,当 DNN 参数增加时,其 Hessian 矩阵的所有特征值都取正数的可能性呈指数下降,这意味着局部极值点呈指数减少,绝大多数驻点为马鞍点。

Choromanska 等人[115]将 DNN 的误差函数和一种物理模型(Spin-Glass 模型)联系起来,证明了当网络增大时,其误差函数的极小值点的误差值都集中在一个以全局极小值点为下界的有限范围内,那些误差超过这一范围的局部极小点会随着网络节点数的增加而呈指数级减少。同时,他们还证明了寻找全局最优点对 DNN 训练来说并没有多少价值:如果可以得到一个局部极小值点,则该局部最优解已经具有足够好的表达能力和泛化能力,费力寻找全局最优点反而会导致过拟合发生。

Saxe 等人[577]分析了一个线性深度网络在训练过程中的动态特性,发现这一简单网络表现出很多和非线性网络相似的特点,例如两者在训练时的误差都会缓慢进入一个稳态值,然后又忽然加速下降;对两者进行非监督预训练都会提高收敛速度。基于线性网络的可解性,可以计算出误差函数的梯度变化,从而解释了这一训练过程中的非线性动态特征,并证明了这一动态特征和训练数据的统计特性直接相关。基于这一理论,Saxe 等人发现在固定训练数据之后,可以找到一类特别的初始参数,使得网络训练可以高效完成,其所需的迭代次数甚至与网络深度无关。非监督预训练(如基于 RBM 的预训练)的作用正是找到这些高效初始参数的一种方法。有意思的是,他们发现用随机正交矩阵来初始化网络参数可得到和非监督预训练类似的效果。虽然这些研究是基于线性网络的,但著者在实验中发现,这些结论在很大程度上可推广到非线性网络。

7. 小结

DNN 训练的困难究竟在哪里?依网络结构和训练算法不同,这一问题可能需要具体分析。总体来说,当前研究倾向于认为局部最优并不是主要困难,比较严重的问题可能是马鞍点,或者是马鞍点周围梯度较小的峡谷或平地,这些会显著降低 SGD 的训练效率,同时也使二阶方法的数值误差更严重。另一个比较严重的问题是目标函数全局信息的缺失,使得训练只能依靠局部知识。这意味着如果初始化参数不理想，可能永远无法取得较好的训练效果。从这个角度讲，基于非监督学习的预训练方法依然是训练高质量深度模型的重要手段。

4.2.3 DNN 训练技巧

在第 3 章我们已经介绍了神经网络训练的一些基本原则，包括：①对训练样本进行随机排序；②对输入特征正规化（如 Mean-Variance 正规化和 Min-Max 正规化）；③对特征向量降维或去相关性，如 PCA；④采用合理的策略控制学习率，提高训练稳定性；⑤采用合理的正则化策略，防止过拟合。这些方法都对 DNN 训练有指导意义。同时，DNN 模型又有自身的特殊性，需要设计相应的训练方法。

前面已经分析过，二阶优化方法虽然在理论上具有一定优势，但在实际中往往因计算复杂度、内存开销、Hessian 矩阵的估计误差等原因难以应用在大规模 DNN 训练上，因此，SGD 依然是当前深度学习中最流行的方法。同时，近几年的研究实践表明，与其寻找更有效的优化方法，不如寻找更合理的网络结构，使得基于 SGD 的优化更容易。这些网络结构包括尽量线性的激发函数（如 Rectifier[221] 或 Maxout[232]），跨层连接[625]或中间层监督学习。[643,386]另外，人们确实发现了一些简单的处理技巧，通过一些近似方法获得二阶信息，从而提高 SGD 的收敛速度，如 Adam 等。最后，人们发现了一些可以提高模型质量的训练方法，如**迁移学习**（Transfer Learning）、**共享学习**（Shared Learning）、**课程学习**（Curriculum Learning）等。本小节将重点介绍和 DNN 相关的训练方法。关于神经网络训练的更多细节，我们推荐 LeCun 的 *Efficient Backprop* 一文。[384]关于 DNN 训练，可参考 Bengio 组的早期文献[47]。

1. 参数初始化

参数初始化对 DNN 训练有重要意义。传统神经网络学习资料推荐高斯或均匀分布，在数值上不宜过大或过小。如果取值过大，容易引起数值的不稳定，并容易进入非线性函数的饱和区；如果取值过小，则容易增加数值误差，且不利于信息和梯度的传导。一般希望输入特征的方差可以在前向传递时得以保持。如果对特征进行了均值—方差（Mean-Variance）正规化，则所有输入特征的方差为 1。如果希望每一层的输出（经过非线性变换后）保持这一方差，则需要对网络参数的取值有一定约束。记第 k 层第 j 个节点在非线性函数之前的累计输入为

$$a_j^k = \sum_{i=1}^{n_{k-1}} h_i^{k-1} w_{ij} \tag{4.13}$$

其中，n_k 为第 k 层节点的个数。假设 h_i^{k-1} 方差为 1，则 a_j^k 的方差为

$$\sigma^2(a_j^k) = \sum_{i=1}^{n_{k-1}} w_{i,j}^2$$

假设 $w_{*,j}$ 来源于一个方差为 σ 的随机变量 w 的独立同分布采样，则有

$$\frac{1}{n_{k-1}}\sum_i w_{i,j}^2 \approx \sigma^2 \tag{4.14}$$

总结式(4.13)和式(4.14)，有

$$\sigma^2(a_j^k) \approx n_{k-1}\sigma^2$$

若要使 $\sigma^2(a_j^k)=1$，则需要

$$\sigma^2=\frac{1}{n_{k-1}} \tag{4.15}$$

上式说明如果第 $k-1$ 层激发值的方差为 1，且以方差为 $\frac{1}{n_{k-1}}$ 的随机变量来生成 $w_{i,j}$，则经过第 k 层线性映射后得到的 a_k^j 的方差将保持为 1。如果激发函数在零点附近具有近似线性，则该方差将传递到第 k 层的激发值 h_k^j。这说明如果每一层的参数都由方差为 $\frac{1}{n_{k-1}}$ 的随机变量生成，对于经过均值-方差正规化的输入特征，所有隐藏层的激发值的方差将近似为 1。

依上述原则，一种常用的参数初始化方法如下：

$$\boldsymbol{W}_{k,k+1} \sim U\left[-\sqrt{\frac{3}{n_k}},\sqrt{\frac{3}{n_k}}\right]$$

其中，$U[a,b]$ 为在 $[a,b]$ 间的平均分布，$\boldsymbol{W}_{k,k+1}$ 为连接第 k 层和 $k+1$ 层的映射矩阵，n_k 为第 k 层的节点数。

上述初始化方式仅考虑前向计算时激发值的方差，没有考虑后向 BP 时的梯度方差。事实上梯度传导和前向信息传导同样重要，因此网络初始化需要在这两者间权衡。Glorot 等人[220]研究了这一问题，提出一种新的参数初始化方式，形式化如下：

$$\boldsymbol{W}_{k,k+1} \sim U\left[-\frac{\sqrt{6}}{\sqrt{n_k+n_{k+1}}},\frac{\sqrt{6}}{\sqrt{n_k+n_{k+1}}}\right]$$

Glorot 等人的实验表明这种初始化方法与 Tanh 激发函数相配合可明显提高建模效果，甚至可以不依赖基于非监督学习的预训练过程。

如果网络每一层的节点数较大，则依上述初始化方法得到的网络权重在数值上通常非常小，容易带来梯度计算的困难。为了克服这一问题，Martens[432]提出稀疏初始化(Sparse Initialization)方法，只对某些权重值取非零值，且非零值较大。这一稀疏初始化方式有利于生成较特别的网络，但因为初始参数值较大，导致初始模型可能在不合理的参数空间，需较长时间的训练才能修正初始化带来的偏差。

随机正交矩阵是另一种初始化方法。这一方法的好处是可以保证每个节点尽可能学习不同的特征，避免浪费网络节点。Saxe 等人[577]研究了这一初始化方法在训练 DNN 时的效果，发现加入一个比例因子 g，基于正交矩阵的初始化方法可有效提高学习效率，甚至可以不需要非监督预训练。Sussillo 等人[635]的实验表明，

这一比例因子似乎比初始化矩阵的正交性更重要。如果设置合理，即使不进行正交化，也可以训练很复杂的网络。同时，他们发现 DNN 训练并没有遇到太多梯度消失或爆炸的问题，这一点和 RNN 训练有很大区别。一个可能的原因是 DNN 每一层矩阵相差较大，信息或梯度的传递具有随机性，因此出现梯度消失或爆炸的可能性较低。

上述这些初始化方法都有一定效果，在某些任务上表现良好。然而，在实际应用中，由于数据和模型的复杂性，这些初始化方法未必可以得到合理的初始模型。为验证初始模型的性能，可以观察初始几个 Mini-Batch 中前向计算和后向梯度回传是否合理，如激发值是否在合理区间，梯度是否过低等。这些信息可以帮助我们判断初始化效果，确定一个合理的初始模型。同时，可将随机矩阵的比例因子 g 作为一个超参数，用一个开发集来确定其最优值，往往比用复杂的初始化方法更有效。

最后，如果用预训练方法可以对模型进行初始化，那为什么还要研究其他初始化方法呢？一个原因是当模型较大、层数较深时(如 100 层)，预训练过程的计算开销较大。同时，人们发现预训练并不一定都能起到较好的效果，例如当模型每层的神经元数较小时，预训练不仅不能提高性能，还有可能导致性能下降。[171] 因此，简单实用的参数初始化方法依然非常重要。也许未来我们会利用更有效的模型来减小对参数初始化的依赖，就像我们通过设计模型结构来减小对优化方法的依赖一样。

2. 学习率调整

学习率的选择对 SGD 非常重要。如果学习率太小，则训练需要更多次迭代，降低收敛速度；如果学习率太高，又会容易造成震荡。以 Batch-GD 为例，图 4-18 给出一个对一维二阶函数优化时取不同学习率的情况。注意对二阶函数，最优学习率即为曲率的倒数，基于这一最优学习率可一步达到最优点。

一个简单的策略是在训练开始时设置较大的学习率，并在迭代过程中逐渐减小。例如，设初始值为 η_0，第 t 次迭代的学习率为 $\eta_t=\frac{\eta_0}{t}$，直到学习率下降到一个小值为止。另一种方法是根据学习效果对学习率进行调整。同样设置一个较大的初始学习率 η_0，每次迭代后，如果在开发集上没有效果提升时，将学习率减小(如减半)，直到学习率达到一个小值后视为收敛。

SGD 对学习率的敏感性源于训练过程无法利用二阶信息对不同参数选择不同的学习率。具体来说，单一学习率对不同参数的影响不同，对一些参数可能过大，对另一些参数可能过小，导致训练中出现震荡或更新缓慢。前面介绍过的二阶方法虽然可以设置和参数相关的学习率，但二阶信息估计不仅计算量大，而且可能带来估计误差。一种可行的办法是对每个参数独立估计二阶信息，这样可有效降

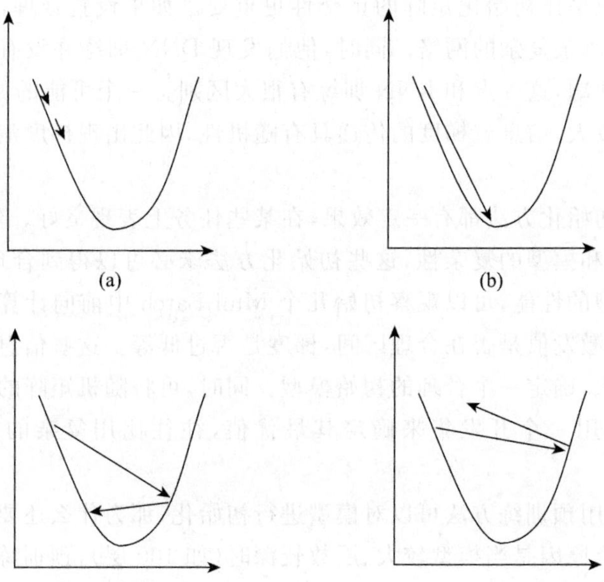

图 4-18 利用梯度下降算法对一维二阶函数进行优化,取不同学习率时对训练过程的影响

注:(a)当前习率较小时,模型优化速度较慢;(b)当学习率取得适当时,一步即可达到全局最优(注意函数是二阶的,因此存在全局最优);(c)当学习率较大时,会在全局最优位置附近振荡;(d)当学习率过大时,训练过程发散。

低计算量,并得到较鲁棒的估计。下面我们介绍几种常用方法。

(1) 利用动量

动量(Momentum)是一种实现简单二阶估计的方法[522],其基本思路是利用梯度在迭代过程中的惯性。可以考虑如下推理过程:一个运动物体具有一定动量,给定一个力 F,这一物体的速度将受固有动量和力 F 的共同影响。在 SGD 中,梯度 $\nabla L(\boldsymbol{w})$ 可视为某一外力 F,如果没有动量,$\boldsymbol{w}$ 应该沿这一外力方向改变,这是传统梯度下降法的基本假设;引入动量以后,$\boldsymbol{w}$ 的改变不仅受 $\nabla L(\boldsymbol{w})$ 的影响,还受原有速度的影响。假设运动物体的质量为单位值,在 $t-1$ 时刻的速度为 $\boldsymbol{v}^{t-1}$,加入力 $\nabla L(\boldsymbol{w})$ 后,其速度为

$$\boldsymbol{v}^t = \alpha \boldsymbol{v}^{t-1} - \eta \nabla_w L(\boldsymbol{w}^{t-1})$$

其中,η 为学习率,可以理解为作用力时间,α 为动量参数,可以理解为上一时刻速度 $\boldsymbol{v}^{t-1}$ 在本时刻的保持比例。依 $\boldsymbol{v}^t$ 对参数 $\boldsymbol{w}^{t-1}$ 进行更新,有

$$\boldsymbol{w}^t = \boldsymbol{w}^{t-1} + \boldsymbol{v}^t$$

动量方法可以为不同方向设置不同的学习率。想象一个非常狭窄的低谷,在垂直峡谷方向(记为 $\boldsymbol{r}_v$)曲率较高,而平行一侧(记为 $\boldsymbol{r}_p$)曲率较低。前面我们分析过,如果使用标准梯度下降方法,参数更新会在 $\boldsymbol{r}_v$ 方向振荡,在 $\boldsymbol{r}_p$ 方向缓慢更新,

影响收敛速度。引入动量以后，当 $\boldsymbol{r}_v$ 方向发生振荡时，$\boldsymbol{v}^{t-1}$ 和 $\nabla L(\boldsymbol{w}^{t-1})$ 在 $\boldsymbol{r}_v$ 方向的投影符号相反，因此 $\boldsymbol{v}^t$ 在 $\boldsymbol{r}_t$ 方向的大小受到限制，抑制过度振荡。对平行方向 $\boldsymbol{r}_p$，同样大小的速度不会产生振荡，因此 $\boldsymbol{v}^{t-1}$ 和 $\nabla L(\boldsymbol{w}^{t-1})$ 在 $\boldsymbol{r}_p$ 方向的投影符号相同，意味着 $\boldsymbol{v}^t$ 在 $\boldsymbol{r}_p$ 方向的值大于标准 SGD 的更新步伐。极端情况下，假设 $\boldsymbol{r}_p$ 方向曲率为零，则加入动量后在该方向的学习率将是原更新步骤的 $\frac{1}{1-\alpha}$ 倍，显著提高了在低曲率方向的训练效率。图 4-19 给出了加入动量后 SGD 优化路径的变化。

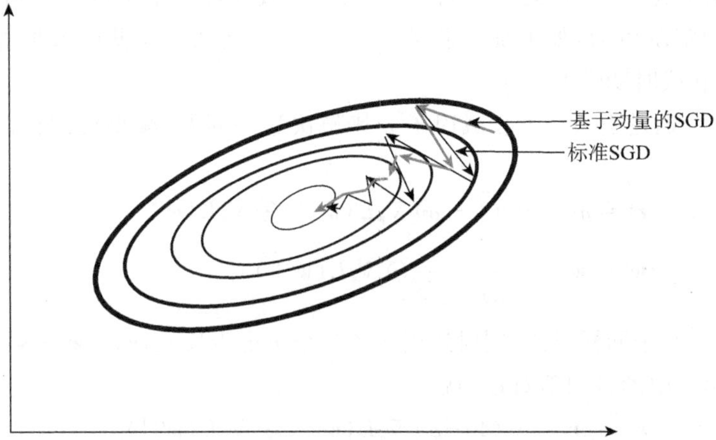

图 4-19 彩图

图 4-19　基于动量的 SGD（粗折线）与标准 SGD（细折线）的优化过程示意图

注：引入动量后，在曲率较大的方向振荡变小，在曲率较小方向优化速度加快，因而提高了训练的稳定性和收敛速度。

Nesterov 动量[477]和上述标准动量方法类似，只不过在计算 $\boldsymbol{v}^t$ 时计算依动量预测得到的 $\boldsymbol{w}^{t-1}+\alpha\boldsymbol{v}^{t-1}$ 点的梯度，而非当前点 $\boldsymbol{w}^{t-1}$ 的梯度，即

$$\boldsymbol{v}^t=\alpha\boldsymbol{v}^{t-1}-\eta\nabla_w L(\boldsymbol{w}^{t-1}+\alpha\boldsymbol{v}^{t-1})$$

Sutskever 等人[638]发现如果设计较好的随机初始参数，对动量参数 α 缓慢增加，则可实现 DNN 或 RNN 的有效训练。

(2) 学习率自适应

动量方法通过改变参数更新方向实现不同参数依曲率自动调整学习率。由于该方法利用了前后两次迭代间的梯度关系，事实上是隐性地引入了二阶信息。这一思路也可以用更简单的方式实现，如在 Delta-Bar-Delta 方法中，如果某个参数前后两次梯度符号相同，则提高其学习率；反之，则意味着该参数更新发生了振荡，应减小学习率。[452]

AdaGrad[163]实现了另一种学习率更新方法：对每一个参数，在迭代过程中累

积该参数梯度的二阶统计量，在更新时依该二阶统计量对学习率进行调整。更新公式如下：

$$\boldsymbol{r}^t=\boldsymbol{r}^{t-1}+\nabla_w L(\boldsymbol{w}^{t-1})\odot\nabla_w L(\boldsymbol{w}^{t-1})$$

$$\boldsymbol{w}^t=\boldsymbol{w}^{t-1}-\frac{\varepsilon}{\sqrt{\boldsymbol{r}^t}+\delta}\odot\nabla_w L(\boldsymbol{w}^{t-1})$$

其中，δ 是保证计算的小量，ε 是初始学习率，$\odot$ 为按位乘，开方运算($\sqrt{\boldsymbol{r}^t}$)和除法也是按位操算。注意随着迭代进行，AdaGrad 天然具有降低学习率的能力，但对不同参数的降低程度是不同的，对历史上梯度较大的方向降得更快。这一自动降低学习率的设计有时是合理的，但有可能下降过快，导致学习过早结束。特别是，当模型训练到较稳定阶段后，如果加入新数据，AdaGrad 无法对这些新数据有效学习，因此不适合在线时变学习。

RMSProp[274] 通过引入一个衰减因子 ρ 来解决这一问题，减小远期梯度对当前学习率的影响。

$$\boldsymbol{r}^t=\rho\boldsymbol{r}^{t-1}+(1-\rho)\nabla_w L(\boldsymbol{w}^{t-1})\odot\nabla_w L(\boldsymbol{w}^{t-1})$$

$$\boldsymbol{w}^t=\boldsymbol{w}^{t-1}-\frac{\varepsilon}{\sqrt{\boldsymbol{r}^t}+\delta}\odot\nabla_w L(\boldsymbol{w}^{t-1})$$

AdaDelta[752] 基于同样思路，同时还引入了一个历史步长（$\Delta\boldsymbol{w}_t=\boldsymbol{w}^t-\boldsymbol{w}^{t-1}$）的统计量来解决学习中的量纲不对称问题。

$$\boldsymbol{r}^t=\rho\boldsymbol{r}^{t-1}+(1-\rho)\nabla_w L(\boldsymbol{w}^{t-1})\odot\nabla_w L(\boldsymbol{w}^{t-1})$$

$$\Delta\boldsymbol{w}_t=-\frac{\sqrt{\boldsymbol{m}^{t-1}}}{\sqrt{\boldsymbol{r}^t}+\delta}\nabla_w L(\boldsymbol{w}^{t-1})$$

$$\boldsymbol{w}^t=\boldsymbol{w}^{t-1}+\Delta\boldsymbol{w}_t$$

$$\boldsymbol{m}^t=\rho\boldsymbol{m}^{t-1}+(1-\rho)(\Delta\boldsymbol{w}_t)^2$$

(3) 学习率自适应＋动量

基于二阶信息的学习率自适应方法可以和动量方法结合起来。例如，我们可以先用自适应方法调整每个参数的学习率，再考虑动量来进行参数更新。以 RMSProp 为例，结合动量的学习率自适应算法公式如下：

$$\boldsymbol{r}^t=\rho\boldsymbol{r}^{t-1}+(1-\rho)\nabla_w L(\boldsymbol{w}^{t-1})\odot\nabla_w L(\boldsymbol{w}^{t-1})$$

$$\boldsymbol{v}^t=\alpha\boldsymbol{v}^{t-1}-\frac{\varepsilon}{\sqrt{\boldsymbol{r}^t}+\delta}\nabla_w L(\boldsymbol{w}^{t-1})$$

$$\boldsymbol{w}^t=\boldsymbol{w}^{t-1}+\boldsymbol{v}^t$$

注意，上面第二个公式包含了 RMSProp 和动量两部分改进。

ADAM 基于相似思路[342]：每次更新累积梯度的一阶和二阶统计量，前者作用类似于动量，后者用来对学习率进行自适应。这一算法可形式化成如下步骤：

$$\boldsymbol{s}^t = \rho_1 \boldsymbol{s}^{t-1} + (1-\rho_1) \nabla_w L(\boldsymbol{w}^{t-1})$$

$$\boldsymbol{r}^t = \rho_2 \boldsymbol{r}^{t-1} + (1-\rho_2) \nabla_w L(\boldsymbol{w}^{t-1}) \odot \nabla_w L(\boldsymbol{w}^{t-1})$$

$$\boldsymbol{v}^t = -\frac{\varepsilon}{\sqrt{\boldsymbol{r}^t} + \delta} \boldsymbol{s}^t$$

$$\boldsymbol{w}^t = \boldsymbol{w}^{t-1} + \boldsymbol{v}^t$$

3. Batch Norm

Batch Norm(BN)是一种简单有效的 DNN 训练方法。[298] 这一方法源于 DNN 训练过程中的 Covariance Shift 现象。首先考虑一种模型训练时常遇到的数据失配现象：当训练数据和测试数据的分布规律不同时，一个在训练集上表现很好的模型可能在测试集上完全失效。在网络训练过程中，当网络的某一层参数更新后，其节点激发值的分布状态很可能发生改变。这种改变从该层后面的网络看来其实是输入数据发生了改变，导致先前训练的参数失效。因此，对后续网络而言，参数的调整不仅要使得网络输出对目标函数更加优化，还需要补偿因 Covariance Shift 带来的不匹配而引起的效率下降。为解决这一问题，可以对模型进行预训练以提高每层输入的分布不变性，或者减小学习率，防止每层输出数据变化过于剧烈。前者对某些问题可能不适用，后者会减慢训练速度。

我们设想可以通过一个标准化过程来解决这一问题，即对于每一个 Mini-Batch，将每个网络的每一层输入都标准化到一个均值为 0、方差为 1 的分布。通过这一标准化，每一层输出的分布情况保持稳定，从而提高后一层的学习效率。这一方法就是 Batch Norm(BN)。BN 的计算很简单：对任意一个需要标准化的层，记其输入为 $\boldsymbol{x}$，期望 $\mathbb{E}[\boldsymbol{x}]$和方差 $\mathrm{Var}[\boldsymbol{x}]$，则 BN 操作如下：

$$\hat{\boldsymbol{x}} = \frac{\boldsymbol{x} - \mathbb{E}[\boldsymbol{x}]}{\sqrt{\mathrm{Var}[\boldsymbol{x}]}} \tag{4.16}$$

通过这一标准化，可使得网络每层输入和输出都近似稳定到一个均值为 0 且方差为 1 的分布。注意，上述标准化并没有考虑输入节点间的相关性，因此是按每一维做的标准化；另外，这一标准化只考虑了一阶统计量和二阶统计量，因此并不是对分布的标准化。尽管如此，这一简单方法确实可以在一定程度上减小 Covariance Shift 的影响。这一方法让我们联想到神经网络训练中广泛应用的 Mean-Variance 特征正规化方法[384]，不同在于 BN 是对隐藏节点激发值的正规化。

上述 BN 方法的一个缺陷是在 BP 时将统计量 $\mathbb{E}[\boldsymbol{x}]$和 $\mathrm{Var}[\boldsymbol{x}]$当作常数，事实上这些统计量本身也是模型参数的函数，忽略这种相关性会降低参数更新的效率。为此，可在 BP 时考虑期望和方差对模型参数的依赖，在参数更新时考虑这种依赖关系。具体而言，设一个 Mini-Batch 的训练样本 $\boldsymbol{\beta} = \{\boldsymbol{x}_1, \cdots, \boldsymbol{x}_m\}$，统计其均值和方差如下：

$$\boldsymbol{\mu}_{\beta} = \frac{1}{m} \sum_{i=1}^{m} \boldsymbol{x}_i \tag{4.17}$$

$$\boldsymbol{\sigma}_{\beta}^{2}=D\left\{\frac{1}{m}\sum_{i=1}^{m}(\boldsymbol{x}_{i}-\boldsymbol{\mu}_{\beta})(\boldsymbol{x}_{i}-\boldsymbol{\mu}_{\beta})^{\mathrm{T}}\right\} \tag{4.18}$$

其中,$D(\boldsymbol{M})$为取矩阵 $\boldsymbol{M}$ 的对角元素组成的向量。标准化过程可表示为

$$\hat{\boldsymbol{x}}_{i}=\frac{\boldsymbol{x}_{i}-\boldsymbol{\mu}_{\beta}}{\sqrt{\boldsymbol{\sigma}_{\beta}^{2}+\boldsymbol{\varepsilon}}} \tag{4.19}$$

其中,$\boldsymbol{\varepsilon}$ 为一个防止产生奇异方差的随机小量。通过上述标准化,$\hat{\boldsymbol{x}}$ 归一化到一个均值为 $\mathbf{0}$,协方差矩阵为 $\boldsymbol{I}$ 的分布。由于上述标准化过程改变了输入的取值空间,有可能降低网络的表达能力。为此,可以在标准化操作后加入一个线性映射如下:

$$\boldsymbol{y}_{i}=\gamma\hat{\boldsymbol{x}}_{i}+\boldsymbol{\beta}$$

总结起来,一个 BN 操作可概括如下:

$$\mathrm{BN}_{\gamma,\beta}(\boldsymbol{x}_{i})=\gamma\frac{\boldsymbol{x}_{i}-\boldsymbol{\mu}_{\beta}}{\sqrt{\boldsymbol{\sigma}_{\beta}^{2}+\boldsymbol{\varepsilon}}}+\boldsymbol{\beta} \tag{4.20}$$

注意,上述线性映射并不能抵消标准化操作:前者是一个全局映射,后者是对一个 Mini-Batch 的局部操作,和当前 Mini-Batch 中的数据相关。

在训练过程中,对于一个 Mini-Batch,设目标函数 L 对 $\boldsymbol{y}_i$ 的梯度 $\frac{\partial L}{\partial \boldsymbol{y}_i}$ 已经由后续网络回传得到,则对 BN 操作的梯度传递过程如下。

- 线性回传至 $\hat{\boldsymbol{x}}_i$:

$$\frac{\partial L}{\partial \hat{\boldsymbol{x}}_{i}}=\frac{\partial L}{\partial \boldsymbol{y}_{i}}\cdot\gamma$$

- 回传至 $\boldsymbol{\mu}_{\beta}$:

$$\frac{\partial L}{\partial \boldsymbol{\mu}_{\beta}}=\left(\sum_{j=1}^{m}\frac{\partial L}{\partial \hat{\boldsymbol{x}}_{j}}\cdot\frac{-1}{\sqrt{\boldsymbol{\sigma}_{\beta}^{2}+\boldsymbol{\varepsilon}}}\right)+\frac{\partial L}{\partial \boldsymbol{\sigma}_{\beta}^{2}}\cdot\frac{\sum_{j=1}^{m}-2(\boldsymbol{x}_{j}-\boldsymbol{\mu}_{\beta})}{m}$$

- 回传至 $\boldsymbol{\sigma}_{\beta}$:

$$\frac{\partial L}{\partial \boldsymbol{\sigma}_{\beta}^{2}}=\sum_{j=1}^{m}\frac{\partial L}{\partial \hat{\boldsymbol{x}}_{j}}\cdot(\boldsymbol{x}_{j}-\boldsymbol{\mu}_{\beta})\cdot\left(-\frac{1}{2}\right)(\boldsymbol{\sigma}_{\beta}^{2}+\boldsymbol{\varepsilon})^{-\frac{3}{2}}$$

- 回传至 $\boldsymbol{x}_i$:

$$\frac{\partial L}{\partial \boldsymbol{x}_{i}}=\frac{\partial L}{\partial \hat{\boldsymbol{x}}_{i}}\cdot\frac{1}{\sqrt{\boldsymbol{\sigma}_{\beta}^{2}+\boldsymbol{\varepsilon}}}+\frac{\partial L}{\partial \boldsymbol{\sigma}_{\beta}^{2}}\cdot\frac{2(\boldsymbol{x}_{i}-\boldsymbol{\mu}_{\beta})}{m}+\frac{\partial L}{\partial \boldsymbol{\mu}_{\beta}}\cdot\frac{1}{m}$$

注意,在最后一个公式中,$\frac{\partial L}{\partial \boldsymbol{x}_i}$ 中不仅包括由 $\hat{\boldsymbol{x}}$ 传回来的梯度 $\frac{\partial L}{\partial \hat{\boldsymbol{x}}_i}$,还包括由 $\boldsymbol{\mu}_{\beta}$ 和 $\boldsymbol{\sigma}_{\beta}$ 传回的梯度 $\frac{\partial \mathrm{L}}{\partial \boldsymbol{\mu}_{\beta}}$ 和 $\frac{\partial L}{\partial \boldsymbol{\sigma}_{\beta}^{2}}$。这说明 BN 操作是可导的,可作为 DNN 中一个标准层参与网络设计。

4. Dropout

Dropout 是 DNN 训练中另一种简单有效的方法。[281] 所谓 Dropout，是指在训练过程中将某些隐藏节点的输出随机置零，使得其连接权重不会更新。如图 4-20 所示，图(a)表示一个全连接网络，图(b)表示随机去掉一些节点后的网络。虽然我们保留图 4-20(a)所示的整个网络结构，但在对某一个 Mini-Batch 训练时，依图 4-20(b)所示的网络结构进行 BP 和参数更新。注意上述 Dropout 方法对每个 Mini-Batch 独立进行，即每个 Mini-Batch 仅优化部分网络，不同 Mini-Batch 优化的部分网络是不同的，随机产生的。

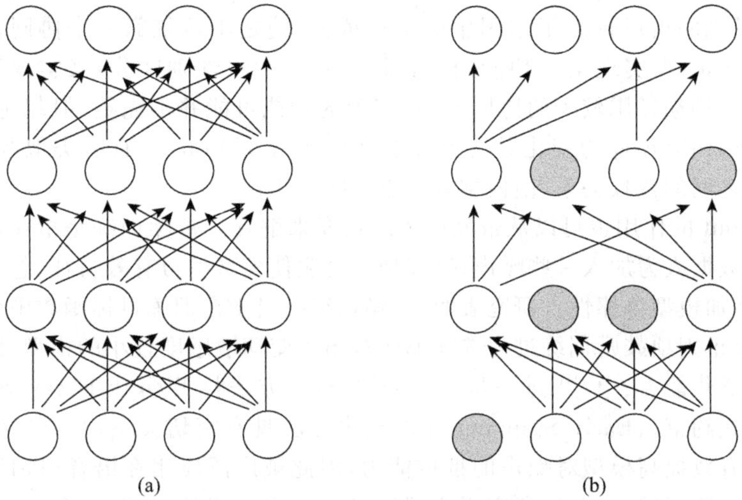

图 4-20 Dropout 方法示意图

注：(a)原始网络结构，(b)Dropout 后随机生成的部分网络，其中灰色节点表示被随机去掉的神经元。不同 Mini-Batch 随机出不同的部分网络。对于当前 Mini-Batch，梯度的计算和参数的更新仅基于当前随机出的部分网络。

Dropout 方法可使不同节点间的依赖性降低，学得相对独立的有效特征。具体来说，由于神经网络的复杂性，绝大部分网络节点通过与其他节点互相连接共同作用的方式进行模式学习。这一协同学习方式可以学习非常复杂的映射函数，但会带来各个节点和对应参数的互相依赖。引入 Dropout，每一个节点都有可能作为主要结构对样本进行学习，因此每一个节点都必须具有独立提取有效特征的能力。这将驱动每个节点学习主要特征，避免学习噪声或其他细节，提高模型的鲁棒性。同时，由于每一个节点都具有独立表征的能力，从而降低了某一节点失效带来的影响，进一步提高了模型的鲁棒性。

从另一个角度看，Dropout 可以认为是一种高效的群体决策方法。由于神经网络训练中的随机性，任何一个网络结构的预测结果都有可能发生偏差。为了提高预测精度和可信度，可以训练多个具有不同结构的网络，在预测时利用这些网络进行群体决策。这一群体决策通常比用单一网络要好很多。然而,训练这一群体网络(Ensemble Network)需要大量计算资源,很难实用化。Dropout 相当于一种特殊的群体网络训练方法,其中每个 Mini-Batch 训练一个子网络,所有子网络共享同一个父网络的基础结构和参数。训练结束以后,相当于得到了一个平均网络,该平均网络的性能类似于分别训练各个子网络,再依各个子网络进行群体决策的性能。因此,Dropout 既保留了群体决策的优点,同时也不会增大计算开销。值得说明的是,群体决策可有效提高系统的泛化能力,这也是 Dropout 方法可以提高模型鲁棒性的内在原因。

Hinton 指出 Dropout 的作用机理类似于性别在生物进化中的作用。在生物进化中,性别的出现打破了基因中的互相依赖,使之不再依靠一个协同基因(Co-adapted Gene)来实现某一功能,转而通过多种途径(性别区分)来实现类似的功能。因为每种途径用较少的协同基因,实现的功能可能并不完美,但却避免了"过度适应",因而对环境的变化具有更强的抵抗能力。Dropout 具有类似效果,通过打破节点之间的依赖关系,使模型具有更强的鲁棒性。

Dropout 的作用也可以从带噪训练的角度来解释。带噪训练是指在训练过程中对训练数据人为加入一些噪声,这些噪声会驱使模型学习有效特征,忽略次要因素,从而增加模型鲁棒性。研究表明,带噪训练相当于在训练目标函数中引入一个正则项,该正则项鼓励训练过程选择那些对输入变动敏感度较小的模型,因此可增加模型的泛化能力。[436,234]进一步研究表明,这一方法与 Weigth Decay(SGD 中加入二阶范式约束)、Early Stopping 等正规化方法具有密切关系。[556]研究表明,带噪训练可有效提高模型对噪声的抵抗能力,因此被广泛应用在语音识别等任务的建模中。[747]除了输入节点,研究者也研究了对神经网络的权重、梯度、输出节点等加入噪声带来的影响[15],Dropout 可以认为是对网络隐藏节点加入伯努利噪声的带噪训练,因此可提高模型的泛化能力。

在实际实现时,需要对每个 Mini-Batch 随机生成一个部分网络,生成方法如下:依一个以 p 为参数的伯努利分布进行独立采样,以决定每个节点是否被保留。部分网络生成后,基于当前 Mini-Batch 的数据对该网络中的参数进行梯度计算和参数更新。在测试时,不需对网络进行 Dropout,而是对每个节点的输出乘以参数 p,以模拟依参数 p 进行 Dropout 时该节点的期望输出。

和 Dropout 类似,Wan 等人提出了 Dropconnect 方法,在训练时将网络的权重随机置零。[705]实验表明这一 Dropconnect 方法具有类似 Dropout 的正则化作用,可以提高模型的泛化能力。

4.3 神经网络的正则化

DNN 网络是一种"黑箱"模型,原则上不需要人为定义的知识,只需提供一个足够自由的网络结构,基于足够的数据和足够的计算资源,即有望得到一个强大的模型。然而，这只是一种理想状态：一方面，数据和计算资源一般都是有限的，另一方面，目标函数的复杂性使DNN模型的训练极其困难。为了充分发挥DNN的潜力，我们需要在模型结构、目标函数、训练流程上引入一定约束条件，即正则化。正则化事实上引入了人们对问题本身及其解决方法的先验知识，这些知识可显著提高模型的适用性，降低训练难度。本节将讨论几种重要的正则化方法。

4.3.1 结构化网络与参数共享

网络结构设计是一种重要的正则化方法，也是人们利用既有知识，指导神经网络如何对任务进行建模的直接方式。层次结构即可以认为是一种简单的设计方案。层次结构使得网络变得简单清晰，不仅大大简化了梯度计算（即BP算法），也符合绝大多数实际任务中信息处理的层次性。然而，光有层次性还不够，我们通常需要引入更多结构化限制，利用任务的特殊性来提高建模质量和训练效率。

1. 卷积神经网络(CNN)

在图像识别中，我们知道图片中的物体特征具有局部性和空间不变性，因此神经网络的连接也应该具有局部性，且在不同位置的连接应该是共享的。引入这两点约束之后，即得到如图3-6所示的卷积层。继而，如果我们认为当输入图片发生少许位移时，输出的特征应具有不变性，则可以引入一个平滑操作，即得到如图3-6所示的降采样层。上述卷积层和降采样层即是第3章所述卷积神经网络(CNN)的基础结构。

2. 递归神经网络(RNN)

自然界中很多系统是时序的，即当前状态与历史状态相关。这种时序相关性可形式化为

$$\boldsymbol{y}(t)=f(\boldsymbol{x}(t),\boldsymbol{h}(t-1))$$

其中，$\boldsymbol{x}(t)$和$\boldsymbol{y}(t)$分别为t时刻系统的输入和输出，$\boldsymbol{h}(t-1)$是系统上一时刻的状态。注意该式中f的形式不随时间改变。这一时不变假设在很多实际序列中是合理的，比如语音信号的动态性和句子中词与词之间的依赖关系。时不变性意味着描述系统动态特性的参数在不同时刻可以共享，因而可以用一种递归结构来简单表示。这一网络结构即是我们在第3章讨论过的**递归神经网络**，或者更严格地说，是**时序递归神经网络**(Recurrent Neural Network，RNN)。

CNN和RNN都可以处理时序数据，都可通过参数共享引入结构化知识。但CNN是一种“局部学习”，只有邻近的输入才会对当前预测产生影响，而RNN是一种“全局学习”，理论上当前预测受到前面所有输入的影响，因而可以学习长时依赖关系。然而，实际情况是，传统RNN对历史输入遗忘得很快，很难学习长时信息。为提高对长时信息的学习能力，人们引入更加复杂的结构，如允许多种时间步长的

Clock-wise RNN[360]，基于门结构的 LSTM[283] 和 GRU[112]。所有这些结构都相当于在神经网络中引入更细致的知识，使模型与所要表征的时序过程更匹配。至于哪种结构更适合时序建模，是局部学习能力较强的 CNN？是可以学习长时信息，但忘得也较快的标准 RNN？还是可以记忆较长时间的 LSTM/GRM RNN？到目前为止研究界并没有一个一致的结论，但大家都认可的一个原则是，模型的性能与数据有很大关系，因此模型的选择也应该依实际数据情况而定。

除了时序递归关系，实际应用中还常遇到一种结构递归关系，如图 4-21 所示，左(右)侧子节点和父节点的连接具有相似结构，因此可共享同一参数。这种共享结构背后的假设是：不同逻辑层次上具有相似的局部结构。例如在句法分析中，词组和子句是分层组织的，不同层次的词组/子句与其组成成分之间可认为具有相似的局部关系(如并列关系、动宾关系等)。这种在不同层次间共享参数的网络结构通常称为**结构递归神经网络**(Recursive Neural Network，RNN)。①

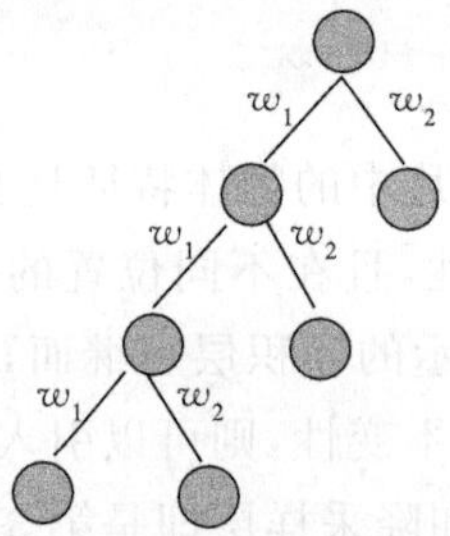

图 4-21　结构递归神经网络(RNN)

注：不同层次上的左侧子节点共享参数 w_1，不同层次上的右侧子节点共享参数 w_2。

3. 神经自回归分布估计(NADE)

神经自回归分布估计(Neural Autoregressive Distribution Estimator，NADE)[376]是另一种典型的结构化网络。在这一模型中，我们的目标是估计一个二值观察矢量 $\boldsymbol{v}$ 的概率。NADE 对 $p(\boldsymbol{v})$ 做如下因子分解：

$$p(\boldsymbol{v})=\prod_i p(v_i \mid \boldsymbol{v}_{<i})$$

其中，$\boldsymbol{v}_{<i}$ 表示在顺序上小于 i 的变量。参考 RBM 的 Mean-Field 近似形式[376]，$p(v_i|\boldsymbol{v}_{<i})$可计算如下：

$$p(v_i=1 \mid \boldsymbol{v}_{<i})=\sigma(b_i+\boldsymbol{W}_{\cdot,i}^{\mathrm{T}}\boldsymbol{h}_i)$$

其中，$\boldsymbol{W}_{\cdot,i}$ 为参数矩阵 $\boldsymbol{W}$ 的第 i 列，b_i 为偏置量。隐变量 $\boldsymbol{h}_i$ 定义如下：

$$\boldsymbol{h}_i=\sigma(\boldsymbol{c}+\boldsymbol{W}_{\cdot,<i}\boldsymbol{v}_{<i})$$

① 有些中文文献将时序递归神经网络称为循环神经网络，而递归神经网络则特指结构递归神经网络。本书中依 Wikipedia 的定义，将这两类网络统称递归神经网络。

其中，$\boldsymbol{W}_{.,<i}$ 为 $\boldsymbol{W}$ 的前 $i-1$ 列。上式对应如图 4-22 所示的神经网络，其中输入为 $\boldsymbol{v}$，输出为每个 v_i 取 1 的概率。注意，图中同一颜色的连接权重是共享的。① 基于上述参数共享结构，$\boldsymbol{h}_i$ 的计算可利用下式递归完成：

$$\boldsymbol{W}_{.,<i}\boldsymbol{v}_{<i}=\boldsymbol{W}_{.,<(i-1)}\boldsymbol{v}_{<(i-1)}+W_{.,i-1}v_{i-1}$$

因此计算复杂度仅有 $O(H)$，其中 H 为隐藏节点数，总体计算复杂度为 $O(HD)$，D 为观察矢量 $\boldsymbol{v}$ 的长度。

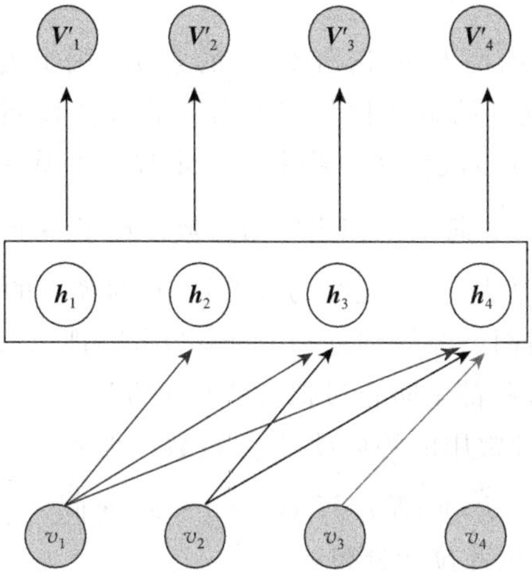

图 4-22 彩图

图 4-22　NADE 结构

注：对节点 v_i 的概率估计基于所有前趋节点 $\boldsymbol{v}_{<i}$，与 v_i 相关的参数 $W_{.,i}$ 对所有后来节点的概率估计中共享。图中由 v_i 到 h_i 的连接中，相同颜色和线型的连接共享参数。

4. 其他结构化网络

随着研究的深入，人们设计了各种网络结构，比较典型的如引入跨层连接以提高学习效率的 Residual Net[265] 或 Highway Net[625]，在图像分割中表现优异的 Full Convolution Net[598]，在图像分类任务中可有效学习局部特征的 Inception Net[643] 等。这些新结构都以特定任务上的先验知识为基础，一定程度上降低了 DNN 黑箱学习带来的困难和风险，有效提高了模型的精度和泛化能力。如何依实际任务设计合理的网络结构，是当前深度学习研究者关注的重点之一。

4.3.2　范式约束与稀疏网络

在目标函数中引入约束项（正则项）是防止模型过拟合的常见做法。从贝叶斯角度看，引入这些约束项相当于引入先验知识，通常可减少 DNN 学习的盲目性。加入约束的目标函数可形式化如下：

① 事实上，上式参考 RBM 的 Mean-Field 近似得到。依此形式，隐藏层的输入和输出权重共享权重矩阵 $\boldsymbol{W}$。这一共享约束在实际中可不予考虑，单独训练输出矩阵 $\boldsymbol{V}$ 来代替 $\boldsymbol{W}$。

$$\widetilde{L}(\boldsymbol{w};\boldsymbol{X})=L(\boldsymbol{w};\boldsymbol{X})+\alpha\Omega(\boldsymbol{w},\boldsymbol{H}) \tag{4.21}$$

其中，$L(\boldsymbol{w};\boldsymbol{X})$是以 $\boldsymbol{w}$ 为参数，$\boldsymbol{X}$ 为训练数据的目标函数，$\Omega(\boldsymbol{w},\boldsymbol{H})$是以 $\boldsymbol{w}$ 和 $\boldsymbol{H}$ 为参数的约束项，其中 $\boldsymbol{H}$ 表示训练集 $\boldsymbol{X}$ 在 DNN 各层(包括输出层)产生的激励。α 是超参数，用来调节约束的强度。

DNN 最常用的一种约束项是 l_2 范数。加入 l_2 约束的目标函数如下：

$$\widetilde{L}(\boldsymbol{w};X)=L(\boldsymbol{w};X)+\frac{\alpha}{2}\boldsymbol{w}^{\mathrm{T}}\boldsymbol{w}$$

这一约束使得网络训练时尽量选择较小的参数，因此也通常被称为 Weight Decay。[365,593]直观上，这一约束使模型参数分布在零点附近。由于网络的输入和输出通常被归一化到零点附近，这一约束在一定程度上减小了训练过程中的数值困难。从贝叶斯角度看，二阶约束相当于为参数设计了一个均值 0，方差为$\frac{1}{\alpha}$的高斯先验分布。显然，α 越大，这一先验的方差越小，对模型的限制越强(更多参数集中在零附近)。最后，前面已经提到过，l_2 约束与带噪训练，Early Stopping 等方法具有密切关系[556]，而这些都是防止过拟合的常用方法。

DNN 训练中另一种常用的约束项是 l_1 范数。加入 l_1 约束的目标函数表示为

$$\widetilde{L}(\boldsymbol{w};X)=L(\boldsymbol{w};X)+\alpha\|\boldsymbol{w}\|_1$$

注意，l_1 约束对应拉普拉斯分布：

$$p(x)=\frac{1}{2b}\exp\left(-\frac{|x|}{b}\right)$$

其中，b 为控制分布方差的参数，与约束强度 α 直接相关。与 l_2 约束类似，l_1 约束将模型参数约束在零值附近。不同的是，l_1 约束倾向于拉开不同参数之间的距离，让某些参数首先接近零值。Bishop 用图 4-23 解释了这两种约束的不同特性。[67]设模型参数为(w_1,w_2)，图中蓝色虚线表示原始目标函数 $L(\boldsymbol{w};\boldsymbol{X})$的等值线。依 Lagrange 乘子法，如下带约束的无限制优化问题：

$$\underset{\boldsymbol{w}}{\operatorname{argmin}}\, L(\boldsymbol{w};\boldsymbol{X})+\alpha\Omega(\boldsymbol{w},\boldsymbol{H})$$

可以等价于一个条件优化问题：

$$\underset{\boldsymbol{w}}{\operatorname{argmin}}\, L(\boldsymbol{w};\boldsymbol{X}) \quad \text{s.t.}\ \Omega(\boldsymbol{w},\boldsymbol{H})\leqslant\gamma$$

其中，γ 是和 α 相关的参数。上述带约束的优化问题等价于图 4-23 中寻找满足边界约束(红线)且离 $\boldsymbol{w}^*$ 最近的点。可见，加入 l_1 约束后，最优解中的一些参数被置零。参数被置零意味着 DNN 中相应的连接被剪裁，从而得到一个稀疏网络。研究表明，稀疏模型可以学习数据中的主要特征，提高模型的范化能力。例如，基于 l_1 的线性回归[668]、主成分分析(PCA)[779]、线性区分性分析(LDA)[121]等稀疏模型已经得到深入研究，在图像处理、语音信号处理领域有广泛应用。[425,217,492,707]

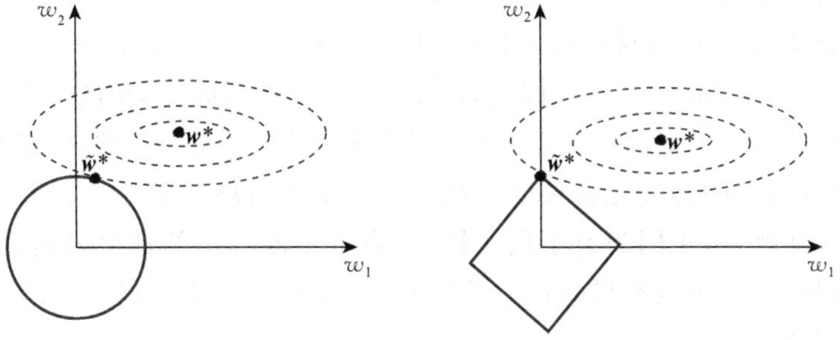

(a)　　　　　　(b)

图 4-23 彩图

图 4-23　不同范式约束对参数优化的影响

注：蓝色虚线为原始目标函数 $L(w_1, w_2)$ 的等值线，$\boldsymbol{w}^*$ 为基于这一目标函数的最优解。红色实线为(a) l_2 约束和(b) l_1 约束的边界(即只有该边界线内部的解才有效)。加入约束后的目标函数最优解为 $\tilde{\boldsymbol{w}}^*$。从两幅图可以看到，加入 l_1 约束后的最优解在 w_1 上取值为零，而加入 l_2 约束则无此特性，说明 l_1 约束可导致稀疏解。

另一种稀疏网络是对激发值进行稀疏控制的网络，即稀疏输出网络。该输出有可能是某个隐藏层的激发值，也可能是输出层的激发值。这一稀疏输出与传统的稀疏编码(Sparse Coding)有直接关联。Sparse Coding 具有深刻的神经学基础，是人类大脑中的信息表达方式和传递方式。[33,189,494] 大量研究表明，稀疏编码在特征提取、噪声鲁棒性等方面具有天然优势。[24,25,167,772]

传统稀疏编码基于一种线性模型。设观察值 $\boldsymbol{X}$ 可分解成基矩阵 $\boldsymbol{W}$ 和激发矩阵 $\boldsymbol{H}$ 的乘积，对 $\boldsymbol{H}$ 加入 l_0 或 l_1 约束，即得到稀疏编码 $\boldsymbol{H}$。以 l_1 约束为例，稀疏编码任务可用下式表示：

$$\underset{\boldsymbol{H}}{\operatorname{argmin}} \ \|\boldsymbol{X}-\boldsymbol{W}\boldsymbol{H}\| \quad \text{s.t.} \ \|\boldsymbol{H}\|_1 < \alpha$$

其中，α 为控制稀疏度的参数。注意该模型具有两个特点：一是 $\boldsymbol{X}$ 对 $\boldsymbol{W}$ 和 $\boldsymbol{H}$ 的双线性，二是不存在一个对 $\boldsymbol{H}$ 的编码器，编码过程实际上是一个优化过程。

与线性稀疏编码类似，我们可以对 DNN 神经元的激发值加入 l_0 或 l_1 约束，从而得到倾向于生成稀疏编码的网络。以 l_1 约束为例，经过约束的目标函数如下：

$$\widetilde{L}(\boldsymbol{w};\boldsymbol{X}) = L(\boldsymbol{w};\boldsymbol{X}) + \alpha \|\hat{\boldsymbol{H}}\|_1 \quad \text{s.t.} \ \hat{\boldsymbol{H}} \subseteq \boldsymbol{H}$$

注意，上述对 $\boldsymbol{H}$ 的约束仅在训练时起作用，目的是鼓励网络生成稀疏的激励。模型训练完成后即得到一个稀疏编码器。这一稀疏编码网络可以避免 Sparse Coding 中基于优化过程进行编码的计算消耗，但由于在编码过程中不考虑稀疏约束，不能保证生成的编码是稀疏的。Olshausen 等人在 1997 年就利用这一模型来对动物视网膜细胞的应激反应建模[494]，还有一些研究者将 l_1 和 l_2 结合起来，得到分组稀疏约束。[421,399] 在 DNN 中引入类似约束以得到稀疏激励的方法也被用在 AE[549]、RBM[387,375,421]、DSN[399] 等模型中。

除了上述基于约束的方法外，DNN 还可基于其他方法生成稀疏编码。例如，很多激发函数本身就具有稀疏性，如 ReLU[221]、Sparsitying Logistic[525]、Winner-Take-All[426]、SparseMax[435]等。同时，Li 等人[400]发现预训练会增加 DNN 隐藏节点激发值的稀疏性。最后，DNN 是一个层次结构，对一个特定的输入，越到高层特征越抽象，受到激发的神经元越稀疏。从这一点上看，DNN 的层次性和稀疏性可能具有某种天然联系，正因为有了层次性，才有了不同程度的抽象表达，而越到抽象层，其表达越具体，越具有稀疏性。关于 DNN 稀疏性的更多讨论，可参阅 Wang 等人的综述文章。[709]

4.3.3 加噪训练与数据增强

前面提到过，在原始训练数据中加入随机噪声可使神经网络学习到更有价值的典型模式[436]，从而提高 DNN 模型的泛化能力。研究表明，加入少量的高斯噪声相当于在目标函数中加入一个正则项，鼓励模型优化时选择对数据变动不敏感的解。[234]实验结果表明，即使加入的噪声不是高斯的，也可以增加模型的泛化能力。[587,747]类似的思路也用在加噪自编码器(DAE)模型中。[695,8,55]通过在 AE 的输入端加入噪声并在输出端进行恢复，DAE 可以学习到数据中的不变特征，从而对原始数据进行还原。这一模型被广泛应用于数据去噪中。例如，Zhao 等人[773]利用 DAE 对语音中混杂的音乐模式进行学习，基于此去除语音中的音乐干扰，从而可有效提高语音识别系统在音乐背景下的性能。Ueda 等人[681]利用 DAE 对回声进行学习，提高了语音识别系统对远端声音的识别性能。

加噪训练是一种对数据进行扩增的简单方法。在很多应用中，我们只能采集到一些典型数据，如安静环境下的录音，正常光照下的图片等。基于这些数据训练出的模型对实际场景缺乏泛化能力。通过混入特定噪声，可以合成各种场景下的数据，从而增加训练数据的规模和覆盖度，增强模型在实际场景中的泛化能力。这一方法被广泛应用在各种实际系统训练中，如在百度的 DeepSpeech 系统中，通过加入随机噪声有效提高了语音识别系统在实用环境下的鲁棒性。[255,14]在图像识别中，可以随机加入一些尺度变换、旋转变换、颜色变换，以增强系统在复杂场景下的抗干扰能力。[364]

除了在输入端加入噪声，也可以在 DNN 的连接权重、隐藏节点激发值、输出值等处加入噪声。[15]前面提到过的 Dropout 方法[281]和 Dropconnect 方法[705]即可视为在隐藏节点和连接权重上加入二值噪声的方法。这些加噪训练方法都在一定程度上提高了模型泛化能力。

4.3.4 联合训练

联合训练(Joint Training)是另一种隐性的正则化方法。所谓联合训练，是指在训练中不仅关注目标任务，同时也关注相关任务，从而避免在目标任务上过度训练引起的过拟合。

一种联合训练方法是将有监督学习和无监督学习结合起来，学习目标任务（如分类任务）的同时，通过一个 AE 对原始输入进行重构，如图 4-24 所示。这一学习方式的优点在于可以利用大量无标注数据来学习有效特征。如果某些特征可以有效恢复原始数据，则可认为该特征具有较强的代表性，因而很可能对目标任务有所帮助。

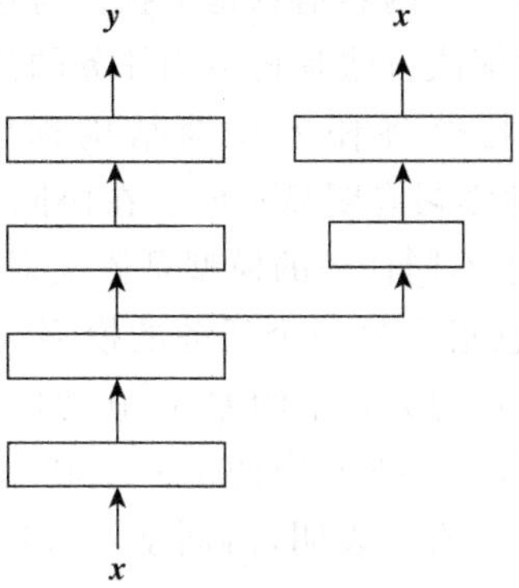

图 4-24　利用无监督学习的 DNN 联合训练

注：模型左侧是监督学习任务 $f:\boldsymbol{x}\rightarrow\boldsymbol{y}$，右侧是无监督学习任务 $g:\boldsymbol{x}\rightarrow\boldsymbol{x}$。引入无监督学习任务将帮助监督学习任务提取更有效的特征。

另一种联合训练方法是**特征共享学习**。如果若干任务具有相似的前端处理过程，则这些前端处理模块可以共享，如图 4-25 所示。例如在多语言语音识别任务中，虽然不同语言具有差异性，但人类发音方式是共通的，其底层信号处理部分可

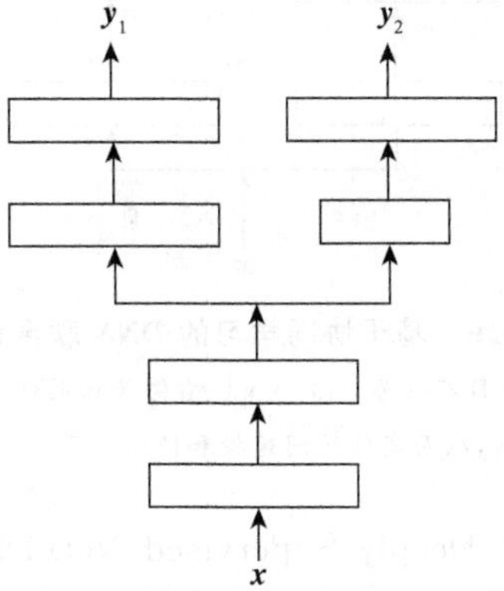

图 4-25　基于 DNN 的多任务联合学习

注：模型左侧是目标任务 $f:\boldsymbol{x}\rightarrow\boldsymbol{y}_1$，右侧是辅助任务 $g:\boldsymbol{x}\rightarrow\boldsymbol{y}_2$。这两者都是监督学习，辅助任务将帮助目标任务学习更好的特征。

以共享。以图 4-25 为例，y_1 和 y_2 表示在两种语言上的识别任务，其底层信号处理部分通过共用同一个底层网络实现特征共享。[291] 类似的方法也用在图像处理[771,769] 和自然语言理解任务[125] 中。

特征共享学习可以使不同任务共享部分学习结构，提高参数的统计有效性。但是，这种特征共享对某些"互斥"任务并不适合。所谓互斥任务，是指基于不同特征的两个任务。如语音识别和说话人识别：前者需要说话内容信息，说话人信息是干扰；后者需要说话人信息，说话内容信息是干扰。对这样的互斥任务不能基于特征共享进行联合训练。一种解决方法是将不同任务的信息通过递归连接反馈给对方，如图 4-26 所示。我们将这种任务反馈结构称为**协同学习**（Collaborative Learning）。协同学习和**条件学习**有明显不同。在协同学习中，多个任务的模型是同时训练的，而在条件学习中不同任务的模型是依次训练的，前一任务的模型练完毕后，将其输出作为辅助信息指导另一个任务的模型训练。协同学习与条件学习的另一个不同是任务间信息传递方式上的差异：在协同学习中，一个任务对另一个任务提供的知识是延迟的（类似 RNN 中的上一个状态的信息），而条件学习中辅助任务提供的信息是及时的。研究表明，协同学习方法在语音信号的多任务处理中可取得一致性的性能提高。[404,653]

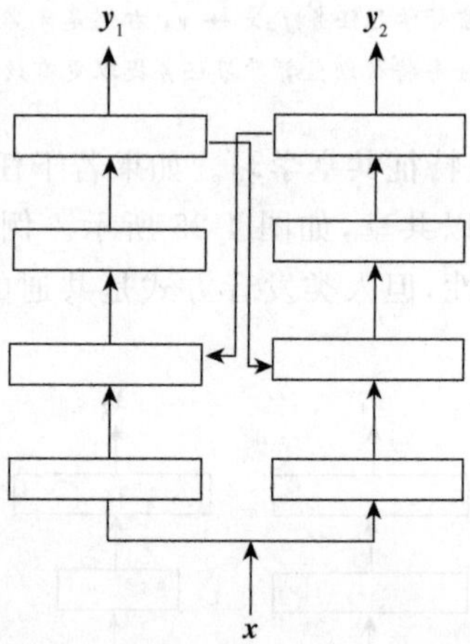

图 4-26　基于协同学习的 DNN 联合训练

注：模型左侧是目标任务 $f: x \to y_1$，右侧是辅助任务 $g: x \to y_2$。这两个任务互相交换信息，从而实现协同建模和协同学习。

另一种联合学习结构是 Deeply Supervised Net（DSN）。在这一结构中，对各个隐藏层设计独立的辅助任务（可以与目标任务相同，也可不同）[386]，学习时考虑对所有任务进行优化。这样可以保证训练过程中对每一层网络都有明确的学习目标，防止仅由输出层进行误差传导带来的训练困难。图 4-27 给出一个 DSN 的例子，其中每一个隐藏层对应一个SVM分类器，这些分类器作为辅助任务对学习过程进行约束和指导。

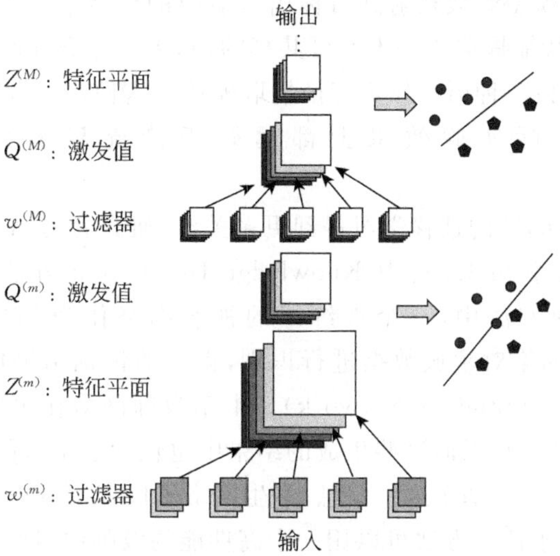

图 4-27 Deeply Supervised Net(DSN)

注：为DNN的每一个隐藏层设计一个独立的SVM分类器，训练时基于所有SVM分类器产生的误差对DNN参数进行调整。图片来自文献[386]。

4.3.5 知识迁移

迁移学习(Transfer Learning)是指将一个任务上学到的知识迁移到其他任务上。迁移学习是人类学习的基本方式之一，通常会从其他领域、其他任务中获得知识，通过合理的再加工，即可应用到新的任务中。这一学习方式对机器学习同样具有重要意义，因为领域数据通常很难获取，如果我们能借用其他任务中的知识，则可显著提高学习的效率。这些固有知识类似于范式约束中的先验概率，只不过形式更灵活，更有指导价值。

传统迁移学习方法[500,657,46,420]需要设计特定的知识结构对领域知识进行积累，再设计特别的迁移规则进行知识迁移。例如各种模型自适应(Model Adaptation)方法即采用这种方式。不论是基于半监督学习的自适应[776]还是有监督的模型再训练(如MAP[203]或MLLR[391])，模型自适应方法都是将原有模型中的知识经过再加工后复用到新领域中。各种自学习(Self Taught)[545]方法基于同样的思路，只不过其知识由无监督学习得到，例如从大量数据中学习得到的Sparse Coding的基矩阵。

基于深度学习，这种知识迁移变得更为简单：不再需要设计特别的知识结构和迁移规则，这些知识和规则都包含在DNN的多层网络中，而这一网络对于相关任务是天然共享的。[247,46,483,222,497,762] 一个典型的例子是语音识别中的多语言声学建模。传统方法一般用源语言训练一个 HMM-GMM 模型，再利用语言间的音素映射关系将训练好的模型参数映射到目标语言对应的模型中。[583,702] 基于深度学习，人们发现 DNN 的特征提取层是天然可共享的，基于一种语言训练好的 DNN，其前几层可以直接用于另一种语言作为特征提取模块。这种基于特征提取的共享不论是直观上还是实际实验效果上都远好于传统基于音素映射的共享方法。[291,267,216,694,666]

近年来，基于 DNN 的迁移学习得到更多关注，研究者提出了各种框架和方法在不同 DNN 间共享知识，其中 Knowledge Distillation 方法具有很强的代表性。[282,708,650] 在这种方法中，一个训练好的神经网络作为"教师网络"(Teacher Network)，利用该网络对领域数据进行识别，得到的识别结果作为学习目标来训练另一个"学生网络"(Student Network)。由于教师网络在生成识别结果时已经应用了本身积累的知识，因而这些生成的结果中也包含了丰富的信息，这些信息被称为 Dark Knowledge。基于这一信息，学生网络不仅训练得更容易，也更加精确。Hinton[282] 发现，基于这一方法可以用一个高性能的教师网络监督训练一个较小的学生网络，可显著提高小网络的性能。Tang 等人[650] 发现，这一方法不仅可以用一个较强的教师网络去训练较弱的学生网络，也可以用较弱的教师网络帮助训练更强的学生网络。后续一些研究工作表明，这一方法具有很强的灵活性，可用各种结构实现。[416,564,106] 图 4-28 和图 4-29 给出两种典型的 Dark Knowledge 迁移学习方法：FitNet 和 Net2Net。两种方法的解释见每幅图对应的说明文字。关于迁移学习的更多内容，特别是在语音处理和文本处理上的应用，可参考 Wang 和 Zheng 的综述文章。[706]

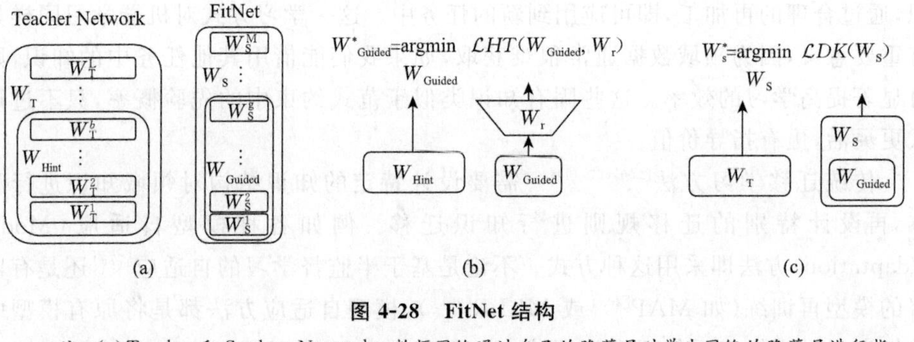

图 4-28　FitNet 结构

注：(a) Teacher 和 Student Networks，教师网络通过自己的隐藏层对学生网络的隐藏层进行指导；(b) Hints Training，如果二者隐藏层的维度不等，需要在学生网络的相应隐藏层上加入一个线性变换来学习教师网络的输出；(c) Knowledge Distillation 方法，隐藏层学习完成后，整个网络利用 Knowledge Distillation 方法进行学习。图片来自文献[564]。

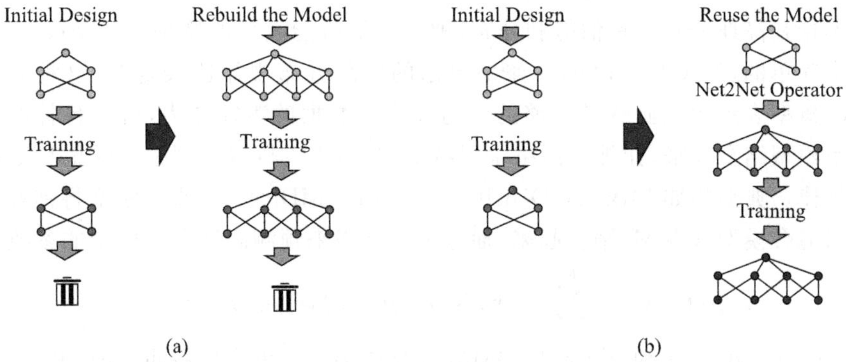

图 4-29 Net2Net 结构

注：(a) Traditional Workflow，传统方法对不同网络重新初始化，重新学习；(b) Net2Net Workflow，Net2Net 复用教师网络的参数对学生网络进行初始化。如果网络大小发生变化，则对参数进行随机复制。图片来自文献[106]。

4.4 生成模型下的深度学习

当前深度学习多基于确定性网络，即网络中各个神经元的激发值是由输入和参数决定的，缺少随机性。这种确定性网络适合分类、回归等可描述为映射函数的任务，但不擅长描述复杂的概率关系，因此对生成问题能力有限。相对应的，概率模型，特别是贝叶斯模型，对变量之间的概率关系直接建模，因而是天然的生成模型。将神经网络和贝叶斯模型结合起来，使得神经网络具有更强的概率意义，不仅可以提高在生成任务上的能力，还可以提高模型本身的泛化能力。

4.4.1 神经网络的简单概率表达

虽然面向预测任务的神经网络缺少显式的概率表示，但并不意味着神经模型没有概率成分。下面我们回顾下神经网络中几种固有的概率表达方法。

1. 神经网络输出的概率意义

在第 2 章中，我们知道基于不同的误差函数，线性模型隐含了对目标变量概率形式的不同假设。如平方误差函数事实上假设了目标变量是以预测值为期望的高斯分布，交叉熵函数假设了目标变量是以预测值为期望的伯努利分布。如果我们将深度神经网络的前 $N-1$ 层看作是映射层，最后一层看作是模型层，可知上面的结论同样适用。不同的是，神经网络通过学习复杂的映射关系，对目标变量的期望预测得更准确，更符合数据的实际分布情况。

2. 神经网络与概率模型结合

不论是高斯分布还是伯努利分布，神经网络所能表征的概率形式 $p(\boldsymbol{t} \mid \boldsymbol{x})$ 还是非常简单的，至少是单峰的。如果数据的实际分布规律比较复杂，这种间接的（隐式）概率表示形式显然是不够的。为提高对数据的表征能力，可以将神经网络和概率模型结合起来，让神经网络学习特征映射，再以概率模型描述映射后数据的分布规律。典型的如 Mixutre Density Networks（MDN）。[65] 这一模型将神经网络和高斯混合模型（GMM）结合起来，通过神经网络来预测高斯混合模型的参数，即

$$p(\boldsymbol{t} \mid \boldsymbol{x}) = \sum_{k=1}^{K} \pi_k(\boldsymbol{x}) N(\boldsymbol{t} \mid \boldsymbol{\mu}_k(\boldsymbol{x}), \mathrm{diag}(\boldsymbol{\sigma}_k^2(\boldsymbol{x})))$$

其中，$\pi_k(\boldsymbol{x})$、$\boldsymbol{\mu}_k(\boldsymbol{x})$ 和 $\boldsymbol{\sigma}_k^2(\boldsymbol{x})$ 是 GMM 模型中第 k 个混合的权重、均值和方差，由神经网络基于 $\boldsymbol{x}$ 预测得到。注意，这一 GMM 模型并非描述边缘分布 $p(\boldsymbol{t})$，而是条件分布 $p(\boldsymbol{t} \mid \boldsymbol{x})$。

Neuro-CRF 基于类似的思路[21]，如图 4-30 所示，其中 DNN 部分计算 CRF 的势函数 $\psi(\boldsymbol{x}, \boldsymbol{y})$，CRF 部分基于 $\psi(\boldsymbol{x}, \boldsymbol{y})$ 定义各变量之间的概率关系。Mohamed 等人[461]的序列训练方法是基于 Neuro-CRF 思路，在语音识别任务中取得了很好效果。类似方法也用在 DeepLab[104] 图像分割算法中，通过在 DNN 最后一层引入 CRF 模型，可以定义图像的局部空间属性。

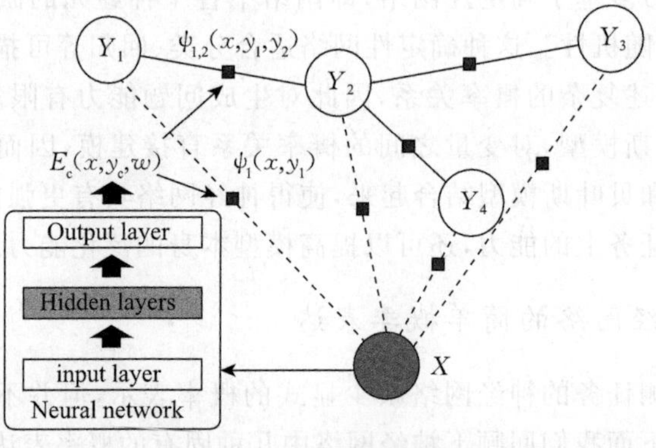

图 4-30　Neuro-CRF 模型

注：传统 CRF 模型人为定义若干特征，并将 Clique 的势函数 ψ 定义为这些特征的对数线性形式。Neuro-CRF 利用 DNN 直接学习 ψ，从而将 DNN 的特征学习能力和 CRF 的概率建模能力结合起来。图片来自文献[21]。

RNN-RBM 模型与 Neuro-CRF 类似，不同的是利用 RNN 对时序序列的建模能力修改 RBM 模型在不同时刻的参数，再利用 RBM 的概率建模能力刻画每一时刻的条件概率分布。在复调音乐生成任务中，这种既考虑时序信息，也考虑变量间结构化关系的模型可取得比传统 RNN 或简单 RBM 更好的效果。[78]

在 DNN 的输出层加入概率结构可描述较复杂的概率分布形式，但其表达的

可扩展性不强。如在 MDN 中,混合数过多会引起训练困难。一种方法是在隐藏层加入随机变量。例如 Tang 等人提出随机前馈网络[649],在隐藏层加入 m 个二值神经元,这些神经元取不同状态即对应不同分布,因此可表达包含 2^m 个混合的分布,提高了对数据的表征能力。我们后面要讨论的 VAE 方法基于同样的思路,但对随机节点的定义更为系统。

3. 记忆神经网络

最后,神经网络也可以直接定义成概率表示,典型的如受限玻尔兹曼机(RBM)。在 RBM 中,所有节点都是随机变量,节点间的连接表示变量之间的概率关系。这一模型同时具有神经网络和概率模型双重特性:一方面,每个节点具有随机性,不同节点间通过连接来定义概率关系,因而本质上是一个概率模型,确切地说,是图模型中的无向图模型①;另一方面,所有节点具有同质性,不对每个节点定义特殊的概率分布,因此是一个神经网络。第3章讨论过,这一无向随机的神经网络事实上是一个记忆模型,记住的是训练数据的概率分布 $p(\boldsymbol{x})$。从这一角度上看,RBM 是一个典型的生成模型,基于 $p(\boldsymbol{x})$ 可以对数据进行采样。正因为如此,RBM 被广泛用于生成任务。[280] Hinton 展示了一个利用 RBM 生成数字图片的例子②。在这一例子中,RBM 的可见节点为图片像素和相应标记(1,2,3,…),通过大量训练样本对 RBM 进行训练,使之记住样本和标记之间的联合概率分布。在推理时,给定一个标记,对隐藏节点和可见节点(不改变标记)反复迭代采样,当迭代次数足够多时,即可得到相应标记图片的高质量采样。RBM 和其他无向图模型的问题在于采样需要经过多步迭代才能达到稳定分布,效率较低。

4.4.2 后验拟合与 Variational AE

有向图概率模型是天然的生成模型③,采样简单高效,但如果图结构比较复杂,推理可能会比较困难。传统近似推理方法包括变分法和采样法,但这些方法一般效率较低,且不确定性较大。最近,研究者提出了基于深度学习的后验概率拟合(Posterior Approximation)方法,取得了很好的效果。[344,560] 我们将看到,这一方法和随机神经网络具有天然联系。

设一个有向图表示的概率模型 $p_{\boldsymbol{\theta}}(\boldsymbol{x},\boldsymbol{z})$,其中 $\boldsymbol{z}$ 为隐变量,$\boldsymbol{x}$ 是观察变量,$\boldsymbol{\theta}$ 为模型参数。给定一个独立同分布的数据集$\{\boldsymbol{x}_1,\boldsymbol{x}_2,\cdots\}$,基于最大似然准则,该模型的目标函数可写成如下形式:

---

① 关于图模型的知识会在第6章具体讨论。这里只需要知道无向图模型是一种描述变量间概率关系的模型,图中每个节点表示一个变量,节点间的连接是无向的,表示两个变量间的相关性。

② http://www.cs.toronto.edu/hinton/digits.html.

③ 关于图模型的知识会在第6章具体讨论。这里只需要知道有向图模型是一种描述变量间概率关系的模型,图中每个节点表示一个变量,节点间的连接是有向的,表示两个变量间的条件概率。

$$
\begin{aligned}
L(\boldsymbol{\theta}) &= \sum_i \ln p_{\boldsymbol{\theta}}(\boldsymbol{x}_i) \\
&= \sum_i \ln \int \frac{q(z \mid \boldsymbol{x}_i)}{q(z \mid \boldsymbol{x}_i)} p_{\boldsymbol{\theta}}(\boldsymbol{x}, z) \mathrm{d}z \\
&\geqslant \sum_i \int q(z \mid \boldsymbol{x}_i) \ln \frac{p_{\boldsymbol{\theta}}(\boldsymbol{x}_i, z)}{q(z \mid \boldsymbol{x}_i)} \mathrm{d}z
\end{aligned} \tag{4.22}
$$

其中，$q(z|\boldsymbol{x}_i)$为后验概率 $p(z|\boldsymbol{x}_i)$的近似。注意上式中的不等关系来源于 Jensen 不等式。可以验证，当 $q(z \mid \boldsymbol{x}_i) = p_{\boldsymbol{\theta}}(z \mid \boldsymbol{x}_i)$ 时，等式成立。最后一个不等式的右侧可重定义为

$$
\widetilde{L}(\boldsymbol{\theta}) = \sum_i \mathbb{E}_{q(z|\boldsymbol{x}_i)}\{-\ln q(z \mid \boldsymbol{x}_i) + \ln p_{\boldsymbol{\theta}}(\boldsymbol{x}_i, z)\} \tag{4.23}
$$

显然，$\widetilde{L}(\boldsymbol{\theta})$是 $L(\boldsymbol{\theta})$的下界。模型学习的目标是使 $L(\boldsymbol{\theta})$最大化，但这一函数计算复杂度高，因此可对其下界 $\widetilde{L}(\boldsymbol{\theta})$进行优化，这是 EM 算法的基本思路。

在 EM 算法中，依当前估计的 $\boldsymbol{\theta}'$计算后验概率 $p_{\boldsymbol{\theta}'}(z \mid \boldsymbol{x}_i)$作为 $q(z \mid \boldsymbol{x}_i)$，依式(4.23)计算 $p_{\boldsymbol{\theta}}(\boldsymbol{x}_i, z)$的期望(E 步骤)，并依此期望对 $\boldsymbol{\theta}$ 进行优化(M 步骤)。然而，计算 $p_{\boldsymbol{\theta}'}(z|\boldsymbol{x}_i)$本身就可能是一件很困难的事。一种解决方法是用 Monte Carlo EM 算法，用采样来对期望进行近似。常用的采样方法如 Metropolis-Adjusted Langevin Algorithm (MALA)，基于 $p_{\boldsymbol{\theta}'}(\boldsymbol{x}, z)$对后验概率 $p_{\boldsymbol{\theta}'}(z|\boldsymbol{x}_i)$进行采样，得到若干 $\{z_i^l\}$，并用这些采样计算 $\widetilde{L}(\boldsymbol{\theta})$。这种方法显然效率很低，且随机性较大。另一种解决方法是对 $p_{\boldsymbol{\theta}'}(z|\boldsymbol{x}_i)$定义参数模型，使得依该参数模型可以对 $\widetilde{L}(\boldsymbol{\theta})$ 中的期望进行有效计算。这一方法称为后验概率拟合，形式化为

$$
q_{\boldsymbol{\phi}}(z \mid \boldsymbol{x}_i) \approx p_{\boldsymbol{\theta}'}(z \mid \boldsymbol{x}_i)
$$

这一参数化的好处是 $p_{\boldsymbol{\theta}'}(z|\boldsymbol{x}_i)$的估计不必像 *EM* 算法那样依赖 $p_{\boldsymbol{\theta}}(\boldsymbol{x}, z)$的形式，而是基于较简单的概率形式来近似。经过参数化后，我们的优化任务中将包括 $q_{\boldsymbol{\phi}}(z \mid \boldsymbol{x}_i)$ 的参数 $\boldsymbol{\phi}$，即

$$
\widetilde{L}(\boldsymbol{\theta}, \boldsymbol{\phi}) = \sum_i \mathbb{E}_{q_{\boldsymbol{\phi}}(z|\boldsymbol{x}_i)}\{-\ln q_{\boldsymbol{\phi}}(z \mid \boldsymbol{x}_i) + \ln p_{\boldsymbol{\theta}}(\boldsymbol{x}_i, z)\} \tag{4.24}
$$

注意，上式中的 $\boldsymbol{\phi}$ 和 $\boldsymbol{\theta}$ 是同时优化，且互相依赖的。$q_{\boldsymbol{\phi}}(z|\boldsymbol{x})$可以基于多种形式，由于 DNN 有很强的函数近似能力，可用于对 $q_{\boldsymbol{\phi}}(z|\boldsymbol{x})$建模。传统 DNN 是确定性的，为了对概率分布建模，可采取两种方式。一种方式是设定一个简单随机变量 ε (如高斯分布)，将这一变量 ε 和输入 $\boldsymbol{x}$ 同时输入一个 DNN 网络：

$$
q_{\boldsymbol{\phi}}(z \mid \boldsymbol{x}) = g_{\boldsymbol{\phi}}(\boldsymbol{x}, \varepsilon)
$$

通过学习 $\boldsymbol{\phi}$，使其输出 z 的概率分布近似后验概率 $p_{\boldsymbol{\theta}}(z \mid \boldsymbol{x})$。另一种方式是让 DNN 输出 $q_{\boldsymbol{\phi}}(z \mid \boldsymbol{x})$的参数，再依 $q_{\boldsymbol{\phi}}(z \mid \boldsymbol{x})$的具体形式得到概率分布，即

$$
q_{\boldsymbol{\phi}}(z \mid \boldsymbol{x}) = q(z; g_{\boldsymbol{\phi}}(\boldsymbol{x}))
$$

其中，$g_{\boldsymbol{\phi}}(\boldsymbol{x})$ 为 DNN 所代表的映射函数。这一方法事实上是我们前面提到过的

MDN 方法的扩展。

基于上述两种方法可以得到 $p_\theta(z \mid x)$ 的近似，但直接计算 $\widetilde{L}$ 中的期望值依然很困难，因为 $q_\phi(z \mid x)$ 和 $p_\theta(x,z)$ 的形式都可能很复杂，无法得到一个解析形式的期望。为此，可用 Monte Carolo EM 方法，从 $q_\phi(z \mid x)$ 中采样出一些 z，以计算 $p_\theta(x,z)$ 的期望。幸运的是，上述两种 DNN 实现方法都可以很容易实现对 $q_\phi(z \mid x)$ 的采样，也很容易计算某一采样值 z^l 的概率 $q_\phi(z^l \mid x)$。由此目标函数可计算如下。

$$\widetilde{L}(\boldsymbol{\theta},\boldsymbol{\phi}) \approx \sum_i \sum_l \{-\ln q_\phi(z_i^l \mid x^i) + \ln p_\theta(x_i, z_i^l)\}$$

$$z_i^l \sim q_\phi(z \mid x_i)$$

基于上式，即可对 $\boldsymbol{\phi}$ 和 $\boldsymbol{\theta}$ 进行优化。具体计算方法可参见参考文献[344,560]。

上面的讨论从贝叶斯模型(有向概率图模型)的角度出发，基于 DNN 对后验概率函数进行近似，得到更高效的推理过程。如果从神经网络出发，则会得到更深刻的理解。假设我们的生成模型 $p(x \mid z)$ 是另一个神经网络 $f_\theta(x \mid z)$。前面提到过，对不同的输出节点(线性的或 Sigmoid 的)，基于不同的目标函数，该网络对应不同的数据分布。如果将隐含变量 z 看作是观察数据的某种编码，则上述后验近似方法事实上是一种对观察数据的编码方法，只不过该编码不是一个确定的值或向量，而是一个后验概率，或随机编码。相应的，原来的生成模型 $p(x \mid z)$ 可以看作是一个随机解码。考虑到这一模型的编码器和解码器都是神经网络，这事实上是一个 Auto Encoder(AE)模型。和传统 AE 模型不同的是，这一 AE 模型中的编码 z 是随机的，因此称为 Variational AE(VAE)。在 VAE 模型中，由于 Encoder 和 Decoer 都是神经网络，因此该模型可以基于传统 BP 方法来计算 Encoder 和 Decoder 各层权重的梯度，这一方法称为 Stochastic BP。[560]

由于函数 $q_\phi(z \mid x)$ 的近似方式不同，VAE 的随机性来源也不同：在 $g_\phi(x,\varepsilon)$ 形式中，随机变量 ε 加到 Encoder 的输入端或隐藏节点；在 $q(z;g_\phi(x))$ 中，ε 加到 Encoder 的输出端。不论哪种方式，都相当于在传统确定性的神经网络中引入了随机节点，使得网络具有更明确的概率意义。图 4-31 给出 VAE 中两种随机性的产生方法。

为了更好理解 VAE 的特性，我们将优化函数写成如下形式：

$$\begin{aligned}\widetilde{L}(\boldsymbol{\theta},\boldsymbol{\phi}) &= \sum_i \mathbb{E}_{q_\phi(z \mid x_i)}\{-\ln q_\phi(z \mid x_i) + \ln p_\theta(x_i, z)\} \\ &= \sum_i \mathbb{E}_{q_\phi(z \mid x_i)} \ln p_\theta(x_i \mid z) - \sum_i KL[q_\phi(z \mid x_i) \parallel p_\theta(z)]\end{aligned} \tag{4.25}$$

上式表明，该优化函数包括两部分，一是基于编码 z，观察变量 x 概率值的期望，即模型对 x 的表征能力；二是后验概率 $q_\phi(z \mid x_i)$ 与先验概率 $p_\theta(z)$ 的 KL 距离，相

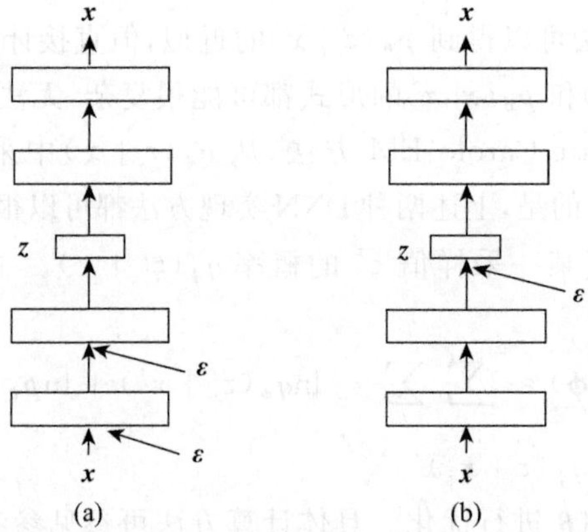

图 4-31 Variational AE(VAE)中两种加入随机性的方法

注：(a)在 Encoder 的输入和隐藏节点加入噪声；(b)在 Encoder 的输出节点加入噪声。

当于一个正则项。这说明，VAE 模型的目标是尽可能有效地描述观察数据 $\boldsymbol{x}$，同时使得该数据的编码 $\boldsymbol{z}$ 尽可能符合一个先验概率。如果我们将先验概率定义的比较简单，如一个正态分布，则 VAE 可以得到一个非常简单的编码空间。VAE 之所以有这种能力，是因为深度学习可以提供非常复杂的映射，基于一这映射，可以将很简单的随机变量映射成很复杂的分布，也可以将很复杂的分布映射成很简单的分布。这一点可以由高斯混合模型看到：一个多类分布加上一个高斯分布的简单组合，即可描述任意复杂的分布。加入 DNN 的复杂映射，可以对随机变量做更复杂的组合，因而对实际数据的表征能力也更强。

在第 3 章，我们曾经讨论过 DAE，其中一个重要结论是 DAE 可以用来描述数据的分布。事实上，DAE 可以看作是 Encoder 只有一层的 VAE，这层 Encoder 仅负责对原始数据 $\boldsymbol{x}$ 加入噪声(如高斯噪声)，得到编码 $\boldsymbol{z}$。由式(4.25)可知，对这样一个简单的 Encoder，如果 $p(\boldsymbol{z})$ 与 $\boldsymbol{\theta}$ 无关，则 KL 部分与 $\boldsymbol{\phi}$ 和 $\boldsymbol{\theta}$ 无关，VAE 的目标函数即转化成 DAE 的目标函数。由此，可以认为 DAE 是一种后验已知的 VAE，DAE 训练的目标不是 Encoder，而是一个基于深度学习的 Decoder。对 DAE 的更多讨论可参考 Bengio 等人的文章。[695,8,55]

最后，我们看到，如果 VAE 中去掉 $\boldsymbol{z}$ 的随机性，则退化成标准的 AE。由式(4.24)可知，如果 $q_{\boldsymbol{\phi}}(\boldsymbol{z} \mid \boldsymbol{x}_i)$ 的方差为零，$q_{\boldsymbol{\phi}}(\boldsymbol{z} \mid \boldsymbol{x}_i)$ 转化为离散分布，且所有概率集中在 $\boldsymbol{z}=g_{\boldsymbol{\phi}}(\boldsymbol{x}_i)$。因此，目标函数可改写为

$$\widetilde{L}(\boldsymbol{\theta},\boldsymbol{\phi})=\sum_i \ln p_{\boldsymbol{\theta}}(\boldsymbol{x}_i,\boldsymbol{z}_i)=\sum_i \ln p_{\boldsymbol{\theta}}(\boldsymbol{x}_i \mid \boldsymbol{z}_i)+\sum_i \ln p(\boldsymbol{z}_i)$$

$$\boldsymbol{z}_i=g_{\boldsymbol{\phi}}(\boldsymbol{x}_i)$$

上式即为正则化的标准 AE 的最大似然目标函数。

值得一提的是，上面所讨论的后验拟合方法适用于任何贝叶斯模型，VAE 只是其中一种特殊情况，即 Decoder 是一个基于神经网络的简单概率模型。对于通用贝叶斯模型，对 Decoder 优化不能使用 BP 算法，而应基于 Monte Carlo EM 算法。

后验拟合将贝叶斯模型和深度学习完美结合起来。传统贝叶斯方法的优点在于可以将人类知识通过有向图组织起来，但推理过程的复杂性使得该方法很难用到大规模任务中。神经网络较少利用人类知识，但可通过大规模网络实现强大的函数拟合能力。通过 DNN，可以有效拟合贝叶斯网络的后验概率计算过程，提高了贝叶斯网络的推理效率。同时，为了拟合这一后验概率，DNN 中天然引进了随机节点，这些随机节点对于描述 $p(\boldsymbol{x})$ 具有重要意义。如果没有这种随机性，DNN 所能代表的数据分布形式是很有限的，加入随机节点，即使很简单的随机性通过 DNN 映射以后也可以表征非常复杂的数据分布。这和我们提到的前馈随机网络可以提高对 $p(\boldsymbol{y} \mid \boldsymbol{x})$ 的表达能力是一样的。

4.4.3　Variational RNN

上述后验拟合、随机 BP 方法同样适用于时序建模。记时间序列 $\{\boldsymbol{x}_t\}$，传统 RNN 方法可表示为

$$\boldsymbol{x}_{t+1} \sim p(\boldsymbol{x}_1^t)$$

加入随机性以后，可以表示为

$$\boldsymbol{z}_{t+1} \sim q(\boldsymbol{x}_1^t, \boldsymbol{z}_1^t)$$
$$\boldsymbol{x}_{t+1} \sim p(\boldsymbol{x}_1^t, \boldsymbol{z}_1^t)$$

其中，$\boldsymbol{x}_1^t$ 为从开始到 t 时刻的观察数据序列，$q(\boldsymbol{x}_1^t, \boldsymbol{z}_1^t)$ 为 Encoder（或识别模型），$p(\boldsymbol{x}_1^t, \boldsymbol{z}_1^t)$ 为 Decoder（或生成模型）。和 VAE 类似，在 Decoder 的输入端引入随机变量 $\boldsymbol{z}$ 可以在输出端产生复杂的概率分布。虽然可以设计较复杂的输出分布，如混合模型[236]，但这种复杂设计会带来训练上的压力，可扩展性也不强。如果将随机性引入 Decoder 的输入中，则可描述更丰富的分布形式。这一模型称为随机递归网络（Stochastic RNN，STORN）。[40]图 4-32 给出一种 STORN 的模型结构。在音乐和动作时序数据上的实验结果表明，STORN 比传统 RNN 具有更强的建模能力。Chung 等人在 STORN 基础上进行了扩展，使 $\boldsymbol{z}$ 的先验概率与时序相关。实验表明，在语音信号建模、手写体生成等任务上，这种先验概率的时序相关性可有效提高对时序数据的建模能力。[120]

Fabius 等人[173]提出类似方法，但基于 Sequence to Sequence 结构，通过一个 RNN 作为 Encoder 将一个序列压缩成一个向量，在该向量中加入随机噪声，再基于这一向量作为初始值，通过另一个 RNN 作为 Decoder 生成目标序列。该模型称为 Variational Recurrent Auto Encoder（VRAE）。图 4-33 给出了该模型的结构，

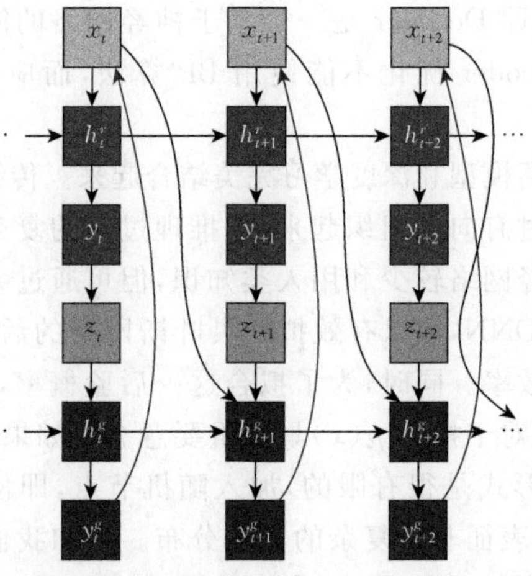

图 4-32 彩图

图 4-32　随机递归神经网络(Stochastic RNN,STORN)模型

注：蓝色节点表示 Encoder，用来由 $\boldsymbol{x}_t$ 生成 Encoder 的状态变量 $\boldsymbol{h}_t^r$ 和输出 $\boldsymbol{y}_t$，基于 $\boldsymbol{y}_t$ 随机生成隐变量 z_t。墨绿色节点表示 Decoder，基于 z_t 和 $\boldsymbol{x}_{t-1}$ 生成 Decoder 状态变量 $\boldsymbol{h}_t^g$，由此生成当前时刻 $\boldsymbol{x}_t$ 的预测 y_t^g。红线表示预测误差的计算。注意图中 Encoder 和 Decoder 都基于 RNN，Encoder RNN 的输出加入一个随机量后得到 z_t。

这一模型在音乐生成任务中取得了良好性能。Bowman 等人[80]基于这一模型训练语言模型，如图 4-34 所示。Gregor 等人[242]基于类似模型进行图片生成。和 VRAE 不同的是，这里的序列不是时间序列，而是逻辑序列，是一个对图片逐渐求精的生成过程。该模型如图 4-35 所示，具体生成过程见图下方的解释文字。

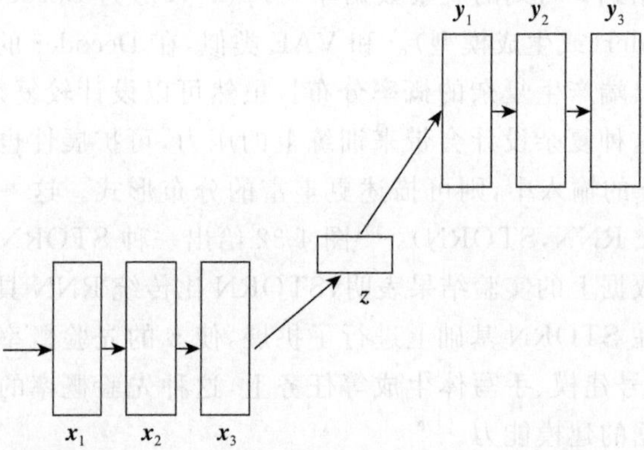

图 4-33　Variational Recurrent Auto Encoder(VRAE)

注：基于输入序列 $\{\boldsymbol{x}_t\}$ 生成句子向量，加入随机噪声后生成 z，基于此生成目标序列 $\{\boldsymbol{y}_t\}$。

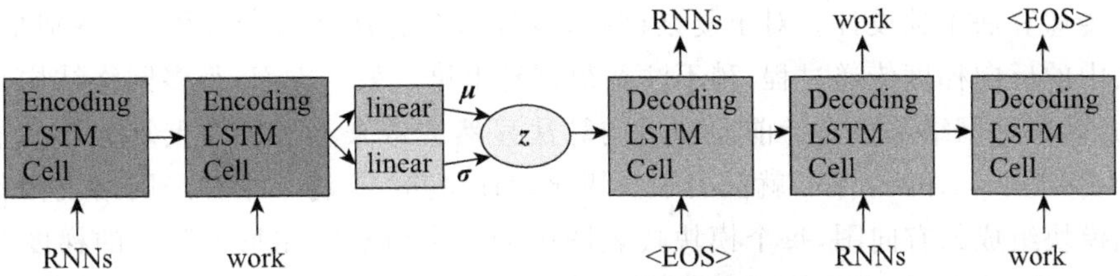

图 4-34　Variational RNN LM

注：Encoder RNN 生成句子向量的均值和方差，基于这些参数生成随机句子向量 z，再由 Decoder RNN 生成句子。图片来自文献[80]。

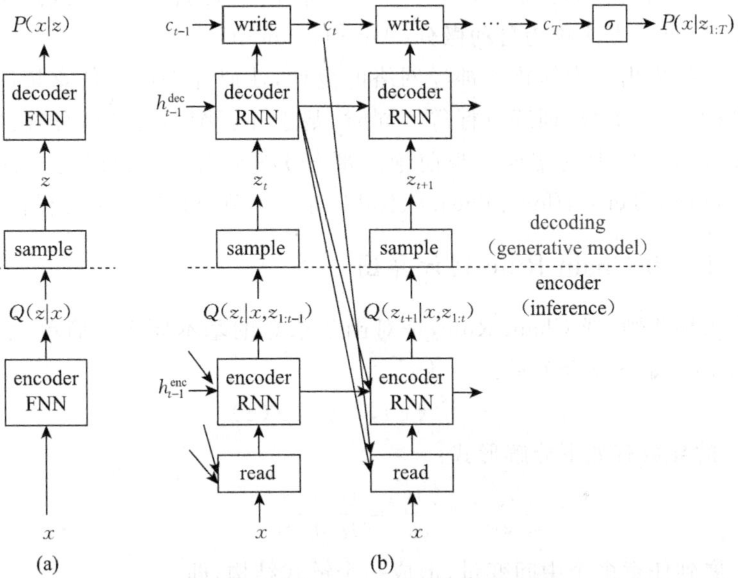

图 4-35　基于 Variational AE 和 Variational RNN 的 DRAW 模型

注：在 Variational RNN 模型中，训练时将图片生成任务分解成 T 步，每一步在已经生成的内容 c_t 基础上学习如何生成 c_t 与原始图片的残差。在生成过程中，依先验概率 $p(z_t)$ 生成 z_t，基于此生成 c_t。图片来自文献[242]。

Serban 等人[590]将 VRAE 扩展为层次结构，用于对话建模。该模型包括两层，在句子层通过 RNN 生成句子向量，在上下文层通过第二个 RNN 生成对话状态向量。在该对话向量中加入随机性后，生成解码向量，基于该解码向量，再通过一个解码 RNN 生成对应的句子。

4.5　计算图与复杂神经网络

前面我们讨论了各种形态的 DNN 网络，这些神经网络在模型结构、激活函数、目标函数等方面各有特色。在以往研究中，通常对这些网络的前向计算和后向梯度传递算法单独设计。对于复杂网络，设计这些算法变得十分困难，特别是 BP 算法中的反向梯度传递过程，稍不注意很容易出错。另一方面，很多网络结构是相似的，对每种网络单独设计前向和后向算法显然会带来不必要的重复劳动。早在 1987 年，LeCun 和 Bottou 就提出了模块化设计思路[77]，将一个神经网络视作若干基础模块组成的有向图，每个模块代表图中的一个节点。如每个节点的梯度都可以计算，依 BP 原则，即可将目标函数的梯度通过该有向图向所有节点反向传递。由此，我们只需对每个模块设计好前向和后向传递算法，该模块即可作为基础模块引入该有向图中。这一有向图可称为流程图(Flow Graph)或计算图(Computation Graph)。基于计算图，可以方便计算出任一神经网络的任一节点或连接相对目标函数的梯度，这一方法称为**自动微分**(Auto Gradient)。

计算图的提出大大简化了神经网络的设计，使研究者可以任意拓展神经网络的模型结构、激活函数、训练目标等。同时，基于计算图的自动微分算法有效减小了网络设计与实现中的错误。当前绝大部分 DNN 训练平台以这种计算图为基础，如 PyTorch、Tensorflow、Theano、Kaldi 等。本节对计算图方法做简要介绍。

4.5.1 由 Chain Rule 到计算图

链式求导法则，或 Chain Rule，是对函数求导的基本原则。简单说，如果变量 y,z,x 间存在如下复合关系：

$$z=f(x),\quad y=g(z)$$

则 y 对 x 的导数有如下分解形式：

$$\frac{\partial y}{\partial x}=\frac{\partial y}{\partial z}\frac{\partial z}{\partial x}$$

上式可扩展到任意多个中间变量，形成一个链式结构，即

$$z_1=f_1(x),\ z_2=f_2(z_1),\cdots,y=g(z_n)$$

则输出 y 对输入 x 的梯度也可写成如下链式结构：

$$\frac{\partial y}{\partial x}=\frac{\partial y}{\partial z_n}\frac{\partial z_n}{\partial z_{n-1}}\cdots\frac{\partial z_2}{\partial z_1}\frac{\partial z_1}{\partial x}$$

图 4-36 给出这一链式结构的示意图，其中前向部分表示为一个函数嵌套序列组成的复合函数，该复合函数的梯度可以分解为每一层函数梯度的乘积。

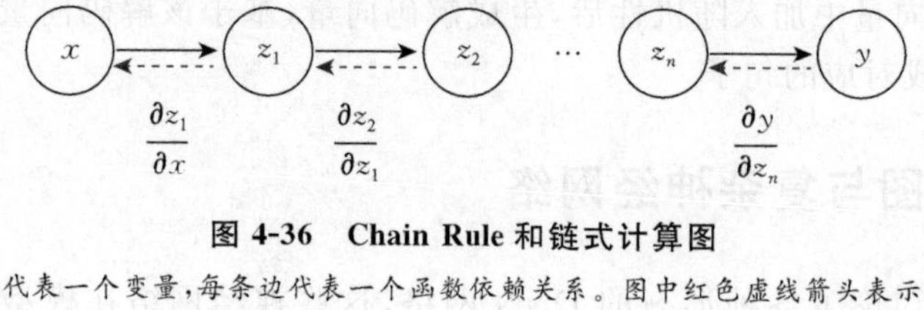

图 4-36 Chain Rule 和链式计算图

注：每个节点代表一个变量，每条边代表一个函数依赖关系。图中红色虚线箭头表示梯度回传路径。

上述链式结构可以扩展成图结构，图中每个节点表示一个变量，每条边表示对应两端节点间的映射函数。将这种表示函数对应关系的图称为“计算图”。图 4-37 给出一个计算图的例子，对应的计算如下：

$$
\begin{aligned}
& z_1 = f_1(x) \\
& \cdots \\
& z_{ki} = f_{ki}(z_{k-1}), i = 1, \cdots, m \\
& z_{k+1} = f_{k+1}(z_{k1}, z_{k2}, \cdots, z_{km}) \\
& \cdots \\
& y = g(z_n)
\end{aligned}
$$

对应的梯度计算如下：

$$
\begin{aligned}
\frac{\partial y}{\partial x} &= \frac{\partial y}{\partial z_{k+1}} \frac{\partial z_{k+1}}{\partial z_{k-1}} \frac{\partial z_{k-1}}{\partial x} \\
&= \left\{ \frac{\partial y}{\partial z_n} \cdots \frac{\partial z_{k+2}}{\partial z_{k+1}} \right\} \left\{ \sum_{i=1}^{m} \frac{\partial z_{k+1}}{z_{ki}} \frac{\partial z_{ki}}{z_{k-1}} \right\} \left\{ \frac{\partial z_{k-1}}{\partial z_{k-2}} \cdots \frac{\partial z_1}{\partial x} \right\}
\end{aligned}
\tag{4.26}
$$

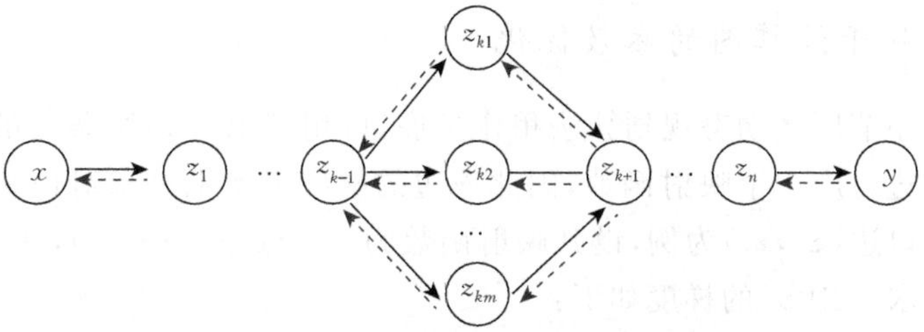

图4-37彩图

图 4-37 带有多条路径的计算图

注：由 y 到 x 的梯度需要考虑二者之间的所有路径，图中红色虚线箭头表示梯度回传路径。

注意，上面的梯度公式仅包括乘法和加法。这一关系并不是因为图 4-37 表示的嵌套函数具有乘加性质，而是因为 Chain Rule 在计算梯度时，不同层次嵌套函数的导数间存在乘法关系，而同一函数不同变量的梯度间存在加法关系。依分配律，将求和符号前移，上式可写成如下直观形式：

$$
\frac{\partial y}{\partial x} = \sum_{i=1}^{m} \frac{\partial y}{\partial z_n} \frac{\partial z_n}{\partial z_{n-1}} \cdots \frac{\partial z_{k+1}}{z_{ki}} \frac{\partial z_{ki}}{z_{k-1}} \frac{\partial z_{k-1}}{\partial z_{k-2}} \cdots \frac{\partial z_1}{\partial x} \tag{4.27}
$$

这意味着要计算变量 y 对变量 x 的梯度，可依 Chain Rule 计算图中每一条路径的梯度，并求所有路径的梯度和。上述变换方法可适用于任何复杂的计算图，只要图中不存在环路，即可表示成所有有效路径的梯度和。

上述梯度计算方法清晰直观，但包括大量重复计算，效率不高。例如在式(4.27)中，所有路径都包括 $\frac{\partial y}{\partial z_n}$ 和 $\frac{\partial z_1}{\partial x}$ 两项。为避免这种不必要的计算开销，可采用基于图的动态规划(Dynamic Programming)算法，保证每条边只计算一次。

具体实现时,可以从终节点 y 向后(图 4-37 中向左)进行路径搜索,每经过一条边 (z_s, z_t),则将路径值乘以该边所对应函数的导数,如果遇到一个节点有多个后向边连接(图 4-37 中的 z_{k+1}),则需对当前所有连接进行扩展,并复制当前路径的路径值;如果遇到多条路径归结到一个节点(图 4-37 中的 y_{k-1}),则需对所有路径的路径值求和。这意味着对某一节点进行访问时,其所有后向节点必须访问完成,因此该图必须是有向无环的。

上述动态规划算法可用来计算一个嵌套函数的输出 y 对原始输入变量 x 的梯度。同样的算法也可用于计算 y 对该嵌套函数中任一个中间变量 z_k 的梯度。为此,我们只需考虑由 z_k 到 y 的所有路径组成的子图,用动态规划算法计算该子图中所有路径的梯度和。

特别要指出的是,上述动态规划算法的前提是对图中的任意一条边,其对应的两个节点之间的梯度是可计算的,否则整幅图将无法计算。计算图只是给出存在复杂函数嵌套时的计算框架,每层嵌套的具体计算方法应由映射函数的具体形式推导得到。

4.5.2 基于计算图的参数优化

对 4.5.1 小节所述动态规划算法稍作扩展,可用于求 y 对某条边的梯度。因为计算图中的边对应一个映射函数,因此该边的梯度事实上是求对该映射函数中参数的梯度。以边 (z_s, z_t) 为例,设其映射函数为 $z_t = g(z_s, \cdots; w)$,其中 w 为该函数的参数。求 y 对 w 的梯度如下:

$$\frac{\partial y}{\partial w} = \frac{\partial y}{\partial z_t} \frac{\partial z_t}{\partial w} \tag{4.28}$$

上式等号右侧第一项为 y 对 z_t 的梯度,可由 4.5.1 节介绍的动态规划算法计算得到,第二项为 z_t 对 w 的导数,可由映射函数 $g(z_s, \cdots; w)$ 的形式计算得到。

在机器学习中,我们关注给定一个训练集,对模型所有参数进行优化。为此,可以将该模型表示为一个计算图,对训练集中每个样本 x^i 通过计算图得到输出 y^i,并计算 y^i 与目标 t^i 的误差(或其他目标函数)。累积训练集中所有训练数据的误差,得到目标函数:

$$L(\boldsymbol{w}) = \sum_i l(y^i, t^i; \boldsymbol{w})$$

注意,上述目标函数是模型参数 $\boldsymbol{w}$ 的函数。模型学习的任务是通过调整 $\boldsymbol{w}$,使得 $L(\boldsymbol{w})$ 最小(对其他目标函数可能求最大值)。梯度下降算法(如 SGD)通过计算 $L(\boldsymbol{w})$ 对参数 $\boldsymbol{w}$ 的梯度来调整 $\boldsymbol{w}$ 的取值。设 $w(s,t)$ 为函数 $z_t = g(z_s, \cdots)$ 的参数,则该梯度计算如下:

$$\frac{\partial L(\boldsymbol{w})}{\partial w(s,t)} = \sum_i \frac{\partial l(y^i, t^i; \boldsymbol{w})}{\partial y^i} \frac{\partial y^i}{\partial z_t^i} \frac{\partial z_t^i}{\partial w(s,t)}$$

注意，上式中对每个训练样本，计算图中的中间节点取值都不同，因此首先需要一个前向过程，计算图中每个节点 z_k^i 和输出节点 y^i 的值。上式等号右侧第一项可由目标函数 $l(y,t;\boldsymbol{w})$ 的形式直接计算，第二项可利用动态规划算法，依计算图的拓扑结构由后向前递归计算，第三项可由 $g(z_s,\cdots)$ 的形式计算得到。

4.5.3 计算图的模块化

在上述计算图表示中，每个节点表示一个计算节点，通过一个映射函数与其父节点相连，如图4-37中节点 z_{k+1} 所对应的映射函数 $z_{k+1}=g(z_{k1},z_{k2},\cdots,z_{km})$。因为我们并未限定 g 的格式，事实上它可以非常复杂，如一个完整的神经网络。因此，计算图本质上是层次化和模块化的。一方面，为了表示方便，可以将部分功能独立的子图看作一个模块，以简化表达；另一方面，也可以将图中某一条边扩展成一个复杂的子图，提高模型表达能力。不论该图的拓扑结构多么复杂，其基本的计算方法是不变的，只要满足基本条件(如有向、无环、每个模块的输出对输入可导)，都可利用前面所述的动态规划算法进行梯度计算和参数优化。

值得说明的是，模块化的计算图只是一种概念化的层次结构，而非一个需要人为指定梯度的独立单元。事实上，只需定义模块内部每个基础计算单元(即实际计算图中每条边所对应的映射函数)的梯度，动态规化算法会自动搜索每个模块中的可能路径，利用该路径上基础单元的梯度来计算该模块对外整体表现出的梯度。由于基础计算单元通常采用很简单的映射函数，如线性映射，Sigmoid 函数等，这些函数都有简单的梯度形式，且包含在几乎所有支持计算图的软件包中。因此，通常情况下我们不需特别考虑梯度问题，即使非常复杂的模型，计算图也可以帮我们自动计算出梯度。即便要对基础单元进行扩充，也只需要考虑对新设计的单元推导梯度公式，而不必考虑该单元在具体模型中与其他单元的交互问题。基于计算图的自动梯度计算方法通常称为自动微分。自动微分给模型设计带来了极大便捷，可以帮助我们设计非常复杂的网络。

4.5.4 计算图与深度神经网络

计算图和自动微分方法对深度神经网络的发展具有重要意义。神经网络的特性之一是用简单的函数通过结构化组合构造灵活复杂的函数，因此可以非常容易地转换成计算图。对于深度网络，函数嵌套层次多，结构复杂(如卷积、递归、跨层连接等)，如果对每一种结构都要人为设计其梯度传导过程，对研究和工程都会带来极大压力。可以说，如果没有计算图和自动微分，人们对各种复杂神经网络的研究不可能进展得如此迅速。

下面以一个简单前馈网络为例来说明计算图的应用。设该前馈网络包含一个隐藏层，激发函数为 Logistic() 函数，输出为线性节点，目标函数为 $C(\boldsymbol{y},\boldsymbol{t})$。其对应的计算图如图 4-38 所示。其前向计算公式如下：

$$\boldsymbol{a}=\boldsymbol{W}_1\boldsymbol{x}$$

$$\boldsymbol{z}=\sigma(\boldsymbol{a})$$

$$\boldsymbol{y}=\boldsymbol{W}_2\boldsymbol{z}$$

为表示简单，上式的线性变换中省去了偏置参数。设目标函数 $C(\boldsymbol{y},\boldsymbol{t})$ 对输出 $\boldsymbol{y}$ 的梯度可求。根据动态规划算法，首先计算对输出层映射函数参数 $\boldsymbol{W}_2$ 的梯度：

$$\frac{\partial C}{\partial \boldsymbol{W}_2}=\frac{\partial C}{\partial \boldsymbol{y}}\frac{\partial \boldsymbol{y}}{\partial \boldsymbol{W}_2}=\frac{\partial C}{\partial \boldsymbol{y}}\boldsymbol{z}^{\mathrm{T}}$$

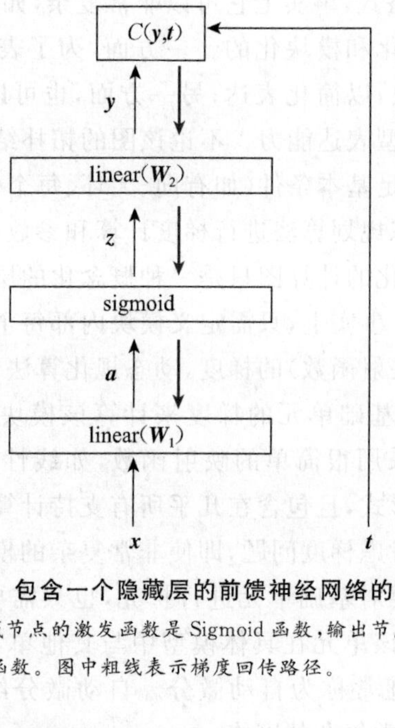

图 4-38　包含一个隐藏层的前馈神经网络的计算图

注：该网络的隐藏节点的激发函数是 Sigmoid 函数，输出节点的激发函数为线性函数，$C(\boldsymbol{y},\boldsymbol{t})$ 为目标函数。图中粗线表示梯度回传路径。

计算对隐藏层激发节点 $\boldsymbol{z}$ 的梯度：

$$\frac{\partial C}{\partial \boldsymbol{z}}=\left(\left(\frac{\partial C}{\partial \boldsymbol{y}}\right)^{\mathrm{T}}\frac{\partial \boldsymbol{y}}{\partial \boldsymbol{z}}\right)^{\mathrm{T}}=\left(\left(\frac{\partial C}{\partial \boldsymbol{y}}\right)^{\mathrm{T}}\boldsymbol{W}_2\right)^{\mathrm{T}}$$

继而求对线性激发值 $\boldsymbol{a}$ 的梯度：

$$\frac{\partial C}{\partial \boldsymbol{a}}=\left(\left(\frac{\partial C}{\partial \boldsymbol{z}}\right)^{\mathrm{T}}\frac{\partial \boldsymbol{z}}{\partial \boldsymbol{a}}\right)^{\mathrm{T}}=\frac{\partial C}{\partial \boldsymbol{z}}\cdot\boldsymbol{z}\cdot(\boldsymbol{1}-\boldsymbol{z})$$

最后求对输入层线性映射函数参数 $\boldsymbol{W}_1$ 的梯度：

$$\frac{\partial C}{\partial \boldsymbol{W}_1}=\frac{\partial C}{\partial \boldsymbol{a}}\frac{\partial \boldsymbol{a}}{\partial \boldsymbol{W}_1}=\frac{\partial C}{\partial \boldsymbol{a}}\boldsymbol{x}^{\mathrm{T}}$$

在以上计算步骤中，前一层（接近输入层）的梯度计算依赖后一层（接近输出层）已计算出的梯度，因而可以看作是梯度自输出层向输入层的反向传递，这事实上就是我们在第 3 章介绍过的反向传递算法(Back Propagation,BP)。因此,BP 算法可认为是自动微分算法在简单神经网络模型中的特例。

如果网络变得更加复杂,特别是存在跨层连接、中间层输入、多输入和多输出等结构时,梯度传导可能会变得相当复杂,以致反向传递的概念都变得很模糊。如图 4-39 所示的网络,各种模块组合在一起,层次结构变得不再明显,究竟哪一个模块是前一层,哪一个模块是后一层并非一目了然。对这样的复杂结构,用计算图来描述信息的流动和梯度的传导要清楚得多。特别是计算图的自动微分方法可以通过动态规划算法原则上解决变量的多路径依赖问题(即某一变量对另一变量的影响通过多条路径传递)。有了计算图、自动微分、动态规划算法这些技术,研究者可以专注于网络的顶层设计,节约了研究成本和工程成本;同时,这一方法使得我们可以设计非常复杂的网络结构,事实上将深度学习推广到复杂学习,不仅层次上可以设计得更深,逻辑上也可以设计得更加复杂,结构更加异构化。这不仅使得网络具有更强大的表达能力,同时有利于人类知识的引入,提供更强大的学习工具。

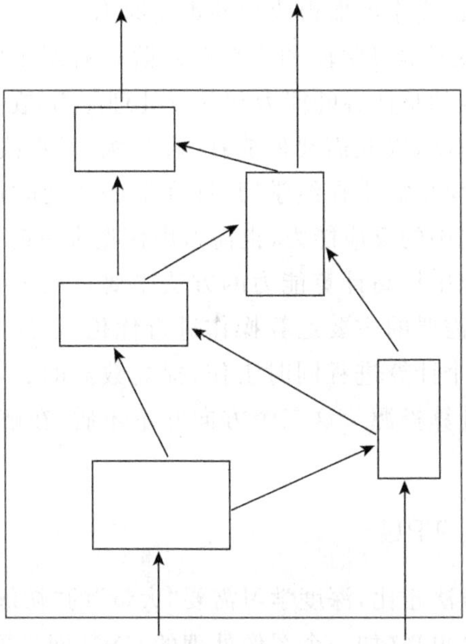

图 4-39　基于计算图的复杂神经网络

注：包括若干互相连接的模块,多输入和多输出等复杂结构。

计算图必须是无环的,因此无法直接用于带有时序递归连接的神经网络,如 RNN。一般可通过对 RNN 的时序展开来解决这一问题。设需要学习的时序相关性为 n 步依赖(即序列的当前值最多受到前 n 步取值的影响),可将序列分成长度为 $N > n$ 的子序列,输入到由 RNN 进行 N 步时序展开得到的非时序网络中。这一方法称为 Epoch-wise Truncated BP。[724] 由于 RNN 时序展开后不再具有递归连接，相应的计算图中不再有循环，因此可用标准自动微分方法求解。之所以选择大于 n 的值 N 作为子序列的长度，是为了使得该子序列中有更多节点可以依时序 BP n 步，从而提高学习效率。注意这一 BP 方法并非完整的 Truncated BP，因为在子序列中还有些节点的误差无法 BP n 步。为实现真正的 Truncated BP，可以通过取重叠子序列的方式，但这一方法会降低算法效率。因此，很多深度学习平台广泛采用 Epoch-wise Truncated BP 方式，如 Tensorflow①。

4.6 计算平台与方法

深度学习需要大量计算资源。一方面，深度学习层次复杂，在前向计算和 BP 过程中都需要大量计算。特别是计算图方法的提出，扩展了模型结构和模型规模，对计算量的需求更加强烈。另一方面，深度学习需要从大量数据中学习知识，因此需要一种可以提高数据处理速度的方法。计算是将数据和模型结合在一起的纽带，计算资源的增长是深度学习取得成功的重要原因之一。

对计算的需求在模型学习阶段和模型解码阶段有所不同。在模型学习阶段，更重要的是对大块数据的整体吞吐能力和并行处理能力；在模型解码阶段，则需要提高系统的实时反应速度，因此需要低能耗、轻量级、对在线数据可以快速处理的能力。在某些应用中，模型需要在线学习，即在解码的同时还需对模型进行更新，这时既需要考虑在解码中的反应能力，也需考虑模型训练时的数据处理能力。

当前深度学习研究中提高计算能力的方法主要有三个方向：一是引入专用计算设备，对深度学习中需要的主要运算操作进行优化，以提高基础计算能力；二是采用并行计算，协调多个计算进程同时工作，提高数据的吞吐能力；三是对模型进行剪裁、精减，以节约计算资源。这三个方向并不矛盾，在解决实际问题时经常同时使用。

4.6.1 GPU 与 TPU

和其他机器学习方法相比，深度学习需要“大量”的“初级”计算。一方面，由于深度神经网络的复杂度很高（如一个图像处理的 CNN 网络可以达上百层），因此需要大量计算资源；另一方面，这些计算通常很简单，绝大部分是矩阵乘法运算。这一特性决定了深度学习的计算方法和其他机器学习算法具有显著差异：它不需要多么复杂的计算和控制指令，最简单的矩阵乘法操作即可完成大部分工作，但需要更大的计算规模和计算强度。针对这一特点，Raina 等人提出了用图形计算单元（GPU）加速深度神经网络训练的方案。[546] 他们的实验发现，在 DBN 训练任务中，

① https://r2rt.com/styles-of-truncated-backpropagation.html.

和一个双核 CPU 相比,用一个 GPU 可以将计算速度提高 70 倍。他们训练了一个 4 层上亿参数的 DBN,如果用 CPU 需要训练几周,用一个 GPU,一天即可训练完成。在 CNN 计算中,GPU 代码的速度可以超过 CPU 两个数量级。[628,682] GPU 之所以有如此明显的性能提高,在于 GPU 中有众多计算核,可以通过并行计算提高矩阵乘法的速度,正好适合深度学习中对大量简单计算的要求。GPU 的使用推动了深度学习技术的发展,使训练复杂网络成为可能。

GPU 适合"重量级"计算,即将数据统一上传到 GPU 显存中,以矩阵运算形式一次性处理,发挥 GPU 各个计算单元并行计算的能力。但是,如果数据块不够大,在主存和显存之间反复复制数据将带来明显消耗,这些消耗可能会大于 GPU 带来的计算性能的提高,从而使整体性能下降。因此,GPU 一般用在模型训练阶段,在这一阶段数据已经准备完成,可以分批计算。在解码阶段,数据是流式的,很难形成大块数据,一般用 GPU 无法提高性能。另一方面,GPU 是通用处理器,设计逻辑比较复杂,对计算指令支持比较全面。但在解码阶段,用到的指令通常很简单,并不需要复杂的计算逻辑,过于复杂的设计会带来不必要的能量损耗。最后,GPU 是为高精度快速计算而设计的,对高精度浮点运算的性能提高尤为显著。这种高精度计算在训练阶段是必要的,但在解码阶段会带来资源浪费。

为解决在解码阶段对低精度、低消耗计算的要求,Google 发布了一款用于深度神经网络模型解码(前向计算)的专用硬件,称为张量处理单元,即 TPU。[320] 和 GPU 相比,这款 TPU 是专为 DNN 解码所设计,包含 256×256 个轻量级的矩阵乘法计算单元(MAC),用于处理 8-bit 整型矩阵乘法运算。与 K80 GPU 相比,这款 TPU 的 MAC 数是 K80 的 25 倍,内存量为 3.5 倍,计算速度是 K80 的 15～30 倍,性能/能耗比是 K80 的 30～80 倍。[320]

4.6.2 并行计算

并行计算是提高 DNN 训练速度的另一个重要手段,包括离线训练和在线学习。[146] 并行计算平台一般分为多处理器系统和集群系统两种,前者基于同一台机器的多个处理单元,共享内存;后者通过多台机器联网组成计算集群。并行训练的基础方法在 Bertsekas 等人的经典教科书中有深入讨论。[60] 传统并行计算方法的研究集中在凸优化问题和同步算法。近年来随着深度学习的发展,非凸优化问题和异步算法得到更多重视。并行计算包括对统计量、梯度、参数等的并行处理,DNN 训练中主要对梯度计算进行并行化。

1. 模型并行和数据并行

从计算策略角度,并行计算方法可分为两种:模型并行和数据并行。在模型并行中,将模型参数划分成不同组,一个计算进程只负责优化某一组参数,如图 4-40 所示。在数据并行中,将训练数据划分成不同组,一个计算进程基于某一组数据对参数进行优化，如图4-41所示。一般来说，模型并行实现相对容易，因为不涉及参数被若干计算进程同时修改的问题。但由于不同进程负责的参数之间会互相影响，因此需要考虑进程间的通信问题，如图4-40所示。同时，如何对模型参数进行合理划分，也是很重要的问题。数据并行概念比较简单，在EM算法中有广泛应用。在神经网络优化中，如果优化方法基于Batch GD，一般不存在太大问题。在SGD中，数据并行需要考虑计算进程间的同步，因为某一进程在梯度计算过程中，模型参数可能被另一进程改变。这两种并行方法也可以结合在一起，不同计算进程基于不同数据集，负责模型中的不同组参数。

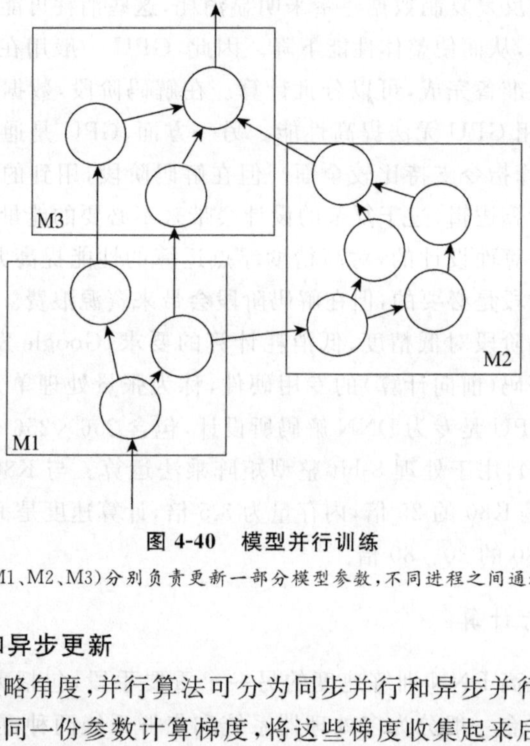

图4-40　模型并行训练

注：每个计算进程(M1、M2、M3)分别负责更新一部分模型参数，不同进程之间通过消息机制交换信息。

2. 同步更新和异步更新

从参数更新策略角度，并行算法可分为同步并行和异步并行。同步并行是指多个计算进程基于同一份参数计算梯度，将这些梯度收集起来后统一进行参数更新，再将更新后的参数重新分发给各个进程。异步并行不对参数进行统一更新，每个计算进程完成梯度计算后，即对参数进行更新，因此可能存在信息互相覆盖的可能。下面我们分别介绍这两种方式。

同步并行等待所有计算进程完成计算后，统一更新模型。[117,777,440] 如果不同计算进程的计算结果是可累加的(如GD算法中的梯度，EM算法中的统计量)，则这种同步更新方法和单线程训练并无不同，可以线性提高效率。对于多处理器系统，同步机制可以通过加锁机制来实现；对于集群系统，则需要一个中心服务器来收集各个计算进程的计算结果，即Master-Worker结构，如图4-42所示。

同步计算的效率不高，因为不同计算进程的速度可能相差较大，基于同步机制

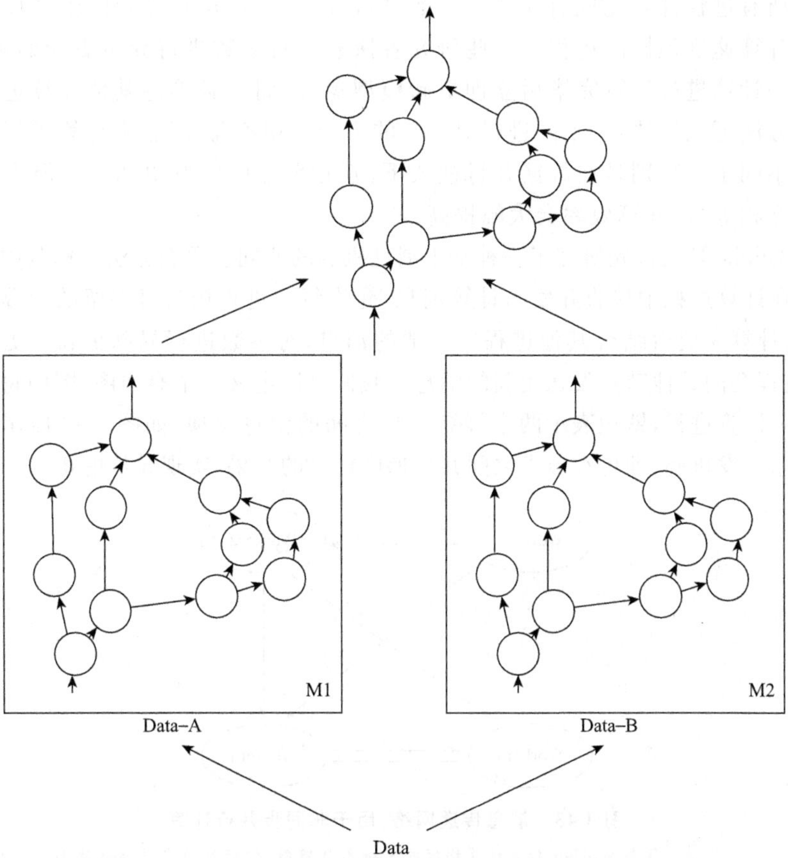

图 4-41 数据并行训练

注：每个计算进程(M1,M2)各自处理一部分数据，分别计算梯度，并基于各自计算出来的梯度对同一份参数进行更新。

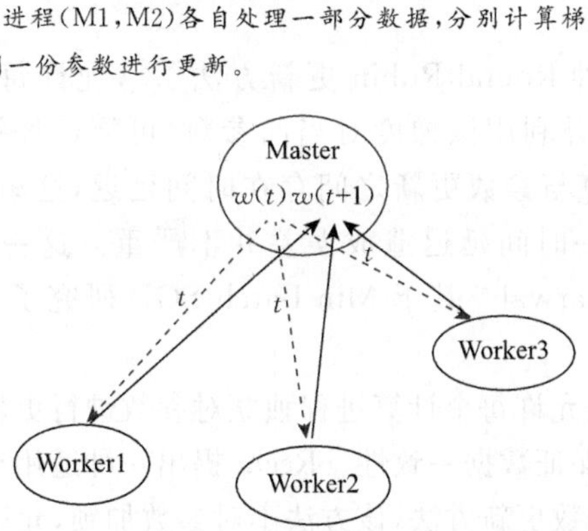

图 4-42 同步 SGD 算法

注：Master 在 t 时刻将参数 $w(t)$ 分发给各个 Worker，每个 Worker 依此计算梯度(基于不同数据或不同参数子集)，将该梯度返回给 Master。Master 待所有 Worker 工作完毕之后，统一更新参数，并将更新后的参数 $w(t+1)$ 分发给各个 Worker。

必须等所有进程计算完成后才能对参数进行统一更新，这意味着同步计算的效率取决于计算速度最慢的进程。一些研究者探索了对参数进行异步更新的可能，即允许某一计算进程计算完毕后立即更新模型参数，而不必等待其他计算进程。这一更新方法可能导致：①不同进程对参数的更新互相覆盖；②各个计算进程所基于的参数不同步。特别是在数据并行模式下，互相覆盖的问题更明显。但由于进程间不必互相等待，计算效率会大幅提高。

Tsitsiklis 等人首先研究了一种基于消息机制的非同步更新方法[676]，其中每个计算进程在计算过程中接收并发布计算消息，允许每个进程依自身保留的参数计算梯度，并在计算完成后结合其他进程发给他的消息，对参数进行局部更新。更新完成后，该进程会向其他节点发送更新的消息。我们可以定义一个有向图，图中每个节点代表一个计算进程，繁边表示两个计算进程之间的消息交换，如图 4-43 所示。基于这一消息分发机制，即可在节点之间共享梯度计算的结果，实现异步更新。

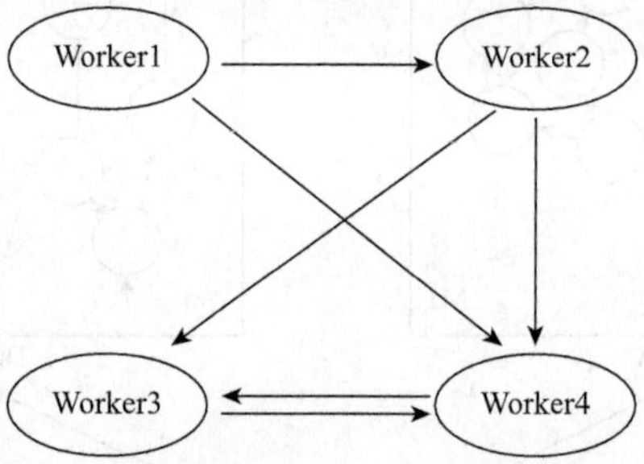

图 4-43　消息传递网络，用于非同步并行计算

注：每个 Worker 独立计算梯度并更新各自模型，但通过消息传递网络与其他 Worker 共享信息，实现数据并行或模型并行。图片来自文献[4]。

Langford 提出一种 Round Robin 更新方法[373]，允许每个计算进程基于较早的参数进行梯度计算，并利用该梯度对当前参数（可能已经被其他线程更新过）进行更新。由于梯度计算与参数更新之间存在时间延迟，这事实上引入了非同步误差。Langford 证明这一时间延迟造成误差并不严重。这一 Round Robin 更新方法如图 4-44 所示。Agarwal[4] 基于 Min-Batch SGD 研究了上述非同步方法，得出了同样的结论。

上述异步更新方法允许每个计算进程独立对参数进行更新，但在更新时，依然要求对所有参数加锁，以保证数据一致性。Recht 提出一种适用于多处理单元共享内存结构下的 HogWild! 参数更新方法，该方法不对参数加锁，允许不同计算进程对参数同时进行修改。这种方法显然会带来一定冲突，但当每个计算进程对参数的更新非常稀疏时（即一次更新仅涉及少量参数），这种冲突发生的可能性很低，不会影响学习性能。理论分析表明，当参数更新的稀疏性满足一定条件时，HogWild! 更新方式对收敛性几乎不产生影响，但会简化程序设计逻辑，提高学习速度。

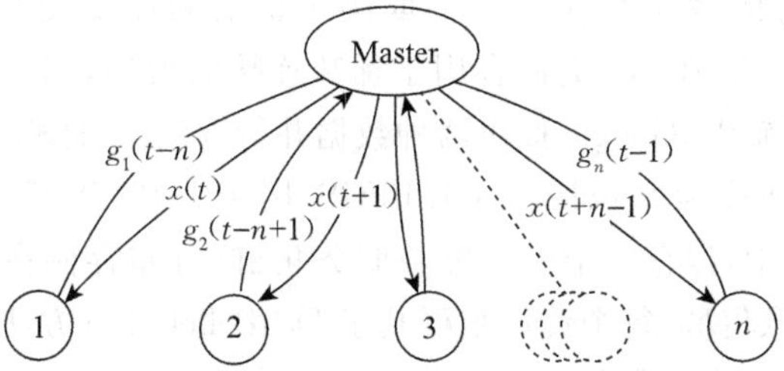

图 4-44 存在时间延迟的 Mini-Batch SGD 算法

注：每个 Worker 依自己保存的参数和数据集计算梯度，计算完成之后返回给 Master，Master 依此对参数进行更新，并将更新后的参数返回给该 Worker。图片来自文献[4]。

3. DNN 并行训练技巧

4.6.2 小节讨论的并行计算方法对 DNN 并行训练有直接指导意义，同时，我们还需要考虑 DNN 训练的特殊性。首先，DNN 是高度非线性模型，其目标函数具有非凸性；其次，DNN 中的参数耦合严重，对某一部分参数更新可能会对其他参数更新产生较大影响。基于此，DNN 并行训练中的 Mini Batch 不能选得太大，否则可能加重非同步问题。然而，Mini Batch 较小意味着计算设备间交互信息频繁，如果 DNN 参数量较大，则信息交互所需的带宽将成为瓶颈，并行方法的优势无法发挥作用。因此，对 DNN 训练，不论是模型并行还是数据并行，都有很多困难要克服。[589]

Google 提出的 DistBelief[144] 可能是第一个成功用于大规模 DNN 训练的计算框架。这一框架主要为了解决超大模型无法用 GPU 有效训练的问题。基于该框架，一个大模型被分成若干参数块(Shard)，每个参数块由一台机器保存。在前向、后向计算时，计算信息在各个计算进程间传递。这一框架采用同步更新机制，其更新顺序和进程间的信息交互由计算框架负责。该模型并行方法如图 4-45 所示。

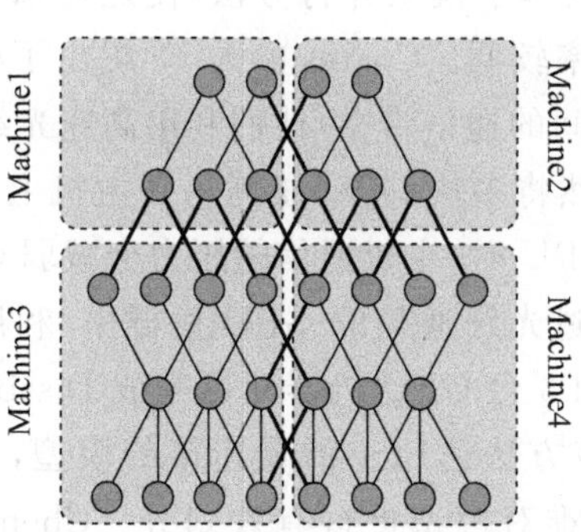

图 4-45 DistBelief 的模型并行方法

注：每个计算进程负责部分参数更新，但要从其他计算进程获得相关参数的更新信息。图片来自文献[144]。

显然，这种模型并行的效率很大程度上取决于机器间需要交互的数据量，交互越多，效率越低，因此 DistBelief 更适合用于稀疏连接的模型，如 CNN。

在 DistBelief 基础上，Google 提出两种数据并行方法，一种称为 Downpoure SGD，用于 SGD 并行，一种称为 Sandblaster L-BFGS，用于 L-BFGS 并行，如图 4-46 所示。在 Downpoure SGD 中，保存一个中心参数服务集群（分布存储在多个机器上），建立多个该服务器的镜像集群，每个镜像集群基于 DistBelief 并行方法处理一份独立的数据，将计算结果定期和中心服务器进行交互。注意，因为镜像集群也是基于多台机器的，因此交互时镜像集群中的每台机器只需和中心服务器集群中部分机器交换参数信息。在 Sandblaster L-BFGS 中，同样建立多个中心参数服务器的镜像集群，由一个协调线程为每个镜像集群分配数据，在每个镜像集群中完成 L-BFGS 的梯度计算和累积，并在每一轮完成后统一更新中心参数服务器保存的参数。

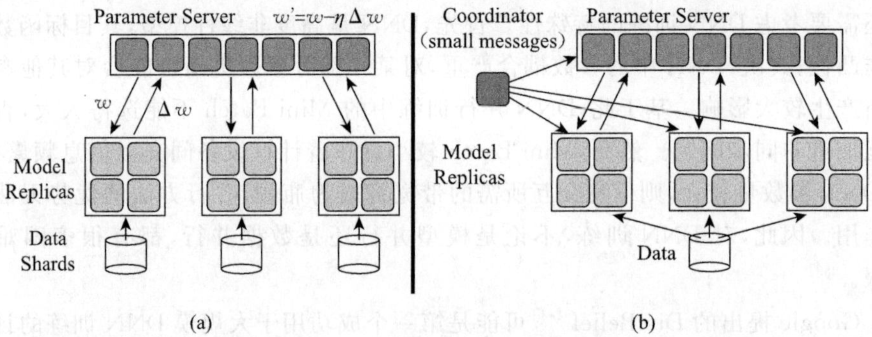

图 4-46 基于 DistBelief 的 Downpoure SGD 和 Sandblaster L-BFGS

注：每个 Model Replica 基于数据并行方法增加对大数据的处理能力，每个 Model Replica 内部采用模型并行方法提供大规模 DNN 模型的训练能力。图片来自文献[144]。

DistBelief 的成功主要基于模型并行方法，使之可以训练超大规模的网络，但基于 CPU 的计算还是效率较低。Coates 等人[124]提出了模型并行的 GPU 集群计算方案。考虑到 GPU 之间的通信带宽，他们利用高速光纤网络提高计算进程间的通信效率。实践表明，虽然将多块 GPU 放到一台主机上可能会增加速度，但当一台主机里包括多于 8 块 GPU 时，主机通信的压力会减弱 GPU 的并行能力，这时就不如将 GPU 置于多台通过光纤通信的 GPU 集群中，利用多个 GPU 做模型并行计算。通过 GPU 并行，用 3 台 GPU 机器即可完成 DistBlief 系统用 1000 台 CPU 机器完成的实验。注意该方法适用于稀疏连接的模型，如 CNN。对于全连接模型，这种模型并行方法很难对模型进行有效划分。Chen 等人[109]提出一种 Pipe-Line 方法，将全连接网络的不同层分给不同的 GPU，前向信息和后向 BP 在 GPU 间依 Pipeline 格式传递。他们的实验表明，用 4 个 GPU 可达到 3.3 倍的加速效果。

上述 GPU 集群较适合模型并行学习。对于数据并行，GPU 之间的通信依然是主要瓶颈。Strom[629]提出一种稀疏梯度方法来解决GPU集群的通信压力。这一方法只对超过一定大小的显著梯度进行传递，并对梯度进行量化，以尽可能减少GPU设备间通信。通过这一机制，可以在多达80个GPU的云计算平台上实现数据并行而不降低精度和收敛速度。当GPU为64个时，训练一个参数量为19亿的CNN网络，这一方法可提高训练速度28倍。Seide等人[588]同样基于梯度量化实现数据并行训练。在8个K20X GPU上，当Mini-Batch的大小为16000时，可提速6.3倍。上述方法基于同步更新，Zhang等人[765]提出异步更新方案，在4个GPU上实现3.2倍的速度提升。Povey等人[526]给出的参数平均方法同样基于数据并行。在这一工作中，不同GPU得到的模型每隔1～2分钟做一次平均，再分发到每个GPU。当和NSGD结合时，这一方法可在不损失精度的前提下有效提高训练速度。

4.6.3 模型压缩

减少解码阶段计算量的另一个有效方式是对DNN模型进行压缩。几乎所有压缩算法都基于这样的思路，即DNN是过度参数化的模型，在模型参数上存在大量冗余。[153]通过各种方法去除这些冗余，即可实现模型压缩。

早在20世纪80年代，人们就开始探讨对神经网络的压缩方法，如Sietsma在1988年提出的一种网络剪裁方法，去掉那些对网络输入变化不敏感的节点。[608]

当前第一种常见的网络压缩方法是对网络连接进行剪裁，如图4-47所示。最简单的方法是依权重的绝对值进行剪裁。[271]Yu等人在语音识别实验中发现基于这种方法可去掉90%的连接，重新训练后对性能基本没有影响。[749]LeCun提出一种称为Optimal Brain Damage(OBD)的剪裁方法，去掉那些对训练目标函数影响最小的边。[383]Liu等人证明OBD方法确实比基于绝对值的剪裁方法效果更好，但经过重训练之后二者的差距并不明显。[413]OBD方法假设目标函数的Hessian矩

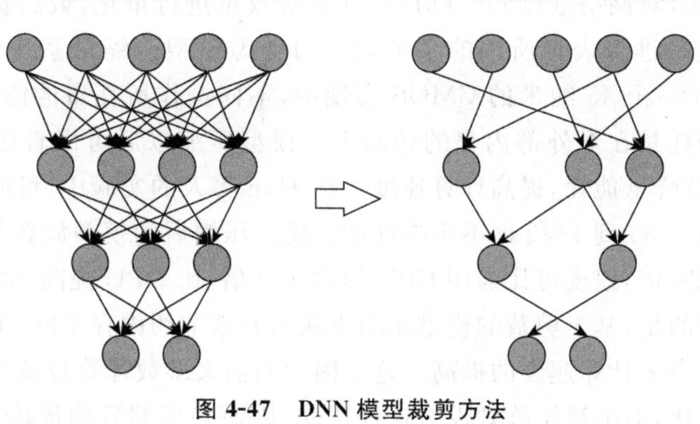

图4-47 DNN模型裁剪方法

注：基于权重的裁剪去掉权重较小的连接，OBD方法去掉对目标函数影响最小的连接，OBS方法在去掉连接后调整其他连接的权重。

阵是对角的，且不考虑去掉某一连接后对其他连接的影响。Hassibi[258]提出一种 Optimal Brain Surgeon(OBS)方法，不对 Hessian 矩阵做对角假设，且在去掉某一连接后调整其他连接的权重以补偿因裁剪带来的损失。

第二种常见的压缩方法是对矩阵进行结构化处理。如 Xue 等人[737]提出用 SVD 对全连接矩阵进行分解，并对特征值矩阵进行剪裁。类似的线性、低阶方法被广泛用于 DNN 参数压缩，如 Denton 等人[154]提出的线性矩阵分解法，Jaderberg 等人[303]提出的低阶矩阵法。Sindhwani 等人[613]利用更丰富的结构化信息对 DNN 网络进行压缩。他们研究了三种结构化形式：Toeplitz、Vandermonde 和 Cauchy，发现利用这些结构化信息，可以取得比传统线性分解方法更好的压缩比和训练/解码速度。基于类似思路，Novikov[489]利用 Tensor 分解方法引入结构化信息，压缩了模型规模，提高了解码速度。

第三种方法是参数量化，因为 DNN 的参数基本分布在零点附近，可以用量化方法减小模型存储空间。例如，Vanhoucke 将 32 位浮点运算转成 8 位整数运算，显著减小了模型规模，提高了解码速度。[687] Gong 等人[228]研究了若干权重量化方法，包括二值量化[129]、K-Mean 量化、Product 量化[307]、残差量化。[110]利用这些量化方法，可以将用于 ImageNet 分类任务的 CNN 模型压缩到原来的 1/16～1/24，而识别性能仅下降 1%。

第四种方法是参数共享，即不同连接共享同一权重，如基于 Hash 的共享方法。这一方法利用一个 Hash 函数将连接映射到若干 Hash Bucket 中，处于同一个 Hash Bucket 的连接共享权重。[107]如果结合模型裁剪方法，Hash 函数发生冲突的可能性会降低，共享效率可进一步提高。[601,716]

Han 等人[254,252]将上述几种方法综合起来，对 DNN 压缩进行了深入研究。在文献[252]中，发现可以通过迭代剪裁逐渐减小网络规模。于是，他们采用了三步压缩方法：首先，对网络进行 OBD 剪裁，其后对权重进行量化，最后基于 Huffman 编码减少对模型进行表示所用的字节数。为考虑模型压缩对系统性能的影响，图 4-48 给出在一个 45 纳米的 CMOS 实现中，不同操作所耗费的能量。[252]可见，最大的能量消耗是在对外部内存的访问上。模型压缩以后可以直接放到 SRAM 中，从而可显著降低能耗，提高计算速度。在 Han 等人的实验中，可以将模型大小压缩至原来的 1/35 到 1/49 而不影响性能。这一压缩后的模型放到 SRAM 中，能量可以节约 120 倍，速度可比通用 CPU 提高 189 倍，比 GPU 提高 13 倍。[253]

值得注意的是，基于剪裁的模型压缩方法可有效节约内存空间，但在通用计算设备上未必能带来计算速度的提高。这是因为当前大多数计算设备对稠密矩阵运算做了大量优化，对稀疏矩阵则没有这种优化，因而对压缩后的稀疏 DNN 的计算速度可能比压缩前更慢。BLAS 标准已经扩展了稀疏矩阵运算接口，很多计算库也对此做了实现(如 MKL、NIST sparse BLAS 等)，但稀疏矩阵的计算在速度上依

Operation	Energy[pJ]	Relative Cost
32 bin int ADD	0.1	1
32 bin float ADD	0.9	9
32 bin Register File	1	10
32 bin int MULT	3.1	31
32 bin float MULT	3.7	37
32 bin SRAM Cache	5	50
32 bin DRAM Memory	640	6400

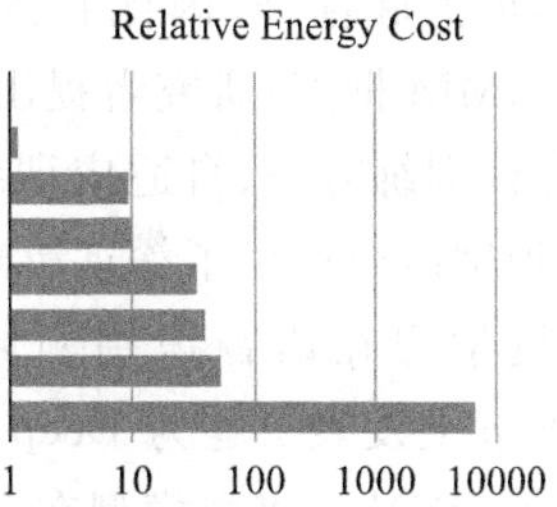

图 4-48　CMOS 中不同操作的能耗

注：图片来自文献[252]。

然没有优势(除非计算设备本身对稠密矩阵运算也没有相应优化)。

最近一些研究从算法层对稀疏矩阵操作进行了优化[412,363]，但最终解决还是要依赖硬件设备的支持。[528,42,607] 最近，Nvidia 发布了 cuSparse 支持稀疏矩阵操作。[473] 如果有效利用 Cache，则可在 Nvidia 设备上得到更好的性能。[218] 目前，cuSparse 被 Nvidia 各系列支持，特别被移动设备端芯片 Tegra 支持①，为模型压缩技术提供了硬件基础。随着支持稀疏矩阵运算的硬件设备的普及，未来稀疏 DNN 可能帮助深度学习从云端扩展到移动设备，这将对产业发展带来深远影响。

4.7　深度学习的应用

近十年来，深度学习技术在众多应用领域取得一系列令人瞩目的成就，直接推动了当前的 AI 热潮。本节简要介绍深度学习方法在语音信号处理、自然语音处理、计算机视觉等方面的一些进展。关于深度学习在这三个领域里的早期工作，读者可以参考 Deng 和 Yu 的著作。[150]

4.7.1　语音信号处理

在语音信号处理领域，深度学习技术首先在语音识别任务上取得突破[137,748]，之后在语音合成[409,755,325,536,754,174,547,177,410,496]、语音增强[736,773,397]、语音分离[292,352,299]、说话人识别[690,268,766,398,401,651,402,403,710]、语种识别[655,654,764,417,12,310,359,199,229,207,751,621,179,667]等方面取得了长足进展。我们以语音识别和说话人识别为例简述深度学习在语音信号处理领域取得的成就。

1. 语音识别

传统语音识别方法基于简单的声学特征(如 MFCC/PLP)，利用 GMM 和 HMM 分别对发音的静态特征和动态特性建模。HMM/GMM 模型结构简单，训

① https://developer.nvidia.com/cuda-gpus.

练方便，可扩展性强，因此直到2011年一直是语音识别领域的主流方法。基于HMM/GMM框架，研究者提出各种改进方法，如结合上下文信息的动态贝叶斯模型、区分性训练方法、自适应训练方法、HMM/NN混合模型方法等。这些方法都对语音识别研究产生了深远影响，并为新一轮技术革命做好了准备。

深度学习在语音识别领域中的应用始于2009年，Mohamed等人在NIPS Workshop上发表了题为Deep Belief Networks for phone recognition的论文，报告了基于DNN的声学模型在TIMIT数据集上可得到23%的错误率，远好于其他复杂模型。之后，微软、IBM、谷歌等公司对深度学习模型进行了深入探索，尝试了各种模型结构在不同识别任务上的效果。今天，深度学习已经成为语音识别的基础框架，基于深度模型的语音识别系统不论是识别率还是鲁棒性都远好于上一代基于HMM/GMM的系统。

2013年以前，深层前馈网络(Forward DNN，FDNN)是语音识别中应用最广泛的深度模型。FDNN是具有多个隐藏层的多层神经网络，具有强大的特征学习能力和分类能力。经过合理的初始化(如预训练)，FDNN可通过SGD算法进行优化。FDNN在声学建模中的应用可分为两种方式：一是混合建模，以FDNN代替GMM来描述HMM模型的状态输出概率，构造HMM/DNN混合模型；二是特征提取，利用FDNN作为特征报取器，提取抽象特征，再送入传统的HMM/GMM模型进行声学建模。这两种方式各有优势，比较来说，混合建模更简单，因此是大多数商用系统采用的方式，而特征提取方式对数据资源的要求比较低，通常应用在小语种识别等数据稀疏场景中。

随着研究的深入，研究者对DNN声学模型的特性理解得也越来越全面。第一，人们发现FDNN具有很强的特征提取能力，可以从频谱甚至时域信号中直接学习语音特征。这种纯数据驱动得到的特征在很多识别任务上好于基于听觉感知特性设计的特征(如MFCC和PLP)。第二，人们发现FDNN具有强大的环境学习能力，可以对多种噪声、口音条件下的模式进行统一学习，显著提高了系统鲁棒性。第三，人们发现FDNN非常适合多任务学习和迁移学习，利用一种语言的数据训练出的DNN，可以直接用到另外一种语言上作为特征提取模型。

FDNN的成功激励研究者探索更有效的深度模型，其中具有重要意义的是递归神经网络(RNN)的应用。RNN和HMM一样都是动态时序模型，不同的是，HMM的状态是离散的，而RNN的状态是连续的，因此更适合描述语音信号从起始到结束的连续动态发展过程。同时，RNN和用于特征提取的DNN都是神经模型，用RNN代替HMM可以把语音识别统一到神经模型框架中。研究者在早期曾做过一些这方面的探索，但直到2014年端到端训练方法出现以后，这一方案才最终得以实现。特别是在引入**时序训练准则CTC**(Connectionist Temporal Classification)[237]之后，RNN/DNN成为语音识别的主流框架。基于CTC，模型训练不再依赖一个初始 GMM 模型对语音信号和标注进行逐帧对齐，而是考虑所有可能的路径来计算损失函数，从而有望得到和序列任务更相关的模型。

图 4-49 是当前语音识别系统所采用的一种典型的神经网络模型结构。该结构从频谱开始，通过 3 层 CNN 学习发音特征，再通过 7 层 RNN 学习信号的静态和动态特性，最后通过 1 层全连接网络输出音素(或其他语音单元)的后验概率。RNN 层可采用 GRU 或 LSTM 结构，并且可采用双向结构，以提高建模精度。近两年来，研究者进一步扩展了端到端学习模型，提出了基于注意力机制的语音识别方法。[100]该方法类似于我们听到一段话后进行默写的过程：首先在脑海里对这段话进行理解，然后基于自身的知识背景对所理解的内容进行默写。在默写过程中，边写边回忆脑海中的记忆，直到完成默写。基于注意力机制的识别系统从宏观上把握识别过程，有望成为新一代识别系统的基础架构。

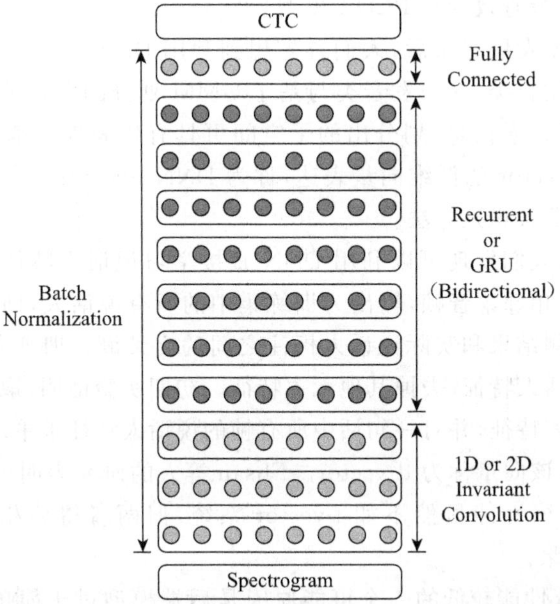

图 4-49　百度的语音识别系统 DeepSpeech2 的神经网络模型

注：图片来自文献[14]。

除了声学模型，近年来，基于深度神经网络的语言模型(NNLM)也取得很大进展。[51,447]这一模型将单词映射为语义空间中的连续向量，从而可以在该空间中基于 RNN 建立连续的预测模型。然而，NNLM 的训练较慢，还不能处理超大规模词表，因此一般用二遍解码中。随着训练速度、新词处理、应用框架等问题的解决，NNLM 有可能取代当前通用的 n-gram 模型，甚至成为端到端网络的一部分。

2. 说话人识别

说话人识别是基于语音信号判断说话人身份的技术。[92,559,345,256]传统说话人识别基于概率统计模型，如著名的 GMM-UBM 框架，首先基于所有说话人的语音数据建立一个全局说话人的 GMM 模型，这一模型称为 UBM。之后对每个说话人建立自己的 GMM 模型，这些个体 GMM 模型由 UBM 通过 MAP 或 MLLR 等自适应技术得到。基于这些说话人 GMM，即可判断测试语音属于某个说话人的概率。GMM 模型之所以有效，是因为该模型通过非监督学习将发音空间分成若干子区域(用一个高斯分布描述)，并将说话人信息表示为在每个发音子空间上的变化，从而实现发音内容和发音人特性两个因子的分离。由于 GMM 模型参数众多，研究者提出基于概率主成分分析(PPCA)对语音信号进行子空间建模的方法。基于该模型，一段语音信号可表示为一个低维向量空间中的连续向量，称为 i-vector。[145] 通过计算两句话对应的 i-vector 之间的距离，即可判断出这两句话是否属于同一个人。为了提高 i-vector 对说话人的区分能力，研究者提出各种区分性建模方法，其中最有效的是 PLDA 模型。[297]

深度学习技术发展起来后，人们首先想到利用 DNN 对音素的区分能力来表征语音帧所属的发音类，这一发音类与基于 GMM 划分的发音子空间具有类似作用，但由于利用了音素信息，划分出的子空间更具有代表性。基于 DNN 发音类，可以建立类似 i-vector 的低维向量表达，称为 DNN i-vector。[335,392] 这是第一个利用深度学习的说话人识别方法。

进一步研究，人们发现可以利用 DNN 直接学习说话人特征。构造一个神经网络，输入为若干相邻语音帧，输出为训练集中的所有说话人，训练准则为每帧所属的说话人的预测结果和实际说话人标注之间的交叉熵。训练完成以后，这一网络将逐层学习说话人特征，去掉其他无关特征。初期实验证明，取最后一个隐藏层的输出作为说话人特征，并对一句话中所有帧的说话人特征求平均，即可得到句子级的说话人向量，该向量称为 d-vector。Ehsan 等人的研究表明[690]，基于 d-vector 的说话人识别系统性能虽然不如 i-vector 系统，但两者得分相加后，可得到比 i-vector更好的效果。

d-vector 系统性能较低的一个可能原因是后端模型过于简单，且与测试准则不匹配。事实上，该 DNN 模型的训练的准则是每一帧的区分性最大，而测试时是句子的区分性最大。为了提高 d-vector 系统的性能，很多研究者提出更复杂的后端模型，其中端到端方法取得了较好效果。[268,766,398,616] 这一方法将特征提取和区分性模型组合成一个 DNN 网络，模型训练的目标是判断两句话是否属于同一个人。这一方法保证了训练和测试时的准则一致，当训练数据足够充分时，可取得比 i-vector系统更好的性能。

然而，端到端系统事实上忽视了特征提取的重要性。虽然我们希望提高说话人识别系统的性能，但更重要的是对表征说话人属性的基础特征进行学习。这一学习不仅可以使得我们对说话人特性的形成有更深刻的理解，提取出的特征也可以很容易应用到其他相关任务中，如说话人分割、说话人聚类等，这些都是端到端系统无法解决的。最近，我们发现一个简单的CNN加TDNN的网络（见图4-50）可以有效学习说话人特征，在0.3秒的语音片段上即可实现7%的等错误率。[402]这说明说话人特征和发音内容一样，都是一种短时频谱特征，可以在短时语音信号中提取。这事实上澄清了说话人识别研究中关于"说话人是一种什么特征"的疑问。进一步研究表明，这一深度特征具有较强的泛化能力，在跨语言说话人识别[403]，基于咳嗽、笑声的说话人识别[764]等方面都能取得了很好地识别性能。

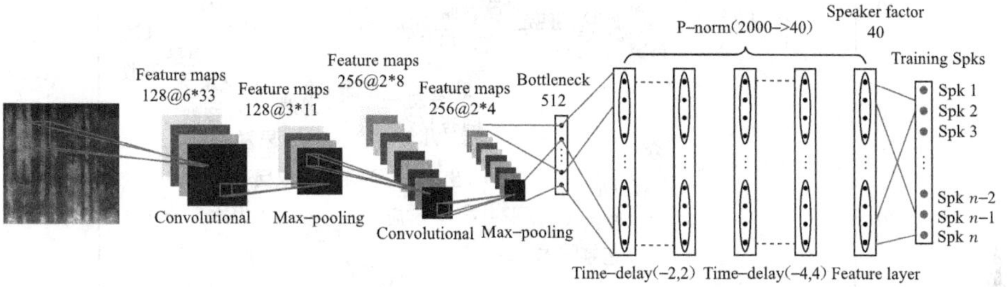

图4-50 基于CNN-TDNN的深度说话人特征提取网络

注：图片来自文献[402]。

近两年来，基于深度学习的说话人嵌入(Deep Embedding)方法取得了很大成功。这一方法利用一个池化层将帧级别的特征融合成句子级别的特征向量（称为Speaker Vector）。目前，X-Vector是最流行的Deep Embedding模型。

4.7.2 自然语言处理

自然语言处理是深度学习取得重要成就的另一个领域，而这些成就的取得很大程度上要归功于Bengio提出的**Word Embedding**概念。[51]所谓Embedding，是指将离散符号映射到连续向量空间，用向量代表符号。Word Embedding即用连续向量来代表单词，该向量称为**词向量**。单词的向量化具有重要意义，它使得词与词之间的距离变得可以度量，这为深度学习在自然语言处理领域的应用铺平了道路。

Bengio的词向量基于RNN语言模型，该模型通过一个映射层将离散的词映射成词向量，再基于RNN进行序列建模。因此，在这一模型中词向量是和RNN LM一起学习的。随着研究的深入，人们设计了各种度量方式和学习方法来优化词向量的学习[678,126,290,450,449]，其中有代表性的是Mikolov的两种简单的Log Linear模型。[450]同时，Mikolov还提供了高效的开源工具Word2Vec①，该工具可以从大量原始语料中高效地学习出词向量。和Bengio的工作不同，Mikolov的词

① https://github.com/dav/word2vec.

向量不再是 LM 训练的副产品，而是独立学习的、专门用来表达词与词之间关系的向量。图 4-51 给出了一个词向量的例子，其中词向量由 Word2Vec 工具生成，语料是金庸的小说《射雕英雄传》。

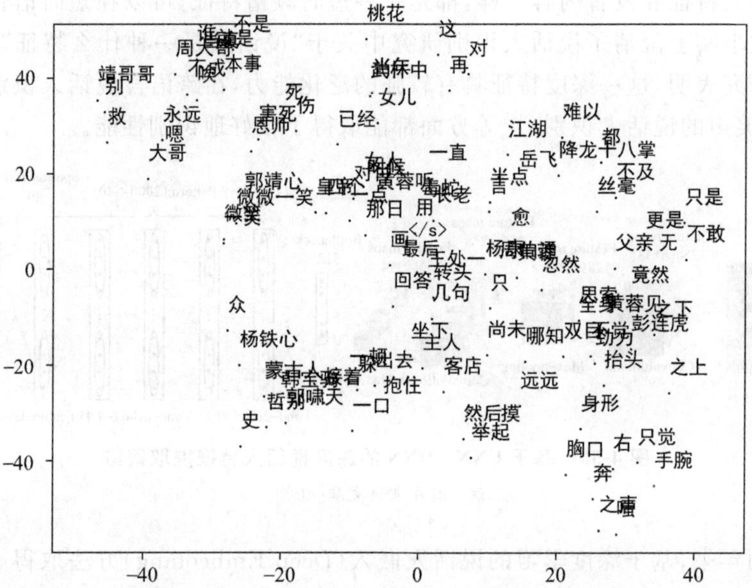

图 4-51　用 t-SNE 工具[423]画出的词向量的分布

注：图中的词向量由金庸小说《射雕英雄传》训练生成。

形式上，Mikolov 的词向量表达的是词与词之间在特定窗口内的同现关系，但这一简单的关系表示在向量空间中产生了意想不到的效果[451]：人们发现某些语义可以表达为词向量空间中的简单运算，例如：

$$\text{vec}(男)-\text{vec}(女)=\text{vec}(国王)-\text{vec}(王后)$$

这说明语义在向量空间中具有一定的线性关系，如图 4-52 所示。

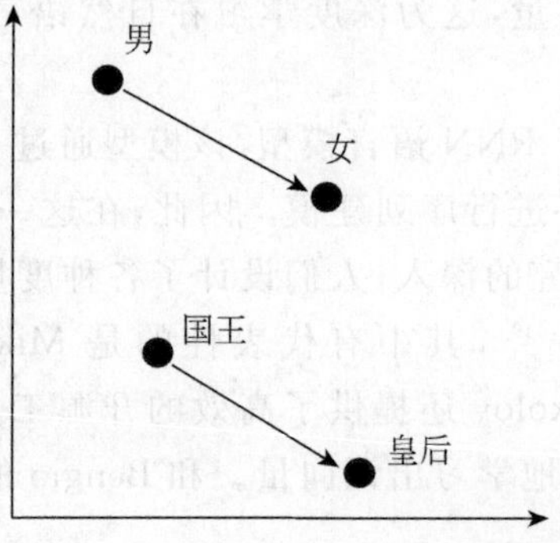

图 4-52　语义在词向量空间具一定的有线性关系

注：vec(国王)−vec(皇后)≈vec(男)−vec(女)。

词向量将离散的语言符号表示成连续向量，直接推动了深度学习技术在自然语言处理中的应用，如语义分析[126,74,573,340,270,501]、相关表达提取[617,756,758,759]、机器翻译[113,639,28,734,312,602,445]、情感识别[618,619,162,523,646]等。这里我们以机器翻译为例简述深度学习方法在自然语言处理领域带来的变化。

传统机器翻译方法基于统计概率模型，称为**统计机器翻译**(Statistical Machine Translation，SMT)。一个典型的SMT系统主要包括两个组成部分：翻译模型和语言模型。翻译模型用来描述两种语言之间单词或词组的对应关系，语言模型描述目标语言单词或词组之间的连接关系。得益于开源工具Moses[517]，这一方法取得了极大成功，特别基于词组的SMT方法直到现在依然是非常强大的基线系统。[348]

然而，SMT的一个问题是翻译流于表面化。基于概率模型，一个词能翻译成哪个词完全取决于训练语料里这个词是否出现，而不会考虑该词的语义信息。这种机械翻译的方法和人类的翻译过程显然是不同的。对人来说，在翻译一句话时，总是先试图理解句子的意义，再基于该语义选择合适的目标单词进行翻译。翻译时我们不会过多关注单词字面上的对应，而是关注句子能否合理地、流利地表达原句的意思。如果将SMT的翻译方式称为“句译”，那么人的翻译方式更多是“意译”。

显然，实现意译的关键在于每个单词的意义可度量、可计算。词向量的提出恰好满足了这一要求：将源语言和目标语言的单词向量化以后，即可用一个深度神经网络对输入句子和翻译句子进行建模。基于神经网络的翻译方法称为**神经机器翻译**(Neural Machine Translation，NMT)。

早期的工作基于序列对序列模型[639]，将输入句子经过一个RNN压缩成一个语义向量，再利用另一个RNN基于该语义向量生成翻译句子。这一模型的缺点在于RNN的记忆能力不足，如果输入序列较长，则无法得到完整的语义表达。Bahdanau等人提出基于关注机制(Attention)的序列对序列模型来解决这一问题[28]。这一模型保留输入序列的全部信息，在解码时依当前解码器的状态自动选择对哪部分输入进行翻译。因为不存在语义压缩，该方法可以有效提高对长句的翻译性能。近年来，基于Attention的NMT系统取得了很大成功，Google、Facebook、微软等大公司先后推出自己的NMT系统，得到了近似人的翻译效果。[734,205,22]

NMT系统的一个潜在问题是对低频词的学习能力较弱。这一方面因为网络训练时受高频词的影响较大，低频词很难得到充分学习；另一方面，由于神经网络所代表的映射函数是连续的，对于极少出现的词，在模型训练时倾向于将这些词作为噪声处理。相对而言，SMT系统会将低频词以较小的概率保留在映射表中，因而性能损失较小。最近，Feng等人提出了一种基于记忆机制的NMT结构，通过将低频词及其对应的翻译保存在一个内存结构中，可以有效提高NMT对这些词的识别性能。该系统如图4-53所示[739]，其中包括一个基于关注机制的神经网络(左侧)和一个保存低频词的内存结构(右侧)。模型训练时，首先基于SMT生成单词映射表，再将该映射表保存在内存中，在翻译时既考虑神经网络输出，也考虑内存结构给出的输出。这相当于给 NMT 提供了一个翻译词典，供其在遇到生僻词时查询参考，因而更接近人类的翻译方式。

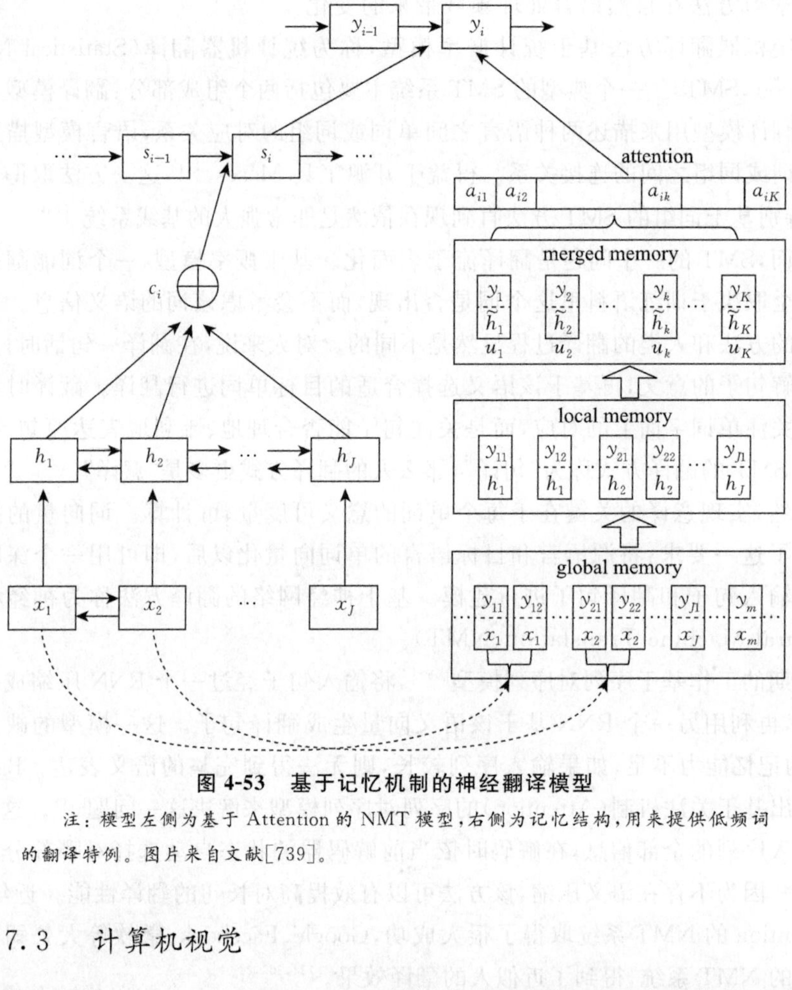

图 4-53　基于记忆机制的神经翻译模型

注：模型左侧为基于 Attention 的 NMT 模型，右侧为记忆结构，用来提供低频词的翻译特例。图片来自文献[739]。

4.7.3　计算机视觉

计算机视觉(Computer Vision，CV)是深度学习取得重要进展的另一个领域。传统 CV 方法基于各种人工设计的特征，如 SIFT(Scale Invariant Feature Transform)和 HOG(Histogram of Oriented Gradients)。这些特征仅能反映一些底层的、初级的模式，对更高层的信息描述不足。因此，传统 CV 系统中通常包括一个复杂的统计模型来学习图片或视频的整体特性，以实现理解和分类。

深度学习在 CV 领域的早期应用以无监督特征学习为主，如 Hinton 等人[278]提出的基于 RBM 预训练的 AE 网络学习高层抽象特征。该方法在 MNIST 手写数字分类任务上取得很好效果①。后续研究表明[648,675,380]，基于 RBM/DBN 等无监督学习方法提取的特征具有很好的适用性，广泛应用在人脸检测与识别、图像抽取、视频建模等任务中。

随着研究的深入，人们发现基于监督学习的卷积神经网络(CNN)在 CV 领域具有更强的表达能力，特别是在 2012 年的 ImageNet LSVRC 竞赛中，基于深度 CNN 的系统取得了极大成功，分类错误率下降到 16.4%，而排在第二位的基于 SIFT 和 Fisher Vector 的系统错误率为 26.2%。[364]这一压倒性胜利引起了研究者兴趣，在 2013 年的 ImageNet LSVRC 竞赛中，几乎所有主要参赛队伍都基于深度 CNN 网络。从此以后，Deep CNN 网络成为 CV 领域的主流，出现了一系列可供下载的大规模 CNN 模型，包括 AlexNet[364]、VGG[611]、GoogLeNet[408,643]、Resnet[265]等。基于这些网络提取的高级特征，CV 研究者可以更容易开发出新的应用。近年来，基于深度学习，特别是 Deep CNN 的深度学习技术在人脸识别[633,504,645,582,632]、图像分割[598,27,407]、表情识别[620,750,338]等方面都取了很大成功。

深度学习在 CV 领域的另一个重要成果是在图像生成领域的长足进展。早在 2006 年，Hinton 就基于 DBN 成功生成了数字②。Alex Grave 基于 RNN 生成了连续手写字母[236]③、Kingma 用 VAE 生成了手写字母和人脸[344,560]④，Gregor 等基于 Variational RNN 生成手写数字和自然图片[242]，Tang 等人[649]利用随机前馈网络生成了面部表情。2014 年以来，生成对抗网络(Generative Adversarial Networks，GAN)受到关注。GAN 包括一个生成网络 G 和一个区分网络 D，在训练过程中，通过调整 G 的参数使得 D 对 G 生成的图片无法区分，同时调整 D 的参数使得 D 对 G 生成的图片区分能力更强。[230]记生成网络由随机变量 $\boldsymbol{z}$ 生成的图片为 $f_G(\boldsymbol{z})$，区分网络对图像 $\boldsymbol{x}$，$\boldsymbol{y}$ 的区分度为 $f_D(\boldsymbol{x},\boldsymbol{y})$，则 GAN 的目标函数可以写作：

$$\max_{f_D}\min_{f_G}\mathbb{E}_{x\sim p_{\text{data}},z\sim p(z)}f_D(f_G(\boldsymbol{z}),\boldsymbol{x})$$

图 4-54 给出了 GAN 的模型结构。

基于生成—对抗这一思路，研究者提出了各种 GAN 模型。Mirza[456]和 Gauthier[202]提出了 Conditional GAN，通过加入条件变量，指导生成的图片类型。Denton 等人提出了一种 LPGAN 模型[155]，在不同尺度上用 GAN 进行学习。Radford 等人[544]提出了一种基于 CNN 的 GAN 网络，并证明这一方法可有效学习图片中的特征。图 4-55 给出由 LPGAN 随机生成的一些图片。GAN 的一个问题是训练困难，这是因为对 Min-Max 目标函数的优化存在不稳定性。研究者们提出

---

① http://yann.lecun.com/exdb/mnist/.

② http://www.cs.toronto.edu/hinton/digits.html.

③ http://www.cs.toronto.edu/graves/handwriting.html.

④ http://dpkingma.com/sgvb_mnist_demo/demo.html.

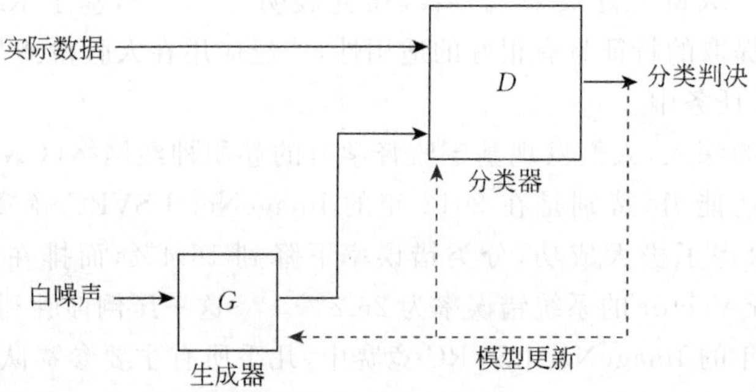

图 4-54 GAN 结构

注：区分网络 D 对生成网络 G 生成的图片和实际图片进行分类。训练准则为：①调整生成网络使区分性最小化；②调整区分网络使区分性最大化。

一些有效的训练方法，如 f-GAN[490]、Wasserstein GAN[19]、Least Square GAN[429]等。当前 GAN 依然是研究热点，广泛应用在 Image-to-Image Translation[414]、图像理解[406]、机器翻译[743]、发音变换(Voice Conversion)[289]等领域。

图 4-55 彩图

图 4-55 基于 LPGAN 生成的图像

注：图片来源于文献[155]。

上述一些研究成果仅是深度学习在CV领域中几个典型的应用。和语音信号处理一样，深度神经网络可以从原始信号中逐层学习出高级的、有代表性的特征，从而简化了建模和解码过程，提高了系统的泛化能力。另外，通过这些高层特征，DNN可以部分“理解”图像的内容，因而可以和其他模态的信息在同一个语义空间中联合建模。例如，可以将图像和文本映射到同一语义空间，实现由图像产生文字(Caption)[309,428,108]，或由文字生成图像[427]，或基于图像生成问答。[558]

4.8 本章小结

本章对深度学习方法做了概要介绍。首先从宏观上讨论了深度学习对传统学习方法的优势，包括更强的函数近似能力、层次化特征学习能力、非监督学习能力以及对复杂结构的学习能力。介绍了深度学习的基本算法，特别是训练中的困难和解决方法。讨论了若干正则化方法，这些正则化方法事实上引入了更多人类知识，利用了实际数据的分布规律。介绍了加噪训练、联合训练、迁移学习等方法，这些方法都在一定程度上提高了训练效率。讨论了生成模型下的深度学习方法，这些方法将神经模型和概率模型结合起来，一方面通过神经网络简化了概率图模型的推理过程，另一方面为神经网络引入了结构化信息，增强了对复杂数据的建模能力。介绍了计算图方法，该方法极大简化了DNN模型的设计和优化过程，为训练复杂网络提供了基础。讨论了对DNN训练和解码的加速方法，特别是并行训练方法。最后，简述了深度学习在语音信号处理、自然语言处理和计算机视觉三个方面的研究进展。

值得说明的是，本章所讨论的深度学习模型仅限于神经网络。事实上，深度学习研究者们也在探索基于其他基础模型的深度结构，希望为现有浅层模型增加层次结构，以达到更好的学习效果。一些例子包括 Deep Fisher Net[612]、ScatNet[89]、PCA/LDA Net[99]、Deep Sparse Coding Net[767,631]、MomentsNet[732]、Decision Forest[775]。这些方法引入了不同的结构化约束，在某些任务上取得了很好的效果。但是，这些模型在理论上的优势还有待深入研究，在表征能力、收敛性上的性质还有待进一步验证。另外，有些研究者提出了一些“嵌入式”结构，将DNN作为其他模型的组成部分，如作为决策树中每个节点的决策函数[358]，或作为线性SVM的特征提取器。[647]这些方法和前面提到的将神经网络和概率模型相结合的方法具有类似思路：通过DNN进行特征学习，通过其他模型进行建模和决策。

尽管深度学习已经在众多领域取得了很大成功，但对深度学习，特别是DNN模型的质疑从未停止。一些质疑已经有了答案，如关于训练中的局部最优问题、泛化能力问题，但另一些质疑却更加尖锐，如DNN模型的黑箱问题。DNN本质上是一种高度共享的、缺少结构化信息的模型，这一方面带来了强大的表达能力，另一方面也产生了模型行为的不可预测性。特别是当层次加深以后，高度非线性使得模型可能带来不可预期的后果。最近一些研究表明，在图像识别中，如果在图片中加入一些特定的噪声，即便这些噪声小到人眼无法察觉，DNN依然有可能产生完全不同的输出；反过来，人眼看起来很不一样的图片，DNN却可能认为是相同的。[642,484]最近Nature的一篇文章专门探讨了这种不确定性。[96]研究者们也提出了一些方法，试图打开DNN这一黑箱。例如，解卷积(Deconvolution)网络可以帮助我们观察卷积网络学习到的局部模式[753]，线性分类器可以帮助我们探究每一层特征的表征能力。[9]这些方法对理解简单网络比较有效，但对于复杂网络往往无能为力。因此，DNN对研究者来说很大程度上还是黑箱。然而，即便还不能完全打开这一黑箱，我们至少应该知道如何防止这一黑箱带来的灾难性后果。这可能是深度学习研究者需要仔细考虑的问题。

4.9 相关资源

- 本章4.1节参考了Juang所著的*Deep neural networks-a developmental perspective*一文。[322]
- 4.7节参考了Deng和Yu所著的*Deep learning:Methods and applications*一书。[150]
- 本章部分内容参考Bengio、Hinton、LeCun在NIPS 2015的Tutorial① 和Deng在ICASSP16上的Tutorial②。
- Goodfellow等人的《深度学习》一书是当前学习深度学习推荐的教材。[231]③
- Deeplearning.net包含丰富的资源，适合初学者了解深度学习的基础知识。
- LeCun、Bengio、Hinton在*Nature*上发表的综述论文*Deep Learning*一文中引用的文献值得认真阅读。[385]

① http://www.iro.umontreal.ca/bengioy/talks/DL-Tutorial-NIPS2015.pdf.

② http://www.icassp2016.org/SP16_PlenaryDeng_Slides.pdf.

③ http://www.deeplearningbook.org/.

第5章 核 方 法

在第 2 章我们讨论过线性回归模型 $\boldsymbol{t}=\boldsymbol{W}\boldsymbol{x}+\boldsymbol{\varepsilon}$。如果 $\boldsymbol{x}$ 和 $\boldsymbol{t}$ 之间有明显的线性关系，则该模型可以取得较好的效果；如果两者之间的线性关系不显著，则该模型会出现较大的偏差。同样，对于近线性分类模型 $y=\sigma(\boldsymbol{w}^{\mathrm{T}}\boldsymbol{x})$，如果 $\boldsymbol{x}$ 是线性可分的，则该模型可得到较好的分类效果，否则该模型将不再适用。为了解决上述问题，一种方法是对 $\boldsymbol{x}$ 做非线性映射，得到特征 $\boldsymbol{\phi}(\boldsymbol{x})$，如果 $\boldsymbol{\phi}(\boldsymbol{x})$ 和目标变量 t 之间存在线性关系（回归任务），或 $\boldsymbol{\phi}(\boldsymbol{x})$ 本身线性可分（分类任务），则可以在**特征空间**建立线性回归模型或近线性分类模型，实现复杂数据的线性建模。如图 5-1 所示，在原始二维空间中的两类点是线性不可分的，但当用一个非线性函数将数据映射到三维特征空间后，则可实现较好的线性分类。

然而，设计一个合理的映射函数 $\boldsymbol{\phi}$ 并不容易，特别是当我们对任务本身的知识相对有限时，这一设计更加困难。在第 3 章中，通过一个参数化的神经网络来学习这一映射，这一方法也称为特征学习。这种方法可以避免人为设计的困难，得到的映射函数与目标任务更加匹配。然而，该方法存在几个缺点：第一，特征学习需要对原始数据有很明确的向量表达，否则无法开始学习。但是，在一些实际应用中，将对象表达成数值向量并不容易。例如，在一个社交网络中，每个节点对应一个成员，这些成员之间的关系是明确的，但要将每个成员单独表达成一个向量却比较困

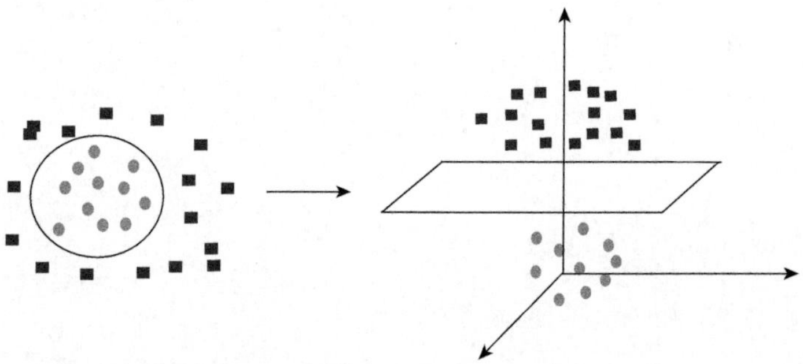

图 5-1　利用非线性映射将二维空间中线性不可分的数据(左图)映射到三维特征空间后(右图)变得线性可分

难。现实中这种关系明确、表达困难的任务有很多。第二,特征学习对特征空间的维度有严格限制,维度过高会导致学习困难。然而,一些复杂数据必须在较高维的特征空间中才能表现出线性,特征学习在这类任务上无法应用。第三,特征学习,特别是基于复杂函数(如 DNN)的特征学习是一个非凸问题,训练存在很大困难,容易进入局部最优。

核方法(Kernel Method)是另一种对映射函数 $\boldsymbol{\phi}$ 进行设计的方法。与特征学习不同,核方法不对 $\boldsymbol{\phi}$ 做显式的表示或学习,而是通过数据间的相关性函数 $k(\boldsymbol{x},\boldsymbol{x}')$ 对 $\boldsymbol{\phi}$ 进行隐式定义,即

$$k(\boldsymbol{x},\boldsymbol{x}')=\boldsymbol{\phi}(\boldsymbol{x})^{\mathrm{T}}\boldsymbol{\phi}(\boldsymbol{x}')$$

相关性函数 $k(\boldsymbol{x},\boldsymbol{x}')$ 称为**核函数**。通过这一定义,只需计算 $k(\boldsymbol{x},\boldsymbol{x}')$ 即可在特征空间中完成拟合或分类任务,而不需要 $\boldsymbol{\phi}$ 的显式表示。这一方法具有若干优势:首先,该方法只关注数据之间的关系,而不是数据本身,因此特别适合数据对象难以用向量明确表达的任务。[200] 其次,由 $k(\boldsymbol{x},\boldsymbol{x}')$ 引导出来的特征空间 $\boldsymbol{\phi}$ 可能具有非常高的维度,甚至是无限维,因此可以满足复杂数据在特征空间中线性化的要求。最后,特征空间中的模型是线性的,因此模型训练是一个凸优化问题,可保证得到全局最优解。

人们研究核方法已经有很长时间的历史了。著名的 Mercer 定理可以追溯到 1909 年,再生核希尔伯特空间的研究早在 20 世纪 40 年代就开始了。1964 年,Aizermann 等人在对势函数的研究中首次将核方法引入机器学习领域,但并没有引起太大反响。1992 年,Boser、Guyou 和 Vapnik 等人在研究最大边界分类器时,将核方法和最大边界分类准则结合在一起,将线性支持向量机(SVM)推广到非线性支持向量机。自此,核方法的优势才被研究界充分认知。近年来,核方法的一个重要发展是对核函数的扩展,使其得以处理更多实际问题,例如符号化的物体,复杂的序列或结构等,这些方法扩展了核方法的应用范围。

本章将对核方法进行介绍。我们将从简单的线性回归任务出发,引出其对偶

表达。对偶表达是将参数模型转换成非参数模型的重要步骤，是核方法的基础。基于此，可引出核函数的概念，以及 Mercer 定理。Mercer 定理告诉我们如何构造一个合法的核函数。之后，我们将讨论一些有代表性的核函数，特别是一些复杂结构上的核函数，如集合、序列、图上的核函数。最后，我们将讨论四种基于核方法的模型和算法：**Kernel PCA**、**高斯过程**（Gaussian Process）、**支持向量机**（SVM）、**相关向量机**（RVM）。

5.1 从线性回归到核方法

第 2 章讨论了线性回归模型，该模型可定义如下：

$$y(\boldsymbol{x};\boldsymbol{w})=\boldsymbol{\phi}(\boldsymbol{x})^{\mathrm{T}}\boldsymbol{w} \tag{5.1}$$

其中，$\boldsymbol{\phi}$ 是一个确定的特征映射函数。给定一组训练数据 $\{(\boldsymbol{x}_n,t_n):n=1,2,\cdots,N\}$，该回归模型可写成如下矩阵形式：

$$\boldsymbol{y}=\boldsymbol{\Phi}^{\mathrm{T}}\boldsymbol{w} \tag{5.2}$$

其中，$\boldsymbol{\Phi}=[\boldsymbol{\phi}(\boldsymbol{x}_1),\cdots,\boldsymbol{\phi}(\boldsymbol{x}_N)]$。引入 L_2 正则约束，定义回归模型的目标函数为

$$L(\boldsymbol{w})=\frac{1}{2}\sum_{n=1}^{N}\{t_n-y_n\}^2+\frac{\lambda}{2}\boldsymbol{w}^{\mathrm{T}}\boldsymbol{w}=\frac{1}{2}\sum_{n=1}^{N}\{t_n-\boldsymbol{w}^{\mathrm{T}}\boldsymbol{\phi}(\boldsymbol{x}_n)\}^2+\frac{\lambda}{2}\boldsymbol{w}^{\mathrm{T}}\boldsymbol{w}$$

取 $L(\boldsymbol{w})$ 对 $\boldsymbol{w}$ 的梯度，有

$$\frac{\partial L(\boldsymbol{w})}{\partial \boldsymbol{w}}=\sum_{n=1}^{N}\{\boldsymbol{w}^{\mathrm{T}}\boldsymbol{\phi}(\boldsymbol{x}_n)-t_n\}\boldsymbol{\phi}(\boldsymbol{x}_n)+\lambda\boldsymbol{w} \tag{5.3}$$

取上述梯度为零，整理可得

$$\boldsymbol{w}=(\boldsymbol{\Phi}\boldsymbol{\Phi}^{\mathrm{T}}+\lambda I)^{-1}\boldsymbol{\Phi}\boldsymbol{t} \tag{5.4}$$

其中，$\boldsymbol{t}=[t_1,\cdots,t_N]^{\mathrm{T}}$ 是目标变量的观察值。

我们可以选择另一种方法对上述回归模型求解。将参数 $\boldsymbol{w}$ 表示为训练集中所有样本的加权平均：

$$\boldsymbol{w}=\boldsymbol{\Phi}\boldsymbol{\alpha} \tag{5.5}$$

其中，$\boldsymbol{\alpha}\in R^N$ 是每个样本的权重。如果求得了 $\boldsymbol{\alpha}$，即可解得 $\boldsymbol{w}$。因而，回归任务可写成如下形式：

$$\boldsymbol{y}=\boldsymbol{\Phi}^{\mathrm{T}}\boldsymbol{w}=\boldsymbol{\Phi}^{\mathrm{T}}\boldsymbol{\Phi}\boldsymbol{\alpha}=\mathbf{K}\boldsymbol{\alpha} \tag{5.6}$$

其中，$\mathbf{K}\in R^{N\times N}$ 定义了训练集中任意一对数据样本之间的内积，称为 Gram 矩阵，其元素 k_{ij} 定义为

$$k_{ij}=\boldsymbol{\phi}(\boldsymbol{x}_i)^{\mathrm{T}}\boldsymbol{\phi}(\boldsymbol{x}_j)=k(\boldsymbol{x}_i,\boldsymbol{x}_j) \tag{5.7}$$

上式与式(5.2)具有类似的形式，只不过以参数 $\boldsymbol{\alpha}$ 替换了参数 $\boldsymbol{w}$。引入 L_2 正则约束后，优化的 α 具有如下形式：

$$\boldsymbol{\alpha}=(\mathbf{K}+\boldsymbol{\lambda}\boldsymbol{I})^{-1}\boldsymbol{t} \tag{5.8}$$

如果将式(5.2)称为**原始问题**（Primary Problem），则式(5.6)给出该问题的另一

种表达方式，通常称为**对偶问题**(Dual Problem)。将原始问题变换成对偶问题是机器学习中的常见做法。通过这一变换，或简化问题的表达和求解，或寻求问题的另一种意义。后面讨论支持向量机(SVM)时我们会进一步看到对偶问题的价值。

将式(5.8)和式(5.5)代入回归模型(5.1)，可得到对任一测试样本 $\boldsymbol{x}_*$ 的预测：

$$y(\boldsymbol{x}_*)=\boldsymbol{\phi}(\boldsymbol{x}_*)^{\mathrm{T}}\boldsymbol{w}=\boldsymbol{\phi}(\boldsymbol{x}_*)^{\mathrm{T}}\boldsymbol{\Phi}\boldsymbol{\alpha}=\boldsymbol{\phi}(\boldsymbol{x}_*)^{\mathrm{T}}\boldsymbol{\Phi}(\boldsymbol{K}+\lambda I)^{-1}\boldsymbol{t}=\boldsymbol{k}(\boldsymbol{x}_*)^{\mathrm{T}}(\boldsymbol{K}+\lambda I)^{-1}\boldsymbol{t} \tag{5.9}$$

其中，

$$\begin{aligned}\boldsymbol{k}(\boldsymbol{x}_*)&=\boldsymbol{\Phi}^{\mathrm{T}}\boldsymbol{\phi}(\boldsymbol{x}_*)=[\boldsymbol{\phi}(\boldsymbol{x}_1)^{\mathrm{T}}\boldsymbol{\phi}(\boldsymbol{x}_*),\cdots,\boldsymbol{\phi}(\boldsymbol{x}_N)^{\mathrm{T}}\boldsymbol{\phi}(\boldsymbol{x}_*)]^{\mathrm{T}}\\&=[k(\boldsymbol{x}_1,\boldsymbol{x}_*),\cdots,k(\boldsymbol{x}_N,\boldsymbol{x}_*)]^{\mathrm{T}}\end{aligned}$$

仔细观察式(5.9)，可见线性回归模型存在另一种截然不同的解法。在这一解法中，并不需要显式地求出模型参数 $\boldsymbol{w}$，也不需要明确定义特征映射函数 $\boldsymbol{\phi}$，只需知道训练数据之间的关系 $\boldsymbol{K}$ 和测试数据与训练数据的关系 $\boldsymbol{k}(\boldsymbol{x}_*)$。不论是 $\boldsymbol{K}$ 还是 $\boldsymbol{k}(\boldsymbol{x}_*)$，都基于式(5.7)所定义的关系函数 $k(\cdot,\cdot)$。该函数称为**核函数**(Kernel Function)，相应的方法称为**核方法**(Kernel Method)。

不论是 $\boldsymbol{K}$ 还是 $\boldsymbol{k}(\boldsymbol{x})$，都包含对训练集中所有 N 个数据的计算。当 N 远大于特征的维度时，核方法在计算量和内存开销上都大于原始参数方法。然而，这一方法提供了一种全新的学习思路：在这种学习中，用训练数据集合代替参数模型，用数据间的关系代替数据本身。后面我们会看到，描述数据关系的核函数 $k(\cdot,\cdot)$具有重要意义，它事实上隐性定义了映射函数 $\boldsymbol{\phi}(\cdot)$，而这一映射在复杂度上可能远远超过人为定义的映射。

5.2 核函数的性质

5.2.1 再生核希尔伯特空间与 Mercer 定理

核函数定义为在映射空间中的内积，即

$$k(x,x')=\boldsymbol{\phi}(\boldsymbol{x})^{\mathrm{T}}\boldsymbol{\phi}(\boldsymbol{x}') \tag{5.10}$$

由上式可知，$k(x,x')$显然是对称的。同时，$k(x,x')$具有半正定性，即对任何一个由 $k(x,x')$定义的 Gram 矩阵 $\boldsymbol{K}\in R^{N\times N}$，取任意一向量 $\boldsymbol{c}\in R^N$，都有如下性质：

$$\begin{aligned}\boldsymbol{c}^{\mathrm{T}}\boldsymbol{K}\boldsymbol{c}&=\sum_{i,j=1}^{N}c_ic_jK_{ij}\\&=\sum_{i,j=1}^{N}\left\langle c_j\boldsymbol{\phi}(\boldsymbol{x}_i),c_j\boldsymbol{\phi}(\boldsymbol{x}_j)\right\rangle\\&=\left\langle\sum_{i=1}^{N}c_i\boldsymbol{\phi}(\boldsymbol{x}_i),\sum_{j=1}^{N}c_j\boldsymbol{\phi}(\boldsymbol{x}_j)\right\rangle\\&=\left\|\sum_{i=1}^{N}c_i\boldsymbol{\phi}(\boldsymbol{x}_i)\right\|^2\geqslant0\end{aligned} \tag{5.11}$$

上式说明任意一个特征变换 $\boldsymbol{\phi}(\boldsymbol{x})$ 都定义了一个对称半正定的核函数。反过来，如果给定一个对称半正定的二元函数 $k(\cdot,\cdot)$，是否可以定义一个特征变换 $\boldsymbol{\phi}(\boldsymbol{x})$，使得式(5.10)得以满足？答案是肯定的：我们不仅可以找到这样的 $\boldsymbol{\phi}(\boldsymbol{x})$，而且可能会找到多个。

这涉及**再生核希尔伯特空间**(Reproducing Kernel Hilbert Space，RKHS)的概念。简单地说，**希尔伯特空间**是指一个完备的内积空间，可认为是欧式空间的扩展。再生希尔伯特空间是指一个实值函数的希尔伯特空间 $\mathscr{H}$，对其中的任一个函数 $f \in \mathscr{H}$，都可以通过如下方式生成：

$$f(\boldsymbol{x}) = \langle f, K_{\boldsymbol{x}} \rangle$$

其中，$\boldsymbol{x}$ 是定义域 X 中的任一取值，$K_{\boldsymbol{x}}$ 是被 $\boldsymbol{x}$ 定义的希尔伯特空间 $\mathscr{H}$ 中的一个函数。对定义域中的另一取值 $\boldsymbol{x}'$ 所定义的函数 $K_{\boldsymbol{x}'}$，同样可由上述方式生成。用 $K_{\boldsymbol{x}'}$ 代替上式中的 f，则有

$$K_{\boldsymbol{x}'}(\boldsymbol{x}) = \langle K_{\boldsymbol{x}'}, K_{\boldsymbol{x}} \rangle$$

依内积的对称性，显然有 $K_{\boldsymbol{x}'}(\boldsymbol{x}) = K_{\boldsymbol{x}}(\boldsymbol{x}')$。由此，该 RKHS 中的所有函数都可由如下二元函数生成：

$$k(\boldsymbol{x}, \boldsymbol{x}') = \langle K_{\boldsymbol{x}}, K_{\boldsymbol{x}'} \rangle$$

这也是再生核希尔伯特空间这一名称的由来。由于 $k(\boldsymbol{x}, \boldsymbol{x}')$ 由函数内积定义，因此是对称半正定的，这意味着每个 RKHS 对应一个对称半正定的二元函数。反过来，Moore-Aronszajn 定理[20]表明，任何一个对称半正定的二元函数对应唯一一个 RKHS。

给定一个对称半正定的二元函数 $k(\cdot,\cdot)$，我们至少可取其对应的 RKHS 作为映射空间，即

$$\boldsymbol{\phi}(\boldsymbol{x}) = k(\boldsymbol{x}, \cdot) = K_{\boldsymbol{x}}(\cdot)$$

则有

$$k(\boldsymbol{x}, \boldsymbol{x}') = \langle K_{\boldsymbol{x}}, K_{\boldsymbol{x}'} \rangle = \langle \boldsymbol{\phi}(\boldsymbol{x}), \boldsymbol{\phi}(\boldsymbol{x}') \rangle$$

上式说明 $k(\boldsymbol{x}, \boldsymbol{x}')$ 是一个合法核函数。注意，$k(\boldsymbol{x}, \boldsymbol{x}')$ 原始空间中的 $\boldsymbol{x}$ 映射到了一个函数空间 $\mathscr{H}$ 中的 $K_{\boldsymbol{x}}$，而 $K_{\boldsymbol{x}}$ 通常可看作是无限维向量，这相当于通过核函数 $k(\cdot,\cdot)$ 将原始数据映射到了一个无限维空间中。

值得一提的是，RKHS 中的 $K_{\boldsymbol{x}}$ 并不是 $k(\cdot,\cdot)$ 对应的唯一映射，$\boldsymbol{\phi}(\boldsymbol{x})$ 可能由其他方式生成，且可能有多个 $\boldsymbol{\phi}(\boldsymbol{x})$ 对应同一个核函数。例如核函数 $k(\boldsymbol{x}, \boldsymbol{x}') = \langle \boldsymbol{x}, \boldsymbol{x}' \rangle^2$，其中 $\boldsymbol{x} = (x_1, x_2)$。可以证明以下函数都是 $k(\boldsymbol{x}, \boldsymbol{x}')$ 对应的映射函数。

$$\boldsymbol{\phi}_1(\boldsymbol{x}) = [x_1^2, \sqrt{2}x_1x_2, x_2^2]$$

$$\boldsymbol{\phi}_2(\boldsymbol{x}) = \frac{1}{\sqrt{2}}[x_1^2 - x_2^2, 2x_1x_2, x_1^2 + x_2^2]$$

$$\boldsymbol{\phi}_3(\boldsymbol{x}) = [x_1^2, x_1x_2, x_1x_2, x_2^2]$$

综上所述，我们看到一个函数 $k(\boldsymbol{x},\boldsymbol{x}')$ 是合法核函数的充分必要条件是该函数是对称且半正定(Positive Semi Definite, PSD)的；或者，对于任意 N 个 $\{\boldsymbol{x}_n; n=1,\cdots,N\}$，由 $k(\cdot,\cdot)$ 导出的 Gram 矩阵是对称半正定矩阵。这一结论称为 **Mercer 定理**，发表于 1909 年。[442] 在构建核函数时，可以通过 Mercer 定理判断一个核函数是否合法，这一点在构造复杂核函数时非常有用。值得说明的是，并不是所有 $k(\cdot,\cdot)$ 都必须是对称半正定的(合法的)，即便是非对称半正定的 $k(\cdot,\cdot)$ 依然可以应用在各种分类和回归模型中[495,248]；然而，核函数的半正定性可保证在映射空间进行线性建模时得到全局最优模型，这是非常重要的性质。

5.2.2 核函数的基本性质

设 $k_1(\cdot,\cdot)$，$k_2(\cdot,\cdot)$ 是合法的核函数，$\boldsymbol{\alpha}$ 是一个非负数，$f(\cdot)$ 是任意一个函数，$\boldsymbol{\phi}$ 是从 X 到 R^N 的映射，$k_3(\cdot,\cdot)$ 是定义在 $R_N \times R_N$ 上的核函数，$\boldsymbol{B}$ 是一个对称半正定矩阵。可以证明通过如下操作生成的函数都是合法的核函数：

$$k(\boldsymbol{x},\boldsymbol{x}') = k_1(\boldsymbol{x},\boldsymbol{x}') + k_2(\boldsymbol{x},\boldsymbol{x}') \tag{5.12}$$

$$k(\boldsymbol{x},\boldsymbol{x}') = \alpha k_1(\boldsymbol{x},\boldsymbol{x}') \tag{5.13}$$

$$k(\boldsymbol{x},\boldsymbol{x}') = k_1(\boldsymbol{x},\boldsymbol{x}') k_2(\boldsymbol{x},\boldsymbol{x}') \tag{5.14}$$

$$k(\boldsymbol{x},\boldsymbol{x}') = f(\boldsymbol{x}) f(\boldsymbol{x}') \tag{5.15}$$

$$k(\boldsymbol{x},\boldsymbol{x}') = k_3(\boldsymbol{\phi}(\boldsymbol{x}),\boldsymbol{\phi}(\boldsymbol{x}')) \tag{5.16}$$

$$k(\boldsymbol{x},\boldsymbol{x}') = f(\boldsymbol{x}) k_1(\boldsymbol{x},\boldsymbol{x}') f(\boldsymbol{x}') \tag{5.17}$$

$$k(\boldsymbol{x},\boldsymbol{x}') = \boldsymbol{x}^T \boldsymbol{B} \boldsymbol{x}' \tag{5.18}$$

此外，通过以下方式生成的核函数也是合法的：

$$k(\boldsymbol{x},\boldsymbol{x}') = \exp(k_1(\boldsymbol{x},\boldsymbol{x}')) \tag{5.19}$$

$$k(\boldsymbol{x},\boldsymbol{x}') = P(k_1(\boldsymbol{x},\boldsymbol{x}')) \tag{5.20}$$

$$k(\boldsymbol{x},\boldsymbol{x}') = \exp\left(\frac{-\|\boldsymbol{x}-\boldsymbol{x}'\|^2}{2\sigma^2}\right) \tag{5.21}$$

其中，$k_1(\boldsymbol{x},\boldsymbol{x}')$ 是一个合法的核函数，$P(\boldsymbol{x})$ 是一个具有正系数的多项式，$\boldsymbol{\sigma}$ 是一个任意常数。通过核函数的这些基本性质，可以从简单核函数生成复杂核函数，这比直接构造复杂核函数要容易得多。

5.3 常用核函数

由前面讨论可知，核函数的形式决定了映射函数的属性，不同的核函数将数据映射到不同的特征空间。在解决实际问题时，当然希望数据在特征空间的性质越简单越好(如线性可预测性、线性可区分性、高斯分布等)，因此对不同任务需要设计不同的核函数。本章首先介绍一些常用的核函数，之后介绍复杂核函数的构造方法。关于核函数更详细的说明,可参考文献[210,581,597,336,368]。

5.3.1 简单核函数

1. 线性核

线性核是最简单的核,定义如下:

$$k(\boldsymbol{x},\boldsymbol{x}')=\boldsymbol{x}\cdot\boldsymbol{x}'+c$$

线性核对应线性映射,不能提高表示性,但在很多实际问题中可取得较好的效果。注意核方法不仅包含特征映射,同时包含非参数建模,因此,即使是线性核在很多实用场景中也好于传统参数方法,典型的如线性 SVM。同时,线性核可以用来验证算法的正确性。例如选择线性核的 kernel PCA(KPCA)等价于传统 PCA,因此可以用传统 PCA 的结果来验证 Kernal PCA 的实现是否正确。

2. 多项式核

根据5.2节所述的核函数性质可知,如果 $k_1(\boldsymbol{x},\boldsymbol{x}')$ 是一个核函数,那么在该核基础上的多项式扩展 $k(\boldsymbol{x},\boldsymbol{x}')=P(k_1(\boldsymbol{x},\boldsymbol{x}'))$ 同样是一个合法核函数,其中 $P(\cdot)$ 是任意一个具有正系数的多项式。设 $k(\boldsymbol{x},\boldsymbol{x}')=(\alpha k_1(\boldsymbol{x},\boldsymbol{x}')+c)^d$,且 $k_1(\boldsymbol{x},\boldsymbol{x}')=\boldsymbol{x}\cdot\boldsymbol{x}'$,则得到**多项式核**的函数形式如下:

$$k(\boldsymbol{x},\boldsymbol{x}')=(\alpha\boldsymbol{x}\cdot\boldsymbol{x}'+c)^d\quad \alpha>0,c\geqslant 0,d\in Z_+$$

直观上看,多项式核等价于对原始数据进行了特征扩展,不仅考虑原始特征,同时考虑不同特征之间的相关性。多项式核在自然语言处理领域有广泛应用。[225]多项式核的一个缺点是当阶数 d 比较大时,在取值时容易出现数值上的不稳定,可能出现过大或过小值。

3. 高斯核

高斯核是应用最广泛的核函数,其式如下:

$$k(\boldsymbol{x},\boldsymbol{x}')=\exp(-\alpha\|\boldsymbol{x}-\boldsymbol{x}'\|^2)$$

其中,α 是控制核函数宽度的参数。上式与高斯分布具有类似形式,故而称为高斯核。高斯核对应无限维特征空间。高斯核是距离的函数,具有位置不变性。由第3章可知,这一形式与径向基函数(RBF)一致,因此高斯核也常被称为 RBF 核。

高斯核有多种扩展形式。例如在一个特征空间 $\boldsymbol{\phi}(\boldsymbol{x})$ 中计算该核函数,则有

$$\|\boldsymbol{\phi}(\boldsymbol{x})-\boldsymbol{\phi}(\boldsymbol{x}')\|^2=k_1(\boldsymbol{x},\boldsymbol{x})-2k_1(\boldsymbol{x},\boldsymbol{x}')+k_1(\boldsymbol{x}',\boldsymbol{x}')$$

其中,

$$k_1(\boldsymbol{x},\boldsymbol{x}')=\boldsymbol{\phi}(\boldsymbol{x})^{\mathrm{T}}\boldsymbol{\phi}(\boldsymbol{x}')$$

因此,该特征空间中的高斯核可以表示为如下原始空间中的核函数形式:

$$k(\boldsymbol{x},\boldsymbol{x}')=\exp(-\alpha(k_1(\boldsymbol{x},\boldsymbol{x})-2k_1(\boldsymbol{x},\boldsymbol{x}')+k_1(\boldsymbol{x}',\boldsymbol{x}')))$$

与高斯核具有类似形式的是**指数核**(有时也称为**拉普拉斯核**),具有如下形式:

$$k(\boldsymbol{x},\boldsymbol{x}')=\exp(-\alpha\|\boldsymbol{x}-\boldsymbol{x}'\|)$$

另一种类似的核是 **Gamma 指数核**,如下所示:

$$k(\boldsymbol{x},\boldsymbol{x}')=\exp(-\alpha\|\boldsymbol{x}-\boldsymbol{x}'\|^{\gamma})$$

4. 核函数的学习

前面所述的核函数定义简单,计算方便,应用范围广泛,在各种应用问题中应优先予以考虑。然而,当数据分布比较复杂时,这些简单核函数可能无法适用。一种方法是利用 5.2.2 小节中列出的核函数性质,由简单核函数生成复杂核函数。但是,人为定义的生成方式往往不能满足需要。为此,研究者提出了基于学习的核函数设计方法。一种常用的方法是**多核学习法**(Multiple Kernel Learning, MKL),将若干简单的核函数线性组合起来生成复杂核函数,其中的组合系数通过学习得到。[227,102,26] 该方法可形式化如下:

$$k(\boldsymbol{x},\boldsymbol{x}')=\sum_r w_r k_r(\boldsymbol{x},\boldsymbol{x}')$$

其中,k_r 是简单核函数,w_r 是相应的组合系数。

5.3.2 概率核

前面所述的核函数直接计算数据样本点之间的距离,不具有概率意义,对噪声比较敏感。另外,在某些情况下直接计算样本间的距离比较困难(如序列样本)。概率核方法通过对数据建立概率模型,再基于该模型计算样本间的距离,从而可以解决上述问题。本质上,概率核是将生成模型和区分性模型结合起来的方法。

概率核有两种设计思路。在基于模型距离的核方法中,对每个样本建立概率模型,再基于模型间的距离来定义样本间的距离。这一方法多用在较复杂样本(如集合或序列)情况下,基于该样本可以建立独立的概率模型。在基于模型映射的核方法中,对所有样本建立一个概率模型,再基于该概率模型实现对每个样本的映射。

1. 基于模型距离的核

KL 核是一种常见的基于模型距离的核[464],其基本思路是对样本 $\boldsymbol{x}$ 和 $\boldsymbol{x}'$ 分别建立一个概率模型 p_x 和 $p_{x'}$,再基于这两个模型间的 KL 距离导出核函数。一种常用的 KL 核形式如下:

$$k(\boldsymbol{x},\boldsymbol{x}')=\mathrm{e}^{-\alpha(KL(p_x\|p_{x'})+KL(p_{x'}\|p_x))+b}$$

研究表明,基于高斯混合模型的 KL 核在说话人识别、图片分类任务中可取得很好的效果。[464,691]

和 KL 核类似,**Bhattacharyya 核**[356] 也是对样本 $\boldsymbol{x}$ 和 $\boldsymbol{x}'$ 分别建立一个概率模型 p_x 和 $p_{x'}$,但基于 Bhattacharyya 距离来计算两个分布的相似度,形式化如下:

$$k(\boldsymbol{x},\boldsymbol{x}')=\int\sqrt{p_x(z)}\sqrt{p_{x'}(z)}\,\mathrm{d}z$$

2. 基于模型映射的核

Fisher 核是一种典型的基于模型映射的核方法,由 Jaakkola 和 Haussler 于

1999年提出。[30]设以 $\boldsymbol{\theta}$ 为参数的概率生成模型 $p(\boldsymbol{x} \mid \boldsymbol{\theta})$，对任一个 $\boldsymbol{x}$，考虑在该点处关于 $\boldsymbol{\theta}$ 的梯度向量如下：

$$g(\boldsymbol{x};\boldsymbol{\theta}) = \nabla_{\boldsymbol{\theta}} \ln p(\boldsymbol{x} \mid \boldsymbol{\theta})$$

其中，$g(\boldsymbol{x};\boldsymbol{\theta})$称为 **Fisher Score**，其维度与 $\boldsymbol{\theta}$ 维度一致。Fisher 核定义为 Fisher Score 的内积：

$$k(\boldsymbol{x},\boldsymbol{x}';\boldsymbol{\theta}) = g(\boldsymbol{x};\boldsymbol{\theta})^{\mathrm{T}} \boldsymbol{I}(\boldsymbol{\theta})^{-1} g(\boldsymbol{x}';\boldsymbol{\theta})$$

其中，$\boldsymbol{I}(\boldsymbol{\theta})$为 **Fisher 信息矩阵**，定义为

$$\boldsymbol{I}(\boldsymbol{\theta}) = \mathbb{E}_{\boldsymbol{x}}[g(\boldsymbol{x};\boldsymbol{\theta}) g(\boldsymbol{x};\boldsymbol{\theta})^{\mathrm{T}}] \tag{5.22}$$

仔细观察 Fisher 核，可以发现它事实上定义了一个由 $\boldsymbol{x}$ 到梯度空间 $g(\boldsymbol{x};\boldsymbol{\theta})$ 的映射。Fisher 核假设当 $\boldsymbol{x}$ 与 $\boldsymbol{x}'$接近时，对应的梯度向量 $g(\boldsymbol{x};\boldsymbol{\theta})$和 $g(\boldsymbol{x}';\boldsymbol{\theta})$也应该相似。注意 Fisher 信息矩阵是梯度向量的协方差矩阵，引入该矩阵的目的是对梯度向量做正规化。在实际应用中，Fisher 信息矩阵的作用有限，因此通常被省略。Fisher 核在文本分类[168]和图像识别等领域获得广泛应用。[514]

TOP 核是基于 Fisher 核的扩展。[677]设分类任务的类别标记为 $y=\{+1,-1\}$，给定一个概率模型 $p(\boldsymbol{x} \mid \boldsymbol{\theta})$，定义其后验概率的差函数如下：

$$v(\boldsymbol{x};\boldsymbol{\theta}) = p(y=1 \mid \boldsymbol{x},\boldsymbol{\theta}) / p(y=-1 \mid \boldsymbol{x},\boldsymbol{\theta})$$
$$f(\boldsymbol{x};\boldsymbol{\theta}) = \nabla_{\boldsymbol{\theta}} \ln v(\boldsymbol{x};\boldsymbol{\theta})$$

则 TOP 核定义如下：

$$k(\boldsymbol{x},\boldsymbol{x}') = f(\boldsymbol{x};\boldsymbol{\theta})^{\mathrm{T}} f(\boldsymbol{x}';\boldsymbol{\theta})$$

TOP 核函数在蛋白质分类任务中取得了较好效果。[677]

5.3.3 复杂对象上的核函数

核方法的一个重要价值是对复杂对象的建模。复杂对象(集合、序列、图结构等)一般有多种属性和较强的结构性，对这些对象进行向量化通常比较困难，因而机器学习领域的很多算法无法应用。基于核方法，我们不必对这些对象做向量化，只需设计描述对象之间的相似性的核函数，即可完成分类、回归等建模任务。本小节我们讨论对这些复杂对象设计核函数的方法。需要说明的是，复杂对象的距离函数很多不是对称半正定的，因此不是合法核函数。尽管如此，将这些函数视为核函数在实际应用中依然取得了很好的性能。

1. 集合上的核

给定一个集合 S，这个集合的所有可能的子集构成一个集合空间 $\mathcal{S}=2^S$。如果 A 和 A' 是这个空间上的两个元素(即 S 的两个子集)，那么可以定义 A 和 A' 之间的距离。一种简单的定义方法是利用集合中点对点的距离生成集合间的距离，形式化如下：

$$D(A,A') = f(\{d(a_i,a'_j) \mid (a_i,a'_j) \in A \times A'\})$$

其中，$d(a_i,a'_j)$是两个集合中元素的点对点距离，f 是一个聚合函数，通过点对点距离生成集合间的距离。如果取 f 为所有点对点距离的平均，则得到平均连接距离（Average Linkage）；如果取 A 中的每一点到 A' 最近的点距离，以及 A' 中的每一点到 A 最近的点距离，并取这些距离的平均，即得到平均最小距离（Average Minimum Distance）。另一种常用的集合之间的距离为 Hausdorff 距离，定义为[166]

$$D(A,A')=\max\{\max_{a_i}\{\min_{a'_j}\{d(a_i,a'_j)\}\},\max_{a'_j}\{\min_{a_i}\{d(a_i,a'_j)\}\}\}$$

更复杂的集合间距离定义可参见文献[731]。

基于集合间的距离，可以定义集合上的核函数。一种方法是选择一种基于向量距离的核 $k(\boldsymbol{x},\boldsymbol{x}')=f(\|\boldsymbol{x}-\boldsymbol{x}'\|)$，将向量距离替换成集合间的距离，这一方法称为**距离替换法**。以高斯核函数为例，经过距离替换后，两个集合 A 和 A' 的高斯核为

$$k(A,A')=\mathrm{e}^{-aD(A,A')^2}$$

其中，$D(A,A')$是前面讨论的任意一种距离度量。依定义，这一距离必须是非负、对称的。需要说明的是，依距离替换生成的核函数并不能保证是对称半正定的，因此不能保证是一个合法的核函数。尽管如此，这种核函数依然可以用在一些实际应用中，代价是有可能降低优化效率。[249,250,248,495]

基于集合间的距离生成核函数的另一种方法是**标志集向量法**。选择一些“标志集”，记为$(S_1,S_2,\cdots,S_m)$，求集合 A 到所有 S_i 的距离，从而组成 A 的标志集向量，即

$$\boldsymbol{v}(A)=[D(A,S_1),\cdots,D(A,S_m)]^{\mathrm{T}}$$

基于该标志集向量，利用任意一个基于向量的核函数即可以得到一个集合上的核函数，即

$$k(A,A')=k(\boldsymbol{v}(A),\boldsymbol{v}(A'))$$

显然，如果核函数本身是半正定的，则上述集合上的核函数也是半正定的。

第三种生成集合核函数的方法是利用概率核方法，将集合表示成一个概率函数，再基于概率函数间的距离设计集合的核函数。5.3.2 小节我们已经讨论了基于 KL 距离的 KL 核，本节介绍另外两种简单的概率距离，并讨论基于它们生成的核函数。

先我们介绍**测地线距离**（Earth Mover's Distance，EMD）。[692]将一个集合中的元素进行聚类，得到每一类的中心及该类中的元素在整个集合中的比例。基于此，一个集合可以表示成一个元素是二元组的向量：

$$\boldsymbol{v}(A)=[(p_1,u_1)(p_2,u_2),\cdots,(p_n,u_n)]^{\mathrm{T}}$$

其中，p_i 为第 i 类的中心向量，u_i 为第 i 类中元素的比例。基于上述表示，两个集合 A 和 A' 间的测地线距离可表示为

$$D(A,A')=\frac{\sum_i\sum_j f_{ij}d(p_i,p'_j)}{\sum_i\sum_j f_{ij}}$$

其中，p_i 和 p'_j 分别为 A 和 A' 的类中心向量。f_{ij} 是一组参数，可基于二元组向量 $\boldsymbol{v}(A)$ 和 $\boldsymbol{v}(A')$ 通过优化方法求出。[692] EMD 事实上描述了由一个离散分布变换成另一个离散分布所需要的最小努力。

χ^2 **距离**是另一种描述离散分布相似性的度量方法。设两个 m 维的离散分布 S 和 S'，其 χ^2 距离定义如下。

$$\chi^2(S,S')=\frac{1}{2}\sum_{i=1}^{m}\frac{(u_i-u'_i)^2}{u_i+u'_i}$$

其中，u_i 和 u_i' 分别为这两个离散分布的第 i 个分量。如果两个集合 A 和 A' 可以分别表示为离散分布 S 和 S'，则这两个集合之间的距离可以用这两个分布的 χ^2 距离表示，即

$$D(A,A')=\chi^2(S,S')$$

基于 EMD 和 χ^2 两种距离，可利用距离替换生成集合上的核函数。以高斯核为例，这一替换后的结果为

$$k(A,A')=\exp(-\alpha D(A,A')^2)$$

其中，$D(A,A')$ 既可以是 EMD，也可以是 χ^2 距离。需要说明的是，基于 χ^2 距离的高斯核是半正定的[191]，但基于 EMD 的高斯核并不一定是半正定的。然而，如前所述，即使不是正定的核函数，仍然可以应用在实际任务中。实验表明，这两种核函数在图像处理中取得了较好的效果。[761]

另一种概率核方法，即基于模型映射的方法(如 Fisher 核)，可同样用于设计集合的核函数。以 Fisher 核为例，首先需要对 S 中的所有元素建立一个全局概率模型，再求该模型对一个集合 A 中所有元素的对数概率的梯度：

$$\boldsymbol{v}(A)=\nabla_{\boldsymbol{\theta}}\sum_a \log p(a\mid\boldsymbol{\theta})\quad a\in A$$

则集合上的 Fisher 核可简单表示为

$$k(A,A')=\boldsymbol{v}(A)^{\mathrm{T}}\boldsymbol{I}^{-1}\boldsymbol{v}(A')$$

其中，$\boldsymbol{I}^{-1}$ 为概率模型的 Fisher 信息矩阵。

2. 序列上的核

如果对象是一个序列，如文本串、DNA 等，则距离计算更加复杂。因为不同序列的长度不同，序列与序列之间可能有复杂的包含关系，这为设计序列核带来了一定困难。

一种简单的处理方法是忽略序列中的元素顺序，这时一个序列退化为一个集合，序列上的核函数退化为集合上的核函数。文本处理中常用的**词袋模型**(Bag of Word Model)即是这种方法。[574,311] 另一种方法是忽略全局顺序，只考虑局部顺序。

例如，在文本处理中的 **N-gram 词袋模型**，词袋中的元素是局部词序列（N-gram）。这种方法可兼顾计算复杂性与序列的时序性，在实践中被广泛采用。[98]

Lodhi 提出了一种基于子串的序列核[415]，称为 **SSK 核**（String Subsequence Kernel）。这一方法通过搜索两个序列中的共现子串来描述两个序列的相似性，其中子串既可以是连续的（类似 N-gram），也可以是不连续的。Lohdi 证明这一核函数是对称半正定的。他们还设计了一种基于动态规划的快速算法，可高效计算两个序列的 SSK 核函数值。

如果考虑全局顺序，一般需要对序列进行对齐。所谓对齐，是指两个序列中的元素一一对应的方式。基于某一对齐策略，即可计算出序列之间的距离。具体来说，给定两个序列 $\boldsymbol{x}$ 和 $\boldsymbol{x}'$，其元素分别用 x_i 和 x'_j 表示。如果任意一对元素 x_i 和 x'_j 之间的距离可计算，则总可搜索得到一种将 $\boldsymbol{x}$ 和 $\boldsymbol{x}'$ 对齐的策略 ξ，使得依此方式得到的元素间距离的和最小，形式化为

$$d(\boldsymbol{x},\boldsymbol{x}')=\min_{\xi}\sum_{t}d(\xi_t(\boldsymbol{x}),\xi_t(\boldsymbol{x}'))$$

其中，$d(a,b)$为两个元素 a 和 b 之间的距离，$\xi_t(\boldsymbol{x})$为依对齐 ξ，序列 $\boldsymbol{x}$ 中排第 t 位的元素。注意，在对齐时，一个序列中的某一个元素有可能对应另一个序列中的零个或若干个元素，因此 $\xi_t(\boldsymbol{x})$未必等于 x_t。这一优化任务可用动态规划算法求解，通常称为**动态时间弯折**（Dynamic Time Warping，DTW）算法。[698]文本处理中常用的**编辑距离**（Edit Distance）即是这一方法的特例。[395]

需要说明的是，距离 $d(\boldsymbol{x},\boldsymbol{x}')$本身并不一定是合法的核函数，不具有半正定性。可以利用距离替换法或标志集向量法生成序列的核函数。Neuhaus 提出了一种核函数构造方法[480]，定义如下：

$$k(\boldsymbol{x},\boldsymbol{x}')=\frac{1}{2}(d(\boldsymbol{x},\boldsymbol{x}_0)^2+d(\boldsymbol{x}',\boldsymbol{x}_0)^2-d(\boldsymbol{x},\boldsymbol{x}')^2)$$

其中，$\boldsymbol{x}_0$ 是某一参考序列。该核函数虽然不是一个合法的核函数，但在实验中取得了很好的效果。[480]

虽然 $d(\boldsymbol{x},\boldsymbol{x}')$一般不是一个合法的核函数，但如果其中的 $d(x_i,x'_j)$选择合理，是可以构造一个合法的核函数的。*Shimodaira* 等人[605]提出如下核函数：

$$k(\boldsymbol{x},\boldsymbol{x}')=\min_{\xi}\sum_{t}\boldsymbol{\phi}(\xi_t(\boldsymbol{x}))^{\mathrm{T}}\boldsymbol{\phi}(\xi_t(\boldsymbol{x}'))$$

其中，$\boldsymbol{\phi}(\cdot)$ 是对序列中元素的特征映射。这一核函数称为**动态时间对齐核**（Dynamic Time Alignment Kernel）。由于这一核函数可表示成映射空间的内积，因此是对称半正定的。[605]

生成序列核的另一种方法是对序列进行**概率建模**（如隐马尔可夫模型），再基于该概率模型导出核函数。如 5.3.2 小节中所述，如果可以对序列建立概率模型，则可以采用两种方法导出核函数：一是利用模型间的距离构造核函数（如 KL 核），

另一种是利用概率模型将序列映射为向量(如 Fisher 核)。这里介绍另一种方法，该方法和前述的动态时间对齐核类似具有类似思路，称为**基于概率的时间对齐核**。[714]该方法的基本思路是，如果两个序列的联合概率分布是条件独立的，则该联合概率即是一个合法的核函数。条件独立可以形式化如下：

$$p(\boldsymbol{x},\boldsymbol{x}')=\sum_{c}p(\boldsymbol{x}\mid c)p(\boldsymbol{x}'\mid c)p(c)$$

上式等号右侧可以写成两个向量的内积，如下：

$$p(\boldsymbol{x},\boldsymbol{x}')=[p(\boldsymbol{x}\mid c_1)\sqrt{p(c_1)},\cdots,p(\boldsymbol{x}\mid c_m)\sqrt{p(c_m)}]^{\mathrm{T}}$$
$$[p(\boldsymbol{x}'\mid c_1)\sqrt{p(c_1)},\cdots,p(\boldsymbol{x}'\mid c_m)\sqrt{p(c_m)}]$$

因此，$p(\boldsymbol{x},\boldsymbol{x}')$即是一个合法的核函数：

$$k(\boldsymbol{x},\boldsymbol{x}')=p(\boldsymbol{x},\boldsymbol{x}')$$

上述时间对齐核可基于任意一个时序概率模型。Watkins 讨论了一种基于**成对隐马尔可夫模型**(Pair HMM,PHMM)的实现方案。在该模型中，每个 HMM 状态可同时生成观察序列 $\boldsymbol{x}$ 和 $\boldsymbol{x}'$ 上的一对观察变量，且这两个观察变量条件独立。Watkins 证明，基于一定的假设，基于 PHMM 的联合概率可写成内积形式，因此是一个合法的核函数。[714]

3. 图上的核

图是比序列更复杂的结构，如社交网络中每个人组成的网络，科学文献中引用关系组成的网络。这些网络具有各异结构，如何定义两幅图之间的相似性相当具有挑战性。研究者提出了一些解决方法。

一种思路是利用类似序列对齐的方案，对图的节点和边进行对齐，基于编辑距离来计算两幅图之间的距离。[479]然而，图对齐的计算量较大，因此只能用来处理规模较小的图。Haussler[263]提出一种基于子结构的图核函数方法，称为**卷积图核方法**。具体来说，设依某一关系 R 可以将图 G 分解成子结构的组合 $\boldsymbol{g}=(g_1,g_2,\cdots,g_D)$，记为 $\boldsymbol{g}\in R^{-1}(G)$。如果该组合可分解成如下形式：

$$k(\boldsymbol{g},\boldsymbol{g}')=\prod_{i=1}^{D}k_i(g_i,g'_i)$$

则以下图核函数是对称半正定的：

$$K(G,G')=\sum_{\boldsymbol{g}\in R^{-1}(G),\boldsymbol{g}'\in R^{-1}(G')}k(\boldsymbol{g},\boldsymbol{g}')$$

卷积图核给出了一种在图上构造合法核函数的方法，但将图分解成子结构本身就是极为困难的问题。为了提高计算效率，可以将子结构限制为图中的部分路径，通过计算两幅图中部分路径的相似性来计算图之间的相似性。这一过程可以想象为**随机游走**(Random Walk)过程，通过随机游走，在两幅图中进行路径采样，通过对路径的相似性进行求和，即可得到两幅图的相似性。基于这一思路，Kashima 给出一个**基于状态转移的图核函数**。[330]具体来说，一个无向图 G 可由节

点集合 V 和边集合 E 表示，如果 V 中的两个节点 v_j 和 v_k 相邻，则二者被 E 中的一条边 e_{jk} 相连，记为 $j \sim k$。为讨论方便，假设图的顶点没有标识，而边是有标识的。事实上，下面的讨论可直接扩展到(1)顶点有标识而边没有标识，以及(2)顶点和边都有标识的情况。

设图 G 中节点间的跳转概率由矩阵 P 定义，其中 p_{jk} 表示由节点 j 到节点 k 的跳转概率。设在 G 上进行了 t 步随机游走后到达结束状态，所经过节点的下标序列为 $i_1, i_2, \cdots, i_{t+1}$，对应边上的标记序列为 $h_1, h_2, \cdots, h_t$。再设节点的初始概率为 p，结束概率为 q，则路径 h 的概率为

$$p(h \mid G) = q_{i_{t+1}} \prod_{j=1}^{t} p_{i_j, i_{j+1}} p_{i1}$$

如果两个标记序列 h 和 h' 长度不等，则二者相似性为零；若长度同为 t，二者的相似性由定义在标记间的核函数 $k(h_i, h'_i)$ 确定，形式化如下：

$$k(h, h') = \prod_{i=1}^{t} k(h_i, h'_i)$$

则两幅图 G 和 G' 间的距离可由下式确定：

$$k(G, G') = \sum_{h} \sum_{h'} k(h, h') p(h \mid G) p(h' \mid G')$$

如果 $k(h, h')$ 是一个合法核函数，则 $k(G, G')$ 可以写成两个向量的内积，因而是一个合法的核函数。这一核函数称为**边缘化核**(Marginalized Kernel)。为提高计算效率，Kashima 等人将上述自由游走问题归结为一个线性方程组问题。[330]

基于类似的思路，Gartner[20] 提出了一种**基于路径标识的特征映射方法**。具体来说，给定长度为 n 的一个标识序列 $\boldsymbol{s} = (h_1, \cdots, h_n)$，其中 h_i 为路径中第 i 条边上的标识。统计图 G 中包含这一序列的总数 c_s，由此得到一个特征映射：

$$\boldsymbol{\phi}(G) = [c_{s_1}, c_{s_2}, \cdots]^{\mathrm{T}}$$

其中，每一维为对应一个可能的序列 $\boldsymbol{s}$。注意，长度为 n 的 $\boldsymbol{s}$ 总数为 $|L|^n$，其中 L 为标识集；如果我们取各种不同长度的 n，则得到一个非常高维的特征。基于这一特征，即可得到一个对称半正定的核函数：

$$k(G, G') = \boldsymbol{\phi}(G)^{\mathrm{T}} \boldsymbol{\phi}(G')$$

Gartner[201] 证明，上述核函数可基于直积图(Direct Product Graph)及其邻接矩阵(Adjacency Matrix)的幂运算进行计算，即

$$k(G, G') = \sum_{i,j}^{|V_\times|} \left[\sum_{n=0}^{\infty} \lambda'_n E_\times^n \right]_{i,j}$$

其中，$E_\times$ 是 G 和 G' 的直积图对应的邻接矩阵，$V_\times$ 是该直积图的顶点集，$\{\lambda'_n\}$ 是使 $k(G, G')$ 收敛的参数序列。因为用到直积图，该核函数也称为直积图核函数。

Borgwardt[75] 提出一种**基于最短路径的图核**。先将一幅图 G 变换成最短路径图 S，再基于一步随机游走生成所有路径，基于此计算两幅图之间的核函数。所谓

最短路径图,是指图中任意两个节点之间的连接标注都是在原图中相应两点最短路径的距离。基于最短路径图,两幅图 G 和 G' 的核函数可计算为

$$k(G,G')=\sum_{h_i\in E}\sum_{h_j\in E'}k(h_i,h_j)$$

其中,E 和 E'分别为 G 和 G'对应的最短路径图的边。

另一种常见的图结构是有限状态机(Automaton)。例如一个语音识别系统输出的词网络(Word Lattice)即是一种典型的有限状态机。计算有限状态机之间的距离通常用到 **Rational 核**。[128]一种简单的 Rational 核称为 **n-gram 核**。给定一个有限状态机 G, 所有可能的序列 $\boldsymbol{s}$ 都被赋以一个概率 $p_G(\boldsymbol{s})$。 定义 $\boldsymbol{s}$ 中包含某子串 $\boldsymbol{x}$ 的次数为$|\boldsymbol{s}|_x$,则 G 中包含 $\boldsymbol{x}$ 的期望次数为

$$c(G,\boldsymbol{x})=\sum_{s}p_G(\boldsymbol{s})\mid\boldsymbol{s}\mid_x$$

基于这一统计次数,两个有限状态机 G 和 G'之间的 n-gram 核函数可表示为

$$k_n(G,G')=\sum_{|\boldsymbol{x}|=n}c(G,\boldsymbol{x})c(G',\boldsymbol{x})$$

显然,n-gram 核函数是对称半正定的。

综合上述几种图核函数的构造方法,我们可以看到这些方法都遵循 Haussler 的思路:将图做分解,用部分结构的相似性计算全局相似性。[263]特别是将图分解成部分路径之后,相当于构造了一个以这些部分路径为索引的特征空间,从而将图与图之间的相似度转化为在特征空间的内积。由于这一索引的维度可能非常高,因此需要设计合理的快速算法以提高计算效率。Vishwanathan 等人[700]对各种图核函数进行了深入研究,提出了一个基于直积图的统一框架,并给出一系列快速计算方法,可使图核函数的计算复杂度由 $O(n^6)$下降到 $O(n^3)$, 其中 n 为图中节点个数。

最后,需要强调的是,本节所讨论的图核是指两个图之间的核函数,即 $k(G,G')$, 而非在图上两个节点之间的核函数。关于图上两个节点之间的核函数,可参考 Kondor 等人提出的**散射核**。[357]

5.4 Kernel PCA

从本节开始,我们将讨论基于核方法的几种重要模型,从线性模型开始。5.1 节推导了线性回归问题的核函数表示,类似的,可以得到线性概率模型的核函数版本。以 PCA 为例,推导 Kernel 版的 PCA,称为 Kernel PCA(KPCA)。[580]

在第 2 章我们提到过,PCA 是一个线性高斯模型,其基本假设是数据由一个符合正态分布的隐变量通过一个线性映射得到,因此可很好描述符合高斯分布的数据。然而,在很多实际应用中数据的高斯性并不能保证,这时用 PCA 建模通常会产生较大偏差。如图 5-2 所示,原始数据的样本点呈现明显的非高斯性,这时用

传统 PCA 很难找到一个合适的主成分方向。为解决这一问题，可以设计一个合理的非线性映射，将原始数据映射到特征空间，使数据在该空间中的映射具有合理的高斯性，即可进行有效的 PCA 建模。

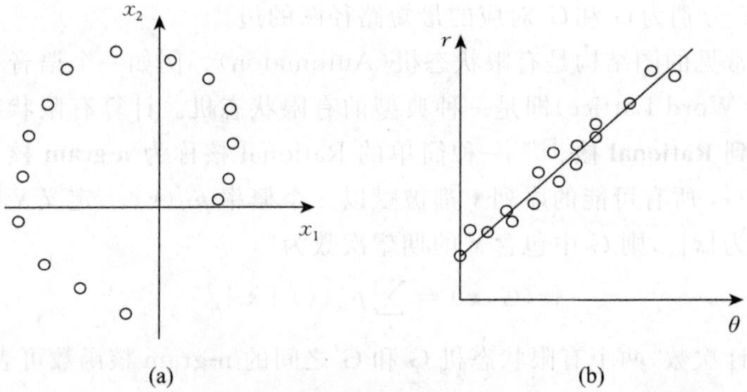

图 5-2　不符合高斯分布的数据(图(a))无法用 PCA 有效描述

注：选择合适的特征映射，使得数据在特征空间中表现出更明显的高斯性(图(b))，从而可用 PCA 模型做较好建模。图中特征空间的维度为样本的角度 θ 和辐值 r。

定义原始数据空间样本为 $\{\boldsymbol{x}_n\}$，非线性映射为 $\boldsymbol{\phi}(\boldsymbol{x})$，且在原始空间和特征空间满足如下归一化条件

$$\sum_n \boldsymbol{x}_n = \boldsymbol{0} \quad \sum_n \boldsymbol{\phi}(\boldsymbol{x}_n) = \boldsymbol{0}$$

则在映射空间的协方差矩阵可写作：

$$\boldsymbol{S}^{\phi} = \frac{1}{N}\sum_n \boldsymbol{\phi}(\boldsymbol{x}_n)\boldsymbol{\phi}(\boldsymbol{x}_n)^{\mathrm{T}} = \frac{1}{N}\boldsymbol{\Phi}\boldsymbol{\Phi}^{\mathrm{T}}$$

其中，$\boldsymbol{\Phi} = [\boldsymbol{\phi}(\boldsymbol{x}_1), \cdots, \boldsymbol{\phi}(\boldsymbol{x}_n)]$。由第 2 章对 PCA 的介绍可知，在特征空间求主成分 $\boldsymbol{v}$ 等价于求 $\boldsymbol{S}^{\phi}$ 的特征向量，即

$$\boldsymbol{S}^{\phi}\boldsymbol{v} = \lambda \boldsymbol{v} \tag{5.23}$$

整理可得

$$\boldsymbol{v} = \frac{1}{N\lambda}\boldsymbol{\Phi}\boldsymbol{\Phi}^{\mathrm{T}}\boldsymbol{v} = \boldsymbol{\Phi}\left(\frac{1}{N\lambda}\boldsymbol{\Phi}^{\mathrm{T}}\boldsymbol{v}\right) = \boldsymbol{\Phi}\boldsymbol{\alpha} \tag{5.24}$$

其中，

$$\boldsymbol{\alpha} = \frac{1}{N\lambda}\boldsymbol{\Phi}^{\mathrm{T}}\boldsymbol{v}$$

注意，$\boldsymbol{\alpha}$ 是一个 N 维向量，其中每一维对应一个数据点与特征向量 $\boldsymbol{v}$ 的内积。同时，式(5.24)说明在特征空间的特征向量 $\boldsymbol{v}$ 由所有数据样本的向量加权平均得到，权重为 $\boldsymbol{\alpha}$。因此，求特征向量 $\boldsymbol{v}$ 转化为求权重 $\boldsymbol{\alpha}$，即由原始问题转化为对偶问题。

将 $\boldsymbol{v} = \boldsymbol{\Phi}\boldsymbol{\alpha}$ 代回式(5.23)，有

$$\boldsymbol{S}^{\phi}\boldsymbol{\Phi}\boldsymbol{\alpha} = \lambda\boldsymbol{\Phi}\boldsymbol{\alpha} \tag{5.25}$$

$$\boldsymbol{\Phi}^{\mathrm{T}}\boldsymbol{\Phi}\boldsymbol{\Phi}^{\mathrm{T}}\boldsymbol{\Phi}\boldsymbol{\alpha}=\lambda N\boldsymbol{\Phi}^{\mathrm{T}}\boldsymbol{\Phi}\boldsymbol{\alpha} \tag{5.26}$$

$$\boldsymbol{K}^2\boldsymbol{\alpha}=\lambda N\boldsymbol{K}\boldsymbol{\alpha} \tag{5.27}$$

其中，$K_{ij}=\boldsymbol{\phi}(\boldsymbol{x}_i)^{\mathrm{T}}\boldsymbol{\phi}(\boldsymbol{x}_j)=k(\boldsymbol{x}_i,\boldsymbol{x}_j)$。可证明，上式成立的必要条件是

$$\boldsymbol{K}\boldsymbol{\alpha}=\lambda N\boldsymbol{\alpha} \tag{5.28}$$

考虑特征向量 $\boldsymbol{v}$ 应满足 $\boldsymbol{v}^{\mathrm{T}}\boldsymbol{v}=1$，而 $\boldsymbol{v}=\boldsymbol{\Phi}\boldsymbol{\alpha}$，有

$$\boldsymbol{v}^{\mathrm{T}}\boldsymbol{v}=\boldsymbol{\alpha}^{\mathrm{T}}\boldsymbol{\Phi}^{\mathrm{T}}\boldsymbol{\Phi}\boldsymbol{\alpha}=\boldsymbol{\alpha}^{\mathrm{T}}\boldsymbol{K}\boldsymbol{\alpha}=1$$

将式(5.28)两端左乘 $\boldsymbol{\alpha}^{\mathrm{T}}$，并代入上式，有

$$\lambda N\boldsymbol{\alpha}^{\mathrm{T}}\boldsymbol{\alpha}=1$$

由此，$\boldsymbol{\alpha}$ 可通过下式求解：

$$\boldsymbol{K}\boldsymbol{\alpha}=\lambda N\boldsymbol{\alpha} \quad \text{s. t. } \boldsymbol{\alpha}^{\mathrm{T}}\boldsymbol{\alpha}=\frac{1}{\lambda N}$$

注意，这一方程和传统 PCA 类似，其中 $\boldsymbol{\alpha}$ 是 $\boldsymbol{K}$ 的特征向量。解出 $\boldsymbol{\alpha}$ 后，即可基于式(5.24)得到特征空间的主成分向量 $\boldsymbol{v}$。和标准 PCA 类似，可以求得多个主成分，组成主成分向量集 $\{\boldsymbol{v}_i\}$。

基于 $\{\boldsymbol{v}_i\}$ 可对任一测试样本 $\boldsymbol{x}$ 降维，这等价于在特征空间中计算 $\boldsymbol{\phi}(\boldsymbol{x})$在各个主成分 $\boldsymbol{v}_i$ 上的投影，计算如下：

$$\boldsymbol{\phi}(\boldsymbol{x})^{\mathrm{T}}\boldsymbol{v}_i=\boldsymbol{\phi}(\boldsymbol{x})^{\mathrm{T}}\boldsymbol{\Phi}\alpha_i=\sum_n \alpha_{i,n}k(\boldsymbol{x},\boldsymbol{x}_n)$$

由上式可知，虽然我们的目的是在特征空间中进行主成分提取并基于得到的主成分对数据进行降维，但并不需要在特征空间进行任何操作，所有计算都在原始空间中以核函数方式进行，计算得到的结果等价于在特征空间中进行计算。由此，这一方法使得我们可以在复杂的特征空间中对数据进行 PCA 建模，从而解决了原始数据的非高斯化问题，具有较好的灵活性和可扩展性。

5.5 高斯过程

5.1 节介绍了基于核方法的线性回归模型。和传统线性回归模型一样，该方法可对未知数据 $\boldsymbol{x}_*$ 进行预测，但不能确定预测的可信度。在第 2 章中我们知道，基于贝叶斯方法可以实现对未知数据的依概率预测，进而可得到预测的可信度。在这一方法中，通过对模型参数 $\boldsymbol{w}$ 引入先验概率 $p(\boldsymbol{w})$，通过学习可得到该参数的后验概率 $p(\boldsymbol{w} \mid D)$，并以此对 $\boldsymbol{x}$ 进行依概率预测，形式化如下：

$$p(t_* \mid \boldsymbol{x}_*)=\int p(t_* \mid \boldsymbol{x}_*;\boldsymbol{w})p(\boldsymbol{w} \mid D)\mathrm{d}\boldsymbol{w}$$

其中，$p(t \mid \boldsymbol{x};\boldsymbol{w})$是生成模型，$p(\boldsymbol{w} \mid D)$是基于训练数据 D 得到的对 $\boldsymbol{w}$ 的后验估计，计算如下：

$$p(\boldsymbol{w} \mid D) \propto p(D \mid \boldsymbol{w})p(\boldsymbol{w})$$

需要注意的是，上式通过 $\boldsymbol{w}$ 的先验概率来实现对每个具体模型 $p(t\mid\boldsymbol{x};\boldsymbol{w})$ 赋予先验概率。在核方法中，由于不存在一个显式的 $\boldsymbol{w}$，上述通过参数引入先验的方法无法适用。**高斯过程**是在基于核方法的统计模型中引入随机性的一种方法。[723,551,93]

高斯过程是随机过程中的一种。一个随机过程可以认为是随机变量的扩展：随机变量是独立变量 $\boldsymbol{x}$ 的分布特性，随机过程是一个变量集合 X 的分布特性。如果我们对 X 中的所有变量进行一次采样，这些采样值构成了一个定义在 X 上的函数 f，这一函数显然是随机的。因此，随机过程也可以认为是以函数 f 为变量的概率分布。

任何一个随机过程必须满足一致性和对称性。所谓一致性，是指从 X 中任选的一个子集，得到的概率分布形式是一致的。更严格地说，如果存在两个子集 X_1 和 X_2，$X_1\cap X_2\neq\varnothing$，则由 X_1 或 X_2 通过边缘化其他变量导出的 $p(X_1\cap X_2)$ 应该是一样的[586]，即

$$p(X_1\cap X_2)=\int_{X'=X_1-X_1\cap X_2}p(X_1)\mathrm{d}X'=\int_{X'=X_2-X_1\cap X_2}p(X_2)\mathrm{d}X'$$

所谓对称性，是指从 X 中任选一个子集，当对该子集中的变量调换位置时，其概率分布形式不变，只需对变量在分布函数中的位置进行相应调换。Kolmogorov 定理表明[354]，如果满足这种一致性和对称性，则可保证该随机过程存在，且该随机过程可以由 X 上任一子集的分布形式(称为 Finite-Dimensional Distribution，f.f.d.)描述。

高斯过程是 f.f.d.为高斯分布的一种随机过程，即任取一个有限点集组成的矩阵 $\boldsymbol{X}=[\boldsymbol{x}_1,\boldsymbol{x}_2,\cdots,\boldsymbol{x}_N]$，其目标变量取值组成的向量 $\boldsymbol{y}=[y_1,y_2,\cdots,y_N]$ 满足高斯分布 $N(\boldsymbol{y};\boldsymbol{\mu}(\boldsymbol{X}),\boldsymbol{K}(\boldsymbol{X}))$。设 $\boldsymbol{\mu}(\boldsymbol{X})=0$，则该高斯过程由协方差矩阵 $\boldsymbol{K}(\boldsymbol{X})$ 确定，其中 $\boldsymbol{K}(\boldsymbol{X})_{ij}=k(\boldsymbol{x}_i,\boldsymbol{x}_j)$，$k(\cdot,\cdot)$ 为任意核函数。直观上，我们希望距离相近的点具有较强的相关性，从而得到相似的取值 y。

值得注意的是，上述分布规律对任意一个子集 X 都适用。这一性质可用来采样一个高斯过程。假设当前已完成采样的函数点集为 X，对一个新采样点 $\boldsymbol{x}_*$，有 $\hat{X}=X\cup\{\boldsymbol{x}_*\}$ 的采样值 $\hat{\boldsymbol{y}}$ 同样符合高斯分布，即

$$p(\hat{\boldsymbol{y}})=N(\hat{\boldsymbol{y}};0,\hat{\boldsymbol{K}})$$

其中，

$$\hat{\boldsymbol{K}}=\begin{pmatrix}\boldsymbol{K} & \boldsymbol{k}\\ \boldsymbol{k}^{\mathrm{T}} & v\end{pmatrix}$$

其中，$\boldsymbol{K}$ 是训练集 X 的 Gram 矩阵，$k_n=k(\boldsymbol{x}_*,\boldsymbol{x}_n)$，$v=k(\boldsymbol{x}_*,\boldsymbol{x}_*)$。由高斯分布的性质[67]，可知其条件分布也是高斯的，即

$$p(y_*\mid\boldsymbol{x}_*,\boldsymbol{X},\boldsymbol{y})=N(y_*;m(\boldsymbol{x}_*,\boldsymbol{X},\boldsymbol{y}),\sigma^2(\boldsymbol{x}_*,\boldsymbol{X},\boldsymbol{y}))\tag{5.29}$$

其中，

$$m(\boldsymbol{x}_*,\boldsymbol{X},\boldsymbol{y})=\boldsymbol{k}^{\mathrm{T}}\boldsymbol{K}^{-1}\boldsymbol{y}\tag{5.30}$$

$$\sigma^2(\boldsymbol{x}_*, \boldsymbol{X}, \boldsymbol{y}) = v - \boldsymbol{k}^{\mathrm{T}} \boldsymbol{K}^{-1} \boldsymbol{k} \tag{5.31}$$

下面我们用高斯过程完成预测任务。设有训练集$\{(\boldsymbol{x}_i, \boldsymbol{t}_i)\}$，定义如下模型：

$$\boldsymbol{t} = \boldsymbol{y} + \boldsymbol{\varepsilon}$$

其中，y 是一个高斯过程，$\boldsymbol{\varepsilon} \sim N(\boldsymbol{0}, \beta^{-1}\boldsymbol{I})$是观测噪音，则有

$$p(\boldsymbol{t}) = \int p(\boldsymbol{t} \mid \boldsymbol{y}) p(\boldsymbol{y}) \mathrm{d}\boldsymbol{y}$$

由于 $p(\boldsymbol{t} \mid \boldsymbol{y})$和 $p(\boldsymbol{y})$都是高斯的，有

$$p(\boldsymbol{t}) = N(\boldsymbol{t}; \boldsymbol{0}, \boldsymbol{C})$$

其中，

$$\boldsymbol{C} = \boldsymbol{K} + \beta^{-1}\boldsymbol{I}$$

因此，t 也是一个高斯过程。

基于式(5.29)类似的推导过程，可得

$$p(t_* \mid \boldsymbol{x}_*, \boldsymbol{X}, \boldsymbol{t}) = N(t_*; m(\boldsymbol{x}_*, \boldsymbol{X}, \boldsymbol{t}), \sigma^2(\boldsymbol{x}_*, \boldsymbol{X}, \boldsymbol{t}))$$

其中，

$$m(\boldsymbol{x}_*, \boldsymbol{X}, \boldsymbol{t}) = \boldsymbol{k}^{\mathrm{T}} \boldsymbol{C}^{-1} \boldsymbol{t} \tag{5.32}$$

$$\sigma^2(\boldsymbol{x}_*, \boldsymbol{X}, \boldsymbol{t}) = v + \beta^{-1} - \boldsymbol{k}^{\mathrm{T}} \boldsymbol{C}^{-1} \boldsymbol{k} \tag{5.33}$$

回顾上述推导过程，可以发现我们并没有定义一个类似线性回归的显式预测函数，而是通过定义数据间的相关性来描述数据的**整体分布属性**，从而隐式定义了从 $\boldsymbol{x}$ 到 y 的**随机预测函数** $y(\boldsymbol{x})$，即高斯过程。和第 5.1 节中基于核方法的正则化线性回归模型相比，高斯过程不仅引入了数据间的距离，而且通过该距离定义了一个联合概率分布，从而引入了预测模型的随机性。引入这一随机性事实上给出了预测过程的可信度。比较式(5.32)和式(5.9)可以看到，基于高斯过程预测的期望值和传统带正则化核方法得到的预测值是一致的(注意 $\boldsymbol{C} = \boldsymbol{K} + \beta^{-1}\boldsymbol{I}$)，但高斯过程给出了如式(5.33)的估计方差。因此，高斯过程可以认为是传统核方法的随机版本。

值得注意的是，5.1 节中带 L_2 正则项的线性回归模型事实上等价于在参数 ω 上引入高斯先验分布，这是一种引入模型随机性的简单方法。高斯过程不对参数本身的分布进行显示定义，因而更自由。

5.6 支持向量机

不论是基于核函数的线性回归还是基于高斯过程的非参数模型，都需要计算 Gram 矩阵 $\boldsymbol{K}$ 及其逆矩阵。当训练集中的数据量较大时，这显然会带来非常高的计算复杂度和内存开销。同时，在预测过程中，测试样本要和训练集中的所有样本做核函数计算，同样带来较高的计算量。一种有效的解决方法是仅保留部分较重要的训练数据来进行预测，而将那些不重要的数据丢弃。这些保留下来的训练样本称为**支持向量**，相应的模型称为**支持向量机**，即 SVM。[127]

5.6.1 线性可分的 SVM

以二分类问题来讨论 SVM 的基本概念。考虑两类数据 C_1 和 C_2，并假设这两类数据线性可分。对这类问题，我们可以找到多个分类面对 C_1 和 C_2 进行完美划分，但我们希望得到的线性分类面 $L: y(\boldsymbol{x}) = \boldsymbol{w}^{\mathrm{T}}\boldsymbol{x} + b = 0$ 具有**最大边界属性**。具体而言，首先找到 C_1 和 C_2 两类数据样本中距离 L 最近的样本集合 $S(C_1)$ 和 $S(C_2)$，这两个样本集合可称为对应类别的**边界样本集**，每个边界样本集中的样本到分类面 L 的距离是相等的，两个边界样本集到分类面间的距离之和称为**边界**(Margin)。我们希望找到这样的分类面 L，使得 $S(C_1)$ 和 $S(C_2)$ 两个边界样本集中的数据到分类面的距离相等，且该距离在所有分类面中最大化。这一分类面称为**最大边界分类面**(Max-Margin Hyperplane)，相应的分类器称为**最大边界分类器**(Max-Margin Classifier)。上述最大边界分类面的确定仅与边界样本集相关，因此边界样本集中的训练样本称为**支持向量**(Support Vector)，该分类器称为**支持向量机**(Support Vector Machine,SVM)。支持向量的概念如图 5-3 所示。

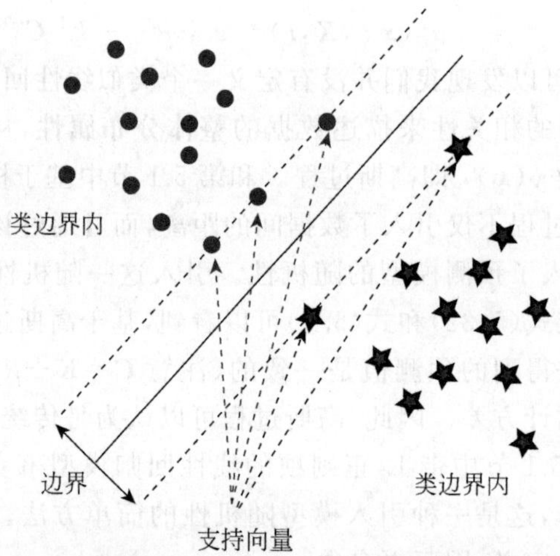

图 5-3 彩图

图 5-3 线性可分的二分类问题中的支持向量机(SVM)模型

注：虚线上的点为支持向量(Support Vector)，虚线间的距离为基于当前分类面的边界(Margin)。

简单推导一下如何从最大边界这一优化目标得到一个 SVM。设训练数据 $\{(\boldsymbol{x}_n, t_n)\}$，其中 $t_n \in \{-1, 1\}$，代表样本 $\boldsymbol{x}_n$ 的类别。定义：

$$y = \boldsymbol{w}^{\mathrm{T}}\boldsymbol{x} + b$$

设 $y=0$ 是分类面，则样本 $\boldsymbol{x}_n$ 到分类面的距离可表示为 $\left|\dfrac{y_n}{\|\boldsymbol{w}\|^2}\right|$。考虑 t_n 的取值，这一距离可表示为

$$t_n \frac{y_n}{\|\boldsymbol{w}\|^2}=t_n \frac{\boldsymbol{w}^{\mathrm{T}}\boldsymbol{x}_n+b}{\|\boldsymbol{w}\|^2}$$

则最大边界分类准则可表示如下：

$$\underset{w,b}{\operatorname{argmax}} \frac{1}{\|\boldsymbol{w}\|^2} \min_n [t_n y_n] \tag{5.34}$$

注意，当 $\boldsymbol{w}$ 和 b 同时乘以相同的尺度常数 κ 时，分类面不会发生改变。利用这一点，可通过选择合适大小尺度，使得 $y=0, \min\limits_n[t_n y_n]=1$。注意，上述限制条件是通过同时改变 y_n 和 $\boldsymbol{w}$ 的尺度，因此并不会改变 $\boldsymbol{x}_n$ 到分类面的距离。引入上述限制后，所有训练数据 $\boldsymbol{x}_n$ 都满足如下限制条件：

$$t_n y_n \geqslant 1 \tag{5.35}$$

因此，式(5.34)定义的优化任务可改写成如下格式：

$$\underset{w,b}{\operatorname{argmin}} \frac{1}{2}\|\boldsymbol{w}\|^2 \quad \text{s.t. } t_n y_n \geqslant 1, \quad \forall n=1,2,\cdots,N \tag{5.36}$$

这是个典型的二次规划问题(Quadratic Programming)，即在若干线性约束下对一个二阶函数进行优化。显然，这一问题的局部最优解即为全局最优解。可得到全局最优解是 SVM 相对神经网络和很多其他模型的重要优势，也是 SVM 被广泛应用的原因之一。

应用拉格朗日乘子法可将式(5.36)所示的受限优化问题写成如下形式：

$$\underset{w,b}{\operatorname{argmin}} L(\boldsymbol{w}, b, \{a_n\}) = \underset{w,b}{\operatorname{argmin}}\left\{\frac{1}{2}\|\boldsymbol{w}\|^2 - \sum_{n=1}^{N} a_n \{t_n y_n - 1\}\right\} \tag{5.37}$$

其中，$L(\boldsymbol{w}, b)$ 称为拉格朗日目标函数。注意，上式需满足 **Karush-Kuhn-Tucker (KKT)条件**[①]：

$$a_n \geqslant 0$$
$$t_n y_n - 1 \geqslant 0$$
$$a_n\{t_n y_n - 1\} = 0$$

对式(5.37)进行优化。首先求对 b 的偏导为零，有

$$\sum_n a_n t_n = 0$$

再求对 $\boldsymbol{w}$ 的偏导为零，有

$$\boldsymbol{w} = \sum_n a_n t_n \boldsymbol{x}_n$$

取式(5.37)的对偶问题(见 11.3.2 小节)，得到以 a_n 为变量的优化问题：

$$\underset{a}{\operatorname{argmax}} \inf_{w,b} L(\boldsymbol{w}, b, \{a_n\}) = \underset{a}{\operatorname{argmax}}\left\{\sum_n a_n - \frac{1}{2}\sum_n \sum_m a_n a_m t_n t_m k(\boldsymbol{x}_n, \boldsymbol{x}_m)\right\} \tag{5.38}$$

① 关于 KKT 条件和函数优化的知识，见第 11 章。

其中，$k(\boldsymbol{x},\boldsymbol{x}')=\boldsymbol{x}^{\mathrm{T}}\boldsymbol{x}'$，且需满足 $a_n\geqslant 0$。对这一任务求解，可得到优化的 $\{a_n\}$。注意，上式中训练数据点仅以核函数的形式出现。可以扩展 $k(\boldsymbol{x},\boldsymbol{x}')$ 为任意核函数，从而将原始空间的最大边界线性分类问题转化为特征空间的最大边界线性分类问题。通过这一扩展，原始空间中线性不可分问题可在特征空间中解决。为表示方便，依然以原始空间线性可分问题为例来讨论，但相关结论可扩展到特征空间线性可分的任务中。

基于上述优化过程得到 $\{a_n\}$ 之后，即得到一个 SVM 模型。对一个新样本 $\boldsymbol{x}_*$ 进行分类时，计算该数据到分类面的距离，并依距离的符号确定该数据的类别，这同样可以表达成核函数形式，计算如下：

$$\boldsymbol{w}^{\mathrm{T}}\boldsymbol{x}_*+b=\sum_{n=1}^{N}a_n t_n \boldsymbol{x}_n^{\mathrm{T}}\boldsymbol{x}_*+b=\sum_{n=1}^{N}a_n t_n k(\boldsymbol{x}_*,\boldsymbol{x}_n)+b \tag{5.39}$$

对任一支持向量 $\boldsymbol{x}_n$，总有 $t_n y_n=t_n(\boldsymbol{w}^{\mathrm{T}}\boldsymbol{x}_n+b)=1$，由此可求得参数 b。上式说明对数据 $\boldsymbol{x}_*$ 的预测依赖所有训练数据，每个训练数据以 $a_n k(\boldsymbol{x}_*,\boldsymbol{x}_n)$ 作为权重，贡献其类别标记 t_n，得到的平均值即为对数据 $\boldsymbol{x}_*$ 的预测。由于核函数描述了样本间的相似性，因此 SVM 的预测可认为是一种联想预测，基于和测式样本 $\boldsymbol{x}_*$ 相近的训练样本 $\boldsymbol{x}_n$ 的类别来预测 $\boldsymbol{x}_*$ 的类别。

需要注意的是，由 KKT 条件可知，当 $t_n y_n\geqslant 1$ 时，$a_n=0$。这意味着，如果训练数据 $\boldsymbol{x}_n$ 不是支持向量，该数据将不影响预测结果。因此，该模型中仅有支持向量对分类预测起作用，其余数据都可以丢弃。这说明 SVM 是一种稀疏模型。之所以产生这样的稀疏效果，是因为我们在寻找最大边界分类面时，只有支持向量会影响分类面的形状，所有不在边界上的训练样本，不论如何变化，都不会对分类面的形状产生影响，因此，这些点不会对预测产生影响。SVM 的稀疏性极大减小了模型规模，扩展了模型的应用范围。

5.6.2 线性不可分的 SVM

到目前为止，我们对 SVM 的推导都假设两类数据在特征空间是线性可分的。如果这一条件不能满足，则对任一个分类面，都会有一些点越过边界，我们称这些点为所属类别的**边界外点**，如图 5-4 所示。这时限制条件(5.35)无法得到满足。为了得到一个合理的限制条件，可以对每个训练样本引入一个松弛变量 ξ_n，使得加上该松弛变量后满足式(5.35)所示的限制条件，即

$$t_n y_n\geqslant 1-\xi_n \quad \text{s.t.} \quad \xi_n\geqslant 0$$

可见，对于在类边界上和边界内的 $\boldsymbol{x}_n$，设 $\xi=0$ 即可满足约束；如果 $\boldsymbol{x}_n$ 在类边界外且被正确分类，则有 $\xi_n\leqslant 1$；如果 $\boldsymbol{x}_n$ 被分类面错误分类，则需要 $\xi_n>1$。在优化过程中，我们希望 ξ_n 越小越好，即希望不需要引入太大的松弛量即可满足限制条件，因此需要在优化目标中加入一个控制 ξ_n 的正则项。总结起来，线性不可分

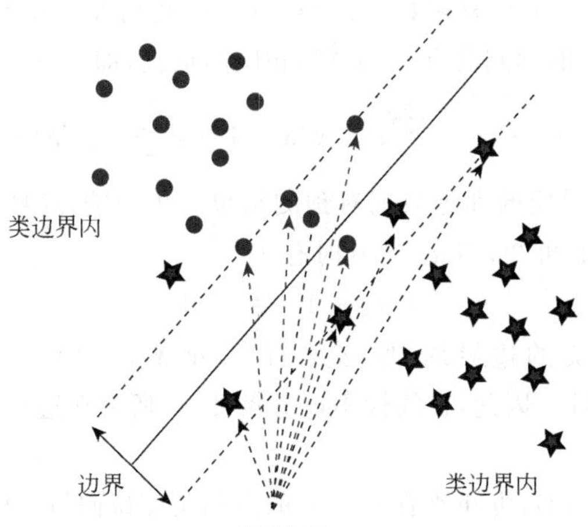

图 5-4 彩图

图 5-4 线性不可分问题中的支持向量机模型

注：对边界上和边界内的点，$\xi=0$；对于边界外但分类正确的点，$0<\xi<1$；对其他点，$\xi\geqslant 1$。

的 SVM 优化问题可形式化为

$$\underset{w,b,\{\xi_n\}}{\operatorname{argmin}} \frac{1}{2}\|\boldsymbol{w}\|^2+C\sum_{n=1}^{N}\xi_n \quad \text{s.t.} \quad t_n y_n \geqslant 1-\xi_n;\xi_n\geqslant 0 \quad \forall n=1,2,\cdots,N \tag{5.40}$$

其中，C 是平衡边界大小（$\boldsymbol{w}$ 越小，边界越大）和分类错误（$\sum_{n=1}^{N}\xi_n$ 越小，分类错误越小）的超参数。同样用拉格朗日乘子法解上述优化问题，将其写成如下形式：

$$\underset{w,b,\{\xi_n\}}{\operatorname{argmin}} \frac{1}{2}\|\boldsymbol{w}\|^2+C\sum_{n=1}^{N}\xi_n-\sum_{n=1}^{N}a_n\{t_n y_n-1+\xi_n\}-\sum_{n=1}^{N}\mu_n\xi_n \tag{5.41}$$

其对应的 KKT 条件为

$$a_n(t_n y_n-1+\xi_n)=0 \tag{5.42}$$

$$\mu_n\xi_n=0 \tag{5.43}$$

基于式(5.41)所示的优化函数求对 $\boldsymbol{w}$、b、ξ_n 的偏导并取 0，可得

$$\boldsymbol{w}=\sum_{n=1}^{N}a_n t_n \boldsymbol{x}_n \tag{5.44}$$

$$\sum_{n=1}^{N}a_n t_n=0 \tag{5.45}$$

$$a_n=C-\mu_n \tag{5.46}$$

取式(5.41)的对偶问题，有

$$\underset{a}{\operatorname{argmax}}\left\{\sum_{n}a_n-\frac{1}{2}\sum_{n}\sum_{m}a_n a_m t_n t_m k(\boldsymbol{x}_n,\boldsymbol{x}_m)\right\} \quad \text{s.t.} \ a_n\geqslant 0 \tag{5.47}$$

这一结果与式(5.38)具有相同形式，不同的是需要满足不同的约束条件。同样，

$k(\boldsymbol{x}_n,\boldsymbol{x}_m)$可以取任一有效核函数，实现在特征空间而非原始空间中的线性分类。对某一测试样本 $\boldsymbol{x}_*$ 的预测具有式(5.39)相同的形式，即

$$y(\boldsymbol{x}_*)=\boldsymbol{w}^{\mathrm{T}}\boldsymbol{x}_*+b=\sum_{n=1}^{N}a_nt_n\boldsymbol{x}_n^{\mathrm{T}}\boldsymbol{x}_*+b=\sum_{n=1}^{N}a_nt_nk(\boldsymbol{x}_*,\boldsymbol{x}_n)+b \quad (5.48)$$

同样，仅有 $a_n>0$ 对应的训练数据对预测结果产生影响，这些训练数据组成支持向量集。由式(5.42)可知，当 $a_n>0$ 时有

$$t_ny_n-1+\xi_n=0 \quad (5.49)$$

如果 $\boldsymbol{x}_n$ 在正确分类的边界内，则必然有 $t_n(\boldsymbol{w}^{\mathrm{T}}\boldsymbol{x}_n+b)>1$，因此不能满足式(5.49)所示的条件。因此，在线性不可分条件下，所有在边界上和边界外的训练样本都是支持向量。

回到优化式(5.40)，可知所有 $\xi_n>0$ 的点都是支持向量(反之不成立)，因而会对模型产生影响。同时，$\sum_n\xi_n$ 是分类错误的上界(注意，如果 $\xi_n>1$，代表产生了一个分类错误)，因此当 C 越大时，在对式(5.40)进行优化时对分类错误越重视，得到的模型的支持向量数越少，模型的复杂度越低。当 $C\to+\infty$ 时，线性不可分的优化问题退化为线性可分条件下的 SVM。在实际应用中，如果两类数据混淆度越大，则满足 $\xi_n>0$ 的点越多，模型的复杂度越高。

5.6.3 v-SVM

5.6.2 小节所述的 SVM 由参数 C 来控制模型复杂度，通常称为 C-SVM。由于 C 的取值是无限制的，在构造实际系统时不容易操作。v-SVM 是和 C-SVM 等价的另一种 SVM 实现方法，但选择更有直观意义的参数，使模型调节起来更加容易。[105] v-SVM 定义目标函数为

$$\underset{\boldsymbol{w},b,\{\xi_n\},\rho}{\operatorname{argmin}}\ \frac{1}{2}\|\boldsymbol{w}\|^2-\nu\rho+\frac{1}{N}\sum_n\xi_n$$

其中，$v\in[0,1]$为模型参数。限制条件为

$$t_ny_n\geqslant\rho-\xi_n;\quad \xi_n\geqslant 0;\quad \rho\geqslant 0$$

和 C-SVM 相比，这一目标函数包含一个代表边界的变量 ρ，基于这一变量，两类之间的边界大小为 $\dfrac{2\rho}{\|\boldsymbol{w}\|^2}$。

类似 C-SVM，对上式应用拉格朗日法求解，可得如下对偶任务：

$$\underset{\boldsymbol{a}}{\operatorname{argmax}}-\frac{1}{2}\sum_m\sum_n a_ma_nt_nt_mk(\boldsymbol{x}_n,\boldsymbol{x}_m)$$

约束条件为

$$0\leqslant\alpha_n\leqslant\frac{1}{N} \quad (5.50)$$

$$\sum_{n=1}^{N}\alpha_n t_n = 0 \tag{5.51}$$

$$\sum_{n=1}^{N}\alpha_n \geqslant v \tag{5.52}$$

可以证明，v 是支持向量（即满足 $\alpha_n>0$ 的点）在训练样本中所占比例的下界，同时也是边界外（不包括边界上）的样本（即满足 $\xi_n>0$ 的点）在训练集中所占比例的上界。[105] 因此，通过设定合理的 v，可直接控制模型复杂度。这是 v-SVM 在设计实现时的对比优势。

5.6.4　SVM 的若干讨论

1. SVM 的特点

SVM 具有两个明显特点，使得它具有强大的分类能力：最大边界分类准则和基于核方法的特征映射。

首先，最大边界分类准则使其关注最容易发生分类错误的样本，而非所有数据。这使得 SVM 在以减少分类错误为目标的分类任务中具有优势。虽然 Logistic Regression 等分类器也有类似效果，即关注分类面附近易混淆的样本，但最大边界分类准则做得更为彻底，即没有发生分类错误的样本对分类面设计完全没有影响。这可以从模型的优化目标清楚看到：SVM 的优化目标中，不是所有样本都会对误差函数产生贡献，只有在正确类别边界之外的数据其 ξ 值才是非零的，才会对优化任务的目标函数产生贡献。换句话说，只有满足 $t(\boldsymbol{w}^{\mathrm{T}}\boldsymbol{x}+b)<1$ 的样本才会贡献误差，贡献度为 $1-t(\boldsymbol{w}^{\mathrm{T}}\boldsymbol{x}+b)$。这一事实可以写成误差函数如下。

$$l(\boldsymbol{x},t)=\max\{0,1-t(\boldsymbol{w}^{\mathrm{T}}\boldsymbol{x}+b)\}=[1-t(\boldsymbol{w}^{\mathrm{T}}\boldsymbol{x}+b)]_+ \tag{5.53}$$

其中，$[\cdot]_+$ 表示取正值函数。式(5.53)称为 Hinge Loss。基于这一表达，SVM 的目标函数(5.40)可以写作：

$$\sum_{n=1}^{N} l(x_n,t_n)+\lambda\|\boldsymbol{w}\|^2$$

因此，SVM 可以看作是以 Hinge Loss 为误差函数，并加入二阶范数作为正则项的线性分类模型。

基于核方法的特征映射是 SVM 具有强大性能的另一个重要原因。最大边界分类模型本质上是线性的，这一线性带来的一个优势是具有全局最优解，因此 SVM 的训练过程要比神经网络等模型简单得多，性能也更容易保证。但是，这种线性模型很难处理线性不可分数据。核方法通过设计恰当的核函数将数据隐式地映射到特征空间，在特征空间中进行线性建模，从而解决了非线性数据的最大边界分类模型的建模问题。另一方面，最大边界分类准则减小了核方法的模型复杂度，因为只有支持向量才会对预测产生影响，而不像基于核方法的线性分类模型

(Logistic Regression)那样需要保留所有训练数据。从这个角度上看，可以认为SVM是基于核方法的线性分类模型的稀疏版本，这一稀疏性来源于最大边界的训练准则，而这一准则对应的是将传统基于Logistic函数的误差函数改写为基于Hinge Loss的误差函数。

2. 多分类SVM

SVM只可用于二分类任务。如果用到多分类任务上，一般常用one-versus-the-rest方式，为每个类设计一个二分类SVM，其正样本集为该类包含的训练数据，负样本集为所有其他类的训练数据。一种方法是，给定一个测试样本 $\boldsymbol{x}_*$，利用所有分类器进行分类。如果有多个分类器同时认为该数据属于其对应的类，可比较每个SVM的输出值，取最大输出值的分类器对应的类为测试样本的分类。这种比较SVM输出值的方法并不能保证得到分类是正确的，因为不同SVM的输出值可能不具有可比性。另一种方法是对 K 类两两成对设计 $K(K-1)$ 个分类器，然后采用投票法决定测试样本所属的类。这一方法计算量较大，且投票法并不能保证得到正确的分类。

Crammer等人[131]给出一个多分类SVM的设计方法，其基本思路是同时设计 K 个分类器，使得对任一训练样本 $\boldsymbol{x}$，它所属类别所对应的分类器输出显著高于其他分类器的输出。具体地，当正确分类器输出的结果大于所有其他分类器一个边界值 δ 时，即不产生误差，否则依输出值差距的大小计算误差。这事实上即是Hinge Loss误差函数。

3. 用于回归任务的SVM

SVM本身是用于分类任务的，但Hinge Loss的思路同样可用于回归任务。与SVM仅关注分类面附近产生混淆的训练样本点类似，在回归任务中，可以更加关注远离回归中心的点，这些点对回归错误贡献最大，而对那些在回归曲线附近的点可不予考虑。

以标准线性回归任务为例，其二阶约束的误差函数可定义为

$$\frac{1}{2}\sum_{n=1}^{N}\{y_n - t_n\}^2 + \frac{\lambda}{2}\|\boldsymbol{w}\|^2$$

其中，$y_n = \boldsymbol{w}^{\mathrm{T}}\boldsymbol{x}_n$ 为模型对 $\boldsymbol{x}_n$ 的回归值。可以将上式中的二阶误差用Hinge Loss替换：

$$\sum_{n=1}^{N}[|y_n - t_n| - \varepsilon]_+ + \frac{\lambda}{2}\|\boldsymbol{w}\|^2$$

其中，ε 为不计入误差的边界大小。对上式进行优化，即可得到基于Hing Loss的回归模型。与标准线性模型类似，该模型同样可以写成核函数形式，从而实现对非线性数据在特征空间里进行线性建模。

5.7 相关向量机

前面提到过，SVM可以认为是基于核方法的Logistic Regression的Hinge

Loss 版本。这种基于 Hinge Loss 的稀疏建模方法本质上是以距离为标准选择支持向量的,因此缺少概率意义。另一种获得稀疏向量的方法是基于贝叶斯框架的**自动相关性检测**(Automatic Relevance Detection,ARD)。[670,727] 通过 ARD 得到的稀疏核模型称为**相关向量机**(Relevance Vector Machine,RVM)。[670]

以回归任务为例来介绍 RVM。再次回到如下线性回归模型:

$$t=\boldsymbol{w}^{\mathrm{T}}\boldsymbol{\phi}(\boldsymbol{x})+\varepsilon$$

如果对参数 $\boldsymbol{w}$ 引入高斯先验 $p(\boldsymbol{w})\sim N(\boldsymbol{0},\alpha^{-1}\boldsymbol{I})$,则得到贝叶斯线性回归模型。如果对不同特征维度引入不同的高斯先验,即

$$p(w_i)\sim N(0,\alpha_i^{-1})$$

对 α_i 做最大似然估计,即优化如下似然函数:

$$p(D\mid\boldsymbol{\alpha})=\int p(D\mid\boldsymbol{w})p(\boldsymbol{w}\mid\boldsymbol{\alpha})\mathrm{d}\boldsymbol{w}=\int p(D\mid\boldsymbol{w})\prod_i p(w_i\mid\alpha_i)\mathrm{d}w_1w_2\cdots$$

因为 α_i 是独立的,经过优化后与任务无关的 w_i 所对应的 α_i 将趋向无穷大,以得到更大的 $p(w_i|\alpha_i)$。无穷大的 α_i 意味着 $\phi_i(\boldsymbol{x})$ 对应的参数 w_i 被强烈限制在 0 点附近,因此 $\phi_i(\boldsymbol{x})$ 将不对预测产生影响。这一方法称为稀疏贝叶斯方法。[672] 通过这一方法,那些与预测无关的特征会被自动检测出来,因此称为自动相关性检测(ARD)。

如果将 $\phi_i(\boldsymbol{x})$ 定义为 $\boldsymbol{x}$ 与第 i 个训练样本 $\boldsymbol{x}_i$ 的核函数取值,即 $\phi_i(\boldsymbol{x})=k(\boldsymbol{x}_i,\boldsymbol{x})$,则回归模型形式化为

$$t=\sum_i \boldsymbol{w}_i k(\boldsymbol{x}_i,\boldsymbol{x})+\varepsilon$$

其中,$\boldsymbol{x}_i$ 是一个训练样本,$k(\cdot,\cdot)$ 是一个任意核函数。则通过上述稀疏贝叶斯方法,可以自动选出与预测任务相关的训练样本,这些样本称为**相关向量**(Relevance Vector)。进行预测时,仅需与相关向量集中的样本进行核函数计算即可。这事实上与 SVM 选择支持向量的思路类似,只不过用相关向量代替了支持向量,因此称为相关向量机(RVM)。RVM 和 SVM 具有很多相似性,都是选择训练样本的子集来大幅度减小预测时的计算复杂性,因此可以统称**稀疏性核方法**。RVM 的模型大小通常小于 SVM。

RVM 也可以用于分类任务,其基本思路也是类似的:将 Logistic 回归模型 $y=\sigma\left(\sum_i w_i\phi_i(\boldsymbol{x})\right)$ 的特征定义为所有训练样本上的核函数取值,则该模型的形式为

$$y=\sigma\left(\sum_{i=1}^{N} w_i k(\boldsymbol{x}_i,\boldsymbol{x})\right)$$

其中,$k(\boldsymbol{x}_i,\boldsymbol{x})$ 为定义在训练样本 $\boldsymbol{x}_i$ 处的特征函数。对不同 w_i 引入独立的高斯先验 $p(w_i)=N(0,\alpha_i^{-1})$,通过最大似然准则对 $\{\alpha_i\}$ 进行优化,与预测任务无关的 $k(\boldsymbol{x}_i,\boldsymbol{x})$ 所对应的 α_i 将被置为无穷大值,相应的 w_i 将被置零,因而 $k(\boldsymbol{x}_i,\boldsymbol{x})$ 将自动从预测公式中被去除。注意,该方法基于概率模型,因此输出自然具有概率意义

(即 $\boldsymbol{x}$ 属于某一类的后验概率)。同时,该方法可以方便扩展到多分类问题,只需用 Softmax 函数取代二分类问题中的 Sigmoid 函数。这是 RVM 与 SVM 相比的一个明显优势。

需要注意的是,RVM 中的二元函数 $k(\boldsymbol{x}_n,\boldsymbol{x})$ 可以是任意核函数,而 SVM 中的 $k(\boldsymbol{x}_n,\boldsymbol{x})$ 必须是对称半正定的。这为 RVM 的设计带来了灵活性,但同时也失去了优化目标的凸函数的性质,不能保证全局最优解。同时,RVM 要求计算 Gram 矩阵的逆矩阵,因此模型训练的计算量较大,但其优势是只需训练一次,而不必像 SVM 那样需要训练多次以选择合适的模型参数 C 或 v。最后,稀疏贝叶斯方法可以灵活定义 $\boldsymbol{\phi}(\boldsymbol{x})$,RVM 中对 $\boldsymbol{\phi}(\boldsymbol{x})$ 的定义仅是稀疏贝叶斯方法的一种特殊形式。

5.8 本章小结

本章从线性回归模型出发,推导出了该模型的对偶表达,从而引出了核函数的概念。我们介绍了核函数的性质和构造方法,并讨论了一些常用核函数形式。我们进一步讨论了主成分分析(PCA)的核版本,这一扩展使得 PCA 得以处理非高斯数据。进一步,我们讨论了高斯过程,并推导出基于该过程进行贝叶斯线性回归的表达方式。最后,我们讨论了支持向量机和相关向量机,这是两种典型的稀疏性核方法,该方法在预测时仅考虑最有代表性的训练数据(支持向量或相关向量),因而可显著减小预测时的计算量。

核方法的一个基本特征是基于训练集中的数据对未知数据进行预测,这和其他机器学习方法有很大不同。传统方法都是假设一个参数模型,利用训练集对参数进行选择,再基于该参数模型进行预测。模型训练是一种抽象化过程,相当于知识积累。核方法本质上是一种非参数方法,即不存在一个抽象过程,而是用全体(如高斯过程)或部分(如 SVM)训练数据对未知数据进行预测,预测时不同数据依其与待测试数据的相似性参与贡献。如果传统参数模型方法称为抽象学习,核方法更接近一种基于相似性的联想学习,衡量相似性的方法即是核函数。

需要注意的是,核函数隐性定义了一个高维特征空间,但这并不意味着数据在这一特征空间中具有更多信息。然而,这种特征映射的确可以使数据在特征空间表现出更强的线性或高斯性,从而可以被线性模型更好建模。至于这一特征映射是否真的具有这样的效果,则完全依赖映射本身的性质。核方法的强大之处在于我们可以将特征映射的设计转化成距离度量的设计,从而显著降低了特征设计的难度。

如何设计合理的核函数在核方法中具有重要意义。在很多问题中,一些常见的核函数(如线性核、多项式核、RBF 核等)即可取得较好的效果,但在特殊情况下，我们需要设计与任务相关的核函数，如前面讨论过的在集合、序列、图上的核函数。设计这些核函数时应尽量应用领域知识，使核函数可以有效反映数据间的关系。应用领域知识是核方法相对神经网络方法的对比优势之一。

必须应用领域知识对核函数进行定义也是核方法的一个缺点。因为核函数需要人为定义，导致模型的学习能力较差，很难从数据中得到有效知识。相对而言，神经网络方法更重视对数据的学习，但对人为知识的表达能力有限。贝叶斯方法提供了一种将人为知识和数据进行有效组合的方式，由人来设计概率结构，通过数据对概率结构中的参数进行学习，因而可以得到比核方法更灵活，同时比神经网络更具有泛化能力的模型。我们将在第 6 章讨论贝叶斯方法的基本概念和学习方法。

5.9 相关资源

- 本章关于核方法的讨论参考了 Holfmann 的文章。[284]
- 本章关于 SVM 和 RVM 的讨论大量参考了 Bishop 所著的 *Pattern Recognition and Machine Learning* 一书的第 7 章。[67]
- 关于核方法在聚类、回归、相关性分析等任务上的应用，请参考 Shawe-Taylor 2004 年的著作。[597]
- Kung 2014 年的著作 *Kernel methods and machine learning* 对核方法进行了较全面的介绍。[368]
- 关于高斯过程的细节知识，可参考 Seeger 的综述文章。[586]
- 关于 SVM 的更多知识，请参考相关文献[688，689，90，116，466，579，269]。

第6章 图 模 型

前面已经介绍了神经模型和核方法。神经模型是典型的数据驱动模型，包含大量参数，需要足够的数据量以确定这些参数；核方法中的自由参数较少，不需要太多数据，但需要较强的先验知识来设计核函数。这两种模型都取得了极大成功，但在某些复杂实际场景下建模比较困难。例如，当数据的生成过程比较复杂，而数据量又比较少时，神经网络和核方法应用比较困难。在这种情况下，我们希望利用生成过程的先验知识来指导模型的构造。另外，在一些实际任务中，不仅需要回归或分类的结果，还需要对这些结果产生的原因做深入分析。神经模型和核方法对数据内部的依赖关系分析不足。

概率模型在很大程度上解决了上述问题，通过将先验知识形式化为变量间的概率关系，可以对复杂场景进行有效建模；同时，这一模型也保留了足够的灵活性，可基于数据来学习模型中的参数，使之适应目标任务。这意味着概率模型是一种将领域知识和数据结合起来的有效工具。应用概率模型的一个潜在问题是，当系统的变量较多时(如上百个变量)，模型设计会比较困难。**概率图模型**以图的形式来描述变量间的相关性，不仅可以对目标问题有更直观的描述，而且衍生出一套统一的推理方法和参数估计方法，简化了概率模型的构造及学习和推理过程。本章将介绍概率图模型的基本概念和方法，并介绍基于该模型的推理方法和参数估计算法。

6.1 概率图模型简介

很多实际问题包含众多变量，且变量间具有复杂的依赖关系。如图 6-1 所示的一个气象预报系统，既包括气压、温度、湿度等常规观察量，也包括季节这样的指示变量和卫星云图这样的原始资料。这些变量决定了是否会产生降雨、降雪等天气事件，这些事件又决定是否会发生汛情，是否要提醒大家穿衣御寒等。在实际天气预报系统中，变量可能非常多，这些变量之间互相影响，互相作用，形成复杂庞大的事件系统。概率模型是描述这些复杂系统的有效工具，通过对变量间的局部概率关系进行建模，即可利用贝叶斯推理方法进行事实推断。例如当气温持续升高时，发生汛情的可能性会增加，进而临近地区发生自然灾害的可能性会增加，等等。然而，面对如此庞大的变量集合和如此复杂的概率关系，贝叶斯推理变得不再直观，甚至连模型的表达都会变得困难。

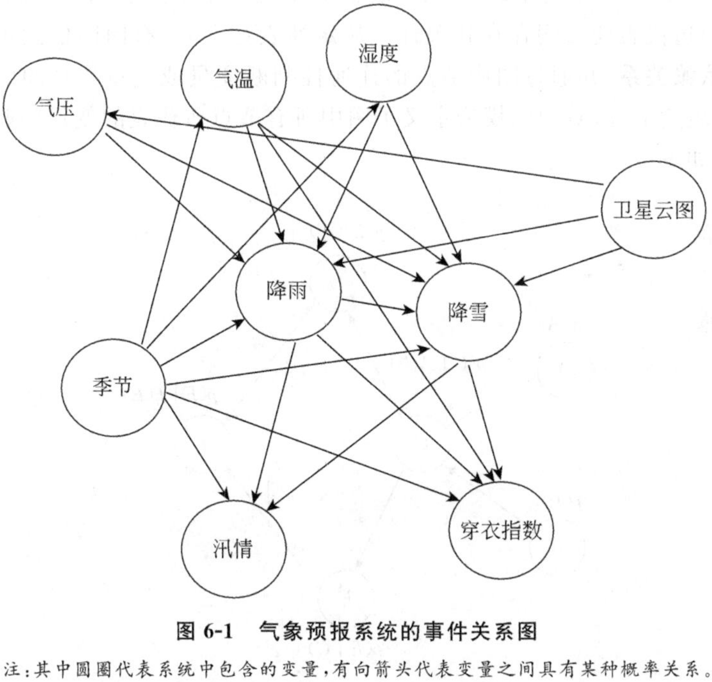

图 6-1 气象预报系统的事件关系图

注：其中圆圈代表系统中包含的变量，有向箭头代表变量之间具有某种概率关系。

概率图模型是概率论和图论的结合。该模型将变量表示成图中的节点，变量之间的相关性表示成节点之间的边，通过定义变量间的局部相关性，即可由推理算法得出任意两个变量之间的全局性概率关系。这一框架特别适合描述包含多元信息的复杂系统，使变量间的相关性变得一目了然；同时，该框架提供了一套通用的推理方法和参数估计方法，降低了建模复杂度。值得说明的是，图模型本身更关注变量之间的拓扑结构，而不是变量间概率关系的具体形式。不同拓扑结构的推理和参数估计方法有很大区别，图模型关注同一拓扑结构下的通用算法。

概率图模型分为**有向图模型**和**无向图模型**两种，前者一般也称为**信任网络**(Belief Network)或**贝叶斯网络**(Bayesian Network)，后者也称为**马尔可夫随机场**(Markov Random Field)。有向图的优点在于可以直观表示随机变量间的依赖关系，无向图的优点则在于表示变量之间的概率相关性。本章将首先介绍这两种图模型，然后讨论在这些模型上的推理方法和参数估计方法。关于图模型的更多知识可参考相关文献[308,703,318,316]。

6.2 有向图模型

6.2.1 典型模型

图 6-2 给出了一个简单的有向图模型，其中每一个节点表示一个随机变量，节点间的有向边代表变量间存在相关性。从定性表达上看，有向图模型可直观表示变量间的**依赖关系**，并通过图中节点的连通性判断变量或变量集合间的**概率相关性**；从定量表达上看，有向图模型定义了图中所有节点所代表的变量的**联合概率分布**，形式化如下。

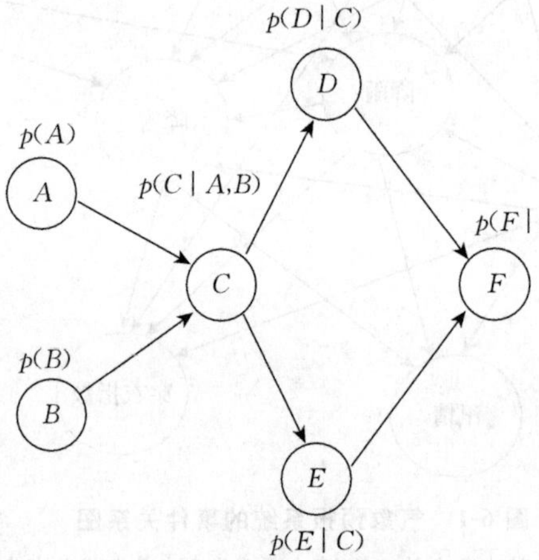

图 6-2　简单的有向图模型

注：包括 A、B、C、D、E、F 五个变量，变量间的有向连接表示概率依赖关系。每个节点对应一个先验概率（无父节点）或条件概率（有父节点）。

$$p(X)=\prod_{x_i \in X} p(x_i \mid Pa(x_i)) \tag{6.1}$$

其中，$X=\{x_i\}$是有向图所包含的所有变量，x_i 是第 i 个变量，$Pa(x_i)$是 x_i 的父节点变量集合。具体而言，有向图所包含的所有变量的联合概率是每个变量条件概率的乘积；如果该条件概率的条件变量集合为空，则意味着该变量不存在父节点，条件概率退化为先验概率。依此原则，图 6-2 所表达的联合概率可写成如下形式：

$$p(A,B,C,D,E,F)=p(A)p(B)p(C\mid A,B)p(D\mid C)p(E\mid C)p(F\mid D,E)$$

其中，A 和 B 没有父节点，因此对应的项为先验概率。

除了上述基础表示方法，有向图模型在实际应用时还经常包含若干扩展表示：①通常用灰色节点代表观察变量，用白色节点代表隐变量(Latent Variable)；②通常用圆圈代表连续变量，用方框代表离散变量；③有时会对某些节点加框，表示一组独立同分布的变量；④模型的参数通常用一些实心黑点表示。图 6-3 给出一个扩展表示的例子，这一有向图模型对应的联合概率为

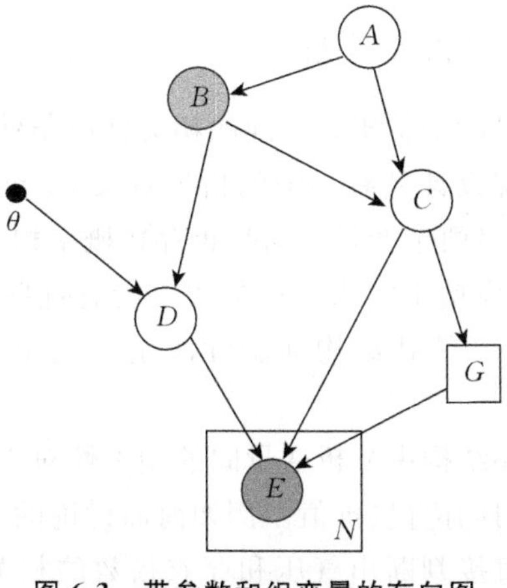

图 6-3　带参数和组变量的有向图

注：A、C、D、G 为隐变量，B、E 为观察变量；A、B、C、D、E 为连续变量，G 为离散变量；A、B、C、D、G 为单个变量，E 为一组 N 个独立同分布变量；$\boldsymbol{\theta}$ 为变量 D 的条件概率的参数。

$$\begin{aligned}&p(A,B,C,D,G,E_1,E_2,\cdots,E_N)\\&=p(A)p(B\mid A)p(C\mid AB)p(D\mid B;\theta)p(G\mid C)\prod_{i=1}^{N}p(E_i\mid C,D,G)\end{aligned}$$

有向图可以用于多种任务中，典型的三种如图 6-4 所示，其中图 6-4(a)表示**预测任务**，即根据模型预测出某一原因可能导致的结果；图 6-4(b)表示**推理任务**，基于结果推理出导致该结果的原因；图 6-4(c)表示**分析任务**，原因和结果已知，根据模型分析这些原因导致该结果的机制。值得一提的是，在有向图模型中，所有观察变量，不论是原因还是结果，都统一表示成图中的节点，这意味着传统模式识别概念中的数据 x 和数据标记 t 之间的区分变得不再明显，两者都是概率图模型中的

观察变量。这事实上打破了监督学习和非监督学习的界限，将这两种方法统一到了一个学习和推理框架之中。

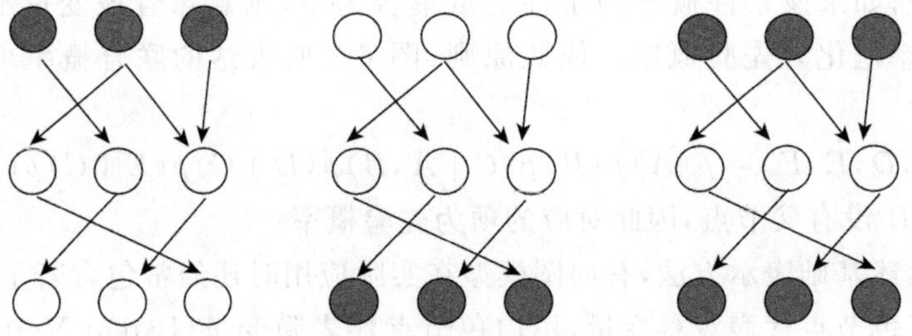

(a) (b) (c)

图 6-4 基于有向图可以进行预测、推理和分析

注：(a)预测；(b)推理；(c)分析。灰色圆圈表示观察变量，白色圆圈表示隐变量。

6.2.2 有向图变量相关性判断

一个系统中两个变量或变量集合之间的**相关性**或**条件相关性**（等价地、**独立性**或**条件独立性**），对于系统设计具有很强的指导意义，是重要的领域知识之一。在设计模型时，通常由专家对两个变量之间是否存在概率相关性进行判断，如果存在某种相关性，则在有向图模型中加入相应的边。所有这些局部相关性决定了有向图的全局拓扑结构，而这一拓扑结构即隐性决定了变量或变量集合间的全局相关性。

从有向图模型的拓扑结构中分析变量间的相关性对于理解系统行为具有重要意义，在很多实际应用中具有直接价值。例如前面讨论的天气预报的例子中，如果能从该系统的图模型中直接判断出气压和穿衣指数的相关性，则可迅速知道当气压发生变化时是否要发出穿衣提醒。

如果要考察有向图中两个变量之间的独立性或相关性，可通过判断这两个变量之间所有可能的路径是否被**阻断**来实现。所谓阻断，直观上说是某一变量的信息无法通过该路径传递给另一变量。如果两个变量间的所有路径皆被阻断，则这两个变量独立（对应路径中不存在观察变量的情况）或条件独立（对应路径中存在观察变量的情况），否则这两个变量相关或条件相关。

为了判断一条路径是否被阻断，需要判断路径上每一个连接是否被阻断，为此需要分析典型的路径结构所具有的阻断性质。依中间节点与前后两个节点的依赖关系（即边的方向性），可将路径结构分为头—尾结构，尾—尾结构，头—头结构三种。在每种结构中，中间节点可能为观察变量或隐变量两种，前者对应首尾两节点的条件相关性，后者对应（无条件）统计相关性。这三种典型结构如图 6-5 所示，对这些结构的阻断性分析如下。

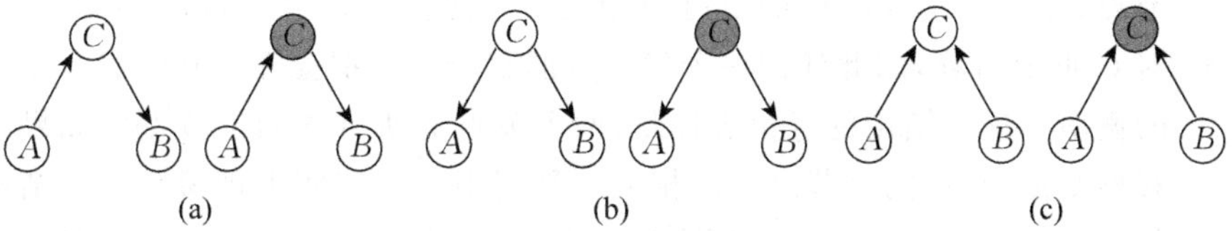

图 6-5 有向图中的三种典型路径结构

注：(a)头—尾结构，当 C 不可见时，A 与 B 相关，当 C 可见时，A 与 B 条件独立；(b)尾—尾结构，当 C 不可见时，A 与 B 相关，当 C 可见时，A 与 B 条件独立；(c)头—头结构，当 C 不可见时，A 与 B 独立，当 C 可见时，A 与 B 条件相关。

- 对于头—尾结构(图 6-5(a))，当中间节点 C 没有被观察到时，A 与 B 具有相关性，因为 $p(AB)\neq p(A)p(B)$；当中间节点 C 被观察到时，A 与 B 条件独立，因为

$$p(AB \mid C)=\frac{p(ABC)}{p(C)}=\frac{p(A)p(C \mid A)p(B \mid C)}{p(C)}$$
$$=\frac{p(AC)p(B \mid C)}{p(C)}=p(A \mid C)p(B \mid C)$$

从直观上说，当 C 未被观察到时，A 的发生有可能引起 C 的发生，进而引起 B 的发生，因此 A 与 B 相关；当 C 被观察到时，C 成为定值，A 无论发生不发生，都不会引起 C 的变化，所以 A 与 B 条件独立。

- 对于尾—尾结构(图 6-5(b))，当 C 没有被观察到时，A 与 B 之间具有相关性，因为 $p(AB)\neq p(A)p(B)$；当 C 被观察到时，A 与 B 条件独立，因为

$$p(AB \mid C)=\frac{p(ABC)}{p(C)}=\frac{p(C)p(A \mid C)p(B \mid C)}{p(C)}=p(A \mid C)p(B \mid C)$$

直观来说，在 C 未被观察到时，如果 A 事件发生的概率很大，说明 A 事件的原因 C 发生的概率很大，而 C 也是 B 事件的原因，因而 B 发生的概率也很大，因此 A 和 B 相关。当 C 事件被观察到时，A 与 B 发生的概率完全由 C 的观察值确定，因此 A 与 B 条件独立。

- 对于头—头结构(图 6-5(c))，当 C 未被观察到时，A 与 B 独立，因为

$$p(AB)=\sum_C p(ABC)=p(A)p(B)\sum_C p(C \mid AB)=p(A)p(B)$$

当 C 被观察到时，A 和 B 条件相关，因为 $p(AB \mid C)\neq p(A \mid C)p(B \mid C)$。从直观上解释，当 C 未被观察到时，A 和 B 发生的概率完全由其各自的先验概率决定，因此是独立事件。但当 C 是观察变量时，如果 C 发生，说明 A 和 B 都有一定概率发生从而引发了 C。由于 A 和 B 共同决定 C 的发生，那么如果当 A 发生的概率非常大时，则事件 C 已经有了合理的解释，因而事件 B 发生的概率就会减小，反之亦然。这种现象称为 **Explain Away**。需要说明的是，Explain Away 现象不仅发生在与 C 直接相关的父

节点之间，也发生在 C 的所有前趋父节点之间，这是因为这些父节点都会对 C 形成解释，因此任何一个父节点的解释成立都会降低其他父节点发生的概率。这一结论的等价表述是：两个节点的所有共同子节点中如果出现观察变量，则这两个节点条件相关。我们用一个实例来理解头—头结构中的 Explain Away 现象。如图 6-6 所示，房屋倒塌这一事件可能有两个原因：地震和台风。如果我们已经知道发生了地震，则“房屋倒塌”这件事就有了合理的解释，那么“刮台风”的可能性就比较小了。

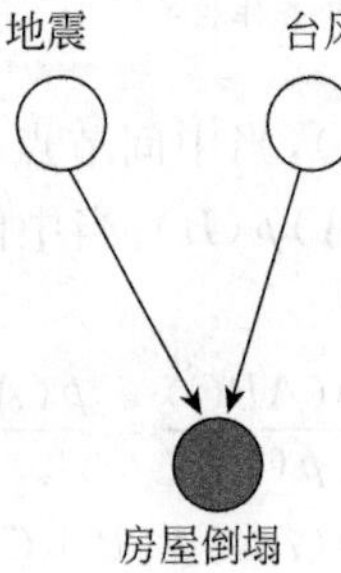

图 6-6　有向图中头—头结构存在 Explain Away 现象

注：“房屋倒塌”这一事件可能由地震或台风引起，如果我们已经知道地震了，那么刮台风的可能性就比较小了；反之，如果刚刚刮完台风，那么房子很可能是由台风吹倒的，“地震”这个原因的概率也将下降。

基于上述三种典型路径结构的相关性分析，我们可以判断图中任意两个变量 A 和 B 的相关性。这可以形象理解成一个小球（称为**贝叶斯球**），从节点 A 通过任一路径向节点 B 滚动，途中会经过上述三种典型结构。当某一结构两端的变量独立（C 为隐变量）或条件独立（C 为观察变量）时，该路径将发生阻断，称为 **D-Separation**，贝叶斯球将无法继续前进。当从 A 到 B 的所有路径都被阻断时，则可判断这两个变量独立（对应路径中不包含观察变量的情况）或条件独立（对应路径中包含观察变量的情况）。

图 6-7 给出两个相关性判断的例子。在图 6-7(a)中，C 点已经被我们观察到，贝叶斯球从 A 点开始滚动，当滚动到 E 时，由于 $A—E—F$ 是头—头结构，所以考察 A 和 F 的所有子节点是否有观察变量。因为 C 被观察到，所以 A 和 F 条件相关，贝叶斯球可以通过 E。当球滚到 F 时，由于 $E—F—B$ 是尾—尾结构，且 F 没有被观察到，所以 E 和 B 相关，贝叶斯球可以滚到 B。综上所述，球可以从 A 经过 E、F 两个节点到达 B 点，所以 A 和 B 关于 C 条件相关。在图 6-7(b)中，贝叶斯球从 A 点开始滚动，当滚到 E 时，$A—E—F$ 是头—头结构且 E 和 C 都不是观察变量，因此路径被阻断，贝叶斯球无法通过，A 和 B 独立。不仅如此，即便球在 E 点没有被阻断，滚到 F 时也会被阻断，因为 $E—F—B$ 是尾—尾结构，且 F 是观察变量，因此 E 和 B 条件独立。综合起来，A 和 B 关于 F 点条件独立。

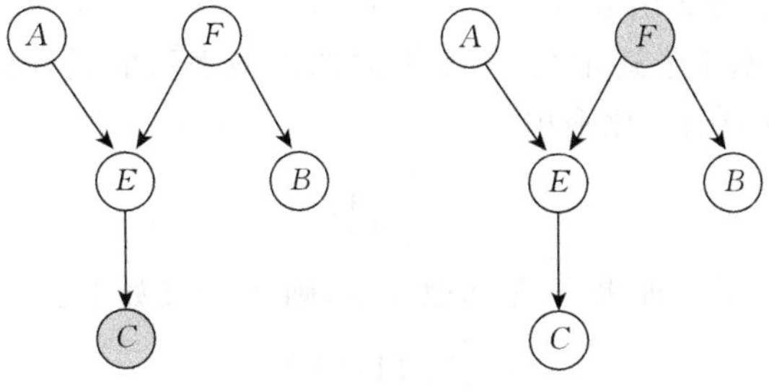

图 6-7 基于贝叶斯球判断 *A* 与 *B* 的相关性

注：在图(a)中，由于 $A—E—F$ 是头—头结构，且 A 和 F 的共同子节点中存在观察变量，因此 A 和 F 是条件相关的，路径没有被阻断；同时，F 是隐变量且 $E—F—B$ 是尾—尾结构，因此路径也没有被阻断。由此，可判断 A 与 B 条件相关。在图(b)中，由于 A 和 F 的所有子节点中不存在观察变量，因此 A 和 F 被阻断；同时，F 是观察变量且 $E—F—B$ 是尾—尾结构，因此 E 和 B 被阻断。综合起来，A 和 B 条件独立。

6.3 无向图模型

有向图模型用边的方向表示变量之间的依赖关系，无向图模型的边是没有方向的，因此不描述依赖关系，仅表示节点之间的相关性。一个典型的无向图模型如图 6-8 所示。同有向图一样，无向图也定义了一个联合概率。为了定义联合概率，首先定义 **Clique 的概念**。所谓 Clique，是指一个全连接的节点集合，集合中所有节点之间两两互连。当一个 Clique 足够大，以致增加任何一个节点都会破坏这种全连接属性时，该 Clique 称为最大 Clique。图 6-8 中用带颜色的椭圆标示出了一个有效的 Clique 划分。

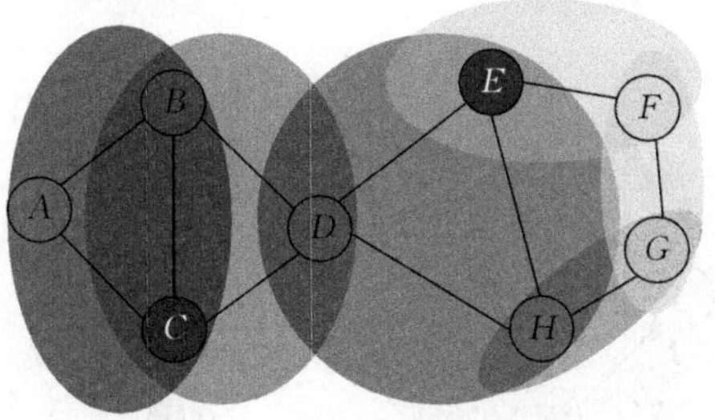

图 6-8 彩图

图 6-8 无向图模型的例子

注：A、B、D、F、G、H 为隐变量，C 和 E 是观察变量。一种颜色的椭圆表示一个 Clique。该图中共包含如下 6 个 Clique：$A—B—C$、$C—B—D$、$D—E—H$、$E—F$、$F—G$、$G—H$。

用 X_c 表示一个 Clique 中的所有变量(注意不同 Clique 可能共享变量)，ψ_c

$\psi_c(X_c)$是定义在X_c上的势函数(Potential Function),该势函数定义了 Clique 内变量之间的相互关系。基于上述定义,一个无向图模型表示的联合概率定义为其中所有 Clique 的势函数的归一化乘积:

$$p(X)=\frac{1}{Z}\prod_c \psi_c(X_c)$$

其中,Z 为归一化因子。如果 X 是离散变量,则 Z 定义如下:

$$Z=\sum_X \prod_c \psi_c(X_c)$$

如果 X 为连续变量,则 Z 定义为

$$Z=\int \prod_c \psi_c(X_c)\,\mathrm{d}X$$

6.3.1 无向图变量相关性判断

无向图中两个变量间的相关性判断很直观:如果两个变量间有路径连接,则这两个变量相关。这是因为无向图中的任意一条边都表示其连接的两个变量是相关的,这一相关性可通过路径传导。然而,如果路径中的某个节点是观察变量,则该路径是阻断的。如果两个节点间的所有路径都是被阻断的,则这两个节点所代表的变量(依所有观察变量)条件独立。图 6-9 中给出两个例子:当没有观察变量时,图中所有节点都是互相连接的,因而都具有相关性,但当某些变量成为观察变量

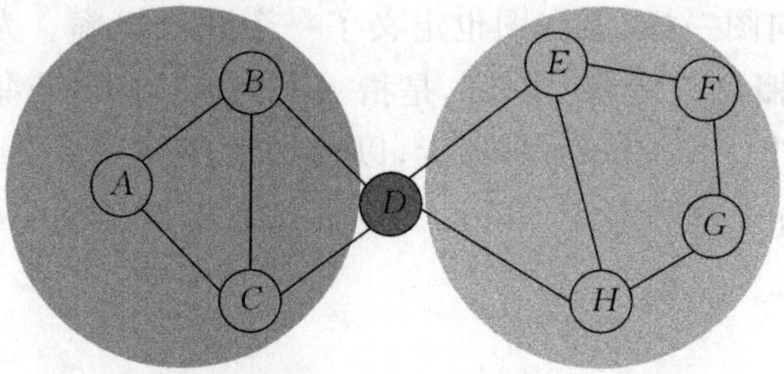

(a)

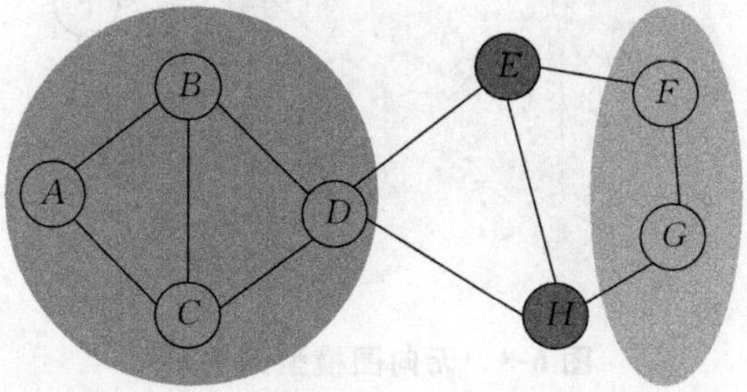

(b)

图 6-9　条件独立的无向图

注:灰色节点是观察变量,阴影部分表示要考察相关性的两个子图。在图(a)、图(b)两种情况下,两个子图间的所有路径都被观察变量阻断,因此具有条件独立性。

后，图中所示的阴影部分即条件独立。相反，图 6-10 中的观察变量并未对所有路径造成阻断，因此图中所有节点都是条件相关的。

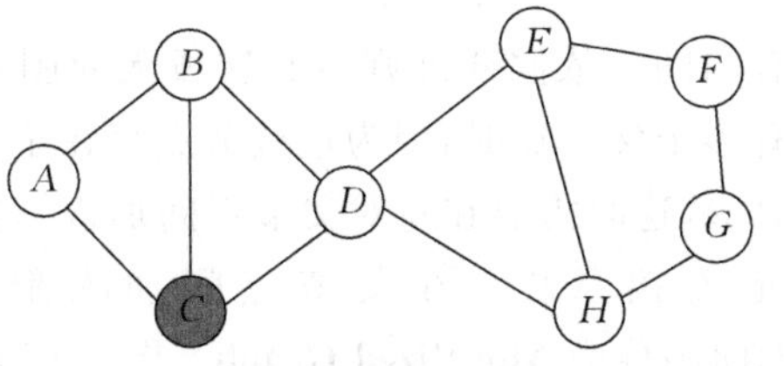

图 6-10 条件相关的无向图

注：灰色节点是观察变量。由于该节点没有阻断任何路径，因此图中任意两个变量或子图条件相关。

6.3.2 有向图向无向图转化

给定一个有向图，我们可以将其转化成无向图，使得这两种概率图模型可以用统一的推理和训练算法来处理。以一个简单的链式结构来讨论这一转化过程，如图 6-11 所示。

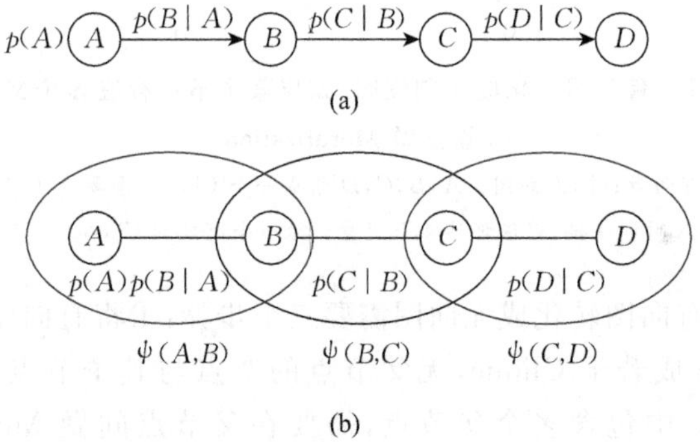

图 6-11 链式有向图转成无向图

注：(a)有向图；(b)无向图。有向图联合概率表示中的每一项中所包含的所有变量对应无向图中的一个 Clique。没有父节点的变量需和其子变量组合成一个 Clique(如变量 A 和 B)。

将有向图的联合概率写作：

$$p(A,B,C,D)=p(A)p(B \mid A)p(C \mid B)p(D \mid C)$$

可以定义 Clique 及其势函数如下：

$$\psi(A,B)=p(A)p(B \mid A)$$
$$\psi(B,C)=p(C \mid B)$$
$$\psi(C,D)=p(D \mid C)$$

注意，对没有父节点的变量 A，其先验概率需要和节点 A 和 B 之间的条件概率结

合在一起,组成一个 Clique。经过转化后,得到的无向图的联合概率写作:

$$p(A,B,C,D)=\frac{1}{Z}\psi(A,B)\psi(B,C)\psi(C,D)$$

对非链式结构的有向图可依同样准则将其转成无向图,唯一需要注意的是当有向图中某一节点具有多个父节点时,因为这些节点存在于一个条件概率中,需要将它们组合成一个 Clique,这时需要在每对父节点间加入一条附加边,使得该节点集合满足 Clique 的全连接条件。在父节点间加入附加边这一过程称为 **Moralization**,生成的无向图称为 **Moralized Graph**。图 6-12 给出了一个 Moralization 的例子。

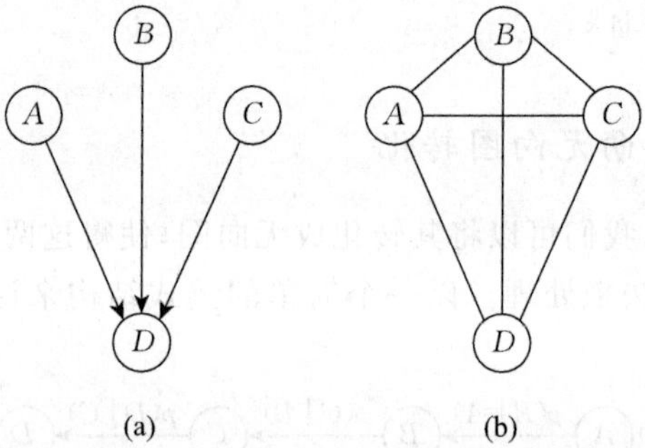

图 6-12 有向图转化成无向图时,如果某个节点存在多个父节点,需要做 Moralization

注:(a)有向量;(b)无向图。A,B,C,D 组成一个 Clique,需要在 D 的父节点 A,B,C 之间加入附加连接,以保证这 4 个变量成为一个有效的 Clique。

总结起来,将有向图转化成无向图需要三个步骤:①将有向图按其联合概率的因子分解方式分解成若干 Clique,无父节点的节点与其子节点组成一个 Clique;②如果一个 Clique 中包含多个父节点,需要在父节点间做 Moralization 以保证 Clique 的全连接性;③将有向边替换成无向边;④将有向图中的概率项作为无向图中对应的 Clique 的势函数。

需要说明的是,由于 Moralization 的存在,一些在有向图中存在的条件独立性会在无向图中消失。因此,从拓扑结构来看,转换前后两幅概率图模型所能代表的概率分布集合是不同的。但因为无向图的势函数是由有向图的条件概率定义的,基于这一特殊定义,转换前后两幅图所代表的联合概率分布是等价的。一般来说,有向图模型和无向图模型所能代表的概率分布集合是不同的,一些概率分布只能由有向图表示,另一些概率分布只能由无向图表示,还有些概率分布由两种图模型都无法表示。

6.3.3 有向图和无向图对比

有向图和无向图这两种概率图模型有各自的特点和优势。对于有向图来说,每个节点间具有明确的依赖关系,直观形象;联合概率可以直接写出,不需要特别的正规化。因为节点间的依赖关系由人为定义,这为引入领域知识提供了可能性,同时也对模型设计提出了更高要求。有向图模型的一个困难在于存在 Explain Away 问题,导致变量间的条件独立性不是很直观,需要用 Bayes Ball 等方法来判断。

无向图模型不关心变量之间的依赖关系,仅考虑它们之间是否具有相关性,因此建模比较简单,且不同变量之间是否条件相关可由两者之间的路径联通性直接得到。这一模型最大的问题在于 Clique 的势函数不是归一化的概率,需要计算归一化因子 Z,这一计算通常复杂度较高。

选择有向图模型还是无向图模型很大程度上取决于任务的性质和领域知识。一般来说,图中节点的物理意义越清晰,越倾向于选择有向图模型。如本章开头所述的关于天气的例子。反之,如果变量同质化,依赖关系不明确,则倾向于选择无向图模型,如在统计物理学中用于描述铁磁性的 Ising 模型。[300]

6.4 常用概率图模型

本书前几章提到的很多模型都属于概率图模型,如第 2 章介绍过的线性回归和 Logistic 回归,可以认为是包含两个观察变量的有向图模型, Probabilistic PCA (PPCA)和 Probabilistic LDA(PLDA)是包含一个隐变量,一个观察变量的有向图模型。第 3 章介绍过的受限玻尔兹曼机(RBM)是典型的无向图模型。图 6-13 给出了上述几种模型的图模型表示。本节将对另外三种常见的概率图模型做简要介绍,即高斯混合模型、隐马尔可夫模型、线性条件随机场。

6.4.1 高斯混合模型

高斯混合模型(Gaussian Mixture Model,GMM)用若干高斯分布的加权平均来描述一个复杂分布。如果混合数足够多,GMM 可以逼近任何复杂的连续分布,因而被广泛应用在各种实际系统中。特别是,GMM 模型中涵盖了有向图模型的基础概念,适合初学者作为分析实例进行研究。

1. 模型表示

我们从最简单的高斯分布开始。一个一维变量 x 的高斯分布具有如下概率密度函数形式:

$$p(x;\mu,\sigma)=\frac{1}{\sqrt{2\pi}\sigma}\exp\left[-\frac{1}{2}\frac{(x-\mu)^2}{\sigma^2}\right] \tag{6.2}$$

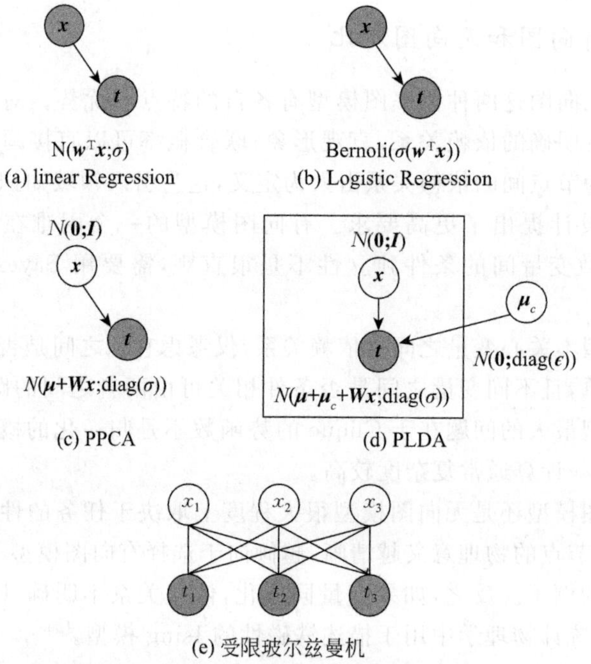

图 6-13 几种简单的概率图模型

注：(a)线性回归模型，$\boldsymbol{x}$和 t 都是观察变量，二者之间的条件概率是一个以 $\boldsymbol{w}^{\mathrm{T}}\boldsymbol{x}$ 为中心的高斯分布；(b)Logistic 回归模型，$\boldsymbol{x}$和 t 都是观察变量，二者之间的条件概率是一个以 $\sigma(\boldsymbol{w}^{\mathrm{T}}\boldsymbol{x})$ 为参数的伯努利分布；(c)PPCA 模型，包括两个随机变量$\boldsymbol{x}$和 $\boldsymbol{t}$，$\boldsymbol{x}$ 的先验概率是标准正态分布，$\boldsymbol{t}$ 的条件概率是以 $\mu+\boldsymbol{W}\boldsymbol{x}$ 为中心的高斯分布；(d)PLDA 模型，包括一个服从 $N(\boldsymbol{0},\mathrm{diag}(\varepsilon))$ 的类中心变量 $\boldsymbol{\mu}_c$，一个服从$N(\boldsymbol{0};\boldsymbol{I})$的类内隐变量 $\boldsymbol{x}$，观察值 $\boldsymbol{t}$ 服从以 $\boldsymbol{\mu}+\boldsymbol{\mu}_c+\boldsymbol{W}\boldsymbol{x}$ 为中心的高斯分布；(e)为受限玻尔兹曼机，是一个无向图模型，第 i 个 Clique 包含一个(x_i,t_j)对，势函数为 x_i 和 t_j 的对数线性函数。

其中，μ、σ 为模型参数。容易证明，如果 x 符合上式所示的高斯分布，则其期望和方差分别为：

$$E(x)=\mu$$

$$\mathrm{Var}(x)=\sigma^2$$

可见高斯分布的性质完全由其一阶和二阶统计量决定，因此通常将高斯分布写成如下形式：

$$x \sim N(\mu,\sigma^2)$$

现在假设某一变量 x 符合高斯分布，但高斯分布的具体参数 μ 和 σ 未知，我们可以很容易通过 x 的一个样本集合对 μ 和 σ 进行估计，即模型训练。该训练一般选择**最大似然准则**，即所选参数应使该模型生成样本集合的概率最大。以$\{x_n\}$表示样本集合，则似然函数有如下形式：

$$L(\mu,\sigma)=\prod_{n=1}^{N} p(x_n;\mu,\sigma^2)$$

对上式求对 μ 和 σ 的偏导数并使之等于零，可得到如下最大似然估计：

$$\tilde{\mu}=\frac{1}{N}\sum_{n=1}^{N}x_n$$

$$\tilde{\sigma}^2=\frac{1}{N}\sum_{n=1}^{N}\{x_n-\tilde{\mu}\}^2$$

当样本集足够大时，上述估计得到的参数与实际参数的误差趋近于无穷小。可见，对单高斯模型的参数估计并不存在原则上的困难。

实际任务中完全符合高斯分布的情况不多，特别是很多数据具有多峰性质（概率密度函数中包含多个极大值点），这时用单峰的高斯分布会产生较大偏差。为此，研究者将高斯模型扩展成混合高斯模型（GMM）来描述复杂的数据分布。GMM 假设数据由多个高斯源产生，每个高斯源 s_k 以一定的先验概率 π_k 被激发，被激发的高斯源再以 $N(\mu_k,\sigma_k^2)$ 为概率密度函数生成一个观察变量 x_n。通过这一生成过程得到的概率密度函数可写成如下形式：

$$p(x)=\sum_{k=1}^{K}\pi_k N(x;\mu_k,\sigma_k^2)$$

或

$$x\sim\sum_{k=1}^{K}\pi_k N(\mu_k,\sigma_k^2)$$

这一模型中，每个高斯源称为一个高斯成分，先验概率 π_k 称为第 k 个高斯成分的权重。

上面的讨论是基于一维数据，相似结论很容易在多维数据上得到。图 6-14 给出一个一维数据上 GMM 的例子。

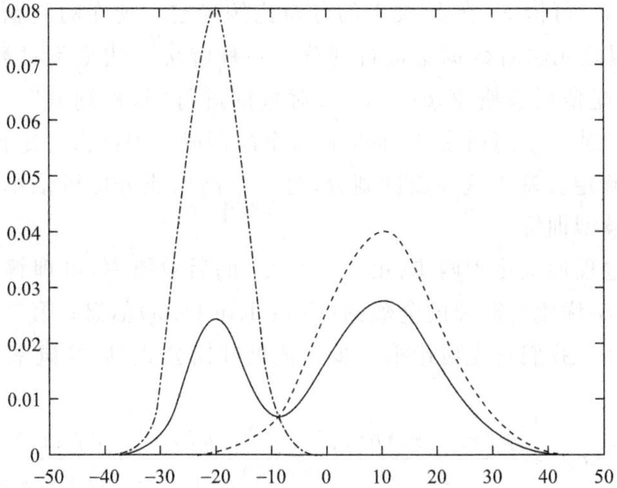

图 6-14 彩图

图 6-14 一维数据的高斯混合模型

注：其中蓝色点画线为高斯成分 $N(-20,25)$，绿色虚线为高斯成分 $N(10,100)$，红色实线为这两个高斯成分按 $\pi=[0.3,0.7]$ 混合起来的高斯混合分布。

2. 参数估计

与高斯模型相比，GMM 模型的复杂度提高了很多。这一复杂度不在于由一个高斯分布变成了 K 个，而在于模型中出现了隐变量，即每次数据生成时，哪一个高斯成分被激发是不可见的。隐变量的存在意味着观察到一个采样点 x_n 时，我们看到的只是部分数据，缺失了 x_n 对应的高斯成分 z_n。注意，z_n 是离散变量，在 1 到 K 之间取值。引入隐变量 z_n 后，GMM 模型可以表示为一个有向图模型，如图 6-15 所示。

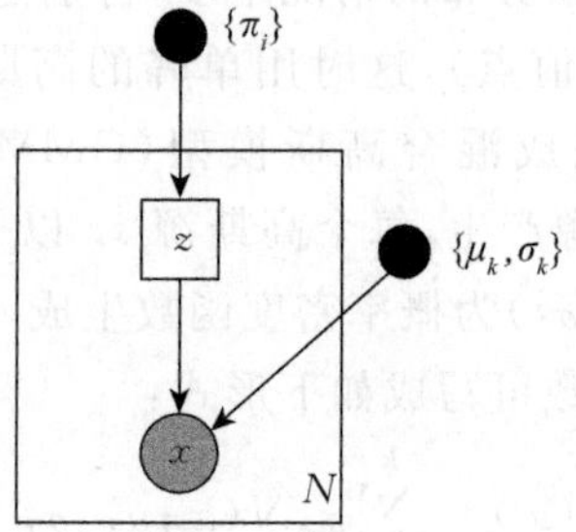

图 6-15　高斯混合模型的有向图模型

注：z 为表示高斯成分的隐变量，x 为观察数据。

隐变量 z_n 的存在使得 GMM 模型的参数估计变得不再直观。后面我们会看到，隐变量是概率模型最重要的优势，同时也是最主要的困难。对于 GMM 模型，我们可以考虑这样一种参数估计思路：假设我们已经知道了每个数据点 x_n 所对应的高斯成分 z_n，则可对训练数据依高斯成分划分为 K 类，对每类分别求参数 $\{\mu_k,\sigma_k\}$，先验概率 $\{\pi_i\}$ 可依 z_n 在 K 类上的分布比例确定。现在的问题是我们不知道 z_n 的确切值，因此无法对数据集进行划分。一种解决办法是不对数据集依 z_n 进行硬性划分，而是依后验概率 $p(z_n|x_n)$ 对数据进行"软性划分"。换句话说，x_n 不会被硬性归到某一个高斯成分，而是在每个高斯成分中都占一定比例，这一比例由 $p(z_n \mid x_n)$ 确定。基于这一软性划分，每一个高斯成分即可依单高斯模型参数估计方法进行模型训练。

可将上述过程形式化为两步：第一步求 z_n 的后验概率，可理解为对隐变量赋值，从而得到模型优化所需要的**全数据**(Complete Data)信息；第二步依全数据进行模型参数估计。我们首先讨论第一步。依贝叶斯公式，后验概率 $p(z_n \mid x_n)$ 的计算方式如下：

$$p(z_n \mid x_n)=\frac{p(x_n \mid z_n)p(z_n)}{p(x_n)}=\frac{p(x_n \mid z_n)p(z_n)}{\sum_k p(x_n \mid z_n=k)p(z_n=k)}$$

其中，$p(z_n=k)=\pi_k$ 为第 k 个高斯成分的先验概率。基于 $p(z_n|x_n)$，即可进行第二步，对模型参数进行估计。在估计时，所有训练样本都参与每个高斯成分的估

计，但每个样本以 $p(z_n=k|x_n)$ 为比例对第 k 个高斯成分贡献统计量。为了简便，记这一比例为 r_{nk}。简单推导可得如下参数估计公式：

$$\mu_k=\frac{1}{\sum_n r_{nk}}\sum_{n=1}^{N} r_{nk}\, x_n$$

$$\sigma_k=\frac{1}{\sum_n r_{nk}}\sum_{n=1}^{N} r_{nk}(x_n-\mu_k)^2$$

对先验概率 π_k，可以用所有数据在每个高斯成分上的贡献比例来估计，即

$$\pi_k=\frac{\sum_{n=1}^{N} r_{nk}}{N}$$

注意，上述参数估计公式并不是一个闭式解，因为 r_{nk} 本身即依赖当前模型参数。然而，这些公式确实提供了一种迭代求解方法，从一个初始参数开始，交替进行后验概率计算（r_{nk}）和模型参数优化。这一方法称为 **Expectation-Maximization（EM）算法**，其中 Expectation 是指依 r_{nk} 得到一个似然函数的期望，Maximization 是指对该似然函数的期望进行最大化。[64]

需要说明的是，EM 算法得到的并不是一个全局的最大似然解。首先，GMM 的似然函数并不是一个凸函数，这一点从高斯成分间具有对称性即可看到，因此很难得到一个全局最大似然解；其次，EM 算法的 M 步并不是对似然函数本身做优化，而是对似然函数的期望做优化。后面我们会看到，这一期望事实上是似然函数的一个下界，通过迭代优化这一下界函数，EM 算法会收敛到似然函数的一个局部最大值。在很多情况下，这一局部最优解已经可以满足精度要求。我们将在后面细致介绍 EM 算法。

6.4.2 隐马尔可夫模型

1. 模型表示

GMM 是静态模型，不能很好描述数据的时序相关性。**隐马尔可夫模型**（Hidden Markov Model，HMM）[542]是简单的时序概率模型，在语音识别、自然语言处理、金融数据分析等众多任务中有广泛应用。我们首先介绍马尔可夫链，然后将其扩展到 HMM 模型。

一个**马尔可夫链** $\boldsymbol{q}=[q_1,\cdots,q_T]$ 是具有**马尔可夫性质**的事件序列。所谓马尔可夫性质，是指某一时刻的状态 q_t 的概率分布只与前一时刻的状态 q_{t-1} 有关。因此，一个马尔可夫链的概率由一个初始概率分布 $\boldsymbol{\pi}$ 和一个状态转移矩阵 $\boldsymbol{A}$ 确定。记 $\boldsymbol{A}$ 的元素为 $\boldsymbol{A}_{ij}$，表示由状态 i 跳到状态 j 的概率，则马尔可夫链的假设如下：

$$p(q_1=i)=\boldsymbol{\pi}_i$$

$$p(q_t=j|q_{t-1}=i)=\boldsymbol{A}_{ij}(t)\quad t=2,\cdots,T$$

如果转移概率与时间无关，即$\boldsymbol{A}_{ij}(t)$对所有 t 都是相等的，则该马尔可夫链称**为齐次马尔可夫链**。大多数应用中，我们只关心齐次马尔可夫链。齐次马尔可夫链的概率计算如下：

$$p(\boldsymbol{q})=\boldsymbol{\pi}_{q_1}\prod_{t=2}^{T}\boldsymbol{A}_{q_{t-1}q_t}$$

隐马尔可夫模型(HMM)是马尔可夫链的一个扩展。在 HMM 中，状态取值不可直接观察，只能通过另一个随机变量间接推理得到。具体来说，HMM 定义了一个生成模型，该模型首先由一个马尔可夫链随机生成一个状态序列，再由该随机序列的每个状态随机生成一个观察值，从而生成一个可见的观察序列。这一观察序列可以是连续值，也可以是离散值。生成连续观察值的 HMM 称为连续 HMM，生成离散观察值的 HMM 称为离散 HMM。可见，HMM 模型具有双重随机性，既有状态上的不确定性，也有生成观察值上的不确定性。与 GMM 相比，HMM 模型考虑到时序上的前后依赖关系(转移矩阵 $\boldsymbol{A}$)，因此是一种动态时序模型，可以用来描述一个依时间发展的随机序列；同时，这一模型引入的马尔可夫假设降低了模型复杂度。基于此，HMM 模型在很多领域得到广泛应用。图 6-16 给出了一个离散 HMM 的例子，其中每个状态按不同的多类分布生成观察值。

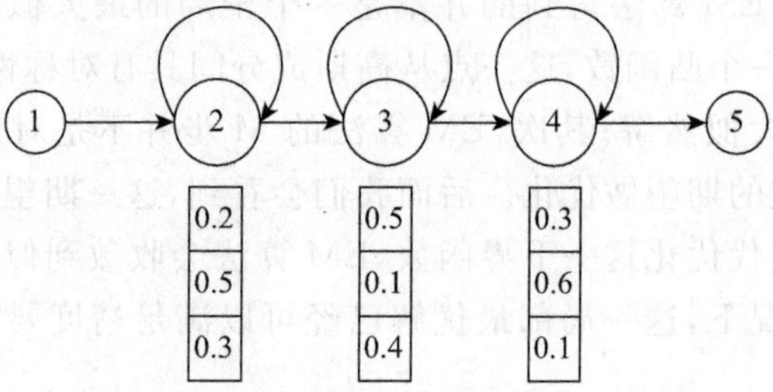

图 6-16　离散链式隐马尔可夫模型(HMM)结构

注：包括一个开始状态，三个输出状态和一个结束状态。每个输出状态按不同的多类分布生成离散观察样本。

和 GMM 模型类似，HMM 模型也可以表示成一个有向概率图，其中每一时刻的状态和观察变量都是图中的节点，相邻时刻的状态具有马尔可夫相关性，因此由有向边相连。图 6-17 给出对应图 6-16 的概率图模型。在这一图模型中，参数包括初始概率分布 $\boldsymbol{\pi}$ 和状态转移概率矩阵 $\boldsymbol{A}$，同时定义了状态上的条件概率分布

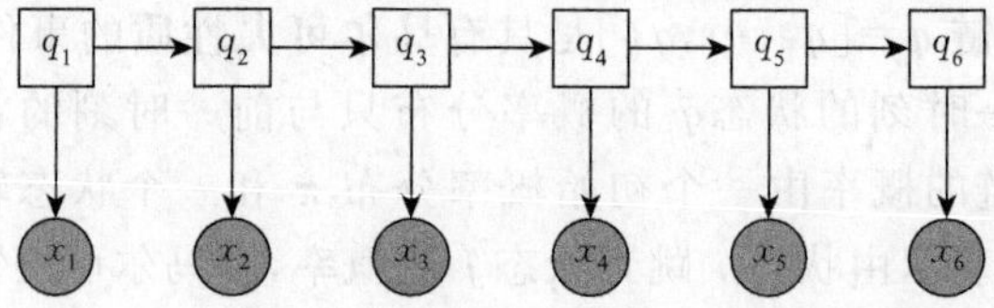

图 6-17　对应状态转移图 6-16 的 HMM 概率图模型

注：其中q_t表示 t 时刻的状态，x_t是该时刻的观察变量。

$p(x_t \mid q_t;\boldsymbol{b})$，其中 $\boldsymbol{b}$ 是该概率分布的参数。给定一个观察序列 $\boldsymbol{x}=[x_1,\cdots,x_t]$，如果状态序列为 $\boldsymbol{q}$，则该图模型表示的联合概率分布如下：

$$p(\boldsymbol{x},\boldsymbol{q};\boldsymbol{\theta})=\pi_{q1}p(x_1 \mid q_1;\boldsymbol{b})\prod_{t=2}^{T}A_{q_{t-1}q_t}p(x_t \mid q_t;\boldsymbol{b}) \tag{6.3}$$

对所有可能的 $\boldsymbol{q}$ 做边缘化，即得到该模型生成序列 $\boldsymbol{x}$ 的概率，形式化如下：

$$p(\boldsymbol{x};\boldsymbol{\theta})=\sum_{\boldsymbol{q}}\pi_{q1}p(x_1 \mid q_1;\boldsymbol{b})\prod_{t=2}^{T}A_{q_{t-1}q_t}p(x_t \mid q_t;\boldsymbol{b}) \tag{6.4}$$

其中，$\boldsymbol{\theta}=\{\boldsymbol{\pi},\boldsymbol{A},\boldsymbol{b}\}$是模型参数。$p(x_t \mid q_t;\boldsymbol{b})$既可以是离散的，也可以是连续的，前者适用于离散观察值(即离散 HMM)，后者适用于连续观察值(即连续 HMM)。离散观察值的条件概率一般是多类分布，连续观察值的条件概率多采用 GMM 模型。以 GMM 为输出概率的 HMM 可以认为是 GMM 模型的多状态扩展，而 GMM 可以认为是只有一个状态的 HMM。

2. 参数估计

隐马尔夫可夫模型的参数是 $\boldsymbol{\theta}=\{\boldsymbol{\pi},\boldsymbol{A},\boldsymbol{b}\}$，模型训练的目的是基于一系列观察样本$\{\boldsymbol{x}_n\}$，确定一个 $\boldsymbol{\theta}$ 使得如下目标函数最大化。

$$L(\boldsymbol{\theta})=\sum_{n=1}^{N}\ln p(\boldsymbol{x}_n;\boldsymbol{\theta})$$

一般来说，这一目标函数不是一个凸函数，因此不存在全局最优解。和 GMM 模型的情形类似，HMM 训练中的主要困难在于模型中存在隐变量，即每一个观察值所对应的状态。另外，如果状态的条件概率是 GMM 模型，则每个观察值对应的高斯成分也是个隐变量。为了简单，在下面推导中，假设状态条件概率为单高斯分布，这意味着模型中只有状态是隐变量。

和 GMM 模型的参数估计类似，我们可以用 EM 算法对 HMM 进行参数估计。该算法基于当前模型参数计算隐变量的后验概率，依此概率计算似然函数的期望，再最大化该期望得到新的参数估计。具体而言，设当前模型参数 $\boldsymbol{\theta}'$，对每个观察序列 $\boldsymbol{x}$ 可以计算状态路径 $\boldsymbol{q}$ 的后验概率 $p(\boldsymbol{q} \mid \boldsymbol{x};\boldsymbol{\theta}')$，再依此计算似然函数的期望如下：

$$\widetilde{L}(\boldsymbol{\theta})=\sum_{n=1}^{N}\sum_{\boldsymbol{q}}p(\boldsymbol{q} \mid \boldsymbol{x}_n;\boldsymbol{\theta}')\ln p(\boldsymbol{x}_n,\boldsymbol{q};\boldsymbol{\theta}) \tag{6.5}$$

注意，

$$\begin{aligned}L(\boldsymbol{\theta})&=\sum_{n=1}^{N}\sum_{\boldsymbol{q}}p(\boldsymbol{q} \mid \boldsymbol{x}_n;\boldsymbol{\theta}')\ln\left\{\frac{p(\boldsymbol{x}_n,\boldsymbol{q};\boldsymbol{\theta})}{p(\boldsymbol{q} \mid \boldsymbol{x}_n;\boldsymbol{\theta})}\frac{p(\boldsymbol{q} \mid \boldsymbol{x}_n;\boldsymbol{\theta}')}{p(\boldsymbol{q} \mid \boldsymbol{x}_n;\boldsymbol{\theta}')}\right\}\\&=\widetilde{L}(\boldsymbol{\theta})+H(p(\boldsymbol{q};\boldsymbol{\theta}'))+KL(p(\boldsymbol{q};\boldsymbol{\theta}')\parallel p(\boldsymbol{q};\boldsymbol{\theta}))\end{aligned}$$

其中，

$$H(p(\boldsymbol{q};\boldsymbol{\theta}'))=-\sum_{n=1}^{N}\sum_{\boldsymbol{q}}p(\boldsymbol{q} \mid \boldsymbol{x}_n;\boldsymbol{\theta}')\ln p(\boldsymbol{q} \mid \boldsymbol{x}_n;\boldsymbol{\theta}')\geqslant 0$$

$$KL(p(\boldsymbol{q};\boldsymbol{\theta}') \parallel p(\boldsymbol{q};\boldsymbol{\theta})) = \sum_{n=1}^{N} \sum_{\boldsymbol{q}} p(\boldsymbol{q} \mid \boldsymbol{x}_n;\boldsymbol{\theta}') \ln \frac{p(\boldsymbol{q} \mid \boldsymbol{x}_n;\boldsymbol{\theta}')}{p(\boldsymbol{q} \mid \boldsymbol{x}_n;\boldsymbol{\theta})} \geqslant 0$$

因此，$\widetilde{L}(\boldsymbol{\theta})$是 $L(\boldsymbol{\theta})$的下界，且 $\boldsymbol{\theta}=\boldsymbol{\theta}'$时，$L(\boldsymbol{\theta}')=\widetilde{L}(\boldsymbol{\theta}')+H(p(\boldsymbol{q};\boldsymbol{\theta}'))$。设对 $\widetilde{L}(\boldsymbol{\theta})$优化得到的参数是$\hat{\boldsymbol{\theta}}$，显然有

$$L(\hat{\boldsymbol{\theta}}) \geqslant \widetilde{L}(\hat{\boldsymbol{\theta}})+H(p(\boldsymbol{q};\boldsymbol{\theta}')) \geqslant \widetilde{L}(\boldsymbol{\theta}')+H(p(\boldsymbol{q};\boldsymbol{\theta}'))=L(\boldsymbol{\theta}')$$

因此，这一优化得到的$\hat{\boldsymbol{\theta}}$是比 $\boldsymbol{\theta}'$具有更好似然函数值的模型参数。

上述 EM 算法中比较困难的是计算式(6.5)中的后验概率 $p(\boldsymbol{q}|\boldsymbol{x};\boldsymbol{\theta}')$，以及处理该式中的两个加和操作，因为两者都需要计算大量的可能路径 $\boldsymbol{q}$。由于不同路径之间有大量重叠，依式(6.3)、式(6.4)、式(6.5)会造成大量计算浪费。

Baum 和 Welch 给出了一个基于动态规划的快速计算方法，通常称为 Baum-Welch 算法[39,37,38]。将式(6.3)代入式(6.5)，稍作整理后可得下式：

$$\widetilde{L}(\boldsymbol{\theta}) = \sum_{n} \sum_{\boldsymbol{q}} p(\boldsymbol{q} \mid \boldsymbol{x}_n;\boldsymbol{\theta}') \sum_{t=1}^{T_n} \ln f(q_{t-1},q_t,x_{nt}) \tag{6.6}$$

其中，我们定义 T_n 为第 n 个样本的长度，且

$$f(q_0,q_1,x_{n1})=\pi_{q1}\,p(x_{n1}|q_1;\boldsymbol{b})$$

$$f(q_{t-1},q_t,x_{nt})=A_{q_{t-1}q_t}\,p(x_{nt}|q_t;\boldsymbol{b}) \quad t=2,3,\cdots,T_n$$

对上式整理可得

$$\widetilde{L}(\boldsymbol{\theta}) = \sum_{n} \sum_{t} \sum_{\boldsymbol{q}} p(\boldsymbol{q} \mid \boldsymbol{x}_n;\boldsymbol{\theta}') \ln f(q_{t-1},q_t,x_{nt}) \tag{6.7}$$

$$\widetilde{L}(\boldsymbol{\theta}) = \sum_{n} \sum_{t} \sum_{q_{t-1},q_t} p(q_{t-1},q_t \mid \boldsymbol{x}_n;\boldsymbol{\theta}') \ln f(q_{t-1},q_t,x_{nt}) \tag{6.8}$$

其中，式(6.8)中对所有可能的路径 $\boldsymbol{q}$ 进行了边缘化，只保留了在 $t-1$ 和 t 时刻分别处于状态 q_{t-1}和q_t的路径。经过这一变换，不必显式地对所有可能的路径 $\boldsymbol{q}$ 进行计算，因而节约了计算量。

然而，依然需要计算 $p(q_{t-1},q_t|\boldsymbol{x}_n;\boldsymbol{\theta}')$。依贝叶斯公式，计算这一后验需要边缘概率 $p(q_{t-1},q_t,\boldsymbol{x}_n;\boldsymbol{\theta}')$和 $p(\boldsymbol{x}_n;\boldsymbol{\theta}')$，因而同样要考虑所有可能的路径。采用动态规划算法，可以显著减少计算量。对某一序列 $\boldsymbol{x}$，定义前向概率 $\alpha(t,s)$为在 t 时刻以状态 s 结束的所有路径的概率和：

$$\alpha(1,s)=\pi_s p(x_t|s;\boldsymbol{b})$$

$$\alpha(t,s)=\sum_{s'}\alpha(t-1,s')A_{s's}\,p(x_t \mid s;\boldsymbol{b}) \quad t=2,3,\cdots,T$$

同样，定义后向概率 $\beta(t,s)$为在 t 时刻以状态 s 开始的所有路径的概率和：

$$\beta(T,s)=1$$

$$\beta(t,s)=\sum_{s'}\beta(t+1,s')A_{ss'}\,p(x_{t+1} \mid s';\boldsymbol{b}) \quad t=T-1,T-2,\cdots,1$$

由此，可方便计算出各种边缘概率如下：

$$p(\boldsymbol{x},q_t)=\alpha(t,q_t)\beta(t,q_t)$$

$$p(\boldsymbol{x},q_{t-1},q_t)=\alpha(t-1,q_{t-1})A_{q_{t-1},q_t}p(x_t\mid q_t;\boldsymbol{b})\beta(t,q_t)$$

$$p(\boldsymbol{x})=\sum_s\alpha(t,s)\beta(t,s)=\sum_s\alpha(T,s)=\sum_s\pi_s p(x_1\mid s;\boldsymbol{b})\beta(1,s)$$

基于上述公式,可方便计算每一时刻所处状态的后验概率如下:

$$p(q_t\mid \boldsymbol{x})=\frac{p(\boldsymbol{x},q_t)}{p(\boldsymbol{x})}$$

$$p(q_t,q_{t+1}\mid \boldsymbol{x})=\frac{p(\boldsymbol{x},q_t,q_{t+1})}{p(\boldsymbol{x})}$$

注意,上述计算都是基于当前模型参数 $\boldsymbol{\theta}'$,因此该后验概率可以写成:

$$p(q_{t-1},q_t|\boldsymbol{x})=p(q_{t-1},q_t\mid \boldsymbol{x};\boldsymbol{\theta}')$$

基于 $p(q_{t-1},q_t\mid \boldsymbol{x};\boldsymbol{\theta}')$,即可依式(6.8)计算似然函数的期望并对其进行优化。

总结起来,由于存在隐变量(状态序列),HMM 模型的似然函数形式比较复杂,直接优化该似然函数比较困难。EM 算法提供了一种方法,在每一步优化时设计一个相对简单的下界函数,用迭代法求该下界函数的最优参数,从而实现对原似然函数的优化。然而,优化这一下界函数需要对大量可能的状态路径进行边缘化,因此计算效率较低。为提高效率,Baum-Welch 算法基于动态规划原则对路径进行整理,避免重复计算,从而提高了计算效率。

6.4.3 线性条件随机场

1. 模型表示

HMM 模型定义的概率关系简单清晰,推理容易,但对复杂关系的描述能力不强。这是很多有向图模型的特点,因为该模型需要对条件概率关系作清晰的定义。考虑到推理和参数估计上的困难,很多时候不得不选择一些简单的概率函数,这一选择会损失一定的表达能力。无向图模型则没有这个问题:因为不对条件概率做直接定义(只定义 Clique 的势函数),无向图模型通常可用较简单的拓扑结构来描述更复杂的分布。

HMM 的另一个问题在于其生成模型的本质。给定一个预测任务,其中 $\boldsymbol{x}$ 是观察序列,$\boldsymbol{y}$ 是预测序列(状态序列)。HMM 通过描述 $\boldsymbol{y}$ 中每个元素之间的概率关系 $p(y_t|y_{t-1})$以及x_t与y_t的概率关系 $p(x_t|y_t)$来描述系统的概率性质。这种方法本质上是对 $p(\boldsymbol{x},\boldsymbol{y})$建模,再基于概率规则推理出 $p(\boldsymbol{y}\mid\boldsymbol{x})$,因此是典型的生成模型。然而 $p(\boldsymbol{x},\boldsymbol{y})$并不是预测任务关注的重点。如果对 $p(\boldsymbol{x},\boldsymbol{y})$建模是精确的,显然有助于提高 $p(\boldsymbol{y}\mid\boldsymbol{x})$的估计质量,但如果该模型不精确,则会影响对 $p(\boldsymbol{y}\mid\boldsymbol{x})$的估计。在 HMM 模型中,为模型简洁引入的链式结构及每个状态下的条件独立同分布假设显然是粗糙的,由此得到的 $p(\boldsymbol{x},\boldsymbol{y})$估计具有较大偏差,因而影响 $p(\boldsymbol{y}\mid\boldsymbol{x})$的准确性。

上述两个问题（复杂分布描述能力有限和 $p(\boldsymbol{x},\boldsymbol{y})$ 不精确）都可以通过增加模型的复杂度来解决，如在观察变量x_t之间建立概率关系，但这将破坏 HMM 中简洁的链式拓扑结构，给推理和参数估计带来困难。保持模型简洁的同时提高模型表示能力可从两个方面入手：①用无向图模型代替有向图模型，通过设计 Clique 的势函数，提高对复杂概率分布的表达能力；②用区分性模型代替生成模型，即直接对 $p(\boldsymbol{y}\mid\boldsymbol{x})$ 建模，从而避免不恰当的 $p(\boldsymbol{x},\boldsymbol{y})$ 带来的精度损失。**线性条件随机场**（Linear-Chain CRF，L-CRF）即是这种模型。[640,369] 图 6-18 给出了一个 L-CRF 的简单例子。L-CRF 定义如下后验概率函数：

$$p(\boldsymbol{y}\mid\boldsymbol{x})=\frac{1}{Z(\boldsymbol{x})}\prod_{t=1}^{T}\Psi_t(y_{t-1},y_t,x_t)$$

其中，我们已经定义y_0为一个哑元变量（Dummy Variable），因此$\Psi_1(y_0,y_1,x_1)=\Psi_1(y_1,x_1)$。$Z(\boldsymbol{x})$是归一化因子。注意，这一因子是 $\boldsymbol{x}$ 的函数，这是和标准无向图模型最主要的区别。势函数Ψ_t具有如下形式：

$$\Psi_t(y_{t-1},y_t,x_t)=\exp\left\{\sum_{k=1}^{K}\theta_k f_k(y_{t-1},y_t,x_t)\right\}$$

其中，$f_k(\cdot)$称为特征，可以是任意连续函数或标记函数，θ_k是对应的参数。

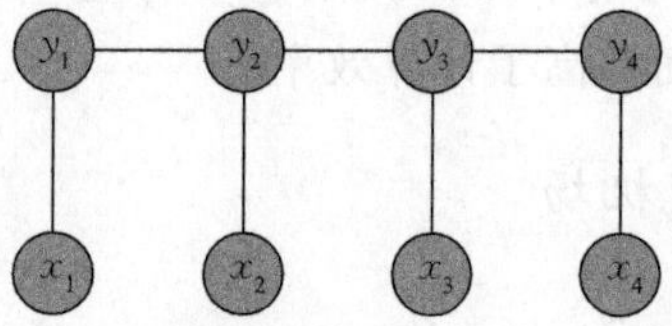

图 6-18　一个线性条件随机场（L-CRF）的例子

注：该模型是一个无向图模型，定义了条件概率 $p(\boldsymbol{y}|\boldsymbol{x})=\frac{1}{Z(\boldsymbol{x})}\Psi_1(y_1,x_1)\Psi_2(y_1,y_2,x_2)\Psi_3(y_2,y_3,x_3)\Psi_4(y_3,y_4,x_4)$。

2. 参数估计

L-CRF 模型的参数是$\{\theta_k\}$，模型训练的目的是基于一系列训练样本$\{(\boldsymbol{x}_n,\boldsymbol{y}_n)\}$，确定参数$\{\theta_k\}$使得如下似然函数最大化：

$$\begin{aligned}L(\{\theta_k\})&=\sum_n \ln p(\boldsymbol{y}_n\mid\boldsymbol{x}_n)\\&=\sum_n\sum_t \ln\Psi_t(y_{nt},y_{n(t-1)},x_{nt})-\sum_n \ln Z(\boldsymbol{x}_n)\\&=\sum_n\sum_t\sum_k \theta_k f_k(y_{nt},y_{n(t-1)},x_{nt})-\sum_n \ln Z(\boldsymbol{x}_n)\end{aligned}$$

上式可由任意一种数值优化方法求解，如 SGD、Newton 法。一般常用的方法是 BFGS 方法[56]，这一方法用梯度信息来近似 Hessian 矩阵。为求该似然函数的梯度，对上式求对θ_k的导数，有

$$\frac{\partial L}{\partial \theta_k}=\sum_n\sum_t f_k(y_{nt},y_{n(t-1)},x_{nt})$$
$$-\sum_n\sum_t\sum_{y'}p(y'_{nt},y'_{n(t-1)}\mid \boldsymbol{x}_n)f_k(y'_{nt},y'_{n(t-1)},x_{nt}) \tag{6.9}$$

上式表明，θ_k上的误差来源于以训练数据$\boldsymbol{y}_n$为参数的f_k和基于模型的后验概率$p(y_t,y_{t-1}|\boldsymbol{x}_n)$得到的$f_k$的期望之间的差异。上式中，$f_k$是可计算的，但$p(y_t,y_{t-1}|\boldsymbol{x})$很难计算。这是因为$p(y_t,y_{t-1}|\boldsymbol{x})$是$p(\boldsymbol{y}\mid\boldsymbol{x})$的边缘概率，需要考虑在$t$和$t-1$时刻取值分别为$y_t$和$y_{t-1}$的所有路径。

我们可用类似 HMM 中 Baum-Welch 算法的动态规划方法计算$p(y_t,y_{t-1}|\boldsymbol{x})$。类似 Baum-Welch 算法，我们利用乘法分配律对$Z(\boldsymbol{x})$展开，可得

$$\begin{aligned}Z(\boldsymbol{x})&=\sum_{\boldsymbol{y}}\prod_t\Psi_t(y_{t-1},y_t,x_t)\\&=\sum_{y_2,y_3,\cdots,y_T}\prod_{t=3}^{T}\Psi_t(y_{t-1},y_t,x_t)\sum_{y_1}\Psi_2(y_1,y_2,x_2)\Psi_1(y_0,y_1,x_1)\\&=\sum_{y_3,y_4,\cdots,y_T}\prod_{t=4}^{T}\Psi_t(y_{t-1},y_t,x_t)\sum_{y_2}\Psi_3(y_2,y_3,x_3)\sum_{y_1}\Psi_2(y_1,y_2,x_2)\\&\quad\ \Psi_1(y_0,y_1,x_1)\\&\cdots\end{aligned}\tag{6.10}$$

定义前向变量如下：

$$\alpha(1,y)=\Psi_1(y_0,y,x_1)$$
$$\alpha(t,y)=\sum_{y'}\alpha(t-1,y')\Psi_t(y',y,x_t)\quad t=2,\cdots,T$$

其中，y_0是前面定义的哑元变量。上述递归计算可避免大量重复路径计算。当递归计算结束时，即有

$$Z(\boldsymbol{x})=\sum_{y'}\alpha(T,y')$$

类似地，对$Z(\boldsymbol{x})$做反向递归计算，定义后向变量如下：

$$\beta(T,y)=1$$
$$\beta(t,y)=\sum_{y'}\beta(t+1,y')\Psi_{t+1}(y,y',x_{t+1})\quad t=1,\cdots,T-1$$

当递归结束时，同样可计算$Z(\boldsymbol{x})$如下：

$$Z(\boldsymbol{x})=\sum_y\Psi_1(y_0,y,x_1)\beta(1,y)$$

上面定义的前向和后向变量与 HMM 中定义的前向和后向概率具有相同形式，只不过在 HMM 中$\Psi_t(y_{t-1},y_t,x_t)$的定义不同。事实上，如果我们做如下定义：

$$\Psi_t(y_{t-1},y_t,x_t)=p(y_t\mid y_{t-1})p(x_t\mid y_t)$$

则上述推导过程和 HMM 的 Baum-Welch 算法是完全一致的，不同的是 HMM 中

的前向与后向变量可理解为路径的概率和，在 L-CRF 中则不具有这种概率意义。

基于 $\alpha(t,\boldsymbol{y})$ 和 $\beta(t,\boldsymbol{y})$，可以很容易得到后验概率 $p(y_{t-1},y_t|\boldsymbol{x})$ 如下：

$$p(y_{t-1},y_t \mid \boldsymbol{x}) = \frac{\sum\limits_{y_1,y_2,\cdots,y_{t-2}} \sum\limits_{y_{t+1},y_{t+2},\cdots,y_T} \prod\limits_{l=1}^{T} \Psi_l(y_{l-1},y_l,x_l)}{Z(\boldsymbol{x})}$$

$$= \frac{\alpha(t-1,y_{t-1})\,\Psi_t(y_{t-1},y_t,x_t)\beta(t,y_t)}{Z(\boldsymbol{x})}$$

由此，式(6.9)中的所有项皆可计算。

需要说明的是，上述模型训练的前提是 $\{y_{nt}\}$ 是已知的，即 $\boldsymbol{x}_n$ 与 $\boldsymbol{y}_n$ 中的元素是一一对应的。这一对应在很多任务中是显然的，如词性标注，每个词对应一个标注；但对一些包含不等长序列的任务可能比较复杂，如机器翻译任务中的输入句子和目标句子，通常是不等长的。不等长序列的对应一般通过强制对齐算法实现。基于对齐已知这一前提，L-CRF 中是不存在隐变量的，因此上述参数优化算法是一个相对简单的优化问题。如果去掉这一假设，则需要考虑所有可能的对齐，这相当于引入了一个类似 HMM 模型的隐变量序列 $\boldsymbol{q}$，该隐变量序列符合输出序列 $\boldsymbol{y}$（即 $\boldsymbol{q}$ 是序列 $\boldsymbol{y}$ 的扩展，其中每个 $\boldsymbol{y}$ 中的元素可能重复若干次。引入隐变量后，模型的目标函数需要对 $\boldsymbol{q}$ 做边缘化，即

$$L(\boldsymbol{\theta}) = \sum_n \ln \sum_{\boldsymbol{y}_n,\boldsymbol{q}\in\mathscr{E}(\boldsymbol{y}_n)} p(\boldsymbol{y}_n,\boldsymbol{q} \mid \boldsymbol{x}_n) \tag{6.11}$$

其中，$\mathscr{E}(\boldsymbol{y})$ 是所有符合 $\boldsymbol{y}$ 的状态序列。由于存在隐变量，上述目标函数的优化变得更加困难。带有隐变量的 CRF 称为**隐状态条件随机场**（HCRF）。[539] 这里的隐变量不只是输入变量 $\boldsymbol{x}$ 与输出变量 $\boldsymbol{y}$ 的对齐，还有可能是描述数据分布结构的任意变量。

3. 模型扩展

条件随机场（Conditional Random Field, CRF）是一类典型的无向图模型，L-CRF只是其中最简单的链式模型。L-CRF 可扩展为更通用的链式结构，保持 $\boldsymbol{y}$ 的链式结构不变，但每个 Ψ_t 依赖整个输入序列 $\boldsymbol{x}$。由于 $\boldsymbol{y}$ 保持链式，其因子分解形式不变，参数估计方法也保持不变。L-CRF 可进一步扩展成非链式结构，即一般 CRF。这时因子分解方式会变得更加复杂，一般需要近似推理方法。关于 CRF 的更多知识，请参考相关文献[640,704]。

6.5 EM 算法

回顾前面介绍的 GMM、HMM、HCRF 等模型，不难发现，这些模型都有一个共同的特点，即存在隐变量。类似于神经模型中的隐藏节点，引入隐变量使得概率模型对领域知识的表达能力大大提高，增强了对复杂概率的表征能力。然而，隐变

量的存在使得概率模型的参数估计（即模型训练）更为困难，因为对似然函数优化需要对所有隐变量进行边缘化，这在多数情况下是非常复杂的。EM 算法提供了一种通用的解决方法，可以对包含隐变量的概率模型求似然函数的局部最优解。这一节我们将讨论通用的 EM 算法，GMM、HMM、HCRF 中的 EM 算法都是这一通用算法的特例。

假设一个概率模型 $p(\boldsymbol{x},\boldsymbol{z};\boldsymbol{\theta})$，其中 $\boldsymbol{x}$ 代表所有观察变量，$\boldsymbol{z}$ 代表所有隐变量（假设这里的隐变量为离散变量，当隐变量为连续变量时，下述讨论中的加和变成积分即可）。显然，$\boldsymbol{z}$ 在 GMM 中对应高斯成分，在 HMM 和 HCRF 中对应状态序列。我们希望最大化如下似然函数：

$$L(\boldsymbol{\theta})=\sum_{n=1}^{N}\ln p(\boldsymbol{x}_n;\boldsymbol{\theta})$$

对任意一个在 $\boldsymbol{z}$ 上的分布函数 $q(\boldsymbol{z})$，经过简单推导，可以得到函数 $L(\boldsymbol{\theta})$ 的一个下界：

$$\begin{aligned}L(\boldsymbol{\theta})&=\sum_n\sum_z q(\boldsymbol{z})\ln p(\boldsymbol{x}_n)\\&=\sum_n\sum_z q(\boldsymbol{z})\ln\frac{p(\boldsymbol{x}_n,\boldsymbol{z})}{p(\boldsymbol{z}\mid\boldsymbol{x}_n)}\\&=\sum_n\sum_z q(\boldsymbol{z})\ln\frac{p(\boldsymbol{x}_n,\boldsymbol{z})}{q(\boldsymbol{z})}\,\frac{q(\boldsymbol{z})}{p(\boldsymbol{z}\mid\boldsymbol{x}_n)}\\&=\sum_n\sum_z q(\boldsymbol{z})\ln\frac{p(\boldsymbol{x}_n,\boldsymbol{z})}{q(\boldsymbol{z})}+\sum_n\sum_z q(\boldsymbol{z})\ln\frac{q(\boldsymbol{z})}{p(\boldsymbol{z}\mid\boldsymbol{x}_n)}\\&=\widetilde{L}(\boldsymbol{\theta})+\sum_n KL(q(\boldsymbol{z})\parallel p(\boldsymbol{z}\mid\boldsymbol{x}_n))\end{aligned}$$

上式中我们定义了

$$\widetilde{L}(\boldsymbol{\theta})=\sum_n\sum_z q(\boldsymbol{z})\ln\frac{p(\boldsymbol{x}_n,\boldsymbol{z})}{q(\boldsymbol{z})}$$

由于 $KL(q(\boldsymbol{z})\parallel p(\boldsymbol{z}\mid\boldsymbol{x}_n))\geqslant 0$，因此 $\widetilde{L}(\boldsymbol{\theta})$ 是 $L(\boldsymbol{\theta})$ 的下界函数。

通过对 $\widetilde{L}(\boldsymbol{\theta})$ 优化，即可得到比当前 $\boldsymbol{\theta}$ 更好的参数。注意，$q(\boldsymbol{z})$ 可以取任意函数，但过低的下界将失去意义。通常取基于当前参数的后验概率 $q(\boldsymbol{z})=p(\boldsymbol{z}\mid\boldsymbol{x};\boldsymbol{\theta}')$，记对应的下界函数为 $\widetilde{L}(\boldsymbol{\theta},\boldsymbol{\theta}')$。注意，在 $\boldsymbol{\theta}'$ 点处有 $L(\boldsymbol{\theta}')=\widetilde{L}(\boldsymbol{\theta}';\boldsymbol{\theta}')$，因此可保证通过优化 $\widetilde{L}(\boldsymbol{\theta};\boldsymbol{\theta}')$ 得到的 $\boldsymbol{\theta}''$ 比 $\boldsymbol{\theta}'$ 有更好的似然函数值，即

$$L(\boldsymbol{\theta}'')\geqslant\widetilde{L}(\boldsymbol{\theta}'';\boldsymbol{\theta}')\geqslant\widetilde{L}(\boldsymbol{\theta}';\boldsymbol{\theta}')=L(\boldsymbol{\theta}')$$

上述优化过程如图 6-19 所示，基于当前模型参数 $\boldsymbol{\theta}'$ 得到下界函数 $\widetilde{L}(\boldsymbol{\theta};\boldsymbol{\theta}')$。这条曲线与似然函数曲线 $L(\boldsymbol{\theta})$ 在 $\boldsymbol{\theta}'$ 点相切。对 $\widetilde{L}(\boldsymbol{\theta};\boldsymbol{\theta}')$ 进行优化，得到新的参数 $\boldsymbol{\theta}''$，基于这一新的参数得到的 $\widetilde{L}(\boldsymbol{\theta};\boldsymbol{\theta}'')$ 是更好的下界函数。在程序实现时，由于

$q(z)$ 与 $\boldsymbol{\theta}$ 无关，因此通常定义如下下界函数并对其进行优化：

$$\widetilde{L}(\boldsymbol{\theta}) = \sum_n \sum_z q(z)\ln p(\boldsymbol{x}_n, z)$$

这一下界函数正是对数似然函数的期望。对这一期望进行最大化，即是"期望最大化算法"，即 EM 算法。EM 算法可形式化为算法 6-1。

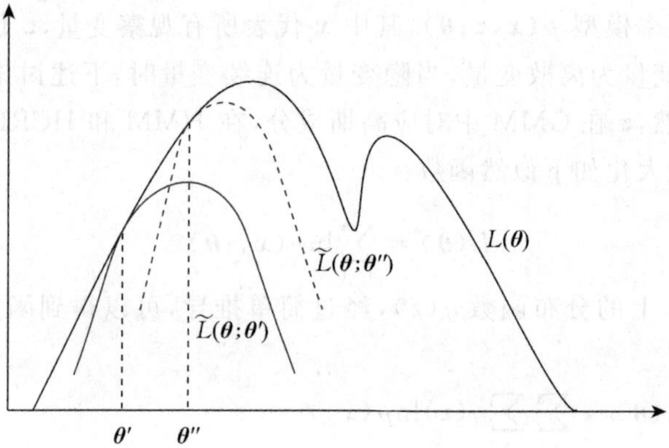

图 6-19 彩图

图 6-19 EM 算法示意图

注：$L(\boldsymbol{\theta})$ 是要逼近的似然函数，用蓝粗线表示。$\boldsymbol{\theta}'$ 是当前参数，基于此得到的下界函数为 $\widetilde{L}(\boldsymbol{\theta}; \boldsymbol{\theta}')$。对该下界函数优化得到新的参数 $\boldsymbol{\theta}''$，基于该参数得到的下界函数 $\widetilde{L}(\boldsymbol{\theta}; \boldsymbol{\theta}'')$ 是比 $\widetilde{L}(\boldsymbol{\theta}; \boldsymbol{\theta}')$ 更好的下界函数。

算法 6-1　EM 算法

1　Random Initialize $\boldsymbol{\theta}$；

2　**While** *True* **do**

3　　$\boldsymbol{\theta}' = \boldsymbol{\theta}$；

4　　//Expectation：

5　　Compute $p(z \mid \boldsymbol{x}; \boldsymbol{\theta}')$；

6　　Compute $\widetilde{L}(\boldsymbol{\theta}; \boldsymbol{\theta}')$；

7　　//Maximization：

8　　$\boldsymbol{\theta}'' = \arg\max_{\boldsymbol{\theta}} \widetilde{L}(\boldsymbol{\theta}; \boldsymbol{\theta}')$；

9　　**if** $|\boldsymbol{\theta}'' - \boldsymbol{\theta}'| < \boldsymbol{\delta}$ **then**

10　　　Break；

11　　**end**

12　　$\boldsymbol{\theta} = \boldsymbol{\theta}''$；

13　**end**

需要说明的是，EM 算法提供了一个通用的参数估计框架，但对具体模型还要设计具体算法来计算后验概率 $p(z \mid \boldsymbol{x}; \boldsymbol{\theta}')$ 并优化似然函数的期望 $\widetilde{L}(\boldsymbol{\theta}; \boldsymbol{\theta}')$。对于 GMM 和 HMM 模型，不论是后验计算还是对似然函数期望的优化都有较好的闭式解，但对更复杂的模型，这一求解过程并不直观，如在 HCRF 中，需要采用数值优化方法，典型的如 SGD、Newtown、BFGS 等。更多优化方法将在第 11 章具体介绍。对于后验概率计算，我们已经在 HMM 模型一节中讨论了 Bauch-Welch 算法，这一算法事实上是更通用的加和—乘积（Sum-Product）算法的特例，而后者则是更通用的联合树（Junction Tree）算法的特例。这些算法可以精确计算后验概率，但仅适用于特定的图结构，如链状或树状结构的图模型。对于更复杂的图模型，一般采用近似解法。本章后面两节将讨论包括后验概率计算在内的图模型推理算法。

6.6 精确推理算法

给定一个概率模型，我们可以求某个或某几个变量的边缘概率，或给定某些变量，求另一些变量的后验概率，这些操作称为概率模型的**推理**（Inference）。推理在概率模型中至关重要，因为只有通过推理，才能从图模型所表示的复杂局部关系中推导出全局相关性。推理对模型训练也十分重要，因为计算后验概率是 EM 算法的关键步骤。对于一些简单模型，精确推理算法是存在的，但对大多数模型，很多时候只能做近似推理。本节将介绍精确推理方法，近似推理算法将在 6.7 节介绍。本节中我们仅考虑边缘概率，因为有了边缘概率，利用贝叶斯定理即可计算后验概率。另外，我们已经讨论过，给定一个有向图，可以将其转化为一个等价的无向图，因此我们仅关注无向图的推理方法。

6.6.1 加和—乘积算法

我们从最简单的链式结构的边缘概率开始讨论，如图 6-20 所示。这一模型的联合概率可统一写成如下因子分解形式：

$$p(\boldsymbol{x})=\frac{1}{Z}\prod_{i=1}^{N}\Psi_i(x_{i-1},x_i) \tag{6.12}$$

其中，x_0 是一个哑元变量，使得

$$\Psi_1(x_0,x_1)=\Psi_1(x_1)$$

归一化因子 Z 计算如下：

$$Z=\sum_{\boldsymbol{x}}\prod_{i=1}^{N}\Psi_i(x_{i-1},x_i)$$

$\Psi_i(x_{i-1},x_i)$ 为定义在 Clique(x_{i-1},x_i)上的势函数。

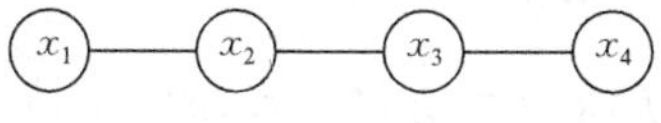

图 6-20 链式结构的无向图模型

我们关心如下推理任务：给定如式(6.12)所示的联合概率，计算任一变量的边缘概率 $p(x_i)$。我们将推导一个基于动态规划的快速算法，其基本思路是：当我们对链中的变量进行边缘化时，需要对所有可能的路径计算概率，并将这些概率进行累加，这一过程中包含了大量的重复计算。用动态规划算法，将部分路径合并，可显著减少计算开销。

现在让我们求链式结构中第 i 个变量的边缘概率 $p(x_i)$。依边缘概率公式，由式(6.12)可得

$$p(x_i)=\sum_{x_1,\cdots,x_{i-1},x_{i+1},\cdots,x_N} p(\boldsymbol{x})=\frac{1}{Z}\sum_{x_1,\cdots,x_{i-1},x_{i+1},\cdots,x_N}\prod_{j=1}^{N}\Psi_j(x_{j-1},x_j)$$

将上式等号右侧的加和与乘积整理可得

$$p(x_i)=\frac{1}{Z}\left[\sum_{x_1,\cdots,x_{i-1}}\prod_{t=1}^{i}\Psi_t(x_{t-1},x_t)\right]\left[\sum_{x_{i+1},\cdots,x_N}\prod_{t=i+1}^{N}\Psi_t(x_{t-1},x_t)\right] \quad (6.13)$$

其中，第二项为 x_i 左侧所有以 x_i 为结束状态的路径之和，第三项为 x_i 右侧所有以 x_i 为起始状态的路径之和。利用乘法分配律对第二项做整理，有

$$\sum_{x_1,\cdots,x_{i-1}}\prod_{t=1}^{i}\Psi_t(x_{t-1},x_t)=\sum_{x_{i-1}}\Psi_i(x_{i-1},x_i)\sum_{x_{i-2}}\Psi_{i-1}(x_{i-2},x_{i-1})\cdots$$
$$\sum_{x_2}\Psi_3(x_2,x_3)\sum_{x_1}\Psi_2(x_1,x_2)\Psi_1(x_0,x_1)$$

上式表明求一个序列的所有可能路径的概率和时，可将变量依次提取出来做边缘化，从而避免对变量的重复计算。可以定义一个统计量 $\alpha_i(x_i)$ 来表示以 x_i 为结束状态的所有路径的变量和：

$$\alpha(1,x_1)=\Psi_1(x_0,x_1)$$
$$\alpha(i,x_i)=\sum_{x_{i-1}}\alpha(i-1,x_{i-1})\Psi_i(x_{i-1},x_i)\quad i=2,\cdots,N$$

同理，式(6.13)的第三项可写成如下形式：

$$\sum_{x_{i+1},\cdots,x_N}\prod_{t=i+1}^{N}\Psi_t(x_{t-1},x_t)=\sum_{x_{i+1}}\Psi_{i+1}(x_i,x_{i+1})\cdots\sum_{x_{t-1}}\Psi_{N-1}(x_{N-2},x_{N-1})$$
$$\sum_{x_N}\Psi_N(x_{N-1},x_N)$$

定义统计量 $\beta_i(x_i)$ 为以 x_i 为起始状态的所有可能路径的概率和：

$$\beta(N,x_N)=1$$
$$\beta(i,x_i)=\sum_{x_{i+1}}\beta(i+1,x_{i+1})\Psi_{i+1}(x_i,x_{i+1})\quad i=N-1,\cdots,1$$

由式(6.13)，x_i 的边缘概率可计算如下：

$$p(x_i)=\frac{1}{Z}\alpha(i,x_i)\beta(i,x_i)$$

其中，Z 可由前向和后向概率计算得到

$$Z=\sum_{x_i}\alpha(i,x_i)\beta(i,x_i)=\sum_{x_N}\alpha(N,x_N)=\sum_{x_1}\Psi_1(x_0,x_1)\beta(1,x_1)$$

基于部分路径的统计量 $\alpha(i,x)$ 和 $\beta(i,x)$，可以计算其他边缘概率和后验概率，如

$$p(x_i,x_{i+1})=\frac{1}{Z}\alpha(i,x_i)\,\Psi_{i+1}(x_i,x_{i+1})\beta(i+1,x_{i+1})$$

$$p(x_{i+1}\mid x_i)=\frac{p(x_i,x_{i+1})}{p(x_i)}$$

上述算法称为**加和—乘积算法**(Sum-Product Algorithm)。这一算法实质上是利用了乘法的分配率，对原来的计算过程调整了加乘顺序，从而避免了重复计算。回忆一下 HMM 中的 Baum-Welch 算法中求后验概率 $p(q_{t-1},q_t\mid \boldsymbol{x})$ 和 L-CRF 中求边缘概率 $p(y_{t-1},y_t\mid \boldsymbol{x})$ 的方法，就可以发现这些算法事实上都基于类似的思路，只不过基于不同的势函数定义，因此都是加和—乘积算法在具体模型中的特例。

6.6.2　树状图的加和—乘积算法

加和—乘积算法可以扩展到树状结构。和 6.6.1 小节的讨论一样，我们只考虑无向图中树结构的加和—乘积算法。以图 6-21 所示的树状模型为例，假设要求节点 x_2 的边缘概率，有

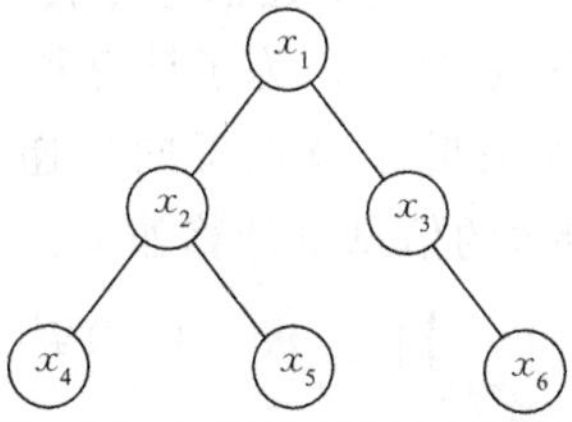

图 6-21　树结构的无向图模型

$$\begin{aligned}p(x_2)=&\frac{1}{Z}\sum_{x_1,x_3,x_4,x_5,x_6}\Psi_{1,2}(x_1,x_2)\,\Psi_{1,3}(x_1,x_3)\\&\Psi_{3,6}(x_3,x_6)\,\Psi_{2,4}(x_2,x_4)\,\Psi_{2,5}(x_2,x_5)\\=&\frac{1}{Z}\sum_{x_1}\Psi_{1,2}(x_1,x_2)\sum_{x_3}\Psi_{1,3}(x_1,x_3)\sum_{x_6}\Psi_{3,6}(x_3,x_6)\\&\sum_{x_4}\Psi_{2,4}(x_2,x_4)\sum_{x_5}\Psi_{2,5}(x_2,x_5)\end{aligned}$$

上式把联合概率 $p(x)$ 按 x_2 的邻边分解成三部分：

$$m_{4\to2}(x_2)=\sum_{x_4}\Psi_{2,4}(x_2,x_4)\tag{6.14}$$

$$m_{5\to2}(x_2)=\sum_{x_5}\Psi_{2,5}(x_2,x_5)\tag{6.15}$$

$$m_{1\to2}(x_2)=\sum_{x_1}\Psi_{1,2}(x_1,x_2)\sum_{x_3}\Psi_{1,3}(x_1,x_3)\sum_{x_6}\Psi_{3,6}(x_3,x_6)\tag{6.16}$$

由此可得

$$p(x_2)=\frac{1}{Z}\prod_{i\in N(x_2)} m_{i\to 2}(x_2)$$

其中，$N(x_2)$表示x_2所有相邻节点的下标。注意，之所以可以做这样的分解，是因为以x_2可以将整个图划分成互不重叠的子图，而这正是树结构的基本性质。我们可以将每一部分因子看作从不同方向流向x_2的信息量，将这些信息量相乘即得到$p(x_2)$。从每一方向传过来的信息量事实上是该方向上的子图在边缘化所有不相干变量后的概率分布函数。这一思路可以扩展到任意节点，只要我们对所有节点上各方向的信息量计算完成，即可计算任意一个节点的边缘概率。为有效计算各个节点各个方向的信息量，可以设计一个递归算法，从叶子节点开始累积信息量，自底向上向根节点归约。基于树结构，可保证这一归约过程是可完成的。对树中任意一个节点x_i，等待其所有子节点信息量计算完成后，依下式向其父节点$x_{Pa(x_i)}$传递信息量：

$$m_{i\to Pa(x_i)}(x_{Pa(x_i)})=\sum_{x_i}\prod_{j\in \mathrm{Child}(x_i)} m_{j\to i}(x_i)\,\Psi_{i,Pa(x_i)}(x_i,x_{Pa(x_i)})$$

注意，$m_{j\to i}(x_i)$是以x_i为自由变量的概率分布。上式的等号右侧事实上是所有与x_i和$x_{Pa(x_i)}$相关的概率分布。对这些项做x_i的边缘化，即得到和$x_{Pa(x_i)}$相关的概率，该概率作为信息向$x_{Pa(x_i)}$传递。当上述信息量传递到达根节点时，我们事实上已经可以计算所有路径的信息量，即Z。为了计算每一个节点上的边缘概率，我们还需要从根节点自顶向下向所有叶子节点反向传递信息量。对于任意一个节点x_i，向其任意一个子节点x_k传送的信息量计算如下：

$$m_{i\to k}(x_k)=\sum_{x_i} m_{Pa(x_i)\to i}(x_i)\prod_{j\in \mathrm{Child}(x_i)\backslash k} m_{j\to i}(x_i)\Psi(x_i,x_k)\quad \forall k\in \mathrm{Child}(x_i)$$

上式中不仅需要考虑从x_i的父节点得到的信息量，也需要考虑从x_i的子节点得到的信息量。这是因为我们需要对x_i进行边缘化，因此需要考虑所有包含x_i的路径（不包括x_i到x_k的路径）。当反向信息量传递到所有叶子节点后，即可计算任意一个或几个变量的边缘概率。

6.6.3 联合树算法

加和—乘积算法仅适用于树状结构，对于一般概率图模型，因为不能保证每个节点的归约是顺序可完成的，因此无法适用。一个办法是将通用图结构转化成树结构，再基于加和—乘积算法做推理。这一算法称为**联合树算法**(Junction Tree Algorithm)。[378,722]同样，我们仅讨论无向图情况。如果要处理一个有向图，则需要先将其转换成无向图。有向图转化成无向图的方法在6.3.1小节中讨论过，其中重要的一步是Moralization，即在节点的多个父节点之间增加附加边，使$\{x_i,\{x_j: j\in Pa(x_i)\}\}$成为一个合法的Clique。统一到无向图后，可以将该图表示成一个**信息流图**，其中每个信息节点对应无向图中的一个Clique，Clique之间的共有变量表示为信息节点间的边。图 6-22 给出这一转换的例子。可见，该图中包含环状结构，因此不能顺序计算信息流。为此，我们将该无向图进行**三角化**，在环中加入附加边，保证不存在超过 3 个节点的环。一般来说，一个环状结构可通过多种加边方法进行三角化，但较为理想的三角化方案是增加最少的边达到目的。图 6-23 给出一个三角化的例子：通过在节点 E 和节点 G 之间加入附加边，使得图中不存在超过 3 个节点的环。三角化后的无向图所对应的信息图没有环结构。需要说明的是，虽然这里加入了附加边，但因为势函数没有改变，所以三角化后的概率图与原概率图是等价的。此时信息图所表示的联合概率分布如下式所示。

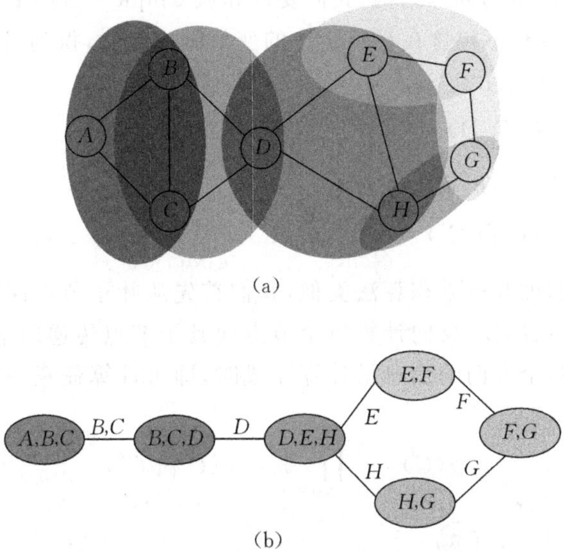

图 6-22 彩图

图 6-22　将无向图模型(a)转化成信息流图(b)

注：无向图模型中的每个 Clique 表示为信息流图中的节点，Clique 之间的共享变量表示为信息流图中的边。

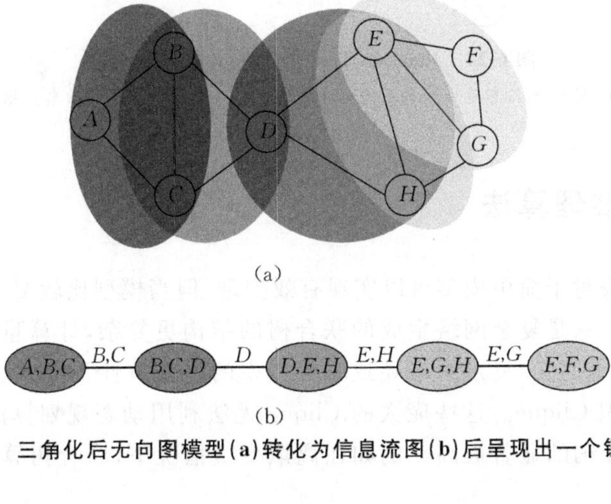

图 6-23 彩图

图 6-23　三角化后无向图模型(a)转化为信息流图(b)后呈现出一个链式结构

$$p(x)=\frac{1}{Z}\psi_{A,B,C}(A,B,C)\,\psi_{B,C,D}(B,C,D)\,\psi_{D,E,H}(D,E,H)$$
$$\psi_{E,G,H}(E,G,H)\,\psi_{E,F,G}(E,F,G)$$

一般情况下，通过上述 Moralization 和三角化，我们会得到一个树结构的信息流图，称为联合树。基于该树结构，可利用前面讨论过的加和—乘积算法进行推理。和 6.6.2 小节讨论的简单树结构不同，现在每个树节点不是一个变量，而是若干变量组成的集合，节点与节点间的共享变量也可能有多个。因此，当进行递归边缘化时，每个节点向其父节点或某一子节点传递的信息量可能是多个共享变量的函数。如图 6-24 所示的局部结构，我们要计算从 Clique C 到 Clique D 的信息，需要对 Clique C 中所有不包含在 $C\cap D$ 中的变量做边缘化，得到以 $C\cap D$ 为变量的信息量函数，如下式所示。

$$m_{C\to D}(C\cap D)=\sum_{C-C\cap D}\psi_C(C)\,m_{A\to C}(x_{C\cap A})\,m_{B\to C}(x_{C\cap B})$$

上式写成更一般的通用形式为

$$m_{C\to C'}(C\cap C')=\sum_{C-C\cap C'}\psi_C(C)\prod_{C''\in\{N(C)-C'\}}m_{C''\to C}(x_{C\cap C''})$$

和简单树结构下的加和—乘积算法类似，我们首先从叶子节点向根节点递归传递信息量，再从根节点出发，反向计算每个节点向其子节点传递的信息量，直到到达叶子节点。当这两个方向的信息量计算完成时，即可计算任意一个节点中所包含的变量的边缘概率：

$$p(C)=\prod_{C'\in N(C)}m_{C'\to C}(C\cap C')$$

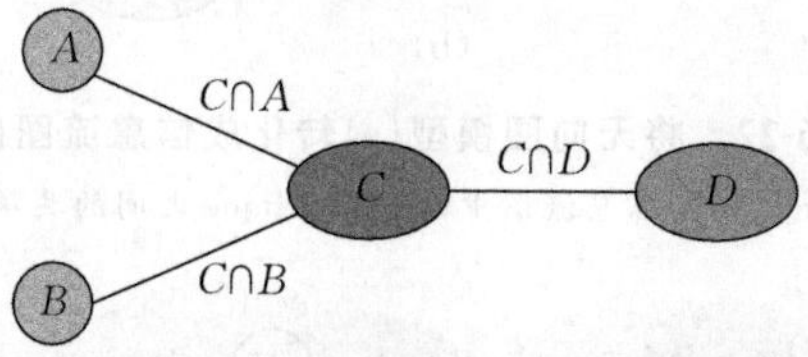

图 6-24　Junction Tree 上的 Sum-Product 算法

注：由 C 到 D 的信息量由 C 的所有邻居节点（除去 D）传递过来的信息量相乘得到。

6.7　近似推理算法

联合树算法对于简单模型可以实现有效推理，但当模型比较复杂时，计算复杂度将显著提高。一是复杂网络生成的联合树的结构更复杂，计算量随信息节点数线性增长；更严重的是，复杂网络导致联合概率的可分解性下降，从而产生包含较多变量的大体积 Clique。这些庞大的 Clique 无法利用动态规划算法简化计算，会带来较大计算开销的显著提高。例如在离散变量情况下，联合树算法的计算复杂度依最大 Clique 中的变量个数呈指数增长。[71]本节将介绍两种近似推理算法,一种方法基于采样来估计概率分布,称为**采样法**;另一种方法用简单的概率分布来近似复杂的概率分布,称为**变分法**。这两种方法都可显著提高推理效率。值得说明的是,这些推理是不精确的,但在很多实际问题中已经足够了。

6.7.1 采样法

不论是有向图模型还是无向图模型,都是一种生成模型,这意味着给定模型参数,即可从模型中采样出一系列独立同分布的样本,这些样本符合该模型所代表的联合概率分布。有了联合概率分布,即可得到以采样表示的边缘概率和后验概率。对于边缘概率,只需在每个采样点中忽略那些不关心的变量,只保留目标边量;对于条件概率,只需丢掉那些不符合条件的采样点。

然而,这种简单采样方法通常是不可行的。首先,对于有向图,采样比较容易,但对无向图,采样通常比较困难;其次,即便采样可以实现,简单采样法效率也很低,在估计边缘概率分布时得到的样本不能实现快速有效覆盖,在估计条件概率分布时有大量样本被抛弃。一种常用的高效采样方法是**马尔可夫链—蒙特卡罗算法**(Markov Chain Monte Carlo,MCMC)。[16]

1. 马尔可夫链—蒙特卡罗算法

MCMC 是一种高效的采样算法,其基本思路是设计一个马尔可夫链(见图 6-25),使其每一个状态代表目标概率分布的一个有效采样值。当该马尔可夫链运行无限长时间后,如果可以达到一个在所有状态上的稳定分布,且该分布和目标概率分布一致,则通过运行该马尔可夫链即可得到目标概率的采样。对应图模型,该马尔可夫链的一个状态对应于图中所有节点 $\boldsymbol{z}=\{z_i\}$ 的一种可能取值。

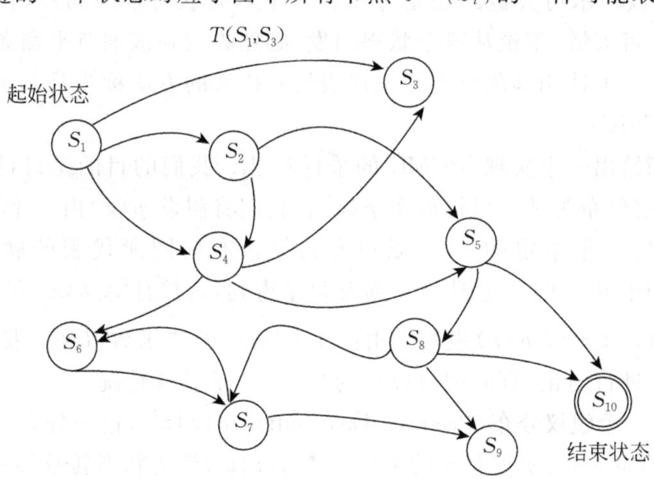

图 6-25 马尔可夫链

注:每条连接状态 S_i 和 S_j 的边对应一个转移概率 $T(S_i, S_j)=p(S_j|S_i)$。

我们先定义马尔可夫链所代表的稳定概率分布。设某一马尔可夫链的转移概率为

$$T(z^t,z^{t+1})=p(z^{t+1}\mid z^t)$$

其中，z^t是离散变量，代表马尔可夫链在 t 时刻的状态。依马尔可夫假设，$t+1$ 时刻的概率分布可由 t 时刻的概率分布计算得到

$$p(z^{t+1})=\sum_{z^t}p(z^{t+1}\mid z^t)p(z^t)$$

显然，如果一个马尔可夫链已经运行到稳定状态，必然有 z 的分布保持不变，即

$$p^*(z)=\sum_{z'}T(z',z)\,p^*(z')$$

其中，$p^*(z)$称为该马尔可夫链的稳定分布。如果我们能设计出一个马尔可夫链，使其稳定分布$p^*(z)$恰好是我们要采样的目标概率分布，则通过运行该马尔可夫链到稳定状态即可完成采样任务。注意，一个马尔可夫链可能对应多个稳定分布，但当它具有**各态遍历性**(Ergodic)时，该马尔可夫链只有一个稳定分布，且不论起始状态如何，最终都会收敛到该稳定分布。所谓各态遍历性，是指从任何起始状态出发，马尔可夫链到所有状态的概率都大于零。

如果我们想让 $p(z)$作为一个马尔可夫链的稳定分布，可选择马尔可夫链的跳转概率满足如下条件：

$$p(z)T(z,z')=p(z')T(z',z)$$

上式称为**细节平衡条件**(Detailed Balance Condition)。当满足这一条件时，有

$$\sum_{z'}p(z')T(z',z)=\sum_{z'}p(z)T(z,z')=p(z)\sum_{z'}p(z'\mid z)=p(z)$$

因此，$p(z)$是该马尔可夫链的稳定分布。一个具有状态遍历属性，且满足细节平衡条件的马尔可夫链，不论从哪个状态出发，必然收敛到该细节平衡条件所对应的稳定概率分布。上述用马尔可夫链来代表目标概率的方法称为马尔可夫链—蒙特卡罗方法(MCMC)。

下面我们给出一个实现 MCMC 的采样算法。我们的目的是设计一个马尔可夫链，使其稳定分布为某一目标概率 $p(z)$。我们将假设 $p(z)$由一个图模型代表。对有向图，任何一个给定的 z，可以很容易依该有向图所代表的联合概率计算 $p(z)$；对无向图，由于归一化因子 Z 通常很难得到，直接计算 $p(z)$存在困难，但非归一化概率值$\widetilde{p}(z)=Zp(z)$很容易由图中 Clique 的势函数得到。我们将以$\widetilde{p}(z)$可计算为假设进行讨论，有向图可以认为是 $Z=1$ 的特殊情况。

设计任意一个**建议分布**(Proposal Distribution)$q(z|z')$，这一分布具有足够简单的形式，使得给定 z'，可实现对 z 的采样。将 $q(z|z')$作为状态转移概率$T(z',z)$设计一个马尔可夫链。运行该马尔可夫链，可得到一个采样序列$z^1,z^2,\cdots$。到目前为止，这一马尔可夫链和目标分布 $p(z)$没有任何关系。现在引入一个采样接受/

拒绝机制，即每次依 $q(z \mid z')$进行采样时，不会对得到的样本全盘接受，而是以一定概率接受，该接受概率包含目标概率 $p(z)$（严格来说，是非归一化概率$\widetilde{p}(z)$），定义如下：

$$A(z',z)=\min\left(1,\frac{\widetilde{p}(z)q(z' \mid z)}{\widetilde{p}(z')q(z \mid z')}\right)$$

如果一个采样 z 没有被接受，则复制 z'作为下一个输出。基于这一接受/拒绝机制，相当于构造了另一个马尔可夫链，其跳转概率为 $T(z',z)=q(z \mid z')A(z',z)$。简单计算可得

$$\begin{aligned}p(z')q(z \mid z')A(z',z)&=p(z')q(z \mid z')\min\left(1,\frac{\widetilde{p}(z)q(z' \mid z)}{\widetilde{p}(z')q(z \mid z')}\right)\\&=\min(p(z')q(z \mid z'),p(z)q(z' \mid z))\\p(z)q(z' \mid z)A(z,z')&=p(z)q(z' \mid z)\min\left(1,\frac{\widetilde{p}(z')q(z \mid z')}{\widetilde{p}(z)q(z' \mid z)}\right)\\&=\min(p(z)q(z' \mid z),p(z')q(z \mid z'))\end{aligned}$$

因而有

$$p(z)q(z' \mid z)A(z,z')=p(z')q(z \mid z')A(z',z)$$

即

$$p(z)T(z,z')=p(z')T(z',z)$$

这表明该马尔可夫链满足以 $p(z)$为概率的细节平衡条件，因而 $p(z)$是其稳定分布。同时，可以选择合适的跳转概率 $q(z \mid z')$，使得该马尔可夫链具有各态遍历性，因而不管初始状态如何，都会收敛到 $p(z)$。这一采样方法称为 **Metropolis-Hastings 采样**。[262,444] 该采样方法的一个重要优点是在计算接受/拒绝概率时，可以利用非归一化的目标概率函数$\widetilde{p}(z)$，避免了无向图模型中需要计算归一化因子的困难。

2. Gibbs 采样

对于一个复杂的图模型，为 Metropolis-Hastings 算法设计一个合理的建议分布 $q(z \mid z')$并不容易，而一个不合理的建议分布将带来效率下降。**Gibbs 采样**是一种特殊形式的 Metroplis-Hastings 采样，依图模型本身的结构设计建议分布，实现高效的采样。[206,208,746]

具体来说，Metroplis-Hastings 在每一次采样时，会依 $q(z \mid z')$采样得到一个"全变量"样本 z，再以 $A(z,z')$为概率保留采样点。Gibbs 采样时，每一步仅对第 i 个变量z_i采样，而保持其余变量不变。这意味着在得到的新采样点 z 中，有 $z'_{-i}=z_{-i}$，其中z_{-i}代表除 i 外所有变量的采样值。在对z_i进行随机取值时，基于条件概率 $p(z_i \mid z_{-i})$，其中 $p(z)$是我们要采样的目标概率分布。这一采样法称为 Gibbs

采样。显然，在 Gibbs 采样中，马尔可夫链的跳转概率为

$$T(z',z)=p(z \mid z')=p(z_i \mid z'_{-i})$$

而采样点 z 的联合概率为

$$p(z)=p(z_i \mid z_{-i})p(z_{-i})$$

代入 Metropolis-Hastings 的采样选择公式，有

$$\begin{aligned}A(z',z)&=\min\left(1,\frac{\tilde{p}(z)q(z' \mid z)}{\tilde{p}(z')q(z \mid z')}\right)\\&=\min\left(1,\frac{p(z_i \mid z_{-i})p(z_{-i})p(z'_i \mid z_{-i})}{p(z'_i \mid z'_{-i})p(z'_{-i})p(z_i \mid z'_{-i})}\right)\\&=1\end{aligned}$$

其中，我们应用了关系 $z_{-i}=z'_{-i}$。

因此，Gibbs 采样可以认为是一种所有采样都会被接受的 Metropolis-Hastings 采样，其稳定分布为 $p(z)$。需要注意的是，Gibbs 采样每一步需要从条件概率 $p(z_i \mid z_{-i})$ 中采样 z_i。对于一个图模型来说，只需找到和 z_i 相关的所有变量并列出它们之间的条件概率关系即可。在无向图模型中，相关变量可以从和 z_i 直接相连的变量得到；有向图模型稍微复杂，相关变量包括 z_i 的所有父节点、所有子节点，以及所有子节点的父节点（考虑到 explain away 现象）。与 z_i 相关的所有变量集合称为 z_i 的**马尔可夫毯**（Markov Blanket）。图 6-26 给出无向图和有向图中马尔可夫毯的例子。在计算条件概率 $p(z_i \mid z_{-i})$ 时，仅需考虑马尔可夫毯中的变量，将显著降低计算复杂度。如果对 $p(z_i \mid z_{-i})$ 直接采样依然很困难，可以再次利用 Metropolis-Hastings 算法，这时采样点只有一个变量，采样效率要高得多。在实际实现时，z_i 可以按顺序循环选择，也可以随机选择。另外，Gibbs 采样的相邻样本间具有很强的相关性，为实现独立同分布采样，可以选择每隔若干次采样保留一个样本。

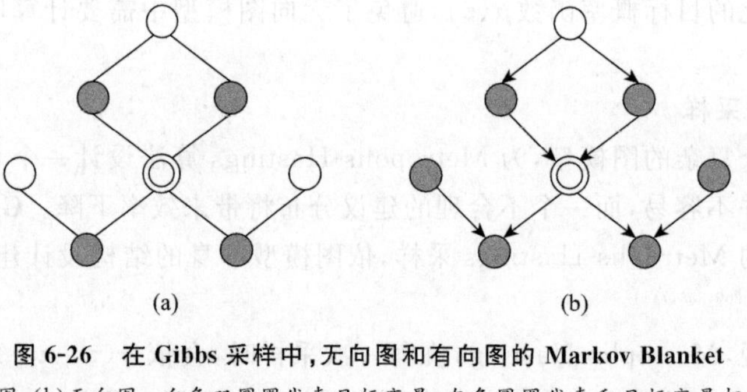

图 6-26 彩图

图 6-26 在 Gibbs 采样中，无向图和有向图的 Markov Blanket

注：(a) 有向图；(b) 无向图。白色双圆圈代表目标变量，灰色圆圈代表和目标变量相关的变量，需要在条件概率中考虑。

3. 基于采样的近似推理

给定一个图模型，可以利用 Gibbs 采样生成目标概率分布的独立同分布采样

点，基于这些采样点可以完成一系列推理任务。[206]我们从对概率分布的点估计开始讨论，包括求联合概率 $p(\boldsymbol{z}=\boldsymbol{z}^*)$，边缘概率 $p(\boldsymbol{z}_A=\boldsymbol{z}_A^*)$和后验概率 $p(\boldsymbol{z}_A=\boldsymbol{z}_A^* \mid \boldsymbol{z}_B=\boldsymbol{z}_B^*)$，其中$\boldsymbol{z}_A$和$\boldsymbol{z}_B$是 $\boldsymbol{z}$ 的两个子集。

- 联合概率 $p(\boldsymbol{z}=\boldsymbol{z}^*)$的取值。首先基于 Gibbs 采样生成 $p(\boldsymbol{z})$的一系列样本点$\{\boldsymbol{z}^{(l)}\}$。最简单的方法是直接求$\boldsymbol{z}^*$在所有采样点中的比例，即

$$p(\boldsymbol{z}=\boldsymbol{z}^*)=\frac{1}{L}\sum_{l=1}^{L}\delta(\boldsymbol{z}^{(l)}=\boldsymbol{z}^*)$$

  然而，这一估计对高维数据需要大量采样点，且无法应用到 $\boldsymbol{z}$ 中包含连续变量的情况。一种解决方法是利用马尔可夫链的稳态分布条件，计算如下：

$$p(\boldsymbol{z}=\boldsymbol{z}^*)=\sum_{\boldsymbol{z}'}p(\boldsymbol{z}^* \mid \boldsymbol{z}')p(\boldsymbol{z}') \approx \frac{1}{L}\sum_{l=1}^{L}T(\boldsymbol{z}^{(l)},\boldsymbol{z}^*)$$

- 边缘概率 $p(\boldsymbol{z}_A=\boldsymbol{z}_A^*)$。基于 Gibbs 采样生成 $p(\boldsymbol{z})$的一系列采样$\{\boldsymbol{z}^{(l)}\}$，忽略每个采样中不在$\boldsymbol{z}_A$中的变量，再利用上述求联合概率的方法计算 $p(\boldsymbol{z}_A=\boldsymbol{z}_A^*)$。
- 条件概率 $p(\boldsymbol{z}_A=\boldsymbol{z}_A^* \mid \boldsymbol{z}_B=\boldsymbol{z}_B^*)$。在 Gibbs 采样时，固定$\boldsymbol{z}_B$中的变量为$\boldsymbol{z}_B^*$，对剩余变量循环采样，得到一系列采样$\{\boldsymbol{z}^{(l)}\}$，忽略不在$\boldsymbol{z}_A$中的变量，再利用求联合概率的方法计算 $p(\boldsymbol{z}_A=\boldsymbol{z}_A^* \mid \boldsymbol{z}_B=\boldsymbol{z}_B^*)$。

事实上，在很多应用中上述概率的确切值并不重要，更重要的是基于这些概率的统计量。例如在贝叶斯线性预测中，我们并不关心模型参数 $\boldsymbol{w}$ 的后验概率 $p(\boldsymbol{w} \mid D)$，而是基于 $p(\boldsymbol{w} \mid D)$对预测概率 $p(t \mid \boldsymbol{x},\boldsymbol{w})$的期望，因此可直接设计对 $p(\boldsymbol{w} \mid D)$的 Gibbs 采样，并利用这些采样点实现对新样本点 $\boldsymbol{x}_*$ 的预测：

$$p(t_* \mid \boldsymbol{x}_*;D)=\int p(t_* \mid \boldsymbol{x}_*,\boldsymbol{w})p(\boldsymbol{w} \mid D) \tag{6.17}$$

$$\approx \frac{1}{L}\sum_{l=1}^{L}p(t_* \mid \boldsymbol{x}_*,\boldsymbol{w}^{(l)}) \tag{6.18}$$

其中，$\{\boldsymbol{w}^{(l)}\}$为后验概率 $p(\boldsymbol{w} \mid D)$的 L 个采样点。

类似的，在拉普拉斯近似中，我们对后验概率分布用高斯分布近似，这时仅需要后验概率的最大值位置和分布的方差。通过对后验概率进行 Gibbs 采样，得到一系列采样点，即可对最大值位置和方差做近似估计。

在 EM 算法中，求似然函数的期望是重要一步，即

$$\widetilde{L}(\boldsymbol{\theta})=\sum_{n}\left\{\sum_{\boldsymbol{z}}\{p(\boldsymbol{z} \mid \boldsymbol{x}_n;\boldsymbol{\theta}')\ln p(\boldsymbol{z},\boldsymbol{x}_n;\boldsymbol{\theta})\}+H(p(\boldsymbol{z} \mid \boldsymbol{x}_n;\boldsymbol{\theta}'))\right\}$$

其中，H 是 $p(\boldsymbol{z} \mid \boldsymbol{x};\boldsymbol{\theta}')$的熵，与 $\boldsymbol{\theta}$ 无关。上式可以通过后验概率 $p(\boldsymbol{z} \mid \boldsymbol{x};\boldsymbol{\theta}')$的 Gibbs 采样进行近似：

$$\widetilde{L}(\boldsymbol{\theta})=\sum_{n}\left\{\frac{1}{L}\sum_{l}\ln p(\boldsymbol{z}^{(l)},\boldsymbol{x}_n;\boldsymbol{\theta})+H(p(\boldsymbol{z} \mid \boldsymbol{x}_n;\boldsymbol{\theta}'))\right\}$$

其中，$\{z^l\}$是 L 个采样点。

6.7.2 变分法

近似推理的另一种思路是用较简单的概率分布近似较复杂的目标概率分布，从而简化推理过程。和采样法相比，变分法效率更高，但因为采用简单函数，有可能会误差较大。为了尽量减少误差，我们尽可能选择一组足够丰富的概率分布函数，并从中选择近似误差最小的一个。求最优函数是求函数最优取值点的扩展，称为**变分法**(Variational)。

设图模型定义了一个概率分布函数 $p(\boldsymbol{x},\boldsymbol{z})$，其中 $\boldsymbol{x}$ 是观察变量，$\boldsymbol{z}$ 是隐变量，推理的目标是求后验概率 $p(\boldsymbol{z}\mid\boldsymbol{x})$以及边缘概率 $p(\boldsymbol{x})$。和 EM 算法类似，我们可以将 $p(\boldsymbol{x})$进行分解如下：

$$\ln p(\boldsymbol{x})=\widetilde{L}(q)+KL(q\parallel p) \tag{6.19}$$

其中，

$$\widetilde{L}(q)=\sum_{\boldsymbol{z}} q(\boldsymbol{z})\ln\frac{p(\boldsymbol{x},\boldsymbol{z})}{q(\boldsymbol{z})} \tag{6.20}$$

$$KL(q\parallel p)=-\sum_{\boldsymbol{z}} q(\boldsymbol{z})\ln\frac{p(\boldsymbol{z}\mid\boldsymbol{x})}{q(\boldsymbol{z})} \tag{6.21}$$

其中，$\widetilde{L}(q)$是 $\ln p(\boldsymbol{x})$的下界函数，不同的 q 对应不同的下界函数。显然，最好的 q 是由 $p(\boldsymbol{x},\boldsymbol{z})$导出的后验概率 $p(\boldsymbol{z}\mid\boldsymbol{x})$，但现在我们假设这个函数不可求解，因此需要假定一个足够灵活的函数集，在该函数集中找到最优的 $q(\boldsymbol{z})$，使 $\widetilde{L}(q(\boldsymbol{z}))$最大或 $KL(q(\boldsymbol{z})\parallel p(\boldsymbol{z}\mid\boldsymbol{x}))$最小。

为求该优化函数 q，一种方法是选择一个以 $\boldsymbol{\theta}$ 为参数的函数族 $q(\boldsymbol{z};\boldsymbol{\theta})$，通过优化 $\boldsymbol{\theta}$ 来选择与 $p(\boldsymbol{z}\mid\boldsymbol{x})$的 KL 距离最小的函数。另一种方法是对 q 做一定假定，并基于该假设得到最优的 q。一个常用假设是 $q(\boldsymbol{z})$**可分解**[316,302]，这定义了一个非常广泛的函数族，可保证足够的灵活性，因此被广泛采用。

1. 基于可分解概率函数的变分法

设 $q(\boldsymbol{z})$具有如下因式分解形式：

$$q(\boldsymbol{z})=\prod_{i=1}^{M} q_i(z_i)$$

其中，$z_1,z_2,\cdots,z_M$为 M 个**隐变量集合**。注意，这里并没有定义 $q(\boldsymbol{z})$的具体形式，因此所有可分解的概率函数都是可选函数。将上述 $q(\boldsymbol{z})$代入$\widetilde{L}(q)$，并将$q_i(z_i)$写成q_i，有

$$\begin{aligned}\widetilde{L}(q)&=\sum_{\boldsymbol{z}}\prod_i q_i\{\ln p(\boldsymbol{x},\boldsymbol{z})-\ln\prod_k q_k\}\\&=\sum_{z_j} q_j\sum_{z_{i\neq j}}\prod_{i\neq j} q_i\ln p(\boldsymbol{x},\boldsymbol{z})-\sum_{\boldsymbol{z}} q\sum_k \ln q_k\end{aligned}$$

$$= \sum_{z_j} q_j \{\ln \widetilde{p}(\boldsymbol{x}, z_j) - \text{const}\} - \sum_k \sum_{z_k} q_k \ln q_k$$

$$= \sum_{z_j} q_j \ln \widetilde{p}(\boldsymbol{x}, z_j) - \text{const} - \sum_{z_j} q_j \ln q_j - \sum_{k \neq j} \sum_{z_k} q_k \ln q_k$$

其中，

$$\ln \widetilde{p}(\boldsymbol{x}, z_j) = \sum_{z_{i \neq j}} \prod_{i \neq j} q_i \ln p(\boldsymbol{x}, \boldsymbol{z}) + \text{const} = \mathbb{E}_{i \neq j}[\ln p(\boldsymbol{x}, \boldsymbol{z})] + \text{const}$$

即 $\ln p(\boldsymbol{x},\boldsymbol{z})$对不在 z_j 中的所有隐变量的期望。注意，上面推导中加入一个不变量是为了使 $\widetilde{p}(\boldsymbol{x},z_j)$是一个归一化的概率。现在保持所有$\{q_{i\neq j}\}$不变，对 q_j 进行优化，即寻找 q_j，使得下式最大化：

$$\widetilde{L}(q_j) = \sum_{z_j} q_j \ln \widetilde{p}(\boldsymbol{x}, z_j) - \sum_{z_j} q_j \ln q_j + F(q_{i \neq j}) - \text{const}$$

其中，$F(q_{i\neq j})-\text{const}$ 是与 q_j 无关的量。注意到上式等号右侧前两项正好是 q_j 与 $\widetilde{p}(\boldsymbol{x},z_j)$的KL 距离的负值，因此当 q_j 取 $\widetilde{p}(\boldsymbol{x},z_j)$时 $\widetilde{L}(q_j)$最大化，此时有

$$\ln q_j^* = \ln \widetilde{p}(\boldsymbol{x}, z_j) = \mathbb{E}_{i \neq j}[\ln p(\boldsymbol{x}, \boldsymbol{z})] + \text{const} \tag{6.22}$$

因而有

$$q_j^*(z_j) = \frac{\exp(\mathbb{E}_{i \neq j}[\ln p(\boldsymbol{x}, \boldsymbol{z})])}{\sum_{z_j} \exp(\mathbb{E}_{i \neq j}[\ln p(\boldsymbol{x}, \boldsymbol{z})])}$$

上述推导过程给出一个对 q 的迭代求解方法：将 q 分解成 M 个因子 q_j，对每个 q_j 循环优化；在优化某个 q_j 时，利用其他因子 $q_{i\neq j}$ 的信息求 $\ln p(\boldsymbol{x},\boldsymbol{z})$对 $z_{i\neq j}$ 的期望。可以证明[82]，这一过程迭代进行，将收敛到使下界函数 $\widetilde{L}(q)$达到最优的 q^*。

仔细考察上述推导过程，可以看到式(6.22)事实上来源于对 $KL(q(\boldsymbol{z}) \parallel p(\boldsymbol{z} \mid \boldsymbol{x}))$的最小化(式(6.19))。如果没有观察变量 $\boldsymbol{x}$，则对 $KL(q(\boldsymbol{z}) \parallel p(\boldsymbol{z}))$的最小化同样可得到形如式(6.22)的解，即

$$\ln q_j^*(z_j) = \ln \widetilde{p}(z_j) = \mathbb{E}_{i \neq j}[\ln p(\boldsymbol{z})] + \text{const}$$

因此式(6.22)事实上是以 $KL(q \parallel p)$最小化为目标，用可分解概率函数 q 近似目标函数 p 的基础公式。另一种常用的近似优化目标为 $KL(p \parallel q)$，该方法称为 **Expectation Propagation**。[453]

2. 基于变分法的 Bayes 线性回归

为了使读者对变分法有更清晰的了解，我们以 Bayes 线性回归模型为例讨论变分法的应用。①在贝叶斯线性回归模型中，将每个输入 $\boldsymbol{x}_n$ 和输出 t_n 都作为有向图模型中的变量，并有

$$p(t_n \mid \boldsymbol{w}) = N(t_n \mid \boldsymbol{w}^{\mathrm{T}} \boldsymbol{x}_n, \beta^{-1})$$

① 本例中的推导过程参考了文献[67]中的 10.3 节。

其中，参数 w 是一个随机变量，其概率分布定义为

$$p(\boldsymbol{w})=N(\boldsymbol{w}\mid \boldsymbol{0},\alpha^{-1}\boldsymbol{I})$$

另假设 α 满足 Gamma 分布，形式化如下：

$$p(\alpha)=\mathrm{Gam}(\alpha\mid a_0,b_0)$$

其中，a_0 和 b_0 是 Gamma 分布的参数。经上述定义的概率模型可表示为图 6-27 所示的有向图。

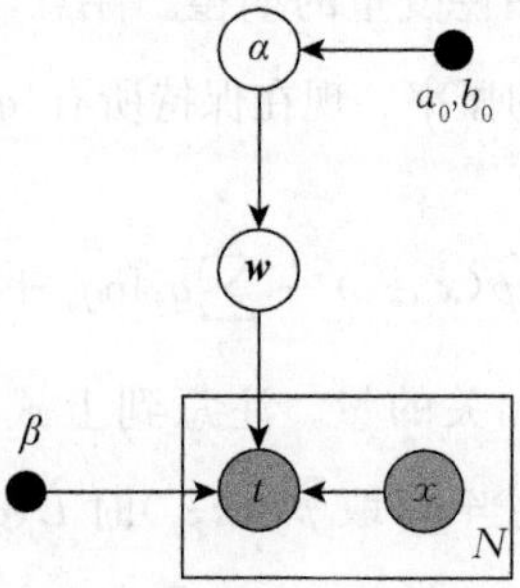

图 6-27　贝叶斯线性回归模型的有向概率图表示

上述图模型的联合概率有如下形式：

$$p(\{\boldsymbol{x}_n\},\{t_n\},\boldsymbol{w},\alpha)=\prod_{n=1}^{N}p(t_n\mid \boldsymbol{x}_n,\boldsymbol{w})p(\boldsymbol{w}\mid\alpha)p(\alpha)$$

上式中，假定 $X=\{\boldsymbol{x}_n\}$ 是确切观察值，不具有随机性。现在我们的目标是求后验概率 $p(\boldsymbol{w},\alpha|\boldsymbol{t})$，其中 $\boldsymbol{t}=\{t_1,t_2,\cdots,t_N\}$。取可分解的 q 如下：

$$q(\boldsymbol{w},\alpha)=q(\boldsymbol{w})q(\alpha)$$

基于式(6.22)求 $q^*(\alpha)$，有

$$\begin{aligned}\ln q^*(\alpha)&=\ln p(\alpha)+\mathbb{E}_{w\sim q^*(w)}[\ln p(\boldsymbol{w}\mid\alpha)]+\mathrm{const}\\&=(\alpha_0-1)\ln\alpha-b_0\alpha+\frac{M}{2}\ln\alpha-\frac{\alpha}{2}\mathbb{E}[\boldsymbol{w}^{\mathrm{T}}\boldsymbol{w}]+\mathrm{const}\end{aligned}$$

其中，M 为 w 的维度。上式说明 α 事实上是一个 Gamma 分布：

$$q^*(\alpha)=\mathrm{Gam}(\alpha|a_N,b_N)$$

其中，

$$a_N=a_0+\frac{M}{2}$$

$$b_N=b_0+\frac{1}{2}\mathbb{E}[\boldsymbol{w}^{\mathrm{T}}\boldsymbol{w}]$$

类似地，应用式(6.22)求 $q^*(\boldsymbol{w})$，有

$$\begin{aligned}\ln q^*(\boldsymbol{w})&=\ln p(\boldsymbol{t}\mid\boldsymbol{w})+\mathbb{E}_{\alpha\sim q^*(\alpha)}[\ln p(\boldsymbol{w}\mid\alpha)]+\mathrm{const}\\&=-\frac{\beta}{2}\sum_{n=1}^{N}\{\boldsymbol{w}^{\mathrm{T}}\boldsymbol{x}_n-t_n\}^2-\frac{1}{2}\mathbb{E}_{\alpha\sim q^*(\alpha)}[\alpha]\boldsymbol{w}^{\mathrm{T}}\boldsymbol{w}+\mathrm{const}\end{aligned}$$

$$= -\frac{1}{2}\boldsymbol{w}^{\mathrm{T}}(\mathbb{E}_{\alpha\sim q^*(\alpha)}[\alpha]\boldsymbol{I} + \beta\boldsymbol{X}\boldsymbol{X}^{\mathrm{T}})\boldsymbol{w} + \beta\boldsymbol{w}^{\mathrm{T}}\boldsymbol{X}\boldsymbol{t} + \mathrm{const}$$

由于上式是 $\boldsymbol{w}$ 的二次型，因此 $q^*(\boldsymbol{w})$ 符合高斯分布：

$$q^*(\boldsymbol{w}) = N(\boldsymbol{w}|\boldsymbol{m}_N, \boldsymbol{S}_N)$$

其中，

$$\boldsymbol{m}_N = \beta\boldsymbol{S}_N\boldsymbol{X}\boldsymbol{t}$$
$$\boldsymbol{S}_N = (\mathbb{E}[\alpha]\boldsymbol{I} + \beta\boldsymbol{X}\boldsymbol{X}^{\mathrm{T}})^{-1}$$

注意，在 $q^*(\alpha)$ 中，我们需要求 $\mathbb{E}[\boldsymbol{w}^{\mathrm{T}}\boldsymbol{w}]$，在 $q^*(\boldsymbol{w})$ 中，我们需要求 $\mathbb{E}[\alpha]$。基于 Gamma 分布和高斯分布特性，容易验证：

$$\mathbb{E}[\alpha] = a_N/b_N$$
$$\mathbb{E}[\boldsymbol{w}\boldsymbol{w}^{\mathrm{T}}] = \boldsymbol{m}_N\boldsymbol{m}_N^{\mathrm{T}} + \boldsymbol{S}_N$$

上述推导过程定义了一个迭代优化算法，由一个随机的初始值 $\mathbb{E}[\alpha]$ 和 $\mathbb{E}[\boldsymbol{w}^{\mathrm{T}}\boldsymbol{w}]$ 开始，交替更新 $q(\alpha)$ 和 $q(\boldsymbol{w})$，每一次迭代都保证得到更好的下界函数 $\widetilde{L}(q)$。当收敛时，给定一个新的输入 $\boldsymbol{x}_*$，其预测分布为

$$\begin{aligned}
p(t_* \mid \boldsymbol{x}_*, \boldsymbol{t}) &= \int p(t_* \mid \boldsymbol{x}_*, \boldsymbol{w})p(\boldsymbol{w} \mid \boldsymbol{t})\mathrm{d}\boldsymbol{w} \\
&\approx \int p(t_* \mid \boldsymbol{x}_*, \boldsymbol{w})q(\boldsymbol{w})\mathrm{d}\boldsymbol{w} \\
&= \int N(t_* \mid \boldsymbol{w}^{\mathrm{T}}\boldsymbol{x}_*, \beta^{-1})N(\boldsymbol{w} \mid \boldsymbol{m}_N, \boldsymbol{S}_N)\mathrm{d}\boldsymbol{w} \\
&= N\left(t_* \mid \boldsymbol{m}_N^{\mathrm{T}}\boldsymbol{x}_*, \frac{1}{\beta} + \boldsymbol{x}_*^{\mathrm{T}}\boldsymbol{S}_N\boldsymbol{x}_*\right)
\end{aligned}$$

可见，该预测函数是一个高斯分布，对 t_* 预测的期望值为 $\boldsymbol{m}_N^{\mathrm{T}}\boldsymbol{x}_*$，这和 α 作为固定参数的贝叶斯线性回归得到的解是一致的，但引入 α 的随机性改变了 $\boldsymbol{S}_N$ 的取值，因而增强了模型对复杂数据的描述能力。

3. 变分法应用于概率图模型

我们可以将变分法应用于概率图模型。以有向图模型为例，其联合概率分布可表示如下：

$$p(\boldsymbol{x}) = \prod_i p(x_i \mid Pa(x_i))$$

其中，x_i 表示第 i 个节点对应的变量，$Pa(x_i)$ 是该节点的所有父节点所代表的变量。我们可以设计如下近似概率分布：

$$q(\boldsymbol{x}) = \prod_i q_i(x_i)$$

其中，每个 q_i 对应一个变量。应用变分式(6.22)，可以得到

$$\ln q^*(x_j) = \mathbb{E}_{i\neq j}\left[\sum_i \ln p(x_i \mid Pa(x_i))\right] + \mathrm{const}$$

需要注意的是，上式右侧取期望后，将仅包括和 x_j 相关的项，这些项或者以 x_j 为

变量，或者以 x_j 为条件，相应的项中将包括和 x_j 相关的所有节点，即 x_j 的 Markov Blanket。可见，基于变分法，我们只需计算概率图上的局部条件概率，因而可显著减少计算量。

6.7.3 采样法和变分法比较

采样法和变分法作为两种近似推理方法，在概率图模型中具有重要意义。这两种方法各有优点和缺陷。总体来说，变分法效率较高（虽然仍然需要迭代计算），但需要推导近似函数的迭代公式，如果目标概率比较复杂，推导将比较困难；采样法实现简单（Gibbs 采样只需考虑局部条件概率即可），但效率通常较低。变分法的收敛精度取决于近似函数的设计，迭代次数再多也无法逼近真实概率分布；采样法的收敛精度取决于采样多少，只要采样足够多，就可无限接近真实概率分布。

6.8 本章小结

本章讨论了概率图模型。从图模型的基本概念开始，介绍了有向概率图模型和无向概率图模型的表示方法、概率意义和概率相关性判断。基于这些基础定义，介绍了几种典型的有向图和无向图模型，特别是介绍了高斯混合模型、隐马尔可夫模型和条件随机场，通过这些模型的参数估计算法，总结出图模型的通用参数估计方法，即著名的 EM 算法。在这一算法中，对参数进行迭代估计，在每次迭代时，首先基于当前参数计算隐变量的后验概率，之后基于该后验概率计算似然函数的期望，再对该期望进行优化以得到新的参数估计。EM 算法收敛到似然函数的局部最优解。

推理是指基于给定图模型对事实进行若干推断，包括隐变量的后验概率和某些变量的边缘概率。首先介绍了精确推理方法，包括适用于树结构的加和—乘积算法及这一算法在通用图模型上的扩展，即 Junction-Tree 算法。这些算法本质上是对变量的边缘化顺序进行合理设计，直观上可以认为是概率信息在节点间的流动，这一思路可以让我们在复杂模型上较容易地设计推理算法。

虽然 Junction-Tree 算法可以应用于通用概率图模型，但当节点数较多，特别是最大 Clique 包含的节点数较多时，计算量将急剧增加，使得推理变得难以完成。我们讨论了两种近似推理算法，一种用采样点来模拟实际概率分布，另一种用简单概率分布来近似真实概率分布，前者称为采样法，后者称为变分法。在采样法中，特别介绍了 MCMC 算法，用一个马尔可夫链来代表目标概率分布；MCMC 算法的特例，Gibbs 采样法进一步简化了采样过程。变分法可采用多种近似函数，特别介绍了基于可分解概率函数的变分方法，这一方法提供了一种在通用图模型上的近似推理方法，将某一变量集上的后验概率或边缘概率设计成对该集合中所有变量的可分解函数，并对这些因子函数进行轮流迭代优化。这些推理算法结合到EM框架中，提供了一套完整的模型训练方法。

概率图模型是一种支持复杂推理的基础框架，这一框架可容纳大量领域知识，也可以充分利用数据资源，因此具有强大的表达能力和学习能力，我们日常用到的很多模型都属于这种模型。近年来，随着深度学习的兴起，研究者对神经模型的兴趣大幅提高，概率图模型受到的关注有所下降，但这一方法依然具有不可替代的优势，特别是在数据量有限或数据关系复杂的场景中，概率图模型依然是重要的选择。除此之外，神经模型和图模型的结合也成为研究的热点，如前面介绍过的VAE模型[344]，即是一种利用神经网络的学习能力对后验概率进行估计的方法。总体上看，神经模型对于非结构化数据具有很强的学习能力，如感知任务；而概率图模型更适合处理结构化数据，如推理任务。

6.9 相关资源

- 本章参考了Bishop所著的 *Pattern Recognition and Machine Learning* 一书的第8～11章。
- 本章部分内容参考了Daphne Koller所著的 *Probabilistic graphical models: principles and techniques*。[353]
- 本章部分内容参考了Eric Xing的课程讲义①。
- 关于概率图模型的更多知识可参考本书参考文献中的[315、316、703、308、512、469]。

① http://www.cs.cmu.edu/epxing/Class/10708/.

第 7 章　无监督学习

机器学习中大部分学习方法是有监督的，例如回归任务中的回归目标，分类任务中的类别，这些都是监督信息，通常称为“标记”(Label)。基于这些监督信息，机器可以有效学习到完成目标任务的模型。这种监督学习可以类比孩子上学时教师的指导：通过告诉孩子标准答案，可以有效指导孩子快速掌握知识。然而，生活中还有另一种更普遍的学习方式，在这种学习里没有监督信息，但我们依然可以通过观察周围世界学习到事件的分布规律和不同事件之间的相关性。这一学习方法称为**无监督学习**。比如在上学之前，虽然没有教师的指导，依然可以通过和事物接触学习到很多知识，如对颜色的区分、对形状的感知、对下雨导致小河涨水等因果关系的直观概念。事实上，这种学习远比教师的教导更普遍和深刻，反映了人类对自然界强大的感知、归纳和推理能力。这种不需要标记信息，从数据中自动抽象出其内在结构的学习方法被称为无监督学习。

基于无监督学习在生物学习中的重要意义，机器学习的研究者自然想到让机器具有类似的能力。一些典型的无监督学习任务包括数据聚类、特征抽取、数据可视化等。尽管当前的机器学习方法主要是监督学习，但近年来无监督学习越来越受到重视。无监督学习的意义可从以下几个方面理解：第一，大数据时代为机器学习带来了宝贵的数据资源，但这些数据绝大部分没有经过人为标注，因此只能通过无监督学习才能加以利用。第二,无监督学习可以帮助我们对数据中的复杂信息进行分离。如在语音信号处理任务中,说话内容、说话人、表达情绪等信息混杂在一维信号中,使得语音信息提取异常困难。无监督学习(如深度受限玻尔兹曼机或自编码器)可以对这些混杂信息进行分离。虽然通过这些分离得到的信息依然是抽象的,但已经可以显著简化后续的监督学习任务。第三,无监督学习可以分析事物间的内在联系,包括因果关系和相关性,这些分析对理解自然现象和系统行为具有重要意义。第四,无监督学习可以自动发现描述数据的显著特征,实现特征自动提取,从而极大地减轻了人为设计特征的困难,克服了人为设计可能的疏漏和偏差。同时,这些显著特征的发现简化了后续建模,从某种意义上克服了机器学习中的维度灾难问题。第五,无监督学习可以为监督学习提供预训练,这种预训练是深度学习发展的重要原动力之一。通过预训练,监督学习的难度降低很多。这类似于已经有很多生活经验的孩子,教师稍加启发即可快速将以前通过观察积累的经验转化为知识。第六,由于不需要人为标注,无监督学习可以随时随地学习新环境下的新知识,实现对各种场景及环境变化的灵活自适应,这将使构造自我驱动、自我学习的智能机器成为可能。

7.1 无监督学习任务

聚类算法和**流形学习**是两种典型的无监督学习任务。本节我们从宏观层面对这两种任务做简单讨论,具体算法将在后面展开介绍。之后,我们将从聚类算法和流形学习的共性出发,将无监督学习任务统一到因子学习的框架中,并将图模型和神经模型解释为实现因子学习的两种典型的计算框架。

7.1.1 聚类概述

聚类是一种典型的无监督学习任务,其目的是将数据空间划分成若干子区域,使得每个子区域中的数据具有更强的内聚性,不同子区域之间具有明显的分离性。一个典型的聚类任务如图7-1所示。

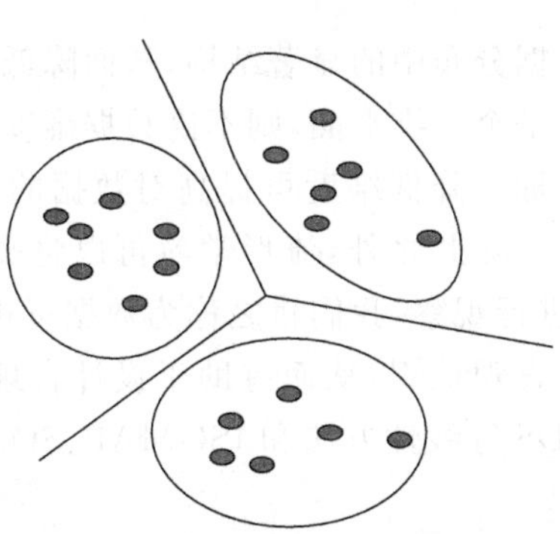

图7-1 聚类任务将数据空间划分成若干具有较强内聚性的子区域

聚类算法对机器学习具有重要意义。第一，分析数据的内聚性与分离性可得到数据的全局描述，从而有利于我们理解数据性质以及选择合适的学习方法。例如，当我们通过聚类方法发现绝大部分数据局限在某一有限子区域时，即可针对该子区域做细致建模。第二，聚类是化简任务的重要方法。在很多情况下，复杂的数据分布会带来建模上的困难，但当我们只关注某个子区域时，建模就简单多了。因此，聚类提供了一种“分而治之”的处理方法，即将数据分类到多个子区域，从而将复杂任务转变成简单任务。例如在图像识别任务中，如果可以将图片先聚类到不同场景，再对每个场景训练各自的识别器，则任务会大为简化。这种方法的原理在于可以用较简单的先验概率 $p(c)$ 和条件概率 $p(\boldsymbol{x}|c)$ 生成较复杂的边缘概率 $p(\boldsymbol{x})=\int p(\boldsymbol{x} \mid c)p(c)\mathrm{d}x$，其中，$c$ 为聚类得到的子区域，$\boldsymbol{x}$ 为观察数据。第三，聚类方法可以认为是一种简单的因子学习方法，通过聚类得到的 c 可以看作是 $\boldsymbol{x}$ 的隐变量，该变量决定了 $\boldsymbol{x}$ 的分布情况。这一因子学习方法可有效提高监督学习的质量。以分类问题为例，如果通过聚类算法得到的子区域和实际分类具有很好的重合度。监督学习只需给每个类 c 一个标注数据(即对类别进行标注)即可得到一个很好的分类器。

7.1.2 流形学习概述

流形(Manifold)是指局部具有欧几里得空间性质的空间。机器学习中的流形通常指数据空间中的一个子空间，数据在该子空间中具有较高的密度，在其余位置的密度相对较低。现实中几乎所有数据都具有典型的流形结构。以人脸照片数据为例，虽然数据空间本身维度很高(包含图片中所有像素拼接在一起组成的高维向量)，但人脸在该高维空间中真正占据的仅是极低维的一个子空间；在该子空间中，人是主要维度，方位、表情、光照等变化组成较次要的维度。图 7-2 给出一个人脸照片的流形示意图，图中黑色曲面代表人脸空间，该空间中的两条曲线代表不同的两个人，每条曲线上不同点对应同一个人在不同方位、表情、光照条件下的不同照片。

流形学习可以发现数据分布中的显著结构，从而降低数据表达所需要的维度。试想一个高维数据的流形是个二维平面，则不论数据维度有多高，真正有效的表达仅是在该二维平面中的坐标。降低维度可提高对数据的建模效果，避免学习过程中的过拟合和欠拟合问题。除此之外，流形学习可以将高维数据投影到二维或三维空间，实现对高维数据进行观察，我们将之称为数据可视化。对数据进行可视化可使我们对数据特性建立直观认识，从而有助于设计合理的学习算法。典型的流形学习方法包括 PCA、MDS 等线性方法和 ISOMAP、SOM、LLE、t-SNE 等非线性方法。

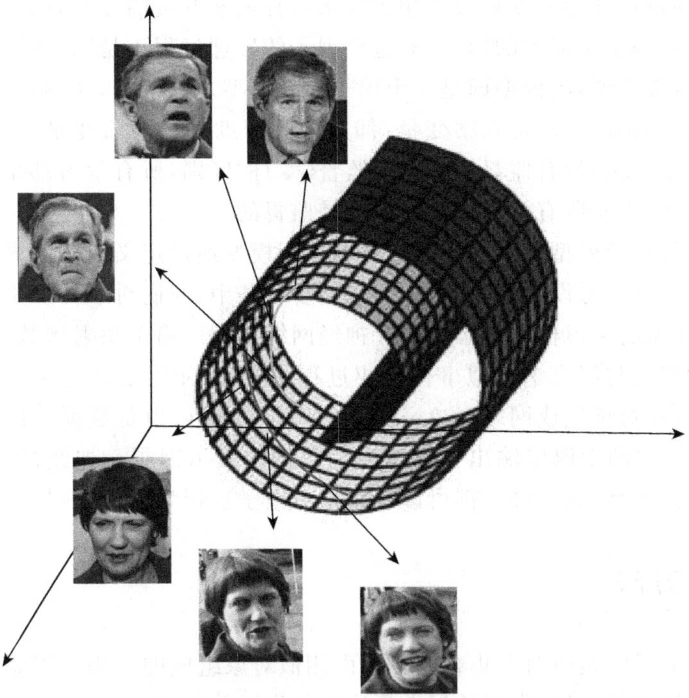

图7-2彩图

图 7-2　流形学习任务从数据中发现具有高概率密度的非线性子空间

注：图中黑色曲面代表所有人脸所在的非线性子空间，每个人的所有照片表示为该空间中的一条曲线，曲线上的点代表同一个人在不同方位、光照和表情下的照片。

7.1.3　因子学习

聚类和流形学习本质上是同一种任务，即对数据的内在结构进行学习，这些结构本质上是由数据的生成机制决定的，因此和数据之间存在强烈的因果关系，我们称为**因子**(Factor)。不论是聚类还是流形学习，其目的都是对产生数据的因子进行分析，分析产生观察数据的因子应具有的分布特性和结构特性。这一过程我们称为**因子学习**(Factor Learning)。

事实上，因子学习已经超出了聚类和流形学习涵盖的范畴，因为它不仅可以分析因子与数据间的关系，也可分析因子与因子之间复杂的相关性，其根本目的是发现数据背后的深层原因。因子学习是对数据进行抽象整理的基本方法，而这种抽象是机器学习的核心，是产生模型泛化能力的基础。事实上，因子学习也是人类进行归纳学习的典型方法，是产生新知识的基础。从这个角度讲，因子学习是整个无监督学习的核心任务和基本特征。可以说，无监督学习的本质并不是有没有数据标注，而是是否对数据做了因子学习。

因子学习与概率图模型具有深刻的联系。第 6 章中我们讨论过，图模型是一种生成模型，通过设计隐藏变量及其相关性来解释观察变量的分布，因此图模型中的隐藏变量正是因子学习中的因子，对这些因子的推理过程正是因子学习的过程。因此，从某种意义上说，图模型即是一个因子学习模型。进一步，在图模型看来，不论是数据 $\boldsymbol{x}$ 还是标注 y，都是观察变量，都是为了帮助推理隐藏变量，即因子。这意味着在图模型看来，没有监督学习和无监督学习的区别，所有学习都是为了发现数据的内在规律，因此所有学习都可以认为是监督的。

因子学习与神经模型也具有深刻的联系。图模型通过定义因子的先验概率和条件概率为无监督学习设计学习框架，但在很多任务中，我们对事件发生的机理并不熟悉，基于知识的学习框架很难适用。神经网络模型以简单映射函数为基元，通过大量基元的组合与嵌套来近似事件生成过程，这些基元可以认为是对数据的解释因子。例如，在对抗生成网络(GAN)中的隐变量可以认为是数据生成的解释因子；自编码器(AE)的编码层输出可以认为是数据的表示因子。神经模型的学习，不论是有监督的还是无监督的，都可以看作是对因子进行学习的过程。

7.2 聚类方法

聚类算法的目的是将对象集合划分成由相似对象组成的子集。根据启发信息的不同和聚类过程的差异，常用的聚类算法可分为以下几种。

(1) **基于划分的聚类方法**：将数据空间划分成多个子区域，每个子区域由一个重心向量代表，子区域划分和重心计算迭代进行直到收敛，这一方法也称为重心聚类法。K-Means 算法是这类算法的典型代表。

(2) **基于连接的聚类方法**：根据数据样本之间的连接关系进行聚类，使连接性强的样本聚成一类。连接性包括相关性、相似性、距离度量等。这种聚类方法只考虑样本间的连接，因此不需要每个样本的实际坐标，尤其适用于无法对样本进行有效向量表达的任务中。典型的基于连接的聚类算法包括层次聚类、相关聚类、谱聚类等。

(3) **基于密度的聚类方法**：根据数据分布的密度聚类，密度较高的区域自成一类，密度较低的区域作为类间分离。DBSCAN 算法是典型的密度聚类方法。

(4) **基于模型的聚类方法**：对每一类数据假设一个模型(如高斯模型)，通过优化模型参数使得模型对数据的表达能力最大化，再基于这些模型对数据进行聚类。典型的聚类模型是 GMM 模型，该模型假设每个聚类子集符合一个高斯分布。

下面我们对这些聚类算法做简要介绍。对聚类算法更详细的讨论可参考文献[332]。

7.2.1 基于划分的聚类方法

基于划分的聚类方法也称为**重心聚类**，其基本思路是通过某种距离度量和划分准则,将含有 n 个对象的数据集 D 划分为 K 个类,使得划分结果对划分准则最优。理论上说,如果可以穷举所有可能的划分方法,则可以求出全局最优划分。但是在实际算法实现时,找到全局最优并不现实,因此通常采用一些启发式方法,从某一初始划分开始,迭代寻找局部最优解。K-Means(K-均值)算法[424]和 K-Medoids(K-中心点)算法[331]是这种方法的两种代表算法。在 K-Means 算法中,每个类由类均值代表;在 K-Medoids 算法中,每个类由类中的某一样本代表。

1. K-Means 算法

K-Means 算法可能是最常用的聚类算法。图 7-3 给出了一个简单的 K-Means 聚类过程示意图。具体而言,给定目标分类数 K,K-Means 算法分为如下步骤。

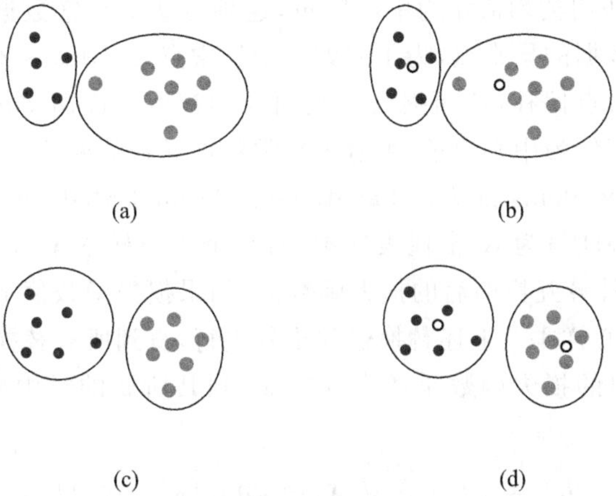

图 7-3 彩图

图 7-3 K-Means 聚类示意图

注:算法从一个随机划分开始(a),计算每类的中心向量(b),再基于该中心向量对数据进行重新划分(c),得到新的中心向量(d)。经过若干次迭代,即可得到合理的聚类。图中红色圈为类中心向量。

(1) 随机初始化 K 类中心向量 $\boldsymbol{\mu}=\{\boldsymbol{\mu}^k\}$。

(2) 基于上述中心向量对每个数据样本进行归类。归类时,每个样本被归入与其最近的中心向量所代表的类。

(3) 基于该归类,计算每类的样本均值 $\{\hat{\boldsymbol{\mu}}^k\}$ 作为新的中心向量。

(4) 如果 $\{\boldsymbol{\mu}^k\}$ 与 $\{\hat{\boldsymbol{\mu}}^k\}$ 的距离小于某一阈值,则完成聚类;否则回到步骤(2),进入下一轮迭代。

上述算法中需要合理定义样本间的距离。最简单的距离度量为欧氏距离,即

$$d(\boldsymbol{x},\boldsymbol{x}')=\sqrt{\sum_{d=1}^{D}(x_d-x'_d)^2}$$

其中,D 是向量维度。另一种常用度量是 CityBlock 距离,定义为

$$d(\boldsymbol{x},\boldsymbol{x}')=\sum_{d=1}^{D}|x_d-x'_d|$$

上述两种距离度量都是 Minkowski 距离的特例。Minkowski 距离定义为

$$d(\boldsymbol{x},\boldsymbol{x}')=\sqrt[\lambda]{\sum_{d=1}^{D}|x_d-x'_d|^\lambda}$$

其中，λ 可以随意取值，既可以是负数，也可以是正数，或是无穷大。当 $\lambda=2$ 时得到欧氏距离，当 $\lambda=1$ 时得到 CityBlock 距离。

Minkowski 距离一般适用于无约束数据。对于有约束数据，则需对距离做特殊定义。例如当数据分布在一个球面上时，一般采用 Cosine 距离。Cosine 距离在 NLP 领域里有广泛应用。

2. K-Medoids 算法

K-Means 算法用类均值作为中心向量，这种方法对异常数据比较敏感。例如有一个远离所有数据的异常点，为了照顾这个异常点，K-Means 不得不将某一类的中心点往这一异常点偏移，从而损失分类面处的精度。K-Medoids 方法用类中某一样本而不是均值作为中心向量，可避免异常数据导致的偏差。

最常用的 K-Medoids 方法是 Partitioning Around Medoids (PAM)算法。[331] 该算法初始化中心向量为 K 个代表样本，对每个中心样本 $\boldsymbol{x}^k$ 选择所有非中心样本 $\boldsymbol{x}_i$ 与 $\boldsymbol{x}^k$ 互换，计算互换前后的损失函数值，如果损失函数值下降，则选择 $\boldsymbol{x}_i$ 代替 $\boldsymbol{x}^k$ 作为新的中心样本。上述替换过程重复进行，直到所有替换都无法使损失函数下降为止。这里的损失函数是所有样本 $\boldsymbol{x}_i$ 到其所属的类中心向量 $\boldsymbol{x}^k$ 的距离和，形式化表示为

$$L(\{\boldsymbol{x}^k\})=\sum_i d(\boldsymbol{x}_i,\operatorname*{argmin}_{\boldsymbol{x}^k}(\boldsymbol{x}_i-\boldsymbol{x}^k))$$

由于 K-Medoids 需要考察大量替换引起的损失函数变化，因此需要较大计算量，一般只适合小数据集上的聚类任务。

7.2.2 基于连接的聚类方法

基于重心的聚类算法需要知道数据样本的具体坐标，从而得到样本的向量表达。然而，在很多任务中，我们所知的仅是数据样本之间的连接性（包括相似性、相关性、距离度量等），而数据标本本身的坐标则很难确定。例如在对 Wiki 文档聚类时，将文档用向量表达出来是很困难的，但可以通过页面间的链接关系或协同访问量估计文档间的相似性。基于连接的聚类方法即是不需要样本坐标，仅利用连接信息进行聚类的方法。

1. 层次聚类

层次聚类（Hierarchical Cluster Analysis，HCA）利用样本间的距离对数据进行逐层分裂或合并，直到达到所要求的聚类数。[713,768] 其中，逐层分裂的层次聚类方法在初始时将所有数据视为一类，迭代选择合适的类进行分裂直到满足聚类要求；逐层合并的层次聚类方法恰好相反，初始时将每个数据样本视为一类，迭代合

并相近的类直到满足聚类要求。不论哪种方式，层次聚类都形成一个层次结构，从上到下聚类粒度逐渐变小，聚类结果越来越精细。图 7-4 给出分裂式层次聚类示意图，图 7-5 给出合并式层次聚类示意图。

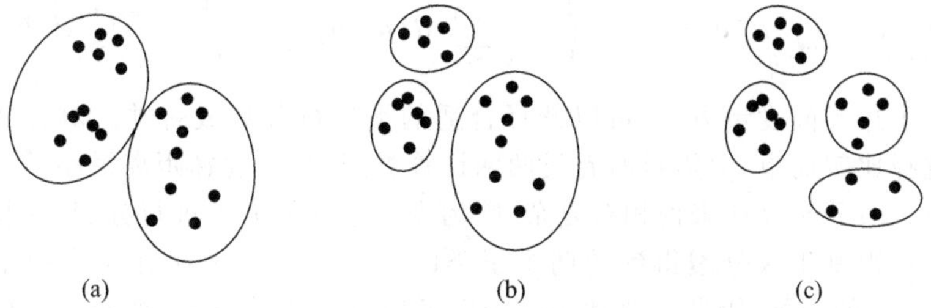

图 7-4　分裂式层次聚类示意图

注：算法开始将所有数据看作一个大类，选择合适的准则将其分裂为两类，再从中选择聚合度较低的类进行第二次分裂。这一分裂过程重复进行，直到得到需要的聚类数。

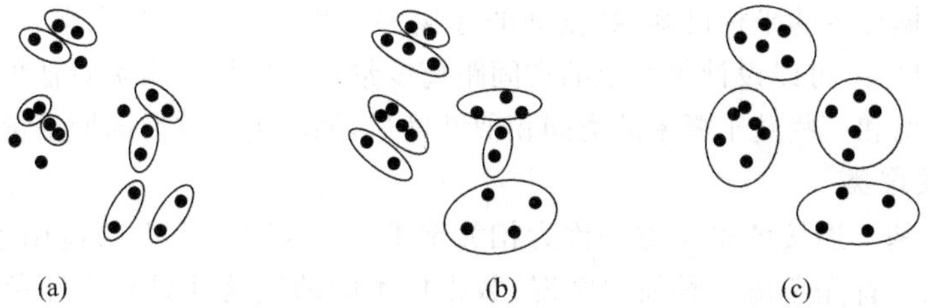

图 7-5　合并式层次聚类示意图

注：算法开始将每个数据样本看作一类，每次迭代时选择两个最相似的类进行合并。该合并过程迭代进行，直到得到需要的聚类数。

层次聚类有两个优点，一是逐渐形成聚类目标，不论是由粗到细还是由细到粗，都借助了全局和局部信息，有利于聚类的稳定。二是该方法形成了一棵完整的聚类树，因此能够一次性得到整个聚类的过程。有了这棵聚类树，可以很容易地得到不同粒度的聚类结果。层次聚类的缺点是计算量比较大。合并式聚类的复杂度是 $O(N^2\log(N))$，分裂式聚类的复杂度是 $O(2^N)$，其中 N 是数据样本个数[①]。另外，由于层次聚类使用的是贪心算法（每次只考虑对该层进行分裂或合并的最优方案，该局部决策会影响后续分裂或合并过程），得到的结果只是局部最优。

层次聚类需要确定对哪一类进行分裂或对哪两类进行合并，为此需要定义类间距离。依假设仅知道样本间的连接性度量，因此只能通过这些度量定义类间距离。常用类间距离度量方法有以下几种。

- 类间平均距离：$\frac{1}{|A||B|}\sum_{a\in A}\sum_{b\in B}d(\boldsymbol{a},\boldsymbol{b})$；

---

① https://en.wikipedia.org/wiki/Hierarchical_clustering

- 类间最近邻距离：$\min\{d(\boldsymbol{a},\boldsymbol{b}):\boldsymbol{a}\in A,\boldsymbol{b}\in B\}$；
- 类间最远邻距离：$\max\{d(\boldsymbol{a},\boldsymbol{b}):\boldsymbol{a}\in A,\boldsymbol{b}\in B\}$；
- 类间与类内距离差：

$$\frac{2}{|A||B|}\sum_{a\in A,b\in B}d(\boldsymbol{a},\boldsymbol{b})-\frac{1}{|A|^2}\sum_{a_i,a_j\in A}d(\boldsymbol{a}_i,\boldsymbol{a}_j)-\frac{1}{|B|^2}\sum_{b_i,b_j\in B}d(\boldsymbol{b}_i,\boldsymbol{b}_j)$$

基于上述类间度量方法，可以选择合适的类进行分裂或合并。对合并算法来说这一选择比较简单，只需对所有类两两计算类间距离，选择距离最小的一对进行合并即可。对分裂算法来说相对复杂，因为需要选择最大类进行分裂，并找到一种分裂方式使得基于该分裂得到的两个子类距离最大。一个含有 n 个样本的类有 $O(n^2)$ 种可能的分类，因此需要利用一些启发信息减小计算量，如两类的样本数不能相差太远。典型的分裂式层次聚类方法如 DIANA（DIvisive ANAlysis Clustering）算法。[332]

需要说明的是，层次聚类是一种通用聚类方式，并不局限于基于连接的聚类。事实上如果数据样本的坐标已知，数据间的连接关系当然可以计算出来；不仅如此，如果数据坐标已知，可以设计更有效的类间距离度量方法以提高聚类算法的性能，例如类间重心距离和一些基于概率的类间相似性度量，如两类合并后的熵增量等。

2. 相关聚类

另一种基于连接的聚类方法称为**相关聚类**[31]，这种聚类方法适用于聚类数不确定的情况。首先考虑一种简单情况，数据样本间的连接性只有正和负两种，正连接表示两者相关，负连接表示两者不相关。将这些数据表示成一幅无向图 $G=(V,E^+,E^-)$，其中 V 为节点集，每个节点表示一个样本；如果样本 $\boldsymbol{v}_i$ 和 $\boldsymbol{v}_j$ 之间是正连接，则边 $e_{ij}\in E^+$，如果 $\boldsymbol{v}_i$ 和 $\boldsymbol{v}_j$ 之间是负连接，则边 $e_{ij}\in E^-$。相关聚类的目标是发现一个聚类方式，使得如下目标函数最大化：

$$\sum_{C}\left\{\sum_{v_i\in C,v_j\in C}\delta(e_{ij}\in E^+)+\sum_{C'\neq C}\sum_{v_i\in C,v_j\in C'}\delta(e_{ij}\in E^-)\right\}$$

其中，C 和 C' 代表不同类，$\delta(\cdot)$ 为一个判断函数，当输入的表达式为真时取值为 1，否则为 0。上述目标函数的第一项代表类内相似性，第二项代表类间分离性。对这一目标函数优化是个 NP 完全问题，当样本数量较大时是不可完成的。研究者提出各种近似方法解决这一问题。[5,103] 一种近似算法如算法 7-1 所示，其中 $Gr(V)$ 是由节点集合 V 组成的子图①。

算法 7-1　相关聚类算法

```
function Get-Clique(G)
  (V,E+,E−)=G;
  vi=Random(V); V′=∅;
```

① https://en.wikipedia.org/wiki/Correlation_clustering.

```
for v_j ∈ V − {v_i} do
  if e_ij ∈ E⁺ then
    C = C ∪ {v_j}
  end
  if e_ij ∈ E⁻ then
    V′ = V′ ∪ {v_j}
  end
end

//Get subgraph constructed by V′
  G′ = Gr(V′)
  return C, Get-Clique(G′)
end function
Get-Clique(G)
```

3. 谱聚类

谱聚类(Spectral Clustering)[701]是另一种基于连接关系的聚类方法。根据 Laplace 矩阵的不同定义,谱聚类算法的形式稍有不同[600,482],但基本思路是一致的。下面选择最简单的一种 Laplace 矩阵来描述该算法。

设数据集包含 n 个样本$\{\boldsymbol{x}_n\}$,给定一个连接关系矩阵 $\boldsymbol{S} \in R^{n \times n}$,其中 s_{ij} 代表样本 $\boldsymbol{x}_i$ 和 $\boldsymbol{x}_j$ 的距离。定义 Laplace 矩阵有如下形式:

$$\boldsymbol{L} = \boldsymbol{D} - \boldsymbol{S}$$

其中,$\boldsymbol{D}$ 是对角阵,其对角元素 $d_{ii} = \sum_j s_{ij}$。对上述 Laplace 矩阵取 k 个最小非零特征值所对应的特征向量 $\boldsymbol{v}_1, \boldsymbol{v}_2, \cdots, \boldsymbol{v}_k$,这些特征向量组成矩阵 $\mathbf{V} \in R^{n \times k}$,则 $\mathbf{V}$ 的第 i 行即可作为样本 $\boldsymbol{x}_i$ 的坐标 $\boldsymbol{y}_i = [v_{i1}, \cdots, v_{ik}]$。对$\{\boldsymbol{y}_i\}$做聚类(如利用 K-Means),即可得到对$\{\boldsymbol{x}_i\}$的聚类。

可以证明,谱聚类与图的平衡分割算法有密切联系[701]。平衡分割是指在分割时使各类之间的连接性最小,同时使每个类包含的样本数尽可能相近。谱聚类算法等价于一种近似平衡分割算法。同时,谱聚类与随机游走算法有密切联系,谱聚类的结果是使以连接关系矩阵为跳转概率的随机游走尽可能在类内部跳转。还有,谱聚类与 Kernel K-Means 有直接联系。[157]直观上,谱聚类是将数据通过连接矩阵映射到某一特征空间,之后在该特征空间完成聚类。这种通过样本间距离对样本进行特征映射的思路是核方法的主要特征。可以证明,经过简单的后处理,谱聚类中得到的数据映射和 Kernel K-Means 中基于核函数得到的映射是等价的。[157]

4. Affinity Propagation

Affinity Propagation(AP)是另一种基于连接矩阵的聚类算法[193]，这种算法定义连接矩阵 $\boldsymbol{S}$：对非对角元素，定义为样本间距离的负值，如

$$s_{ij}=-\|\boldsymbol{x}_i-\boldsymbol{x}_j\|^2 \quad i\neq j$$

对角元素 s_{ij} 需人为设定，不同维度的相对值代表不同点成为类中心点的先验概率，整体对角元素的大小决定聚类算法对聚类数目的倾向性，值越大，产生的聚类数越多。通常将 s_{ij} 设置成所有样本对的两个样本间距离的中值。

定义一个“责任矩阵”(Responsibility)$\boldsymbol{R}$，其元素 $r(i,k)$ 表示样本 $\boldsymbol{x}_k$（相对其他样本）是样本 $\boldsymbol{x}_i$ 的代表样本的可能性，一个“可选性矩阵”(Availability)$\boldsymbol{A}$，其元素 $a(i,k)$ 代表 $\boldsymbol{x}_k$ 有多大可能性代表 $\boldsymbol{x}_i$，因为其他样本也可能需要 $\boldsymbol{x}_k$ 代表。

AP 算法将 $\boldsymbol{R}$ 和 $\boldsymbol{A}$ 初始化为全零矩阵，并根据下面的更新算法交替更新 $\boldsymbol{R}$ 和 $\boldsymbol{A}$ 矩阵：

$$r(i,k)=s(i,k)-\max_{k'\neq k}\{a(i,k')+s(i,k')\}$$

$$a(i,k)=\min\{0,r(k,k)+\sum_{i'\notin\{i,k\}}\max(0,r(i',k))\} \quad i\neq k$$

$$a(k,k)=\sum_{i'\neq k}\max(0,r(i',k))$$

上述更新迭代进行，直到聚类结果不再更新，或迭代轮数超过指定值。迭代结束后，“责任感”和“可选性”相加大于零的点被选为代表点，即当 $r(k,k)+a(k,k)>0$ 时，$\boldsymbol{x}_k$ 作为代表点。AP 算法被应用在计算机视觉[193]、文本挖掘[244]等领域。

7.2.3 基于密度的聚类方法

基于划分的聚类方法和基于连接的聚类方法都基于某种“距离”的度量，距离近的被归为一类，距离远的被拆分。这些方法对分布形态为外凸状的数据比较适用（图 7-6(a)），但对不规则分布的数据则会产生偏差（图 7-6(b)）。

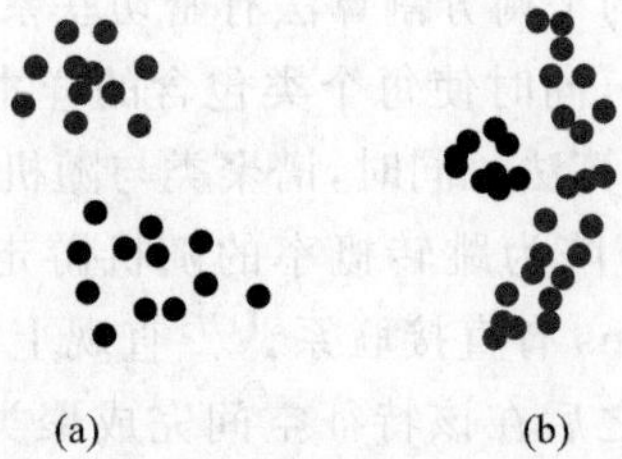

图 7-6 彩图

图 7-6 外凸状和不规则数据分布

注：(a)外凸状数据分布；(b)不规则数据分布。基于距离度量的聚类方法很难处理非外凸分布的数据，因为在这种情况下，距离远近无法代表样本间的相关程度。

基于密度的聚类方法可以弥补这一缺陷。这类算法认为，在整个样本空间中，每个类都是由一群稠密的样本点组成的，这些稠密样本点组成的类被低密度区域分割。基于密度的聚类算法的基本思路是过滤低密度区域，发现稠密样本集合。在基于密度的聚类算法里，评价两个样本相关程度的不是距离，而是它们之间是否有高密度的数据区域相连接，因此可以处理非规则分布的类及大小相差悬殊的类。

DBSCAN(Density-Based Spatial Clustering of Application with Noise)是一种典型的基于密度的聚类算法。[172]这一算法的主要思路是从一个显著高密度区域开始向外扩展，直到到达低密度区域无法继续扩展为止，即形成一个类。重复上述选点和扩展过程，直到没有新的可扩展的区域为止。

具体来说，DBSCAN 预先设定一个半径 r 和一个密度阈值 θ，如果以一个点 $\boldsymbol{x}$ 为中心，在半径 r 内有超过 θ 个样本，则称 $\boldsymbol{x}$ 为核心点，半径内所有其他点称为核心点 $\boldsymbol{x}$ 可到达的点。核心点所在的区域显然是高密度区域。考察 $\boldsymbol{x}$ 所到达的点，对其中所有的核心点进行扩展，进而收集更多可到达的点。这一扩展过程持续进行，直到再无核心点可以扩展。上述扩展过程中得到的点集即组成一个类。对余下的点再重复上述过程，直到所有核心点都扩展成一个类。图 7-7 给出了 DBSCAN 聚类算法示意图。图中从核心点 $\boldsymbol{a}$ 开始，以一定的半径进行扩展，依次到达 $\boldsymbol{b}$ 和 $\boldsymbol{c}$ 两个核心点，得到第一类；核心点 $\boldsymbol{d}$ 及其所到达的点组成第二类。

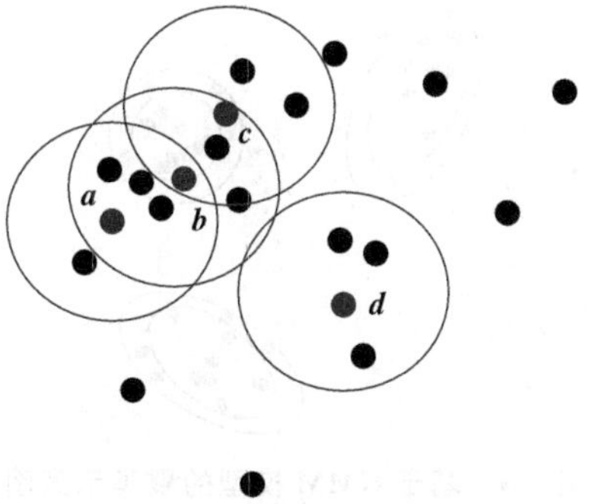

图 7-7 彩图

图 7-7 DBSCAN 聚类算法

注：算法首先由核心点 $\boldsymbol{a}$ 开始扩展，到达另一个核心点 $\boldsymbol{b}$，继续扩展得到核心点 $\boldsymbol{c}$。这些核心点所能到达的所有点组成第一个类。剩余的点中只有点 $\boldsymbol{d}$ 是核心点，它所能到达的所有点组成第二个类。其余点处于低密度区域，不被归类。

7.2.4 基于模型的聚类方法

前面介绍的几种聚类方法缺少概率意义，对噪声的鲁棒性比较差。基于模型的聚类方法对数据进行概率建模，可有效对抗数据中的噪声；同时，引入概率分布形式作为先验知识可避免聚类时的盲目性。

模型方法将聚类问题转化为一个推理问题，其基本假设是数据由一个层次性概率模型生成，首先生成数据所属类别，再由该类的概率形式生成观察数据。因此，观察数据符合一个混合分布模型，其中数据所属的类别是一个隐变量。基于观察数据对该模型进行优化，可得到与观察数据匹配度最佳的模型。由于该模型存在隐变量，优化方法一般采用EM算法。基于这一概率模型，对任一观察样本都可以推导出其所属分类的后验概率。因此，基于模型的聚类方法不仅可以得到合理的聚类，而且可以得到数据属于每一类的置信度；不仅可以对当前观察数据聚类，还可以对未知数据进行归类。如果数据的实际分布符合模型假设，模型法可得到非常好的效果。

GMM是最常用的混合分布模型，该模型假设类别符合多类分布，每一类符合高斯分布。事实上基于GMM的聚类可认为是K-Means的扩展，当GMM中先验概率取值相同，且各个高斯成分的方差相等时，GMM模型等价于K-Means聚类。GMM聚类过程如图7-8所示，其中数据由一个包含三个高斯成分的GMM建模，训练结束后，该GMM模型可有效描述数据的生成机制，因此可生成合理的聚类。注意，这一方法假设每类都是高斯分布，而很多实际数据是非高斯的，因此可能会造成较大偏差。一种解决方法是设计与数据分布情况相符合的混合概率模型；另一方法是用混合数较多的GMM模型对数据建模，再对高斯成分进行合并。

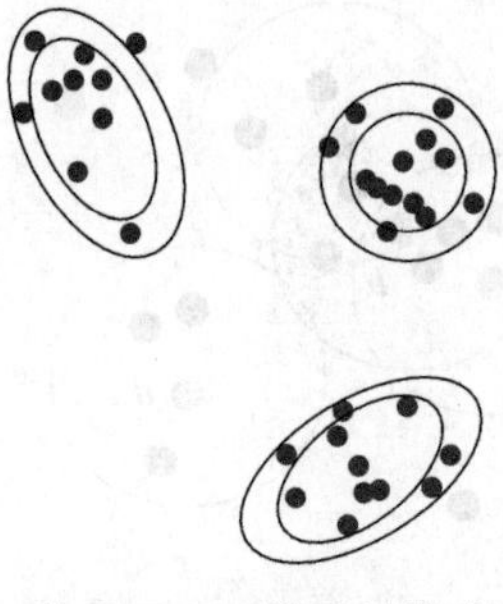

图7-8　基于GMM模型的聚类示意图

注：用一个包含三个高斯成分的GMM模型对数据进行建模，训练结束后每个高斯成分对应一个类。

7.3　流形学习

流形的概念起源于对几何体的描述，是一般几何对象的总称。机器学习中讨论的“流形”主要指数据所集中分布的低维空间。**流形学习**(Manifold Learning)即是从原始高维数据中发现数据中低维结构的学习方法[717]。具体而言，流形学习的目的是构造一个映射函数，将高维数据映射到某个低维空间中，使得原始数据的某些特性在低维空间中得到有效保持。这些特性包括数据分布形态、拓扑结构、可区分性等。流形学习被大量应用在数据降维和可视化任务中。图 7-9 给出了一个流形学习的例子，其中原始输入数据在三维空间中表现为一个二维的“蛋糕卷”结构，因此是一个二维流形。通过流形学习，可以获得这个二维流形的基础结构，从而将三维数据投影到二维空间中，实现降维和可视化。图 7-9 给出两种学习算法（LLE 和 HLLE）得到的二维流形。可见，通过流形学习，原始数据的基础特征（如拓扑结构和分布特性）在二维空间中得以有效表达。

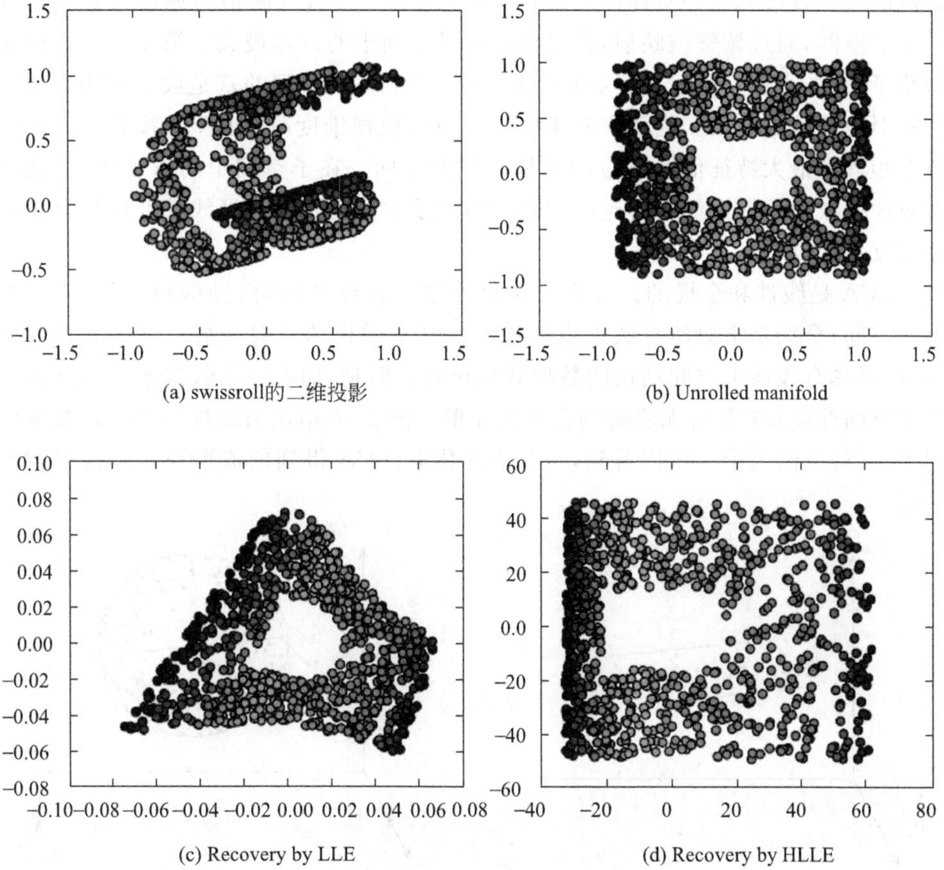

图 7-9　流形学习示意图

注：(a)一个三维蛋卷结构在二维平面上的直接投影；(b)原始数据展开后的实际二维结构；(c)LLE 流形学习算法得到的二维表示；(d)HLLE 流形学习算法得到的二维表示。图片来自 WiKi。

流形学习算法可分为线性算法和非线性算法两种。线性模型通过全局线性映射将原始数据映射到低维空间，典型算法包括主成分分析（Principal Component Analysis，PCA）和多维标度（Multi-Dimensional Scaling，MDS）等。线性模型只适用于具有线性子空间结构的数据。

图 7-9 彩图

非线性模型可以学习非线性流形，包括等距映射(Isometric Mapping，ISOMAP)和局部线性嵌入算法(Locally Linear Embedding，LLE)等。下面将从线性方法开始讨论。

7.3.1 主成分分析

主成分分析(Principal Component Analysis，PCA)是一种基于数据全局分散特性的线性投影算法。具体而言，PCA 希望通过一个线性映射将原始数据投影到一个子空间，通过调整该映射，使投影点在子空间中的方差最大。第 2 章已经详细介绍了 PCA 算法。通过分析我们知道 PCA 得到的子空间的基是数据的协方差矩阵所对应的特征向量。当子空间维度小于原始数据维度时，PCA 的投影方向是协方差矩阵的最大特征值所对应的特征向量的方向。在子空间中的方差越大，意味着对原始数据分散性保持得越好，相应的，由子空间的映射点经线性变换恢复出的原数据误差也越小。

PCA 是线性和全局的。线性是指该方法通过线性映射将原始数据投影到低维子空间；全局是指对所有数据点的映射都基于同样的映射函数。这种方法简单高效，对具有线性子空间结构的数据效果很好。但是，如果原始数据不具有这种线性子空间性质，PCA 将无法得到合理的流形。图 7-10 给出对线性和非线性数据应用 PCA 得到的流形。可以看到，对非线性数据，PCA 得到的流形与实际流形相差甚远。

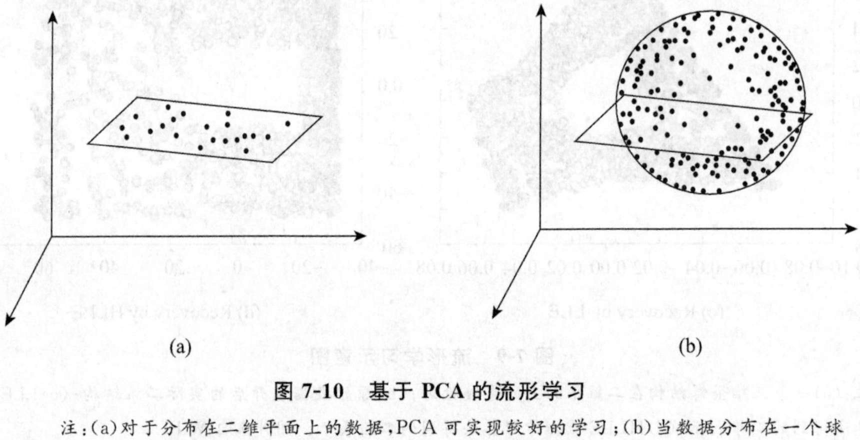

图 7-10　基于 PCA 的流形学习

注：(a)对于分布在二维平面上的数据，PCA 可实现较好的学习；(b)当数据分布在一个球面上时，PCA 无法发现数据的真实流形。

通过 PCA 将原始数据映射到低维子空间后，数据在各个 PC 上的投影即形成了在子空间下的低维坐标表示，这些低维表示既起到降维作用，也可以用来对数据进行可视化。

值得说明的是，数据是否具有线性流形有时并不直观。例如人脸照片数据，如果将一个数据库里的所有照片罗列出来，很难判断这些照片在高维空间中是线性的还是非线性的。事实上，PCA 在人脸识别中取得很大成功，是因为基于 PCA 的 Eigenface 方法简单高效，一直是非常有效的基线系统。图 7-11 是 Eigenface 方法的示意图。PCA 虽然简单，而且有全局线性的缺点，但在实际中依然有很好的应用价值。PCA 也可以选择合适的特征映射或核函数，克服线性映射的局限性，使之得以适用于非线性数据。这意味着 PCA 是一种非常灵活的流形学习方法，应首先考虑在实际应用中使用。

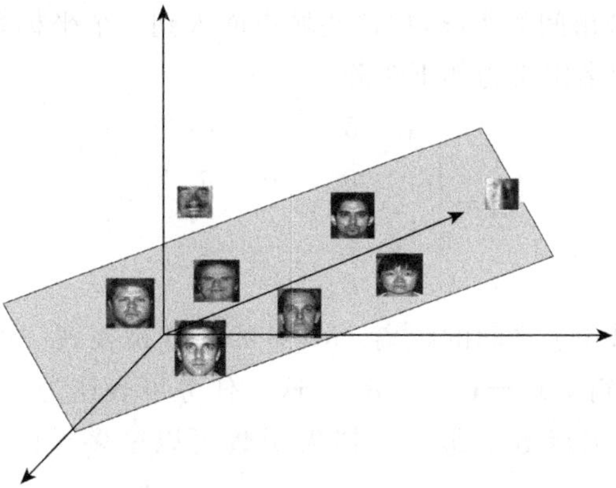

(a)

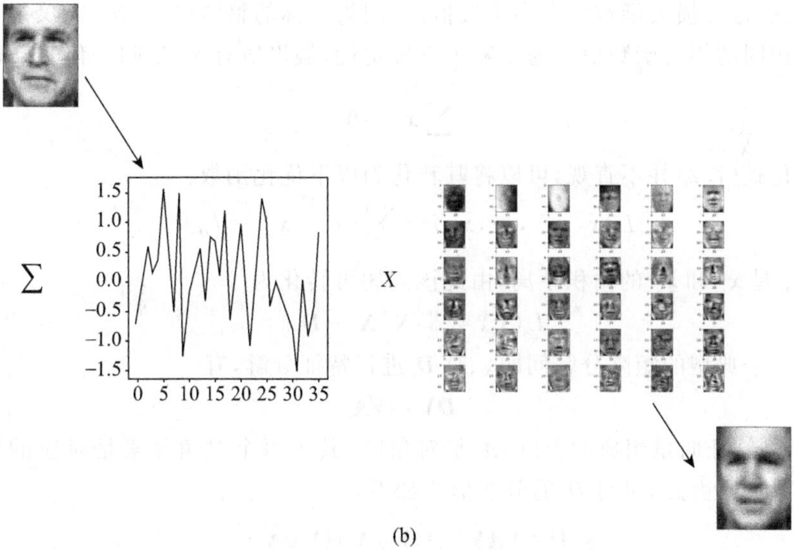

(b)

图 7-11 基于 PCA 的 Eigenface 方法

注：(a)人脸图片分布在以 Eigenface 为坐标轴的平面空间中；(b)一幅人脸图片可分解成 Eigenface 的线性组合，分解后在每个 Eigenface 上的权重即是原图片在子空间中的低维表达，基于这一低维表达可实现对原始数据的线性最小误差重构。

7.3.2 多维标度

多维标度(Multi-Dimensional Scaling, MDS)又称主坐标分析(Principal Coordinates Analysis, PCoA)[674],是另一种常用的线性流形学习方法。它的主要思想是基于样本间的距离度量矩阵来重构样本的欧几里得坐标,使基于该坐标得到的距离度量与给定的距离度量矩阵误差最小。基于样本距离生成样本坐标的过程通常称为对样本在坐标空间的"嵌入"(Embedding)。

例如,已知不同城市间的距离,把这些城市嵌入到一个坐标系里。设城市个数为 n,城市间的两两距离定义为如下矩阵:

$$\boldsymbol{\Delta}=\begin{pmatrix}\delta_{11} & \delta_{12} & \cdots & \delta_{1n}\\ \delta_{21} & \delta_{22} & \cdots & \delta_{2n}\\ \vdots & \vdots & & \vdots\\ \delta_{n1} & \delta_{n2} & \cdots & \delta_{nn}\end{pmatrix} \tag{7.1}$$

其中,δ_{ij} 是城市 i 与城市 j 之间的距离。MDS 的任务是找到一组坐标$[\boldsymbol{x}_1,\boldsymbol{x}_2,\cdots,\boldsymbol{x}_n]$代表这些城市,使得 $\|\boldsymbol{x}_i-\boldsymbol{x}_j\|\approx\delta_{ij}$。这一任务可表述为一个优化问题,使得所选坐标在给定的损失函数下最优。损失函数可以是多样的,一种常见的定义如下:

$$L(\boldsymbol{x}_1,\boldsymbol{x}_2,\cdots,\boldsymbol{x}_n)=\sum_{i,j}(\|\boldsymbol{x}_i-\boldsymbol{x}_j\|_2-\delta_{ij})^2 \tag{7.2}$$

注意,这一损失函数可有多个极值点,因为坐标的整体位移、旋转、反射等操作会得到相同的损失函数值。为了减少不确定性,假设所有 $\boldsymbol{x}_i$ 是归一化的,即

$$\sum_{i=1}^{n}\boldsymbol{x}_i=\boldsymbol{0} \tag{7.3}$$

直接优化式(7.2)并不直观,可以将其转化为以下优化函数:

$$L(\boldsymbol{x}_1,\boldsymbol{x}_2,\cdots,\boldsymbol{x}_n)=\sum_{i,j}(\boldsymbol{x}_i\cdot\boldsymbol{x}_j-d_{ij})^2 \tag{7.4}$$

其中,d_{ij} 是 $\boldsymbol{x}_i$ 和 $\boldsymbol{x}_j$ 的内积距离,由此该问题可转化为

$$L(\boldsymbol{x})=\|\boldsymbol{X}^{\mathrm{T}}\boldsymbol{X}-\boldsymbol{D}\|_2^2$$

上式是一个典型的矩阵分解问题。对 $\boldsymbol{D}$ 进行特征分解,有

$$\boldsymbol{DV}=\boldsymbol{V\Lambda}$$

其中,$\boldsymbol{V}$ 是特征向量组成的方阵,$\boldsymbol{\Lambda}$ 是对角阵,其中每个对角元素是对应的特征向量的特征值。由此,可得 $\boldsymbol{D}$ 的分解形式如下:

$$\boldsymbol{D}=\boldsymbol{V\Lambda V}^{\mathrm{T}}=(\boldsymbol{V}\sqrt{\boldsymbol{\Lambda}})(\boldsymbol{V}\sqrt{\boldsymbol{\Lambda}})^{\mathrm{T}} \tag{7.5}$$

因此,如果令$\boldsymbol{X}^{\mathrm{T}}=\boldsymbol{V}\sqrt{\boldsymbol{\Lambda}}$,则式(7.4)得到最优化。上式中 $\boldsymbol{V}$ 和 $\boldsymbol{\Lambda}$ 是 n 维的,因此 $\boldsymbol{x}_i$ 也是 n 维的,因而能实现无损分解。如果要取低维的 $\boldsymbol{x}_i$,只需将 $\boldsymbol{\Lambda}$ 中最小特征值置零,使分解误差最小即可。需要说明的是,这种通过去掉最小特征值进行降维的

方法和 PCA 是等价的。事实上，在 PCA 中去掉了 $\boldsymbol{X}\boldsymbol{X}^{\mathrm{T}}$（不是这里的 $\boldsymbol{X}^{\mathrm{T}}\boldsymbol{X}$）最小特征值对应的特征向量；然而，$\boldsymbol{X}^{\mathrm{T}}\boldsymbol{X}$ 和 $\boldsymbol{X}\boldsymbol{X}^{\mathrm{T}}$ 的特征值是相同的（当然，对应的特征向量不同），即意味着 MDS 和 PCA 事实上是等价的。

现在还有一个问题，在式(7.2)中，相似矩阵是欧式距离矩阵 $\boldsymbol{\Delta}$，而非内积距离矩阵 $\boldsymbol{D}$。由于欧式距离和内积距离具有直接联系，可以将欧式距离矩阵转化为内积距离矩阵，再基于前述分解方法实现低维嵌入。

总结起来，可得到一个标准的 MDS 算法：

(1) 由距离矩阵 $\boldsymbol{\Delta}$ 计算内积矩阵 $\boldsymbol{D}$；

(2) 根据式(7.5)对 $\boldsymbol{D}$ 做特征分解，取 p 个最大特征值组成的对角阵型 $\boldsymbol{\Lambda}_p$ 及其对应的特征向量组成的矩阵$\boldsymbol{V}_p$。

(3) 取样本的坐标 $\boldsymbol{X}=\boldsymbol{V}_p\sqrt{\boldsymbol{\Lambda}_p}$，其中每一行对应一个样本。

注意，上述 MDS 算法假设了如下条件：首先，距离矩阵是欧几里得的，由此才能推导出内积矩阵 $\boldsymbol{D}$，因此在非欧几里得空间里该算法不适用；其次，损失函数是二阶范数，且对 $\boldsymbol{D}$ 的分解是线性的。如果损失函数的形式发生改变，则上述算法不再适用。如前所述，上述 MDS 算法和 PCA 算法在特征降维上是等价的，但 MDS 算法的默认维度是 n 维，而 PCA 中默认维度是样本自身的维度。不论怎样，MDS 的降维和 PCA 的降维都是线性的。和 PCA 一样，MDS 也可以扩展到非线性数据，只需设计合理的距离矩阵或改变损失函数的形式。但设计这些数据相关的距离或损失函数往往比较困难，因此应用最多的还是线性 MDS 算法。

图 7-12 给出了一个对美国 9 个城市进行二维 MDS 嵌入的结果。在嵌入时，只给出城市之间的两两距离，MDS 可以将这些城市合理地分布在二维平面上。

7.3.3　ISOMAP

MDS 算法中，距离矩阵决定了样本在嵌入空间的位置。如果数据处于线性流形中，则欧氏距离即可表示样本间的实际距离，这时 MDS 是比较精确的；如果数据处于一个非线性流形中，欧氏距离会带来很大偏差，此时 MDS 不再适用。例如，在图 7-13 所示的蛋糕卷结构中，红色曲线的两个端点在欧氏空间中的距离很近，但由于样本处在一个非线性流形中，这两点间的差异性是由它们在该流形中的距离决定的（即图中红色曲线的长度），因此事实上距离很远。如果可以计算出任意两个样本在一个流形中的距离，则用 MDS 可实现较好的嵌入。尽管概念很简单，但由于事先并不知道流形的样子，在流形中计算距离并不容易。

ISOMAP 通过局部空间上的相邻关系计算流形上的距离[664]。该算法分为以下三步。

(1) 将原始高维数据表达成一个无向图，其中每个样本点与其 k 个最近邻样本点相连，连接的长度由欧氏距离计算。

		1 BOSTON	2 NY	3 DC	4 MIAMI	5 CHICAGO	6 SEATTLE	7 SF	8 LA	9 DENVER
1	BOSTON	0	206	429	1504	963	2976	3095	2979	1949
2	NY	206	0	233	1308	802	2815	2934	2786	1771
3	DC	429	233	0	1075	671	2684	2799	2631	1616
4	MIAMI	1504	1308	1075	0	1329	3273	3053	2687	2037
5	CHICAGO	963	802	671	1329	0	2013	2142	2054	996
6	SEATTLE	2976	2815	2684	3237	2013	0	808	1131	1307
7	SF	3095	2934	2799	3053	2142	808	0	379	1235
8	LA	2979	2786	2631	2687	2054	1131	379	0	1059
9	DENVER	1949	1771	1616	2037	996	1307	1235	1059	0

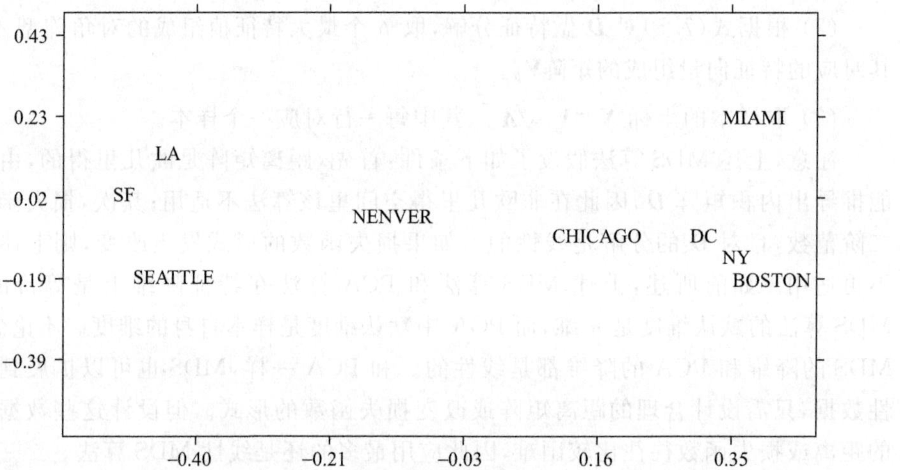

图 7-12　基于 MDS 的城市嵌入

注：上图是 9 个城市之间的距离矩阵，下图是基于此矩阵通过 MDS 得到的二维城市坐标。

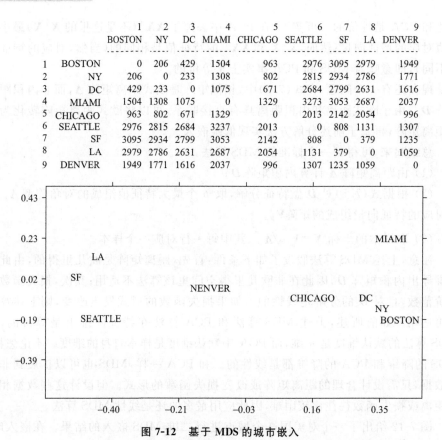

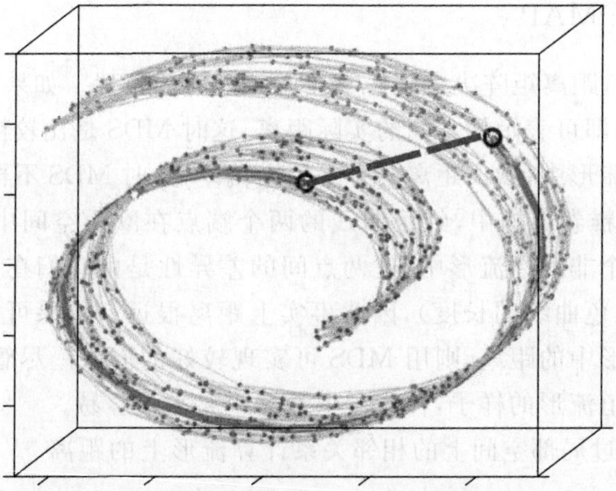

图 7-13 彩图

图 7-13　非线性流形中两点间的差异性由流形上的距离（红色曲线）决定，与欧式距离（蓝色直线）无关

注：图片来自文献[664]。

(2) 对任何两个样本,以无向图上的最短路径作为两个样本间的距离,由此将局部欧氏距离转化为全局非欧距离。

(3) 基于这一距离生成样本间的距离矩阵,用 MDS 算法对样本进行低维嵌入。

图 7-14 给出了基于 ISOMAP 算法对人脸图片进行降维的例子。[664] 这些图片分布在一个三维流型中,其维度分别为上下角度、左右角度以及光照方向。利用 ISOMAP 将这些照片降维到三维后,将其中两维显示出来,其中横轴代表左右角度,纵轴代表上下角度。从图中可见,ISOMAP 确实将不同角度的照片嵌入到了合适的坐标位置。注意,ISOMAP 并没有指定降维时每一维的物理意义,如角度和光照方向这些主要变量是 ISOMAP 在寻找流形时自动发现的。

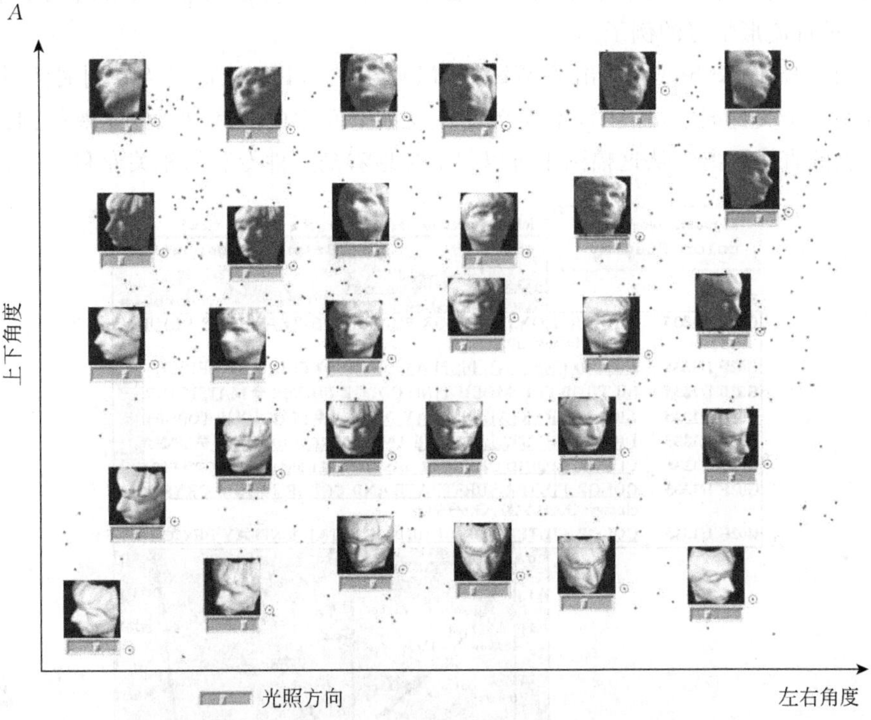

图 7-14 基于 ISOMAP 算法对人脸图片进行降维

注:图片是同一个人在各个角度拍摄的照片共 698 张,每张图片是 64×64 的灰度图。这些图片的主要区别在于拍摄时上下和左右两种角度以及光照方向的不同,因此集中在由这三个变量组成的三维流形中。利用 ISOMAP 将这些图片降到三维后,将其中两维显示出来得到该图,其中横轴表示左右角度,纵轴表示上下角度。图中每张图片是其右下角的红点所代表的人脸照片。图片来自文献[664]。

7.3.4 自组织映射

自组织映射(Self Organizing Maps,SOM)是另一种流形学习方法,广泛应用于降维和数据可视化任务。SOM 的基本思路是将数据在高维空间的拓扑结构映射到低维空间，方法是对每个低维空间中的点 $\boldsymbol{y}_j$ 赋予一个高维向量 $\hat{\boldsymbol{x}}_j$，其维度与高维空间的维度一致。基于 $\hat{\boldsymbol{x}}_j$，高维空间中的样本点 $\boldsymbol{x}_i$ 与低维空间中的点 $\boldsymbol{y}_j$ 距离即可计算为 $d(\boldsymbol{x}_i,\hat{\boldsymbol{x}}_j)$。将低维空间看作一个网格，基于上述距离度量，令每个样本点可以激发与其最相近的低维空间节点。特别的，当低维空间中的某个节点被激发时，这一节点周围的节点也被相应激发，从而将高维空间中的相邻关系反映到低维空间的相邻关系中(即在高维空间中相近的样本映射到低维空间中也一样相近)。注意节点 $\boldsymbol{y}_j$ 的高维表达 $\hat{\boldsymbol{x}}_j$ 是可学习的，当 $\boldsymbol{y}_j$ 被 $\boldsymbol{x}_i$ 激发时，SOM 将利用 $\boldsymbol{x}_i$ 对 $\hat{\boldsymbol{x}}_j$ 进行更新，更新程度取决于激发程度。这类似于 K-Means 算法中对类中心向量的更新方法。第 3 章中已经详细介绍过 SOM 算法，这里只给出几个基于 SOM 进行流形学习的例子。

图 7-15 是 Kohonen 给出的 WEBSOM 映射[350]，其输入向量为专利文件，每份文件用一个关键词向量表示，不同文件在高维空间中的距离被 SOM 映射到二维平面上的直线距离。从这幅图中可以很清楚地看到一件专利的相关专利。

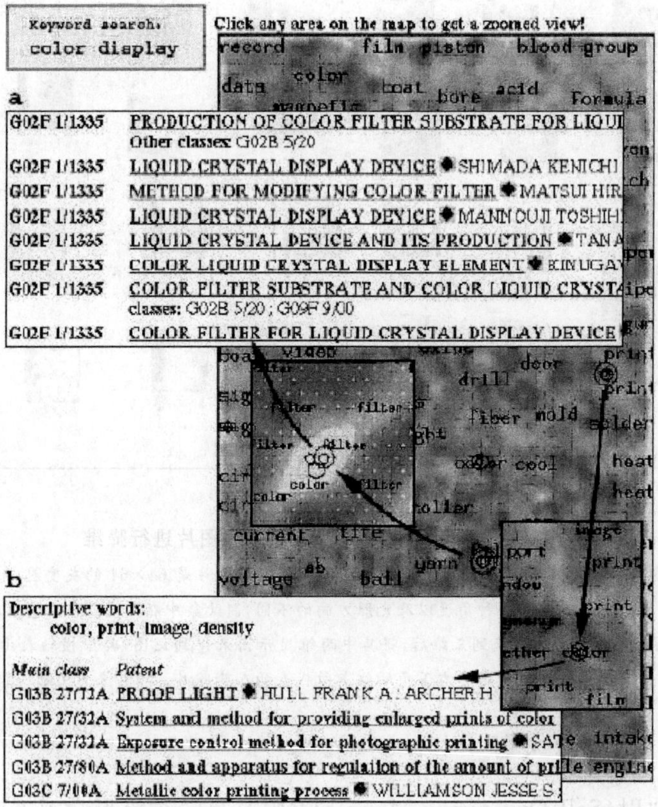

图 7-15　专利文档的 SOM 映射

注：其中每个点代表一件或若干件专利文件，相近的文件被映射到相近的点。图片来自文献[350]。

图 7-16 给出一个国家生活质量 SOM 映射的例子。每个国家由一个代表生活质量的 39 维向量表示，基于 SOM 将这些国家映射到一个平面上，生活质量相近的国家被映射在一起。

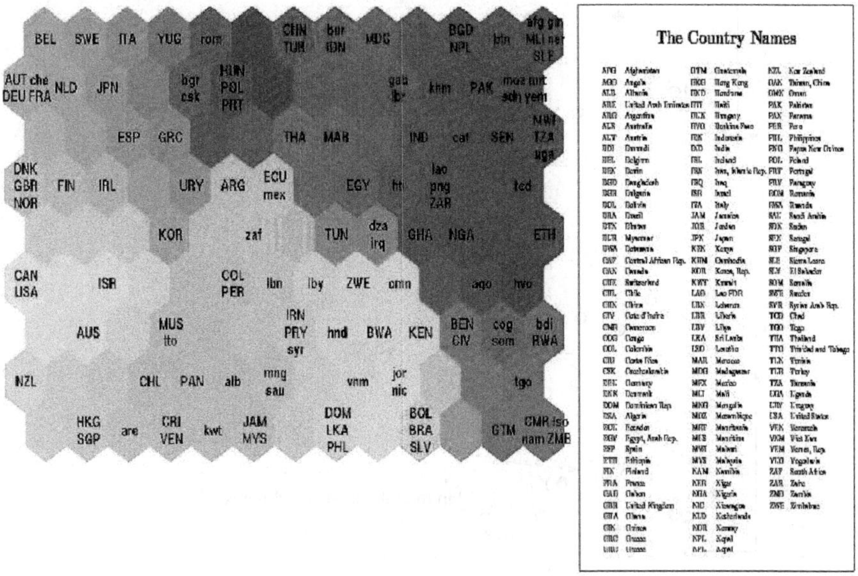

图 7-16　国家生活质量 SOM 映射

注：其中每个点代表一个国家，每个国家由 39 个表示生活质量的指数表示，生活质量相近的国家被映射在一起。图片来自 Helsinki 大学 Neural Networks Research Centre。

7.3.5　局部线性嵌入

ISOMAP 用局部欧氏距离估计流形上的全局非欧距离，但最终还是基于线性的 MDS 嵌入，因而可能丢失一些局部拓扑结构。**局部线性嵌入**(Locally Linear Embedding，LLE)是一种**非线性局部低维嵌入**的方法。在这一方法中，低维空间中的局部结构完全依赖高维空间中相对应区域的局部结构，与其他区域无关。因此，LLE 可以很好地反映高维数据的拓扑结构。[568,160,576]

LLE 的基本思路是，对每一个高维空间中的样本，用其周围的点进行线性重构，将这些重构系数应用到低维空间，使得在低维空间中也可以基于同样的重构系数实现有效的数据重构。具体来说，LLE 分为三步(见图 7-17)。

(1) 对高维空间中的任意一点 $\boldsymbol{x}_i$，根据某种距离度量(如欧几里得距离或 Cosine 距离)取其 K 近邻点 $\{\boldsymbol{x}_i^k\}$；

(2) 利用 $\{\boldsymbol{x}_i^k\}$ 对 $\boldsymbol{x}_i$ 进行线性重构，形式如下：

$$\hat{\boldsymbol{x}}_i = \sum_{k=1}^{K} w_{ik} \boldsymbol{x}_i^k$$

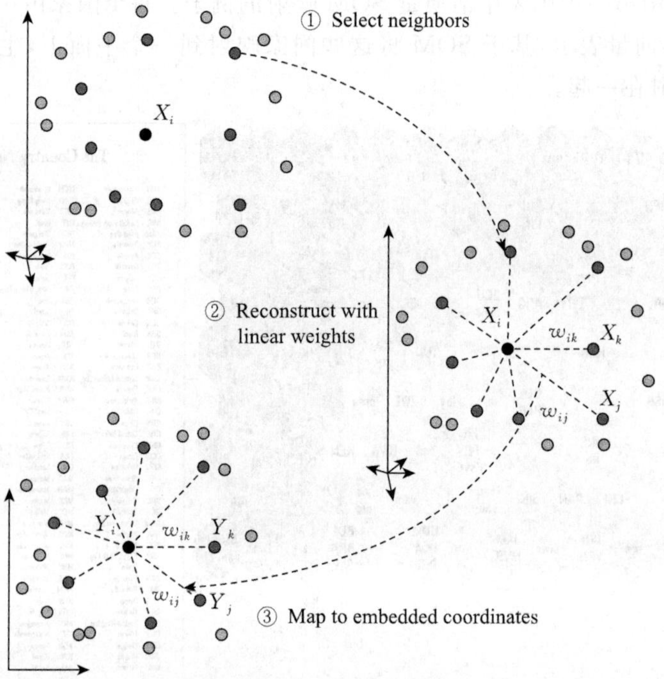

图 7-17　LLE 的基本步骤

注:①对每个样本选择 K 近邻点;②求最优重构参数;③应用最优重构参数优化低维映射点的坐标。图片来自文献[568]。

其中,$\{w_{ik}\}$是重构系数。优化 w_{ik} 使得以下重构误差最小:

$$L(\boldsymbol{W})=\sum_i \|\boldsymbol{x}_i-\hat{\boldsymbol{x}}_i\|^2=\sum_i \left\|\boldsymbol{x}_i-\sum_k w_{ik}\boldsymbol{x}_i^k\right\|^2$$

其中,$\boldsymbol{W}$ 代表所有$\{w_{ik}\}$。上述误差函数有全局最优解,记为$\{w_{ik}^*\}$。

(3) 寻找 $\boldsymbol{x}_i$ 的低维映射 $\boldsymbol{y}_i$,使得这些映射点基于$\{w_{ik}^*\}$互相重构时的误差最小,形式如下:

$$L(\boldsymbol{Y})=\sum_i \|\boldsymbol{y}_i-\sum_k w_{ik}^*\boldsymbol{y}_i^k\|^2$$

其中,$\boldsymbol{y}_i^k$ 是 $\boldsymbol{x}_i^k$ 的映射点。上述误差函数是 $\boldsymbol{y}_i$ 的二次式,因此有全局最优解。注意当对所有 $\boldsymbol{y}_i$ 乘以一个系数时,$L(\boldsymbol{Y})$的值可随意变化。为使上述优化问题有确定解,需要加入一定的限制条件,如 $\|\boldsymbol{y}_i\|=1$。

图 7-18 给出了 LLE 算法的图形化解释,其中蛋卷结构是分布在三维空间中的一个二维流形。LLE 对每个点寻找 K 近邻点(如图 7-18(b)中黑色圆圈所示),用这些 K 近邻点重构中心数据,并利用最优重构参数在二维空间中优化每个样本的二维映射。

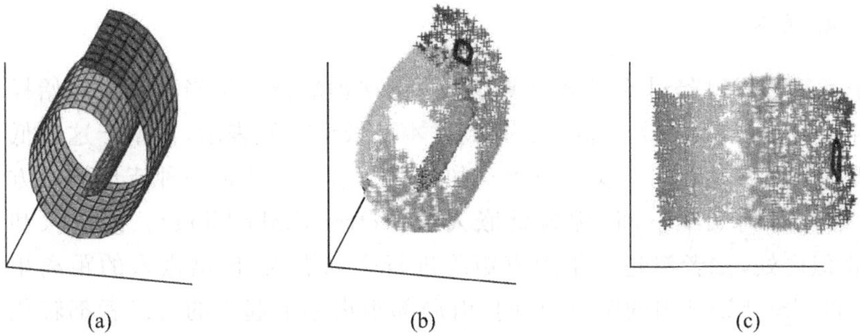

图 7-18 彩图

图 7-18　LLE 将三维空间中的蛋卷状二维流形映射到二维平面空间中，效果类似于将蛋卷结构展开

注：(b)中黑圈所示的三维局部结构被映射到(c)中黑圈所示的二维局部结构中。图片来自文献[568]。

图 7-19 给出了一个 LLE 的实际例子。该例中对一个人的多张照片进行二维嵌入，照片的拍摄角度和表情各有不同。通过 LLE，可以看到右上方的流形代表了一系列表情变化，其他方向表现出不同拍摄角度的差异。可见，LLE 确实可以发现数据本身的重要特征，并将其表达在低维空间中。

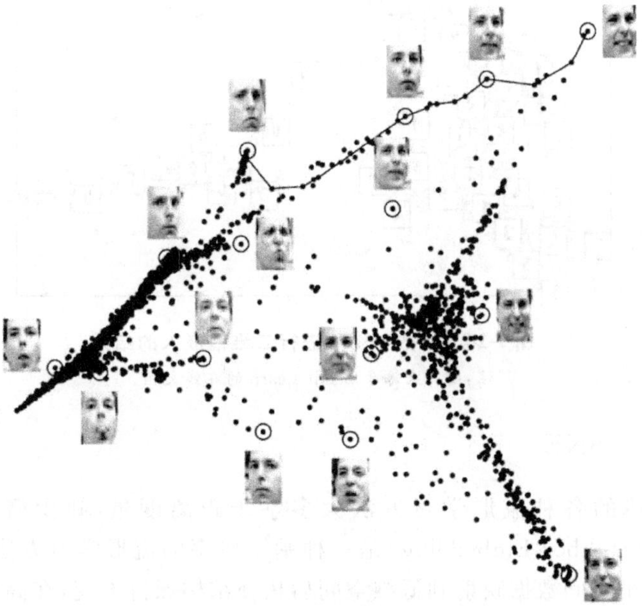

图 7-19　基于 LLE 算法对人脸照片做二维嵌入

注：所有照片来自同一个人，但拍摄的角度和表情各不相同。图片来自文献[568]。

7.3.6 谱嵌入

在介绍聚类算法时已经讨论了谱聚类方法。谱聚类的特点是当不知道原始样本的具体坐标值时,可以通过谱分析方法得到样本的低维坐标表示,再基于这一低维表示用合理的聚类算法进行聚类。谱聚类的第一步事实上就是一种流形学习方法,将高维数据映射到低维空间,称为**谱嵌入**(Spectral Embedding)。谱嵌入和ISOMAP有相似之处,二者都是基于距离矩阵进行全局嵌入,但谱嵌入的距离矩阵是人为定义的,ISOMAP中的距离矩阵是由局部距离累加起来的。二者都转化为求特征向量问题,但ISOMAP是求内积矩阵的特征向量,谱嵌入是求Laplace矩阵的特征向量[701]。图7-20是一个谱嵌入的例子,其中高维样本是手写数字图片,通过谱嵌入将这些图片表示在二维空间上。可见不同数字的图片被明显嵌入二维空间的不同区域中。

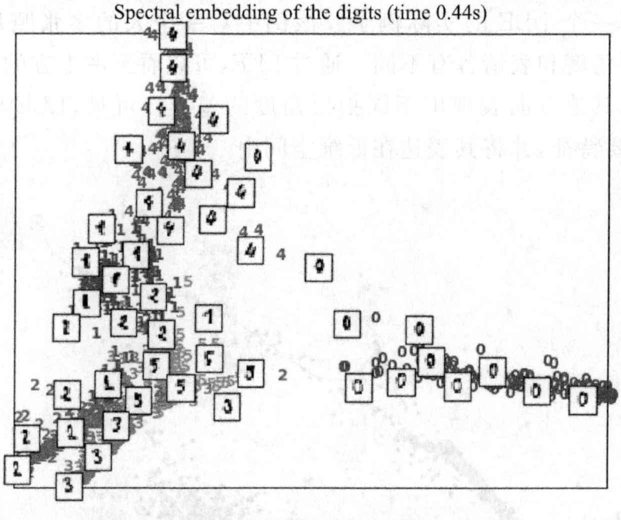

图7-20 彩图

图7-20 对数字图片进行二维谱嵌入的结果

注:图片来源于Scikit-Learn的在线文档。

7.3.7 t-SNE

前面所述的各种流形学习方法大多基于距离度量,缺少概率意义。**SNE**(Stochastic Neighbor Embedding)是一种基于概率的流形学习方法,其基本思想是:若要使高维空间数据映射到低维空间后拓扑结构保持不变,在高维空间中相似的数据点应在低维空间中保持其相似性。这和其他流形学习方法类似,不同的是,SNE基于条件概率而不是距离来表征数据间的相似性。[277]

将原始高维数据点 $\boldsymbol{x}_i$ 与 $\boldsymbol{x}_j$ 之间的相似性描述为一个条件概率 $p_{j|i}$,该条件概率应具有以下性质:当 $\boldsymbol{x}_i$ 越靠近 $\boldsymbol{x}_j$ 时,$p_{j|i}$ 越大,反之亦然。满足上述性质的概率

有多种形式，其中一种比较简单的形式如下：

$$p_{j|i}=\frac{\exp(-\|\boldsymbol{x}_i-\boldsymbol{x}_j\|^2/2\sigma_i^2)}{\sum_{k\neq i}\exp(-\|\boldsymbol{x}-\boldsymbol{x}_k\|^2/2\sigma_i^2)}$$

上式事实上是一种规一化的高斯核函数，其中 σ_i 是高斯分布的尺度参数。定义不同的 σ_i 将得到不同的 $p_{j|i}$。SNE 中一般通过选择$\{p_{j|i};\forall j\}$的熵来确定 σ_i。注意我们仅关注不同点之间的相似性，因此定义 $p_{i|i}=0$。

定义映射空间中 $\boldsymbol{x}_i$ 的像点为 $\boldsymbol{y}_i$，并在映射空间定义类似的相似性 $q_{j|i}$ 为

$$q_{j|i}=\frac{\exp(-\|\boldsymbol{y}_i-\boldsymbol{y}_j\|^2)}{\sum_{k\neq i}\exp(-\|\boldsymbol{y}_i-\boldsymbol{y}_k\|^2)}$$

注意，上式中不包含尺度因子 σ，因为这一因子可以通过对 $\boldsymbol{y}_i$ 进行尺度变换得到。定义分布 $p_i=\{p_{j|i}\}$，$q_i=\{q_{j|i}\}$，SNE 希望在原始空间中的 p_i 和映射空间中的 q_i 尽可能相似，这样即可保证数据样本之间的分布形式在映射前后保持一致。SNE 基于 KL 距离衡量两个分布的相似性，得到目标函数如下：

$$L(\boldsymbol{Y})=\sum_i KL(p_i\|q_i)=\sum_i\sum_j p_{j|i}\log\frac{p_{j|i}}{q_{j|i}}$$

注意，上式是 $\boldsymbol{Y}=\{\boldsymbol{y}_i\}$ 的函数，因为 q_i 是由 $\boldsymbol{Y}$ 确定的。上述目标函数可用梯度下降法求解。取 $L(\boldsymbol{Y})$对 $\boldsymbol{y}_i$ 的梯度，有

$$\frac{\partial L}{\partial \boldsymbol{y}_i}=2\sum_j(p_{j|i}-q_{j|i}+p_{i|j}-q_{i|j})(\boldsymbol{y}_i-\boldsymbol{y}_j)$$

上式定义了一个迭代优化过程，从一个初始的 $\boldsymbol{Y}$ 开始，基于上式求所有 $\boldsymbol{y}_i$ 的梯度，再对 $\boldsymbol{Y}$ 进行更新。

SNE 的一个潜在问题是高维空间的体积与半径是 r^m 关系，其中 r 是半径，m 是维度，因此在高维空间中，每个点周围的邻近点个数随 r 值的增加而呈几何增长。这些点投影到低维空间(如二维)将导致投影点的大量聚集。为了对近邻点有较好的描述，需要将大量点推到较远的地方，但 SNE 中假设低维空间中的分布是高斯的，推到较远处的点其概率值会迅速下降，不能被很好描述。因此，为描述原始高维空间的结构，SNE 不得不牺牲类间空间，把大量点聚集在一起，导致类间区分性不足。

为解决这一问题，Hinton 等人提出用 Student's t 分布代替高斯分布来描述样本间的相似度，称为 **t-SNE 方法**。[423,422] 与高斯分布相比，Student's t 分布具有明显的长尾特性，对较远处的样本点依然有较高的概率，因此可以在较远处描述近邻点的相似性，从而可以将不同类的点分散开，得到更好的类间区分性。

另一方面，t-SNE 改变了 SNE 中以条件概率作为距离度量的方法，采用两点间的联合概率来描述点间距离。在低维空间中，这一联合概率定义为

$$q_{ij}=\frac{(1+\|\boldsymbol{y}_i-\boldsymbol{y}_j\|^2)^{-1}}{\sum_{k\neq l}(1+\|\boldsymbol{y}_k-\boldsymbol{y}_l\|^2)^{-1}}$$

在高维空间中，这一联合概率定义为

$$p_{ij}=\frac{p_{i|j}+p_{j|i}}{2n}$$

其中，$p_{i|j}$ 由 SNE 中的条件概率定义，n 为样本数。在高维空间中用上述联合概率定义距离是为了对异常点有较好的距离估计。基于上述定义，t-SNE 的目标函数为

$$L(\boldsymbol{Y})=KL(p\|q)$$

其中，p 和 q 分别为在原始空间和在嵌入空间的联合概率分布函数。

用 Student's t 分布代替高斯分布，用联合概率代替条件概率都可简化目标函数的优化过程。通过计算可得 L 对 $\boldsymbol{y}_i$ 的梯度如下：

$$\frac{\partial L}{\partial \boldsymbol{y}_i}=4\sum_j(p_{ij}-q_{ij})(\boldsymbol{y}_i-\boldsymbol{y}_j)(1+\|\boldsymbol{y}_i-\boldsymbol{y}_j\|^2)^{-1}$$

上述梯度公式中没有指数运算，因此比 SNE 的计算量更低。

图 7-21 给出 t-SNE 嵌入与其他几种流形学习方法的比较，其中数据样本为 MNIST 手写数字图片。可以看到相较其他方法，t-SNE 对不同类的数据样本具有明显区分性。目前，t-SNE 被广泛应用在数据可视化任务中。

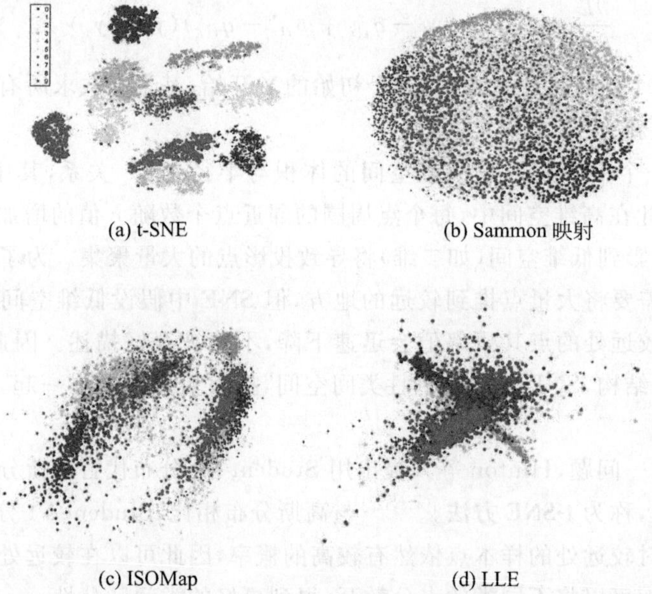

(a) t-SNE　(b) Sammon 映射　(c) ISOMap　(d) LLE

图 7-21 彩图

图 7-21　不同流形学习方法对 MINST 手写数字图片的二维嵌入结果

注：图片来源于文献[423]。

7.3.8　流形学习方法比较

流形学习有两个主要目标：一是数据降维；二是数据可视化。前者是为了提取原始数据中的显著信息以降低建模难度，后者是在二维或三维空间中展示原始数据的显著结构，使研究者对高维数据有更直观的理解。这两者显然是相关的，只是侧重点不同。PCA、KPCA 一般被认为是降维工具，MDS、ISOMAP、SOM、谱嵌入、LLE、t-SNE 一般被用作可视化工具。

比较不同的流形学习方法，可按线性/非线性和全局/局部两个维度进行分类。PCA 和 MDS 在其基础形式下是全局线性模型，因为这些模型基于矩阵乘法对原始数据进行降维，且对所有样本采用同样的降维矩阵。ISOMAP、PCA 的核版本(Kernel PCA)是全局非线性方法，因为两者在一个映射空间计算样本距离，并在该空间做线性全局降维。SOM、LLE 和 t-SNE 是局部非线性方法，其优化目标中每个样本都由其近邻点描述，与非近邻点无关。

PCA、SOM 需要高维数据的具体坐标；MDS、ISOMAP、谱嵌入、LLE、t-SNE、KPCA 都可基于样本间的距离度量，不需要数据的具体坐标，因此都属于嵌入方法。

7.4　图模型与无监督学习

前面提到了无监督学习的两个主要任务：聚类和流形学习，这两个任务在概率图模型中都有相应的描述方法。本节我们从图模型角度讨论无监督学习的意义。

7.4.1　图模型下的聚类任务

聚类任务可以表达为一个存在**离散隐变量**的概率图模型，如图 7-22 所示。这一模型中 z 是一个服从多类分布 $p(z\mid\boldsymbol{\pi})$ 的离散隐变量，这一隐变量的每个可能的取值代表一个类，每一类根据条件概率 $p(\boldsymbol{x}\mid z,\boldsymbol{\theta})$ 生成观察变量 $\boldsymbol{x}$。聚类任务即是给定一个观察变量集合 $D=\{\boldsymbol{x}_n\}$，对后验概率 $p(z_n\mid\boldsymbol{x}_n;\boldsymbol{\pi}^*,\boldsymbol{\theta}^*)$ 进行推理的过程，其中，$\boldsymbol{\pi}^*$ 和 $\boldsymbol{\theta}^*$ 是使 $p(D;\boldsymbol{\pi},\boldsymbol{\theta})$ 最优化的参数值。

上述图模型方法对聚类任务给出一种基于概率的解决方案。然而，这一模型对数据的描述能力取决于条件概率 $p(\boldsymbol{x}\mid z)$ 的形式。当假设的 $p(\boldsymbol{x}\mid z)$ 与实际数据相符时，上述推理方法可得到很好的聚类效果，否则性能会大大降低。

相对图模型方法，基于连接的聚类方法、基于密度的聚类方法都利用了一些启发信息(如密度高的区域同属一类)，可称为启发式方法。这些方法基于启发信息而不是 $p(\boldsymbol{x}\mid z)$ 引入先验知识，在某些条件下更加直观有效。因此，基于图模型

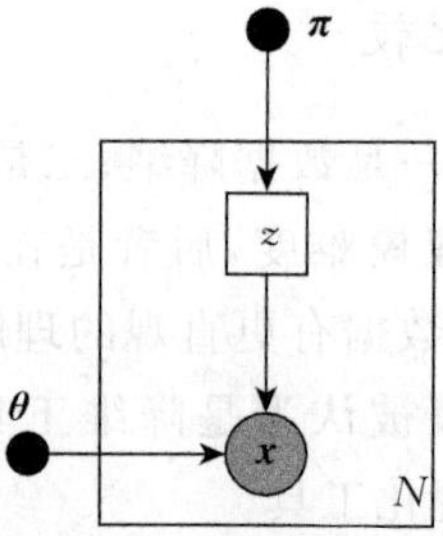

图 7-22　图模型将聚类任务形式化为对一个带离散隐变量 z 的概率模型的推理任务

注：其中 z 的每个取值代表一个类。给定训练数据 $\{x_n\}$，根据最大似然准则确定模型参数 π 和 θ。基于这一模型，聚类任务转化为求后验概率 $p(z_n \mid x_n)$ 的推理任务。

的形式化描述与这些启发式聚类方法并不冲突，前者提供了一种通用的理论框架，后者利用先验知识设计更有效地实现方法。

7.4.2　图模型下的流形学习

流形学习也可以形式化为图模型中的推理过程。流形学习的基本任务是找到一个低维连续的表达 z，使得 z 通过某种映射后可解释高维空间中的数据 $\boldsymbol{x}$。可以简单表示为如图 7-23 的图模型，其中 $\boldsymbol{\alpha}$ 和 $\boldsymbol{\theta}$ 分别是先验概率和条件概率的参数。

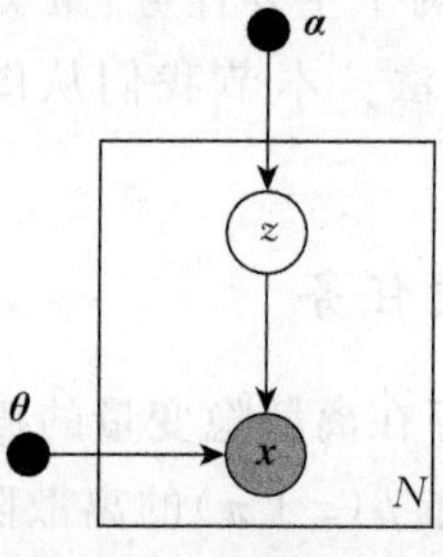

图 7-23　图模型将流形学习任务形式化为对低维连续隐变量 z 的推理任务

注：通过优化 $\boldsymbol{\alpha}$ 和 $\boldsymbol{\theta}$，使模型生成观察数据 $\boldsymbol{x}$ 的概率最大化。基于该优化参数，即可对任意观察值推理得到对应的 z。

和聚类任务的表示类似，上述流形学习模型的描述能力很大程度取决于模型中先验概率和条件概率的形式。典型的如 PCA 模型，可以表示为先验概率和条件概率都为高斯分布的图模型。ISOMAP、LLE、SNE 等方法可以认为是基于启发信息的流形学习。

注意，聚类任务和流形学习任务在图模型框架里具有近似的结构，只是其隐藏变量的性质不同，聚类任务中隐藏变量为一维离散值，流形学习中隐藏变量为多维变量，且一般为连续值。

7.4.3 图模型下的因子学习

从图模型角度看，聚类任务和流形学习并没有特别本质的不同，聚类任务甚至可以认为是一种受限的流形学习，其中所有类组成的集合即为低维流形。不论是聚类任务还是流形学习，本质上都是寻找观察数据的解释变量，对数据进行因子学习。概率图模型为这种因子学习提供了一种非常灵活的框架，帮助我们设计出复杂的变量依赖关系，从而实现对人为知识的有效应用。这些复杂的因子学习模型事实上已经超出了聚类和流形学习的范畴，对数据可提供更深刻的理解。

例如，可以将分类模型和流形学习结合起来，得到如图 7-24 所示的因子学习模型。这一模型可以帮助我们在低维空间里对数据进行聚类，因此可认为是一种深度因子分解模型。

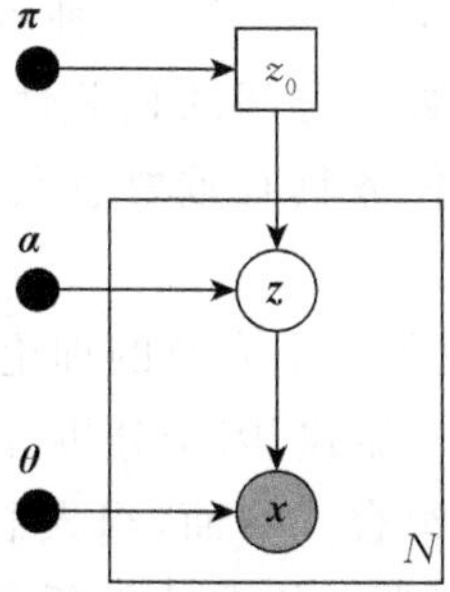

图 7-24 将聚类算法和流形学习结合起来的概率图模型

注：该模型可在低维空间实现对数据的聚类。

另一种典型的深度因子分解模型是深度置信网络（Deep Belief Network，DBN）[280]或深度玻尔兹曼机。这些模型设计若干层同质化的隐藏变量，形成自底向上的逐层因子分解方式，有利于发现数据中的深层原因。图 7-25 给出了这两种网络结构，其中 $\boldsymbol{x}$ 为观察变量，$\boldsymbol{h}$ 为隐藏变量。

另一个典型的因子分解模型是第 6 章讨论过的 HMM 模型。这一模型可以认为是聚类模型的时序扩展，其中每个状态代表一个类，类与类之间基于一定的条件概率随机跳转。如果在观察变量之间以及观察变量和状态变量之间加入附加条件概率，HMM 即扩展为动态贝叶斯网络，可以学习更复杂的时序动态性。HMM 和动态贝叶斯网络是时序扩展的因子学习模型。类似的模型还包括线性动态模型（LDS），也称为卡尔曼滤波器（Kalman Filter）。[324]

如前所述，从图模型角度看，监督学习和无监督学习区别并不明显。不论有没有标记，图模型都试图发现数据（包括观察数据和标记）中隐含的解释性因子，从而

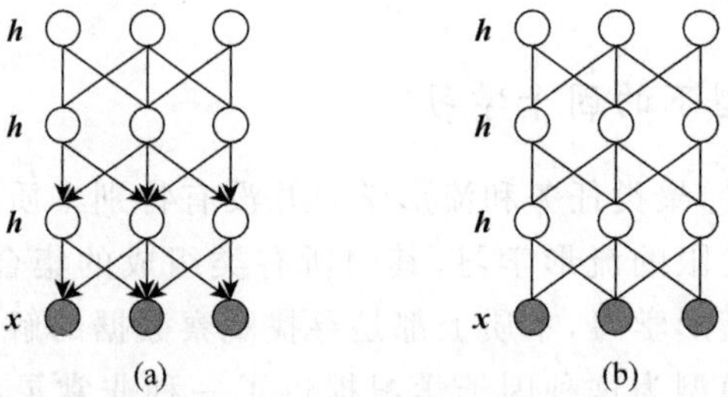

图 7-25　DBN 和 DBM 图模型表示

注：(a)深度置信网络(DBN)；(b)深度玻尔兹曼机(DBM)。

实现对数据的深度理解。从这个角度看，图模型可以认为是天然无监督的。

7.5　神经模型与无监督学习

7.4 节我们讨论了无监督学习本质上是一种因子学习，提取对数据的解释因子，分析因子之间及因子与观察数据之间的相关性。因子学习可使我们对数据有更深刻的理解，这一理解对相关任务具有重要意义，如后续监督学习任务、数据生成任务、模型训练任务等。

图模型为这种因子学习提供了一个完整的理论框架，在这一框架中，因子和因子之间的关系由人为定义。这一"显式"因子分析方法可有效集成人们对任务的先验知识，实现知识与数据的有效组合。然而，当人们对任务的先验知识不足时，显式定义的因子模型很可能存在偏颇。如在感知任务中，我们对人类看到一幅图片或听到一段声音的处理过程并不清楚，这时就无法用图模型进行建模。

神经模型提供了另一种因子学习框架，这种模型可以从数据中自动提取显著因子，虽然这些因子的物理意义并没有直观解释，但已经可以提供对数据的抽象描述。

7.5.1　特征学习任务中的因子学习

特征学习也称为表示学习，其目的是从原始数据中抽取显著特征，以方便具体任务的建模。特征学习与传统降维方法具有直接联系，二者都是从原始数据中找到显著特征，但特征学习比降维方法具有更广泛的意义(注意有效特征也可能是高维的)。特征学习通过数据驱动学习得到有效特征，可以避免人为特征设计中考虑不全面的缺陷。RBM 和 AE 是两类最常见的特征学习模型。

RBM 是一种基于能量的神经网络，可通过对比散度方法进行训练。[276] 模型训练完成后，该模型即代表了观察数据的生成方式。这时给定一个观察变量 $\boldsymbol{x}$，即可计算 $p(\boldsymbol{z} \mid \boldsymbol{x})$，由此得到 $\boldsymbol{z}$ 的最大后验估计，该估计组成数据 $\boldsymbol{x}$ 的特征(或编码)。

深度玻尔兹曼机(DBM)是 RBM 的扩展,可以学习更抽象的特征。

AE 是另一种特征学习模型[744,29],该模型的输入和输出都是 $\boldsymbol{x}$,中间层为特征提取层,通常维度低于 $\boldsymbol{x}$ 的维度。通过学习,AE 可以获知在低维度空间中保持原始数据特性的显著特征。如果加入其他正则条件,如稀疏性[562]或噪声[696]后,可以学习更具有扩展性的特征。

7.5.2 生成任务中的因子学习

用于生成任务的神经模型对观察数据 $\boldsymbol{x}$ 建模,即 $p(\boldsymbol{x})$。这一建模可通过隐变量 $\boldsymbol{z}$ 实现,即 $p(\boldsymbol{x})=\sum_{\boldsymbol{z}} p(\boldsymbol{x},\boldsymbol{z})$。前面提到的 RBM 和 DBM 都属于这类模型。这种模型定义 $p(\boldsymbol{x},\boldsymbol{z})$,并优化网络参数使得训练数据的生成概率 $p(\boldsymbol{x})$最大化,事实上这即是因子学习的过程。由于 $p(\boldsymbol{x}\mid\boldsymbol{z})$和 $p(\boldsymbol{z}\mid\boldsymbol{x})$具有较简单的形式,这些模型多利用 Gibs 采样实现数据生成。Denoise AE(DAE)具有类似特性。在这一模型中,模型的输出为 $\boldsymbol{x}$ 和 $\boldsymbol{z}$,为被噪声破坏掉的输入。Bengio 等证明,DAE 学习了数据的分布特征 $p(\boldsymbol{x})$。[8] 利用 DAE 进行反复迭代(即将 DAE 的输出结果重新加入噪声作为 DAE 的输入),即可以生成 $p(\boldsymbol{x})$的采样。[55] Variational AE(VAE)是另一种生成模型。[344] 这一模型通过定义隐变量 $\boldsymbol{z}$ 的先验分布 $p(\boldsymbol{z})$来生成 $p(\boldsymbol{x})$,即 $p(\boldsymbol{x})=\sum_{\boldsymbol{z}} p(\boldsymbol{x}\mid\boldsymbol{z})p(\boldsymbol{z})$,其中 $p(\boldsymbol{z})$是在模型训练时加入的随机噪声分布。最近的研究表明,VAE 在生成任务上表现出良好的性能。[344,242]

RNN 是另一种生成模型。这种模型通过样本序列中各元素间的条件概率来描述 $p(\boldsymbol{x})$,即 $p(\boldsymbol{x})=p(x_1)p(x_2\mid x_1)p(x_3\mid x_1,x_2)\cdots\cdots$ 虽然没有显式的隐藏因子 $\boldsymbol{z}$,但是事实上 RNN 已经保存了一个对状态描述的隐变量,并定义了基于该隐变量对下一个元素的生成概率。因此,这一模型依然可以视为一个因子学习模型。当训练完成后,给定一个初始状态,RNN 可以根据学习得到的条件概率自动运行,递归生成随机序列。这一生成模型已经被成功用于手写体数字生成[236]和自动文本生成[637]任务中。

7.5.3 分类/回归任务中的因子学习

无监督学习在神经网络训练过程中通常起着辅助性作用[45,18],用来提高监督学习的学习效率。这种辅助方式通常有两种:一种是对深度神经网络做预训练;另一种是多任务学习。这两种学习方式如图 7-26 所示。

预训练是通过无监督学习对网络进行初始化,使监督学习更加容易。通过第 4 章的学习我们知道, DNN 模型包含大量参数,直接进行监督学习容易进入欠拟合。利用 RBM 或 AE 对网络进行预训练,可以将网络初始化到较好的位置,使训练更加容易。不论是 RBM 还是 AE,这种预训练本质上都是通过无监督学习对数

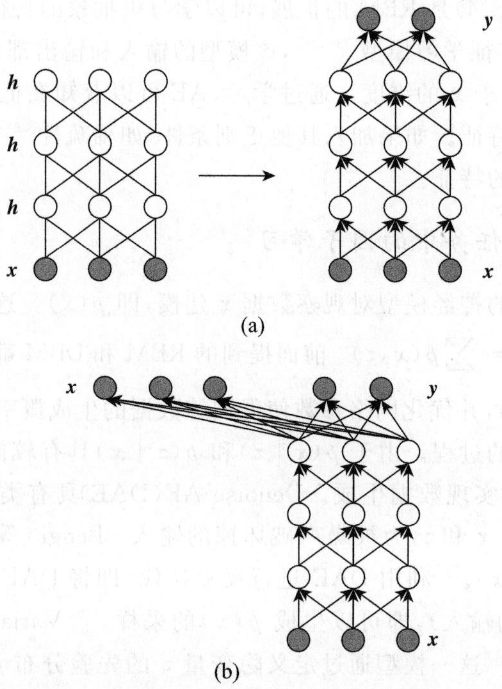

图 7-26　基于深度神经模型的无监督学习可对监督学习进行辅助

注：(a)基于 RBM 模型对深度神经网络模型做预训练；(b)基于多任务学习框架，利用 AE 作为辅助模型提高对目标任务的建模能力。

据中的显著因子进行提取，这些因子将数据分解成具有较强抽象性的解释变量，实现了对数据的某种观察与理解。基于这些理解(即抽象因子)，后续的监督学习变得更加容易。

多任务学习是另一种利用无监督学习提高监督学习性能的常见方式。在这种学习中，无监督学习和监督学习同时进行，用无监督学习约束监督学习，使学习过程中的隐藏节点始终保持对数据的抽象表达能力。因此，这一方法依然是利用了神经网络的因子学习能力来提高目标任务的学习质量。

无监督学习对监督学习的贡献可以从贝叶斯公式分析得到。无监督学习事实上是发现某些解释变量 $\boldsymbol{h}$，以此描述 $p(\boldsymbol{x})$，即 $p(\boldsymbol{x})=\sum_{\boldsymbol{h}} p(\boldsymbol{x} \mid \boldsymbol{h}) p(\boldsymbol{h})$。因此，为更好地学习 $p(\boldsymbol{x})$，无监督学习必然努力学习更好的 $p(\boldsymbol{x}|\boldsymbol{h})$ 和 $p(\boldsymbol{h})$。不论是利用图模型还是神经网络模型，如果分类目标 $\boldsymbol{y}$ 包含在 $\boldsymbol{h}$ 中，则对 $p(\boldsymbol{x}|\boldsymbol{h})$ 和 $p(\boldsymbol{h})$ 的学习必然会提高对 $\boldsymbol{y}$ 的区分能力。因为：

$$p(\boldsymbol{y} \mid \boldsymbol{x})=\sum_{v \in \boldsymbol{h}, v \notin \boldsymbol{y}} p(\boldsymbol{h} \mid \boldsymbol{x}) \propto \sum_{v \in \boldsymbol{h}, v \notin \boldsymbol{y}} p(\boldsymbol{x} \mid \boldsymbol{h}) p(\boldsymbol{h})$$

显然，在绝大多数任务中，目标变量 $\boldsymbol{y}$ 很可能包含在解释变量 $\boldsymbol{h}$ 中，因此一个好的无监督学习模型一般都会提高监督学习的性能。从另一个角度看，一个有效的无监督学习方法应对解释变量做合理的分解，使监督学习的目标包含在分解后的解释变量集中。在图模型中，这一分解通过人为设计的隐变量实现；在神经模型中，这一分解基于对大量同质化神经元的大数据学习。

7.6　本章小结

本章介绍了无监督学习方法。从应用角度看，无监督学习是指不需要人为标注的学习方法。从模型角度看，无监督学习更基础的特征是对数据中隐藏结构的学习，不论人为标注存在与否。换句话说，是否具有人为标注并不是区分监督学习和无监督学习的根本特征。

聚类和流形学习是无监督学习的两个典型任务，前者学习数据中的聚类特性，后者学习数据在低维空间中的分布形式。基于不同的启发信息，可实现不同的聚类方法，典型的包括根据划分聚类、根据相关性聚类、根据密度聚类、根据分布假设聚类等。流形学习可分为线性方法和非线性方法两种，前者基于整个空间的低维线性假设，后者更多利用数据的局部线性或密度关系。典型的线性流型学习方法包括 PCA 和 MDS，典型的非线性流形学习方法包括 ISOMAP、SOM、LLE、谱嵌入和 t-SNE 等。

聚类和流形学习方法可统一到因子学习任务：通过对数据的内在结构进行学习，可以分析数据背后的显著因子，从而实现对数据的深层理解。这一理解对相关任务具有重要意义，如特征提取任务、数据生成任务、模型训练任务等。

概率图模型为因子学习提供了一个优美的理论框架。该模型将因子(聚类中的类别或流形学习中的低维表征)表示为隐变量，这些隐变量用以解释观察数据的生成过程。基于概率图模型的通用推理方法，可以对这些隐变量进行推理。概率图模型不仅为无监督学习提供了一个通用的理论框架，同时提供了灵活的扩展方法，使传统的聚类和流形学习方法得以扩展到对序列数据建模和对深度解释因子的学习，同时可以在隐变量之间、隐变量和观察变量之间设计复杂的依赖关系，使无监督学习得以在更复杂的先验知识指导下进行。无监督学习和概率图模型具有天然联系，带有隐变量的图模型本质上是对数据的解释性学习，当模型所描述的依赖关系或相关性与实际数据生成过程一致时，可取得非常好的效果。

神经模型是另一种因子学习框架，特别是基于深度神经网络，数据中的显著特征可以通过逐层抽象的方式提取出来。这些通过学习得到的特征不依赖人为设计，而是从数据中主动发现的，因此对数据具有更强的表征能力。可以说，深度学习的发展与其强大的因子学习能力是密不可分的，这种能力并不特别依靠与任务相关的标注信息，更多是对数据本身特性的发掘与理解，因此可以以无监督形式进行。基于此，越来越多的研究者认为无监督学习是深度学习更核心、更本质的内容。

7.7 相关资源

- 本章对 MDS 的介绍参考了 Sungkyu Jung 的讲义 *Multidimensional Scaling*①。
- 本章对非线性流形学习的讨论参考了 Vikas C. Raykar 的报告 *Non Linear Dimensionality Reduction or Unfolding Manifolds*。
- 关于基于深度神经网络的表示学习，可参考 Bengio 的综述论文[54,53]。

① http://www.stat.pitt.edu/sungkyu/course/2221Fall13/lec8_mds_combined.pdf.

第 8 章　非参数模型

前面已经讨论了各种模型，这些模型有些是线性的，有些是非线性的；有些是神经网络的，有些是概率图的；有些是描述性的，有些是区分性的；有些是监督学习的，有些是无监督学习的……这些模型的构造过程都遵循如下步骤：设计好一个模型形式 M，收集训练数据集 D，依某种优化方法对 M 进行优化，使之对某一目标函数 L 最大化（或某一损失函数 C 最小化）。特别的，绝大多数模型是由一组参数 $\boldsymbol{\theta}$ 决定的，例如在概率图模型中概率函数的尺度变换参数，神经模型中的连接权重等。因此，参数 $\boldsymbol{\theta}$ 决定了模型 M，对模型 M 进行优化的过程即是对 $\boldsymbol{\theta}$ 的选择过程。模型的参数化简化了学习过程，它相当于预先定义了一个知识表达形式，并通过对这一形式中的参数进行学习来确定具体模型，因此可以认为是一种将先验知识（模型形式）和经验学习相结合的方法。被参数完全定义的模型称为**参数模型**。参数模型的一个重要特点是：这一模型的知识表达形式是确定的，因此模型的规模也是确定的，不会随着训练样本的变化而发生改变。

参数模型的优势在于其对知识的抽象能力，但这一方法也存在一些问题。例如，当先验知识不足时，对模型形式的设计可能是不合理的；当训练数据较丰富时，我们希望模型的规模可以相应扩大，以描述更多细节，而参数模型不具有这种扩展能力；训练数据在不同区域的分布可能是不均衡的，我们希望在训练数据较多的区域有更细节的模型,但参数模型通常是全局的,难以根据数据实际分布情况进行调节。总而言之,在一些学习任务中,我们希望模型的形式和复杂度由训练数据本身来确定,而不是预先设计的固定形式。这种由数据驱动结构的模型称为**非参数模型**(Non-Parametric Model)。

本章将讨论非参数模型的基本概念,并集中讨论两种非参数模型:高斯过程和狄利克雷过程。这两种模型都基于概率图模型,通过设计无限维空间上的先验概率,实现依训练数据对模型复杂度的调整,同时保证这种调整不因过度依赖数据而产生太大偏差。

8.1 简单非参数模型

直观地说,非参数模型是不被参数形式限制的模型。例如当统计一个一维数据的分布规律时,经常会假设一个高斯分布,通过拟合这一分布的均值和方差对数据的实际分布进行近似。这一方法的优点在于引入了一个高斯假设,因此只要少数几个训练样本就可以对模型参数进行估计,然而当数据本身并不是高斯分布时,由于模型本身形式已经固定(高斯的),再多训练数据也无法提高模型的描述能力。换一个思路,对分布不做先验假设,而是在数轴上设计若干个区间,并统计在这些区间上的数据分布比例,形成如图 8-1(a)所示的直方图。当训练数据较少时,直方图模型给出的概率显然是粗糙的,但当数据量增多时,通过对区间进行细致划分,直方图模型可以完美逼近真实数据分布。注意,直方图模型的复杂度是随着数据量增长而增加的:更多数据支持更细致的区间划分,使得模型的规模更大,从而对数据分布给出更细致的描述。

K 近邻(K-Nearest Neighbour,KNN)是另一种用于分类的非参数模型。这一方法的基本假设是数据空间的分类是有连续性的,所以一个有待考察点周围的点应具有相似的分类。因此,可以通过考察目标点周围的训练样本所属的类别,通过投票等方式决定待考察目标点的类别。在 KNN 中,选择和目标点最近的 K 个训练样本,用这些样本的分类来判断目标点的分类,如图 8-1(b)所示。与典型的参数模型(如 GMM)相比,KNN 不对数据分布做任何假设,所以该方法在训练数据较少时性能较低,但当数据量增大到可以充满测试数据所在的空间时,KNN 可能会超过任何一种参数模型。这是因为所有参数模型都对数据的性质做了某些假设(高斯或线性等),这些假设在数据量有限时是一种有价值的先验,但当数据足够多时,将成为模型表达能力的限制。

决策树(Decision Tree)是另一种常用的非参数模型,如图 8-1(c)所示。这一模型基于一定的准则,将数据自顶向下分裂成相对独立的子集,最终分成的子集多少和数据量及数据的分布情况直接相关。虽然分裂方式、分裂准则、分裂深度等都

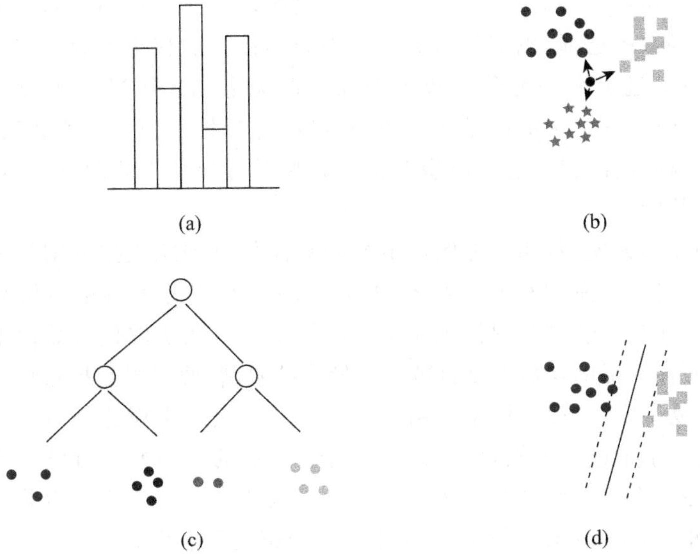

图 8-1　几种典型的非参数模型

(a)直方图模型;(b)KNN 模型;(c)决策树模型;(d)SVM 模型

可能基于某些参数,但模型本身并不能写成这些参数的函数形式,模型规模也会随数据量的增长而发生变化,因此是一种非参数模型。

另一种典型的非参数模型是支持向量机(SVM),如图 8-1(d)所示。SVM 在再生核希尔伯特空间设计一个线性分类器,该分类器不是以参数形式设定的,而是通过保存训练数据中的支持向量来实现。基于这些支持向量,计算未知数据到这些支持向量的距离(用核函数表示),以这些距离为权重对每个支持向量的分类标记进行平均,即得到未知数据的分类标记。与 KNN 类似,当训练数据较多时,特别是分类面处的数据较多时,SVM 中包含的支持向量数会显著增加。扩大的支持向量集合可以提供更细节的分类面,从而提高模型的分类能力。

通过上述四种典型的非参数模型,可以看到这类模型具有以下特点:①对数据的分布不做过强的假设,让数据自己表达自身的分布情况和分类情况;②模型规模随训练数据的增长而增长;③很多模型保留全部或部分训练数据用于模型推理。这些特性显然是相关的,正因为不做过强的假设,因此需要保留部分训练数据进行推理,从而导致模型规模的增长。

如果将参数模型方法视为抽象学习,则非参数模型更接近联想学习;前者可以看作是对知识的抽象,后者更多是对经验的记忆。和参数模型相比,非参数模型多用在相对复杂的任务中。在这些任务中,人们对数据分布情况所知有限,无法设计合理的参数形式,但训练数据量相对较大。这时可利用非参数模型,将这些数据记录下来,用联想方式进行推理。

非参数模型不是没有参数，也不是没有受限形式。例如 SVM，对数据的表达能力依赖核函数的选择，也依赖目标函数中分类错误的权重参数。非参数模型是有参数的，只不过很大一部分参数由训练数据决定，如 SVM 中的支持向量。同时，一个模型也不一定全部都是非参数的，可以是参数模型和非参数模型的混合。SVM 即是这种混合模型，这一模型在核函数映射部分是参数的，但在支持向量选择时是非参数的。

朴素的非参数模型（如直方图或 KNN）只能依靠训练数据的增长来提高预测能力。SVM 将参数模型和非参数模型结合在一起，因此不再单纯依靠数据覆盖度。事实上，非参数模型在现代机器学习中的意义不在于取代参数模型做简单的联想学习，而在于帮助参数模型打破固有形式的限制，使得当数据量增长时可以自动调整模型复杂度，以提高模型的精度。贝叶斯方法为实现这一目标提供了一种可行的框架。基于这一框架，可以通过设计非参数的先验概率打破传统贝叶斯模型的固化形式，实现模型复杂度随数据的自动调整。这一方法称为**非参数贝叶斯模型**方法（Non-Parametric Bayes），是本章要介绍的重点内容。

下面将讨论两种非参数贝叶斯模型，一种用于预测任务，另一种用于聚类任务。对预测任务，传统参数贝叶斯模型定义一个参数结构（如线性回归），并对参数赋以一个高斯先验，这一先验是参数化的。高斯过程定义了另一种先验，这一先验不是基于某种模型形式的、参数上的先验，而是某类映射函数的先验。[552] 这类映射函数只需符合非常宽泛的假设，因此比传统参数形式具有更广泛的覆盖性。高斯过程在第 5 章中已经有讨论，当时关注的是高斯过程中的核函数意义，本章将着重讨论高斯过程的非参数性质。

对于聚类任务，非参数模型将帮助我们解决聚类中的一个重要问题，即聚类数的不确定性。绝大多数聚类算法都需要先定义好聚类数，或设定某些相关参数（如 AF 中相关矩阵对角值的相对大小，DBSCAN 中的到达半径），然而，我们希望数据自己能决定可以聚成几类，特别是当数据量较大时，算法应该有能力聚出更多类。狄利克雷过程通过对所有可能的聚类方式赋予一个先验概率来解决这一问题。[661] 通过给定这一先验概率，应用概率图模型的推理方法即可以得到数据应该如何聚类的后验概率。下面从高斯过程开始讨论。

8.2 回顾高斯过程

第 5 章中已经讨论过高斯过程。本节对这一方法做一回顾，并着重强调其非参数模型的意义。

8.2.1 高斯过程定义

考察以下线性高斯模型：

$$y=\boldsymbol{x}^{\mathrm{T}}\boldsymbol{w};\quad \boldsymbol{w}\sim N(\boldsymbol{0},\alpha^{-1}\boldsymbol{I})$$

因为 $\boldsymbol{w}$ 具有随机性，因此由 $\boldsymbol{x}$ 到 y 的映射函数 $y(\boldsymbol{x})$ 也是随机的。可以用另一种非参数形式来表达这种随机性。考虑任意一个点集 $\boldsymbol{X}=[\boldsymbol{x}_1,\cdots,\boldsymbol{x}_N]$ 和对应的预测 $\boldsymbol{y}=[y_1,\cdots,y_N]^{\mathrm{T}}$，由于 $\boldsymbol{w}$ 是高斯的，因此 $\boldsymbol{y}$ 也是一个高斯分布。且有

$$\mathbb{E}(\boldsymbol{y})=\boldsymbol{X}^{\mathrm{T}}\mathbb{E}(\boldsymbol{w})=\boldsymbol{0}$$

$$\mathrm{cov}(\boldsymbol{y})=\mathbb{E}(\boldsymbol{y}\cdot\boldsymbol{y}^{\mathrm{T}})=\boldsymbol{X}^{\mathrm{T}}\mathbb{E}(\boldsymbol{w}\cdot\boldsymbol{w})\boldsymbol{X}=\alpha^{-1}\boldsymbol{X}^{\mathrm{T}}\boldsymbol{X}=\boldsymbol{K}$$

其中，$\boldsymbol{K}$ 为 Gram 矩阵，且其元素为

$$k_{ij}=k(\boldsymbol{x}_i,\boldsymbol{x}_j)=\alpha^{-1}\boldsymbol{x}_i\cdot\boldsymbol{x}_j$$

从 $\boldsymbol{K}$ 的表达式可以看出，任意两个样本点 $\boldsymbol{x}_i$ 和 $\boldsymbol{x}_j$ 的预测值 y_i 和 y_j 是相关的，其协方差取决于 $\boldsymbol{x}_i$ 和 $\boldsymbol{x}_j$ 之间以 $k(\boldsymbol{x}_i,\boldsymbol{x}_j)$ 描述的“距离”，这两个样本离得越近，它们对应的预测点 $y(\boldsymbol{x}_i)$ 和 $y(\boldsymbol{x}_j)$ 越相关。

通过上述讨论，看到一个以随机变量 $\boldsymbol{w}$ 为参数的随机函数 $y(\boldsymbol{x})$ 可以表达为这一函数在任意点集 X 上取值的分布规律。如果 $\boldsymbol{w}$ 为高斯分布，则对应的随机函数在任意点集上的取值亦符合高斯分布，且这一分布的性质由协方差函数 $k(\boldsymbol{x}_i,\boldsymbol{x}_j)$ 描述。注意上述分布性质在任意点集上都成立，这事实上定义了一个随机过程，称为**高斯过程**。[723,552]

具体而言，高斯过程是定义在映射函数 $y(\boldsymbol{x})$ 上的一个概率分布(即映射函数的概率分布)，该概率分布使得在任意有限点集 $\boldsymbol{x}_1,\cdots,\boldsymbol{x}_N$ 处计算的 $y(\boldsymbol{x})$ 服从以下多元高斯分布：

$$\begin{pmatrix} y(\boldsymbol{x}_1)\\ \vdots \\ y(\boldsymbol{x}_N)\end{pmatrix}\sim N\left[\begin{pmatrix} m(\boldsymbol{x}_1)\\ \vdots \\ m(\boldsymbol{x}_N)\end{pmatrix},\begin{pmatrix} k(\boldsymbol{x}_1,\boldsymbol{x}_1) & \cdots & k(\boldsymbol{x}_1,\boldsymbol{x}_N)\\ \vdots & \ddots & \vdots \\ k(\boldsymbol{x}_N,\boldsymbol{x}_1) & \cdots & k(\boldsymbol{x}_N,\boldsymbol{x}_N)\end{pmatrix}\right]$$

其中，$m(\cdot)$ 代表随机函数的均值函数，$k(\cdot,\cdot)$ 代表随机函数的协方差函数。将上述高斯过程记为 $y(\cdot)\sim G(m(\cdot),k(\cdot,\cdot))$。

高斯过程本质上是一个随机函数，描述函数的不确定性。然而，这一随机函数的变量有无限维(每一个 $\boldsymbol{x}_i$ 看作一维)。为了描述这一随机函数，考察其中任意有限维空间上的取值并确认其具有一致的高斯分布特性，即不论 $\{\boldsymbol{x}_1,\cdots,\boldsymbol{x}_N\}$ 如何选择，其所对应的 $\{y(\boldsymbol{x}_1),\cdots,y(\boldsymbol{x}_N)\}$ 都应满足由均值函数 $m(\cdot)$ 和协方差函数 $k(\cdot,\cdot)$ 定义的多元高斯分布。一致性是所有随机过程的必要条件：对任意一个随机过程，其任意有限个采样集上的函数取值 $\{y(\boldsymbol{x}_1),\cdots,y(\boldsymbol{x}_N)\}$ 都一致地服从某一特定的联合概率。

在前述线性回归模型的例子中，对应的协方差函数 $k(\boldsymbol{x}_i,\boldsymbol{x}_j)$ 为 $\alpha^{-1}\boldsymbol{x}_i\cdot\boldsymbol{x}_j$。事实上，如果将模型取为更复杂的形式，如 $y(\boldsymbol{x})=\boldsymbol{w}\cdot\boldsymbol{\phi}(\boldsymbol{x})$，其中 $\boldsymbol{\phi}$ 为映射函数，则有 $k(\boldsymbol{x}_i,\boldsymbol{x}_j)=\alpha^{-1}\boldsymbol{\phi}(\boldsymbol{x}_i)\cdot\boldsymbol{\phi}(\boldsymbol{x}_j)$。在第 5 章中讲过，可以直接定义 $k(\boldsymbol{x}_i,\boldsymbol{x}_j)$，使之对应复杂的特征映射，实现更复杂的相关性建模(如在原始空间中不满足高斯

过程的任务)。这事实上即是在第 5 章所讨论的核函数方法。进一步,可以不关心 $y(\boldsymbol{x})$ 的具体形式,只需定义 $m(\cdot)$ 和 $k(\cdot,\cdot)$ 也可完整定义一个高斯过程。这意味着高斯过程并不局限于一个明确定义的预测函数,它是由 $m(\cdot)$ 和 $k(\cdot,\cdot)$ 定义的非常广泛的一类随机函数。一般取 $m(\cdot)=0$,这时高斯过程由协方差函数 $k(\cdot,\cdot)$ 唯一确定。

在讨论高斯过程的应用之前,首先需对高斯过程有个直观印象。高斯过程是函数的概率分布,或随机函数,其每一个采样是一个确定的函数。基于高斯过程的定义,可以通过采样得到这些函数。首先确定协方差函数 $k(\cdot,\cdot)$,然后确定若干个函数取值点 X,高斯过程保证在这些点上的取值 $\boldsymbol{y}$ 符合高斯分布,其协方差矩阵由 $k(\cdot,\cdot)$ 确定。由此,对高斯过程的采样转化为对 $\boldsymbol{y}$ 的采样。由于 $p(\boldsymbol{y})$ 已知,原则上这一采样不存在困难。一种比较简单的方式是利用高斯过程的性质,从 y_1 开始,依次对 $y_2,y_3,\cdots$ 采样。当对 y_i 进行采样时,将已有采样值 $\{y_1,y_2,\cdots,y_{i-1}\}$ 作为条件,即根据 $p(y_i|y_1,\cdots,y_{i-1})$ 进行采样,由于 $p(y_1,\cdots,y_i)$ 是高斯的,$p(y_i|y_1,\cdots,y_{i-1})$ 也是一个高斯分布,因此采样很容易实现。

图 8-2 给出从两个具有不同协方差函数的高斯过程采样得到的两簇函数,可见,不同协方差函数决定了采样函数的性质。一般来说,协方差越大,不同样本间的相关性越强,函数取值越倾向于一致,对应的函数曲线越平坦;反之,协方差越小,相邻点取值间的相关性越弱,对应的函数曲线起伏越大。

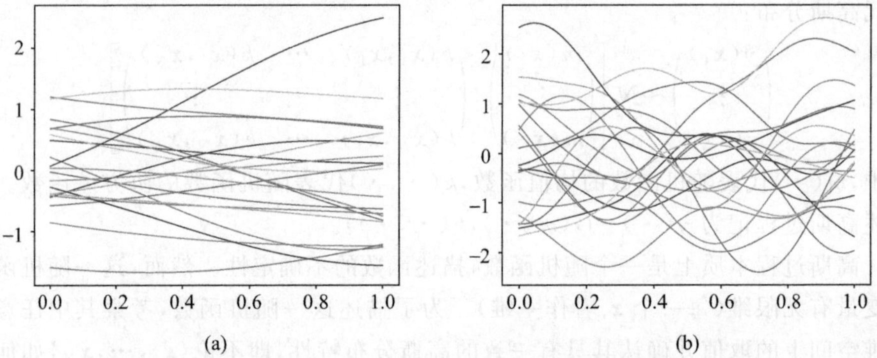

图 8-2 基于不同协方差函数的两个高斯过程采样得到的两簇函数

注:画图工具为 GPy,协方差函数为高斯函数。(a)图中高斯函数的比例系数(Length Scale)为 1.0,(b)图高斯函数的比例系数为 0.2。

8.2.2 高斯过程回归

图 8-2 彩图

在 8.2.1 小节中,高斯过程描述了定义在映射函数上的概率分布,即随机函数。在本小节中,将把这一随机函数作为先验应用到贝叶斯回归分析中。

1. 贝叶斯线性回归

首先简要回顾贝叶斯线性回归模型。该模型假设数据点 $\boldsymbol{x}$ 和目标值 t 之间具有如下关系：

$$t=\boldsymbol{w}\cdot\boldsymbol{x}+\varepsilon \tag{8.1}$$

其中，$\boldsymbol{w}$ 是模型参数，该参数是一个高斯随机变量，满足：

$$\boldsymbol{w}\sim N(\boldsymbol{0},\alpha^{-1}\boldsymbol{I})$$

ε 是一个高斯噪声，满足：

$$\varepsilon\sim N(0,\beta^{-1})$$

设训练数据集$\{(\boldsymbol{x}_i,t_i);i=1,\cdots,N\}$。记 $\boldsymbol{X}=[\boldsymbol{x}_1,\cdots,\boldsymbol{x}_N]$，对应的目标为 $\boldsymbol{t}=[t_1,t_2,\cdots,t_N]^{\mathrm{T}}$。利用贝叶斯公式，可以得到参数 $\boldsymbol{w}$ 的后验概率形式为一个高斯分布：

$$\boldsymbol{w}\mid\boldsymbol{X},\boldsymbol{t}\sim N(\boldsymbol{m}_N,\boldsymbol{S}_N)$$

其中，

$$\boldsymbol{S}_N^{-1}=\alpha\boldsymbol{I}+\beta\boldsymbol{X}\boldsymbol{X}^{\mathrm{T}}$$
$$\boldsymbol{m}_N=\beta\boldsymbol{S}_N\boldsymbol{X}\boldsymbol{t}$$

对任意一个测试数据 $\boldsymbol{x}_*$，可以计算其输出t_*的概率分布。因为 $\boldsymbol{w}$ 具有随机性，因此需要对所有可能的 $\boldsymbol{w}$ 做边缘化：

$$p(t_*\mid\boldsymbol{x}_*,\boldsymbol{t},\boldsymbol{X})=\int p(t_*\mid\boldsymbol{x}_*,\boldsymbol{w})p(\boldsymbol{w}\mid\boldsymbol{t},\boldsymbol{X})\mathrm{d}\boldsymbol{w}$$

注意，上式右侧积分中两个概率分布都是高斯的，因此t_*的分布也是一个高斯分布：

$$t_*\mid\boldsymbol{x}_*,\boldsymbol{X},\boldsymbol{t}\sim N(\boldsymbol{m}_N\cdot\boldsymbol{x}_*,\sigma_N^2(\boldsymbol{x}_*))$$

其中，

$$\sigma_N^2(\boldsymbol{x}_*)=\beta^{-1}+\boldsymbol{x}_*^{\mathrm{T}}\boldsymbol{S}_N\boldsymbol{x}_*$$

上述贝叶斯线性回归是典型的参数模型：设计一个线性模型形式，定义模型中每个变量的随机性，基于一个训练集得到参数的后验概率，由此完成模型训练。训练完成后，得到的模型即是对训练数据中知识的抽象，基于该模型即可进行推理，原来的训练数据可以丢弃。注意，这一知识抽象基于预先设计的模型形式，这一形式不会因训练数据的多少而改变。

2. 高斯过程回归建模

现在从另一个角度来理解贝叶斯线性回归。由以上对高斯过程的讨论可知，式(8.1)中的回归函数 $y=\boldsymbol{w}\cdot\boldsymbol{x}$ 是一个高斯过程，因此对训练数据中的样本点$\{\boldsymbol{x}_i\}$，其预测值$\{y(\boldsymbol{x}_i)\}$的联合分布是一个高斯分布 $G(\boldsymbol{0},\boldsymbol{K})$，其中 $\boldsymbol{K}=\alpha^{-1}\boldsymbol{X}^{\mathrm{T}}\boldsymbol{X}$。加入一个高斯噪声 ε 后，$t(\boldsymbol{x})$依然是一个高斯过程。对训练样本集 $\boldsymbol{X}$ 及其对应的观测值 $\boldsymbol{t}$，容易验证 $\boldsymbol{t}$ 是一个多元高斯变量，且

$$\mathbb{E}(\boldsymbol{t})=\boldsymbol{0}$$
$$\mathrm{Cov}(\boldsymbol{t})=\boldsymbol{K}+\beta^{-1}\boldsymbol{I}$$

与 $y(\boldsymbol{x})$ 相比，$t(\boldsymbol{x})$ 是一个协方差更大的高斯过程，但这一协方差的增加仅表现在对角元素上，说明加入噪声仅增加了预测时的不确定性，样本点间的相关性保持不变。

特别重要的是，上式中对 $\boldsymbol{K}$ 的定义形式来源于式(8.1)中的线性形式 $\boldsymbol{w}\cdot\boldsymbol{x}$ 以及对 $\boldsymbol{w}$ 的先验概率。事实上，可以抛开这些限制，让 $\boldsymbol{K}$ 自由定义一个高斯过程 $y(\boldsymbol{x})$，用预测函数本身的随机性（更确切地说，高斯随机性）代替基于先验概率和模型形式衍生出的随机性，这事实上摆脱了线性模型的束缚，可以代表更广泛、复杂的模型。

3. 高斯过程回归预测

因为高斯过程的性质由采样点上取值的分布特性（联合高斯分布）决定，因此对新采样点的预测也由训练数据的采样点取值决定。具体而言，如果给定训练数据集 $\{(\boldsymbol{x}_i,t_i);i=1,\cdots,N\}$，对一个测试数据 $\boldsymbol{x}_*$，其预测值为 t_*。依高斯过程定义，联合向量 $[\boldsymbol{t}^{\mathrm{T}}\quad t]$ 符合以下高斯分布：

$$\begin{pmatrix}\boldsymbol{t}\\ t_*\end{pmatrix}\Bigg|\,\boldsymbol{x}_1,\cdots,\boldsymbol{x}_N,\boldsymbol{x}_*\sim N\left(\boldsymbol{0},\begin{pmatrix}\boldsymbol{K}+\beta^{-1}\boldsymbol{I} & \boldsymbol{k}\\ \boldsymbol{k}^{\mathrm{T}} & c+\beta^{-1}\end{pmatrix}\right)$$

其中，$\boldsymbol{K}=\mathrm{Cov}(\boldsymbol{y})$，$\boldsymbol{k}\in R^{N\times 1}$ 的元素为

$$k_i=k(\boldsymbol{x}_i,\boldsymbol{x}_*),\quad i=1,2,\cdots,N$$

$$c=k(\boldsymbol{x}_*,\boldsymbol{x}_*)$$

由这一联合高斯分布形式可求 t_* 的后验概率为

$$t_*\,|\,\boldsymbol{t},\boldsymbol{x}_1,\cdots,\boldsymbol{x}_N,\boldsymbol{x}_*\sim N(m(\boldsymbol{x}_*),\sigma^2(\boldsymbol{x}_*)) \tag{8.2}$$

其中，

$$m(\boldsymbol{x}_*)=\boldsymbol{k}^{\mathrm{T}}(\boldsymbol{K}+\beta^{-1}\boldsymbol{I})^{-1}\boldsymbol{t}$$

$$\sigma^2(\boldsymbol{x}_*)=c+\beta^{-1}-\boldsymbol{k}^{\mathrm{T}}(\boldsymbol{K}+\beta^{-1}\boldsymbol{I})^{-1}\boldsymbol{k}$$

图 8-3 给出一个高斯过程回归的例子。可以看到，选择不同核函数，得到的 GP 先验不同，由此得到的回归结果也不同。以图中的 RBF GP 为例，RBF 核函数中的比例系数越小，先验函数的变化性越强。当先验函数的变化与数据的映射函数符合得较好时，回归会取得更好的效果。

仔细考察上述基于高斯过程的预测模型，可以发现这一方法与前面所述的贝叶斯线性回归有显著区别。第一，我们并未定义 $y(\boldsymbol{x})$ 的具体形式，只是确认了 $y(\boldsymbol{x})$ 是一个以 $k(\cdot,\cdot)$ 为协方差函数的高斯过程；第二，在对测试样本进行预测时，高斯过程回归利用了训练集中的所有数据，这意味着训练数据越多，模型的复杂度越高。因此，高斯过程回归是一个无参数模型。

事实上，可以将任何模型设计过程认为是一种先验预设过程，从而确定一个有效函数空间，并在此空间中选择合理的模型。例如线性回归模型确定了预测函数只能是线性的，且该函数是确定的；贝叶斯线性回归允许预测函数存在随机性，但

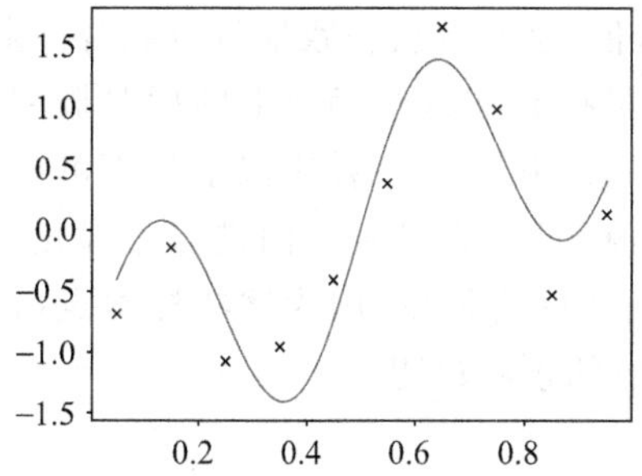

(a)

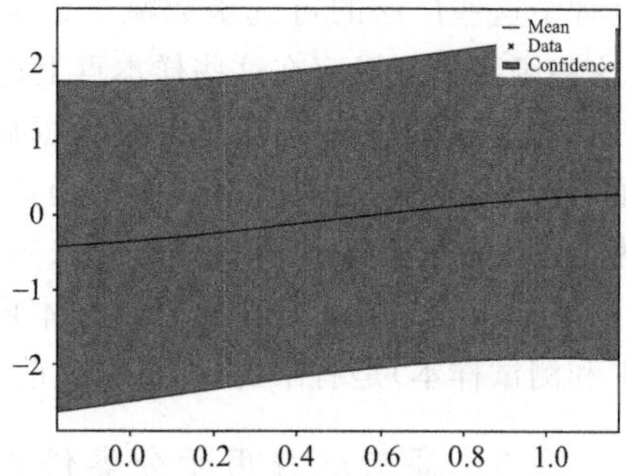

(b)

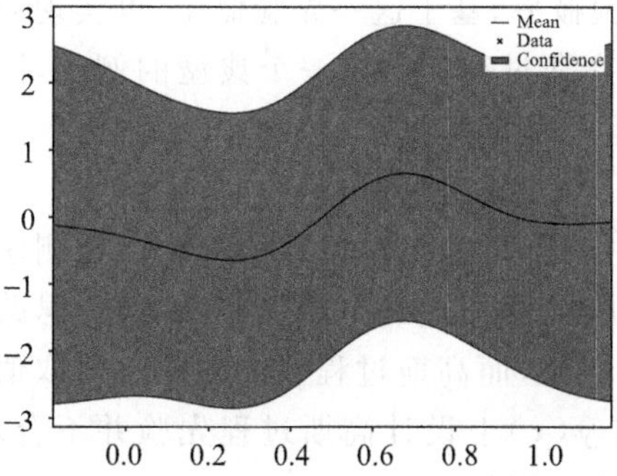

(c)

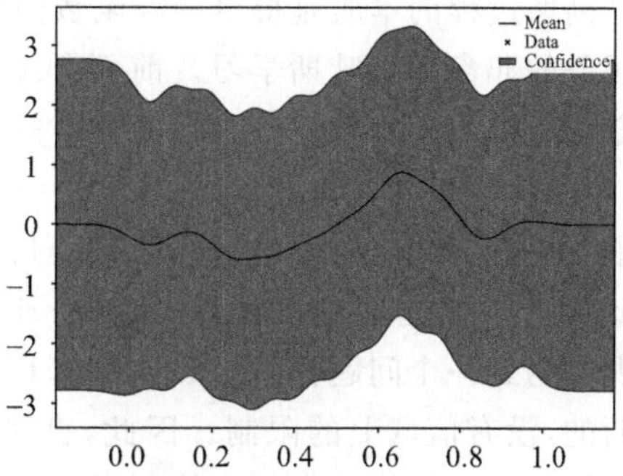

(d)

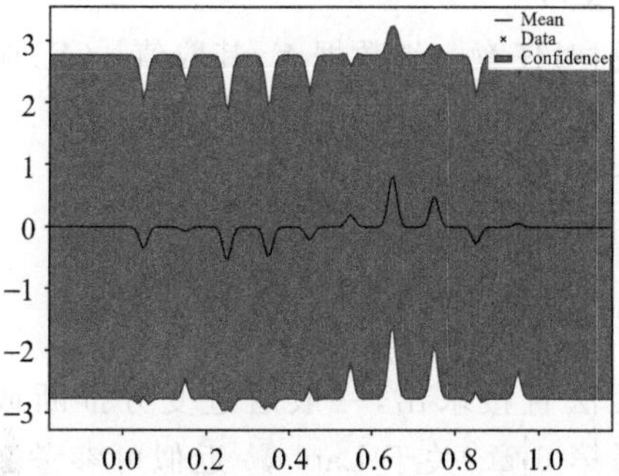

(e)

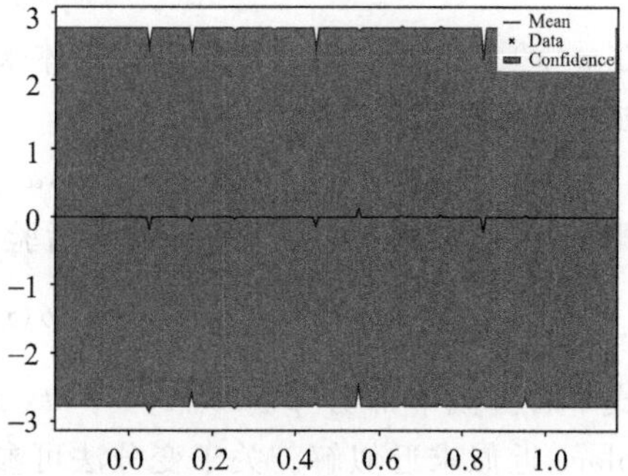

(f)

图 8-3 高斯过程回归

注：(a)真实映射函数(曲线)与数据点(×号)。映射函数为$-\cos t(\pi x)+\sin(4\pi x)$，数据由基于该函数的映射结果加入随机噪声$N(0,0.5)$生成。(b)～(f)为基于GP的回归结果，其中GP的核函数为RBF，五幅图的RBF的比例系数分别为1.0、0.2、0.05、0.01、0.001。在每幅回归结果图中，曲线为后验概率的均值，阴影部分是信任度(Confidence)为95%的区间。该图由GPy工具生成。

这一预测函数必须是线性的。高斯过程提供了另外一种先验，这种先验允许所有符合高斯分布特性的预测函数参与，并为这些函数赋予不同的先验概率。这些函数有可能是线性的，也可能是非线性的；有可能是局部的，也有可能是全局的。高斯过程给这些广泛的可选函数赋予以下先验，即根据这一先验，对任意有限样本点，这些函数根据概率在这些样本点上进行取值，这些取值一致地符合联合高斯分布。基于这一先验分布，给定训练数据后，即可得到在这些函数上的后验概率，并在预测时基于这一后验概率对所有函数进行边缘化。乍一看这似乎是不可能的，因为这一方法包含了无穷多个形式未知的预测函数，难以对它们进行边缘化。但是，只要把函数的概率转化为特定样本取值上的联合概率，因为这些样本点(训练样本和测试样本)是有限的，即可实现前面所述的预测过程。

8.2.3 高斯过程用于分类任务

高斯过程的本质是提供一簇函数的先验概率，基于这一先验概率，可实现对预测任务的非参数贝叶斯学习。前面介绍的高斯过程回归是一个典型的例子，同样的方法也可用于分类任务。在分类任务中，预测函数为

$$y=\sigma(\boldsymbol{w}\cdot\boldsymbol{x})$$

其中，σ 为一个 Sigmoid()函数。和回归任务类似，我们希望高斯过程给预测函数 $y(\boldsymbol{x})$赋予一个先验概率，使得分类任务摆脱线性形式的束缚。然而，这一思路在实现时遇到一个问题，即 y 只能在[0,1]上取值，而高斯过程假设采样点的取值是高斯的，没有值域上的限制。因此，直接在 $y(\boldsymbol{x})$上设计高斯过程先验并不合理。一种解决方法是将分类任务的预测函数分成两部分：

$$y=\sigma(a(\boldsymbol{x}))$$

并在 $a(\boldsymbol{x})$上设计高斯过程先验。具体来说，对任意一组数据 $\boldsymbol{X}$，其取值 $a(\boldsymbol{X})$应具有如下高斯形式：

$$[a_1,\cdots,a_N]\sim N(\boldsymbol{0},\boldsymbol{K})$$

预测时，测试数据 $\boldsymbol{x}_*$ 的预测值t_* 的后验预测分布形式为

$$p(t_*\mid t_1,\cdots,t_N)=\int_{a_*}p(t_*\mid a_*)p(a_*\mid t_1,\cdots,t_N)\mathrm{d}a_*$$

上式中后验概率部分 $p(a_*\mid t_1,\cdots,t_N)$无法直接求出，一般通过变分推断或者 Laplace 近似求近似解。关于变分法可参考第 6 章；关于 Laplace 近似可参考文献[67]第 6 章 6.4.6 小节。

8.3 狄利克雷过程

高斯过程 $G(m,k)$定义了一个在函数上的先验概率，这一先验概率用来对预测任务进行建模，包括回归任务和分类任务，这些任务都属于监督学习范畴。对于非监督学习，特别是聚类任务，我们需要定义另一种先验。

在聚类任务中，一般会定义一个贝叶斯生成模型，并确定模型中的聚类数 K，对该模型参数进行优化，使其对训练数据的生成概率最大。这一方式显然是参数的。

如果不确定聚类数 K，而是定义一个在所有可能聚类方式（包括聚类数）上的先验概率，并基于训练数据得到在每个聚类方式上的后验，则可让数据自动选择出合理的聚类方式，实现非参数聚类。**狄利克雷过程**（Dirichlet Process，DP）正是一种定义在所有聚类方式上的先验概率。[660]聚类方式是指对 N 个数据样本的任何一种可能的分组方式。

8.3.1　回顾高斯混合模型

一个**高斯混合模型**（Gaussian Mixture Model，GMM）是 K 个高斯概率模型的叠加。对任意一个数据集$\{\boldsymbol{x}_1,\boldsymbol{x}_2,\cdots,\boldsymbol{x}_N\}$，基于 GMM 的联合概率密度函数如下：

$$\ln p(\boldsymbol{x}_1,\boldsymbol{x}_2,\cdots,\boldsymbol{x}_N)=\sum_{i=1}^{N}\ln\sum_{k=1}^{K}\pi_k N(\boldsymbol{x}_i \mid \boldsymbol{\mu}_k,\boldsymbol{\Sigma}_k)$$

其中，参数π_k为第 k 个高斯成分的权重，满足：

$$\sum_{k=1}^{K}\pi_k=1,\quad 0\leqslant\pi_k\leqslant 1$$

这一模型中包含以下参数：每个高斯成分的权重 $\boldsymbol{\pi}=\{\pi_k\}$和每个高斯成分的参数$\boldsymbol{\theta}_k=\{\boldsymbol{\mu}_k,\boldsymbol{\Sigma}_k\}$。贝叶斯方法将这些参数视为随机变量。假设 $\boldsymbol{\pi}$ 由一个以 $\boldsymbol{\alpha}$ 为参数的狄利克雷分布 Dir($\boldsymbol{\alpha}$)得到

$$p(\boldsymbol{\pi})=C(\boldsymbol{\alpha})\prod_{k=1}^{K}\pi_k^{\alpha_k-1}$$

其中，$C(\boldsymbol{\alpha})$为归一化系数。进一步假设每个高斯成分的参数 $\boldsymbol{\theta}_k$ 由一个连续分布的 H 得到。基于上述假设，贝叶斯高斯混合模型可表述为如图 8-4 所示的生成模型，并可形式化为以下过程：

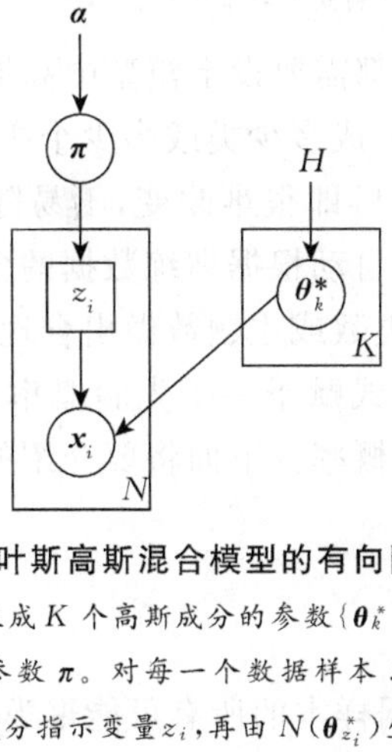

图 8-4　贝叶斯高斯混合模型的有向图模型表示

注：首先由 H 生成 K 个高斯成分的参数$\{\boldsymbol{\theta}_k^*\}$，并基于 $Dir(\boldsymbol{\alpha})$生成高斯成分的权重参数 $\boldsymbol{\pi}$。对每一个数据样本 $\boldsymbol{x}_i$，首先由多类分布 Multi($\boldsymbol{\pi}$)生成高斯成分指示变量z_i，再由 $N(\boldsymbol{\theta}_{z_i}^*)$生成 $\boldsymbol{x}_i$。

$$\boldsymbol{\theta}_k^* \sim H \quad \text{for } k=1,2,\cdots,K \tag{8.3}$$

$$\boldsymbol{\pi} \sim \text{Dir}(\boldsymbol{\alpha}) \tag{8.4}$$

$$z_i \mid \boldsymbol{\pi} \sim \text{Multi}(\boldsymbol{\pi}) \tag{8.5}$$

$$\boldsymbol{x}_i \mid \boldsymbol{\theta}_{z_i}^* \sim N(\boldsymbol{\theta}_{z_i}^*) \tag{8.6}$$

其中,$\text{Multi}(\boldsymbol{\pi})$是以 $\boldsymbol{\pi}$ 为参数的多项分布。

与高斯混合模型类似的是 ***Latent Dirichlet Allocation***(LDA)主题模型。[69] 在这一模型中,数据是离散的且由一个多类分布生成,如图 8-5 所示。LDA 模型被广泛应用在文档主题建模任务中。注意 LDA 中每篇文档都有一个独立的主题分布概率,这一分布概率由一个狄利克雷分布采样得到。

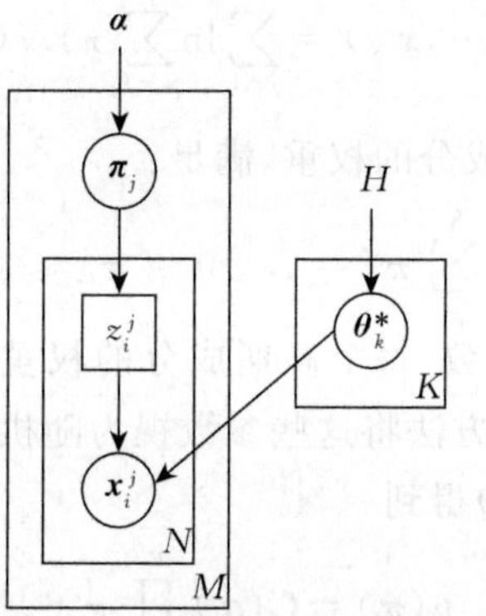

图 8-5 LDA 主题模型的有向图模型表示

注:对第 j 篇文档,首先由狄利克雷分布生成一个主题分布概率$\boldsymbol{\pi}_j$,对该文档中的每个词,首先由$\boldsymbol{\pi}_j$ 生成一个主题变量z_i^j,基于该主题变量,由 $\text{Multi}(\boldsymbol{\theta}_{z_i^j}^*)$生成词 $\boldsymbol{x}_i^j$。主题 $\boldsymbol{\theta}_k^*$ 由一个以 H 为基础分布的狄利克雷分布生成。

不论是 GMM 还是 LDA,都需要设定模型中高斯成分或主题的个数。在实际应用中,我们很难判断数据应分成多少类或多少个主题;另外,GMM 和 LDA 中的高斯成分或主题个数一旦确定后即很难改变,不易随数据规模增大而增加类别或主题。我们希望得到的模型能自动根据训练数据的多少选取合理的类别数或主题个数,并随数据量的增加对聚类数或主题数做出合理调整。以聚类问题为例,一种思路是对数据集的不同聚类方式赋予一个先验概率,从而可以利用概率图模型的推理方法得到聚类方式的后验概率。下面将要介绍的狄利克雷过程即是这种先验概率。

8.3.2 中国餐馆问题

我们的目的是对 N 个数据样本的所有可能聚类方式赋予一个先验概率,从而设计一个贝叶斯模型,推理得到聚类方式的后验概率。得到这一后验概率后可以:

①基于最大后验准则，得到合理的聚类方式；②对任何一个测试数据样本，可以基于该后验概率进行贝叶斯推理，计算该数据样本的生成概率。

中国餐馆问题(CRP)给出了对这一先验概率的直观设计方法。[10] CRP 可想象成以下过程：假设一个中国餐馆有无限张桌子，每张桌子提供不同的菜，记为 $\boldsymbol{\theta}_k^*$。顾客依次进入该餐馆；每个客人进入后，可选择和其他已经就座的顾客同坐，也可以选择另开一桌。假设第 N 顾客到来时，已经有 K 张桌子上有顾客了，这些桌子上分别坐了 $n_1,n_2,\cdots,n_K$ 个顾客。那么第 N 个顾客将以概率 $\frac{n_k}{\alpha+N-1}$ 坐在第 k 张桌子上，或以概率 $\frac{\alpha}{\alpha+N-1}$ 选择一张新的桌子坐下。这样在第 N 个顾客坐定之后，这 N 个顾客聚成为 K 类或 $K+1$ 类。图 8-6 给出了一个 CRP 过程的实例。

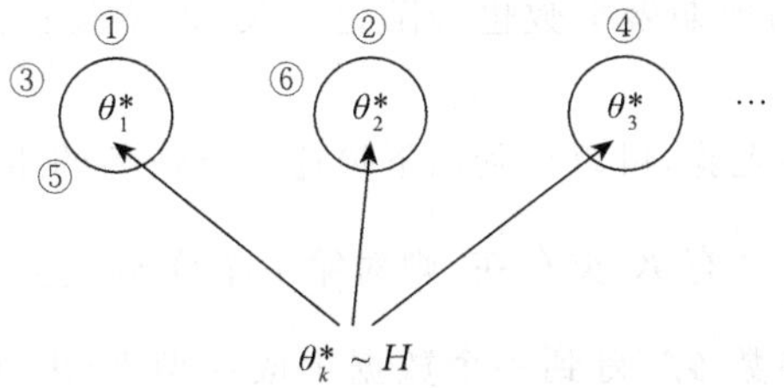

图 8-6　一个 CRP 过程的实例

注：顾客 1、2、4 各选择了一张新桌，其对应的概率分别为 1、$\frac{\alpha}{\alpha+1}$、$\frac{\alpha}{\alpha+3}$；顾客 3 和 5 选择和顾客 1 坐到一桌，对应的概率分别为 $\frac{1}{\alpha+2}$、$\frac{2}{\alpha+4}$；顾客 6 选择和顾客 2 一起坐在第二桌，其对应的概率为 $\frac{1}{\alpha+5}$。每一桌的参数由分布 H 随机生成。

设第 N 个顾客坐到了第 c_N 桌，则上述过程可写成以下公式：

$$c_N \mid c_{1,2,\cdots,N-1} = \begin{cases} k & \text{以概率}\dfrac{n_k}{\alpha+N-1} \\ K+1 & \text{以概率}\dfrac{\alpha}{\alpha+N-1} \end{cases}$$

上式说明 CRP 过程具有聚类效应，即当某一桌上的人越多时，下一个顾客越倾向于这一桌。基于上述公式，可得

$$p(c_1,c_2,\cdots,c_N) = p(c_1)p(c_2 \mid c_1)\cdots p(c_n \mid c_1,c_2,\cdots,c_{N-1})$$

$$= \frac{\alpha^K \prod_{k=1}^{K}(n_k-1)!}{\alpha(1+\alpha)\cdots(N-1+\alpha)}$$

上式说明，对 N 个顾客的 CRP 过程，每一位顾客坐哪一桌的联合概率只与每桌的顾客数相关，与顾客的顺序和桌子的顺序无关。换句话说，这一概率表示的是将无

差别的客户进行无差别聚类后，每种聚类方式的概率分布。这事实上提供了一种在聚类方式上的先验分布，基于这一先验分布和观测数据，可以推理得到这些聚类方式上的后验分布。

值得说明的是，上述 CRP 过程提供的先验分布是无界但有限的。无界意味着这一分布可以为无限多的数据提供聚类先验，有限是因为对一个特定数据集，样本数总是有限的，CRP 只需对有限数据的有限聚类方式提供先验。可以计算 CRP 对 N 个样本的聚类数的期望值为

$$\mathbb{E}[K \mid N]=\sum_{i=1}^{N}\frac{\alpha}{\alpha+i-1}\approx \alpha\log\left(1+\frac{n}{\alpha}\right)$$

可见，CRP 倾向的聚类方式，既非过于分散(如每个样本自成一类)，也非过于聚拢(如所有类自成一类)，而是一个与样本数成对数关系的适中聚类方式。随着 N 的增长，CRP 先验给出的预期聚类数也会随之增长，但增长速度与数据增长是对数关系。

基于 CRP 给出的先验，可以得到以下描述聚类任务的生成模型：设对 $i-1$ 个样本点完成聚类后，已经有 K 类存在，则对第 i 个样本 $\boldsymbol{x}_i$，以$\dfrac{n_k}{\alpha+i-1}$为概率选择第 k 个类，依该类的参数 $\boldsymbol{\theta}_k^*$ 得到一个数据生成模型 $F(\boldsymbol{\theta}_k^*)$，由此生成 $\boldsymbol{x}_i$；或以$\dfrac{\alpha}{\alpha+i-1}$为概率生成一个新的类，由 H 随机得到该类的参数 $\boldsymbol{\theta}_{K+1}^*$，并依数据生成模型 $F(\boldsymbol{\theta}_{K+1}^*)$生成 $\boldsymbol{x}_i$。记第 i 个样本所属类别的参数为 $\boldsymbol{\theta}_i$(不同样本 $\boldsymbol{\theta}_i$ 可能共享同一个参数 $\boldsymbol{\theta}_k^*$)，这一过程可形式化为

$$\boldsymbol{\theta}_i \mid \boldsymbol{\theta}_{1,2,\cdots,i-1} \sim \frac{\alpha}{\alpha+i-1}H+\sum_{k=1}^{K}\frac{n_k}{\alpha+i-1}\delta_{\boldsymbol{\theta}_k^*} \tag{8.7}$$

$$\boldsymbol{x}_i \sim F(\boldsymbol{\theta}_i) \tag{8.8}$$

如果数据 $\boldsymbol{x}$ 是连续的且生成模型 F 是高斯的，即得到一个基于无参数先验概率的贝叶斯高斯混合模型；如果数据 $\boldsymbol{x}$ 是离散的且生成模型 F 是多项分布的，即得到一个基于无参数先验概率的贝叶斯主题模型。基于上述生成模型，可以通过推理得到聚类形式的后验概率。基于这一后验概率可知：①数据应该聚成几类；②对某一样本的生成概率。然而，由于聚类形式是组合增长的，精确推理很困难，所以通常采用近似推理方法，如蒙特卡罗法[474]或变分法。[68]后面会详细讨论基于这一无参数先验的近似推理方法。

8.3.3 狄利克雷分布及性质

通过 CRP，我们设计了一个在聚类方式上的先验概率，并据此得到了后验概率的推理方法和对数据样本概率的计算方法。现在将 CRP 放到一个更通用的理论框架里讨论，说明这一方法的合理性。

首先讨论**狄利克雷分布**。一个狄利克雷分布可表示为

$$(\pi_1,\cdots,\pi_K)\sim \mathrm{Dir}(\alpha_1,\cdots,\alpha_K)$$

其中，$\alpha=(\alpha_1,\cdots,\alpha_K)$为参数。狄利克雷分布的概率密度函数为

$$p(\pi_1,\cdots,\pi_K)=\frac{\Gamma\left(\sum_k \alpha_k\right)}{\prod_k \Gamma(\alpha_k)}\prod_{k=1}^{K}\pi_k^{\alpha_k-1}$$

其中，$\Gamma(\cdot)$为 Gamma 函数：

$$\Gamma(z)=\int_0^{\infty}\frac{t^{z-1}}{e^t}\mathrm{d}t$$

值得注意的是，$\boldsymbol{\pi}=(\pi_1,\cdots,\pi_K)$本身是一个概率分布，满足：

$$\sum_k \pi_k=1;\quad \pi_k\geqslant 0$$

因此，$p(\pi_1,\cdots,\pi_K)$是一个**概率分布的概率分布**或**随机概率**。这意味着狄利克雷分布的每个采样点是一个离散概率分布，这些采样点分散在一个受限 $K-1$ 维空间中，如图 8-7 所示。

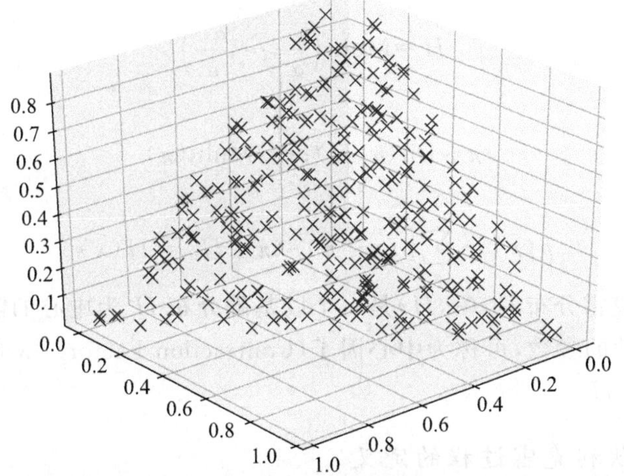

图 8-7　三维空间中狄利克雷分布 Dir(1,1,1)的采样

注：样本点个数为 300。

狄利克雷分布具有交换性，即

$$(\pi_{e(1)},\cdots,\pi_{e(K)})\sim \mathrm{Dir}(\alpha_{e(1)},\cdots,\alpha_{e(K)})$$

其中，$e(\cdot)$是 $1,2,\cdots,K$ 上的交换函数。

狄利克雷分布具有累加性，即将该分布中的任意两维做加和，依然是一个狄利克雷分布。即如果$(\pi_1,\cdots,\pi_K)\sim \mathrm{Dir}(\alpha_1,\cdots,\alpha_K)$，则有

$$(\pi_1+\pi_2,\cdots,\pi_K)\sim \mathrm{Dir}(\alpha_1+\alpha_2,\cdots,\alpha_K)$$

写成更一般的形式，有

$$\left(\sum_{i\in l_1}\pi_i,\cdots,\sum_{i\in l_j}\pi_i\right)\sim \mathrm{Dir}\left(\sum_{i\in l_1}\alpha_i,\cdots,\sum_{i\in l_j}\alpha_i\right)$$

其中，$l_1,\cdots,l_j$ 是对 $1,2,\cdots,K$ 的一个任意划分。

最后，狄利克雷分布具有可分性，即一个狄利雷克分布可由部分狄利雷克分布嵌套实现。具体来说，如果

$$(\pi_1,\cdots,\pi_K)\sim\mathrm{Dir}(\alpha_1,\cdots,\alpha_K)$$

且

$$(\tau_1,\tau_2)\sim\mathrm{Dir}(\alpha_1\beta_1,\alpha_1\beta_2)\quad \beta_1+\beta_2=1$$

则有

$$(\pi_1\tau_1,\pi_1\tau_2,\pi_2,\cdots,\pi_K)\sim\mathrm{Dir}(\alpha_1\beta_1,\alpha_1\beta_2,\alpha_2,\cdots,\alpha_K)$$

上式可通过狄利克雷分布的概率密度形式证明。

狄利克雷分布可写成更明确的随机分布形式为

$$(\pi_1,\cdots,\pi_K)\sim\mathrm{Dir}(\alpha,H)$$

其中，$\alpha=\sum_i^K\alpha_i$，H 是一个在离散空间 X 上的多类分布：

$$H=\mathrm{Multi}\left(\frac{\alpha_1}{\alpha},\cdots,\frac{\alpha_K}{\alpha}\right)$$

可以证明，如果

$$\boldsymbol{\pi}\sim\mathrm{Dir}(\alpha,H);\boldsymbol{x}\sim\mathrm{Multi}(\boldsymbol{\pi})$$

则有

$$p(\boldsymbol{x})=\sum_{\pi}p(\boldsymbol{x}\mid\boldsymbol{\pi})p(\boldsymbol{\pi}\mid H)=H(\boldsymbol{x})$$

上式说明狄利克雷分布 $\mathrm{Dir}(\alpha,H)$是一个以**基础分布** H 为中心的随机分布，其中 α 是控制随机性的参数，可称为**中心因子**(Contraction Factor)。α 越大，$\boldsymbol{\pi}$ 的随机性越小，越接近 H。

8.3.4 狄利克雷过程的定义

现在设想一个 K 非常大的狄利克雷分布 $\mathrm{Dir}(\alpha,H)$，根据累加性，对 H 的支持空间 X 的任意划分都将是一个一致的狄利克雷分布。所谓一致，是指其基础分布都由同一个基础分布 H 衍生(累加)得到，中心因子都是同一个参数 α。

当把 K 扩展到无限维，甚至 X 变成连续空间，根据 Kolmogorov 一致性定理，狄利克雷分布 $\mathrm{Dir}(\alpha,H)$被扩展成一个随机过程，通常称为狄利克雷过程，表示为 $\mathrm{DP}(\alpha,H)$。由于无限维空间上的分布很难形式化表示，所以用前面所述的累加过程中的概率一致性来定义狄利克雷过程：狄利克雷过程是指一个分布在 X 上的随机分布 G(见图 8-8)，使得对 X 的任意有限划分$(A_1,A_2,\cdots,A_K)$，每个子空间 A_K 的累加概率值一致地符合以下狄利克雷分布：

$$(G(A_1),G(A_2),\cdots,G(A_K)) \sim \mathrm{Dir}(\alpha H(A_1),\alpha H(A_2),\cdots,\alpha H(A_K))$$
$$= \mathrm{Dir}(\alpha,[H(A_1),H(A_2),\cdots,H(A_K)])$$
$$= \mathrm{Dir}(\alpha,H(A_1,A_2,\cdots,A_K))$$

这时，我们说 G 符合狄利克雷过程 $\mathrm{DP}(\alpha,H)$，或简称 DP，记为

$$G \sim \mathrm{DP}(\alpha,H)$$

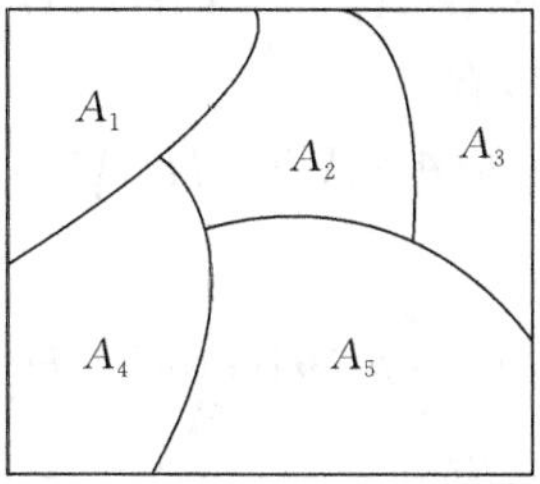

图 8-8　狄利克雷过程是空间 X 上的随机分布

注：该分布满足以下概率一致性：对 X 的任何划分，其累积概率符合狄利克雷分布。图中 $A_1 \sim A_5$ 是 X 的一个划分，$G(A_i)=\int_{x\in A_i} G(\boldsymbol{x})\mathrm{d}\boldsymbol{x}$，狄利克雷过程使得下式成立：$G(A_1,A_2,A_3,A_4,A_5)=\mathrm{Dir}(\alpha H(A_1),\alpha H(A_2),\alpha H(A_3),\alpha H(A_4),\alpha H(A_5))$。

注意，上述用概率一致性定义无限维上随机过程的方法和高斯过程的定义是一样的：在高斯过程中我们定义无限维映射函数上任意有限个样本集上的分布具有一致性（高斯分布），在狄利克雷过程中我们定义无限维分布函数的任意有限个划分上的概率分布具有一致性（狄利克雷分布）。Kolmogorov 一致性定理[355] 保证具有上述一致性的无限维随机分布扩展为一个随机过程。①

设 G 是一个 DP：$G \sim \mathrm{DP}(\alpha,H)$，$A$ 是 X 的任意一个子集，则在 A 上的概率 $G(A)$ 是一个随机变量，其均值和方差为

$$\mathbb{E}[G(A)] = H(A)$$
$$\mathrm{Var}(G(A)) = \frac{H(A)(1-H(A))}{\alpha+1}$$

通过考察 G 在 X 的任意子集上的均值和方差，即可得到 G 在 X 上的全局随机性。

8.3.5　狄利克雷过程的表示

考虑以下一个基于狄利克雷分布的采样过程：

$$\boldsymbol{\pi} \sim \mathrm{Dir}(\alpha,H)$$
$$z \mid \boldsymbol{\pi} \sim \mathrm{Multi}(\boldsymbol{\pi})$$

可以计算 z 的边缘概率和 $\boldsymbol{\pi}$ 的后验概率为

$$z \sim \mathrm{Multi}(H)$$

① https://en.wikipedia.org/wiki/Kolmogorov_extension_theorem.

$$\boldsymbol{\pi}|z \sim \mathrm{Dir}\left(1+\alpha, \frac{\alpha H+\delta_k(z)}{1+\alpha}\right)$$

其中，$\delta_k(z)$为指示函数，当 z 取 k 时为 1，否则为 0。

现考察一个狄利克雷过程 $G \sim \mathrm{DP}(\alpha, H)$。对任一个划分$(A_1, A_2, \cdots, A_K)$，有

$$(G(A_1), G(A_2), \cdots, G(A_K)) \sim \mathrm{Dir}(\alpha, H(A_1, A_2, \cdots, A_K))$$

根据狄利克雷分布的边缘概率，有

$$p(\boldsymbol{\theta} \in A_i) = H(A_i)$$

特别的，有

$$p(\boldsymbol{\theta}) = \int p(\boldsymbol{\theta}|G)\mathrm{d}G = H(\boldsymbol{\theta}) \tag{8.9}$$

根据狄利克雷分布的后验概率，有

$$(G(A_1), G(A_2), \cdots, G(A_K)) \mid \boldsymbol{\theta} \sim \mathrm{Dir}\left(1+\alpha, \frac{\alpha H(A_1, \cdots, A_K) + (\delta_{\boldsymbol{\theta}}(A_1), \cdots, \delta_{\boldsymbol{\theta}}(A_K))}{1+\alpha}\right)$$

由于上式对任何一个划分都成立，根据 DP 的定义，可知 G$|\boldsymbol{\theta}$ 也是一个狄利克雷过程，且有

$$G|\boldsymbol{\theta} \sim \mathrm{DP}\left(1+\alpha, \frac{\alpha H+\delta_{\boldsymbol{\theta}}}{1+\alpha}\right) \tag{8.10}$$

狄利克雷过程的后验概率依然是一个狄利克雷过程，这是个非常重要的结论，为更深入理解 DP 的性质并对其进行实际建模提供了基础。[214]

首先考察一个重要结论：**任何从 DP 中抽取出的采样都是一个离散分布**，即使 H 是连续的。以一个连续分布作基础分布采样出离散分布，而这一采样的期望又是一个连续函数，看似非常不符合常识，但 Ferguson 证明确实如此。[176] 事实上，如果考察 DP 的后验概率形式，就会发现给定一个观察值 $\boldsymbol{\theta}$ 后，$G \mid \boldsymbol{\theta}$ 的基础函数已经是非连续的了，这说明 DP 本身确实具有很强的非连续性。下面说明这种非连续性怎样导致了 DP 采样的离散性。

在介绍高斯过程时，通过在某些点 $\boldsymbol{x}_1, \boldsymbol{x}_2, \cdots$采样所对应的函数值 $y_1, y_2, \cdots$得到随机函数的一个"样本"$y(\boldsymbol{x})$。简单来说，是通过获得函数在某些点上的取值来采样函数。在上述采样过程中，需要基于高斯过程所确定的先验概率，即 $y_1, y_2, \cdots$之间的联合高斯分布特性。具体地，从一个样本 y_1 开始，基于后验概率 $p(y_2 \mid y_1)$采样得到 y_2，再基于后验概率 $p(y_3 \mid y_1, y_2)$采样得到 y_3，依此类推。由于上述后验概率都是高斯的，因此采样过程不存在根本困难。

利用类似的方法，也可以对狄利克雷过程进行采样，即基于狄利克雷过程所定义的先验概率采样得到一个概率函数 $p(\boldsymbol{\theta})$。与高斯过程通过一系列函数值 $y_1, y_2, \cdots$得到一个 $y(\boldsymbol{x})$类似，将通过采样一系列样本点 $\boldsymbol{\theta}_1, \boldsymbol{\theta}_2, \cdots$得到一个 $p(\boldsymbol{\theta})$。同样，利用 $\boldsymbol{\theta}_i$ 之间的后验概率关系完成这一采样。注意到这一后验概率由

DP 所确定的先验概率所定义，因此基于该后验概率得到的采样将代表 DP 的一个概率函数“样本”。

首先对 $\boldsymbol{\theta}_1$ 进行采样，考虑以下采样过程：

$$G_1 \sim \mathrm{DP}(\alpha, H)$$

$$\boldsymbol{\theta}_1 \sim G_1$$

由于 G_1 是隐变量，对 $\boldsymbol{\theta}_1$ 采样时需要对其进行边缘化。由边缘化公式(8.9)可知，对 DP 的边缘化将得到该 DP 的基础分布，因此有

$$\boldsymbol{\theta}_1 \sim H$$

基于 $\boldsymbol{\theta}_1$，根据式(8.10)可知 G 的后验概率是一个新的 DP，形式如下：

$$G \mid \boldsymbol{\theta}_1 \sim \mathrm{DP}\left(1+\alpha, \frac{\alpha H + \delta_{\boldsymbol{\theta}_1}}{1+\alpha}\right)$$

基于该后验概率可采样 $\boldsymbol{\theta}_2$，过程如下：

$$G_2 \sim G \mid \boldsymbol{\theta}_1$$

$$\boldsymbol{\theta}_2 \mid \boldsymbol{\theta}_1 \sim G_2$$

同样，采样 $\boldsymbol{\theta}_2$ 需要对 G_2 进行边缘化。由于 $G \mid \boldsymbol{\theta}_1$ 是一个 DP，边缘化后 $\boldsymbol{\theta}_2$ 的概率分布为该 DP 的基础分布，由此得到

$$\boldsymbol{\theta}_2 \mid \boldsymbol{\theta}_1 \sim \frac{\alpha H + \delta_{\boldsymbol{\theta}_1}}{1+\alpha}$$

依此类推，可知对第 N 个采样，有

$$\boldsymbol{\theta}_N \mid \boldsymbol{\theta}_1, \cdots, \boldsymbol{\theta}_{N-1} \sim \frac{\alpha H + \sum_{i=1}^{N-1} \delta_{\boldsymbol{\theta}_i}}{N-1+\alpha} \tag{8.11}$$

基于这 N 个采样点，G 的后验概率为

$$G \mid \boldsymbol{\theta}_1, \cdots, \boldsymbol{\theta}_N \sim \mathrm{DP}\left(N+\alpha, \frac{\alpha H + \sum_{i=1}^{N} \delta_{\boldsymbol{\theta}_i}}{N+\alpha}\right) \tag{8.12}$$

式(8.11)给出了一个从 DP 中随机采样 $\boldsymbol{\theta}$ 的过程，该采样过程得到的样本 $\boldsymbol{\theta}_1, \cdots, \boldsymbol{\theta}_N$ 即代表了从该 DP 中采样得到的一个概率函数 G。但是 N 个采样点是有限的，G 中还有一些分布性质无法由这些采样点得到，而这些不确定性即是式(8.12)所代表的后验概率。随着 N 的增加，G 的绝大部分概率值越来越多地分布在若干离散点上，而这些离散点正是已经得到的采样值(不同采样可能有相同采样值)。极限情况下，当 N 趋近于无穷时，基础分布 H 的影响趋近于零，采样点的概率分布可以准确描述 G 的分布，这时对一个新 $\boldsymbol{\theta}$ 的采样分布即为 G 所代表的概率分布：

$$[\boldsymbol{\theta} \mid \boldsymbol{\theta}_1, \cdots, \boldsymbol{\theta}_N]_{N\to\infty} \sim G^* = \frac{\sum_{i=1}^{N} \delta_{\boldsymbol{\theta}_i}}{N+\alpha} \tag{8.13}$$

注意,上述概率分布 G^* 正是当 N 取无穷大时,G 的后验概率(8.12)所趋近的极限值(当 N 取无穷大时,中心因子趋于无穷,G 无限趋近其基础分布)。式(8.13)清晰地表明,G 是一个离散分布,该分布有无穷多个取值点,但这些点是离散的。图 8-9 给出了一个对 DP(α,H)进行采样的示意图。从图中可以看到,虽然 H 是个连续分布,G 却是离散的。值得注意的是,G 中每个采样点的高度 $p(\boldsymbol{\theta} \mid G)=G(\boldsymbol{\theta})$ 与 $H(\boldsymbol{\theta})$ 没有直接关系,更多取决于哪个 $\boldsymbol{\theta}$ 先被选中。根据采样过程,越先被选中的 $\boldsymbol{\theta}$ 其 $G(\boldsymbol{\theta})$ 取较大值的可能性越大。由于 $\boldsymbol{\theta}$ 的采样依赖 $H(\boldsymbol{\theta})$,所以 $H(\boldsymbol{\theta})$ 较大的 $\boldsymbol{\theta}$ 容易被选中,因此 G 会倾向在 $H(\boldsymbol{\theta})$ 较大处表现出更大的 $G(\boldsymbol{\theta})$。

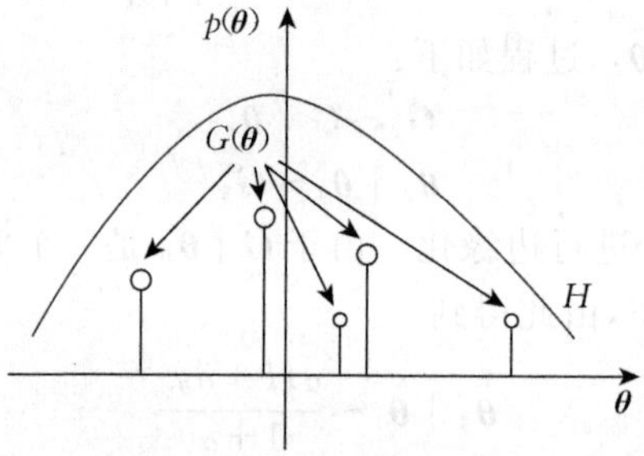

图 8-9　狄利克雷过程 DP($\boldsymbol{\alpha}$,$\boldsymbol{H}$)的一个采样 $\boldsymbol{G}$

注:图中 $\boldsymbol{\theta}$ 是分布的定义域空间,H 是一个连续分布,DP 采样出的 G 是一个离散分布。

上述采样过程可用以下假想实验来模拟:假设有颜色分布 H,现在拿到一个空袋子,从下面的两种方式中随机选择一种往袋子里放球。

方式一:从 H 中抽出一种颜色,并将一个该颜色的球放入袋中;

方式二:从袋中随机抽出一个球,将球放回袋中,并往袋中放入一个同样颜色的球。

上述两种方式的比例为 $\alpha:N$,其中 N 为袋中已有球数。当袋中球的个数无限大时,袋中不同颜色球的分布即是一个狄利克雷过程的抽样。上述假想实验称为 **BlackWell-MacQueen Urn**。图 8-10 给出了这一过程。

进一步,如果观察 BlackWell-MacQueen Urn 过程,可以发现放入一个新球时,所选颜色的概率与当前袋中该颜色球的个数成正比。以 $\boldsymbol{\theta}_i$ 代表第 i 个球的颜色,$\boldsymbol{\theta}_k^*$ 为第 k 种颜色,K 为已有颜色总数,n_k 为第 k 个颜色的个数,则有

$$\boldsymbol{\theta}_N \mid \boldsymbol{\theta}_{1,2,\cdots,N-1}=\begin{cases}\boldsymbol{\theta}_k^* & \text{with probability } \dfrac{n_k}{\alpha+N-1}\\ \boldsymbol{\theta}_{K+1}^* & \text{with probability } \dfrac{\alpha}{\alpha+N-1}\end{cases}$$

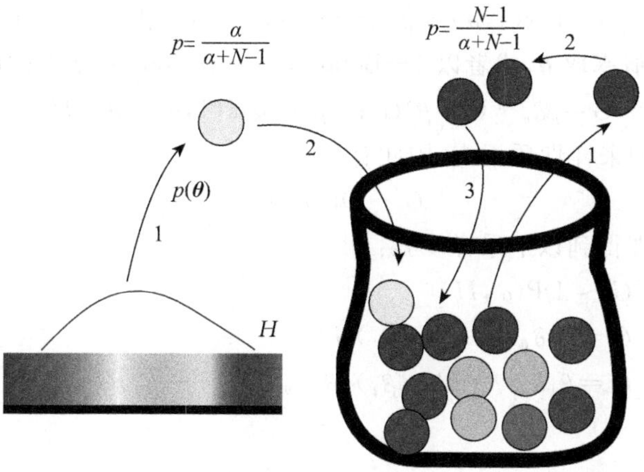

图 8-10 彩图

图 8-10 狄利克雷过程的 BlackWell-MacQueen Urn 表示

注：进行第 N 次采样时，以 $p=\frac{N-1}{\alpha+N-1}$ 为概率选择从袋中取出一个球，按该球颜色"复制"一个同颜色的球放入袋中；或以 $p=\frac{\alpha}{\alpha+N-1}$ 为概率选择一种新颜色，制作一个该种颜色的新球放入袋中。颜色选择根据分布 H。

上式事实上正是 CRP 过程中的选座位方式，$\boldsymbol{\theta}_k^*$ 相当于第 k 桌(或桌上的菜)，K 为已经被占的总桌数，n_k 为第 k 桌的顾客数。因此，CRP 所定义的先验概率事实上正是 DP 定义在概率分布函数上的先验，每一次 CRP 过程得到 DP 的一个采样 G。

由 BlackWell-MacQueen Urn 得到的 $\boldsymbol{\theta}_i$，其联合概率与顺序无关(见 CRP 的概率分布公式)，且是根据 G 条件独立同分布的。依 de Finetti 定理[180,10]，必然存在一个在 G 上的概率分布来保证这一独立同分布属性。这一 G 上的概率分布即是狄利克雷过程。

8.3.6 狄利克雷过程的构造

前面所述的 CRP 过程和 BlackWell-MacQueen Urn 从数据生成角度描述了 DP 的性质，该过程通过采样 $\boldsymbol{\theta}$ 间接生成 G，其中每一步采样出的 $\boldsymbol{\theta}$ 有很大概率与前面得到的 $\boldsymbol{\theta}$ 相等。现在讨论一种通过采样各异值 $\boldsymbol{\theta}^*$ 直接生成 DP 采样 G 的方法，即每次采样都得到一个新的 $\boldsymbol{\theta}^*$。这一方法称为 Stick-Breaking。

首先对 $\boldsymbol{\theta}$ 采样，并计算 G 的后验概率：

$$\boldsymbol{\theta} \sim H$$

$$G \mid \boldsymbol{\theta} \sim \mathrm{DP}\left(\alpha+1, \frac{\alpha H+\delta_{\boldsymbol{\theta}}}{1+\alpha}\right)$$

考虑将 X 分成两部分：$A_1=\boldsymbol{\theta}$，$A_2=X\backslash\boldsymbol{\theta}$。根据 DP 定义，有

$$(G(\boldsymbol{\theta}), G(X\backslash\boldsymbol{\theta})) \sim \mathrm{Dir}\left((1+\alpha)\frac{\alpha H+\delta_{\boldsymbol{\theta}}}{1+\alpha}(\boldsymbol{\theta}), (1+\alpha)\frac{\alpha H+\delta_{\boldsymbol{\theta}}}{1+\alpha}(X\backslash\boldsymbol{\theta})\right)=\mathrm{Dir}(1,\alpha)$$

注意，$(\beta,1-\beta)\sim \mathrm{Dir}(1,\alpha)$等价于$\beta\sim \mathrm{Beta}(1,\alpha)$，因此，$G$包含两部分，或者以$\mathrm{Beta}(1,\alpha)$为概率取$\boldsymbol{\theta}$，或者以$1-\mathrm{Beta}(1,\alpha)$为概率取$X\backslash\boldsymbol{\theta}$上的值，因此有

$$G=\beta\delta_{\boldsymbol{\theta}}+(1-\beta)G';\quad \beta\sim \mathrm{Beta}(1,\alpha)\quad \boldsymbol{\theta}\sim H$$

由于在$X\backslash\boldsymbol{\theta}$上的采样性质不变，因此有

$$G'\sim \mathrm{DP}(\alpha,H)$$

重复上述过程，即得到以下采样步骤：

$$\begin{aligned}
&G\sim \mathrm{DP}(\alpha,H)\\
&G=\beta_1\delta_{\boldsymbol{\theta}_1^*}+(1-\beta_1)G_1\\
&G=\beta_1\delta_{\boldsymbol{\theta}_1^*}+(1-\beta_1)(\beta_2\delta_{\boldsymbol{\theta}_2^*}+(1-\beta_2)G_2)\\
&\cdots\\
&G=\sum_{k=1}^{\infty}\beta_k\prod_{i=1}^{k-1}(1-\beta_i)\delta_{\boldsymbol{\theta}_k^*}
\end{aligned}\tag{8.14}$$

其中，

$$\beta_k\sim \mathrm{Beta}(1,\alpha);\boldsymbol{\theta}_k^*\sim H$$

注意，上式中β_k和$\boldsymbol{\theta}_k^*$的随机性是重要条件，否则G的分解形式不成立。如果H是连续的，则$\boldsymbol{\theta}_k^*$取同一值的概率为零，因此这些采样出的$\boldsymbol{\theta}_k^*$各不相同。

式(8.14)提供了一种非常简便的DP采样方法：每次从H中随机采样出一个值$\boldsymbol{\theta}_k^*$，由$\mathrm{Beta}(1,\alpha)$生成一个β_k，根据式(8.14)计算$\boldsymbol{\theta}_k^*$的概率$\beta_k\prod_{i=1}^{k-1}(1-\beta_i)$。这一过程可用一个**折筷子**过程模拟，称为Stick-Breaking过程(见图8-11)。假设一根单位长度的筷子，密度分布均匀。首先采样$\beta_1\sim \mathrm{Beta}(1,\alpha)$，按$\beta_1:1-\beta_1$将筷子折成两半，取第一半为第一个采样点$\boldsymbol{\theta}_1^*$的概率；再将剩余的$1-\beta_1$部分作为整体，采样$\beta_2\sim \mathrm{Beta}(1,\alpha)$，取第一部分作为第二个采样点$\boldsymbol{\theta}_2^*$的概率……如此重复进行，每次都对前次折后的剩余部分依$\mathrm{Beta}(1,\alpha)$进行再次拆分，作为下一个采样点的概率。经过上述拆分过程后，每一小段的长度即等于对应采样点的概率，剩余部分即为所有其他采样值的概率和。Stick-Breaking过程首先由Sethuraman于1994年提出[592]，并在文章中证明该过程得到的随机概率确实符合DP先验。由Stick-Breaking得到的对单位筷子的长度分布也称为**Griffiths-Engen-McCloskey (GEM)分布**。[518]

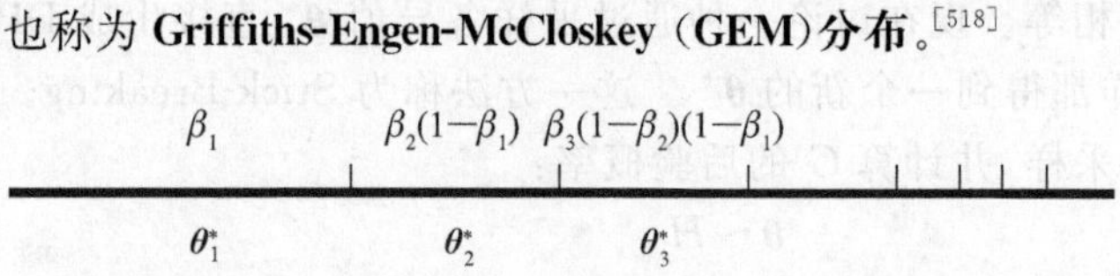

图8-11　狄利克雷过程的Stick-Breaking表示

注：一根单位长度的筷子被分割成无数小段，每一个小段长度代表一个概率值。这一分割由无数次二分过程得到，其中第k个二分过程包含以下步骤：$\beta_k\sim \mathrm{Beta}(1,\alpha)$，$\boldsymbol{\theta}_k^*\sim H$，即第$k$次分割的比例为$\beta_k:1-\beta_k$，对应的采样为$\boldsymbol{\theta}_k^*$。

8.3.7 推理方法

本小节以 DPGMM 为例，讨论贝叶斯非参数模型中基于采样的推理方法。另一种常用的推理方法是变分法，读者可参考文献[68]。关于采样和变分两种推理方法的基本原理，在第 6 章中已有细致讨论，本节只关注将采样法应用于 DPGMM 的具体做法。

DPGMM 是对高斯成分 $\boldsymbol{\theta}_k^*$ 和其先验概率 π_k 都引入随机性的 GMM 模型，其中 k 可以无穷大。从生成模型角度看，DPGMM 可以有三种表示，如图 8-12 所示。需要说明的是，虽然在理论上 DPGMM 可以生成无穷多个高斯成分，但实际应用中 k 的大小不会超过训练数据样本的个数。另外，基于 DP 的聚堆性质，即便可采样出很多高斯成分（如基于 GEM 过程），但绝大部分高斯成分的比重很低，可以被忽略。

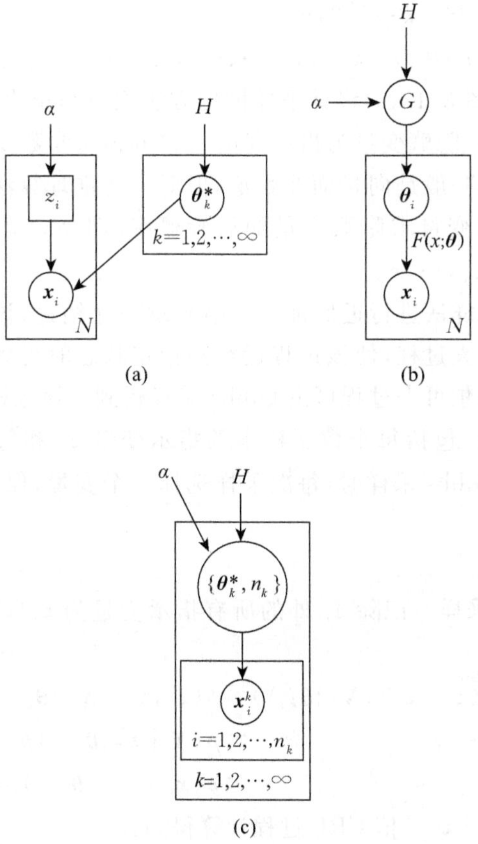

图 8-12 三种 DPGMM 的表示方法

注：(a)基于 CRP 生成指示变量 z_i 和参数 $\boldsymbol{\theta}_{z_i}$，再由 $F(\boldsymbol{\theta}_{z_i})$ 生成数据 $\boldsymbol{x}_i$；(b)基于 DP 生成每个样本的参数 $\boldsymbol{\theta}_i$，再由 $F(\boldsymbol{\theta}_i)$ 生成 $\boldsymbol{x}_i$；(c)基于 Stick-Breaking 生成聚类参数 $\boldsymbol{\theta}_k^*$ 和样本个数 n_k，再对每个类 k 依 $F(\boldsymbol{\theta}_k^*)$ 生成 n_k 个数据样本。

在图 8-12(a)中，首先由 CRP 生成 z_i，再由 $\boldsymbol{\theta}_{z_i}$ 生成数据：

$$z_i \mid z_1, \cdots z_{i-1} \sim \mathrm{CRP}(\alpha) \tag{8.15}$$

$$\boldsymbol{\theta}_k^* \sim H \quad \text{if} \quad z_i \neq z_j \ \forall j < i \tag{8.16}$$

$$\boldsymbol{x}_i \sim F(\boldsymbol{\theta}_{z_i}^*) \tag{8.17}$$

在图 8-12(b)中，首先由 BlackWell-MacQueen Urn 过程生成 $\boldsymbol{\theta}_i$，再由该参数生成数据：

$$\boldsymbol{\theta}_i \sim \mathrm{DP}(\alpha, H) \tag{8.18}$$

$$\boldsymbol{x}_i \sim F(\boldsymbol{\theta}_i) \tag{8.19}$$

在图 8-12(c)中，首先由 Stick-Breaking 过程(即 GEM 过程)生成 $\boldsymbol{\theta}_k^*$ 和 $p(k)$，由此计算出 n_k，再由这些参数对每个高斯成分生成 n_k 个数据：

$$n_k \sim \mathrm{GEM}(\alpha) \quad k = 1, 2, \cdots \tag{8.20}$$

$$\boldsymbol{\theta}_k^* \sim H \quad k = 1, 2, \cdots \tag{8.21}$$

$$\boldsymbol{x}_i^k \sim F(\boldsymbol{\theta}_k^*) \quad k = 1, 2, \cdots; i = 1, 2, \cdots, n_k \quad \text{任意 } k \tag{8.22}$$

研究表明，基于图 8-12(a)设计采样推理方法相对简单直观。在这一模型中，观测变量为数据$\{\boldsymbol{x}_i\}$，隐藏变量为指示变量 $\{z_i\}$和模型参数变量$\{\boldsymbol{\theta}_k^*\}$。注意上述观测数据和模型参数一般是向量而非数值，但对下述推理算法没有影响。模型推理的任务是基于观测变量求隐藏变量的后验概率，即 $p(\boldsymbol{z}, \{\boldsymbol{\theta}_k^*\} \mid \boldsymbol{X})$，其中 $\boldsymbol{z} = [z_1, \cdots, z_N]^{\mathrm{T}}, \boldsymbol{X} = [\boldsymbol{x}_1, \cdots, \boldsymbol{x}_N]$。

我们用 Gibbs 采样法进行近似推理。第 6 章中介绍过，该方法的基本原理是通过构造一个马尔可夫过程，使该过程运行到稳定状态时得到的采样符合要推理的后验概率。这一马尔可夫过程可由 Gibbs 采样得到。该采样过程的采样点为后验概率中的目标变量，包括每个数据样本的指示变量 z_i 和每个高斯成分的参数 $\boldsymbol{\theta}_k^*$，即$\{z_i\}$，$\{\boldsymbol{\theta}_k^*\}$。Gibbs 采样时，每次采样选择一个变量，保持其他变量不变，从而简化采样过程。

1. z_i 采样

首先对每个 z_i 采样。记除 z_i 外的所有指示变量为 $\boldsymbol{z}^{-i}$，则可计算对 z_i 采样所需的条件概率为

$$\begin{aligned} p(z_i \mid \boldsymbol{z}^{-i}, \boldsymbol{X}, \{\boldsymbol{\theta}_k^*\}) &\propto p(z_i, \boldsymbol{z}^{-i}, \boldsymbol{X}, \{\boldsymbol{\theta}_k^*\}) \\ &\propto p(\boldsymbol{X} \mid \boldsymbol{z}, \{\boldsymbol{\theta}_k^*\}) p(z_i \mid \boldsymbol{z}^{-i}) \\ &\propto p(\boldsymbol{x}_i \mid z_i, \{\boldsymbol{\theta}_k^*\}) p(z_i \mid \boldsymbol{z}^{-i}) \end{aligned}$$

其中，后验概率 $p(z_i \mid \boldsymbol{z}^{-i})$依 CRP 过程计算得到：

$$p(z_i \mid \boldsymbol{z}^{-i}) = \begin{cases} \dfrac{n_k}{\alpha + N - 1} & z_i = k \\ \dfrac{\alpha}{\alpha + N - 1} & z_i = K + 1 \end{cases}$$

其中，K 是当前 $\boldsymbol{z}^{-i}$ 中不同取值的个数。

下面计算条件概率 $p(\boldsymbol{x}_i|z_i;\{\boldsymbol{\theta}_k^*\})$。如果 $z_i \leqslant K$，可计算 $p(\boldsymbol{x}_i|z_i;\{\boldsymbol{\theta}_k^*\})=F(\boldsymbol{x}_i,\boldsymbol{\theta}_{z_i}^*)$；如果 $z_i=K+1$，$p(\boldsymbol{x}_i|z_i;\{\boldsymbol{\theta}_k^*\})$需要考虑所有可能的新参数 $\boldsymbol{\theta}_{K+1}^*$，因此有

$$p(\boldsymbol{x}_i|z_i;\{\boldsymbol{\theta}_k^*\})=\int p(\boldsymbol{x}_i|\boldsymbol{\theta})p(\boldsymbol{\theta})\mathrm{d}\boldsymbol{\theta}=\int F(\boldsymbol{x}_i,\boldsymbol{\theta})H(\boldsymbol{\theta})\mathrm{d}\boldsymbol{\theta} \tag{8.23}$$

如果 $H(\boldsymbol{\theta})$是 $F(\boldsymbol{x},\boldsymbol{\theta})$的共轭先验，则上式可较方便计算出结果。

综合上述后验概率和条件概率的计算过程，可得对 z_i 采样的过程如下。

(1) 如果 z_i 和所有 $\boldsymbol{z}^{-1}$中的值都不同，则说明第 z_i 个高斯只包含 $\boldsymbol{x}_i$ 这一个点。因为要重新随机 z_i，意味着当前第 z_i 个高斯里已经不包含任何数据，因此需要将 $\boldsymbol{\theta}_{z_i}^*$ 去掉，相应需要 K 减 1。

(2) 根据以下概率采样 z_i：

$$p(z_i \mid \boldsymbol{z}^{-i},\boldsymbol{X},\{\boldsymbol{\theta}_k^*\})=\begin{cases}\dfrac{n_k}{\alpha+N-1}F(\boldsymbol{x}_i,\boldsymbol{\theta}_{z_i}^*) & z_i=k\\[2ex] \dfrac{\alpha}{\alpha+N-1}\displaystyle\int F(\boldsymbol{x}_i,\boldsymbol{\theta})H(\boldsymbol{\theta})\mathrm{d}\boldsymbol{\theta} & z_i=K+1\end{cases}$$

(3) 如果 $z_i=K+1$，则将 K 加 1，并随机抽取一个新的 $\boldsymbol{\theta}_K^*$：

$$p(\boldsymbol{\theta}^*|\boldsymbol{x}_i)\propto F(\boldsymbol{x}_i,\boldsymbol{\theta}^*)H(\boldsymbol{\theta}^*)$$

2. $\boldsymbol{\theta}_k^*$ 采样

对$\{z_i\}$做完采样后，将这些变量固定，接下来对每个高斯成分的参数 $\boldsymbol{\theta}_k^*$ 采样。记除第 k 个高斯之外的所有高斯成分的参数为 $\boldsymbol{\theta}_{-k}^*$，这一采样的概率为

$$\begin{aligned}p(\boldsymbol{\theta}_k^* \mid \boldsymbol{X},\boldsymbol{z},\boldsymbol{\theta}_{-k}^*) &\propto p(\boldsymbol{\theta}_k^*,\boldsymbol{X},\boldsymbol{z},\boldsymbol{\theta}_{-k}^*)\\ &\propto \prod_{i:z_i=k}p(\boldsymbol{x}_i|\boldsymbol{\theta}_k^*)p(\boldsymbol{\theta}_k^*)\\ &=\prod_{i:z_i=k}F(\boldsymbol{x}_i,\boldsymbol{\theta}_k^*)H(\boldsymbol{\theta}_k^*)\end{aligned} \tag{8.24}$$

值得说明的是，上述 Gibbs 采样算法需要 H 和 F 是共轭的，否则式(8.23)可能无法计算。如果确实要选择非共轭先验，可采用第 6 章中讨论的 Metropolis-Hastings 算法。Neal 2000 年的论文给出了 DPGMM MCMC 近似推理算法的细节。[474]

8.3.8　Hierarchical DP(HDP)

DP 可以对相似条件下的数据进行有效学习，但有时数据比较复杂，包括在不同场景下的数据，这些数据的分布规律有相似性，同时也包含特异性。例如在对互联网文章进行聚类时，不同类别的文章其分布规律是不同的，如果把这些文章用一个模型进行描述，分布可能过于复杂，但如果完全分开建模又会降低统计显著性，毕竟不同类的文章间依然具有很多相似性。

研究者将 DP 扩展成层次结构来处理这个问题。[663,662,659] 其基本思路是不同场景下的数据共享相同的 DP 作为**先验分布的先验**，基于该先验分布，对不同场景下的数据生成新的 DP 作为条件相关的先验。基于这些场景相关的 DP 进行建模，即可实现多场景数据联合学习。这一层次性 DP 模型称为 **Hierarchical DP** (HDP)[663,70]，如图 8-13 所示。在 HDP 中，首先以 DP(γ,H)抽样出一个概率函数 G_0；对第 j 个场景，首先以 DP(α,G_0)抽样出一个概率函数 G_j，再由 G_j 抽样出每个样本对应的 $\boldsymbol{\theta}_i^j$，最后由数据分布概率 $F(\boldsymbol{\theta}_i^j)$抽样出数据样本 $\boldsymbol{x}_i^j$。

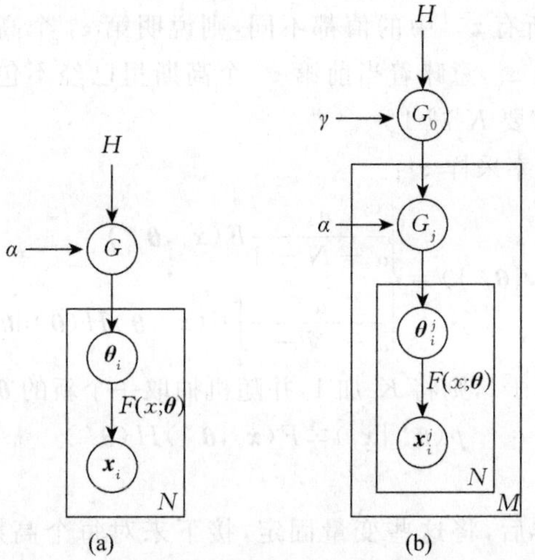

图 8-13　基于 DP(a)与 HDP (b)的数据生成模型

注：$F(x;\boldsymbol{\theta})$为数据分布概率。在 HDP 中，首先由场景共享的 DP(γ,H)中得到 G_0，再由 DP(α,G_0)得到不同场景下的概率 G_j。由 G_j 即可采样得到每个数据样本对应的模型参数 $\boldsymbol{\theta}_i^j$，进而生成数据 $\boldsymbol{x}_i^j$。

由 HDP 的数据生成过程可知，不同场景下的数据事实上共享一个基础分布 G_0。由于 G_0 是离散的，且具有很强的聚类性，G_j 只能取 G_0 所确定的参数点，且有较大概率集中在 G_0 中概率较大的参数，由此实现类间的参数取值及参数分布形式的共享。用于 DP 的近似推理方法可同样用于 HDP。

8.4　本章小结

本章讨论了非参数模型的基本概念和方法，讨论了几种朴素的非参数模型，包括用于概率描述的直方图模型和决策树模型，以及用于分类的 KNN 方法。这些方法不设计模型的具体形式，仅依靠大量数据对数据空间的覆盖实现对测试数据的描述和分类。因为没有模型结构的限制，只要训练数据量足够大，这些非参数模型即可实现对未知数据非常精确的描述和预测。

SVM 是另一种典型的非参数模型。这一模型并非完全没有模型结构，而是将参数模型和非参数模型结合起来，在特征映射上采用参数模型（即核函数），但在预测时采用非参数模型，通过计算测试数据和部分训练数据（即支持向量）间的距离，用训练数据的类别来预测测试数据的类别。这种将参数模型和非参数模型结合起来的方法既可以避免非参数模型对数据量的过度依赖，也可以摆脱参数模型对预测函数形式的限制，从而可显著提高建模的精确性，实现模型根据数据的调整。从另一个角度看，这一方法也显著提高了对训练数据的利用效率。

基于这一思路，着重讨论了贝叶斯框架下的非参数模型。贝叶斯框架提供了非常强大的建模能力，但基于参数的贝叶斯方法其模型结构是固化的，限制了模型对数据的描述能力。非参数贝叶斯模型通过提供非参数的先验概率，打破了固化模型带来的限制，使得贝叶斯模型的建模能力随数据的增长而提高。

我们讨论了两种非参数贝叶斯模型方法。在预测任务中，引入对预测函数的先验概率，即高斯过程（GP）。这一先验概率不依赖预测函数的具体形式，而是对无限多的预测函数赋予适当的先验概率，使得基于该先验概率，任何有限采样点上的取值都是高斯分布的。这一普适的先验概率大大丰富了贝叶斯方法中可选的预测函数范围，使得当训练数据足够多时，其后验概率更加灵活地趋近于真实预测函数。

在聚类任务中，讨论了狄利克雷过程（DP）。总体来说，DP 可以认为是狄利克雷分布向无限维空间的扩展。在贝叶斯框架下，可以在无限维参数空间上设计概率密度函数的先验概率，从而实现了根据训练数据选择合适的聚类形式。特别是这一方法考虑了所有可能的聚类形式，因此不需要对聚类数进行人为指定。通过推理在所有聚类形式上的后验概率，可以让数据自动选择最合理的聚类方法。将狄利克雷分布扩展到狄利克雷过程具有可行性，不论是 Kolmogorov 一致性定理，还是 de Finetti 定理，都表明 DP 是存在的；同时，BlackWell-MacQueen Urn 和 CRP 给出了基于数据生成过程的构造方法，Stick-Breaking 给出了基于参数生成过程的构造方法。利用这些构造方法，可以设计基于采样的推理算法。

8.5　相关资源

- 本章对高斯过程的讨论，参考了 Bishop 所著的 *Pattern recognition and machine Learning* 第 6 章。
- 本章对狄利克雷过程的讨论，参考了 Yee Whye Teh 所著的 *Dirichlet Processes: Tutorial and Practical Course*[660]。

- 关于高斯过程,可参考 Seeger 的综述文章[586]、Williams 等人所著的 *Gaussian Processes for Regression*[723]、Rasmussen 等人所著的 *Gaussian processes for machine learning*[552]。
- 关于非参数贝叶斯模型,请参考 Gershman 等人的 Review 论文[212]以及 Muller 等人的论文[467]。

第9章 演化学习

我们已经讨论了各种模型，这些模型假设某种学习结构，用参数形式或非参数形式来表达这种结构，再基于某种优化方法对这一学习结构进行优化。对这些结构（包括结构本身及其参数）进行优化时，除了少数有闭式解的情况外，多数采用数值优化方法，即根据任务的性质（如目标函数的几何性质，任务本身的限制条件等）设计合理的迭代策略，逐渐对目标函数进行优化。前面提到的 EM 算法、变分法、MCMC、SGD，以及第 10 章要介绍的 TD 算法等都属于这种方法。这些方法都会充分利用任务的解空间信息，并根据此信息推理出更好的解，因此可称为基于推理的优化方法，或**推理法**。

基于推理的优化方法效率较高，但受目标函数制约，普适性不强。首先，对多数问题，我们能得到的解空间信息只是局部的，因此只能得到局部最优解；另一方面，一些问题比较复杂，解空间信息很难计算。例如 SGD 需要当前解附近的梯度信息，但一些任务的目标函数是不连续的，这时梯度将无法计算。再如图模型的变分法中，如果模型比较复杂，则求目标函数对某些变量的期望很困难，使得迭代优化无法进行。

演化学习（Evolutional Learning，EL）提供了另一种学习方法，这种学习方法不是通过推理逐渐逼近优化解，而是随机生成一些可能的解，再对这些解进行择优。这种生成—选择方式迭代进行，直到得到满意的解。这种 Try-and-Error 的学习方法可称为**采样法**。和推理法相比，采样法简单直观，事实上是生物界进化的基础方法。因此，EL 经常被一些人工智能研究者认为是实现智能机器的普适方法。本章将主要讨论两种演化学习方法：遗传算法（GA）和遗传编程（GP）。同时，EL 方法中的两个主要成分：群体学习和随机优化也独立发展成两种常用的优化方法。本章将讨论若干有代表性的**群体学习方法**和**随机优化方法**。

9.1 基于采样的优化方法

对机器学习而言，基于先验知识设计合理的模型很多时候是比较直观的，但对模型进行优化则是相对困难的问题。传统方法基于观测数据推理出模型参数的优化值，这一方法可称为**推理优化法**。这一方法对简单模型是有效的，但在实际应用中，很多模型可能非常复杂，对参数进行推理往往比较困难。**采样优化法**随机生成新解，并对生成的解进行择优。这种方法不受模型复杂度的限制，因此可在任何优化任务中普适应用。科学家在提出采样优化法时受生物进化理论启发，并将其发展成演化学习方法，随后，演化学习中的群体学习和随机优化两种思路被进一步拓展，发展成更广泛的采样优化理论。

9.1.1 演化学习

科学家们从人工智能发展之初就开始关注模型优化问题，其中生物进化过程给了他们很大启发。生物的基因系统非常精密复杂。但是达尔文告诉我们，这一复杂系统的学习方式却非常简单：仅通过不断尝试新的基因组合方式并从中选择适应性更强的基因，通过长时间的世代演化之后，即可实现非常强大的物种进化。[139] 人工智能的先驱者将这种学习方式引入机器学习中，称为**演化学习**（EL）。这一学习方法和以前介绍过的学习方法有很大不同，以前的学习方式是一种推理优化，是一种由果推因的反向学习，而生物进化所执行的是一种采样学习，通过模拟和选择实现随机的、整体的优化。

具体而言，演化学习模拟生物基因的进化过程对模型或过程进行优化。这里的模型可以是简单的线性模型、复杂的神经网络或更复杂的混合模型；同样，这里的过程可以是简单的邮路问题，也可以是复杂的芯片制造流程。EL 将每一个候选解法或候选过程视为种群中的一个个体，从一个随机种群出发，选择优质个体（对应模型参数或过程的实例，或目标任务的解）繁衍生成下一代种群。通过若干代的演化，种群的整体质量逐渐提高，直到得到让人满意的参数或过程。

事实上，演化学习从一开始就受到机器学习研究者的重视，甚至被认为是实现智能机器的最终方式。例如，图灵在 1948 年的著作 *Intelligent Machinery* 一文中就提到[679]："There is the genetical or evolutionary search by which a combination of genes is looked for, the criterion being the survival."这实际上即是早期的演化学习思想。1950 年，图灵进一步指出[680]：" We cannot expect to find a good child-machine at the first attempt. One must experiment with teaching one such machine and see how well it learns. One can then try another and see if it is better or worse."

人工智能的先驱们对演化学习的钟爱不仅源于这一方法的简单直观，更源于他们对人工智能的哲学思考：通用的智能必须基于某种简单而普适的学习方法，否则只能是特定领域的个案学习。演化学习正是这样一种通用的方法，它效率不高，但只要保持足够的耐心，就可以解决任何可定义的学习任务。这也正是演化仿生学派的基本思路。[187]

演化学习早在 20 世纪 50 年代就发展起来[81,35]，这些早期工作多集中在用计算机对生物进化过程进行模拟。[192,133,186] 20 世纪 60 年代，Rechenberg 提出**进化策略**(Evolutionary Strategy)，通过个体变异寻找优化解。Rechenberg 的工作使得演化学习开始受到重视。同样在 20 世纪 60 年代，Fogel 提出**进化编程**方法(Evolutionary Programming, EP)，通过对有限状态自动机(FSM)的参数做演化学习，他们得到了更好的预测模型。[188] 20 世纪 70 年代，John Holland 及其学生对演化算法做了形式化整理并进行了一系列理论探讨[285]，使得演化学习得以成型。

传统的演化学习可以认为是对解空间的随机搜索方法，例如解一个非常复杂的拟合问题，将模型的所有参数的所有取值作为解空间，在这一解空间中搜索最优点。这一方法通常称为**遗传算法**(Genetic Algorithm, GA)[285]。进一步，可以对解空间进行扩展，将任何一个计算机程序作为解空间中的一个点，对解空间的搜索等价于在所有可能的程序中寻找最优程序，这一方法称为**遗传编程**(Genetic Programming, GP)。[441]

9.1.2 群体学习与随机优化

演化学习包含两个主要成分：群体学习和随机优化。群体学习通过个体之间的交互共享知识，保证总体学习方向的稳定；随机优化可以创造新的个体，帮助学习过程摆脱局部最优。这两种学习方法具有天然联系：在群体学习中知识共享一般是随机的，个体只会部分服从群体目标；随机优化经常需要利用群体信息以保证随机过程的合理性。需要说明的是，这里讨论的群体学习和随机优化都基于采样优化，即对个体进行随机生成和优化选择。

典型的群体学习方法包括**蚁群算法**(Ant Colony Algorithm)[36]、**粒子群优化算法**(Particle Swarm Optimization, PSO)[344,603]、**人工蜂群算法**(Artificial Bee Colony Algorithm, ABC)[326]等。典型的随机优化方法是**模拟退火算法**(Simulated

Annealing,SA)[346]、具有弱群体学习特征的**禁忌搜索算法**(Tabu Search,TS)[223]、**和声搜索算法**(Harmony Search,HS)[204]等。这些算法和典型的演化学习方法不同,一是它们并没有模拟生物进化过程,二是仅包含了演化学习的部分思想(或者群体学习或者个体变异)。但是,这些方法绝大部分都模拟了生物种群的某些行为(如觅食、捕猎),且都基于演化学习中的优化选择,因此可以认为是演化学习的近邻算法。

本章将从典型的演化学习方法——遗传算法(GA)开始讨论,再将该方法扩展到遗传编程(GP)。之后将介绍一些典型的群体学习方法和随机优化方法,并比较它们的优劣。

9.2 遗传算法

遗传算法(GA)是最早发展起来的演化学习方法[720]。这一算法模拟生物进化方式,首先随机生成一个种群,种群中每个个体代表一个目标问题的解。通过选择质量较高的个体对种群进行优化,再基于这些优质个体进行交叉繁衍和个体变异,生成新一代种群,这一新种群通常具有更高的质量。上述选择、繁衍过程迭代进行,经过若干代演化后即可得到优化的种群,其中的最优个体即对应目标问题的优化解。GA 算法通常用于常规优化方法难以解决的复杂问题。图 9-1 是一个应用 GA 设计宇宙飞船天线的例子。宇宙飞船需要在各个位置、各种姿态下对信号进行接收,因此天线设计非常复杂。科学家用 GA 算法进行这一设计,经过一系列繁衍优化后,GA 发现了如图 9-1 所示的非常复杂的天线模式。

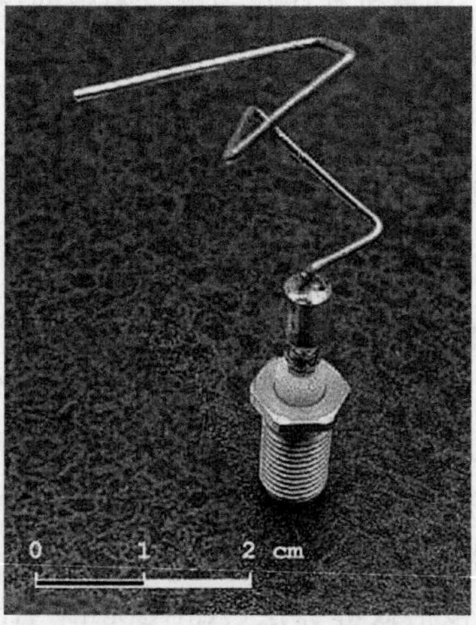

图 9-1 用 GA 算法设计的 2016 NASA ST5 宇宙飞船天线

注:该天线称为演化天线(Evolved Antenna)。图片来自 WikiPedia。

9.2.1 算法框架

GA 算法包括种群初始化、个体选择、种群繁衍三个步骤，通过迭代方式逐步提高种群质量。具体描述如下。

(1) **种群初始化**：初始化一个种群 $G_0=\{\xi_i\}$，其中每个个体 ξ_i 由一个**基因**代表，又称为**染色体**(Chromosome)。[①] 在 GA 中，一个基因对应目标任务的一个具体解法，如模型优化问题中的模型参数，路径搜索问题中的一条合法路径等。初始化方式一般是随机的，也可以基于先验知识确定某些近似解。基因编码方式通常是二值串，每一位代表一个基因位；也可以是浮点值串、离散值串或更复杂的结构，串中每个元素或结构中的每个元素代表一个基因位。

(2) **个体选择**：对当前种群中的个体进行评价，仅保留质量较高的个体，称为个体选择。对个体评价时需要确定一个**适应函数**(Fitness function)$f(\cdot)$。在生物进化过程中，这一函数即是个体对环境的适应性或生存能力；在优化任务中，这一函数代表某一解法的优劣，一般取任务的目标函数作为适应函数。基于这一适应函数，对适应性较强的个体给以更高的选择概率以保证选出的种群具有更高的质量，同时对适应性较弱的个体也给以一定的概率，以保证种群内部的个体差异性。经过这一选择后，即得到一个中间种群 G_0'。相对 G_0，这个种群中包含更大比例的优质个体。

(3) **种群繁衍**：基于中间种群 G_0' 中的个体生成新种群 G_1。繁衍过程一般包括两种方式：**交叉繁衍**和**个体变异**。在交叉繁衍中，随机选择两个个体，这两个个体通过互相交换基因片段生成新的个体。这个方式对应有性繁殖。在个体变异中，随机选择某一个体，对其基因中某些基因位做随机扰动，从而生成新的个体。这个方式对应无性繁殖。经过上述繁衍过程，即得到新一代种群 G_1。

上述个体选择和种群繁衍过程迭代进行，在第 i 代种群 G_i 基础上选择出种群 G_i'，再繁衍出第 $i+1$ 代种群 G_{i+1}。在这一过程中，个体选择使得质量较高的个体有更多机会被选中，因此新一代种群总是倾向于包含更高质量的个体。同时，这一选择又是随机的，当前质量不高的个体依然有一定概率被选择和繁衍，因此可以增加对解空间的搜索范围，从而降低局部优化的风险。当上述演化过程达到指定的迭代次数或质量要求时(如两代种群中最优个体的质量已经足够接近)，GA 算法完成优化过程，此时种群中的最优个体即可作为目标任务的最优解。

上述 GA 过程如图 9-2 所示，其中每个星号代表一个个体，星号的大小表示个体的质量(适应函数值)。从图中可以看到，优质个体(适应函数值较高的个体)有更高的概率被选择和繁衍；对于质量较低的个体，虽然概率比较低，但依然有一定

① 严格来说，一个染色体中包含多个基因。本章中对基因和染色体不做区分。

机会进化到下一代。这一进化过程的结果是，下一代种群总有更多机会包括更优质的个体（图中表示为种群中的星号由小变大），同时保持种群内部个体间的差异性，为发现更高质量的解提供机会。

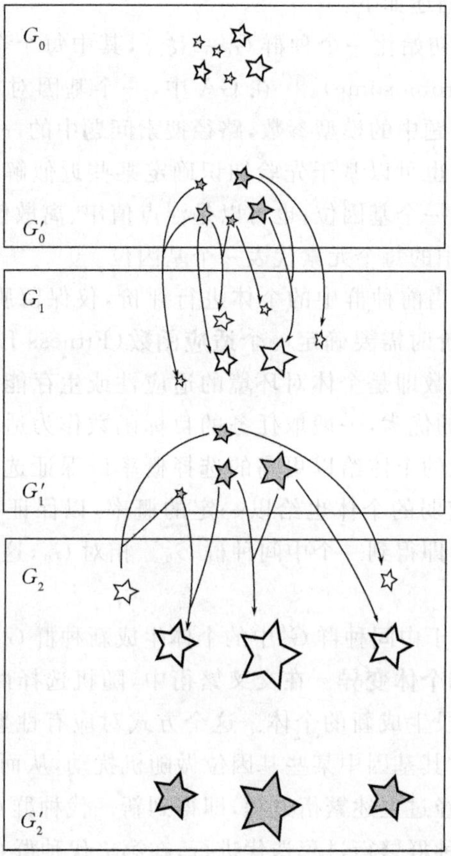

图 9-2 彩图

图 9-2 GA 算法中的个体选择与种群繁衍过程

注：自上而下，每个矩形框代表一代种群，每个星号代表一个个体，星号的大小表示个体的质量（适应函数值），带阴影的星号表示被选择的个体。在每一代种群中，质量较高的个体有更大机会被选择；在生成下一代种群时，被选择的个体通过交叉繁衍和个体变异生成新个体。这一选择—繁衍机制使适应性较强的个体的基因有更大机会在下一代种群中得到继承和延续。

9.2.2 算法细节

GA 算法的基本思路非常简单，但有些实现细节可能会显著影响算法的运行效率，需要特别注意。这些细节包括：基因编码方式、初始化策略、个体选择策略、种群繁衍策略、进化结束条件和参数调节等。下面对这些内容做一简述，更多信息可参考相关文献[720]。

1. 基因编码方式

基因编码方式可能是 GA 算法中影响最大的因素，编码方式直接决定交叉和变异两种繁衍操作的实现方法，并会显著影响算法的收敛性。最简单的编码方式是二进制编码(Bit String)，这一编码可用来表示类别变量，也可用来表示整数，如采用 Gray 编码[241]。基于二进制编码，交叉操作可简单实现为按位交换或其他二进制操作，变异操作可表示为基于伯努利分布的按位随机采样。下一节要讨论的 Holland 进化理论很大程度上基于二进制串编码。[285]

除了二进制串编码，一些遗传算法也基于浮点数串编码，这时需要设计相应的交叉和变异操作。例如，这种编码下的变异操作需要基于连续分布(如高斯分布)，而不是二进制编码中的伯努利分布。实验表明，浮点编码在一些任务上表现出比二进制编码更好的效果。[306]

进一步，上述数值编码可扩展到任意数据结构的指针编码(如序列、堆栈、树、哈希表等)。在这些编码上的交叉和变异操作更需要特殊设计，特别是结合任务需求和数据形式进行针对性设计。

上述编码方式都是**数据编码**，即对模型参数、搜索状态等数值量进行编码。如果将编码对象扩展到过程，则得到类似二进制程序的**过程编码**。基于这一编码，GA 可以学习完成一个任务的过程和方式，即是后面要讨论的遗传编程(GP)。

2. 个体选择策略

从当前种群 G_i 进行个体选择以生成中间种群 G_i' 也有多种方案，最直观的思路是使每一个个体的选择概率与个体的适应函数成正比。设第 i 个个体为 ξ_i，其适应函数为 f_i，种群中所有个体的平均适应函数为 $\bar{f}$，则第 i 个个体的选择概率为 $r_i=\frac{f_i}{\bar{f}}$。一种简单的做法如下：首先取 r_i 的整数部分 $\lfloor r_i \rfloor$，将 ξ_i 复制 $\lfloor r_i \rfloor$ 份，然后取分数部分 $r_i-\lfloor r_i \rfloor$，以 $r_i-\lfloor r_i \rfloor$ 为概率对 ξ_i 进行随机复制。例如，如果 $r_i=1.5$，则首先将 ξ_i 复制一份，再以 0.5 为概率对 ξ_i 进行随机复制。因此 ξ_i 被复制 1 份和 2 份的概率各有 50%。如果 $r_i=0.5$，则 ξ_i 仅有 50%的概率被复制一份，另有 50%的概率不被选中。这种方法称为余量随机采样(Remainder Random Sampling)。

个体选择策略需要计算适应函数 f_i，如果这一函数复杂度很高，则会严重影响 GA 的效率。有以下 3 种可能的方法：①对适应函数做近似。因为个体选择本身就是带有随机性的，因此不精确的适应函数值并不会对个体选择产生特别大的影响。②不计算 f_i 的具体值，只要得到个体的适应性排序，即可给每个个体赋予一定的选择概率，实现合理的个体选择。③有些个体的适应性并不直观，必须经过一个复杂的生成过程才能得到。如人类的繁衍，一个初生婴儿的适应性是不容易判断的，需要一个复杂的成长过程才能看到他的真正能力，这一过程可能充满了很强的随机性。这时需要一个模拟过程将基因发育成个体，由此来判断每个个体的适应函数值。上述办法虽然都可以在一定程度上解决适应函数的计算问题，但GA算法一般仅适用于适应函数比较简单的任务，如果这一条件得不到满足，就需要考虑用其他优化方法或建模方式。

需要强调的是，个体选择不仅要考虑个体适应函数的值，还需考虑任务的特殊限制，如种群大小、个体相似性、基因编码限制等。因此在设计GA算法时，需要根据具体任务对选择策略做灵活设计。

3. 种群繁衍策略

交叉和变异是最常见的两种繁衍策略。交叉策略是两个基因互换片段，形成新个体。最简单的交叉策略是单点交叉，即对两个待交叉的父本基因随机选择一个交叉点(注意两个父本基因长度相等，因此该交叉点对这两个基因是等位交叉点)，在交叉点处对两个父本基因切分，并进行基因片段互换，如图9-3(a)所示。稍复杂一些的交叉策略是两点交叉。这种交叉方法随机选择两个交叉点，取这两个交叉点间的基因片段互相交换，如图9-3(b)所示。其他更为复杂的交叉策略也偶尔用到，如多点交叉或全局交叉(Universal Crossover，每一位独立随机互换)等，但这些方法并不普遍。

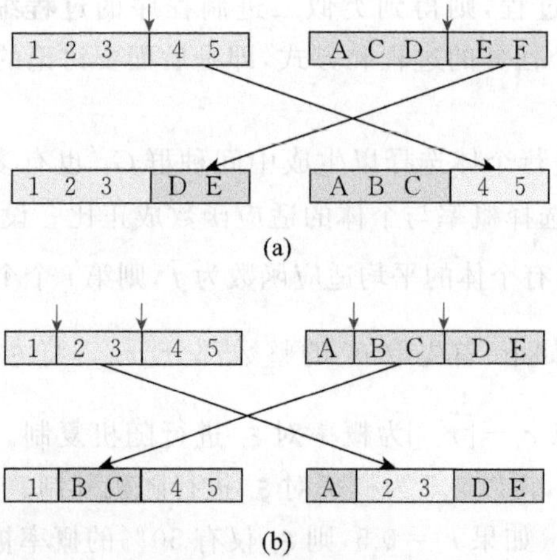

图9-3 彩图

图9-3 交叉繁衍策略

注：(a)单点交叉策略。随机选择一个交叉点(红色箭头)，从交叉点处切断两个父本染色体，互换基因片段得到两个新染色体。(b)两点交叉策略。在两个父本染色体中用两个交叉点确定一个基因片段，交换这一基因片段，得到新染色体。

对于变异策略，一种简单的方式是对每一个基因位独立进行随机替换。对于二进制编码来说，相当于对每一位二进制值进行随机反转；对浮点编码来说，一般对每个浮点值加入高斯随机噪声。更复杂的变异策略也偶尔用到，例如可以先随机确定某一个可变异的基因片段，再对该片段中每个基因位做随机变换。一些研究表明，在一些任务中仅有变异策略也可以得到较好的结果。[187]

不论是交叉还是变异，都基于个体选择得到中间种群，因此繁衍得到的下一代通常有更好的适应性。注意，这两种策略本身都具有随机性，如何控制这种随机性非常重要，过强的随机性会导致当前优质个体的丢失，从而降低收敛速度；过小的随机性会减弱种群的个体差异性，容易陷入局部最优。这种收敛速度和优化质量的权衡是设计演化学习算法时需要重点考虑的问题。

除了交叉和变异，还有一些可能用到的繁衍策略。例如，可以将个体分组，每一组代表一个地域性种群，除了在地域性种群内部进行交叉和变异，还允许不同组间的"移民"和"通婚"，从而提高整个种群的丰富性。同时，新一代个体可以合并或重新分组，一些地域种群也可以产生或消亡。这些**组策略**将基因层的演化扩展到种群层，可减小因近亲繁殖导致的整个种群质量下降。[7]

有些 GA 算法为了保证前一代的优质个体不会因交叉和变异过程中的随机性而丢失，在繁衍过程中强制将上一代若干最好的个体复制到下一代。这种方法称为**精英策略**(Elitism)。[30]

GA 只是生物进化过程的模拟，其具体实现方法未必需要完全符合生物属性。事实上，一些繁衍策略虽然与生物属性相悖，但依然可以得到较好的效果。例如可以允许多个父本基因共同交叉繁衍生成后代，这种多性繁殖在生物界是不存在的，但在 GA 中却可得到不错的性能。[165,623]

4. 进化结束条件

和传统基于推理的迭代优化过程(如 EM、变分法等)不同，GA 的收敛性是无法保证的，因此需要设定一些结束条件来判断进化过程是否需要结束。如何设计结束条件也与任务相关，一些常见的结束条件包括：

(1) 进化已经达到指定的最大迭代次数；

(2) 当前种群中已经发现了让人满意的个体；

(3) 最近几代种群中没有发现更好的个体；

(4) 达到与任务相关的其他限制，如运行时间，资源消耗等。

根据上述结束条件完成的 GA 过程并不能保证得到满意的解，因此通常要对 GA 运行若干次以判断得到的解是否可靠。如果多次运行得到类似的结果，则说明当前解有很大可能是优化解。注意 GA 一般用于求解形式复杂的问题，因此当训练数据较少时容易产生过拟合。为了防止过拟合，可以利用开发集来控制生成解的质量。

5. 参数调节

与大多数机器学习方法一样，GA 需要对参数进行合理设置。这些参数包括：①种群的大小；②个体选择的概率形式；③交叉和变异策略中的随机性；④最大迭代次数。根据目标任务的性质和适应函数的具体形式，这些参数对算法的影响程度也各不相同，通常可以基于一个开发集来确定这些参数。因为 GA 算法本身的随机性，可能需要多次运行 GA 过程来确认某一参数的影响。同时，研究者还提出一些自适应参数方法,例如,利用当前种群的适应性或聚类信息调节交叉和变异策略的随机性。这种对 GA 参数做自适应调节的方法称为**自适应 GA**(Adaptive GA)。[623]

9.2.3 进化理论

直观上,GA 每次生成新种群时都会选择质量较高的个体(个体选择),并基于这些高质量个体进行繁衍(交叉和变异)。因此,可以想象 GA 的演化过程会逐步提高种群的整体质量。但是,在理论上说明 GA 的有效性并不容易。研究者在这方面进行了一系列探索,发现在某些简单场景下(如较简单的基因表示、较简单的繁衍策略、较简单的适应函数等),是可以建立起表达 GA 过程的理论模型的。本节以 Holland 的超平面随机采样(Hyperplane Sampling)理论[285]为例,说明 GA 的有效性。

超平面随机采样理论将个体空间(对应搜索空间)分成多个不同阶的超平面,每个超平面包含当前种群中的若干个体(可称为代表样本),将这些个体的适应函数值进行平均计算,即得到该超平面的适应函数。可以证明,GA 中的个体选择过程事实上是以一定概率对所有超平面进行同步采样的过程,其中每个超平面获得样本点的概率正比于该超平面的适应函数,即一个超平面的适应函数平均值越大,该超平面在中间种群中的代表样本越多。交叉和变异操作在这一采样的基础上调整采样概率,在提高样本多样性的同时,保证在每个超平面上的采样概率与适应函数的正比关系不会偏离过远。因此,GA 迭代过程使得种群中的个体向适应函数高的超平面聚拢。

以三维搜索空间为例,设基因的二进制编码为$[b_1b_2b_3]$,则搜索空间可表示为三维空间中的一个立方体,如图 9-4 所示。如果允许该编码中的一位或两位取任意值并用通配符 * 表示,则该编码可代表一个样本集合,这些样本分布在一个超平面上。超平面的阶数由编码中非通配符的个数确定,含有一个非通配符的编码代表一阶超平面,含有 n 个非通配符的编码代表 n 阶超平面。例如[1 * 0]是一个二阶超平面,在图 9-4 中表示为蓝色边;[* * 1]为一个一阶超平面,在图 9-4 中表示为桔色平面。很容易看到,对一个长为 L 的二进制编码,可以定义 3^L-1 个超平面,因为每一位都有 0、1、* 三种选择,而[* * *]作为全空间不计入超平面中。

在一个高维空间中进行搜索有组合爆炸问题。GA 算法用种群中的个体对搜索空间中的超平面进行采样,由于每个个体都属于 2^L-1 个超平面(每一位或保留原值,或被 * 代替,且不记所有位为 * 的全空间特例),因此对任意一个个体计算其适应函数时,相当于对 2^L-1 个超平面同时加入一个采样值。如果一个超平面 H 的适应函数为 $\bar{f}_H$,而该超平面内的采样数为 c_H,则希望经过个体选择后,H 内的采样向 $\bar{f}_H$ 较大的方向调整。如果采用余量随机采样策略,则可发现中间种群内每个超平面 H 的采样个数 c'_H 将接近 $\bar{f}_H \times c_H$。图 9-5 给出一个例子。由图中可知,中间种群在每个超平面上的采样数与基于适应函数计算得到的期望采样数非

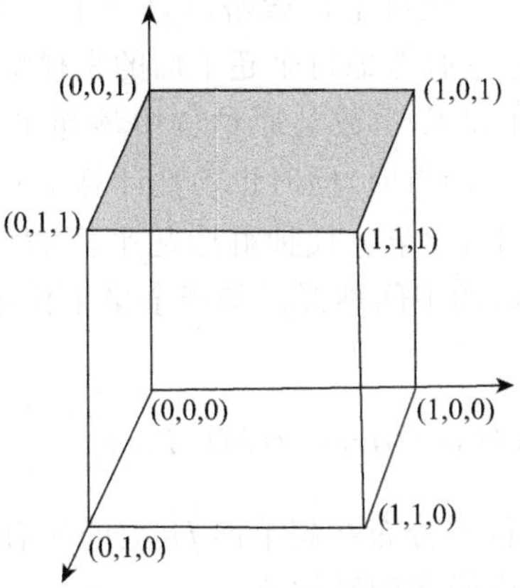

图 9-4 彩图

图 9-4 三维空间中的二进制编码和超平面

注：立方体的每个顶点代表一个个体的基因编码，每条线段为一个二阶超平面，每个平面为一个一阶超平面。例如，蓝色边表示以[1 * 0]为编码的二阶超平面，桔色面表示以[* * 1]为编码的一阶超平面。

Schemata and Fitness Values									
Schema	Mean	Count	Expect	Obs	Schema	Mean	Count	Expect	Obs
101*…*	1.70	2	3.4	3	00 **…*	0.967	6	5.8	4
111 *…*	1.70	2	3.4	4	0 ***…*	0.933	12	11.2	10
1 * 1 *…*	1.70	4	6.8	7	011 *…*	0.900	3	2.7	4
* 01 *…*	1.38	5	6.9	6	010 *…*	0.900	3	2.7	2
** 1 *…*	1.30	10	13.0	14	01 **…*	0.900	6	5.4	6
* 11 *…*	1.22	5	6.1	8	0 * 0 *…*	0.833	6	5.0	3
11 **…*	1.175	4	4.7	6	* 10 *…*	0.800	5	4.0	4
001 *…*	1.166	3	3.5	3	000 *…*	0.767	3	2.3	1
1 ***…*	1.089	9	9.8	11	** 0 *…*	0.727	11	8.0	7
0 * 1 *…*	1.033	6	6.2	7	* 00 *…*	0.667	6	4.0	3
10 **…*	1.020	5	5.1	5	110 *…*	0.650	2	1.3	2
* 1 **…*	1.010	10	10.1	12	1 * 0 *…*	0.600	5	3.0	4
****…*	1.000	21	21.0	21	100 *…*	0.566	3	1.70	2
* 0 **…*	0.991	11	10.9	9					

图 9-5 每个超平面(由 Schema 表示)的适应函数均值(Mean)、当前种群的采样数(Count)、期望采样数(Expect)和基于余量随机采样策略生成的中间种群在该超平面上的实际采样数

注：从图中可知，这些变量间具有以下关系：期望采样数=适应函数×当前种群采样数(Count)。图片来自文献[32]。

常接近。需要注意的是，余量随机采样策略以每一个个体的适应函数值为基础进行个体复制和随机生成，并没有考虑每个超平面的采样情况，但这一策略确实使得经过个体选择后，超平面上的样本数与原种群中该超平面的适应函数值成正比。这意味着计算每个个体适应函数时，同时也隐性计算了所有超平面的适应函数值。

上述结论可形式化如下：设第 t 代种群中超平面 H 上的采样数为 $M(H,t)$，$t+inter$ 为经过个体选择后的中间种群。基于余量采样策略的个体复制方式可以得到

$$M(H,t+inter)=M(H,t)\frac{f(H,t)}{\bar{f}} \tag{9.1}$$

其中，$f(H,t)$ 为第 t 代种群中分布在超平面 H 上的所有采样的适应函数平均值，$\bar{f}$ 为种群中所有样本的适应函数的平均值。

需要注意的是，个体选择仅是当前种群中个体的复制，这一复制机制可能会改变每个超平面上采样的分布，但不会产生新采样。为了产生新采样，需要引入繁衍策略。首先考虑交叉繁衍。为简便起见，仅考虑单点交叉策略，即随机选择一个交叉点，将两个父本基因在该交叉点处同时切断，再互相交换基因片段重新组合，如图 9-3(a)所示。

考虑某一个超平面 H，考察单点交叉策略如何影响在该超平面上的采样。首先注意到，当执行完交叉策略后，如果产生的个体不在该超平面上，则会对该超平面产生“破坏”，即降低下一代种群在该超平面上的概率。显然，对于一阶超平面，任何交叉策略都不会对该超平面上的分布产生影响，因为交叉后生成的个体里总有一个保持在原超平面上。例如一阶超平面[1 * * * *]，不论采用何种交叉策略，以该超平面中某一样本作为其中一个父样本，交叉后生成的子样本里总有一个样本的第一位是 1，不论另一个父样本是否也属于该超平面。

对于二阶以上的超平面，交叉策略会使生成的子样本脱离该超平面，因而对超平面产生破坏。对不同阶的超平面，这种破坏程度是不同的，即使对同阶超平面，当非通配符所处的位置不同时，交叉策略产生的破坏也是不同的。例如下面两个超平面：

[11 * * * * * *][1 * * * * * * 1]

对于第一个超平面，如果交叉点选在第 2 个“1”之后，则产生的子样本总会有一个在该超平面上，而对于第二个超平面，交叉点选在任何位置都可能产生两个不属于该超平面的子样本。为描述不同模式的超平面在交叉策略下的破坏程度，定义超平面 H 的相隔距离(Defining Length)$\Delta(H)$为 H 的编码中第一个非通配符位和最后一个非通配符位的距离。例如，[* 1 * * 0 *]的相隔距离为 3，[* * 1 * * * * 0 * * * 1]的相隔距离为 9。交叉策略产生的破坏与 $\Delta(H)$有正比关系，即

$$\bar{h}=\frac{\Delta(H)}{L-1}$$

$\bar{h}$ 为交叉策略产生的破坏，L 为基因的编码长度。注意，在交叉操作中，两个父样本中必然有一个会从 H 中随机选择，因此只有当另一个父样本不在该超平面上时，才会产生破坏，因此有

$$\bar{h}=\frac{\Delta(H)}{L-1}(1-p'(H,t))$$

其中，$p'(H,t)$为超平面 H 上的所有样本在中间种群中所占的比例。由式(9.1)可知

$$p'(H,t)=p(H,t)\frac{f(H,t)}{\bar{f}}$$

其中，$p(H,t)$是在第 t 代种群中的样本分布在超平面 H 上的比例，因此有

$$\bar{h}=\frac{\Delta(H)}{L-1}\left(1-p(H,t)\frac{f(H,t)}{\bar{f}}\right) \tag{9.2}$$

从式(9.2)可以看到交叉操作具有随机性。设每个样本有 p_c 的概率参与交叉操作，对不参与交叉操作的样本进行直接复制，则有第 $t+1$ 代种群中分布在超平面 H 上采样个数为

$$M(H,t+1)\geqslant(1-p_c)M(H,t)\frac{f(H,t)}{\bar{f}}+p_c\left[M(H,t)\frac{f(H,t)}{\bar{f}}(1-\bar{h})\right] \tag{9.3}$$

式(9.3)之所以是一个不等式，原因在于上述计算得到的交叉操作所带来的破坏是一个上界。事实上，某些看起来会带来破坏的操作可能不会带来破坏。例如对超平面[11＊＊＊]，当该平面中的样本与[10000]做交叉操作且交叉点选在第一位之后时，所生成的后代依然有一个在原超平面内。将式(9.2)代入式(9.3)，整理可得

$$p(H,t+1)\geqslant p(H,t)\frac{f(H,t)}{\bar{f}}\left[1-p_c\frac{\Delta(H)}{L-1}\left(1-p(H,t)\frac{f(H,t)}{\bar{f}}\right)\right]$$

上式称为基于单点交叉的 Schema 定理。[720]

进一步考察变异操作产生的破坏。设每一个基因位的变异概率为 p_m，并记超平面 H 的阶数(即基因编码中非＊的个数)为 $o(H)$。首先注意到对 H 中任何非＊字符(0 或 1)的变异都会导致破坏，因此不被破坏的概率为$(1-p_m)^{o(H)}$。由于交叉和变异这两种操作是独立进行的，只有两者都不产生破坏时才能保证繁衍过程不产生破坏，因此两者的概率是乘积关系。由此可得到以下基于单点交叉和随机变异的 Schema 定理[720]：

$$p(H,t+1)\geqslant p(H,t)\frac{f(H,t)}{\bar{f}}\left[1-p_c\frac{\Delta(H)}{L-1}\left(1-p(H,t)\frac{f(H,t)}{\bar{f}}\right)\right](1-p_m)^{o(H)}$$

通过 Schema 定理的推导过程，可以看到 GA 算法通过个体选择来调整在各个超平面的采样比例，使采样向适应函数更高的超平面聚集；同时，交叉和变异操作

在提供新样本的同时，使任意一个超平面上所包含的采样比例满足一个下界。这一过程也可以理解为一种 **Divide and Conquer** 方法：低阶的、低相隔距离的、具有较高适应函数值的超平面被越来越多地采样、繁衍，并成为构造高阶超平面的模块（称为 Building Block）。因为具有较高的适应函数值，GA 的采样过程保证这些模块被更多样本所代表；由于较低的相隔距离，交叉繁衍过程不易对其产生破坏；由于具有低阶性，这些模块可以互相组合（注意，不是交叉操作），形成高质量的高阶模块，从而得到更具体的解空间。

Schema 定理提供了一个 GA 过程的理论解释，具有很强的指导意义。但是，这一理论也有很大的局限性，特别是它没有考虑在繁衍过程中各个超平面之间的相互关系，因此很难得到对 GA 趋势的全局性判断。另一个问题是这一理论对变异策略在 GA 中的作用解释不足，由 Schema 定理，变异操作是一种指数级的破坏（$(1-p_m)^{o(H)}$），这一破坏尤其会影响较低相隔距离的优质模块，从而导致第 $t+1$ 代种群在各个超平面上的分布显著偏离第 t 代种群，引起算法不稳定。然而，在现实应用中，如果没有这种破坏，GA 过程可能很快便进入局部最优，产生**未成熟收敛**（Prematurely Converge）现象。[393] 很多研究者发现，变异操作可减少这种局部收敛的概率。事实上，即使只使用变异操作，也可以得到扩展性较好的解。

9.3 遗传编程

标准 GA 的操作对象是数据，如模型的参数或搜索任务中的路径。如果将操作对象换作一组连续操作，并基于类似的演化原则，即可实现对操作过程的学习。这种基于演化原则对操作过程进行学习的方法称为**遗传编程**（Genetic Programming，GP）。[32] 如果将 GA 比作选择积木的方法，GP 则是给定一批积木，学习如何搭出一个房子的过程。GP 可以认为是 GA 的扩展。

9.3.1 算法基础

在 GP 中，每个个体对应一个算法流程，GP 的目的是搜索一个有效的算法，使运行该算法时得到的收益最大化。图 9-6 给出这一搜索过程：①初始化一个种群，种群中每个个体对应一个算法；②对这些个体根据适应函数进行个体选择，其中算法的适应函数值通过运行该算法产生的结果进行计算；③选择完成后，应用交叉繁衍和个体变异策略生成新个体，得到下一代种群；④上述个体选择和种群繁衍过程迭代进行，直到得到质量足够好的算法。GP 的演化过程和 GA 是一样的，只是在个体对象和适应函数的定义上有所区别。

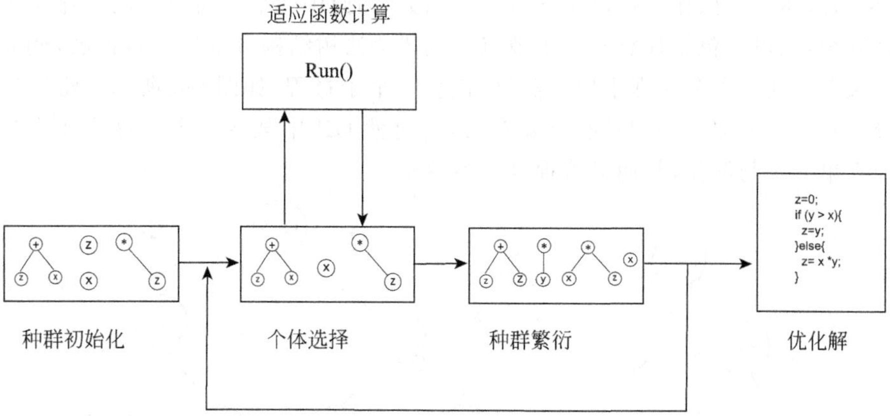

图 9-6 GP 基本框架

注：初始化一个种群，其中每个个体对应一个算法。运行每个个体对应的算法，根据该算法的输出结果确定该个体的适应函数值。基于该适应函数值进行个体选择，并应用交叉和变异操作生成新个体，形成下一代种群。经过反复迭代，即可得到优化的种群，其中最优个体对应的算法即为优化算法。

1. 基因编码

GP 中最重要的问题是如何对算法流程进行编码。与 GA 不同，GP 中的每个个体对应一个计算过程，这一过程包含丰富的语义信息，如何对这些信息进行编码至关重要。语法树编码是 GP 中常用的编码方式。该编码的符号集包括若干操作符和操作对象，基于某种表示原则，将这些符号用树结构（**语法树**）组织起来即可表示一个算法流程。图 9-7 给出了一个语法树的例子，其中每个中间节点代表一个操作符，该操作符对其子节点进行某种操作，并将结果送入父节点（也是操作符）进行上一层操作。上述语法规则定义完成后，每个语法树即对应唯一一个算法。注

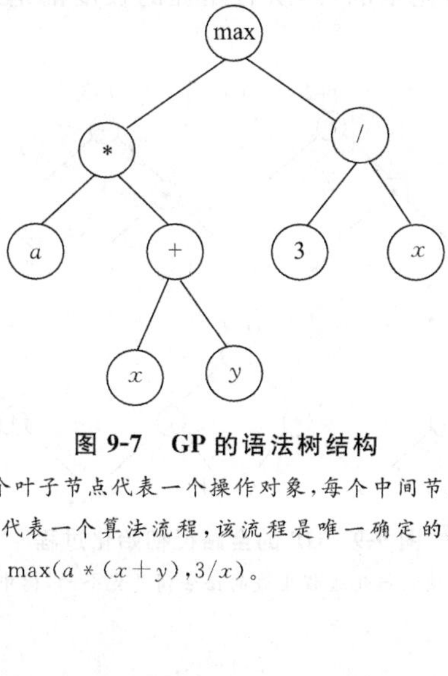

图 9-7 GP 的语法树结构

注：其中每个叶子节点代表一个操作对象，每个中间节点代表一个操作符。每棵语法树代表一个算法流程，该流程是唯一确定的。图中所示语法树对应的算法为 $\max(a*(x+y),3/x)$。

意，该语法树中的操作符可以是任意一个函数，因此中间节点所对应的操作符可能非常复杂，且可能包含任意多个子节点。上述语法树结构可以进一步扩展，例如可以令某个中间节点为一棵子树，该子树代表一个子过程，如图 9-8 所示。将语法树划分为有层次的嵌套结构具有重要意义，它可使 GP 中某些固定计算步骤作为一个独立单元参与演化，从而显著提高学习效率。

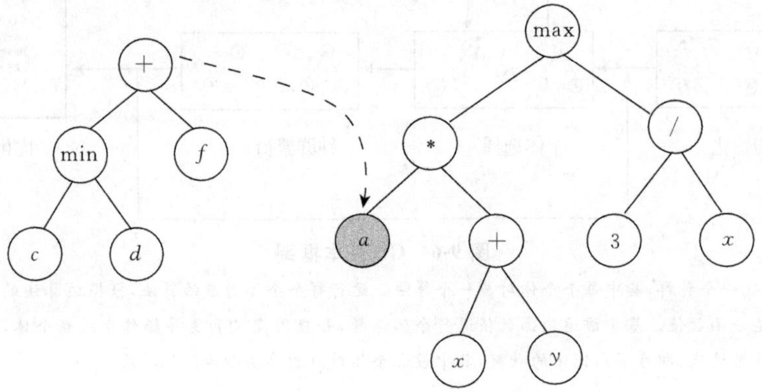

图 9-8　GP 中带子树的语法树结构

注：其中节点 a 为一棵子树，代表的子过程为 $a=\min(c,d)+f$。

2. 初始化

树状编码使 GP 的初始化更加复杂。较常用的初始化方法有**全路径初始化**和**增长型初始化两种**。不论哪种初始化，都需要指定树的深度 d，即从根节点到叶子节点的最长路径。例如，图 9-7 中编码树的深度为 3，最长路径为(max，*，+，x)和(max，*，+，y)。在全路径初始化中，对根节点出发到 $d-1$ 层的所有中间节点都随机选择一个操作符，对第 d 层的叶子节点随机选择操作对象。因此，这种初始化方法生成的语法树都是完全的，即所有路径的长度都是 d。图 9-9 给出全路径初始化的一个示例过程。

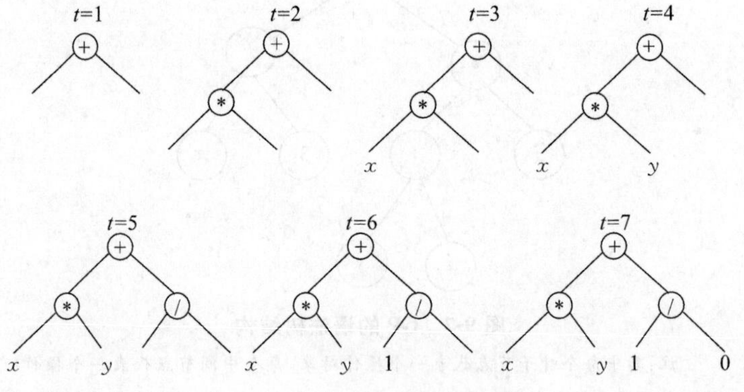

图 9-9　GP 的全路径初始化过程

注：t 表示生成步骤。该初始化过程生成的语法树是完全的，树中所有路径长度相等。

在增长型初始化方法中，生成每个节点时都有两种选择：生成一个操作对象或生成一个操作符。当选择操作对象时，该节点成为叶子节点；当选择一个操作符时，该节点成为中间节点。由于这一初始化方式生成的路径可能在任一节点上结束（叶子节点），因此生成的树是不完全的，有些路径长度小于 d。图 9-10 给出增长型初始化的一个示例过程。

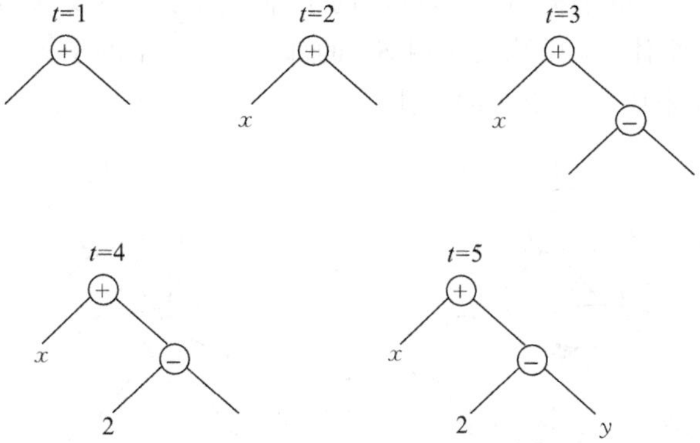

图 9-10　GP 的增长型初始化过程

注：t 表示生成步骤。该初始化过程生成的语法树是不完全的，树中路径长度不等。

对比上述两种初始化方式，全路径初始化生成的树更均衡，增长型初始化生成的树更有多样性。如果将两种方式结合起来，一半用全路径初始化，另一半用增长型初始化，可以综合两者的优点，得到更好的初始化种群，我们称为 Ramped Half-and-Half 初始化。其他初始化方式包括对所有可能的树结构做均匀采样[372]，或基于领域知识进行初始化。[11]

3. 个体选择

GA 中一般通过计算每个个体的适应函数值或适应性的相对排序来确定如何对个体进行选择，如余量随机采样方法，这一方法也可以用于 GP。GP 中每个个体是一段程序，因此需要运行每个个体所代表的程序，并通过运行结果确定个体的适应函数。这一过程通常比较耗时，不适合大规模 GP 学习。

GP 中常用的个体选择方法是**比武决胜法**（Tournament Selection，TS）。例如要选出一个样本执行变异操作，TS 方法在当前种群中随机选择一个子集，在子集中挑选一个最好的个体作为变异样本。这一方法不需要对所有样本计算适应函数值，因此计算量不受种群大小的影响；同时，由于只关注子集中的最好个体，而不是适应函数的具体值，因此可以用近似方法对适应性进行排序，而不必对每个个体计算复杂的适应函数。对交叉繁衍策略，同样可以用 TS 方法选出两个父样本。

TS 方法是一种保守进化方法，它不对当前种群中的最好个体做过度推荐，而是通过个体间的互相比较选择相对高质量的个体。这一方法更符合生物进化的实际情况，可以保持足够的个体多样性，特别适合较大规模种群的进化。

4. 交叉与变异

基于其树状编码，GP 中的交叉策略和 GA 中的交叉策略有显著区别。最常用的 GP 交叉策略是子树交叉。子树交叉策略是指在两个父样本的语法树 T_1 和 T_2 中各自随机确定一个交叉点 h_1 和 h_2，从 T_2 中截取以 h_2 为根节点的子树 S_{h_2} 替换 T_1 中以 h_1 为根节点的子树 S_{h_1}，形成新的个体。这一子树交叉策略如图 9-11 所示。图 9-11 中父个体 T_2 中除去子树 S_{h_2} 的部分和 T_1 中的子树 S_{h_1} 可以被丢弃不用，也可以组合起来成为一个新的个体。

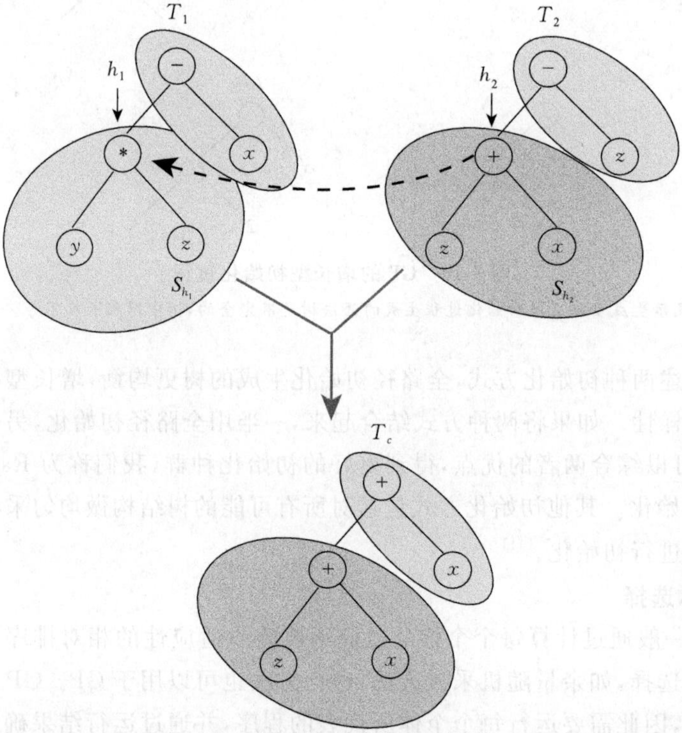

图 9-11 彩图

图 9-11　GP 的子树交叉策略

注：在两个父个体对应的树 T_1 和 T_2 中随机选择交叉点 h_1 和 h_2（红色箭头所示），T_1 的子树 S_{h_1} 被替换成 T_2 的子树 S_{h_2}，形成新的个体 T_c。T_1 和 T_2 中未被选择的部分（灰色阴影部分）被丢弃。

上述交叉策略依赖两个父样本中交叉点的选择。一般来说，我们希望控制交叉过程带来的随机性，因此需要替换的子树不能过大。一种方法是在选择交叉节点时考虑每个节点的子节点个数，包含子节点数越多的节点其子树越大，越不应该被轻易替换。基于这一思路，可以在节点上设计一个非均匀分布概率，使子树越大的子节点被选作交叉节点的概率越小，从而控制随机风险。

关于变异策略，一种常见的方法是随机选择一个变异点，将该变异点以下的子树重新随机生成。注意这一子树变异方式可认为是交叉策略的特例，其 T_2 为一个随机生成树，且交叉节点 h_2 是 T_2 的根节点。和交叉策略相似，在变异策略中也需要控制变异带来的随机性。另一种变异操作是单点变异，即只随机改变树中的某个节点，而不是重新初始化其子树。其他变异方式包括升级变异（Hoist Mutation）、缩减变异（Shrink Mutation）、置换变异（Permutation Mutation）等，具体可见文献[441]。一些早期研究者认为变异操作可能是不必要的，如 Koza[361]，但后来研究者发现以上小规模的变异是有价值的。现在一般认为绝大部分的操作应该是交叉操作（90%），只有极少数操作是变异操作（小于 1%）。

在上述初始化、交叉和变异操作中，需要认真考虑具体任务的语法和语义限制。例如，对语法树中任一中间节点所代表的操作，其所能接受的子节点在种类、值域、语义上都有一定限制。这些限制在初始化、交叉、变异等各个环节都需要认真考虑，以保证生成的新个体的合法性。

GP 演化过程中经常会看到一种突变（Bloat）现象：在 GP 初期，种群中个体的平均长度（语法树中的节点数）保持相对稳定，但经过一段时间的演化后，这一平均长度会突然急剧增长，但整个种群的适应函数值并没有显著提高。突变现象不仅加重了 GP 过程的计算负担，也降低了结果的可扩展性。研究者对这一现象进行了深入研究，提出了一系列理论解释，如基于 Schema 理论的种群平均长度理论。[521]一种控制突变现象的简单方法是对个体长度进行惩罚，降低个体选择过程中冗长个体的接受概率，或减少繁衍过程中冗长个体的生成概率。[757]

9.3.2 GP 高级话题

1. 线性编码

GP 不仅可以生成计算公式，更重要的是可以自动生成计算程序，该程序的每一步执行一项基本操作，执行完全部程序即可完成某一任务。通过对这一程序做演化学习，即可得到完成某一任务的计算方法，这相当于完成了自动编程。但是通用的树编码并不适合程序学习，主要原因有两点：①这种表达效率不高，特别是在做交叉或变异操作时比较复杂；②对语法树需要特别的解释器，通用性不够。程序指令通常用二进制表示，因此在程序学习中常用二进制编码代替树结构编码。这种二进制编码也称为**线性编码**。

和树结构编码不同的是，线性编码中不包含具体的操作数据，而是增加若干个寄存器结构，程序中的指令（对应基因位）从某些寄存器中读取数据，再将计算结果存回某一寄存器中。换句话说，线性编码中只包含操作指令，执行器将根据编码中保存的指令顺序执行。执行器可以是机器的 CPU，也可以是领域相关的指令解释器。一些典型的 GP 自动编程机可参考文献[362,190]。

基于上述二进制编码方式，交叉和变异操作变得相对简单。例如在交叉操作中，可以通过双交叉点方式在两个父基因上选择一个片段，这些片段在两个父本间进行交换以得到新个体。这种交互可以是等位的（即两个父本间对应位置的基因片段方可互换），也可以是非等位的。对于变异操作，可对某一位置指令进行随机替换，但需要保证替换后的指令满足程序的合法性要求（如寄存器的读取顺序、取值范围等）。

2. 图编码

前面提到过，模块化编程是提高 GP 性能的重要手段。模块化编程需要改变树编码结构，允许不同节点可以共享同一棵子树，如图 9-12 所示。可以看到，在图 9-12(a)所示的树结构编码中，两个灰色节点表示的子树具有相同结构，因此只需保留一棵子树，并将其连接到相关的节点上，形成如图 9-12(b)所示的图结构。这种允许子树共享的编码方式称为**图编码**。

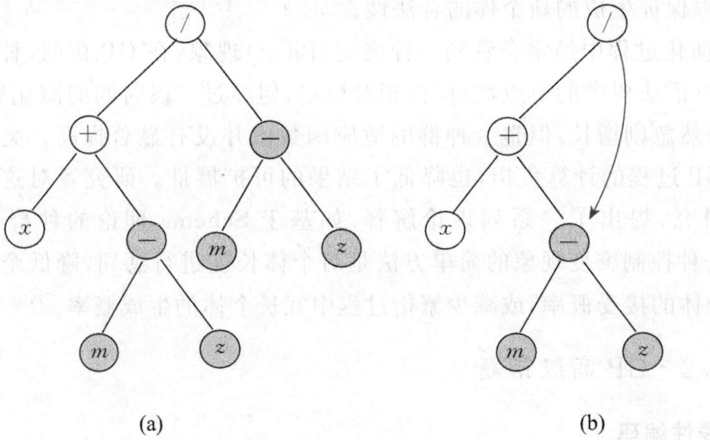

图 9-12　GP 的图编码方式

注：(a) 朴素树结构，其中两个灰色节点的子树是等价子树；(b) 等价图结构，两个节点连接到同一棵子树。

3. 概率 GP

传统 GA/GP 基于个体选择生成中间种群，并基于交叉和变异生成新种群。前面在讨论 Schema 定理时提到，这一过程相当于对具有较高适应函数的超平面给以更多采样。显然，这一采样过程是隐性的。一种可能的代替方法是不依赖选择、交叉、变异等具体进化操作，而是基于当前种群中个体的适应函数信息直接采样出新个体。这种方法虽然不依赖进化操作，但依然是一种种群进化方法，称为**概率 GP**。**概率估计算法**（Estimation of Distribution Algorithm，EDA）是一种典型的概率 GP 方法。这种方法基于当前种群信息估计一个采样分布，并基于该分布直接采样出下一代种群的个体。注意，这一采样分布随着种群的进化逐渐发生改变，使其越来越倾向于生成具有更高适应函数值的新个体。简单的EDA假设个体基因中所有基因位是互相独立的,复杂的EDA根据任务要求在基因位间建立适当的相关性。另外,将EDA应用到GP时,需要对每个基因位放置哪些操作符进行建模,或对不同操作符在基因中的相对位置进行建模。[377]

概率GP可以认为是一种软性语法和语义限制,因此根据概率生成的个体有更大可能是符合任务要求的合法个体,因而可减少错误生成率,提高采样效率。同时,也需要对每个个体做严格检查,保证其合法性。另一方面,也可以将任务信息作为一种语法和语义规则引入个体生成中,这些规则可以是确定的,也可以是随机的。这种根据知识生成的个体有更大概率是合法个体。一些研究者将语法和语义规则与概率GP结合起来,取得了不错的效果。[594]

4. GP的理论解释

前面讨论过GA的Schema理论,这一理论同样可用来解释GP过程。Schema理论将解空间分成众多超平面,并估计每个超平面上的随机样本数。[285]研究者扩展了这一理论来解释GP的动态行为特性。[519,520]其他对GP的理论解释包括马尔可夫模型和统计概率理论等。[143,533]这些GP理论有一定指导意义,但绝大多数理论都基于较强的假设,对复杂问题下的进化行为还缺乏有效理论。

9.3.3 其他演化学习方法

9.3.2小节介绍了GA,本节介绍了GP,这两者都基于同样的生物进化原则。基于这一原则的优化算法还有若干变体,这些变体只是在编码方式、适应函数计算、限制条件等方面有所差异。我们对这些方法不作展开说明,仅列举它们的一些主要特征。

- **进化编程**(Evolutionary Programming,EP)。与GP类似,但在生成计算程序时,不允许改变程序结构,只允许改变程序中的参数。[188] EP由Fogel在20世纪60年代提出,当时以一个有限状态机(FSM)为操作对象,通过EP选择合理的参数来提高FSM的预测能力。EP可以认为是GP的早期形式。
- **进化策略**(Evolution Strategy,ES)[61]。ES由Rochenberg[554]等在20世纪60年代提出。ES中一般采用浮点数编码,并以变异操作为主要演化工具。基本的ES种群中只保留一个个体,对父个体执行变异操作,直到得到一个比父个体更优的个体,即得到下一代种群。这一方法称为(1+1)−ES。在(1+λ)−ES中,执行变异操作得到λ个个体,这些个体参与选择,最优个体被保留到下一代,当前个体被丢弃。ES算法事实上是GA的早期形式。
- **基因表达编程**(Gene Expression Programming,GEP)是一种基于线性编码的GP方法。[178]与标准线性编码GP不同,GEP的编码是等长的,且编码中只有部分基因片段可被表达成个体(即生成语法树)。因此一个GEP的基因可表达多个不等长的算法。这类似于人类基因中只有少部分在成长过程中被表达出来,同样的基因在发展过程中会生成不同性状的个体(如双胞胎)。在进化算法中,基因编码形式通常称为 Genotype,由该编码表达出的个体通常称为 Genetype。GEP 即是用定长的 Genotype 表达不定长的 Genetype 的 GP 方法。

- **差异进化**(Differential Evolution,DE)。DE 是另一种简单的演化学习方法,[626]这一方法多用于数值优化算法中。简单的 DE 算法从种群中随机选取 4 个个体,每个个体是一个数值向量,记为 $\boldsymbol{x},\boldsymbol{a},\boldsymbol{b},\boldsymbol{c}$。计算 $\boldsymbol{y}=\boldsymbol{a}+\mu\times(\boldsymbol{b}-\boldsymbol{c})$,其中 $\mu\in[0,2]$。将 $\boldsymbol{x}$ 与 $\boldsymbol{y}$ 做随机交叉,其中每一维的交叉操作都是独立随机的。如果将这一过程视为 $\boldsymbol{x}$ 与 $\boldsymbol{a},\boldsymbol{b},\boldsymbol{c}$ 的交叉,就相当于包含多个父个体的交叉演化策略。
- **神经进化**(Neuro Evolution,NE)。NE 类似于 GP 和 EP,但其操作对象为一个神经网络,利用演化学习策略生成神经网络的参数和结构。[185]传统神经网络学习一般采用基于梯度下降的 BP 算法,这一方法无法改变网络结构,且对包含非连续激活函数的复杂网络无法训练。基于 NE,只需随机采样出神经网络的结构和参数,并确定这些网络在特定任务上的性能,即可选出优化的网络。基于此,NE 已经被用来学习一些复杂特异的网络,如基于冲激序列的仿生神经网络。[215,329]
- **分类器学习系统**(Learning Classifier System,LCS)。LCS 最早由 John Henry Holland 提出,用 GA 算法生成人类可读的规则。[286]提取规则主要有两种方法:①基于在线学习模型,从训练样本中总结出一些显著规则,并通过剪裁进行压缩,形成精减的规则集,这一方法称为 Michigan-style LCS;②20 世纪 80 年代,Kenneth de Jong 和 Stephen Smith 用离线学习方法提取规则[683],这一方法称为 Pittsburgh-style LCS。不论哪种方法,早期的 LCS 都试图通过训练数据总结一系列形如 IF-THEN 的规则,并对规则的适用性进行赋值。特别重要的是,这些规则首先从训练数据样例中得到,并通过演化策略进行扩展。20 世纪 90 年代,Wilson 进一步发展了 LCS 系统,引入 Q-learning 算法中的反馈信号作为适应函数,使之可以处理强化学习任务。[726]

9.4 群体学习方法

前面讨论的演化学习算法主要模拟生物的进化过程,这一过程的重要特征之一是**群体学习**,通过种群间不同个体互相交换信息协调种群的整体优化方向。这一群体学习方式不仅体现在遗传进化过程中,也是许多物种的日常生活方式。一般来说，群居物种都具有某些特定的协同行为方式，这种协同行为具有**自组织性**和**分工合作**两种属性。自组织性通过个体间的局部交互行为形成群体行为方式。这些个体交互包括正向反馈（如个体间互相跟随）、负向反馈（如猎食时的互相竞争）等。分工合作通常使种群的工作效率更高，这些基于个体交互衍生出的群体行为往往比个体行为更有目的性，因此也称为**群体智能**（Swarm Intelligence）。[72]

本节介绍几种基于群体智能的优化算法，这些算法严格来说不算演化学习，但在思路和目标上都与演化学习有很强的相关性。例如，它们都基于适应函数对个体进行选择，都依赖某种随机性搜索解空间以对抗暴力搜索中的组合爆炸。

9.4.1 蚁群优化算法

Dorigo 于 1992 年提出**蚁群优化算法**（Ant Colony Optimization，ACO）来解决图上的路径搜索问题。[161] 目前，ACO 已经被广泛用于组合优化任务中，如资源规划[36,198]、路径规划[585,159]、任务分配[548]、图像处理[443]等。

ACO 算法模拟蚁群寻找目标的行为方式：每只蚂蚁在找到一条有效路径后，会在路上洒下信息素，信息素的多少与路径长短（或其他激励）相关；其它蚂蚁会依局部目标的远近和前面同伴留下信息素的多少决定往哪个方向寻找。这一搜索可顺序分批进行，每一次放出一批蚂蚁，该批蚂蚁搜索完成后在路径上留下信息素，作为下一批蚂蚁寻找路径的先验知识。经过多轮搜索，蚂蚁们即可找到高质量的优化路径。信息素是蚂蚁间进行个体交互的主要方式，也是蚁群协调行动的重要机制。相应的，将历史搜索结果作为先验信息指导后续搜索，是 ACO 算法的主要特征。

以旅行商问题为例来说明 ACO 的具体步骤。旅行商问题（Traveling Salesman Problem，TSP）的目的是在地图上寻找一条最短路径，这条路径通过所有城市，且每个城市只去一次。ACO 用以下步骤解决 TSP。

(1) 初始化所有城市间的信息素为一个小量 $\tau_{ij}=\delta$，其中 i、j 代表城市编号。

(2) 选择 N 只蚂蚁，从初始点开始尝试进行路径搜索。搜索的每一步根据以下概率选择目标城市：

$$p_{ij} \propto \tau_{ij}^{\beta} / d_{ij}^{\alpha}$$

其中，d_{ij} 为城市 i、j 之间的路径长度，α、β 为参数。注意在选择目标城市时，还需加入 TSP 问题的具体限制，即每个蚂蚁每个城市只能去一次。

(3) 待所有 N 只蚂蚁工作完成后，每只蚂蚁得到一条完整合法的旅行路线。此时更新路径的信息素如下：

$$\tau_{ij} = (1-\rho)\tau_{ij} + \rho \sum_{n=1}^{N} \delta_{ij \in \xi_n} \frac{1}{L_n}$$

其中，ρ 是更新参数（对应前一批蚂蚁留下的信息素的挥发系数），ξ_n 代表第 n 只蚂蚁走过的路径，L_n 代表 ξ_n 的总长度。上式表明，哪只蚂蚁发现的路径越短，它留下的信息素就越多。

(4) 返回到第 2 步，派出下一批蚂蚁重新开始路径搜索。由于前一批蚂蚁已经留下了很多有价值的信息，新的搜索空间会更加优化。

类似 TSP 的组合优化问题一般采用启发搜索或 GA 等方法求解。和这些方法相比，ACO 的一个优点是它具有动态学习能力。例如，当路径中加入堵车、商品价格变化等因素，TSP 问题的最优解将随时间动态发生变化。ACO 可通过派出新蚁群实现对新环境的适应学习。

值得一提的是，ACO 与前面提到的 EDA 有相似之处，二者都是利用当前信息对解空间做概率估计，并基于该概率生成可供继续搜索的候选解。ACO 与 EDA 的不同在于，EDA 基于上述概率信息直接生成解空间采样，而 ACO 将上述概率与历史信息结合起来，更新局部路径的概率值，再基于该局部概率进行解空间采样。

9.4.2　人工蜂群算法

人工蜂群算法(Artificial Bee Colony Algorithm，ABCA)是另一种群体优化方法。[326] ABC 算法模拟蜂群的工作方式。一个蜂群系统包括三类职能的蜜蜂：采蜜蜂(Employed Bee)、驻守蜂(Outlook Bee)和巡逻蜂(Scout Bee)。开始时，有若干巡逻蜂被派出去寻找蜜源，一旦找到蜜源即开始采蜜，这些巡逻蜂相应转化成采蜜蜂。这些采蜜蜂把采到的蜜带回蜂巢，并通过舞蹈把蜜源信息共享给驻守蜂。驻守蜂得到蜜源消息后，依蜜源的质量随机选择不同蜜源进行采蜜。蜜源的质量越好，跟随去采蜜的驻守蜂越多。当蜜源被开采到一定程度，其质量会逐渐下降，直到没有开采价值后被放弃。这时一些蜜蜂再次转变成巡逻蜂，飞出去寻找新的蜜源。①

ABC 算法借鉴蜂群的这一行为方式解决优化任务。将每个蜜源认为是一个可能的解空间，这一解空间中的每个解都有一个相应的适应函数。采蜜过程相当于在这一解空间中发掘可能的解，只要不断有更好的解被发现，就意味着这一蜜源没有枯竭。每个解空间中的信息，即最优解的质量由采蜜蜂带回；驻守蜂们基于这些信息去不同解空间做进一步优化，其中对解空间的选择概率正比于该解空间中最优解的适应函数。如果一个解空间长期没有发现更好的解，意味着该蜜源已经枯竭，则丢掉该解空间，并随机选择一个新的解空间重新搜索。这一蜂群算法的基本流程可以有很多变种，算法 9-1 给出一种简单的实现方法，其中 f 是要最大化的适应函数。

---

① http://www.scholarpedia.org/article/Artificial_bee_colony_algorithm.

算法 9-1　Artificial Bee Colony（ABC）优化算法

1　Input：N, M, γ；

2　$x_n = \text{Rand}()$；$n = 1, \cdots, N$；$c_n = 0$；$n = 1, \cdots, N$；

3　**While** True **do**

4　　**for** $n := 1$ *to* N **do**

5　　　$p_n = \dfrac{f(x_n)}{\sum\limits_i f(x_i)}$；　　　//fraction of outlookers to source n

6　　　$M_n = Rand(M, p_n)$；　　　//number of outlookers to source n

7　　　$x_n' = x_n$；

8　　　**for** $m := 1$ *to* M_n **do**

9　　　　$j = \text{Random}(1, N)$；　$j \neq n$

10　　　　$\alpha = \text{Random}(-1, 1)$；

11　　　　$y_n = x_n' + \alpha(x_n' - x_j)$；

12　　　　**if** $f(y_n) > f(x_n')$ **then**

13　　　　　$x_n' = y_n$；$c_n = 0$；

14　　　　**end**

15　　　**end**

16　　　**if** $f(x_n') > f(x_n)$ **then**

17　　　　$x_n = x_n'$；　　//update the honey source if better found

18　　　**end**

19　　　**else**

20　　　　$c_n = c_n + 1$；　　//update the extinction clock

21　　　**end**

22　　　**if** $c_n = \gamma$ **then**

23　　　　$x_n = \text{Rand}()$；

24　　　　$c_n = 0$；

25　　　**end**

26　　**end**

27　　**if** Converged() **then**

28　　　break；

29　　**end**

30　**end**

31　Output：$\text{argmax}_{x_n} f(x_n)$；

注：算法的目的是对适应函数 f 最大化。N 为解空间个数（蜜源个数）；M 为在各个解空间寻找新解的总个数（驻守蜂个数）；α 为生成新解的插值参数；γ 为放弃解空间需要的迭代次数；x_i 是第 i 个解空间的最优解；$f(x)$ 为解 x 的适应函数；c_i 是第 i 个解空间未找到更优解的次数。当 c_i 达到 γ 时，说明第 x_i 已经几次迭代没有更新（相当于蜜源已经枯竭），因此要被放弃重新采样。Converged() 是判断迭代是否收敛的函数。$\text{Rand}(M, p_i)$ 依概率 p_i 确定在第 i 个解空间中搜索新解的个数。

还有一种模拟蜂群行为的优化算法由 Pham 在 2005 提出，称为 Bees Algorithm(BA)。[516]这一算法和 ABC 算法的思想基本一致，但实现方法有以下差别：①BA 算法中采蜜蜂和驻守蜂会在自己选定的蜜源附近随机搜索，而 ABC 借用其他蜜源的位置进行搜索；②BA 算法中如果某个蜜源在某次迭代中没有找到更优解，下次搜索时会缩小搜索范围。因此，当几次搜索都无法找到更优解时，当前蜜源位置即为局部最优解，不必继续搜索；③BA 算法将蜜源分成优质蜜源、有价值蜜源和无价值蜜源，对优质蜜源指派更多驻守蜂去发掘，对无价值蜜源则直接丢弃，重新派巡逻蜂寻找新蜜源。①

9.4.3 粒子群算法

粒子群算法(Particle Swarm Optimization，PSO)是一种模拟羊群或鱼群的群体行为的优化方法。[334,603]这些动物在行动时，单个个体的动作方向同时受到个体知识和全局认知的影响。全局认知是个体组合成群，统一行动的原因，而个体知识提供了个体方向上的随机性，这些个体随机性是群体随机性的基础。如果将方向选择看作对目标的搜索决策，则可得到 PSO 算法。在该方法中，全局认知提供了总体优化方向，而个体知识上的随机性提供了有效的搜索空间。简单的 PSO 算法如算法 9-2 所示，其优化目标是最大化适应函数 f。该算法包括以下步骤。

(1) 对每个个体 n 的位置 $\boldsymbol{x}_n$ 和目标优化方向 $\boldsymbol{v}_n$ 作随机初始化；

(2) 计算每个个体的适应函数 $f(\boldsymbol{x}_n)$，并初始化局部优化位置为 $\boldsymbol{p}_n=\boldsymbol{x}_n$；

(3) 对所有个体互相比较得到全局最优位置 $\boldsymbol{g}$；

(4) 对每个个体 n，基于局部最优位置 $\boldsymbol{p}_n$ 和全局最优位置 $\boldsymbol{g}$ 计算目标优化方向 $\boldsymbol{v}_n$；

(5) 对每个个体 n，如果目标优化方向 $\boldsymbol{v}_n$ 使这一个体的适应函数值增加，则接受该方向，并更新局部优化位置 $\boldsymbol{p}_n$；

(6) 更新全局优化位置 $\boldsymbol{g}$；

(7) 如果得到满意的全局最优解 $\boldsymbol{g}$，退出程序，否则回到步骤 4。

算法 9-2 PSO 算法

```
Input: N, K, ω, φ_p, φ_g;
Initialization: x_n = Rand(), v_n = Rand()    n=1,…,N;
//set local optimal p_n;
p_n = x_n;
//set global optimal g
g = argmax_{x_i} f(x_i)
While True do
```

① https://en.wikipedia.org/wiki/Bees_algorithm.

```
  //adjust each individual
  for n := 1 to N do
     //update each dimension (variable)of the update direction of each individual
     for k := 1 to K do
        r_p ~ U(0,1);
        r_g ~ U(0,1);
        v_nk = ω v_nk + φ_p r_p (p_nk − x_nk) + φ_g r_g (g_k − x_nk);
     end
     //update individual position
     x_n = x_n + v_n;
     //update local optimal
     if f(x_n) > f(p_n) then
        p_n = x_n;
     end
     //update global optimal
     g = argmax_{x_n} f(x_n);
  end
  //break if converged
  if Converged() then
     Break;
  end
end
Output: g;
```

注：算法的目的是对适应函数 f 最大化。N 为种群大小，K 为解的维度，$\boldsymbol{x}_n$ 为第 n 个个体的位置(候选解法)，$\boldsymbol{v}_n$ 为 第 n 个个体的优化方向，$\boldsymbol{p}_n$ 为第 n 个个体发现的最优解，$\boldsymbol{g}$ 为全局最优解，ω、ϕ_p、ϕ_g 为参数。

PSO 算法受参数影响较大。如果对全局最优解过于重视，则搜索有更强的总体方向，可以很快收敛，但容易陷入局部最优；如果对个体局部最优解过于重视，则搜索过于散乱，收敛较慢，但陷入局部最优的风险较小。研究者提出了各种方法对参数进行合理选择。[604,686]关于 PSO 算法的稳定性和收敛性问题也有很多相关研究。[122,73]

9.4.4　捕猎者搜索

捕猎者搜索(Hunting Search，HuS)是另一种基于群体行为的优化算法。[491]这一算法模拟狼群等群体性捕猎者的猎食行为，将每个捕猎者个体所在位置视为一个有效解，该解的目标函数值作为对应捕猎者的位置优势。HuS 初始化一组捕猎者作为候选解，找到位置最优的捕猎者作为领头捕猎者，所有捕猎者向领头捕猎者随机靠拢，如果靠拢后位置更优时，则停留在该位置，否则退回。到达新位置后，每个捕猎者对自己的位置做进一步调整，或者加入随机扰动，或者与其他捕猎者交换部分解（等价于 GA 中的变异和交叉操作）。上述过程重复进行，直到找到满意的群体最优解。为防止搜索陷入局部最优，HuS 可以设计一种群体重组策略，保持领头捕猎者不变，其余捕猎者重新随机选择位置。

9.4.5 萤火虫算法

萤火虫算法（Firefly Algorithm，FA）模拟萤火虫飞行时的互相吸引行为。[741] FA 将每个萤火虫的亮光对应为该萤火虫所对应解的目标函数值，并假设萤火虫间通过光亮互相吸引，亮度较低的萤火虫会受到亮度较高的萤火虫吸引，向更亮的萤火虫趋近；群体中最亮的个体不受其他个体吸引，自身随机搜索。FA 事实上是 PSO 的一种变种，只不过 PSO 中每个个体受到全局最优个体吸引，FA 中每个个体受到所有更优个体的吸引。

9.5 随机优化方法

群体优化方法基于个体间的信息交互实现群体学习。一些研究者认为这种群体信息交互具有重要意义，使得群体行为比个体行为更具有智能性。[72] 然而，有些研究者认为复杂的信息交互并不能带来明显的学习效率提高，至少就优化任务而言，随机性是更重要的内容，仅依靠随机性即可实现演化学习和群体学习的部分目标。本节将介绍几种典型的随机优化方法，其中模拟退火算法最为典型。

9.5.1 模拟退火算法

金属在加热时如果缓慢降温，会形成更大晶粒，表现出更好的物理特性，这一过程称为**退火**。**模拟退火算法**（Simulated Annealing，SA）模拟这一物理过程，通过一个温度参数调节优化过程中的随机性，使优化过程得以摆脱局部最优[346]。设目标是最小化某一函数 $f(\boldsymbol{x})$，并设当前解为 $\boldsymbol{x}$，需要寻找更好的解 $\boldsymbol{x}'$ 代替 $\boldsymbol{x}$。传统的爬山算法选择使梯度下降最大的 $\boldsymbol{x}'$。在模拟退火算法中，从 $\boldsymbol{x}$ 的邻域中随机生成一个新的解 $\boldsymbol{x}'$，对这一解设计一个接受概率 $p(\boldsymbol{x},\boldsymbol{x}',T)$，其中 T 是温度参数。重要的是，即使 $\boldsymbol{x}'$ 的函数值高于 $\boldsymbol{x}$（即 $\boldsymbol{x}'$ 质量低于 $\boldsymbol{x}$），$p(\boldsymbol{x},\boldsymbol{x}',T)$ 的取值依然大于零，意味着 $\boldsymbol{x}'$ 依然可能被接受。当然，$f(\boldsymbol{x}')-f(\boldsymbol{x})$ 越小，$p(\boldsymbol{x},\boldsymbol{x}',T)$ 越大。T 的作用是控制 $p(\boldsymbol{x},\boldsymbol{x}',T)$ 的形状，T 越大 $p(\boldsymbol{x},\boldsymbol{x}',T)$ 对 $\boldsymbol{x}'-\boldsymbol{x}$ 越不敏感。例如，$p(\boldsymbol{x},\boldsymbol{x}',T)$ 可定义如下：

$$p(\boldsymbol{x},\boldsymbol{x}',T)=\begin{cases}1 & f(\boldsymbol{x}')<f(\boldsymbol{x})\\ \mathrm{e}^{-(f(\boldsymbol{x}')-f(\boldsymbol{x}))/T} & \text{其他}\end{cases}$$

在模拟退火算法中，开始时对 T 设一个较大值，使一些质量较差的 $\boldsymbol{x}'$ 也有较高的接受概率，搜索过程相对混乱，但是这种混乱有利于在搜索初期摆脱局部最优。在持续优化过程中，T 的取值被逐渐降低，较差的解越来越难以被接受；如果 $T=0$，只有 $f(\boldsymbol{x}')<f(\boldsymbol{x})$ 的解会被接受，这时模拟退火算法等价于传统基于变异策略的 GA 算法。因为在算法初期已经有很大概率摆脱了较差的局部最优，后期找到的局部最优解往往质量较高。一个简单的退火优化流程如算法 9-3 所示。

算法 9-3　简单的模拟退火算法

```
Input: K;
Initialization: x = Rand();
//loop for K times
for k := 1 to K do
  //set temperature of the iteration
  T = 1 - (k - 1)/K;
  //search candidate solution x' around x
  x' = Rand(x);
  //test if x' is accepted
  u ~ U(0,1);
  if p(x, x', T) ≥ u then
    x = x';
  end
end
Output: x;
```

注：算法的目的是对 f 最小化。$U(0,1)$ 是 0～1 上的均匀分布。K 是最大迭代次数。

与演化学习、群体学习等方法相比，模拟退火算法非常简单，仅在搜索过程中引入了随机性。有研究者认为，这一算法在绝大部分情况下已经足以克服局部最优问题，并不需要使用 GA 或 PSO 这种复杂的群体优化方法。[614]①

9.5.2　杜鹃搜索

一些杜鹃将蛋产在别人的窝里，让别的鸟帮它们孵化后代。[510]为了提高自己子女的存活率，杜鹃妈妈会想办法把别的鸟蛋替换成自己的蛋。然而，这种偷换的杜鹃蛋也经常会被宿主鸟类发现，被清除出去。为此，杜鹃妈妈们想尽了各种办法来冒充宿主鸟类，在蛋的大小、颜色等方面进行模仿，甚至小杜鹃都会模仿宿主鸟的叫声，以增加自己被喂食的机会。

杜鹃搜索算法(Cuckoo Search，CS)是借鉴杜鹃的这种寄生行为设计的优化算法。[742]在这种算法中，每个杜鹃蛋代表一种解法，蛋的质量正比于该解法的适应函

① https://en.wikipedia.org/wiki/Genetic_algorithm.

数。假设有 N 个宿主巢，每生成一个新蛋，杜鹃妈妈随机选一个宿主巢 j，如果新蛋的质量高于该巢中原有蛋的质量，则用新蛋替换原来的蛋(相当于给出了更优解法)，反之则保持原巢中的蛋不变。每次放好新蛋后，为模拟被宿主发现的风险，对当前 N 个巢中的蛋做质量排序，以 p_a 为比例扔掉质量最差的蛋并随机生成新蛋。

CS 算法中比较重要是如何生成新蛋。一种简单的方法是每次基于布朗运动生成一个新方向，在新方向上的位移大小由一个高斯分布得到，即

$$\boldsymbol{x}^t = \boldsymbol{x}^{t-1} + \mu \boldsymbol{v}; \quad \mu \sim N(0, \sigma)$$

其中，$\boldsymbol{x}^t$ 是第 t 时刻生成的新蛋(即新生成的解)，$\boldsymbol{v}$ 是任一方向的单位随机向量。Yang 等人发现这种生成方式生成的 $\boldsymbol{x}^t$ 多样性不足，因此建议使用基于 Levy 分布的位移距离。[742]

CS 算法最大的好处是简单易实现，需要调节的参数少(仅有丢弃比例 p_a 一个参数)。注意 CS 算法中虽然生成了 N 个蛋，但群体学习特征并不明显，个体间的信息交换只是通过质量竞争，因此将之视为一种随机优化方法。

9.5.3 和声搜索

和声搜索(Harmony Search，HS)是受爵士乐演奏启发提出的一种优化方法。[204] 在该算法中，每个音乐家弹奏一种乐器，对应解中的一个变量(即搜索空间中的一个维度)，弹奏出的音符对应该变量的取值。所有音乐家一起弹奏，得到一个解，弹奏的和谐程度对应该解的目标函数值。HS 算法很简单：初始化若干解 $\{\boldsymbol{x}_i\}$，生成一个新的解 $\boldsymbol{x}'$ 时，对每一维 x'_j 随机独立生成，生成方式以一定概率 p 从现有解 $\{\boldsymbol{x}_i\}$ 的对应维度 $\{x_{ij}\}$ 中随机选择，或以概率 $1-p$ 随机生成。对从现有解中得到的 x'_j，还需加入一定噪声(高斯的或离散的)。如果 $\boldsymbol{x}'$ 优于现有解中质量最差的解，则替换该解，成为现有解集中的解。上述过程迭代进行，直到解集中解的质量不再提高为止。

HS 算法和 GA 算法有很强的相似性，事实上 $\boldsymbol{x}'$ 的生成过程包括了交叉和变异两种操作，只不过这里的交叉不是两个父本间的交叉，而是解集中所有个体的随机交叉。尽管存在这种个体间的信息交互，但这一交互仅用于生成新的解，因此群体学习特征并不明确。我们将 HS 归类为随机学习方法。

9.5.4 禁忌搜索

禁忌搜索(Tabu Search，TS)[223] 是一种组合搜索算法。该算法模拟人类头脑里的记忆功能，在搜索时基于当前局部最优解搜索附近的解，在搜索过程中对已经保存在记忆中的解不再考虑。一个简单的 TS 搜索过程如算法 9-4 所示，其中记忆是一种短时记忆，即超过一定时间的记忆将被丢弃。和杜鹃搜索、和声搜索类似，TS 只需依赖新解法的随机性，群体学习特点不明显，因此归类为随机优化方法。

算法 9-4　　简单的禁忌搜索

1　Input：K；

2　//init state

3　$x=$Rand()；

4　//init tabu list

5　$G=\{x\}$；

6　//init global optimal x_g and local optimal x_l

7　$x_g=x_l=x$；

8　**While** True **do**

9　　//search for the best around x_l and not in the tab list

10　　$f'=+\infty$；

11　　$x'=0$；

12　　**for** $x\in$Nb(x_l)**do**

13　　　**if** $(x\notin G)$and$(f(x)<f')$**then**

14　　　　$x'=x$；

15　　　　$f'=f(x)$；

16　　　**end**

17　　**end**

18　　//reset local optimal

19　　$x_l=x'$；

20　　//update global optimal

21　　**if** $f(x_l)<f(x_g)$ **then**

22　　　$x_g=x_l$；

23　　**end**

24　　//update tabu list，and purge the old memory

25　　$G=$Clean$(G\bigcup\{x_l\})$；

26　**end**

27　Output：x_g；

注：算法的目的是对 f 最小化。G 为禁忌列表，或历史记忆；x_g 和 x_l 分别为全局和局部优化点。Nb(·)是新样本生成函数。Clean(·)为对记忆的整理函数，如去掉超过一定时间的记忆。

9.6　本章小节

　　本章讨论了演化学习方法及其相关技术，包括群体学习方法和随机优化算法。我们首先讨论了最基本的演化学习方法——遗传算法（GA）。GA 包含了演化学习的所有基本概念：基于适应函数的个体选择、基于交叉和变异的种群繁衍、基于种群更迭的群体进化。其次讨论了 GA 的 Schema 理论，这一理论表明通过个体选择，种群中的个体会越来越集中到适应函数较高的搜索空间，而交叉和变异等繁衍操作在提供有效随机性的同时，使得新一代种群不会偏离上一代种群过远。

我们讨论了遗传编程(GP)。GP和GA的不同在于其种群中的个体不再局限于静态数据(模型参数或搜索路径)，而是对行为过程的编码。这意味着不仅可以学习既定模型的优化参数，而且可以学习完成某一任务的过程和方法。换句话说，GP可以突破人为设计的局限，只需给定任务目标，即可自主学习如何完成该目标的动作流程，实现自主编程。这种目标驱动的学习方式类似于在第3章讨论的神经图灵机(Neural Turing Machine，NTM)[239]或可微分神经计算机(Differentiable Neural Computer，DNC)。[240]不同的是，NTM/DNC是基于可微分的参数模型，用推理方法训练，而GP基于采样法和优化选择进行训练。另一个不同是NTM/DNC可以学习操作本身，而GP通常是在定义好的原操作上进行选择。GP与第10章要介绍的强化学习也具有某些方面的相似性，二者都是以目标为导向的过程学习，但强化学习会设计过程中各步骤之间的概率关系(如马尔可夫随机性)，因此可利用这些信息提高学习效率。GP没有结构化信息可利用，是纯粹的采样重试，效率较低，但应用范围更广。

我们进一步讨论了若干群体学习方法。这些群体学习方法不具有生物进化的背景，但绝大多数方法模拟了生物种群的某些行为，如蚂蚁和蜜蜂的觅食、狼群的捕猎等。这些群体学习方法希望通过模拟群居动物个体间的信息交互机制来提高优化效率。这些仿生方法曾给研究者很大启发，但也带来了一些不好的趋势，研究者热衷于为自己的算法寻找生物学背景，满足于提出一些看似新奇的方法，但算法本身并无特点，事实上反而限制了真正的算法创新。

我们也讨论了以模拟退火算法为代表的随机优化方法。从优化角度看，随机优化方法很大程度上已经可以克服局部最优问题，在很多任务上表现出良好性能。归因于模拟退火算法完善的理论基础和简单的算法流程，人们对包括GA在内的群体学习方法的实际价值提出了一定质疑。总而言之，选择哪种方法还是需要根据实际应用场景具体研究，但优先选择简单的算法确实是机器学习的一条基本原则。

上述所有方法的共同点在于“尝试—选择”这一基本概念，即采样法，这也是这些方法区别于前面所述各种模型的基本特征。这种方法的优点在于可以摆脱局部最优，但更重要的意义是对复杂模型的优化。从某种意义上讲，这二者是一致的，因为越复杂的模型越容易产生局部最优问题。因此，应用采样法的一个基本原则就是：只有当任务的先验知识极为缺乏或模型非常复杂时，才考虑用采样法，用时间换性能；当任务的先验知识比较充分、模型比较简单时，应该首先考虑基于推理的学习方法，以提高学习效率。

9.7 相关资源

- 关于 GA,本章参考了 Banzhaf 的综述文章 *Genetic programming: an introduction*[32]。
- 关于 GP,本章参考了 McPhee 等人的综述文章 *Field guide to genetic programming*[441]。
- 关于群体学习和随机优化算法,本章参考了 Wiki 上的相关信息。①
- 关于 GA 的早期著作,请参考相关文献[224,720,457]。

① https://en.wikipedia.org/wiki/Evolutionary_algorithm.

第10章　强化学习

我们已经介绍了监督学习和无监督学习两种主要学习方法。然而，这两种方法可能并不是我们人类学习的主要方式。事实上，我们在成长过程中得到的知识绝大部分并不是来源于父母和老师，而是靠自己主动和社会打交道，从中逐渐积累经验，慢慢学会了做人和做事。这一学习过程与监督学习和无监督学习都有明显区别：我们不需要有明确的学习目标，仅通过行为后果来判断行为的对错；我们需要主动和环境打交道，而不是坐等别人告诉我们经验；我们的行为所产生的后果通常不是即时的，有些行为的价值需要较长时间才能显现。拿最简单的走路来说，家长通常不会告诉孩子如何抬腿、如何迈步、如何保持平衡这些细节，而是让孩子自己尝试站起来，一点点挪动双腿，鼓励他达到行走的目标。"尝试"和"鼓励"是人类完成绝大多数学习任务的基本方式。这种方式对于复杂任务尤其重要，因为在复杂任务中，细节指导变得越来越困难，通过激励和反馈来完成学习几乎是唯一有效的方式。事实上，早在机器学习发展之初，研究者们就已经开始关注这种学习方式，并发展出一套丰富的理论和方法，称为**强化学习**(Reinforcement Learning)。有些学者认为强化学习是让机器模拟人类智能的重要手段，并把强化学习比作机器学习蛋糕上的草莓。本章将介绍强化学习的基本原理和基本方法，并给出一些强化学习的实际例子，特别是和深度学习结合起来之后表现出的强大学习能力。

10.1　强化学习概述

10.1.1　什么是强化学习

强化学习(Reinforcement Learning)是一类学习方法的总称,这类学习方法通过和环境进行交互,利用环境给出的反馈信息进行学习[641]。以我们学习走路为例:刚开始的时候孩子只会随机活动四肢,家长也不会刻意帮他们抬腿、迈步,但会在孩子偶尔可以站立、扶着墙挪动的时候给他们以鼓掌、拥抱等奖励,让孩子往这方面多做尝试。经过多次尝试以后,孩子就会渐渐学到站立、迈步和保持平衡的技巧,最终一点点学会走路。这一例子中的学习过程有以下四个明显的特点。

(1) 学习过程需要不断主动尝试。

(2) 指导信息是一系列动作完成后的反馈,而非某个动作的具体对错。

(3) 学习的目标是一系列动作完成后的总体收益最大化。

(4) 学习过程中产生动作有可能对环境产生影响。

上述这些特点是强化学习的典型特征,也是判断是否应该使用强化学习方法的标准。事实上,很多复杂的学习任务都具有或部分具有上述特点,因此强化学习具有广泛的应用价值。

图 10-1 给出了强化学习的结构框架,其中学习结构是机器的内在数据结构与算法,可以形象地看作一个机器人。让机器人依某一**策略**(Policy)和**环境**(Environment)交互,每次交互时通过观察得到当前的**环境状态**(State),根据这一状态选择某一**动作**(Action),依此得到**奖励**(Award)或**收益**(Reward)。通过多次交互,机器人即可学习到在特定环境下选择合适动作的**优化策略**(Optimal Policy),使得**总体收益**(Return)最大化。

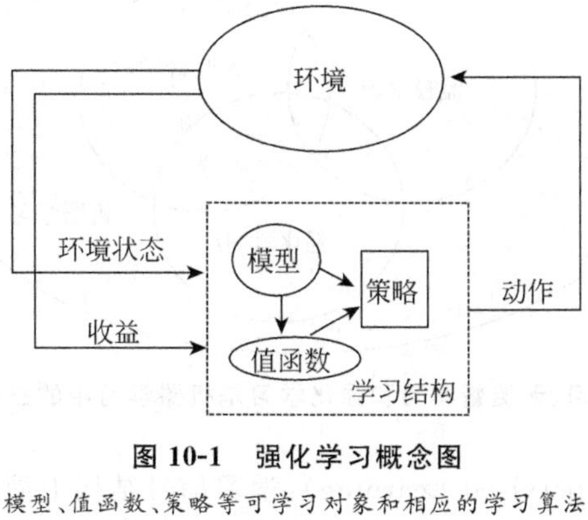

图 10-1　强化学习概念图

注:学习结构包括模型、值函数、策略等可学习对象和相应的学习算法。通过和环境交互,学习结构依当前环境状态和行为策略决定采取何种动作。该动作将改变环境状态,并从环境中得到收益。强化学习通过一系列交互过程,学习使长期收益最大化的最优策略。

10.1.2 与其他学习方法的区别

强化学习与监督学习和非监督学习有很大不同。监督学习对每一个数据样本有明确标注，对应到强化学习任务中，这意味着在某一状态下应采取的每一个动作有明确标注。这显然不是强化学习的典型场景。非监督学习则是另一个极端，不对数据做任何标注，主要任务是发现数据的分布规律。相比非监督学习，强化学习还是提供了一定的“标注”，即奖励信号。尽管这些标注既不及时，也不直接，还可能充满噪声，但毕竟对学习方向提供了指导。从这一角度看，强化学习可以认为是一种弱标记学习。特别是，这一标记对某一具体动作来说是弱标记，但对于整个学习任务却是非常强的，直接标注了任务的成败。因此，强化学习是纯粹的目标驱动，是以成败论英雄的“逐利学习”。

同时，强化学习是一种主动学习方法，通过主动和环境进行交互产生学习样本。因此，如何提高交互的质量是强化学习中的一个核心问题，即**探索**(Exploration)和**应用**(Exploitation)的权衡：太多无用的尝试会浪费大量资源；过于相信当前的经验又可能错失更好的机会。这种权衡显然不是监督学习和非监督学习考虑的重点。

基于上述鲜明特征，很多学者将强化学习看作是和监督学习、非监督学习并列的另一大类学习方法，如图 10-2 所示。这三类方法在某些方面具有相似性，同时各具特色。另有一些学者认为强化学习是比其他学习方法更高级、更通用的方法，例如，监督学习只是强化学习的一种简化，是一种具有即时的、明确奖励信号的强化学习[347]。在图 10-3 中，我们从学习信号的结构复杂性和时序复杂性两个维度对一些机器学习算法进行了归类。

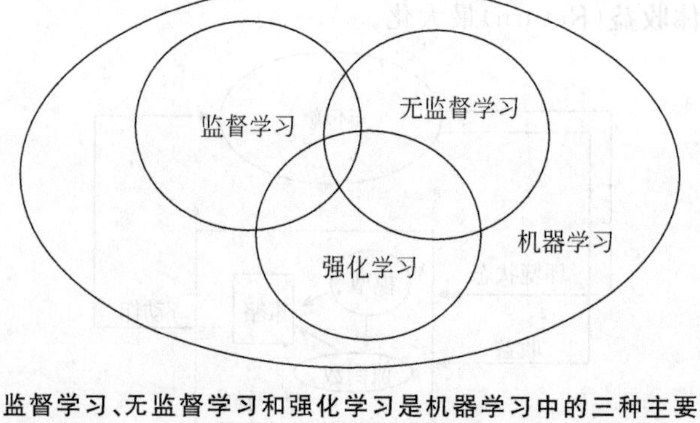

图 10-2 监督学习、无监督学习和强化学习是机器学习中的三种主要学习方法

(1) **监督学习**(Supervised Learning)：学习信号结构上简单，时序上即时。

(2) **最小风险学习**(Minimum Risk Learning)：学习信号时序上是即时的，但结构上比较复杂，需要考虑和任务相关的风险。

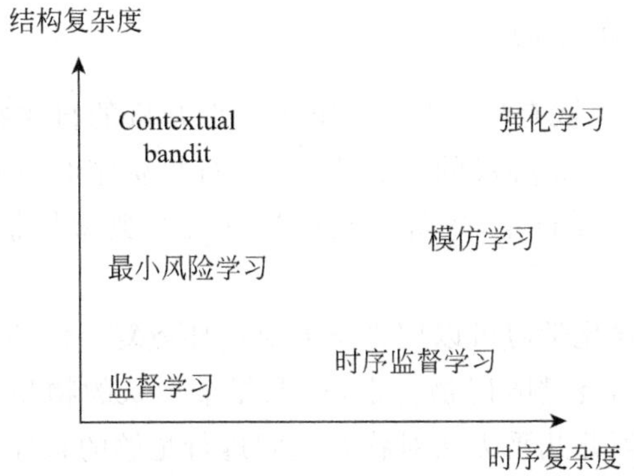

图 10-3 基于学习信号的结构复杂度和时序复杂度对机器学习方法进行归类

注：强化学习可以认为是传统监督学习的扩展，以处理结构和时序上更复杂的学习信号。该分类参考了文献[347]。

(3) **Contextual Bandit**：学习信号时序上是即时的，但结构上更为复杂，是一些和任务相关的奖励或惩罚信号。

(4) **时序监督学习**(Temporal Supervised Learning)：学习信号是简单的，但信号会延迟出现，如一句话的情绪，一段发音的音节等。

(5) **模仿学习**(Imitation Learning)：学习信号结构上稍微复杂，时序上稍有延迟。例如，在机器模仿人类做面条的任务中，我们并不需要对机器人的每个动作都做出指导，而是通过一个示范过程告诉机器人完成目标需要采取的大致流程。

(6) **强化学习**(Reinforcement Learning)：学习信号复杂、间接，且需要和环境主动交互才能获得，学习信号的延迟比较严重。

基于上述分类方法，强化学习可以认为是传统监督学习方法的扩展，这一扩展可以让我们处理结构上和时序上更复杂的学习信号。在结构上的扩展使得强化学习更加关注任务的终极目标，在时序上的扩展使得强化学习更强调学习的主动性和探索性，而这两点正是人们希望一个智能机器应具有的能力。

值得注意的是，**目标驱动**和**主动学习**这两个特点也是前一章所述演化学习的主要特征。在演化学习里，算法随机生成一系列可能的模型，通过计算每个模型的适应函数进行个体选择，逐渐学习到优化的模型。与演化学习相比，强化学习更加关注和环境进行交互的细节，利用交互过程的结构化知识指导学习，如我们后面要介绍的马尔可夫属性。在这一过程中，算法的主动性不是简单依赖随机性，而是通过交互过程建立起来的环境模型得到更有效的学习；优化过程也不是简单的适应性选择，而是依赖结构化知识对现有模型的更新。因此，强化学习(如果可能应用的话)通常比演化学习的效率更高。

10.1.3 强化学习的应用

强化学习在各个领域有广泛应用，如学习直升机的自主操作，学习打电子游戏，学习象棋、围棋等棋类游戏的博弈方法，进行投资组合选择，控制电站的发电量，帮助机器像人类一样行走，等等。我们选择几个典型场景来简述强化学习的应用。

在机器人领域，强化学习可以用来学习对抗环境复杂性的策略，包括在凹凸不平的地面上保持稳定，绕过障碍物行走，抓取复杂形状的物品等。在这些任务中，环境通常非常复杂，因此几乎无法对状态空间进行足够的采样，也无法对每个动作做出是否合理的具体判断，这意味着监督学习在这一场景中很难奏效。更重要的是，即使我们可以收集足够多的状态和动作并进行了合理的标注，监督学习也存在天然缺陷：因为我们的目标不是某个状态下某个动作的合理性，而是作为一个整体的动作序列是否可以有效地完成目标任务。因此，与其关注每个状态下的具体动作，不如关注动作序列产生的总体效果，而这正是强化学习的优势。

在金融领域中，强化学习可以用来辅助投资决策，如股票择时、资产配置等。这些任务都有一个共同的特点：策略应具有长期性和动态性。所谓长期性，是指策略的效果不能即时显现，需要经过一系列市场操作后，由获得的总收益来判断；所谓动态性，是指市场具有时变性，每天都在变化，必须通过在线方式不断对策略进行更新才能保持该策略的有效性。强化学习具有处理时序动态信号的能力，并以最终盈利为学习目标，因此非常适合投资、信贷等金融管理任务。

在媒体领域，强化学习可以帮助网页工程师设计合理的交互界面，引导用户的浏览倾向。例如，通过统计广告的点击率可以发现哪些广告植入方式是合理的，哪些是让用户反感、起不到效果的。然而，仅通过大数据统计往往并不能达到引导用户关注度的效果，强化学习可以通过和用户交互，设计一套逐渐引起用户注意的策略，引导用户点击广告。

在医疗领域，强化学习可以用来对药品测试方案进行设计，如应进行哪些测试项目，应向哪些人群发出测试邀请等。相同的方法也可以用来设计病理检查方案和诊疗方案。在这些应用里，强化学习不关注每个孤立测试或检查项目的效果，而是关注整个方案的综合结果，从而可以在整体上提高医疗水平。

强化学习的另一个应用领域是博弈游戏。事实上，历史上第一个机器学习程序——Samuel 的西洋棋游戏，即是基于强化学习进行训练的。在该程序中，Samuel 提出了时序差分算法(Temporal Difference，TD)，结合启发式搜索，取得了可以战胜业余棋手的棋力。今天，机器学习乃至整个人工智能领域的热潮，很大程度上要归因于 AlphaGo 围棋对弈程序的成功，而这一成功的背后强化学习功不可没。通过强化学习，机器不在意每一步棋的得失，只需考虑最后的胜利。这种只重结果不重过程的学习方法让机器拥有了更长远、更全局的眼光，最终以更大概率战胜对手。

综合上面的例子，可以看到强化学习最能发挥作用的地方是系统结构未知、数据难以标注、时间和空间相关性较强的复杂任务。人类在学习这些复杂任务时用的是不断尝试、逐渐获得经验的策略，而这正是强化学习的基本思路。

10.2　强化学习的基本要素

本节对强化学习任务进行形式化定义，后续各节所述具体算法将以这些定义为基础。我们将定义**状态**、**动作**和**收益**三个基本要素，由此定义**值函数**的概念，并介绍基于值函数进行策略优化的 GPI 框架。最后我们将对强化学习算法做一个基本分类。

10.2.1　强化学习三元素

强化学习是面向目标的、与环境主动交互的学习方法。这一定义概括了强化学习的三个基本要素：代表学习目标的**收益**(Reward) $R_t \in R$，代表环境的**状**态(State) $S_t \in \mathscr{S}$，代表交互的**动作**(Action) $A_t \in \mathscr{A}$，其中 $\mathscr{S}$ 和 $\mathscr{A}$ 分别为状态和动作的集合。依问题不同，这两个集合可能是有限的，也可能是无限的；可能是离散的，也可能是连续的。为了描述方便，我们将假设状态和动作集合都是离散且有限的，关于无限连续状态空间和动作空间的处理方法将在 10.7 节讨论。

定义了状态、动作和收益后，我们定义策略 $\boldsymbol{\pi}$ 为在某一状态下的动作选择方案，以概率表示为

$$\boldsymbol{\pi}(a \mid s) = p[A_t = a \mid S_t = s]$$

其中，S_t 和 A_t 分别表示在 t 时刻所处的状态和采取的动作。上式意味着该策略是不变的，即在任何时刻，只要系统处在 s 状态，其采取的动作符合同一分布 $\boldsymbol{\pi}(a|s)$。强化学习的目标是学习某一最优策略 $\boldsymbol{\pi}_*$，使得依该策略进行交互获得的长期收益最大化。为此，我们需要定义**长期收益**(Return)，并依此确定策略间的偏序关系。

10.2.2　长期收益

设依某一策略 $\boldsymbol{\pi}$ 运行的某一交互过程如下：

$$S_0, A_0, R_1, S_1, A_1, R_2, S_2, A_2, \cdots$$

对于任一时刻 t，可定义该序列的长期收益(Return)为 t 时刻后所有交互的收益之和，即

$$G_t = R_{t+1} + R_{t+2} + \cdots + R_T \tag{10.1}$$

其中，T 为交互完成的时刻。上式称为**加合收益**(Sum Return)。这一定义适用于在有限步骤内明确可结束的任务，如下一盘棋、打一局游戏、走一次迷宫等。我们称这种任务为**多轮任务**(Episode Task)，其中每一个交互序列称为"一轮"。在这种任务中，每个交互序列都有一个明确的结束状态，每轮结束之后重新开始，不同轮之间没有相关性。

上述加合收益对没有明确结束时间的任务并不适用。例如股票买卖，操作每天都在进行，只要我们愿意，可以一直操作下去。这种任务称为**连续任务**。对这种任务，T 值是无穷大的，因此式(10.1)所定义的加合收益可能是无界的。一种解决办法是对未来收益进行折扣，越远的收益折扣越多，即

$$G_t = R_{t+1} + \gamma R_{t+2} + \gamma^2 R_{t+3} + \cdots \tag{10.2}$$

其中，γ 是折扣因子。该长期收益称为**折扣收益**(Discount Return)，是连续任务中常用的收益计算方法。在折扣收益中，折扣因子可以理解为远期收益的折现比例。

另一种用于连续任务的总收益称为**平均收益**(Average Return)，定义为未来平均收益的极限值，形式化为

$$G_t = \lim_{T\to\infty} \frac{1}{T}(R_{t+1} + R_{t+2} + \cdots + R_T) \tag{10.3}$$

平均收益在策略梯度算法中经常用到。

10.2.3 值函数与策略优化

基于长期收益G_t，可定义一个交互系统处在状态 s 时的价值为$V_\pi(s)$，称为**状态值函数**。

$$V_\pi(s) = \mathbb{E}_\pi[G_t \mid S_t = s] \tag{10.4}$$

即当系统处在状态 s 下时，基于策略 π 进行交互操作，在未来取得的长期收益的期望。类似地，定义系统处在状态 s 并采取动作 a 所产生的价值为$Q_\pi(s,a)$，称为**动作值函数**。

$$Q_\pi(s,a) = \mathbb{E}_\pi[G_t \mid S_t = s, A_t = a] \tag{10.5}$$

显然，状态值函数$V_\pi(s)$与动作值函数$Q_\pi(s,a)$之间存在以下简单关系。

$$V_\pi(s) = \sum_a \pi(a \mid s)\, Q_\pi(s,a)$$

注意，这两个值函数都是策略 π 的函数。强化学习的一个重要任务是给定某个策略 π，计算V_π和Q_π，这一任务通常称为**策略估值**(Policy Evaluation)。依公式(10.4)和公式(10.5)，这一任务似乎并不复杂，但事实上并非如此，因为计算这些值函数需要对所有可能的交互方式求期望，要实现这一任务，或者对环境的动态性有明确了解，或者需要与环境进行实际交互。不论哪种方法，都需要较大的计算量。我们将在下面几节介绍各种策略估值算法。

强化学习的最终目的是学习**最优策略**，使得依该策略得到的长期收益最大化。

为了定义最优策略，我们首先需要定义策略的偏序关系如下：

$$\pi \geqslant \pi' \quad \text{if} \quad V_\pi(s) \geqslant V_{\pi'}(s) \quad \forall s$$

上式意味着，若要某一策略 π 优于另一策略 π'，则需要策略 π 在所有状态上的长期收益期望都大于 π'。由此可定义最优策略 π_* 为

$$\pi_* : \pi_* \geqslant \pi \quad \forall \pi$$

进一步，定义**最优值函数**如下：

$$V_*(s) = \max_\pi V_\pi(s) \quad \forall s$$

和

$$Q_*(s,a) = \max_\pi Q_\pi(s,a) \quad \forall s \quad \forall a$$

上述两式意味着一个最优值函数需在所有状态和动作上优于其他值函数。结合最优策略的定义，如果我们能发现一个最优策略，则该策略对应的值函数必然是最优值函数。反过来，如果某一策略对应的值函数是最优值函数，则该策略必然是最优策略。问题是，这样一个策略是否存在？幸运的是，在一定条件下（如下节讨论的马尔可夫决策过程），可以证明这一策略是存在的，并可以通过最优值函数构造出来。

假设已经知道了一个最优动作值函数 $Q_*(s,a)$，可以在每个状态 s 选择使 $Q_*(s,a)$ 最大的动作 a，即

$$\pi_*(a \mid s) = \begin{cases} 1 & a = \text{argmax}_{a \in \mathcal{A}} Q_*(s,a) \\ 0 & \text{其他} \end{cases} \tag{10.6}$$

上述策略称为**贪心策略**（Greedy Policy）。可以证明该策略是最优的。贪心策略是一种确定性策略，即在每个状态 s 下的动作是确定的，通常记为 $\pi(s)$。

值得注意的是，在上述策略优化过程中，我们并没有直接对策略进行优化，而是通过引入一个值函数来导出相应策略。在后续讨论中，我们将看到大多数强化学习算法都是基于值函数的。事实上，基于值函数进行策略优化也是强化学习区别于演化学习的主要特点：通过对过程中每个状态进行估值，并通过状态间的关系对估值进行修正（如后面要介绍的 TD 算法），可以显著提高学习效率。对比而言，演化学习仅通过策略所产生的结果来判断策略的优劣，无法利用状态间的转移信息，效率相对较低。

10.2.4 通用策略迭代

可以证明[641]，给定一个策略 π 的值函数 $Q_\pi(s,a)$，如下贪心策略将优于 π：

$$\pi'(a \mid s) = \begin{cases} 1 & a = \text{argmax}_{a \in \mathcal{A}} Q_\pi(s,a) \\ 0 & \text{其他} \end{cases}$$

类似地，如果知道 $V_\pi(s)$，也可以得到基于贪心原则的优化策略。与 Q 函数的情况不同的是，这里我们需要知道环境的动态特征，包括状态间的转移概率 $p(s' \mid s,a)$

和动作的即时收益概率 $R(s,a)$。

$$\pi'(a\mid s)=\begin{cases}1 & a=\operatorname{argmax}_{a\in\mathcal{A}}\{R(s,a)+\sum_{s'}p(s'\mid s,a)V_\pi(s')\}\\0 & \text{其他}\end{cases}$$

上面两个策略优化公式意味着我们可以通过一个迭代过程对策略进行优化：首先设定一个随机策略，基于该策略确定值函数 V 或 Q，再基于这些函数，利用贪心原则对策略进行改进。这种值函数和策略迭代优化的过程称为**通用策略迭代算法**(General Policy Iteration,GPI)。可以证明，这一过程可以实现值函数和策略的最优化，如图 10-4 所示。GPI 是很多强化学习算法的基本框架。

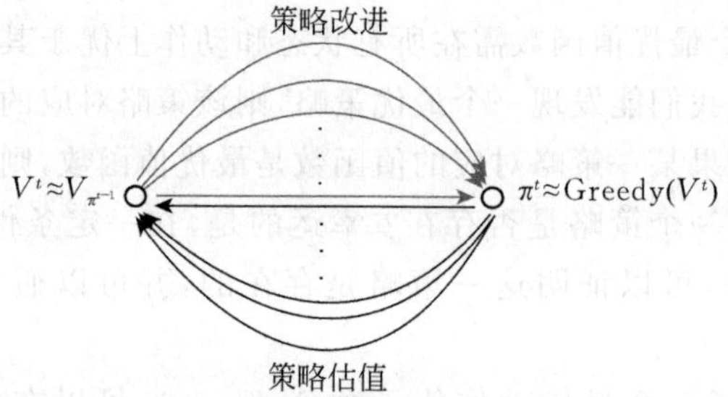

图 10-4 彩图

图 10-4　基于状态值函数 $V(s)$ 的通用策略迭代(GPI)算法

注：从随机策略 π^0 开始，在第 t 次迭代时基于某种策略估值方法求 $V^t=V_{\pi^{t-1}}$，再基于贪心原则对策略进行改进，得到 $\pi^t=\text{Greedy}(V^t)$。这一过程保证值函数的提高($V^{t-1}\leqslant V^t$)和策略的改进($\pi^{t-1}\leqslant\pi^t$)，直到二者同时达到最优。

10.2.5　强化学习算法分类

强化学习是一个庞大的家族，包括众多算法，每一种算法有其特有属性，用于解决不同场景下的特别问题。一般来说，在开始一个强化学习任务时，我们通常要考虑以下问题。

(1) 交互是一轮一轮进行的(如下棋)还是连续进行的(飞机自动控制)？

(2) 状态是可见的(如下棋)还是部分可见的(如打扑克)？

(3) 状态是离散的(如走迷宫)还是连续的(如股票市场操作)？

(4) 动作是离散的(如下棋中的落子)还是连续的(机器人控制中的力矩大小)？

(5) 动作的影响是短时的(如少量股票操作)还是长期的(如大量股票操作)？

(6) 环境动态性是已知的(如迷宫)还是未知的(如股市)？

(7) 收益信号是即时的(股票日操作收益)还是延时的(下棋或打游戏中的胜负)？

对这些问题的回答决定了应选择何种算法。我们首先考虑状态和动作空间离散且有限，因而 $V(s)$ 和 $Q(s,a)$ 是可以用离散形式表示的情况，再将讨论推广到连续状态和连续动作的情况。

总体上来说，强化学习可分为**规划任务**(Planning)和**学习任务**(Learning)两种，前者基于一个已知模型进行推理，后者基于实际经验进行学习。例如在走迷宫任务中，当处在迷宫的某一位置时，下一个位置可以到哪里，每一个可能的方向会得到多少即时收益，这些是可以确定的。这相当于定义了一个环境模型，基于该模型，不需要和环境进行任何交互，即可对某一策略进行估值，并可通过 GPI 算法实现策略优化。这一基于模型进行推理的任务称为规划任务。与此相反，在股票操作中，我们并没有一个关于股市动态性的模型，因此只能通过和真实股市打交道，从中获得股市的特性，基于此实现策略优化。需要基于实际经验发现优化策略的任务称为学习任务。图 10-5 中的(a)表示规划任务，图 10-5 中的(b)～(e)表示学习任务。

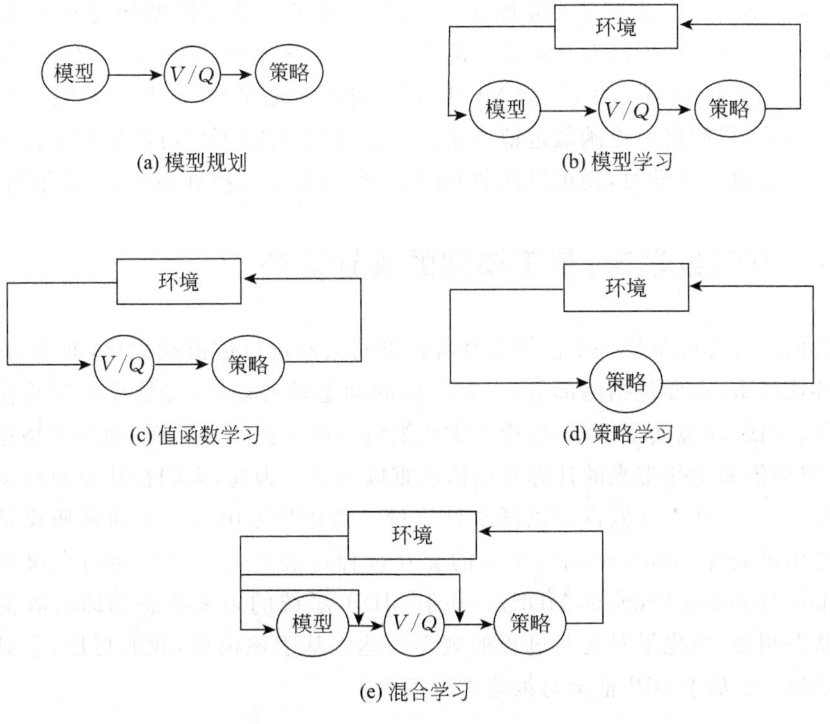

图 10-5　强化学习的典型方法

注：(a)模型规划：当与环境无交互时，基于某个已知模型进行策略优化；(b)模型学习：与环境交互，学习环境模型，基于模型进行规划；(c)值函数学习：与环境进行交互，学习值函数，基于此优化策略；(d)策略学习：与环境交互，直接学习策略；(e)混合学习：结合多种学习方法，学习模型、值函数、策略中的任意组合。

对于学习任务，按学习对象可分为：**模型学习**、**值函数学习**和**策略学习**。模型学习也称为基于模型的方法(Model-based Method)，通过对环境进行建模和学习，可以将学习任务转化成规划任务。值函数学习不对环境建模，直接学习值函数，因此称为无模型方法(Model-free Method)。策略学习直接学习操作策略,既不对环境建模,也不学习值函数。对比这三种方法,策略学习是最直接的学习,值函数学习次之,模型学习最间接。学习对象越直接,学习过程越简洁明了,但因缺少结构化知识,泛化能力越弱,需要的经验数据也越多。凡是间接学习(模型学习和值函数学习),都需要基于 GPI 框架进行策略优化;策略学习直接对策略进行优化,因此不需要依赖 GPI 框架。最后,这三种学习方法也可以结合起来,得到混合学习方法。例如 Dyna 算法,即结合了模型方法的泛化能力和无模型方法的学习能力,有望提高总体学习质量。

在本章后续几节中,我们将首先介绍三种值函数学习的方法:基于模型的**动态规划算法**(Dynamic Programming,DP),基于采样的**蒙特卡罗算法**(Monte Carlo,MC)和**时序差分算法**(Temporal Difference,TD)。这些学习算法可用来对策略进行估值,并基于 GPI 框架实现策略优化。之后,我们将介绍**模型学习**方法,这一方法通过环境建模,可提高对环境特性的理解。基于该模型,即可将学习任务转化为规划任务,利用 DP 等方法(包括 MC 和 DT)进行策略估值,并基于 GPI 实现策略优化。最后,我们将讨论**函数近似**方法。基于函数近似,不仅可以处理连续状态和连续动作的值函数学习,还可以摆脱 GPI 框架,直接学习操作策略,称为**策略学习**。

10.3 值函数学习:基于模型的规划算法

我们首先考虑基于一个已知的环境模型对策略进行估值和优化,即规划任务。所谓环境模型,主要包括两部分:一是环境的动态发展规律,二是环境对动作的反馈规律。由于环境模型已知,理论上优化策略是可计算的。然而,如果模型过于复杂,策略估值和优化带来的计算开销依然难以容忍。为此,人们往往要对环境进行一些简单假设,基于该假设可以减少计算量。强化学习中的一个通常假设是环境具有**马尔可夫性**(Markovian),相应的交互过程可表达为一个**马尔可夫决策过程**(Markov Decision Process,MDP)。基于 MDP,系统的未来状态和即时收益只与当前状态相关,简化了对交互过程的数学表达。基于该模型,我们可以:①对策略进行估值;②基于 GPI 框架对策略进行优化。

10.3.1 马尔可夫决策过程

马尔可夫决策过程(MDP)是马尔可夫过程的扩展,在马尔可夫过程的基础上加入动作和动作的即时收益[43]。MDP 一般用于描述状态和动作空间离散,且状态是完全可见的交互过程。经过扩展,MDP 后也可描述状态部分可见的交互过程,称为部分可见 MDP(Partially Observable MDP,POMDP)[23],或动作空间连续的交互过程,称为连续 MDP(Continuous MDP)[245]。本章我们仅考虑基础 MDP,

即状态离散、动作离散、状态完全可见的 MDP。

一个 MDP 定义为在一个离散状态空间上的交互过程，在交互中每次操作所引起的状态转移概率和获得的即时收益概率仅与当前状态及所选择的动作相关，而与历史交互过程无关。“与历史过程无关”这一特性称为马尔可夫性，可形式化表示为

$$p(S_{t+1}|S_0,A_0,R_1,S_1,A_1,R_2,\cdots)=p(S_{t+1}|S_t,A_t)$$
$$p(R_{t+1}|S_0,A_0,R_1,S_1,A_1,R_2,\cdots)=p(R_{t+1}|S_t,A_t)$$

其中，$S_t\in\mathscr{S}$为 t 时刻状态；$A_t\in\mathscr{A}$为 t 时刻所选择的动作；R_{t+1}为第 t 时刻采取动作A_t后的即时收益。注意马尔可夫性如何简化了交互过程的数学表达。

MDP 可以表示成一个有限状态自动机（Finite State Machine，FSM），其中每一个节点表示一个状态，每条边表示采取某一动作后发生的状态转移，边上的标记是所采取的动作和该动作的即时收益。图 10-6 给出了一个理财任务的简单 MDP。

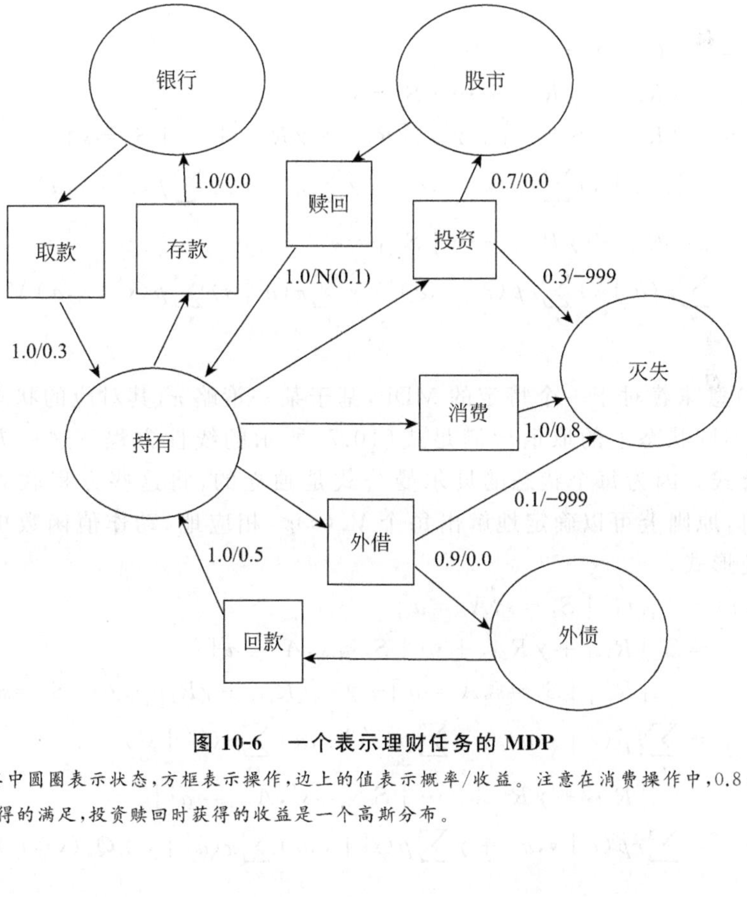

图 10-6　一个表示理财任务的 MDP

注：其中圆圈表示状态，方框表示操作，边上的值表示概率/收益。注意在消费操作中，0.8 的收益表示消费获得的满足，投资赎回时获得的收益是一个高斯分布。

10.3.2 MDP 中的值函数

10.3.1 小节所定义的马尔可夫过程仅定义了环境的动态性，包括状态转移特性 $p(S_{t+1} \mid S_t, A_t)$ 和反馈特性 $p(R_{t+1} \mid S_t, A_t)$。为了确定一个交互过程，还需定义策略 π，即在某一状态下如何选择动作的方案。基于该策略，即可定义一个 MDP 过程的状态值函数 $V_\pi(s)$ 和动作值函数 $Q_\pi(s,a)$ 如下：

$$V_\pi(s) = \mathbb{E}_\pi[G_t \mid S_t = s]$$

$$Q_\pi(s,a) = \mathbb{E}_\pi[G_t \mid S_t = s, A_t = a]$$

其中，G_t 为 10.2 节定义的长期收益。在 MDP 中，基于历史无关假设，每个状态的值函数是固定的。为保证重复进入某一状态时的值函数相等，一般选择折扣收益作为长期收益。

下面我们讨论基于一个特定的 MDP 和策略 π，计算值函数 $V_\pi(s)$ 和 $Q_\pi(s,a)$ 的方法。首先讨论状态值函数 $V_\pi(s)$，简单推导可知该值函数应具有如下关系。

$$\begin{aligned}
V_\pi(s) &= \mathbb{E}_\pi[G_t \mid S_t = s] \\
&= \mathbb{E}_\pi[R_{t+1} + \gamma R_{t+2} + \cdots \mid S_t = s] \\
&= \mathbb{E}_\pi[R_{t+1} \mid S_t = s] + \gamma\, \mathbb{E}_\pi[R_{t+2} + \gamma R_{t+3} + \cdots \mid S_t = s] \\
&= \sum_a \pi(a \mid s) \sum_r r p(r \mid s,a) + \gamma \sum_a \pi(a \mid s) \sum_{s'} p(s' \mid s,a) \\
&\quad\ \mathbb{E}_\pi[R_{t+2} + \gamma R_{t+3} + \cdots \mid S_{t+1} = s'] \\
&= \sum_a \pi(a \mid s) \sum_r r p(r \mid s,a) + \gamma \sum_a \pi(a \mid s) \sum_{s'} p(s' \mid s,a)\, V_\pi(s')
\end{aligned} \tag{10.7}$$

式(10.7)意味着对于一个特定的 MDP，基于某一策略 π，其对应的状态值函数 $V_\pi(s)$ 在不同状态上的取值应满足式(10.7)所示的线性方程。这一方程称为**贝尔曼公式**。因为每个状态的贝尔曼公式是独立的，将这些方程联立起来组成方程组，原则上可以确定地解出每个 $V_\pi(s)$。相应地，动作值函数也有类似的贝尔曼形式。

$$\begin{aligned}
Q_\pi(s,a) &= \mathbb{E}_\pi[G_t \mid S_t = s, A_t = a] \\
&= \mathbb{E}_\pi[R_{t+1} + \gamma R_{t+2} + \cdots \mid S_t = s, A_t = a] \\
&= \mathbb{E}_\pi[R_{t+1} \mid S_t = s, A_t = a] + \gamma \mathbb{E}_\pi[R_{t+2} + \gamma R_{t+3} + \cdots \mid S_t = s, A_t = a] \\
&= \sum_r r p(r \mid s,a) + \gamma \sum_{s'} p(s' \mid s,a) \sum_{a'} \pi(a' \mid s') \\
&\quad\ \mathbb{E}_\pi[R_{t+2} + \gamma R_{t+3} + \cdots \mid S_{t+1} = s', A_{t+1} = a'] \\
&= \sum_r r p(r \mid s,a) + \gamma \sum_{s'} p(s' \mid s,a) \sum_{a'} \pi(a' \mid s')\, Q_\pi(s',a')
\end{aligned} \tag{10.8}$$

式(10.8)称为动作值函数的贝尔曼公式。同状态值函数的情形类似，我们也可以列出一个以 $Q_\pi(s,a)$ 为变量的线性方程组，其中变量个数与方程数相等，因此可以通过解该线性方程组确定 $Q_\pi(s,a)$ 的值。

另外，状态值函数和动作值函数之间也具有类似贝尔曼形式的关系。首先看状态值函数：

$$\begin{aligned} V_\pi(s) &= \mathbb{E}_\pi[G_t \mid S_t = s] \\ &= \mathbb{E}_\pi \sum_a \pi(a \mid s)[R_{t+1} + \gamma R_{t+2} + \cdots \mid S_t = s, A_t = a] \\ &= \sum_a \pi(a \mid s) Q(s,a) \end{aligned} \tag{10.9}$$

式(10.9)表明 $V_\pi(s)$ 可表示成基于 s 的所有 $Q_\pi(s,a)$ 的加权平均，每个动作对应的 $Q_\pi(s,a)$ 的权重由相应动作在策略 $\pi(a|s)$ 中的概率决定。动作值函数 $Q_\pi(s,a)$ 有类似形式：

$$\begin{aligned} Q_\pi(s,a) &= \sum_r r p(r \mid s,a) + \gamma \sum_{s'} p(s' \mid s,a) \sum_{a'} \pi(a' \mid s')\, Q_\pi(s',a') \\ &= \sum_r r p(r \mid s,a) + \gamma \sum_{s'} p(s' \mid s,a) V_\pi(s') \end{aligned}$$

其中，第二步推导应用了式(10.9)。

不考虑计算资源的限制，基于上述贝尔曼公式可以对任何确定的 MDP 和确定的策略 π 计算值函数，完成策略估值任务。有了这一估值，即可基于 GPI 框架对策略 π 进行改进。因此，我们可以从一个随机策略开始，迭代更新值函数和策略，最终得到最优策略。

10.3.3　策略估值：动态规划算法

利用贝尔曼公式，我们可以用解线性方程组的方法确定值函数 $V_\pi(s)$ 或 $Q_\pi(s,a)$。然而，如果状态空间或动作空间较大，解这一方程组会遇到计算上的困难。一种解决方法是基于贝尔曼公式的递归性质，对值函数进行迭代估计。

以状态值函数为例，依公式(10.7)，如果我们已知一个状态 s 的所有子状态 s' 的值函数 $V_\pi(s')$，基于贝尔曼公式可直接求得 $V_\pi(s)$。困难在于精确的 $V_\pi(s')$ 是未知的，因此求得的 $V_\pi(s)$ 也是不精确的。尽管如此，依公式(10.7)重新计算得到的 $V(s)$ 还是比原来的值更准确。这启发我们用一种迭代法对 $V_\pi(s)$ 求解：首先对所有状态的 $V(s)$ 赋一个初始值，再利用公式(10.7)所示的递归关系对该值函数进行迭代求精。这一求精过程可以表示为

$$V(s) = \sum_a \pi(a \mid s) \sum_r r p(r \mid s,a) + \gamma \sum_a \pi(a \mid s) \sum_{s'} p(s' \mid s,a)\, V(s') \tag{10.10}$$

式(10.10)表明，在计算状态 s 的 $V(s)$ 时，需要基于所有相关状态 s' 当前的 $V_\pi(s')$，并加入在这两个状态之间转移产生的即时收益。这一算法事实上是一种**动态规划算法**(Dynamic Programming，DP)。可以证明这一迭代过程收敛于实际状态值函数 $V_\pi(s)$。

在上述 DP 算法中，对当前状态 s 的计算基于下一个状态 s' 的信息，因此可以认为是一种信息的反向传递，这在强化学习中称为**回溯**（Backup），因此公式(10.10)也称为**回溯公式**。

类似地，动作值函数 $Q_\pi(s,a)$ 也可利用 DP 算法进行迭代求解，其回溯公式为

$$Q(s,a)=\sum_r rp(r\mid s,a)+\gamma\sum_{s'}p(s'\mid s,a)\sum_{a'}\pi(a'\mid s')\,Q(s',a')$$

回溯是强化学习中的基本概念，回溯方法上的不同是各种学习方法的主要区别。一般用图来形象化表示回溯过程，称为**回溯图**。在回溯图中，空白圆圈表示状态 s，黑色实心圆表示状态—动作对 (s,a)，空心方块表示结束状态，连接表示依赖关系。图 10-7 给出基于 DP 对值函数的回溯图。从图上可知，DP 算法的回溯具有以下性质。

(1) DP 只进行一步回溯，因此也称为**浅度回溯**（Shallow Backup）。相应地，后面我们要介绍的蒙特卡洛（MC）等方法会进行多步回溯，一般称为**深度回溯**（Deep Backup）。

(2) 在这一回溯中，基于当前不精确的 $V(s')$ 来估计 $V(s)$。这种基于不精确信息进行迭代估计的方法称为 **Bootstraping**。

(3) 在这一回溯中，需要考虑所有可能的后续状态和动作，这种回溯称为**全状态回溯**（Full Backup）。相应地，后面要介绍的 MC 方法和 TD 方法在回溯时仅考虑采样出的动作和状态，因而称为**采样回溯**（Sampling Backup）。

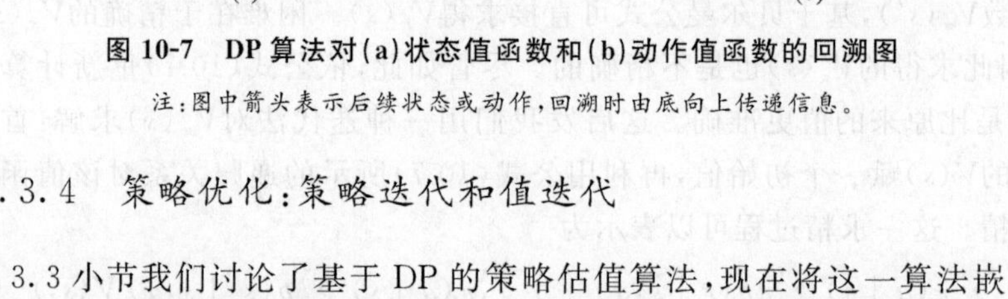

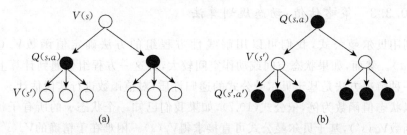

图 10-7 DP 算法对(a)状态值函数和(b)动作值函数的回溯图

注：图中箭头表示后续状态或动作，回溯时由底向上传递信息。

10.3.4 策略优化：策略迭代和值迭代

10.3.3 小节我们讨论了基于 DP 的策略估值算法，现在将这一算法嵌入到通用策略迭代（GPI）框架中，该框架通过一个策略估值—策略改进的迭代过程求得在当前 MDP 下的最优策略。算法 10-1 给出了这一优化过程的基本步骤，其中的策略优化采用贪心原则，并定义 $\pi(s)$ 为在状态 s 下依贪心原则所采取的动作。

算法 10-1 基于 DP 的策略迭代(Policy Iteration)算法

1 Initialize $V(s), \pi(s) \quad \forall s$;

2 **while** *True* **do**

3 　//Policy Evaluation:

4 　**while** *True* **do**

5 　　$\Delta = 0$;

6 　　**for** $s \in \mathscr{S}$ **do**

7 　　　$v = V(s)$;

8 　　　$V(s) = \sum_{s',r} p(s',r \mid s, \pi(s))[r + \gamma V(s')]$;

9 　　　$\Delta = \max(\Delta, |v - V(s)|)$;

10 　　　**end**

11 　　**if** $\Delta < \delta$ **then**

12 　　　Break;

13 　　**end**

14 　**end**

15 　//Policy Improvement:

16 　Conv=True;

17 　**for** $s \in \mathscr{S}$ **do**

18 　　$a = \pi(s)$;

19 　　$\pi(s) = \mathrm{argmax}_a \sum_{s',r} p(s',r \mid s, a)[r + \gamma V(s')]$;

20 　　**if** $a \neq \pi(s)$ **then**

21 　　　Conv=False;

22 　　**end**

23 　**end**

24 　**if** $Conv = True$ **then**

25 　　Break;

26 　**end**

27 **end**

28 **Output**: $\pi(s)$

注:其中,δ 是控制策略估值精度的参数。

上述算法称为**策略迭代算法**(Policy Iteration)。在这一算法中,每一次策略估值包含一个直到收敛的值函数迭代求精过程,计算量较大。很多实验表明,当值函数迭代几次以后就变化不大了。这启发我们可以对策略估值进行简化,只保留少数几次迭代。依 GPI 框架,这样简化过的迭代依然会收敛到最优策略。如果将策略估值的迭代减少为一轮,即对所有状态更新一次后就进行一次策略改进,这一算法称为**值迭代算法**(Value Iteration)。以状态值函数为例(动作值函数有类似形式),值迭代的回溯公式为

$$
\begin{aligned}
V(s) &= \sum_a \pi(a \mid s) \sum_r r p(r \mid s,a) + \gamma \sum_a \pi(a \mid s) \sum_{s'} p(s' \mid s,a) V(s') \\
&= \max_a \sum_{r,s'} p(r,s' \mid s,a)[r + \gamma V(s')]
\end{aligned} \tag{10.11}
$$

其中,第二步推导应用了贪心原则。注意在这一算法中,策略改进并没有显式出现,而是隐含在值函数的更新公式中。算法 10-2 给出了值迭代算法的基本过程。相比策略迭代,值迭代更早利用了值函数更新后的结果,因此效率一般更高。然而,策略迭代是更通用的学习框架,通过选择合理的策略估值和策略优化方法,可以满足多种优化任务的要求。

算法 10-2　基于 DP 的值迭代(Value Iteration)算法

```
Initialize V(s)    ∀s;
// Value Iteration:
while True do
  Δ=0;
  for s∈𝒮 do
    v=V(s);
    V(s)=max_a Σ_{s',r} p(s',r|s,a)[r+γV(s')];
    Δ=max(Δ,|v−V(s)|);
  end
  if Δ<δ then
    Break;
  end
end
// Policy Generation:
π(s) = argmax_a Σ_{s',r} p(s',r | s,a)[r + γV(s')]
Qutput:π(s)
```

注:其中,δ 是控制策略估值精度的小量。

策略迭代和值迭代对状态的更新既可以是同步的,也可以是异步的。同步更新算法用一个临时空间保留所有已更新过的状态,待所有状态更新之后,再用临时空间保存的状态值统一更新 $V(s)$或 $Q(s,a)$。同步更新算法的问题是,在所有状态完全更新一次之前,后面更新的状态无法利用前面已经更新过的状态的信息。异步更新算法允许即时更新,即一个状态更新后,这一更新即时生效,并可用于对后续状态的更新。

异步更新与状态的更新顺序相关,可以顺序选择,也可以随机选择。一种比较高效的选择方法是依据贝尔曼公式上的误差,误差越大的状态其前趋状态被选择的概率越大,这一方法称为 Prioritised Sweeping。如果是实际系统,还可依实际交互顺序进行更新,一般称为**实时动态规划**(Real-Time DP)。

10.4　值函数学习：基于采样的蒙特卡罗方法

10.4.1　学习任务与采样方法

10.3 节讨论的动态规划(DP)算法是一种基于全状态回溯的值函数计算方法。这一方法之所以可进行全状态回溯，是因为环境动态模型已知。因此，DP 方法只能用在规划任务中，且环境模型为 MDP。现实中的大多数问题是学习任务，在这种任务中环境动态性未知，因此对策略的优化必须通过和环境交互来实现，即学习型任务。

前面已经说过，学习可在模型、值函数、策略三个层面进行，定义如下。

(1) 模型学习：通过与环境交互学习一个 MDP，依 10.3 节所述的动态规划方法计算值函数 $V_\pi(s)$ 或 $Q_\pi(s,a)$，并依 GPI 框架进行策略优化。

(2) 值函数学习：不建立环境模型，通过交互直接学习值函数 $V_\pi(s)$ 或 $Q_\pi(s,a)$，再依 GPI 框架进行策略优化。

(3) 策略学习：不依赖 GPI 框架，直接学习策略 $\pi(a \mid s)$，一般基于函数近似方法。

与环境交互的学习任务必须通过**采样**来完成。如果采样量足够大，覆盖足够全面，得到的样本分布即可模拟环境的动态性。因此，采样可以认为是一种对复杂环境进行信息采集的方法，在强化学习中具有重要意义。

值得注意的是，采样方法是一种通用方法，不仅在环境模型未知的学习任务中是必需的，在模型已知的规划任务中也经常用到，特别是当模型比较复杂时，基于 DP 求解需要考虑所有状态，学习效率低。基于采样方法，我们可以将关注点集中在重要状态上，因而可提高估值效率。当然，这种效率的提高是有代价的，例如当采样出现偏差时，策略估值会出现较大误差，导致策略优化失败。

本节介绍的蒙特卡罗方法(Monte Carlo，MC)即是一种简单的全路径采样学习方法，该方法不对环境做任何模型假设，单纯依靠采样来学习值函数。值得说明的是，作用一种通用的采样方法，MC 可同样用于模型学习和策略学习，本节我们重点关注基于 MC 的值函数学习。

10.4.2　蒙特卡罗策略估值

我们首先考虑基于 MC 的策略估值任务，即给定策略 π，求值函数 $V_\pi(s)$(动作值函数 $Q_\pi(s,a)$ 的估计将在稍后讨论)。回到状态值函数定义：

$$V_\pi(s)=\mathbb{E}_\pi[R_{t+1}+\gamma R_{t+2}+\cdots+\gamma^{T-t-1}R_T \mid S_t=s]$$

其中，$\mathbb{E}_\pi(\cdot)$ 对所有以 s 为起始状态、基于策略 π 生成的交互过程求期望。假设我们可以基于 π 生成所有可能的交互序列，并依上式求所有路径的长期收益的均值，即可得到$V_\pi(s)$。在多数实际任务中，生成所有可能的交互序列是不太现实的，但通过大量采样，总可以趋近于真实的值函数。这种基于全路径采样来估计值函数的方法称为蒙特卡罗（MC）方法。图 10-8 给出 MC 和 DP 的回溯图。从图中可以看到，MC 和 DP 的回溯过程主要有两点区别：一是 DP 是依模型的全状态回溯，而 MC 是依采样的单路径回溯；二是 MC 是从起始状态到结束状态的全路径回溯，而 DP 是一步回溯，一步之后的路径收益由下一个状态当前值函数的取值$V(S_{t+1})$进行估计，因此是 Bootstrapping 方法。

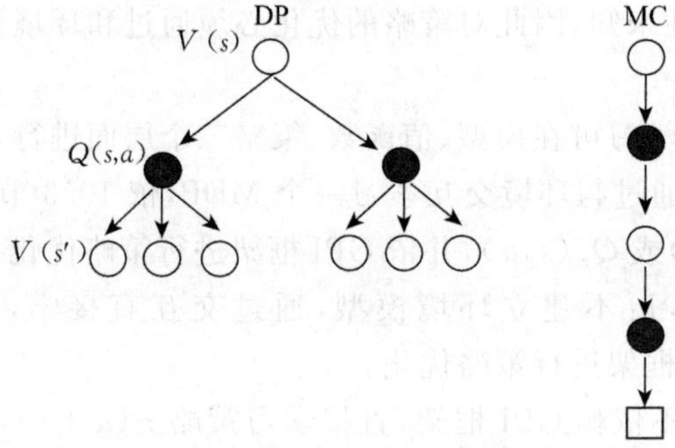

图 10-8　DP 和 MC 策略估值的回溯图

注：DP 是一步全状态回溯，是 Bootstrapping 方法；MC 是全路径回溯，不是 Bootstrapping 方法。

相比 DP 方法，MC 方法不依赖一个环境模型，因此可以学习未知环境（如果环境模型已知，也可以基于环境模型进行采样，利用得到的样本进行 MC 策略估值）。同时，MC 方法不对环境做任何假设，因此适合学习非 MDP 的交互过程。另外，MC 方法对状态的估计是独立的，这和 DP 方法以及后面要介绍的 TD 方法明显不同。不论是 DP 还是 TD，都基于 Bootstrapping，因此不同状态的估值是互相影响的。“状态独立估值”这一特性在状态空间特别庞大的问题上可能更有意义，因为我们可以在最有价值的状态点上生成更多采样以提高在该状态上的估值精度，而不必考虑其他状态的估计是否准确。

MC 方法也有一定局限性。首先，MC 方法基于一个完整的交互过程，因此比较适合在有限时间内明确结束的多轮任务。其次，MC 方法一般具有较强的不稳定性，因为一个全路径采样过程需要很多随机步骤，这些步骤累积起来增加了不确定性。最后，状态独立估值虽然可以避免关注某些不重要的状态，但状态之间无法共享学习，导致效率下降。10.5 节要介绍的时序差分（TD）方法将模型和采样结合起来，可部分解决不确定性的问题，且可以处理连续任务。

在 MC 中，对状态值函数进行回溯时一般采用增量法，形式化如下：

$$V(S_t)=V(S_t)+\frac{1}{N(S_t)}(G_t-V(S_t))$$

其中，$N(S_t)$为到目前为止，在所有交互过程中状态 S_t 被访问的次数。由上式可见，$V(S_t)$的增量部分是实际收益 G_t 和对该收益的估值(即当前 $V(S_t)$)之间的偏差。随着累积访问次数 $N(S_t)$的增加，这一偏差对 $V(S_t)$的调整贡献相应减小，最终趋近于零，得到的 $V(S_t)$即是 G_t 的期望。增量 MC 可以及时反映环境的变化，可用于时变环境下的学习。值得说明的是，在一次采样中，某一状态 s 可能被重复多次访问。如果每次访问得到的收益都会被用来更新 $V(s)$，这种回溯方式称为**多次访问** MC；如果只计算该状态在第一次被访问时的收益，这种回溯方式称为**首次访问** MC。

10.4.3　蒙特卡罗策略优化

基于通用策略迭代(GPI)框架可实现基于 MC 的策略优化，其中策略估值基于 MC，策略改进基于贪心原则。如果环境模型已知，策略改进可以基于值函数 $V_\pi(s)$，如果环境模型未知，则只能基于动作值函数 $Q_\pi(s,a)$。在绝大多数实际任务中，环境模型是未知的，因此对 $Q_\pi(s,a)$的采样估计显得尤为重要。

基于 MC 对动作值函数进行估值需要考虑采样覆盖度的问题。为了估计 $Q_\pi(s,a)$，需要对所有(s,a)组合进行采样。特别重要的是，这一采样需基于**目标策略**。然而，在 GPI 框架中，优化后的策略都是基于贪心原则确定的，因此都是确定性策略，即对任何一个状态只有某一个动作可选，其结果是 $Q_\pi(s,a)$中只有一个动作是可以被覆盖的，其余动作的概率都为零，这意味着动作值函数无法得到有效估值，策略也就无法改进。

为解决这一问题，一个简单的方法是在采样时考虑将所有可能的状态—动作对(s,a)作为起始状态。这一方法可保证覆盖性，但有些应用场景中不允许自由选择起始状态。另一个可能的方法是在与环境交互过程中引入随机性，不仅选择 $Q_\pi(s,a)$最大的动作，也允许其他动作以某一概率 ε 出现，这一策略称为 **ε-贪心策略**，形式化表示如下：

$$\pi(a \mid s)=\begin{cases}1-\varepsilon+\dfrac{\varepsilon}{|\mathscr{A}(s)|} & a=\operatorname{argmax}_{a\in\mathscr{A}} Q_\pi(s,a)\\[2ex] \dfrac{\varepsilon}{|\mathscr{A}(s)|} & \text{其他}\end{cases} \tag{10.12}$$

其中，$\mathscr{A}(s)$为在状态 s 下可能选择的动作集合。基于 ε-贪心策略的 GPI 算法称为 **ε-贪心算法**。值得注意的是，ε 越小，ε-贪心策略越接近于贪心策略，这意味着如果我们在优化过程中逐渐减小 ε，将越来越趋近到全局最优策略。上述收敛性以值函数 $Q_\pi(s,a)$的充分估计为前提，因此在实际应用中需要大量采样以保证整个状态—动作空间被充分访问。

另一种增加覆盖度的方法称为 **Off-Policy** 方法。该方法将待优化的策略(称为**目标策略**，Target Policy)和动作生成的策略(称为**动作策略**，Action Policy)分开，利用较随机的动作策略与环境交互，基于生成的交互过程对目标策略进行优化。

Off-Policy 方法可基于 Importance Sampling 实现。设有两个概率分布 π 和 μ，则某一函数 $f(x)$ 基于这两个分布的期望有如下关系。

$$\mathbb{E}_{\pi}f(x)=\mathbb{E}_{\mu}\frac{\pi(x)}{\mu(x)}f(x) \tag{10.13}$$

式(10.13)表明基于分布 π 的期望可由基于另一分布 μ 的期望得到，只需对原函数乘以一个重要性因子 $\frac{\pi(x)}{\mu(x)}$。如果用采样均值代替期望，可以用基于某一分布 μ 的采样来估计基于另一分布 π 的期望。这种方法称为 **Importance Sampling**。

在基于 Importance Sampling 的 MC 方法中，设 π 为目标策略，μ 为动作策略。记依策略 μ 生成的一个交互过程如下：

$$\lambda=S_t,A_t,R_{t+1},S_{t+1},\cdots,S_T$$

注意，该过程由 t 时刻开始，在 T 时刻结束。依 π 和 μ 计算这一交互过程的概率，分别为

$$p_{\pi}(\lambda)=\prod_{k=t}^{T}\pi(A_k \mid S_k)p(S_{k+1} \mid S_k,A_k)$$

$$p_{\mu}(\lambda)=\prod_{k=t}^{T}\mu(A_k \mid S_k)p(S_{k+1} \mid S_k,A_k)$$

其中，$p(S_{k+1}|S_k,A_k)$为系统模型决定的状态转移概率。策略 π 的动作值函数可写作：

$$Q_{\pi}(s,a)=\mathbb{E}_{\pi}G_t \quad \text{s.t.} \quad S_t=s,A_t=a \tag{10.14}$$

$$=\mathbb{E}_{\mu}\frac{p_{\pi}(\lambda)}{p_{\mu}(\lambda)}G_t \quad \text{s.t.} \quad S_t=s,A_t=a \tag{10.15}$$

$$=\mathbb{E}_{\mu}\rho_t^{\mathrm{T}}(\lambda)G_t \quad \text{s.t.} \quad S_t=s,A_t=a \tag{10.16}$$

其中，第二步推导利用了 Importance Sampling 的公式(10.13)，第三步推导中的 ρ_t^{T} 定义了基于 π 和 μ 的路径概率比，计算如下：

$$\rho_t^{\mathrm{T}}(\lambda)=\frac{\prod_{k=t}^{T}\pi(A_k \mid S_k)p(S_{k+1} \mid S_k,A_k)}{\prod_{k=t}^{T}\mu(A_k \mid S_k)p(S_{k+1} \mid S_k,A_k)} \tag{10.17}$$

$$=\prod_{k=t}^{T}\frac{\pi(A_k \mid S_k)}{\mu(A_k \mid S_k)} \tag{10.18}$$

可见该比值只与这两个策略的动作分布函数有关，与环境状态转移概率无关，这意味着该方法不受环境条件的限制。另外，为使 ρ_t^{T} 有意义，在分子不为零的时候分母不能为零，这意味着对于目标策略 π 所允许的任何动作，动作策略 μ 也需要有不

为零的概率。事实上，引入 μ 的主要目的就是要增加状态—动作空间的覆盖度，因此 μ 对 π 的状态—动作空间进行覆盖只是基本要求。

在实际系统中，对动作值函数的更新一般采用增量方式，写成回溯公式如下：

$$Q(S_t,A_t)=Q(S_t,A_t)+\frac{\rho_t^{\mathrm{T}}}{C(S_t)}(G_t-Q(S_t,A_t)) \tag{10.19}$$

其中，$C(s)$是状态 s 的加权访问量，定义如下：

$$C(s)=\sum_{\lambda}\rho_t^{\mathrm{T}}(\lambda) \quad \text{s.t.} \quad S_t(\lambda)=s$$

其中，$S_t(\lambda)$是交互过程 λ 在时刻 t 的状态。

上述 Off-Policy 估值方法可嵌入到 GPI 框架中，从而实现对策略 π 的优化。具体过程是：在每一次迭代中，依设计的策略 μ 进行采样，并依公式(10.16)对当前策略 π 进行估值，再依贪心原则对策略 π 进行改进。

实际算法实现时，为提高对每一次采样过程的利用率，一般从采样的结束状态开始往前回溯，对采样路径上的所有状态依次更新，直到出现使 $\pi(A_k \mid S_k)$ 为零的 A_k。注意，包括 $\pi(A_k \mid S_k)=0$ 的路径有 $P_t^T(\lambda)=0$，因此不会更新 $Q(S_t,A_t)$。算法 10-3 给出增量 Off-Policy 策略优化过程。

一个值得思考的问题是：由算法 10-3 可见，只有满足 π 的路径才会在更新 $Q(s,a)$时产生贡献，那么选择另一个策略 μ 还有什么意义呢？事实上，选择更具探索性的策略 μ 可以产生更多有价值的路径。假设**起始状态固定**，则基于 π 生成的所有采样路径只有一条，但基于 μ 则可以产生一些**子路径**(如 $S_t,A_t,R_t,\cdots,S_T$)。这些路径依 π 是有效的(因此在算法中会参与更新值函数)，但如果不引入随机化，这些子路径很难被访问到。因此，引入 μ 的意义在于提高状态访问的覆盖度，从而得到更好的值函数估计，用以改进策略。然而，只能选择符合 π 的子路径导致采样没有得到有效利用，降低了学习效率。后面要介绍的时序差分(TD)算法可以在很大程度上解决这一问题。

算法 10-3 基于 MC 的 Off-Policy 策略优化算法

Initialize $Q(s,a),\pi(s)=Greedy(Q),C(s,a)=0$;
for *Each Episode* **do**
  Sample $[S_0,A_0,R_1,\cdots,R_T,S_T]\sim\mu$;
  $\rho=1$;
  $G=0$;
  for $t:=T-1$ to 0 **do**
    $G=R_{t+1}+\gamma G$;
    $C(S_t,A_t)=C(S_t,A_t)+\rho$;
    $Q(S_t,A_t)=Q(S_t,A_t)+\frac{\rho}{C(S_t,A_t)}[G-Q(S_t,A_t)]$;
    $\pi(S_t)=\text{argmax}_a\, Q(S_t,a)$

11   **if** $\pi(S_t) \neq A_t$ **then**

12   Break;

13   **end**

14    $\rho = \rho \dfrac{1}{\mu(A_t \mid S_t)}$;

15   **end**

16 **end**

17 **Output**: $\pi(s)$

10.5 值函数学习:基于采样的时序差分方法

10.4 节讨论的蒙特卡罗方法原则上可学习任何复杂环境,但其采样需要一个完整的交互过程,导致学习效率较低,不确定性较大。本节介绍的**时序差分**(Temporal Difference,TD)方法是一种部分采样方法,既保留了采样方法的灵活性,也利用了模型知识,具有高效、稳定的特点,在强化学习中有广泛应用。TD 方法起源于如下基本思路:如果不同时刻对某个状态的估值存在差异,则该差异可作为学习信号对该状态和相关状态进行重估。从这个意义上说,TD 是一种和 DP 类似的 Bootstrapping 方法,不同的是,DP 是全状态回溯,而 TD 是基于采样的回溯。

事实上,TD 具有更深刻的认知学和生理学基础:认知学研究表明,动物和人类的很多学习方式都是基于 TD 的,神经学研究也表明,人类大脑处理信息的方式在很大程度上是 TD 模型[641]。本节首先介绍一步 TD 算法,之后将其扩展到 N-step TD 算法和 TD(λ)算法,这些算法和 MC 更为相似。需要注意的是,本节我们只关注基于 TD 的值函数学习,对于模型学习和策略学习,即使应用了 TD 的某些思路,也不是我们要讨论的 TD 算法。

10.5.1 基于 TD 的策略估值

首先考虑策略估值任务,且只考虑对状态值函数 $V(s)$ 的估值(动作值函数 $Q(s,a)$ 的估值将在 10.5.2 小节策略优化任务中讨论)。回到状态值函数的定义,对策略 π 的估值基于如下基础公式:

$$V_\pi(s) = \mathbb{E}_\pi[G_t \mid S_t = s] \tag{10.20}$$

其中,$\mathbb{E}_\pi[\cdot]$ 对以策略 π 进行交互得到的所有可能的状态序列取期望,G_t 为以 S_t 为起始状态的某一交互序列的长期收益。只考虑折扣收益,对于 DP 算法,G_t 计算如下:

$$G_t = R_{t+1} + \gamma V_\pi(S_{t+1})$$

上式意味着 DP 对一个状态的更新利用了其他状态的知识,因此是一种 Bootstrapping 算法。这种状态间的协同学习可显著提高学习效率。DP 算法的缺点是需要依赖已知的环境模型来计算估值公式(10.20)中的期望,因此无法在实际交互任务中应用。

MC 方法基于采样来计算公式(10.20)中的期望,因此不受环境模型的制约,可在实际交互任务中应用。MC 的长期收益 G_t 的计算如下:

$$G_t = R_{t+1} + \gamma R_{t+2} + \gamma^2 R_{t+3} + \cdots + \gamma^{T-1} R_T$$

其中,T 是一轮采样到达结束状态的时间。可见,MC 采样必须是一个完整的交互过程,因此只能应用在多轮任务中,无法处理连续任务;另外,MC 对每个状态是独立学习的,互相没有借鉴,学习效率不高。

TD 方法基于公式(10.20)对策略进行估值,但采用类似 MC 的采样方法来计算期望。从 DP 算法角度看,TD 方法用采样代替了环境模型,用采样回溯代替了全状态回溯;从 MC 角度看,TD 算法用一步采样代替了全路径采样,用 Bootstrapping 估计代替了状态独立估计。这一区别可从图 10-9 所示的回溯图上清楚地看到。

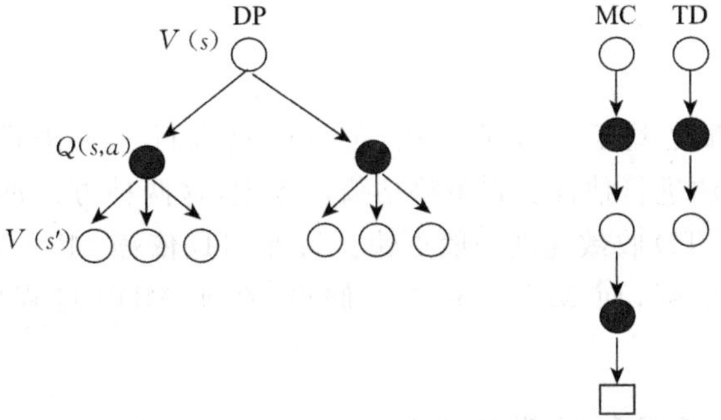

图 10-9　DP、MC 和 TD 三种策略估值算法的回溯图

注:DP 算法是一步全状态回溯,MC 是全路径采样回溯,TD 是一步采样回溯。DP 和 TD 是 Bootstrapping 方法。

形式上,TD 与 DP 在策略估值时的计算公式是一致的,都是 Bootstrapping 方法:

$$V_\pi(s) = \mathbb{E}_\pi[R_{t+1} + \gamma V_\pi(S_{t+1}) \mid S_t = s]$$

与 DP 不同的是,在 DP 中,期望 $\mathbb{E}_\pi$ 由环境模型直接计算得到,而 TD 基于采样实现,采样的函数分布为策略 $\pi(a|s)$。基于采样方法,TD 可处理连续交互任务,因而可以进行在线学习。程序实现时,对每个采样 $(S_t, A_t, R_{t+1}, S_{t+1})$ 的回溯可采用增量方式,回溯公式如下:

$$V(S_t) = V(S_t) + \alpha(R_{t+1} + \gamma V_\pi(S_{t+1}) - V(S_t)) \tag{10.21}$$

其中,α 为学习率;$R_{t+1} + \gamma V_\pi(S_{t+1})$ 为基于当前采样对 $V_\pi(S_t)$ 的估计,$R_{t+1} + \gamma V(S_{t+1}) - V(S_t)$ 称为 **TD 误差**。上式意味着当 TD 误差不为零时,这一误差将从 S_{t+1} 向 S_t 回溯,从而引起 S_t 值函数的改变。注意上式和 MC 的增量公式很类似,只不过在 MC 中对 $V_\pi(S_t)$ 的估计为 G_t,相应的 **MC 误差**为 $G_t - V(S_t)$。

算法 10-4 给出了一个多轮任务中的 TD 实现过程。理论证明,对任意一个固

定的策略 π，当 α 足够小时，TD 算法将收敛到 π 的值函数。

算法 10-4　多轮任务中的 TD 策略估值算法

```
Input: π(s)
Initialize V(s);
for Each Episode do
  Init s;
  while s is not a terminal state do
    Sample a~π(s);
    Observe s′, R by taking a at s;
    V(s)=V(s)+α[R+γV(s′)−V(s)];
    s=s′;
  end
end
Output: V(s)
```

TD 和 MC 都是基于采样的方法，但 TD 只进行一步采样，对余下步骤用 Bootstrapping 方法进行估计。在策略估值任务中，这两种方法都可以收敛到目标策略的值函数，但 TD 收敛速度一般更快。另外，TD 依赖 MDP 假设，在采样数据有限时泛化能力更强，而 MC 没有这一假设，在非 MDP 过程中可能会表现得更好。

10.5.2　基于 TD 的策略优化

前面讨论了基于 TD 的策略估值方法，将这一方法嵌入到通用策略迭代(GPI)框架，可完成策略优化。与 MC 方法类似，TD 方法不依赖环境模型，因此如果要对策略进行优化，只能基于动作值函数 $Q(s,a)$。本小节讨论基于 $Q(s,a)$ 的策略估值和优化过程。

考虑一个基于策略 π 的交互过程如下：

$$S_t, A_t, R_{t+1}, S_{t+1}, A_{t+1}, R_{t+2}, \cdots$$

取每个 (S_t, A_t) 作为一个 Q 函数的采样值，可得到如下回溯公式：

$$Q(S_t, A_t) = Q(S_t, A_t) + \alpha[R_{t+1} + \gamma Q(S_{t+1}, A_{t+1}) - Q(S_t, A_t)]$$

上式中，$R_{t+1} + \gamma Q(S_{t+1}, A_{t+1})$ 是依当前经验对 $Q_\pi(S_t, A_t)$ 的估计，这一估计与依既往经验的估计 $Q(S_t, A_t)$ 不同时，即产生 TD 误差信号，依此对 $Q(S_t, A_t)$ 进行回溯。这一回溯公式中包括五个参数：S_t、A_t、R_t、S_{t+1}、A_{t+1}，因此称为 **Sarsa 算法**。

如果保持策略 π 不变，Sarsa 可用于对该策略进行估值。如果希望对策略进行优化，则需基于 $Q_\pi(s,a)$ 应用贪心原则进行策略改进。这里我们面临 MC 中同样的状态空间覆盖问题。和 MC 的解决方法类似，可基于当前 $Q(s,a)$ 的 ε-贪心策略作为动作策略生成交互过程，再基于 $Sarsa$ 进行回溯更新。当 ε 逐渐减小时，可实现策略优化。这一过程中，动作策略和目标策略是一致的(都是基于当前 $Q(s,a)$的ε-贪心策略)，因此 Sarsa 是 On-Policy 方法。也可以设计 Off-Policy Sarsa 算法，只需选择其他动作策略，并基于 Importance Sampling 公式进行权重修正即可。

对 Sarsa 的一种改进是在回溯时考虑当前采样状态 S_{t+1} 下所有可能的动作，基于其期望(而非采样动作 A_{t+1}对应的 $Q(S_{t+1},A_{t+1})$)来计算 TD 误差，回溯公式如下：

$$Q(S_t,A_t)=Q(S_t,A_t)+\alpha[R_{t+1}+\gamma\sum_a\pi(a\mid S_{t+1})Q(S_{t+1},a)-Q(S_t,A_t)]$$

其中，$\pi(a|s)$在策略估值任务中是待估值策略，在策略优化任务中是基于当前 $Q(s,a)$的 ε-贪心策略。这一方法称为 **Expected-Sarsa** 算法。基于 $Q(S_t,a)$的期望事实上减少了对动作采样的依赖，对 TD 误差的估计也更合理。注意 Expected Sarsa 只对动作进行全状态回溯，而 DP 对状态和动作都进行全状态回溯。这是因为状态转移规律是由环境决定的，而 Expected Sarsa 中环境未知，因此无法对状态求期望。对于动作来说，因为可采取的动作由策略决定，因此可基于当前策略求对动作的期望。

对于策略优化任务，如果用 ε-贪心策略作为动作策略，但将目标策略改为贪心策略，则得到一种常用的 TD 优化方法，称为 **Q-learning**，其回溯公式如下：

$$Q(S_t,A_t)=Q(S_t,A_t)+\alpha[R_{t+1}+\gamma\max_a Q(S_{t+1},a)-Q(S_t,A_t)]$$

上式中的最大化操作事实上是基于当前 $Q(s,a)$的贪心策略。同 Sarsa 一样，当动作策略的 ε 逐渐减小时，Q-learning 收敛到最优策略。注意在 Q-learning 中，动作策略和目标策略不一致，因此是一种 Off-Policy 方法，但当 ε 逐渐减小时，动作策略趋近目标策略，因此可收敛到最优。需要强调的是，Q-learning 是一种策略优化方法，不能用作策略估值，这是因为回溯公式中的最大化操作已经决定了目标策略。这和 Sarsa 及 Expected Sarsa 既可用于策略估值，也可用于策略优化不同。

图 10-10 给出 Sarsa、Expected Sarsa 和 Q-learning 的回溯图。可以看到三者(在策略优化任务中)的不同：Sarsa 考虑采样动作，Expected Sarsa 考虑所有可能

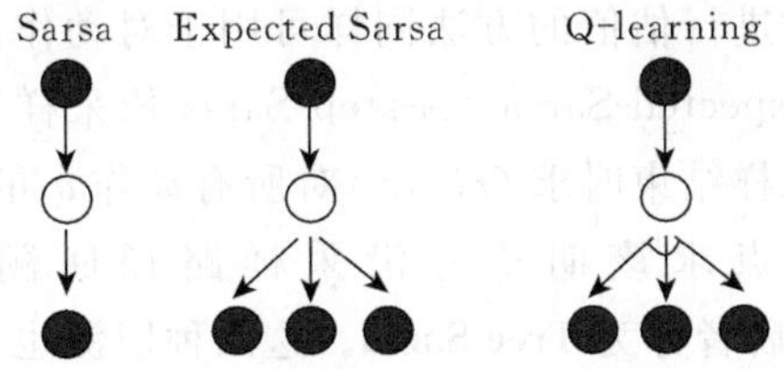

图 10-10 几种典型的 TD 策略优化算法回溯图

注：Sarsa 基于当前采样路径进行回溯；Expected Sarsa 在回溯时考虑当前采样节点后续所有可能的动作；Q-learning 考虑当前采样节点后续的最大收益动作(用一个小圆弧表示最大化操作)。

的动作，而 Q-learning 考虑最大收益动作。

10.5.3 N-step TD 与 TD(λ)

TD是一步采样，一个自然的思路是，如果让 TD 往前多做几步采样，则对收益的估计会更准确，对状态的回溯也更合理。本小节讨论基于多步采样的 TD 方法。为简明起见，我们只考虑策略估值算法，策略优化算法可由相应估值算法结合 GPI 框架及上小节所介绍的若干方法得到。

首先，计算基于 n 步采样得到的长期收益的估计。

$$G_t^{(n)}=R_{t+1}+\gamma R_{t+2}+\cdots+\gamma^{n-1}R_{t+n}+\gamma^n V(S_{t+n})$$

注意，最后一项是 n 步之后对应状态的值函数估计。如果 $n=1$，则该收益简化为传统 TD 估计；如果 n 取无穷大直至结束状态，则该收益等同于 MC 收益。

基于多步采样的 TD 算法称为 **N-step TD**，其值函数回溯公式如下：

$$V(S_t)=V(S_t)+\alpha(G_t^n-V(S_t))$$

注意，当 $n=1$ 时，N-step TD 简化为传统 TD 方法；$n=\infty$时，N-step TD 简化为传统 MC 方法。可见，传统 TD 和 MC 都可以看作 N-step TD 的特例，是采样为一步和无穷步(直到结束状态)的特殊情况。

在 N-step TD 中考虑不同的 n 在折扣收益上的差异，令 n 越大带来的折扣收益越小，则可得到一个折扣总收益，定义为 G_t^λ：

$$G_t^\lambda=(1-\lambda)\sum_{n=1}^{\infty}\lambda^{n-1}G_t^n$$

其中，λ 是折扣因子。注意 λ 与折扣收益中的 γ 不同，λ 是对 G_t^n 做折扣，γ 是对即时收益 R_t 做折扣。基于折扣总收益的 TD 算法称为 **TD(λ)算法**，其状态值函数的回溯公式为

$$V(S_t)=V(S_t)+\alpha(G_t^\lambda-V(S_t))$$

注意，当 $\lambda=0$ 且 $n=1$ 时，TD(λ)简化为传统 TD 算法，因此传统 TD 算法也被称为 TD(0)。

上述对状态值函数进行估值的方法同样可用于对动作值函数进行估值，类似 TD(0)中的 Sarsa 和 Expected-Sarsa。N-step Sarsa 依采样进行单路径回溯；对于 Expected-Sarsa，可在采样结束时求 $Q(s,a)$ 对所有动作 a 的期望并沿采样路径回溯，也可在每个采样点求该期望并沿采样路径回溯。前一种方法称为 **N-step Expected Sarsa**，后者称为 **Tree Sarsa**。这两种回溯也可以混合起来，在某些采样点上采用 Sarsa 方式，某些采样点上采用 Expected-Sarsa 方式。如果引入一个随机变量 σ 来控制每一步回溯方式的选择，则每次回溯是随机的，这种方法称为 ***Q*(*σ*)**。很明显，$Q(\sigma)$ 是 Sarsa 和 Expected Sarsa 的扩展。图 10-11 给出这几种估值方法的回溯图。

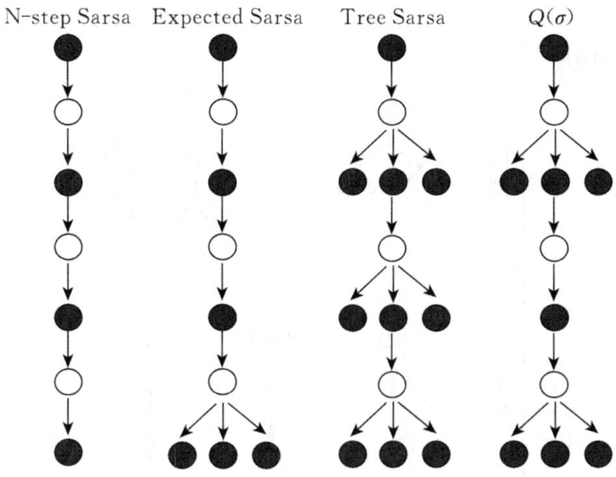

图 10-11 几种基于多步采样的动作值函数估值方法的回溯图

注:N-step Sarsa 沿采样路径回溯;Expected Sarsa 在回溯时考虑最后一次采样后的所有可能动作;Tree Sarsa 在每个采样点都考虑所有可能动作;$Q(\sigma)$在每个采样点随机选择回溯方式。

基于动作值函数 $Q(s,a)$,结合 ε-贪心策略,即可实现策略优化。和 TD(0)中的情形类似,这一优化既可以选择 On-Policy 方式,也可选择 Off-Policy 方式。限于篇幅,这里不再赘述,有兴趣的读者可参考文献[641]。

10.5.4 三种值函数学习方法总结

到目前为止,我们已经讨论了三种值函数学习方法:DP、MC 和 TD。这三种方法基于的假设不同,应用的场景也不同。图 10-12 从回溯的深度和宽度两方面比较了这三种学习方法。从回溯深度上看,DP 和 TD 都是**一步回溯**,N-step TD 和 TD(λ)是**多步回溯**, MC 及穷举搜索是**全路径回溯**。从回溯宽度上看,MC 和 TD、N-step TD、TD(λ)这三种方法基于**采样回溯**,DP、穷举搜索都要考虑所有可能后续状态,因此属于**全状态回溯**。值得一提的是,$Q(\sigma)$在回溯宽度和深度上都具有相当的灵活性,是一种更通用的学习方法。需要注意的是,上述差异主要表现在策略估值任务中。对于策略优化任务,这些方法只需和 GPI 框架结合,在策略改进方法上并没有太大差异。

从应用场景上看,MC 和 TD 这两种方法不依赖环境模型,因此一般称为**无模型方法**,常用在与实际环境交互的在线学习任务中。然而,这两种无模型方法依然可以用在模型已知的规划任务中。与 DP 等基于模型的方法不同的是, MC 和 TD 并不会直接利用模型信息,而是基于该模型进行采样,进而估计值函数和优化策略。因此,虽然 MC 和 TD 被称为无模型方法,但其更本质的特点是它们的采样特性,而非应用场景中是否有模型。比较 MC 和 TD,这两种方法除了采样深度的差

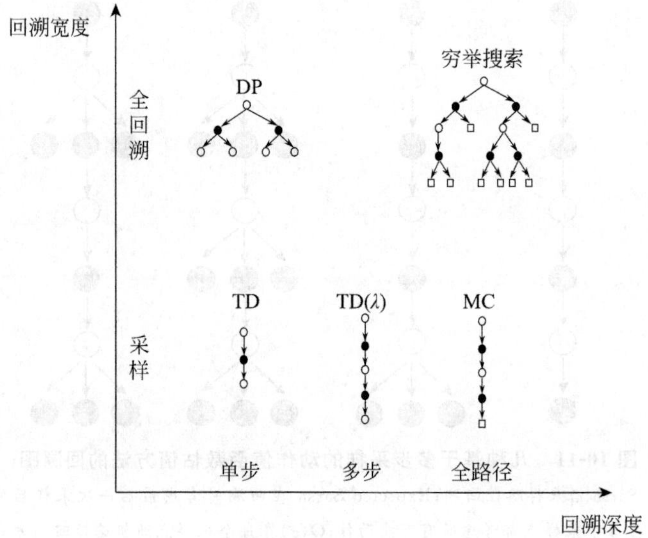

图 10-12　几种策略估值方法在回溯方式上的比较

注：TD、TD(λ)和 MC 都基于采样，回溯过程只考虑采样路径；DP 和穷举搜索在回溯时考虑所有后续状态或动作，因此称为全状态回溯。从另一个角度看，DP 和 TD 是一步回溯，基于 Bootstrapping 进行状态估值，MC 和穷举搜索都是全路径回溯，不基于 Bootstrapping。TD(λ)可自由选择采样深度，因此更灵活，适用范围更广。

异，最根本的区别在于：TD 依赖 MDP 假设，因此有较强的结构化先验知识，其优化结果趋向马尔可夫过程的最大似然估计(Maximum Likelihood)；MC 不对环境做任何假设，其优化结果趋向在训练集上的最小均方误差估计(Minimum Mean Square Error)[641]。因此，环境越近似 MDP，TD 的假设越趋向合理，TD 方法也越有优势。

虽然 MC 和 TD 等无模型方法可以让我们在不对环境建模的前提下对策略进行估值和优化，但环境模型有其重要价值：只有建立起一个环境模型，才能对任务有更深刻的理解，得到的策略才有更强的泛化能力。模型学习事实上是人类摆脱直觉，上升到理性思维的重要途径。我们将在下节讨论模型学习。

图 10-13 对 DP、MC、TD 这三种估值算法的应用场景进行了总结。可以看到，强化学习的任务场景纷繁复杂，需要基于任务目标、学习信号、复杂性等多种因素选择最合适的算法。表 10-1 进一步总结了 DP、MC 和 TD 这三种算法的特点和主要应用领域。

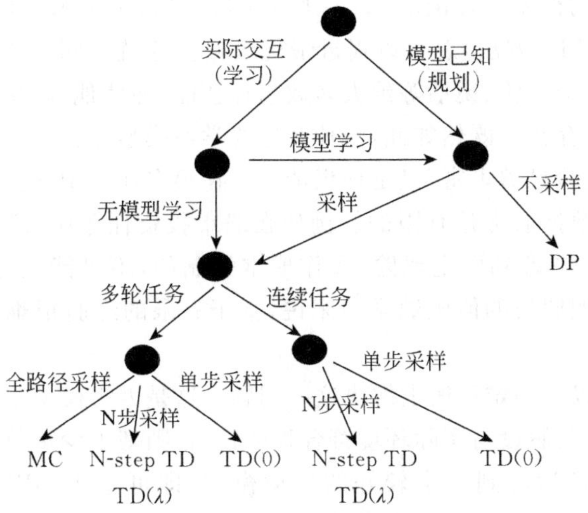

图 10-13　三种典型的策略估值算法(DP、MC、TD)的应用场景

表 10-1　三种典型的策略估值算法(DP、MC、TD)的特点

策略估值算法	DP	MC	TD
规划任务	是	是	是
学习任务	是	是	是
多轮学习	是	是	是
连续学习	是	否	是
马尔可夫假设	是	否	是
采样	否	是	是
回溯深度	一步	全路径	一步或多步
回溯宽度	全状态	采样	采样
Bootstrapping	是	否	是

10.6　模型学习

前面我们提到，强化学习的对象可以是模型、值函数和策略。前面几节介绍的各种算法主要针对值函数进行学习。本节将讨论模型学习，并介绍一种将模型学习和值函数学习结合起来的 Dyna 算法。关于策略学习将在下一节介绍。

10.6.1　值函数学习与模型学习

从直观上说，值函数学习省去了对环境进行建模的麻烦，不仅简洁，而且避免了环境模型引起的误差。理论上，如果采样足够丰富，无模型方法（特别是对环境没有任何假设的 MC 方法）总可以逼近最优策略。这就如同一个孩子经过足够多的锻炼，总可以学会走路、说话等绝大多数生存技能，即使他/她从没有意识到任何走路、说话模型的存在。既然如此，为什么还要学习模型呢？

这是因为"经验足够丰富"只是理想情况。在很多任务中，受限于各种条件，我们能得到的经验数据通常是有限的。例如在股市投资任务中，确实可以通过尝试积累投资技巧，但考虑到资金风险、操作成本等制约，不可能允许我们大量尝试。对于没有任何模型假设的值函数学习来说，基于有限的经验很难得到一个合理的策略。

模型学习可以在一定程度上解决这一问题。这是因为模型本身存在一定的结构化假设，如果这些假设与实际环境符合程度较高，则基于少量数据即可实现较好的模型估计。一旦学习到一个较好的环境模型，即可基于 GPI 框架，利用 DP、MC、TD 等各种方法对策略进行估值和优化。

模型学习是人类学习的典型方式。例如在股票操作时，人们一般不会死记硬背股票在某个时期某个状态下的表现（相当于值函数），而是在操作过程中总结不同市场条件下的收益规律和市场走向，前者相当于收益模型 $p(r \mid s,a)$，后者相当于状态转移模型 $p(s' \mid s,a)$。通过建立这些模型，操作时才更有方向性，遇到新情况才能做出更合理的决策。如果把值函数学习比作直觉记忆，那么模型学习更像是抽象与理解。对人类来说，这可能是我们摆脱直觉、上升到理性思维的重要方式。

10.6.2 模型学习方法

模型学习首先定义一个概率模型，再通过与环境交互来学习模型参数。得到该模型以后，即可基于 GPI 框架进行策略估值和优化。这里的估值和优化可以利用前面所述的任何一种算法。图 10-14 给出了基于模型学习的系统架构。

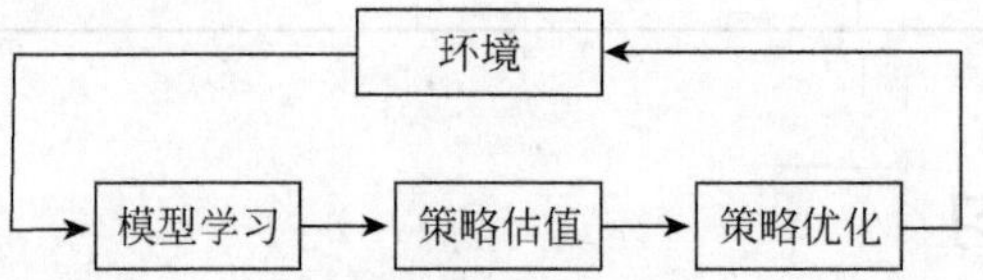

图 10-14　基于模型学习的强化学习方法

注：通过和环境交互学习一个环境模型，基于该模型进行策略估值和策略优化。

如果状态和动作都是有限离散的，一般采用 MDP 模型对环境进行建模。对一个 MDP，其参数包括状态转移概率 $p(s' \mid s,a)$ 和收益概率 $p(r \mid s,a)$。通过和环境进行交互可收集这些参数的统计量，并通过这些统计量对参数进行估计。算法 10-5 给出了在连续任务中进行模型学习的流程，其中我们已经假设收益为高斯分布。

算法 10-5 连续任务中的 MDP 学习算法(假设收益为高斯分布)

$T(s,a,s')=0$; $R(s,a)=0$; $Var(s,a)=0$; $N(s,a)=0 \quad \forall s,s',a$;
Initialize s;
for *Each Step* **do**
  Sample $a \sim \pi(a \mid s)$;
  Observe s',R by taking a at s;
  $T(s,a,s')=T(s,a,s')+1$;
  $R(s,a)=R(s,a)+R$;
  $Var(s,a)=Var(s,a)+R^2$;
  $N(s,a)=N(s,a)+1$;
  $p(s' \mid s,a)=\dfrac{T(s,a,s')}{\sum_{s'} T(s,a,s')}$;
  $p(r \mid s,a)=N(r;\mu,\sigma)$; $\mu=R(s,a)/N(s,a)$; $\sigma^2=Var(s,a)/N(s,a)-\mu^2$;
  $s=s'$;
end
Output: $p(s' \mid s,a)$, $p(r \mid s,a)$

10.6.3 Dyna:混合学习方法

模型学习具有较强的泛化能力,但当模型假设与真实情况相差较大时,得到的模型会和实际情况产生较大偏差,导致策略无法优化。值函数学习没有模型假设,因此特别适合复杂环境下的学习,特别是当数据量较大时,往往可取得更好的效果。混合学习将这两种学习方法的优势结合起来,通过模型提高泛化能力,通过值函数学习复杂场景,如图 10-15 所示。

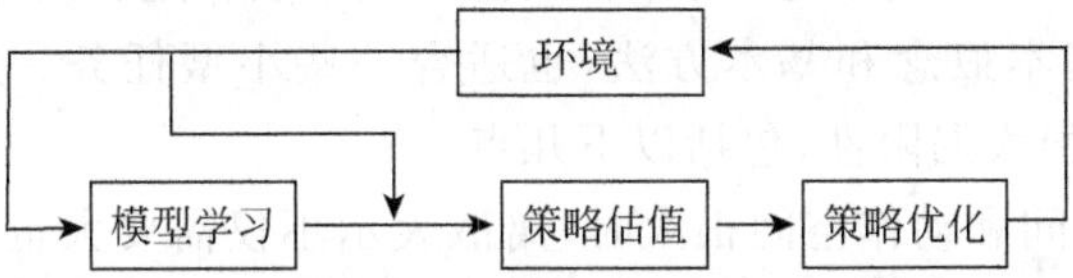

图 10-15 混合学习方法

注:基于采样学习环境模型,并基于该环境模型和真实采样一起学习值函数,并基于 GPI 框架实现策略优化。

Dyna-Q 算法即是一种混合学习算法。在该算法中,首先基于实际环境的真实采样对模型 $p(s',r \mid s,a)$进行更新,同时利用该采样对 Q 函数进行回溯。待模型和 Q 函数更新完成后,再基于更新后的模型得到若干采样,利用这些采样对 Q 函数做进一步更新。算法 10-6 给出连续任务中的 Dyna-Q 的算法流程。注意该算法中的策略估值和更新方式基于 Q-learning,因此称为 Dyna-Q 算法。

算法 10-6　连续任务中的 Dyna-Q 学习算法

Initialize $Q(s,a)$, $p(s',r \mid s,a)$, s;

for *Each step* **do**

　//Update Q and model by real sample

　Sample $a \sim \varepsilon$-Greedy(Q,s);

　Observe s', R by taking a at s;

　$Q(s,a)=Q(s,a)+\alpha[R+\gamma\max_a Q(s',a)-Q(s,a)]$;

　Update $p(s',r \mid s,a)$ using (s,a,R,s');

　$s=s'$;

　//Update Q by samples from model

　for $t:=0$ **to** N **do**

　　Sample $\hat{s}$ from state set $\mathcal{S}$ or states previously observerd;

　　Sample $\hat{a} \sim \varepsilon$-Greedy$(Q,\hat{s})$ or set $\hat{a}$ an action previously taken at $\hat{s}$;

　　Sample $(\hat{s}',R) \sim p(s',r \mid \hat{s},\hat{a})$;

　　$Q(\hat{s},\hat{a})=Q(\hat{s},\hat{a})+\alpha[R+\gamma\max_a Q(\hat{s}',a)-Q(\hat{s},\hat{a})]$;

　end

end

Output: $Q(s,a)$

注：其中，对模型 $p(s',r \mid s,a)$ 的更新可由算法 11 实现。

10.7　函数近似与策略学习

前面我们主要讨论了基于离散状态、离散动作的强化学习方法，在这些方法中，环境模型可以形式化为状态、动作和收益的概率表。这种离散模型有助于我们理解强化学习的基本概念和基本方法，也适合一些小型任务。然而，在实际问题中，离散模型存在很大局限性，包括以下几点。

(1) 当状态空间和动作空间很大时，离散表示不仅需要大量内存空间，在学习过程中也会遇到严重的数据稀缺问题。例如在围棋对弈中，状态空间的大小是 10^{172}，中国象棋、国际象棋分别是 10^{48}、10^{46}[609]。如此庞大的状态空间，连保存状态转移概率表都不可能，更别说对其进行有效学习了。

(2) 离散方法的泛化能力较差。离散状态和动作都是类型变量（Categorized Variable），变量的不同取值之间不具有距离的概念，甚至不具有顺序关系，导致不同状态和不同动作无法协同学习，而且无法处理训练数据中不存在的状态和动作。

(3) 很多实际任务中的状态和动作是连续的。如在股票投资、无人机飞行、机械臂抓取等众多任务中，学习系统的输入和输出都是连续的，离散模型对这些任务显然是不适合的。

上述这些局限性使得前面讨论的基于离散表示的模型和算法在很多任务中无

法应用。**函数近似**可以帮助我们解决这一困难。事实上，这一方法也是强化学习能在实际任务中得到大规模应用的重要原因。

10.7.1　值函数近似

强化学习，无论是直接学习一个优化策略 $\pi(a \mid s)$，还是间接学习一个状态值函数 $V_\pi(s)$ 或动作值函数 $Q_\pi(s,a)$，本质上都是学习一个以 (s,a) 为变量的函数。函数近似将这些函数表示成一个**参数形式**，使得 $\pi(a \mid s) \approx \pi_{\boldsymbol{\theta}}(s,a)$，$V_\pi(s) \approx V_{\boldsymbol{\theta}}(s)$，或 $Q_\pi(s,a) \approx Q_{\boldsymbol{\theta}}(s,a)$，其中 $\boldsymbol{\theta}$ 为模型参数。

函数近似可以解决前述离散模型的各种问题：①通过选择参数化的函数形式，模型的复杂度不会随着状态数和动作数的增加而增长，因而可以处理状态空间和动作空间较大的任务，如围棋对弈；②由于参数化的函数形式具有平滑性，因此相似状态或动作的函数取值之间具有相似性，这意味着不同状态和不同动作在函数近似中可以进行协同学习；③这些函数的输入可以是连续的，因此可以直接用于状态连续或动作连续的任务中。

本小节仅考虑值函数的近似，对策略函数的近似将在稍后讨论。以状态值函数为例，其函数近似方法如图 10-16 所示。对特定状态 $\{s_0, s_1, s_2\}$，其状态值的精确估计为 $\{V_\pi(s_0), V_\pi(s_1), V_\pi(s_2)\}$；函数近似用 $V_{\boldsymbol{\theta}}(s)$ 来近似 $V_\pi(s)$。从图中可以看到，在原离散模型的特定状态 $\{s_i\}$ 上，曲线 $V_{\boldsymbol{\theta}}(s)$ 接近离散模型的状态值。

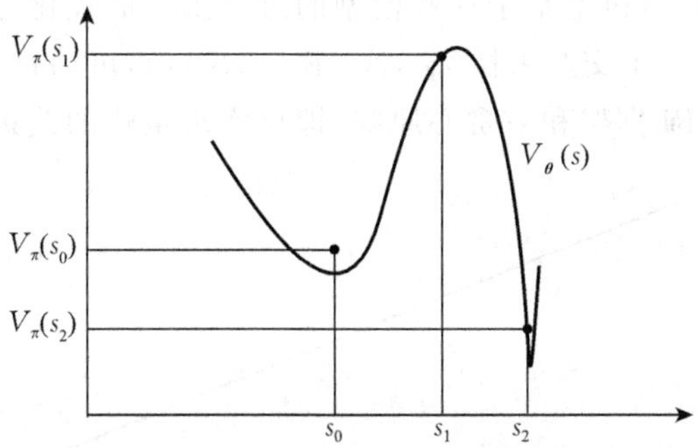

图 10-16　状态值函数的函数近似

注：曲线为基于参数 $\boldsymbol{\theta}$ 的连续值函数 $V_{\boldsymbol{\theta}}(s)$、$\{s_0、s_1、s_2\}$ 为原离散值函数的状态点。

图 10-16 所示的函数近似方法带来一个重要变化，即原来的离散状态 S_i 变成了距离可度量的连续状态。这种可度量性的产生可分为两种情况：第一种情况是学习任务的状态本身就是可度量的，对这种情况，函数近似只需将该任务的可度量输入作为函数 $V_{\boldsymbol{\theta}}(s)$ 的状态输入即可。第二种情况是学习任务的状态本身就是离散的，如在围棋对弈任务中的棋盘状态。对这种情况，一般需要对离散状态进行**状态嵌入**(State Embedding)，将离散状态映射成连续空间中的一个状态向量，使得

原本独立的状态在该空间中获得距离度量。例如，AlphaGo 即是通过 CNN 将棋盘状态映射到了一个连续状态空间中。值得说明的是，这一状态嵌入本身就是近似函数 $V_{\boldsymbol{\theta}}(s)$的一部分。

上述对状态值函数的近似方法同样适用于动作值函数 $Q_\pi(s,a)$，稍有不同的是该近似函数需要考虑状态和动作两个因素。图 10-17 给出了对动作值函数进行近似的两种方法。显然，第一种近似方法的通用性更强，第二种方法仅适用于动作离散且有限的任务。

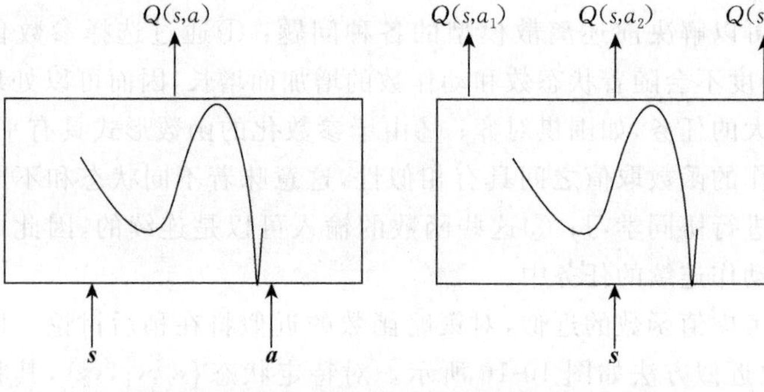

图 10-17　动作值函数两种近似函数设计方法

原则上，$V_{\boldsymbol{\theta}}(s)$和 $Q_{\boldsymbol{\theta}}(s,a)$可基于各种参数模型，常用的包括线性模型和神经网络模型。我们后面将讨论基于这些模型的近似函数的优化方法，现在先假设该优化方法已知，即对一个交互采样$(S_t,A_t,R_{t+1},S_{t+1})$，可通过更新 $\boldsymbol{\theta}$ 得到一个更优化的 $Q_{\boldsymbol{\theta}}$。基于 GPI 框架和 ε-贪心原则，即可实现策略的改进和优化。图 10-18

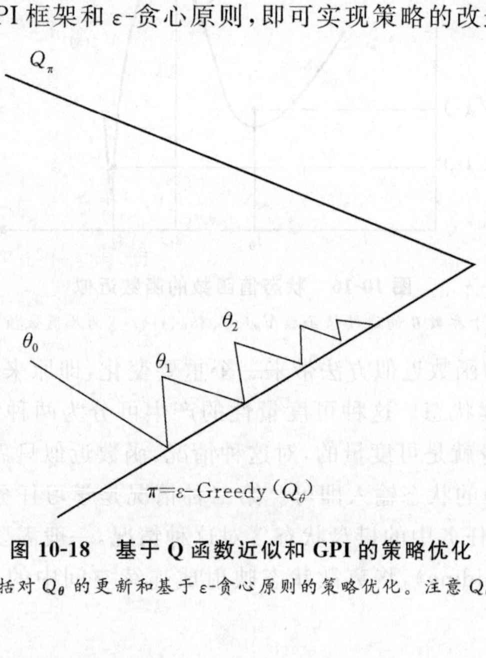

图 10-18　基于 Q 函数近似和 GPI 的策略优化

注：该优化过程包括对 $Q_{\boldsymbol{\theta}}$ 的更新和基于ε-贪心原则的策略优化。注意 $Q_{\boldsymbol{\theta}}$ 是 Q_π 的近似函数。

给出了一个基于函数近似和GPI框架的策略优化过程。从图中可以看到，在每次更新完 $\boldsymbol{\theta}$ 以后，基于 ε-贪心原则，由 $Q_{\boldsymbol{\theta}}(s,a)$ 得到改进后的策略 π，再基于改进后的 π 生成下一次交互。如此反复迭代，即可得到最优值函数 $Q_{\boldsymbol{\theta}}(s,a)$ 和相应的最优策略。值得注意的是，在线学习中每一步迭代仅依赖当前的观察值对 $\boldsymbol{\theta}$ 进行更新，因此得到的 Q 函数并不是对当前策略 π 的精确估值。尽管如此，在很宽泛的假设下，GPI 框架依然保证这一迭代可以收敛到一个优化策略。

10.7.2 基于梯度的参数优化

以动作值函数 $Q_\pi(s,a)$ 的近似 $Q_{\boldsymbol{\theta}}(s,a)$ 为例，介绍如何对近似函数的参数进行优化。总体来说，该优化的目的是基于每一个交互采样 (S_t,A_t,R_T,S_{t+1}) 更新参数 $\boldsymbol{\theta}$，使得 $Q_{\boldsymbol{\theta}}$ 在采样点 (S_t,A_t) 更趋向其长期收益 G_t。

设优化的目标函数是 $Q_{\boldsymbol{\theta}}(S_t,A_t)$ 与 G_t 的均方误差（Mean Square Error，MSE），即

$$L(\boldsymbol{\theta})=\sum_t (Q_{\boldsymbol{\theta}}(S_t,A_t)-G_t)^2=\sum_t L_t(\boldsymbol{\theta})$$

采用随机梯度下降法（SGD），基于每个采样点做一次参数更新，有

$$\begin{aligned}\boldsymbol{\theta}_t&=\boldsymbol{\theta}_{t-1}-\alpha\,\frac{\partial L_t(\boldsymbol{\theta})}{\partial\boldsymbol{\theta}}\\&=\boldsymbol{\theta}_{t-1}-\alpha(Q_{\boldsymbol{\theta}}(S_t,A_t)-G_t)\frac{\partial Q_{\boldsymbol{\theta}}}{\partial\boldsymbol{\theta}}\end{aligned}\tag{10.22}$$

其中，α 为 SGD 的学习步长，一般随时间 t 的增长而逐渐减小。上式中的 G_t 依学习算法的不同有不同形式。对于 MC 方法，有

$$G_t=R_{t+1}+\gamma R_{t+2}+\cdots+\gamma^{T-1}R_T$$

对于 TD(0)（Sarsa 方式），有

$$G_t=R_{t+1}+\gamma Q_{\boldsymbol{\theta}}(S_{t+1},A_{t+1})$$

其中，A_{t+1} 为下次采样所选择的动作。注意上式中的 Bootstrapping 部分 $Q_{\boldsymbol{\theta}}(S_{t+1},A_{t+1})$ 也是 $\boldsymbol{\theta}$ 的函数，但在梯度计算时并未考虑，因此上述 TD(0) 公式并非确切意义上的 SGD，因而有时也称为 **Semi-SGD**。

公式(10.22)中对梯度 $\frac{\partial Q_{\boldsymbol{\theta}}}{\partial\boldsymbol{\theta}}$ 的计算取决于函数 $Q_{\boldsymbol{\theta}}$ 的具体形式。例如，如果采用线性模型，该梯度将简化为输入特征向量；如果采用神经网络模型，一般需要采用 BP 算法。值得说明的是，如果长期收益 G_t 基于 Bootstrapping，那么用 Off-Policy 策略优化方法可能会导致学习不稳定，而 On-Policy 方法一般是稳定的。

10.7.3 基于函数近似的策略学习

本章前面所有内容都是在讨论对值函数和模型进行学习。有了函数近似工

具，我们可以对策略直接学习。所谓**策略学习**，是指直接学习在状态 s 下选择动作 a 的概率函数 $\pi(a \mid s)$。同值函数学习类似，我们希望得到一个基于参数 $\boldsymbol{w}$ 的概率函数 $\pi_{\mathbf{w}}(a \mid s)$，使得在某一准则 $\eta(\cdot)$ 下性能最好。和值函数学习相比，策略学习不依赖 GPI 框架，直接对策略进行优化。另外，策略学习更适合学习随机策略，和值函数学习相配合的优化策略一般是贪心策略，不容易处理随机动作。

和值函数类似，策略函数也可以选择多种形式，如线性模型、神经网络等。对策略学习而言，这些函数一般都包括一个 Soft-max 层，以得到动作的后验概率。对于准则 $\eta(\cdot)$，在多轮任务中，可选择起始状态的状态值函数。

$$\eta_1(\pi)=V_\pi(S_0)$$

在连续任务中，可选择平均值收益：

$$\eta_v(\pi)=\sum_s d_\pi(s)V_\pi(s)$$

或平均一步收益：

$$\eta_r(\pi)=\sum_s d_\pi(s)\sum_a \pi(a \mid s)R_{s,a}$$

其中，$d_\pi(s)$是基于 π 的 MDP 过程在状态 s 上的分布，$R_{s,a}=\sum_r rp(r \mid s,a)$为在状态 s 选择动作 a 得到的收益期望。

以平均值收益为例，推导近似策略函数的梯度下降公式。设 $\pi_{\mathbf{w}}$ 为 π 的函数近似并设其为连续可导的，则有

$$\eta_v(\pi_{\mathbf{w}})=\sum_s d_{\pi_{\mathbf{w}}}(s)\sum_a \pi_{\mathbf{w}}(a \mid s)Q_{\pi_{\mathbf{w}}}(s,a)$$

取对 $\boldsymbol{w}$ 的偏导，可得

$$\frac{\partial \eta_v(\boldsymbol{w})}{\partial \boldsymbol{w}}=\sum_s d_{\pi_{\mathbf{w}}}(s)\sum_a \pi_{\mathbf{w}}(a \mid s)\frac{\partial \log(\pi_{\mathbf{w}}(a \mid s))}{\partial \boldsymbol{w}}Q_{\pi_{\mathbf{w}}}(s,a) \tag{10.23}$$

$$=\mathbb{E}_{\pi_{\mathbf{w}}}\frac{\partial \log(\pi_{\mathbf{w}}(a \mid s))}{\partial \boldsymbol{w}}Q_{\pi_{\mathbf{w}}}(s,a) \tag{10.24}$$

可以证明，上式所表达的梯度形式同样适用于起始状态值函数收益 η_1 和平均一步收益 η_r。这一形式称为**策略梯度定理**。基于该定理，即可对参数 $\boldsymbol{w}$ 进行学习。以多轮任务为例，基于 MC 采样的策略学习方法如算法 10-7 所示，其中以本轮长期收益 G_t 来近似 $Q_{\pi_{\mathbf{w}}}(S_t,A_t)$。该算法称为 **REINFORCE 算法**。注意其中偏微分部分的求解取决于所选择函数的具体形式。

算法 10-7　多轮任务中的 REINFORCE 算法（用长期收益 G_t 的采样来近似长期收益的期望 $Q(s,a)$，β 为学习率）

Initialize $\boldsymbol{w}$;

for *Each Episode* **do**

　Sample $[S_0,A_0,R_1,S_1,A_1,\cdots,R_T,S_T]\sim\pi_{\mathbf{w}}$;

　for $t:=0$ **to** $T-1$ **do**

$G_t = R_{t+1} + \cdots + R_T$;

$w = w + \beta \dfrac{\partial \log(\pi_{\mathbf{w}}(A_t \mid S_t))}{\partial \mathbf{w}} G_t$;

end

end

Output: $\pi_{\mathbf{w}}(a \mid s)$

10.7.4 Actor-Critic 方法

根据策略梯度定理，策略学习需要估计状态值函数 $Q_{\pi_{\mathbf{w}}}(s, a)$。在 REINFORCE 算法中，用一次交互过程中的 G_t 来对其做近似，更好的办法是用另一个函数来近似，即

$$Q_{\pi_{\mathbf{w}}}(s,a) \approx Q_{\boldsymbol{\theta}}(s,a)$$

该值函数可以用前面介绍过的函数近似方法学习。这种同时学习值函数和策略函数的方法称为 **Actor-Critic 方法**，其中 Actor 学习策略 $\pi_{\mathbf{w}}$，Critic 学习该策略的近似值函数 $Q_{\boldsymbol{\theta}}(s,a)$。图 10-19 给出了该学习方法的示意图。从图中可以看到，Actor-Critic 事实上是一种对值函数和策略同时做函数近似和优化的混合学习方法。算法 10-8 给出一个连续任务中用 TD(0)进行值函数学习(Critic)，用梯度下降进行策略学习(Actor)的算法流程。

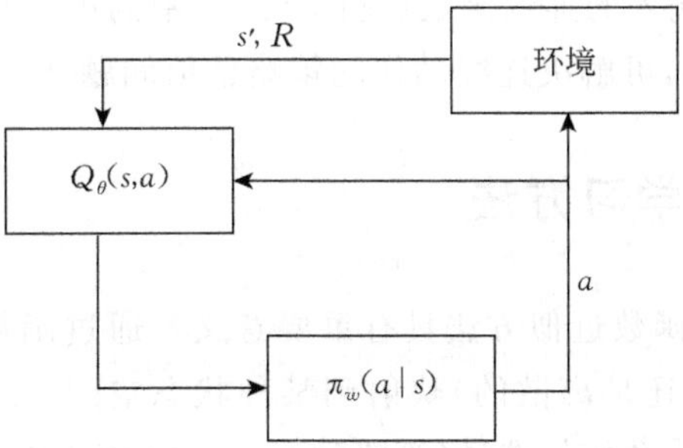

图 10-19 Actor-Critic 学习框架

注：Actor 是一个策略学习器，并依策略生成动作和环境进行交互。Critic 是一个值函数学习器，用来对策略进行估值，并将估值结果交给策略学习器进行下一步策略改进。注意，对 Actor(策略)学习来说，其学习信号由 Critic(值函数)给出，并不需要接收从环境的直接反馈。

算法 10-8 连续任务的 Actor-Critic 学习算法

Initialize $\boldsymbol{w}, \boldsymbol{\theta}, s$;

Sample $a \sim \pi_{\mathbf{w}}(a \mid s)$

for *Each Step* **do**

Sample s', R by taking a at s

Sample $a' \sim \pi_{\mathbf{w}}(a \mid s')$

$\delta = R + \gamma Q_{\boldsymbol{\theta}}(s', a') - Q_{\boldsymbol{\theta}}(s, a)$;

$\boldsymbol{\theta} = \boldsymbol{\theta} + \alpha\delta \dfrac{\partial Q_{\theta}}{\partial \boldsymbol{\theta}}$

$\boldsymbol{w} = \boldsymbol{w} + \beta \dfrac{\partial \log(\pi_{\mathbf{w}}(a \mid s))}{\partial_{w}} Q_{\boldsymbol{\theta}}(s, a)$;

$s = s'$;

$a = a'$;

end

Output: $\pi_{\mathbf{w}}(a \mid s)$

注：Critic 学习基于 TD(0)，Actor 学习基于策略梯度定理。

Actor-Critic 可以用来学习连续动作，如在机械臂操作中的扭矩。在连续动作任务中，我们一般假设动作符合某种分布，通过学习该分布的参数来确定连续动作的规律。以高斯分布为例，其参数为均值 μ 和方差 σ，则对策略的函数近似方法可转化为对 μ 和 σ 的函数近似：

$$\pi_{\mathbf{w}}(a \mid s) = \frac{1}{\sqrt{2}\sigma(s;\boldsymbol{w})} \exp\left\{\frac{(a - \mu(s;\boldsymbol{w}))^2}{\sigma(s;\boldsymbol{w})^2}\right\}$$

其中，$\mu(s;\boldsymbol{w})$ 和 $\sigma(s;\boldsymbol{w})$ 都是以 $\boldsymbol{w}$ 为参数，以 s 为输入的连续可导函数，因此 $\pi_{\mathbf{w}}$ 也是连续可导的，满足策略梯度定理中对梯度计算的要求。另外，设计 $Q_{\boldsymbol{\theta}}(s, a)$ 为以 $\boldsymbol{\theta}$ 为参数，以 (s, a) 为输入的连续函数（见图 10-17 中的第一种结构），则依图 10-19 所示结构和算法 10-8s，可解决连续动作的策略估值问题。

10.8 深度强化学习方法

10.7 节所讨论的函数近似方法具有重要意义。通过函数近似，可以把对外界的观察（不论是连续的还是离散的）映射到某种状态空间，在该空间上判断值函数的大小（值函数学习）或动作的选择（策略学习）。这种空间映射正是深度学习的基本思路。在深度学习中，通过对原始信号的逐层处理，可以学习与任务相关的显著特征，从而有效提高系统的表达能力和泛化能力。如果用深度模型（如深度神经网络）对值函数或策略函数进行近似，则得到深度强化学习方法。深度强化学习是当前机器学习领域的研究热点之一，取得了一系列令人瞩目的成果，事实上直接推动了近年来人工智能的热潮。

深度强化学习包括两个部分：第一部分是深度学习模型，利用 DNN（或其他深度网络）来近似值函数或策略函数；第二部分是强化学习方法，利用强化学习的目标函数对 DNN 的参数进行训练。采用 DNN 作为近似函数可充分利用其强大的特征学习能力，采用强化学习目标对 DNN 进行训练可得到更具目标驱动性的网络。深度强化学习在训练和推理时所用的基本方法和我们上节讨论的函数近似方法并没有本质不同，只是在求近似函数的梯度时工作量更大一些。我们将不再重复这些方法，仅通过几个例子来讨论深度强化学习的强大学习能力。

10.8.1 Atari 游戏

游戏一直是强化学习擅长的领域，从最初 Samuel[575] 的西洋棋到 Tesauro 的 TD-Gammon[665]。然而，在 2016 年以前，恐怕没有人会想到机器操作起游戏来会如此强大，不仅可以在简单任务中战胜人类业余选手，还可以在极为复杂的任务中战胜人类顶尖选手。

突破从 Deep Mind 公司利用深度 Q-learning 网络(DQN)教会机器操作 Atari 游戏开始[460]。学习方法很简单：把游戏画面传给计算机，让它通过观察这些画面控制操控杆，像人一样操作游戏。基于学习信号的复杂性和交互性，这是一个典型的强化学习任务，其中观察值为所看到的游戏画面，动作为对游戏杆的操纵，收益为打游戏过程中得到的奖励。在这一任务中，唯一的困难是输入的观察值太过原始(游戏画面)，这一观察值直接作为状态输入很难被机器理解。为此，Deep Mind 的研究员们用一个包含多层 CNN 的深度神经网络来近似动作值函数 $Q(s,a)$，并基于 Q-learning 算法对该网络进行学习。经过多层 CNN，原始游戏画面中关于游戏状态的信息被逐层抽象出来，表达为状态空间中的向量；基于这一状态的抽象表示，机器即可学习在不同状态下应采取不同操作的价值，即 Q 函数。图 10-20 给出这一深度 Q 网络(DQN)的结构，包括两层卷积神经网络，两层全连接网络，输出为每个动作对应的 Q 值。

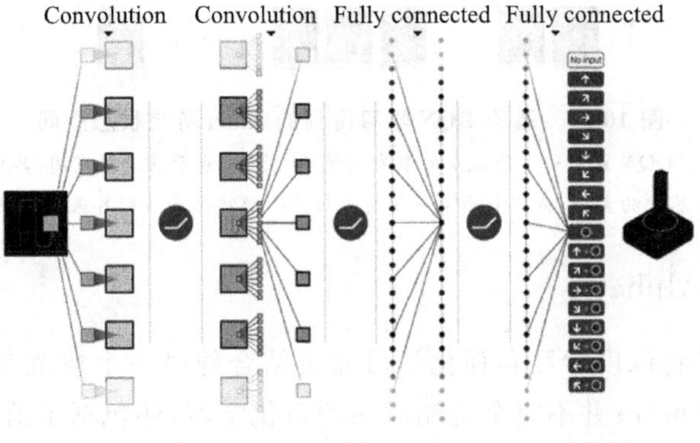

图 10-20 基于 DQN 的 Atari 游戏学习框架

注：包括两个卷积层和两个全连接层。模型的输入为游戏画面，输出为每个动作的动作值函数。图片来自文献[460]。

Atari 游戏是多轮任务，可通过 MC 采样得到训练样本，依本章所介绍的回溯方法进行训练。Mnih[460] 等人在实现时采用了一种称为 **Replay** 的方法，每次采样得到的样本以四元组(s,a,r,s')的形式存入经验池 D，训练时从中随机选出若干样本组成一个 Mini Batch 进行回溯。另外，为提高训练稳定性，目标网络(即用于生成动作的 DQN)每隔数次回溯后才进行更新。总结起来，DQN 的回溯公式如下：

$$\boldsymbol{\theta}=\boldsymbol{\theta}-\alpha \sum_{(s,a,r,s')\sim D}\left[r+\gamma \max_{a'} Q(s',a';\boldsymbol{\theta}^{-})-Q(s,a;\boldsymbol{\theta})\right]\frac{\partial Q(s,a;\boldsymbol{\theta})}{\partial \boldsymbol{\theta}}$$

训练中采用 ε-贪心策略，其中 ε 由 1.0 线性减小到 0.1。注意上式中 max 符号下的 Q 函数以前一轮训练结果 $\boldsymbol{\theta}^{-}$ 为参数，而非当前参数 $\boldsymbol{\theta}$。

为考察 DQN 的学习能力，可以将最后一个隐藏层的激发值用 t-SNE[423] 映射到二维平面上。结果如图 10-21 所示，其中颜色表示该位置处的状态值函数(蓝色＜红色)，一些点上的截图表示该点所代表的原始游戏画面。可以看到，DQN 整体上依值函数的分数将游戏画面映射到不同区域。这意味着 DQN 可以通过深度学习得到当前游戏状态的整体感觉。

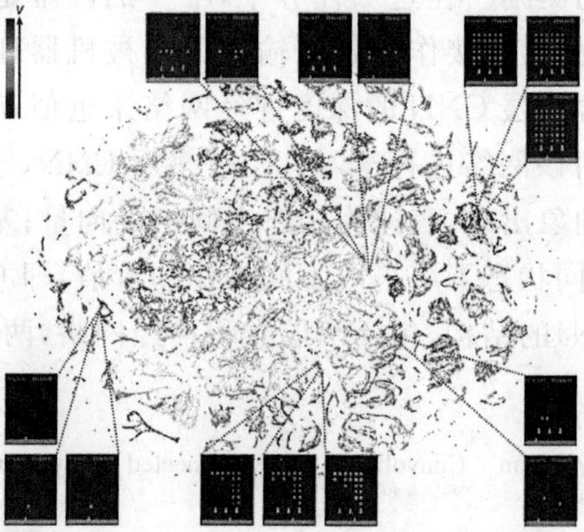

图 10-21 彩图

图 10-21　基于 DQN 学习得到的 Atari 游戏状态空间

注：对 DQN 最后一个隐藏层的激发向量用 t-SNE 表示在二维空间，其中颜色表示状态值函数的大小，截图表示某一状态点对应的游戏画面。图片来自文献[460]。

10.8.2　AlphaGo

AlphaGo 是将深度学习和强化学习完美结合的另一个典范[609]。和 Atari 学习不同的是，AlphaGo 并不完全是端对端的强化学习，还包括了监督学习；不仅使用了策略网络，还使用了值网络；不仅基于贪心策略，还大量使用了蒙特卡罗(MC)搜索技术。

AlphaGo 训练了三个策略网络和一个值网络。首先，基于历史上的棋局训练一个简单的策略网络 p_π 用于 MC 搜索，一个复杂的策略网络 p_σ 用于进行路径扩展。这两个网络都基于监督学习，其中 p_π 基于简单的局部模式特征和线性模型，p_σ 是一个 13 层的 CNN，用来学习盘面原始特征。基于 p_σ，将监督学习目标(每一步落子的准确性)替换成强化学习目标(落子更有利于赢得最终胜利),通过自我对弈方式进行强化学习,得到了一个基于强化学习的策略网络 p_ρ。最后,通过基于 p_ρ 的自我对弈生成大量棋局,基于该数据学习状态值网络 v_θ。图 10-22 给出了这一训练过程。

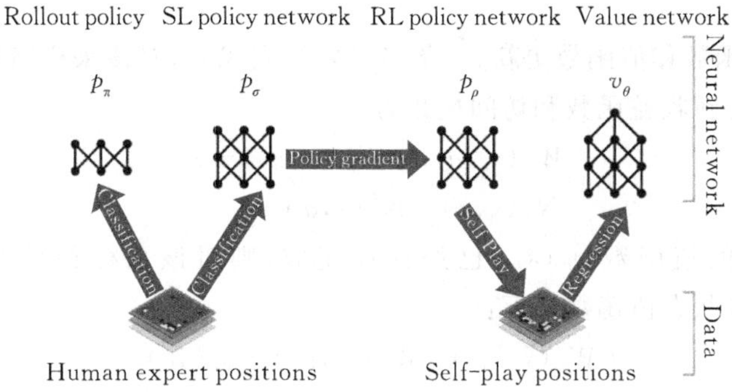

图 10-22　AlaphGo 所使用的模型及其训练过程

注:图片来自文献[609]。

在实际对弈中,AlphaGo 充分利用策略网络、状态值网络和 MC 搜索来提高走棋精度。理论上,这三种方法都可以生成落子决策,但将三者结合起来可以充分发挥各自的优势,提高胜率。

具体来说,在对弈的每一步,AlphaGo 基于采样生成一棵蒙特卡罗树(MCT),树上的每个节点 s 对应一种未来可能的棋局格式(状态),每条边对应一步走棋(动作),相应的动作值函数为 $Q(s,a)$。设该 MCT 的根节点为 s_0(当前棋局状态),每次采样时从 s_0 出发,基于路径选择到达该 MCT 的某一叶子节点 s_T(In-Tree Search),再基于 MC 采样模拟对弈到达终局(Rollout),将对弈结果沿路径回溯,以更新路径上的 $Q(s,a)$。搜索过程基于异步采样,同时发起多个线程进行路径模拟和回溯,所有模拟完成后统计根节点每条边所对应的值函数 $Q(s_0,a)$,以决定落子选择。具体搜索和回溯过程如下。

(1) **路径选择**:从根节点 s_0 开始一个新采样,通过路径选择到达某一叶子节点 s_L。该路径选择基于当前 MCT 中每条边对应的 $Q(s,a)$ 和由策略网络 p_σ 计算出的先验概率 $p_\sigma(a \mid s)$:

$$a_t = \arg\max_a (Q(s_t,a) + u(s_t,a))$$

其中,

$$u(s,a) = c p_\sigma(a \mid s) \frac{\sqrt{\sum_b N_r(s,b)}}{N_r(s,a)}$$

其中,s_t 表示由 s_0 开始的第 t 层节点;$N_r(s,a)$ 为该边 (s,a) 已经被访问的次数。显然,AlphaGo 倾向于选择由策略网络 p_σ 确定的最大概率的边,但当该边被多次选择时，则会转而选择其他边，以增加路径覆盖性。每当一条边(s,a)被访问时，累加其访问计数$N_r(s,a)$。

(2) **MC对弈模拟**：到达叶子节点S_L后，基于简单策略网络p_π模拟一条对弈路径直到终局。依终局的结果确定该路径的MC收益z_t($z_t=+1$为赢棋，$z_t=-1$为输棋)。

(3) **收益函数和值函数更新**：一条路径采样完成后，对该采样路径上的树内状态$\{s_t;t\leqslant L\}$更新收益函数和访问次数为

$$W_r(s_t,a_t)=W_r(s_t,a_t)+z_t$$
$$N_r(s,a)=N_r(s,a)+1$$

同时，如果s_L的值函数$v_\theta(s_L)$已经计算完成，则对该采样路径上的树内节点$\{s_t;t\leqslant L\}$更新状态值函数如下：

$$W_v(s_t,a_t)=W_v(s_t,a_t)+v_\theta(s_L)$$

并累积访问量：

$$N_v(s,a)=N_v(s,a)+1$$

(4) **路径扩展**：在搜索过程中，如果发现叶子节点的某一条边(s_L,a)的累积访问量$N_r(s,a)$大于某一阈值时，则对该边进行扩展，将其后续节点s_{L+1}加入MCT中，并初始化其访问次数N_r、累积收益W_r，计算其策略函数$p_\sigma(a\mid s_{L+1})$和状态值函数$v_\theta(s_{L+1})$。

(5) **动作值函数更新与走棋决策**：一段时间的采样结束后，对每条边更新动作值函数$Q(s,a)$如下：

$$Q(s,a)=\lambda\frac{W_r(s,a)}{N_r(s,a)}+(1-\lambda)\frac{W_v(s,a)}{N_v(s,a)}$$

当所有采样结束后，当前时刻的走棋决策依根节点的动作值函数$Q(s_0,a)$做出。

由上述算法可见，AlphaGo主要采用三种技术提高搜索效率和精度：①依靠值函数网络v_θ和MC采样对走棋决策进行价值判断；②依靠简单策略网络p_π加快MC采样效率；③依靠策略网络p_σ提供路径选择时的先验概率，从而控制MC搜索的宽度。除此之外，Deep Mind的研究者们还在工程化方面做出了一系列努力，如并行计算、异步搜索、GPU加速等，这些都是AlphaGo能取得成功的重要因素。

2017年10月，Deep Mind团队发布了AlphaGo的升级版本，称为AlphaGo Zero[610]。和AlphaGo相比，这一升级版不再学习人类的棋谱，而是完全依赖深度强化学习，通过自我对弈学习机器自己的走棋方式。因为没有人类的棋局信息，AlphaGo Zero学到的是完全属于机器的围棋，只管胜败，不计手段的围棋。Deep Mind的论文表明，使用64个GPU和19个CPU，AlphaGo Zero用三天时间完成了自我对弈490万局。几天之内它就学习到了击败人类顶尖棋手的技能，而早期的AlphaGo要达到同等水平需要数月的训练。

10.9 本章小结

本章介绍了强化学习的基本概念和基本方法。讨论了强化学习的三种主要方法:值函数学习、模型学习和策略学习。在值函数学习中,介绍了三种策略估值方法:动态规划算法(DP)、蒙特卡罗算法(MC)和时序差分算法(TD)。DP 基于模型的 MDP 假设,通过全状态回溯对值函数进行迭代更新;MC 基于全路径采样和回溯对值函数进行估计;TD 基于一步或多步采样和回溯,同时利用 MDP 假设对值函数进行估计。这三种策略估值方法可嵌入到 GPI 框架中,通过迭代得到优化策略。

我们介绍了模型学习。这种方法对环境建模,因而可显著提高学习系统的泛化能力;同时,模型学习和值函数学习可以结合起来(Dyna 算法),在提高系统表达能力的同时保证泛化性能。我们介绍了策略学习。这一方法基于函数近似技术直接对策略进行优化,从而摆脱了 GPI 框架的束缚。策略学习和值函数学习可以结合起来,例如 Actor-Critic 算法。

我们特别讨论了深度神经网络和强化学习相结合的深度强化学习方法。归因于深度学习强大的特征表达能力,深度强化学习近年来在众多任务上取得了突破性进展,引起了研究者的广泛关注。我们了解了 Deep Mind 在这方面的成果,特别是 AlphaGo 的深度强化学习原理。

一些研究者认为强化学习是比监督学习更高级的学习方法,可以应对更复杂的反馈信息和更复杂的交互过程,因此更适合实际任务。基于强化学习,我们可以在不对数据进行特别标注的情况下,只利用相关的反馈信息即可对模型进行学习。这和人类的学习方法非常相似:通过不精确的反馈,即便没有特别理性的理解,我们也可以学到足够合理的行为方式。特别有意思的是,当这种方法和深度学习结合在一起时,拥有了更强大的学习能力。可以预期,深度强化学习有可能在不久的将来取得更加令人振奋的成果,给我们的生活带来更深刻变革。

10.10 相关资源

- 本章大量参考了 Sutton 和 Barto 所著的 *Reinforcement Learning: An Introduction*[641],包括符号惯例和某些算法举例。
- 本章参考了 Dave Silver 在 UCL 的课件,特别是在策略梯度下降一节中参考了 Silver 课件中关于策略梯度定理方面的内容①。

① http://www0.cs.ucl.ac.uk/staff/D.Silver/web/Teaching.html.

- 本章参考了 Kaelbling 和 Kober 等人的综述文章[323,347]。
- 关于强化学习的算法实现，可参见 Szepesvari 的著作[644]。
- 关于 DP 方法和控制理论，可参见 Bertsekas 和 Powell 等人的著作[57,58,527]。

第 11 章 优化方法

我们已经介绍了各种机器学习模型。这些模型基于不同的假设,设计了不同的数据结构,因此需要不同的训练方法。这些各异的训练方法是各个领域的研究者长期研究的成果,具有很强的针对性,因而可实现对相关模型的高效学习。同时,这些方法又具有很强的相似性,很多模型的训练方法的基本原理是相通的。例如,对于很多神经模型和概率模型,训练方法都是对误差函数的梯度下降。我们可以对这些训练方法进行抽象,进而发现一些可应用于不同模型上的通用算法。这种抽象不仅可以让我们对现有算法有更深入的理解,还可以对不同模型做对比印证,从中得到启发,设计出更高效的训练方法。

原则上,如果可以将学习目标形式化为一个参数化的目标函数 $f(\boldsymbol{x})$,其中 $\boldsymbol{x}$ 是模型中所有参数组成的向量,则模型训练问题可归结为对 $f(\boldsymbol{x})$的**优化问题**。依模型的具体形式不同,这一优化问题可能是连续的,也可能是离散的;可能是无约束的,也可能是带约束的;可能是凸的,也可能是非凸的。在第 9 章中我们已经讨论过用演化学习、群体学习、随机优化等方法实现对 $f(\boldsymbol{x})$的优化。然而,这些基于采样的优化方法效率低,收敛性无法保证,只能作为应对复杂模型的后备方法。例如,当模型中存在离散变量或推理复杂度较高时,我们才会考虑采样法。对大多数模型,$f(\boldsymbol{x})$是连续甚至可微的,这时基于推理的优化方法更有效率。本章将讨论几种基于**推理**的优化算法,这些算法在几乎所有机器学习任务上都有广泛应用。

值得说明的是，我们即将讨论的这些算法都有成熟的工具包可供研究者直接使用，因此并不需要我们付出太多努力去研究其中的细节；然而，理解这些方法的基本思路、适用范围、对比优势，对合理使用这些方法至关重要。

11.1 函数优化

11.1.1 优化问题定义

从数学角度来看，**优化**就是在满足一定**限制条件**的前提下，对**目标函数**求解**最小值或者最大值**的过程[486]。记 $f(\boldsymbol{x})$ 为目标函数(我们仅考虑标量函数情况，这也是机器学习中最常见的优化任务)，$\boldsymbol{x}$ 为所有变量(对应模型训练中的参数)组成的向量(对应机器学习任务中的模型参数)，则优化问题可以表示成如下形式：

$$\min_{x \in R^n} f(\boldsymbol{x})$$

$$c_i(\boldsymbol{x})=0, \quad i \in \mathscr{E}$$

$$c_i(\boldsymbol{x}) \geqslant 0, \quad i \in \mathscr{I}$$

其中，$\{c_i(\boldsymbol{x})=0; i \in \mathscr{E}\}$ 是**等式约束条件**，$\{c_i(\boldsymbol{x}) \geqslant 0, i \in \mathscr{I}\}$ 是**不等约束条件**，$\mathscr{E}$ 和 $\mathscr{I}$ 分别是等式约束集和不等式约束集。上述形式上是一个带约束的优化问题，无约束优化问题可以认为是 $\mathscr{E}=\mathscr{I}=0$ 的特例。

以一个二元函数为例，设：

$$f(\boldsymbol{x})=\min_{x_1, x_2}(x_1-1)^2+(x_2-1)^2$$

$$x_2-x_1^2 \leqslant -1$$

$$x_2+x_1 \geqslant 4$$

该优化问题如图 11-1 所示，其中阴影部分是满足两个约束的合法区域，$\boldsymbol{x}^*$ 是最优解。

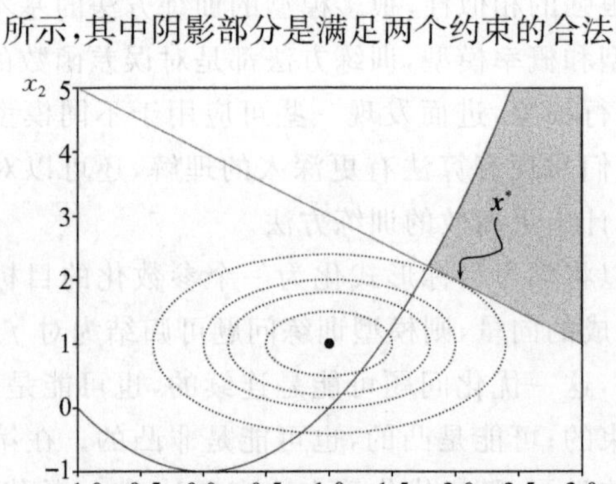

图 11-1 一个带约束的二次函数优化问题

注：$f(\boldsymbol{x})=\min_{x_1, x_2}(x_1-1)^2+(x_2-1)^2$ 是待优化函数，其等值线为一组同心圆；$c_1: x_2-x_1^2 \leqslant -1$ 和 $c_2: x_2+x_1 \geqslant 4$ 是两个不等约束。图中的阴影区域是由这两个约束得到的合法区域。可见，图中的 $\boldsymbol{x}^*$ 是满足两个约束且使 $f(\boldsymbol{x})$ 取值最小的最优解。

11.1.2　优化问题分类

依 $f(\boldsymbol{x})$的性质和约束条件的特点，我们可以将优化任务按如下几个维度做简单分类。

(1) **离散优化和连续优化**。如果 $f(\boldsymbol{x})$中变量 $\boldsymbol{x}$ 的取值只能是一些离散的点，则称该优化任务为离散优化；如果 $\boldsymbol{x}$ 可以在一个区域内连续取值，则称该任务为连续优化。离散优化中的主要问题是当 $\boldsymbol{x}$ 的维度过大时会产生组合爆炸，因此一般采用采样法求解。连续优化依赖 $f(\boldsymbol{x})$的几何性质，特别是梯度和曲率信息，一般通过迭代搜索寻找最优解。**本章仅讨论连续优化问题，机器学习里绝大部分优化任务属于这一类**。

(2) **无约束优化和带约束优化**。如前所述，优化任务中如果不带约束条件，称为无约束优化，否则称为带约束优化。这两种优化任务有天然联系，一般来说，我们希望将带约束优化通过某种变换转化成无约束优化，再依无约束优化方法进行求解。本章首先讨论无约束优化问题，然后讨论两种典型的带约束优化问题：**一阶规划**(Linear Programming)和**二阶规划**(Quadratic Programming)，最后扩展到一般带约束优化问题。

(3) **全局优化和局部优化**。全局优化是指找到 $f(\boldsymbol{x})$的全局最优点，这在绝大多数情况下是很难实现的。这是因为多数任务中的目标函数 $f(\boldsymbol{x})$有多个极值点，且变量 $\boldsymbol{x}$ 维度非常高，很难从众多极值点中找到全局最优解。因此，绝大多数优化算法只关注局部优化。**本章我们主要讨论局部优化算法**。

(4) **凸优化和非凸优化**。如果 $f(\boldsymbol{x})$只有一个极值点，则称 $f(\boldsymbol{x})$为凸函数(依极值是最大值还是最小值，也有可能是凹函数)。对凸函数的优化问题称为凸优化，否则为非凸优化。因为凸函数只有一个极值点，因此局部最优解即是全局最优解。绝大多数任务中 $f(\boldsymbol{x})$是非凸的，因此凸优化方法无法直接应用。然而，我们总可以在当前解的邻域内找到一个凸函数 $m(\boldsymbol{x})$来近似该点处的 $f(\boldsymbol{x})$，从而利用凸优化方法求解。这是很多重要优化方法的基本思路，如 SGD、Newton、Quasi-Newton、SQP 等。

综上所述，我们的讨论范围将限定在连续的、非凸的、局部的优化任务。在不特别指明时，我们将假设目标函数具有任意阶导数，且这些导数是连续的。特别的，我们假设优化任务是寻找 $f(\boldsymbol{x})$的**局部最小值**。对求局部最大值的优化任务，可对目标函数取负值，将其转化成求局部最小值的优化任务，即

$$\min_{\boldsymbol{x}} f(\boldsymbol{x}) = \max_{\boldsymbol{x}}\{-f(\boldsymbol{x})\}$$

11.1.3　基础定理

我们首先介绍几条在函数优化任务中经常用到的基础定理。这些定理是我们

后续讨论各种优化算法的基础。这些定理的证明可从微积分教科书中查到[627]。

泰勒定理[656,630] 设 $f(\boldsymbol{x})$是$R^n \to R$ 的二阶连续可微函数,$\boldsymbol{x}_0 \in R^n$为其定义域上的任意一点,则总有 $t\in(0,1)$使得如下三式成立。其中,$\nabla f(\boldsymbol{x}_k)=\nabla f|_{\boldsymbol{x}_k}\in R^n$是 $f(\boldsymbol{x})$在 $\boldsymbol{x}_k$点的梯度,$\nabla^2 f(\boldsymbol{x}_k)=\nabla^2 f|_{\boldsymbol{x}_k}\in R^{n\times n}$是 $f(\boldsymbol{x})$在 $\boldsymbol{x}_k$点的 Hessian 矩阵。

一阶近似定理:

$$
\begin{aligned}
f(\boldsymbol{x}_0+\boldsymbol{p}) &= f(\boldsymbol{x}_0)+\boldsymbol{p}^{\mathrm{T}}\nabla f(\boldsymbol{x}_0+t\boldsymbol{p}) \\
&\approx f(\boldsymbol{x}_0)+\boldsymbol{p}^{\mathrm{T}}\nabla f(\boldsymbol{x}_0)
\end{aligned}
\tag{11.1}
$$

二阶近似定理:

$$
\begin{aligned}
f(\boldsymbol{x}_0+\boldsymbol{p}) &= f(\boldsymbol{x}_0)+\nabla f(\boldsymbol{x}_0)^{\mathrm{T}}\boldsymbol{p}+\frac{1}{2}\boldsymbol{p}^{\mathrm{T}}\nabla^2 f(\boldsymbol{x}_0+t\boldsymbol{p})\boldsymbol{p} \\
&\approx f(\boldsymbol{x}_0)+\nabla f(\boldsymbol{x}_0)^{\mathrm{T}}\boldsymbol{p}+\frac{1}{2}\boldsymbol{p}^{\mathrm{T}}\nabla^2 f(\boldsymbol{x}_0)\boldsymbol{p}
\end{aligned}
\tag{11.2}
$$

梯度近似定理:

$$
\nabla f(\boldsymbol{x}_0+\boldsymbol{p})=\nabla f(\boldsymbol{x}_0)+\int_0^1 \nabla^2 f(\boldsymbol{x}_0+t\boldsymbol{p})\boldsymbol{p}\,\mathrm{d}t \tag{11.3}
$$

一阶必要条件:如果目标函数 $f(\boldsymbol{x})$在 $\boldsymbol{x}^*$ 的某个邻域内是一阶连续可微的,那么 $\boldsymbol{x}^*$是局部极值的必要条件是$\nabla f(\boldsymbol{x}^*)=0$。

二阶充要条件:如果目标函数 $f(\boldsymbol{x})$在 $\boldsymbol{x}^*$ 的某个邻域内是二阶连续可微的,那么 $\boldsymbol{x}^*$是局部极小值的充分必要条件是$\nabla f(\boldsymbol{x}^*)=0$ 且$\nabla^2 f(\boldsymbol{x}^*)$是半正定的。

11.2 无约束优化问题

无约束优化问题不考虑约束条件,对 $f(\boldsymbol{x})$进行无限制优化。对大多数实际问题,这一优化是没有闭式解的,因此大部分算法采用迭代求解法:给定一个初始解 $\boldsymbol{x}_0$,通过生成一个解序列 $\boldsymbol{x}_1,\boldsymbol{x}_2,\cdots$逐渐逼近局部最优。大部分迭代算法可分为两类:**线性搜索**(Line Search)和**置信域优化**(Trust Region)。线性搜索首先确定一个合理的搜索方向,再基于该方向搜索最优解;置信域优化首先设计一个局部近似函数 $m(\boldsymbol{x})$,使该函数在当前解的某个邻域(称为**置信域**)内以足够的精度近似 $f(\boldsymbol{x})$,求 $m(\boldsymbol{x})$在该置信域内的优化解即得到使 $f(\boldsymbol{x})$更优的解。

11.2.1 线性搜索

在线性搜索中,首先从当前位置 $\boldsymbol{x}_k$ 确定一个方向$\boldsymbol{p}_k$,使得目标函数在这一方向上有更小的函数值,然后在该方向上进行搜索,使得依$\boldsymbol{p}_k$ 方向走过步长α_k后得到的 $\boldsymbol{x}_{k+1}$满足 $f(\boldsymbol{x}_{k+1})\leqslant f(\boldsymbol{x}_k)$。线性搜索的迭代过程可形式化如下:

$$
\boldsymbol{x}_{k+1}=\boldsymbol{x}_k+\alpha_k\boldsymbol{p}_k
$$

1. 梯度下降

梯度下降法(Gradient Descend,GD)是应用最广泛的线性搜索算法[97]。依泰勒一阶近似定理可知:

$$f(\boldsymbol{x}_{k+1})-f(\boldsymbol{x}_k)=f(\boldsymbol{x}_k+\alpha_k\boldsymbol{p}_k)-f(\boldsymbol{x}_k)\approx\alpha_k\boldsymbol{p}_k^{\mathrm{T}}\nabla f_k$$

其中,我们将$\nabla f(\boldsymbol{x}_k)$简写为$\nabla f_k$。由上式可见,在一阶近似假设下,对一个确定的$\alpha_k$,当取$\boldsymbol{p}_k$与$\nabla f_k$负方向时目标函数值的下降最大。这一结论是梯度下降法的基础。在这一方法中,首先确定 $f(\boldsymbol{x})$在当前点 $\boldsymbol{x}_k$的梯度,再沿负梯度方向搜索最优步长α_k,并将优化解更新为 $\boldsymbol{x}_k+\alpha_k\boldsymbol{p}_k$。

如果有足够的计算资源,可用较小步长沿$\boldsymbol{p}_k$方向尝试计算 $f(\boldsymbol{x}_k+\alpha_k\boldsymbol{p}_k)$,直到找到使该目标函数最小的$\alpha_k$为止。这种搜索一般比较耗时,因此绝大部分 GD 算法都会人为确定一个α_k。最简单的方法是设计一个随迭代递减的函数(如$\alpha_k=1/k$),在搜索初期选择较大的步长以加快搜索速度,当搜索逐渐收敛时减小步长以确定精细解。也可以将α_k设为某一定值,直到 $f(\boldsymbol{x}_k+\alpha_k\boldsymbol{p}_k)>f(\boldsymbol{x}_k)$。这意味着搜索可能已经进入局部最优值附近,需要对$\alpha_k$进行调整(如减半)以适应精细搜索的要求。

在实际任务中,对于一些非常复杂的问题,计算目标函数的梯度并不容易。一种方法是对梯度做近似计算,只要得到的方向是使目标函数下降的方向即可。如图 11-2 所示,即使$\boldsymbol{p}_k$与 $-\nabla f_k$不完全同向,依$\boldsymbol{p}_k$方向做线性搜索依然可以降低目标函数的值。

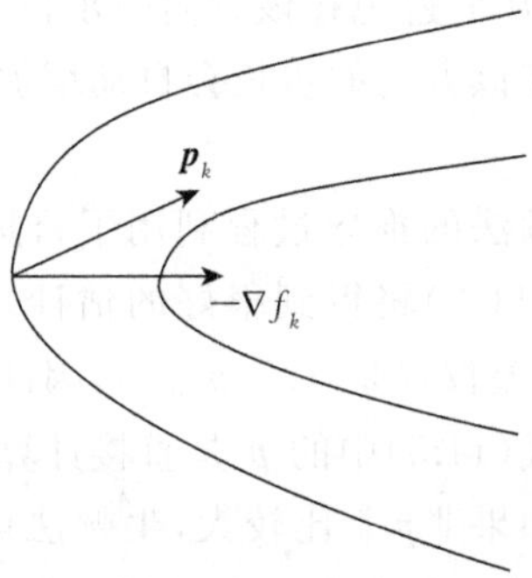

图 11-2 彩图

图 11-2　非梯度方向的线性搜索

注:尽管$\boldsymbol{p}_k$(蓝色单位向量)与$-\nabla f_k$(红色向量)方向不完全相同,沿$\boldsymbol{p}_k$方向搜索依然可使 $f(\boldsymbol{x}_{k+1})<f(\boldsymbol{x}_k)$。

2. 牛顿法

牛顿法(Newton Method)是另一种常用的线性搜索算法,这一方法的主要特点是可以利用目标函数的二阶曲率信息自动设置搜索的步长[481,156]。依目标函数 $f(\boldsymbol{x})$的泰勒二阶近似定理,可将 $f(\boldsymbol{x})$展开如下:

$$f(\boldsymbol{x}_k+\boldsymbol{p})\approx f(\boldsymbol{x}_k)+\boldsymbol{p}^{\mathrm{T}}\nabla f_k+\frac{1}{2}\boldsymbol{p}^{\mathrm{T}}\nabla^2 f_k\boldsymbol{p} \tag{11.4}$$

记上式右侧的近似函数为$m_k(\boldsymbol{p})$：

$$m_k(\boldsymbol{p})=f(\boldsymbol{x}_k)+\boldsymbol{p}^{\mathrm{T}}\nabla f_k+\frac{1}{2}\boldsymbol{p}^{\mathrm{T}}\nabla^2 f_k\boldsymbol{p}$$

注意，$m_k(\boldsymbol{p})$是一个二阶凸函数，如果$\nabla^2 f_k$是正定的，则该近似函数的极小值满足：

$$\nabla m_k=\nabla f_k+\nabla^2 f_k\boldsymbol{p}=0$$

因而有

$$\boldsymbol{p}=-(\nabla^2 f_k)^{-1}\nabla f_k \tag{11.5}$$

由此我们得到牛顿法的迭代公式如下：

$$\boldsymbol{x}_{k+1}=\boldsymbol{x}_k+\boldsymbol{p}_k=\boldsymbol{x}_k-(\nabla^2 f_k)^{-1}\nabla f_k \tag{11.6}$$

注意，上式中我们并没有将位移$\boldsymbol{p}_k$分成方向和步长，而是直接计算出了它们的乘积，这避免了梯度下降算法中需要人为设定步长的困难。和梯度下降法相比，牛顿法相当于在原来梯度方向上依曲率做了步长调整。为了理解这一点，我们假设Hessian矩阵$\nabla^2 f_k$是对角的，如果$f(\boldsymbol{x})$在某一坐标轴方向曲率比较大，则$\nabla^2 f_k$中对应于该坐标轴的对角元素取值较大；反之，如果在某一坐标轴方向的曲率比较小，则$\nabla^2 f_k$中对应于该坐标轴的对角元素取值较小。由式(11.6)可知，某一坐标轴方向的更新步长为Hessian矩阵中相应对角元素的倒数。因此，对曲率较大的方向，更新步长会自动减小，从而避免在该方向因步长过大导致的振荡；反之，如果在某一方向曲率比较小，则在该方向的步长会自动增加，从而避免在该方向因步长过小导致的更新缓慢。

值得注意的是，上述牛顿法的推导过程利用了目标函数的二阶近似。当这一近似误差不大时，利用公式(11.6)将得到很好的估计。事实上，如果$\nabla^2 f_k$是平滑的，$m_k(\boldsymbol{p})$与$f(\boldsymbol{x}_k+\boldsymbol{p})$的误差仅仅是$o(\|\boldsymbol{p}\|^2)$，因此当$\boldsymbol{p}$的模比较小时，估计还是很精确的。然而，由于公式(11.5)中的$\boldsymbol{p}$是直接计算出来的，因此并不能保证它的模是一个小量。事实上，如果$\|\boldsymbol{p}\|$比较大，牛顿法可能会产生较大的误差。为控制这一误差带来的精度损失，可以对$\boldsymbol{p}$进行适当调节，如在$\boldsymbol{p}$上乘以一个小量因子α_k。

3. 拟牛顿法

牛顿法收敛速度快，可以自动确定步长，在很多实际应用中是理想的优化方法。这一方法的优势在于利用了$f(\boldsymbol{x})$的二阶信息，即Hessian矩阵$\nabla^2 f_k$。然而，计算这一矩阵对大多数任务来说都是非常困难的。为了充分利用二阶信息，同时又能减少计算量，研究者们提出了很多方法来近似Hessian矩阵，这些方法称为**拟牛顿法**(Quasi-Newtown)[142,337,87,182,226,596]。

根据泰勒梯度近似定理可知：

$$\begin{aligned}\nabla f(\boldsymbol{x}_{k+1}) &= \nabla f(\boldsymbol{x}_k + \boldsymbol{p}_k)\\ &= \nabla f(\boldsymbol{x}_k) + \nabla^2 f(\boldsymbol{x}_k)\boldsymbol{p}_k + \int_0^1 [\nabla^2 f(\boldsymbol{x}_k + t\boldsymbol{p}_k) - \nabla^2 f(\boldsymbol{x}_k)]\boldsymbol{p}_k \mathrm{d}t\end{aligned}$$

其中，

$$\int_0^1 [\nabla^2 f(\boldsymbol{x}_k + t\boldsymbol{p}_k) - \nabla^2 f(\boldsymbol{x}_k)]\boldsymbol{p}_k \mathrm{d}t = o(\|\boldsymbol{p}_k\|)$$

因而有

$$\nabla f_{k+1} = \nabla f_k + \nabla^2 f_k \boldsymbol{p}_k + o(\|\boldsymbol{p}_k\|)$$

整理得

$$\nabla^2 f_k \boldsymbol{p}_k \approx \nabla f(\boldsymbol{x}_{k+1}) - \nabla f(\boldsymbol{x}_k)$$

注意，$\nabla^2 f_k$ 是 $\boldsymbol{x}_k$ 处 $f(\boldsymbol{x})$ 的 Hessian 矩阵，记为 $\boldsymbol{H}_k$。上式表明 $\boldsymbol{H}_k$ 与前后两次梯度的差有直接关系。由此，我们希望找到一个 $\boldsymbol{H}_k$ 的近似矩阵 $\boldsymbol{B}_{k+1}$，使其具有和上式同样的关系：

$$\boldsymbol{H}_k \boldsymbol{p}_k \approx \boldsymbol{B}_{k+1}\boldsymbol{p}_k = \boldsymbol{y}_k$$

其中，

$$\boldsymbol{p}_k = \boldsymbol{x}_{k+1} - \boldsymbol{x}_k;\quad \boldsymbol{y}_k = \nabla f_{k+1} - \nabla f_k$$

一般来说，为简化计算需要对 $\boldsymbol{B}_k$ 做更多限制。首先一般假设 $\boldsymbol{B}_k$ 是对称的，因为 $\boldsymbol{H}_k$ 本身也是对称的。另外，通常假设 $\boldsymbol{B}_{k+1} - \boldsymbol{B}_k$ 是低阶的，因为我们希望 Hessian 矩阵在相邻两次迭代中的变动不大。

一种 $\boldsymbol{B}_k$ 的更新方法称为 Symmetric-Rank-One(SR1)更新[337]，其中 $\boldsymbol{B}_{k+1} - \boldsymbol{B}_k$ 是一阶的，更新公式为

$$\boldsymbol{B}_{k+1} = \boldsymbol{B}_k + \frac{(\boldsymbol{y}_k - \boldsymbol{B}_k\boldsymbol{p}_k)(\boldsymbol{y}_k - \boldsymbol{B}_k\boldsymbol{p}_k)^{\mathrm{T}}}{(\boldsymbol{y}_k - \boldsymbol{B}_k\boldsymbol{p}_k)^{\mathrm{T}}\boldsymbol{p}_k}$$

另一种著名的更新方法称为 BFGS 更新，由其四位发明者的名字(Broyden, Fletcher, Goldfarb and Shanno)命名[87,182,226,596]。在这一更新算法中，$\boldsymbol{B}_{k+1} - \boldsymbol{B}_k$ 是二阶的，且只要初始 $\boldsymbol{B}_0$ 是正定的，即可保证所有 $\boldsymbol{B}_k$ 都是正定的。BFGS 的更新公式为

$$\boldsymbol{B}_{k+1} = \boldsymbol{B}_k - \frac{\boldsymbol{B}_k\boldsymbol{p}_k\boldsymbol{p}_k^{\mathrm{T}}\boldsymbol{B}_k}{\boldsymbol{p}_k^{\mathrm{T}}\boldsymbol{B}_k\boldsymbol{p}_k} + \frac{\boldsymbol{y}_k\boldsymbol{y}_k^{\mathrm{T}}}{\boldsymbol{y}_k^{\mathrm{T}}\boldsymbol{p}_k}$$

不论是 SR1 或 BFGS，得到 $\boldsymbol{H}_k$ 的近似 $\boldsymbol{B}_k$ 后，即可依牛顿法得到如下拟牛顿优化算法的迭代公式：

$$\boldsymbol{x}_{k+1} = \boldsymbol{x}_k - \boldsymbol{B}_k^{-1}\nabla f(\boldsymbol{x}_k)$$

上述迭代公式事实上需要的是 $\boldsymbol{B}_k^{-1}$ 而非 $\boldsymbol{B}_k$。记 $\boldsymbol{V}_k = \boldsymbol{B}_k^{-1}$，可以调整 SR1 和

BFGS 的迭代公式直接计算$\boldsymbol{V}_k$。对于 SR1,$\boldsymbol{V}_k$的更新公式如下：

$$\boldsymbol{V}_{k+1}=\boldsymbol{V}_k+\frac{(\boldsymbol{p}_k-\boldsymbol{V}_k\boldsymbol{y}_k)(\boldsymbol{p}_k-\boldsymbol{V}_k\boldsymbol{y}_k)^{\mathrm{T}}}{(\boldsymbol{p}_k-\boldsymbol{V}_k\boldsymbol{y}_k)^{\mathrm{T}}\boldsymbol{y}_k}$$

对于 BFGS,$\boldsymbol{V}_k$更新公式如下：

$$\boldsymbol{V}_{k+1}=(\boldsymbol{I}-\rho_k\boldsymbol{p}_k\boldsymbol{y}_k^{\mathrm{T}})\boldsymbol{V}_k(\boldsymbol{I}-\rho_k\boldsymbol{y}_k\boldsymbol{p}_k^{\mathrm{T}})+\rho_k\boldsymbol{p}_k\boldsymbol{p}_k^{\mathrm{T}}$$

其中，

$$\rho_k=\frac{1}{\boldsymbol{y}_k^{\mathrm{T}}\boldsymbol{p}_k}$$

4. 共轭梯度法

共轭梯度法(Conjugate Gradient)最初用来求解线性方程组 $\boldsymbol{A}\boldsymbol{x}=\boldsymbol{b}$ 所确定的线性系统[273],其中系数矩阵 $\boldsymbol{A}\in R^{n\times n}$ 是对称正定的。显然,求解该线性方程组的问题等价于求如下二价凸函数的最小值问题。

$$m(\boldsymbol{x})=\frac{1}{2}\boldsymbol{x}^{\mathrm{T}}\boldsymbol{A}\boldsymbol{x}-\boldsymbol{b}^{\mathrm{T}}\boldsymbol{x} \tag{11.7}$$

对于任意一个目标函数 $f(\boldsymbol{x})$,在 $\boldsymbol{x}_k$ 点取如下二阶近似。

$$f(\boldsymbol{x}_k+\boldsymbol{p})\approx m_k(\boldsymbol{p})=f(\boldsymbol{x}_k)+\boldsymbol{p}^{\mathrm{T}}\nabla f_k+\frac{1}{2}\boldsymbol{p}^{\mathrm{T}}\boldsymbol{H}_k\boldsymbol{p}$$

上式和式(11.7)具有相同形式,因此可通过解线性方程$\boldsymbol{H}_k\boldsymbol{p}=-\nabla f_k$得到 $\boldsymbol{p}$ 的最优解作为$\boldsymbol{p}_k$,使得 $f(\boldsymbol{x}_k+\boldsymbol{p}_k)$最小化。这是共轭梯度法用于优化问题的基本原理。

不失一般性,以线性方程 $\boldsymbol{A}\boldsymbol{x}=\boldsymbol{b}$ 讨论共轭梯度算法。假设 $\boldsymbol{A}$ 很大,以至于无法用高斯消元法等标准算法直接求解。共轭梯度下降法设计了一个迭代过程,从$\boldsymbol{x}_0$开始,每次迭代生成一个位移方向$\boldsymbol{d}_k$,该方向与所有已经生成的位移方向具有如下共轭关系。

$$\boldsymbol{d}_k^{\mathrm{T}}\boldsymbol{A}\boldsymbol{d}_j=0,\quad j<k$$

理论上,当搜索 n 步时必然会找到$\boldsymbol{A}\boldsymbol{x}=\boldsymbol{b}$ 的解,其中 n 是矩阵$\boldsymbol{A}$ 的列数;实际实现时,往往几轮迭代后就可以得到很好的近似结果。共轭梯度算法的细节由算法 11-1 给出。

算法 11-1　对线性方程 $\boldsymbol{A}\boldsymbol{x}=\boldsymbol{b}$ 求解的共轭梯度算法

Input：$\boldsymbol{A},\boldsymbol{b}$；

Initialization：$\boldsymbol{x}_0=0,\boldsymbol{r}_0=\boldsymbol{b},\boldsymbol{d}_0=\boldsymbol{r}_0,k=0$；

while $k\leqslant N$ **do**

　$\alpha_k=\dfrac{\boldsymbol{r}_k^{\mathrm{T}}\boldsymbol{r}_k}{\boldsymbol{d}_k^{\mathrm{T}}\boldsymbol{A}\boldsymbol{d}_k}$；

　$\boldsymbol{x}_{k+1}=\boldsymbol{x}_k+\alpha_k\boldsymbol{d}_k$；

　$\boldsymbol{r}_{k+1}=\boldsymbol{r}_k-\alpha_k\boldsymbol{A}\boldsymbol{d}_k$；

7　　$d_{k+1}=r_{k+1}+\dfrac{r_{k+1}^{\mathrm{T}}r_{k+1}}{r_k^{\mathrm{T}}r_k}\,d_k$;

8　　**if** $\parallel r_{k+1}\parallel<\delta$ **then**

9　　　Break;

10　　**end**

11　　$k=k+1$

12　**end**

13　**Output**：x_{k+1};

注：其中，d_k 为第 k 步的搜索方向；δ 为收敛阈值；r_k 为第 k 步的残差；α_k 为第 k 步的步长；x_k 为第 k 步得到的解。

上述共轭梯度法应用于大规模优化问题时有一个显著优点，即在计算第 k 步的步长和残差时，虽然都会用到矩阵 A，但事实上只需计算向量 Ad_k。对于 $f(x)$ 的优化而言，A 事实上对应的是很难求解的 Hessian 矩阵，但 Ad_k 却可以通过数值法求出 $Ad_k\approx\dfrac{\nabla f(x_k+hd_k)-\nabla f(x_k)}{h}$，因此显著降低了计算开销。虽然它不像牛顿法和拟牛顿法具有那么快的收敛速度，但因为不需要计算 Hessian 矩阵，故而可应用于很多大规模问题。图 11-3 比较了共轭梯度法与标准梯度下降法的搜索路径，可以看到共轭梯度法具有更好的收敛性质。

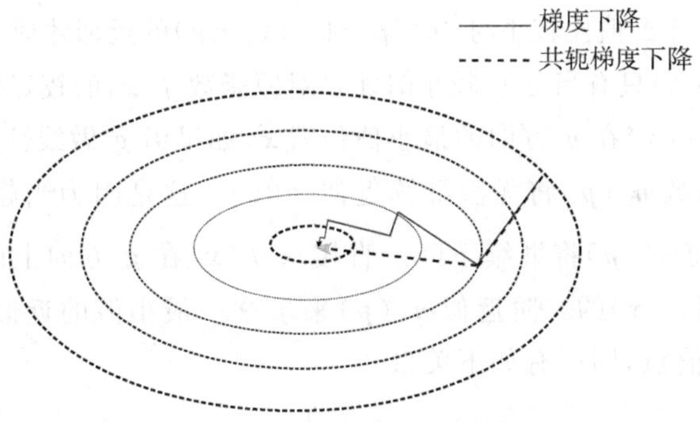

图 11-3 彩图

图 11-3　共轭梯度法与梯度下降法搜索路径比较示意图

注：红色实线为标准梯度下降法的搜索路径，蓝色虚线为共轭梯度法的搜索路径。可以看到共轭梯度法可实现更有效的搜索。

11.2.2　置信域优化

光滑函数上无约束优化问题的另一种解法是**置信域优化法**。在这一方法中，首先确定当前解 x_k 的一个置信域，在这个区域内 $f(x_k+p)$ 可被某个简单函数 $m_k(p)$ 近似。置信域确定后，对近似函数 $m_k(p)$ 在该域内进行优化，用得到的优化值近似原函数的优化值。该方法形式化如下：

$$p^*(\Delta)=\underset{p}{\arg\min}\,m_k(p)\quad\text{s.t.}\quad\parallel p\parallel\leqslant\Delta$$

其中，Δ 为置信域的半径，$\boldsymbol{p}^*(\Delta)$为半径为 Δ 的置信域内近似函数$m_k(\boldsymbol{p})$的优化解。

如果取一阶近似，依泰勒定理，近似函数为

$$m_k^1(\boldsymbol{p})=f(\boldsymbol{x}_k)+\boldsymbol{p}^{\mathrm{T}}\nabla f_k \tag{11.8}$$

如果取二阶近似，则有近似函数：

$$m_k^2(\boldsymbol{p})=f(\boldsymbol{x}_k)+\boldsymbol{p}^{\mathrm{T}}\nabla f_k+\frac{1}{2}\boldsymbol{p}^{\mathrm{T}}\boldsymbol{B}_k\boldsymbol{p} \tag{11.9}$$

其中，$\boldsymbol{B}_k$是 $f(\boldsymbol{x})$在 $\boldsymbol{x}_k$处 Hessian 矩阵的近似矩阵。

1. Dogleg 算法

置信域优化将 $f(\boldsymbol{x})$的无约束优化问题转化成近似函数$m_k(\boldsymbol{p})$的带约束优化问题。这一带约束问题的最优解$\boldsymbol{p}^*(\Delta)$是置信域半径 Δ 的连续函数。如果我们仅考虑一阶近似$m_k^1(\boldsymbol{p})$和二阶近似$m_k^2(\boldsymbol{p})$两种近似函数，$\boldsymbol{p}^*(\Delta)$的形式相对简单。

1)一阶近似优化点

对于一阶近似，易知对任意一个 Δ，$\boldsymbol{g}=\dfrac{\nabla f_k}{\|\nabla f_k\|}$是使$m_k^1(\boldsymbol{p})$下降最快的方向，因此受限优化问题的最优解$\boldsymbol{p}^*(\Delta)$在 $\boldsymbol{g}$ 所确定的直线上，且是 $\boldsymbol{g}$ 与圆 $\|\boldsymbol{p}\|=\Delta$ 的交点。这意味着$\boldsymbol{p}^*(\Delta)$随着 Δ 的增大表现为沿着 $\boldsymbol{g}$ 方向的直线，即$\boldsymbol{p}^*(\Delta)=-\Delta\boldsymbol{g}$。值得注意的是，只有当 Δ 值比较小时，$m_k^1(\boldsymbol{p})$对 $f(\boldsymbol{x}_k+\boldsymbol{p})$的近似才成立，这意味着一阶近似的优化点$\boldsymbol{p}^*(\Delta)$只有当 Δ 比较小时才是对原函数 $f(\boldsymbol{x})$的较好优化位移。

我们可以求 $f(\boldsymbol{x})$在 $\boldsymbol{g}$ 方向的最小值位置 $\hat{\boldsymbol{x}}$，如果沿 $\boldsymbol{g}$ 做线性搜索时超过这一位置，一阶近似函数$m_k^1(\boldsymbol{p})$将无法继续近似 $f(\boldsymbol{x})$。这是因为当超过这一位置后，$f(\boldsymbol{x})$值将上升，而$m_k^1(\boldsymbol{p})$将继续下降。直接求 $f(\boldsymbol{x})$在 $\boldsymbol{g}$ 方向上的最小值点 $\hat{\boldsymbol{x}}$ 并不容易，我们利用 $f(\boldsymbol{x})$的二阶近似$m_k^2(\boldsymbol{p})$来求这一最小值的近似值，即求$m_k^2(\boldsymbol{p})$在 $\boldsymbol{g}$ 方向的极小值点，因而有如下关系。

$$\min_{x} f(\boldsymbol{x})\approx\min_{\alpha} m_k^2(\alpha\boldsymbol{g})=\min_{\alpha}\left\{f_k+\alpha\,\boldsymbol{g}^{\mathrm{T}}\boldsymbol{g}+\frac{\alpha^2}{2}\boldsymbol{g}^{\mathrm{T}}\boldsymbol{B}_k\boldsymbol{g}\right\}$$

可得最小值点对应的 α 为

$$\alpha=-\frac{\boldsymbol{g}^{\mathrm{T}}\boldsymbol{g}}{\boldsymbol{g}^{\mathrm{T}}\boldsymbol{B}_k\boldsymbol{g}}$$

由此得到在 $\boldsymbol{g}$ 方向上 $f(\boldsymbol{x})$的最小值点为

$$\hat{\boldsymbol{x}}\approx\boldsymbol{x}_k+\boldsymbol{p}^U$$

其中，

$$\boldsymbol{p}^U=\alpha\boldsymbol{g}=-\frac{\boldsymbol{g}^{\mathrm{T}}\boldsymbol{g}}{\boldsymbol{g}^{\mathrm{T}}\boldsymbol{B}_k\boldsymbol{g}}\boldsymbol{g}$$

对任何 $\Delta\leqslant\alpha$ 的置信域，一阶近似函数$m_k^1(\boldsymbol{p})$在受限条件下的最小值点为

$$\boldsymbol{p}^*(\Delta)=\frac{\Delta}{\alpha}\boldsymbol{p}^U=\tau\,\boldsymbol{p}^U$$

其中，$\tau\leqslant 1$ 表示 Δ 与全局最小值点的步长 α 的比例。

2)二阶近似优化点

对于二阶近似函数$m_k^2(\boldsymbol{p})$，在没有 Δ 限制时，易知其最小值点对应的更新向量为$\boldsymbol{p}^B=-\boldsymbol{B}^{-1}\nabla f_k$。这说明当 $\Delta\geqslant\|\boldsymbol{B}^{-1}\nabla f_k\|$ 时，Δ 的限制并不起作用，此时带限制条件的最优结果$\boldsymbol{p}^*(\Delta)$即是$m_k^2(\boldsymbol{p})$在没有 Δ 限制时的最优解$\boldsymbol{p}^B$。反之，如果 Δ 过小，受限二阶优化得到的$\boldsymbol{p}^*(\Delta)$与无限制二阶优化的结果会相差较大。

3)Dogleg 优化轨迹

综上所述，当 Δ 比较小时，适合用一阶近似；当 Δ 比较大时，需要用二阶近似。一种思路是将二者结合起来，得到一种联合优化方法，称为 **Dogleg 方法**，如下式所示：

$$\boldsymbol{p}^*(\tau)=\begin{cases}\tau\boldsymbol{p}^U & 0\leqslant\tau\leqslant 1\\ \boldsymbol{p}^U+(\tau-1)(\boldsymbol{p}^B-\boldsymbol{p}^U) & 1\leqslant\tau\leqslant 2\\ \boldsymbol{p}^B & \tau\geqslant 2\end{cases}$$

上式中的 τ 即是我们前面定义的 Δ 与一阶近似中 $\boldsymbol{g}$ 方向上最优步长 α 的比例。由上式可见，当 $\tau\leqslant 1$ 时，$\boldsymbol{p}^*(\tau)$取一阶近似在 τ 限制下的最优位移；当 $1\leqslant\tau\leqslant 2$ 时，取一阶近似和二阶近似最优位移的线性组合；当 $\tau\geqslant 2$ 时(即 $\Delta\geqslant 2\alpha$)，只取二阶近似的最优位移即可。由此，对 Δ 的搜索转化为对差值参数 τ 在[0,2]上的搜索。图 11-4 给出 Dogleg 方法中$\boldsymbol{p}^*(\tau)$的轨迹。

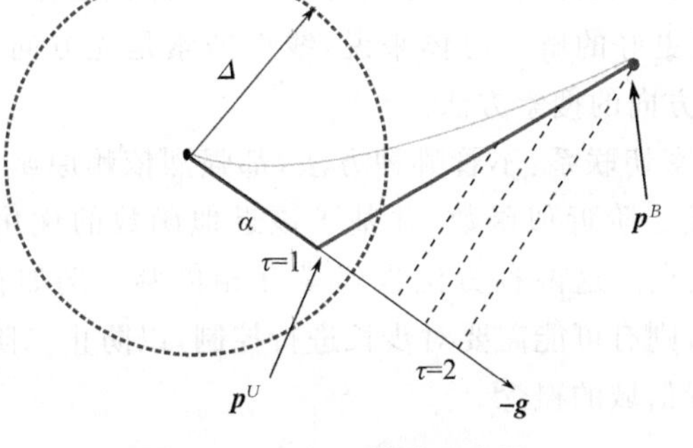

图 11-4 彩图

图 11-4 Dogleg 算法示意图

注：蓝色曲线为基于二阶近似$m_k^2(\boldsymbol{p})$的受限优化问题的优化点，红色折线为 Dogleg 方法得到的受限优化问题的优化点$\boldsymbol{p}^*(\tau)$。$\boldsymbol{g}$ 为 $f(\boldsymbol{x})$的梯度方向，α 为在该方向上以$m_k'(\boldsymbol{p})$为目标函数的最优值所对应的Δ，$\boldsymbol{p}^U$为对应的最优点。$\boldsymbol{p}^B$为二阶近似$m_k^2(\boldsymbol{p})$在无限制条件时的最优解。图片来自参考文献[486]图 4.4。

2. 置信域调整

置信域算法需要确定在点 $\boldsymbol{x}_k$ 处的置信域半径 Δ_k，使得近似函数$m_k(\boldsymbol{p})$对目标

函数 $f(\boldsymbol{x})$ 在该区域内具有较好的近似能力。这一近似能力可通过如下比例因子检测。

$$\rho_k=\frac{f(\boldsymbol{x}_k)-f(\boldsymbol{x}_k+\boldsymbol{p}_k)}{m_k(\boldsymbol{0})-m_k(\boldsymbol{p}_k)} \tag{11.10}$$

基于此,可以逐渐调整置信区间的半径 Δ_k,使得 $m_k(\boldsymbol{p}_k)$ 与 $f(\boldsymbol{x}_k)$ 保持较好的一致性。

具体来说,首先注意到近似函数上的差值 $m_k(\boldsymbol{0})-m_k(\boldsymbol{p}_k)$ 是非负的,所以,当 ρ_k 是负数时,说明 $f(\boldsymbol{x}_k+\boldsymbol{p}_k)$ 比 $f(\boldsymbol{x}_k)$ 大,因此需要拒绝 $\boldsymbol{p}_k$。这同时意味着此时的置信域过大,近似函数无法在该区域内对 $f(\boldsymbol{x})$ 做很好的近似,因此需要减小 Δ_k 的值,再次计算优化的 $\boldsymbol{p}_k$;如果 ρ_k 是正的但接近于零,本次迭代得到的 $\boldsymbol{p}_k$ 可以保留,但需在下一次迭代中缩小 Δ_k;如果 ρ_k 取值较大,说明当前置信域选择比较合理,可以在下次迭代时继续使用;如果 ρ_k 的取值接近 1,说明在当前置信域内近似函数 $m_k(\boldsymbol{p})$ 对 $f(\boldsymbol{x})$ 有很好的近似,这时我们可以考虑在下一次迭代时扩大置信域,以提高搜索效率。

3. 线性搜索与置信域优化两种方法的比较

线性搜索和置信域优化是解决无约束优化问题的两种基本方法。在线性搜索中,我们首先找到一个搜索方向 $\boldsymbol{p}_k$,使得从当前取值点 $\boldsymbol{x}_k$ 沿该方向搜索时目标函数值下降,再确定在该方向的搜索步长,找到一个使 $f(\boldsymbol{x})$ 下降最大的解。置信域优化是先确定一个置信域,在该置信域内计算近似函数的最优解。由于该近似函数在这一置信域内可以较好地近似原目标函数,因此该近似函数的最优解将是原目标函数在 $\boldsymbol{x}_k$ 附近更好的解。总体来说,线性搜索是先方向后步长的搜索方法,置信域是先步长后方向的搜索方法。

这两种算法有密切联系:不管哪种方法,都强烈依赖原函数 $f(\boldsymbol{x})$ 的梯度和曲率信息,设计一阶或二阶近似函数,并基于该近似函数的优化方向和步长来确定 $f(\boldsymbol{x})$ 的下一个优化点。这两种方法也经常互相借鉴。例如在牛顿方法中,如果 $\|\boldsymbol{x}_{k+1}-\boldsymbol{x}_k\|$ 过大,则有可能需要对步长进行控制,以防止二阶近似带来的过大误差,这事实上正是置信域的概念。

11.3 带约束优化问题

前面已经提到,带约束优化任务是在无约束优化任务基础上加入一组限制条件。这类问题可以表示成如下一般形式:

$$\min_{x} f(\boldsymbol{x}) \quad \text{s.t.} \quad \begin{cases} c_i(\boldsymbol{x})=0 & i\in\mathscr{E} \\ c_i(\boldsymbol{x})\geqslant 0 & i\in\mathscr{I} \end{cases} \tag{11.11}$$

其中,$f(\boldsymbol{x})$ 是目标函数;$\mathscr{E}$ 是等式约束条件集;$\mathscr{I}$ 是不等约束条件集,假设这些约束函数$c_i(\cdot)$均是定义在R^n上的光滑函数。满足所有约束条件的点 $\boldsymbol{x}$ 组成的集合称为**合法域**，即

$$\Omega=\{\boldsymbol{x}\mid c_i(\boldsymbol{x})=0, i\in\mathscr{E}; c_i(\boldsymbol{x})\geqslant 0, i\in\mathscr{I}\} \tag{11.12}$$

因此，上述带约束条件的最优问题也可以简写成如下形式。

$$\min_{x\in\Omega} f(\boldsymbol{x}) \tag{11.13}$$

11.3.1 拉格朗日乘子法

拉格朗日乘子法是解决带约束优化问题的基本方法[370]。我们首先以等式约束来说明这一重要方法，并将其扩展到非等式约束上。以包含一个等式约束的优化问题为例。

$$\min f(\boldsymbol{x}) \quad \text{s.t.} \quad g(\boldsymbol{x})=0 \tag{11.14}$$

设上述带约束问题的最优解为 $\boldsymbol{x}^*$，相应的函数值为 a，则等值线 $f(\boldsymbol{x})=a$ 必然与曲线$g(\boldsymbol{x})=0$ 相切，如图 11-5 所示。这是因为如果二者不相切，在二者的交点 $\boldsymbol{x}^*$ 处沿 $g(\boldsymbol{x})=0$ 的切线方向做微小移动时，总会有沿 $f(\boldsymbol{x})$法线方向的分量使得$f(\boldsymbol{x})$的取值发生变化，进而使 $f(\boldsymbol{x})<f(\boldsymbol{x}^*)$。$f(\boldsymbol{x})=a$ 和 $g(\boldsymbol{x})=0$ 这两条曲线在 $\boldsymbol{x}^*$ 点相切意味着在点 $\boldsymbol{x}^*$，必然有这两条曲线的梯度在一条直线上（方向未必相同），即 $\boldsymbol{x}^*$ 需满足如下条件。

$$\nabla f(\boldsymbol{x}^*)=\lambda \nabla g(\boldsymbol{x}^*) \tag{11.15}$$

注意，上式是问题(11.14)的必要条件，而非充分条件。事实上，对任何一个确定的目标函数 $f(\boldsymbol{x})$和一个确定的限制条件 $g(\boldsymbol{x})=\beta$，都在切点 $\boldsymbol{x}^*$ 处有一个确定的λ^*，只有基于该λ^*值，式(11.15)才成立。因为不同约束条件对应不同的λ^*，引入的约束条件将和式(11.15)一起确定λ^*的取值，即

$$\nabla f(\boldsymbol{x}^*)=\lambda^* \nabla g(\boldsymbol{x}^*) \tag{11.16}$$

$$g(\boldsymbol{x}^*)=0 \tag{11.17}$$

容易验证，式(11.16)和式(11.17)正是如下无约束优化问题取优化点$(\boldsymbol{x}^*,\lambda^*)$的一阶必要条件。

$$L(\boldsymbol{x},\lambda)=f(\boldsymbol{x})-\lambda g(\boldsymbol{x})$$

这一结果意味着一个带约束的优化问题可以转化为无约束的优化问题，该无约束优化问题的优化解（严格地说，部分解 $\boldsymbol{x}^*$，不包含λ^*）即为原带约束问题的解。这一方法称为**拉格朗日乘子法**(Lagrange Multiplier)，其中参数 λ 称为**拉格朗日乘子**，$L(\boldsymbol{x},\lambda)$称为**拉格朗日目标函数**。

下面我们将上述等式约束下的拉格朗日乘子法扩展到包含不等约束的拉格朗日乘子法。我们的讨论以如下包含单一不等约束的优化问题为例。

$$\min f(\boldsymbol{x}) \quad \text{s.t.} \quad h(\boldsymbol{x})\geqslant 0 \tag{11.18}$$

这一优化问题的解 $\boldsymbol{x}^*$ 有如下两种情况（见图 11-6）。

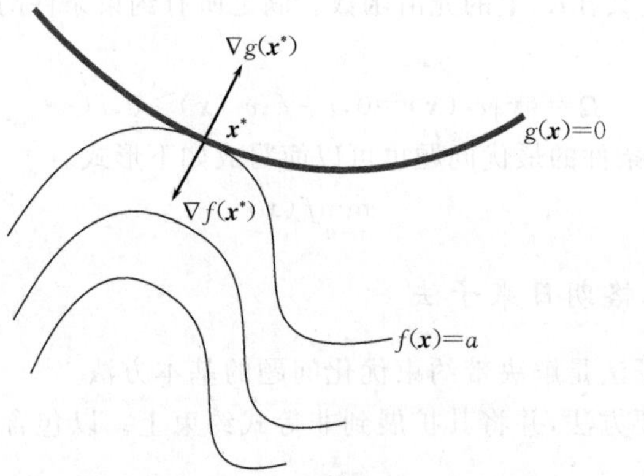

图 11-5　带等式约束的拉格朗日乘子法

注：$f(\boldsymbol{x})$是待优化函数，$f(\boldsymbol{x})=a$ 是 $f(\boldsymbol{x})$的一条等值线，$g(\boldsymbol{x})=0$ 是等式约束所对应的曲线。$f(\boldsymbol{x})=a$ 与 $g(\boldsymbol{x})=0$ 在最优解 $\boldsymbol{x}^*$ 处相切，在切点处有$\nabla f(\boldsymbol{x}^*)=\lambda\nabla g(\boldsymbol{x}^*)$。

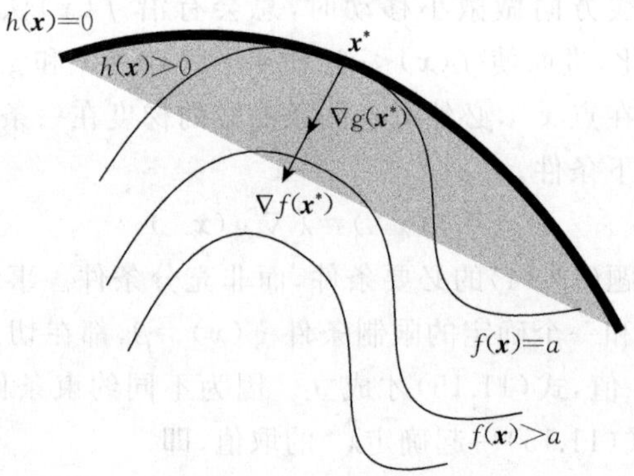

图 11-6　带不等约束的拉格朗日乘子法

注：$f(\boldsymbol{x})$是待优化函数，$f(\boldsymbol{x})=a$ 是 $f(\boldsymbol{x})$的一条等值线，$h(\boldsymbol{x})\geqslant 0$ 是非等约束所对应的合法区域。如果最优点 $\boldsymbol{x}^*$ 在曲线 $h(\boldsymbol{x})=0$ 上，则 $f(\boldsymbol{x})=a$ 与 $h(\boldsymbol{x})=0$ 在 $\boldsymbol{x}^*$ 相切，且梯度方向相同。如果 $\boldsymbol{x}^*$ 不在 $h(\boldsymbol{x})=0$ 上，则转化为无约束优化问题。

(1) 如果 $\boldsymbol{x}^*$ 在曲线 $h(\boldsymbol{x})=0$ 上，即回归到等式约束条件，因而有：$\nabla f(\boldsymbol{x}^*)=\lambda^*\nabla h(\boldsymbol{x}^*)$；$\lambda^*>0$。注意这时曲线 $f(\boldsymbol{x})=a$ 和 $h(\boldsymbol{x})=0$ 在切点 $\boldsymbol{x}^*$ 处的梯度方向必然是相同的，否则必然有满足 $h(\boldsymbol{x})>0$ 的点 $\boldsymbol{x}$ 使得 $f(\boldsymbol{x})<f(\boldsymbol{x}^*)$。

(2) 如果 $\boldsymbol{x}^*$ 在曲线 $h(\boldsymbol{x})=0$ 以内，即 $h(\boldsymbol{x}^*)>0$，此时 $h(\boldsymbol{x})$的限制不起作用，带约束的优化问题与不带约束的优化问题的解是一致的。

我们将上述两种情况总结为统一的拉格朗日目标函数形式，可发现式(11.18)所示的带约束优化问题等价于如下无约束优化问题。

$$L(\boldsymbol{x},\lambda)=f(\boldsymbol{x})-\lambda h(\boldsymbol{x})$$

其优化值 $\boldsymbol{x}^*$ 在给定某些λ^* 前提下，需满足如下条件（称为 **Karush-Kuhn-Tucker**

条件[328,366])：

$$
\begin{aligned}
&\nabla_x L(\boldsymbol{x}^*, \lambda^*) = 0 \\
&h(\boldsymbol{x}^*) \geqslant 0 \\
&\lambda^* \geqslant 0 \\
&\lambda^* h(\boldsymbol{x}^*) = 0
\end{aligned} \tag{11.19}
$$

换句话说，$h(\boldsymbol{x}^*)$和λ^*中必然有一个为零。这一 KKT 条件在我们讨论 SVM 时有重要意义，正是因为 $h(\boldsymbol{x}^*)>0$ 时必有$\lambda^*=0$，才使得非支持向量在模型中的权重被降为零，从而大大减小了模型复杂度(见第 5 章)。

总结起来，一个如式(11.11)所示的带约束优化问题等价于如下无约束优化问题。①

$$
L(\boldsymbol{x}, \boldsymbol{\lambda}) = f(\boldsymbol{x}) - \sum_{i \in \mathscr{E}} \lambda_i c_i(\boldsymbol{x}) - \sum_{i \in \mathscr{I}} \lambda_i c_i(\boldsymbol{x})
$$

并满足如下 KKT 条件：

$$
\begin{aligned}
&\nabla_x L(\boldsymbol{x}^*, \boldsymbol{\lambda}^*) = 0 && \\
&c_i(\boldsymbol{x}^k) = 0 && \forall i \in \mathscr{E} \\
&\lambda_i^* \geqslant 0 && \forall i \in \mathscr{I} \\
&c_i(\boldsymbol{x}^*) \geqslant 0 && \forall i \in \mathscr{I} \\
&\lambda_i^* c_i(\boldsymbol{x}^*) = 0 && \forall i \in \mathscr{I} \cup \mathscr{E}
\end{aligned} \tag{11.20}
$$

值得说明的是，$\boldsymbol{\lambda}^*$并不一定满足$\nabla_\lambda(\boldsymbol{x}^*, \boldsymbol{\lambda}^*)=0$，因此$(\boldsymbol{x}^*, \boldsymbol{\lambda}^*)$并不一定是$L(\boldsymbol{x}, \boldsymbol{\lambda})$的驻点，因而也不一定是无约束问题 $L(\boldsymbol{x}, \boldsymbol{\lambda})$的优化解。这一点和纯等式约束的情况不同：在纯等式约束中，$(\boldsymbol{x}^*, \boldsymbol{\lambda}^*)$是 $L(\boldsymbol{x}, \boldsymbol{\lambda})$的驻点。

11.3.2 对偶问题

记优化问题为

$$
\min_x f(\boldsymbol{x}) \quad \text{s.t.} \quad c_i(\boldsymbol{x}) \geqslant 0, i \in \mathscr{I} \tag{11.21}
$$

记 $\boldsymbol{c}=[c_1, \cdots, c_n]^{\mathrm{T}}$，$\boldsymbol{\lambda}=[\lambda_1, \cdots, \lambda_n]^{\mathrm{T}}$，将上述优化问题写成拉格朗日目标函数形式，有

$$
L(\boldsymbol{x}, \boldsymbol{\lambda}) = f(\boldsymbol{x}) - \boldsymbol{\lambda}^{\mathrm{T}} \boldsymbol{c}(\boldsymbol{x}) \tag{11.22}
$$

如果 $f(\boldsymbol{x})$和$\{-c_i(\boldsymbol{x})\}$都是凸函数，则当 $\boldsymbol{\lambda} \geqslant 0$ 时，$L(\boldsymbol{x}, \boldsymbol{\lambda})$也是凸的。可以推导出这类问题的对偶任务。定义如下函数：

$$
q(\boldsymbol{\lambda}) = \inf_x L(\boldsymbol{x}, \boldsymbol{\lambda}) \tag{11.23}
$$

则原问题(11.21)的对偶问题表示为[728]

---

① 严格来说，这一等价性要求所有激活约束(即等式约束和将解限制在合法域边界上的不待约束)是线性独立的，即其梯度线性无关。见文献[486]的 Theorem 12.1。

$$\max_{\boldsymbol{\lambda}} q(\boldsymbol{\lambda}) \quad \text{s.t.} \quad \boldsymbol{\lambda} \geqslant \boldsymbol{0} \tag{11.24}$$

可以证明，在特定条件下，上述对偶问题得到的最优函数值与原问题(11.21)得到的最优函数值是一致的，且对偶问题的最优解$\boldsymbol{\lambda}^*$代入式(11.21)中，最小化$L(\boldsymbol{x},\boldsymbol{\lambda}^*)$得到的$\boldsymbol{x}^*$正是原问题(11.22)的解（文献[486]Theorem 12.12）。换句话说，$\boldsymbol{x}^*$和$\boldsymbol{\lambda}^*$是一对对偶解，分别解原问题(11.21)和对偶问题(11.24)，二者统一到拉格朗日目标函数(11.22)，$(\boldsymbol{x}^*,\boldsymbol{\lambda}^*)$是该目标函数满足KKT条件的联合最优解。注意上述结论依赖$f(\boldsymbol{x})$和$\{-c_i(\boldsymbol{x})\}$的凸函数性质。图11-7给出上述对偶问题的示意图。对偶问题在很多机器学习任务中具有重要意义，一方面它可以提供效率更高的解法，另一方面可以揭示算法本身的深层属性。

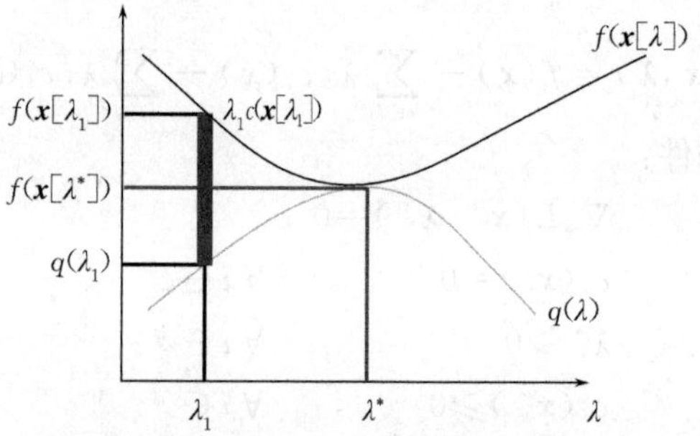

图 11-7　包含一个约束的对偶问题

注：$q(\lambda)$和$f(x)$是原问题和对偶问题的目标函数。$q(\lambda)$的最大值等于$f(x)$的最小值。对任意一点λ，$q(\lambda)$包括两部分：$f(\boldsymbol{x}[\lambda])$和$c(\boldsymbol{x}[\lambda])$，其中$\boldsymbol{x}[\lambda]$是使式(11.23)达到下界的$\boldsymbol{x}$。这两部分相减得到$q(\lambda)$。在$q(\lambda)$的最大值点$\lambda^*$有$\lambda^* c(\boldsymbol{x}[\lambda^*])=0$，此时$f(\boldsymbol{x}[\lambda^*])=f(\boldsymbol{x}^*)=q(\lambda^*)$。

以一个例子来说明对偶问题。设如下带一个不等约束的优化问题：

$$\min_{x_1,x_2} f(x_1,x_2)=\min_{x_1,x_2}(x_1^2+x_2^2) \quad \text{s.t.} \quad x_1-1\geqslant 0$$

依拉格朗日乘子公式：

$$L(x_1,x_2,\lambda)=(x_1^2+x_2^2)-\lambda(x_1-1)$$

依式(11.23)，$q(\lambda)$是给定一个λ后$L(x_1,x_2,\lambda)$的最小值。这一优化任务可以通过求$L(x_1,x_2,\lambda)$的驻点得到：

$$\frac{\partial L(x_1,x_2,\lambda)}{\partial x_1}=0;\quad \frac{\partial L(x_1,x_2,\lambda)}{\partial x_2}=0$$

整理可得

$$2x_1^*-\lambda=0;\quad x_2^*=0$$

将上式代入$L(x_1,x_2,\lambda)$，有

$$q(\lambda)=(0.25\lambda^2+0)-\lambda(0.5\lambda-1)=-0.25\lambda^2+\lambda$$

如果对上式取最大化，可得

$$\lambda^* = \underset{\lambda \geqslant 0}{\arg\max}\, q(\lambda) = 2$$

$$q(\lambda^*) = 1$$

如果将λ^*代入 $L(x_1, x_2, \lambda)$,并求最优解,有

$$x_1^* = 1,\ x_2^* = 0$$

将上式代入原优化任务,可得

$$f(x_1^*, x_2^*) = 1 = q(\lambda^*)$$

上述对偶问题表示中 $q(\lambda)$包含极小函数$\inf_x(\cdot)$,形式比较复杂。另一种更直观的对偶问题表示称为 Wolfe 对偶表示[728],形式化如下:

$$\max_{x,\lambda} L(\boldsymbol{x}, \boldsymbol{\lambda}) \quad \text{s.t.} \quad \nabla_x L(\boldsymbol{x}, \boldsymbol{\lambda}) = \boldsymbol{0},\ \boldsymbol{\lambda} \geqslant \boldsymbol{0}$$

注意,上式中的优化任务是对拉格朗日目标函数的最大化。可以证明如果$\boldsymbol{x}^*$,$\boldsymbol{\lambda}^*$是原问题的解,则它们也是 Wolfe 对偶问题的解。

11.3.3　线性规划

线性规划(Linear Programming,LP)是最简单的带约束优化任务,其目标函数和约束条件都是线性的。一个典型的线性规划任务如下:

$$\min \boldsymbol{c}^{\mathrm{T}}\boldsymbol{x} \quad \text{s.t.} \quad \boldsymbol{A}\boldsymbol{x} - \boldsymbol{b} \geqslant \boldsymbol{0} \tag{11.25}$$

式(11.25)中 $\boldsymbol{A}\boldsymbol{x}-\boldsymbol{b}\geqslant\boldsymbol{0}$ 是一组限制条件,每个条件可表示为 $\boldsymbol{a}_i^{\mathrm{T}}\boldsymbol{x}-b_i\geqslant 0$,其中 $\boldsymbol{a}_i^{\mathrm{T}}$ 是矩阵$\boldsymbol{A}$ 的第 i 行。如图 11-8 所示,这些限制条件相当于由若干直线围成了一个合法区域,$\boldsymbol{c}^{\mathrm{T}}\boldsymbol{x}$ 的最优值总会出现在某两条直线的交点。基于线性约束的凸函数性质,这一优化问题的局部最优解即为全局最优解,但这一最优解未必唯一。如图 11-8 所示,如果 $\boldsymbol{c}^{\mathrm{T}}\boldsymbol{x}=\text{const}$ 的梯度 $\boldsymbol{c}$ 方向发生改变,有可能使得合法区域的整

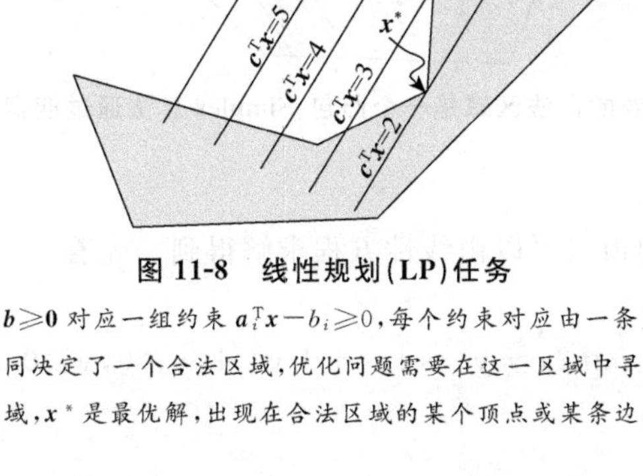

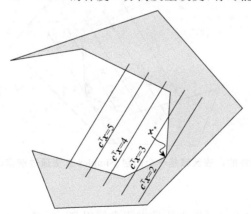

图 11-8　线性规划(LP)任务

注:约束 $\boldsymbol{A}\boldsymbol{x}-\boldsymbol{b}\geqslant\boldsymbol{0}$ 对应一组约束 $\boldsymbol{a}_i^{\mathrm{T}}\boldsymbol{x}-b_i\geqslant 0$,每个约束对应由一条直线分割出的半边空间。这些约束共同决定了一个合法区域,优化问题需要在这一区域中寻找最优解。图中阴影部分表示非法区域,$\boldsymbol{x}^*$ 是最优解,出现在合法区域的某个顶点或某条边。

条边都是全局最优解。

上述优化任务的对偶任务有如下形式。

$$q(\boldsymbol{\lambda})=\inf_{x}\{\boldsymbol{c}^{\mathrm{T}}\boldsymbol{x}-\boldsymbol{\lambda}^{\mathrm{T}}(\boldsymbol{A}\boldsymbol{x}-\boldsymbol{b})\}=\inf_{x}(\boldsymbol{c}^{\mathrm{T}}-\boldsymbol{\lambda}^{\mathrm{T}}\boldsymbol{A})\boldsymbol{x}+\boldsymbol{\lambda}^{\mathrm{T}}\boldsymbol{b}$$

$$\max_{\lambda} q(\boldsymbol{\lambda}) \quad \text{s.t.} \quad \boldsymbol{\lambda}\geqslant \boldsymbol{0}$$

注意，当 $\boldsymbol{c}-\boldsymbol{A}^{\mathrm{T}}\boldsymbol{\lambda}\neq\boldsymbol{0}$ 时，有 $q(\boldsymbol{\lambda})=-\infty$，这种情况显然不是对偶任务的解，因此必有 $\boldsymbol{c}-\boldsymbol{A}^{\mathrm{T}}\boldsymbol{\lambda}=\boldsymbol{0}$。由此可得线性规划任务的对偶问题为

$$\max_{\lambda} \boldsymbol{\lambda}^{\mathrm{T}}\boldsymbol{b} \quad \text{s.t.} \quad \boldsymbol{\lambda}\geqslant\boldsymbol{0},\boldsymbol{c}-\boldsymbol{A}^{\mathrm{T}}\boldsymbol{\lambda}=\boldsymbol{0} \tag{11.26}$$

也可以将对偶问题写成 Wolfe 对偶形式如下：

$$\max_{x,\lambda} \boldsymbol{c}^{\mathrm{T}}\boldsymbol{x}-\boldsymbol{\lambda}^{\mathrm{T}}(\boldsymbol{A}\boldsymbol{x}-\boldsymbol{b}) \quad \text{s.t.} \quad \boldsymbol{c}-\boldsymbol{A}^{\mathrm{T}}\boldsymbol{\lambda}=\boldsymbol{0},\boldsymbol{\lambda}\geqslant\boldsymbol{0}$$

将上式中的限制条件代入优化任务，则得到和式(11.26)一致的形式。下面要介绍的单纯形法既可以基于原问题式(11.25)，也可以基于对偶问题式(11.26)。

1. 单纯型法

单纯型法(Simplex)是解决线性优化问题最常用的方法之一，由 Dantzig 于 1940 年提出[138]。前面讨论过，由于线性优化问题中优化目标和限制条件的凸函数属性，其合法区域是一个凸包，而优化问题的解处于该凸包的某个顶点。因此，可以从某一个顶点出发，依凸包的边寻找使目标函数更优化的顶点。因为凸包的顶点是有限的，因此上述搜索算法可在有限步骤内得到最优解，如图 11-9 所示。现在的问题是如何确定凸包中顶点的位置，以及如何依凸包的边寻找更优的顶点。

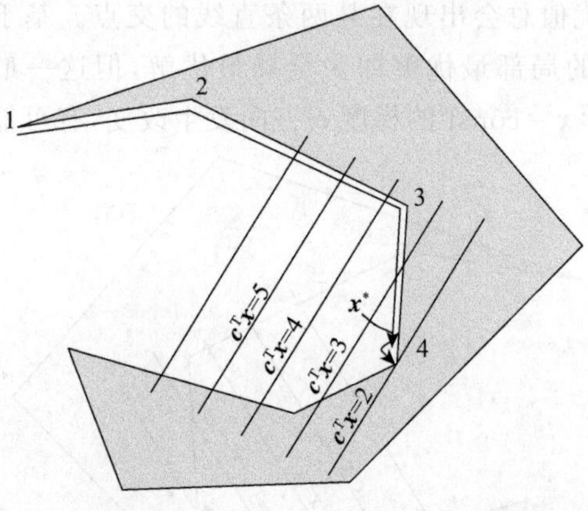

图 11-9　线性规划问题的合法区域是一个凸包，Simplex 算法通过搜索凸包的顶点进行优化

1) 升维优化

下面说明凸包的顶点可以由线性方程求解得到。先看一个简单的例子。设有如下线性规划任务：

$$\min_{x,y} 2x-y \quad \text{s.t.} \quad x+y\leqslant 1,x\geqslant 0,y\geqslant 0 \tag{11.27}$$

注意,上式可很容易地写成如式(11.25)所示的形式。上述问题是一个二维空间中的带约束优化问题,其中不等式约束对应的合法区域如图 11-10(a)所示。我们知道这一问题的最优点应该在 a、b、c 这三个顶点,但因为约束条件中的不等式处理起来不直观,可以将上述问题"升维"到三维空间,引入第三维变量 z,由此可将不等约束写成等式约束,即

$$\min_{x,y} 2x-y \quad \text{s.t.} \quad x+y+z=1,\ x\geqslant 0, y\geqslant 0, z\geqslant 0 \tag{11.28}$$

容易验证,问题(11.28)与问题(11.27)在对 x 和 y 的约束上是等价的,而优化函数中只包含 x 和 y,因此这两个问题的解是一致的。图 11-10(b)给出问题(11.28)所对应的合法区域,事实上是一个三维空间中第一象限内的一个有限平面,或一个**单纯型**(Simplex)。这一平面上的所有点都是问题(11.28)的合法点,其相应的(x,y)坐标也是问题(11.27)的合法点。

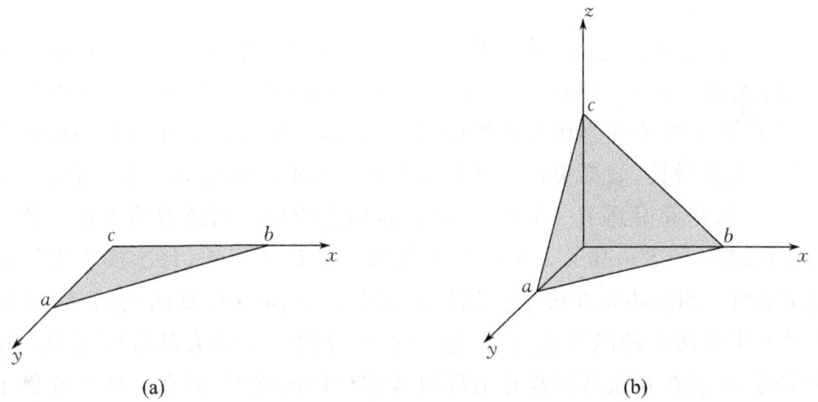

图 11-10　Simplex 算法通过对原始问题进行升维,将不等约束归结到坐标轴上

注:(a)原始问题的合法区域;(b)引入变量 z 对原始问题升维后的合法区域。

由于式(11.28)中的所有限制条件也是凸的,因此其合法区域也是个凸包,且最优点是这一凸包的顶点(图 11-10(b)中 a、b、c 三点)。通过引入变量 z 将问题升维到三维空间的好处是把不等关系都归结到坐标轴上,从而使凸包的顶点都置于坐标轴上。这意味着只需将 x、y、z 中的任意两个变量置 0,即可得到一个顶点,这一顶点的具体坐标可由等式约束得到。在本例中,任意两个变量置零后另一个变量都为 1。显然,a、b、c 这三个顶点中,$a=(0,1,0)$的目标函数值最低(-1),因此是最优点。

上述通过引入附加变量将线性优化问题转换成求高维空间中 Simplex 顶点问题的方法称为单纯型法(Simplex)。我们可以将这一方法形式化如下:设有如下带有 $m+n$ 个约束的线性优化问题。

$$\min_x c^{\mathrm{T}} x \quad \text{s.t.} \quad \boldsymbol{A}\boldsymbol{x}-\boldsymbol{b} \geqslant \mathbf{0},\ \boldsymbol{x} \geqslant \mathbf{0} \tag{11.29}$$

其中，$\boldsymbol{x}\in R^n$，$\boldsymbol{b}\in R^m$，$\boldsymbol{A}\in R^{m\times n}$。注意这一形式和式(11.25)略有不同，加入了对 $\boldsymbol{x}$ 的非负约束，但式(11.25)事实上可通过简单的变量替换规则写成如式(11.29)的形式(参考文献[486]，第356～357页)。

式(11.29)中包含 m 个不等约束(不包含 $\boldsymbol{x}$ 上的约束)，因此引入 m 个非负的自由变量(有时也称松弛变量)$\boldsymbol{x}'=[x_{n+1},\cdots,x_{n+m}]^{\mathrm{T}}$，使得优化问题(11.29)的约束升维到 $n+m$ 空间，得到如下约束问题。

$$\min_x c^{\mathrm{T}} x \quad \text{s.t.} \quad \boldsymbol{A}\boldsymbol{x}-\boldsymbol{b}-\boldsymbol{x}'=\mathbf{0},\quad \boldsymbol{x} \geqslant \mathbf{0},\ \boldsymbol{x}' \geqslant \mathbf{0} \tag{11.30}$$

和图11-10中类似，升维后优化问题的合法域构成的凸包中，顶点所对应的 n 个变量的值为零，其余 m 个变量非零。这 m 个非零变量称为**基变量**，n 个零变量称为**非基变量**。由等式约束可解出 m 个基变量，即得到对应的顶点。

2）顶点移动

如果不考虑速度问题，依前述升维优化方法，不妨将 $m+n$ 个变量中所有可能的基变量组合都列出来，得到 C_{m+n}^m 个合法区域的顶点，对比每一个顶点的目标函数值，其中最大函数值即为优化问题的解。显然，这种方法的计算复杂度随优化任务的维度呈指数增长，效率很低。我们可设计更有效的策略，例如在得到一个顶点后，改变一个基变量得到下一个顶点，使得新顶点的目标函数取值更低。这一操作也称为**转轴操作**。① Simplex方法每次迭代做一次转轴操作，每次操作保证新的顶点是更优的解。Simplex方法是我们后面要介绍的**激发集算法**的特例，转轴操作相当于激发集算法中的激发集选择，这里不再赘述。在绝大部分应用里，Simplex效率非常高，一般在几次转轴操作后即可找到全局最优点，但在一些特殊例子里仍需要遍历所有顶点，因此这一算法在最差情况下的复杂度依然是指数级的。

2. 内点法

单纯形法沿着合法域的边寻找对应最优解的顶点，这一方法在一些问题上效率较低。**内点法**(Interior-point)是另一种常用的线性优化算法[524]。和单纯形法不同的是，内点法从合法域内的某一点开始迭代寻找，在保证搜索路径保持在合法域内的同时，使目标函数值越来越小，如图11-11所示。

Primal-Dual算法是一种常见的内点法。直观上，线性优化的原问题和对偶问题都包含多个限制条件，形式复杂。在搜索过程中保证这些复杂的限制条件得以满足是非常困难的。Primal-Dual算法将优化问题转化成对KKT条件的求解问题，通过求满足KKT条件的解来间接实现对原问题的优化。

① https://zh.wikipedia.org/wiki/单纯形法.

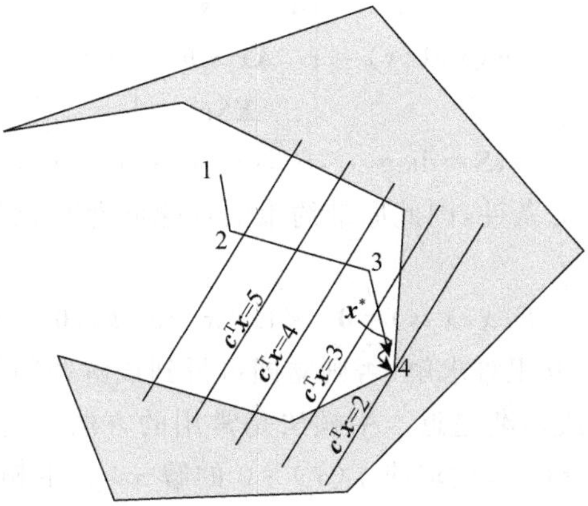

图 11-11 彩图

图 11-11　内点法

注：由初始点开始，在合法域内搜索，使得目标函数的取值逐渐降低。图中红线表示搜索路径。

为表达得更清晰，我们对式(11.30)进行整理，将 $\boldsymbol{x}$ 和 $\boldsymbol{x}'$ 合并成一个向量，用 $\tilde{\boldsymbol{x}}$ 表示，整理并重新定义相应参数，可得如下简单形式。

$$\min_{\tilde{x}} \tilde{\boldsymbol{c}}^{\mathrm{T}} \tilde{\boldsymbol{x}} \quad \text{s.t.} \quad \tilde{\boldsymbol{A}} \tilde{\boldsymbol{x}} = \boldsymbol{b}; \quad \tilde{\boldsymbol{x}} \geqslant \boldsymbol{0} \tag{11.31}$$

其中，

$$\tilde{\boldsymbol{x}} = [\boldsymbol{x}^{\mathrm{T}} \quad \boldsymbol{x}'^{\mathrm{T}}]^{\mathrm{T}} \tag{11.32}$$

$$\tilde{\boldsymbol{c}} = [\boldsymbol{c}^{\mathrm{T}} \quad \boldsymbol{0}_{1\times m}]^{\mathrm{T}} \tag{11.33}$$

$$\tilde{\boldsymbol{A}} = [\boldsymbol{A} \quad -\boldsymbol{I}_{m\times m}] \tag{11.34}$$

在不产生歧义的前提下，我们用 $\boldsymbol{x}$、$\boldsymbol{c}$、$\boldsymbol{A}$ 分别替换 $\tilde{\boldsymbol{x}}$、$\tilde{\boldsymbol{c}}$、$\tilde{\boldsymbol{A}}$，得到优化任务的如下简单形式。

$$\min_{x} \boldsymbol{c}^{\mathrm{T}} \boldsymbol{x} \quad \text{s.t.} \quad \boldsymbol{A}\boldsymbol{x} = \boldsymbol{b}; \quad \boldsymbol{x} \geqslant \boldsymbol{0} \tag{11.35}$$

这一形式称为线性优化问题的标准形式。上式中的最优解 $\boldsymbol{x}$ 应满足如下 KKT 条件。

$$\boldsymbol{A}^{\mathrm{T}}\boldsymbol{\lambda} + \boldsymbol{s} = \boldsymbol{c} \tag{11.36}$$

$$\boldsymbol{A}\boldsymbol{x} = \boldsymbol{b} \tag{11.37}$$

$$\boldsymbol{x} \geqslant \boldsymbol{0} \tag{11.38}$$

$$\boldsymbol{s} \geqslant \boldsymbol{0} \tag{11.39}$$

$$x_i s_i = 0, i = 1, 2, \cdots, n+m \tag{11.40}$$

其中，$\boldsymbol{\lambda}$ 为等式约束对应的拉格朗日因子，$\boldsymbol{s}$ 为不等约束对应的拉格朗日因子。

对 KKT 条件(11.36)～(11.40)进行整理，将式(11.36)、式(11.37)、式(11.40)合并成如下形式。

$$F(\boldsymbol{x},\boldsymbol{\lambda},\boldsymbol{s})=\begin{bmatrix}\boldsymbol{A}^{\mathrm{T}}\boldsymbol{\lambda}+\boldsymbol{s}-\boldsymbol{c}\\ \boldsymbol{A}\boldsymbol{x}-\boldsymbol{b}\\ \boldsymbol{X}\boldsymbol{S}\boldsymbol{e}\end{bmatrix}=\boldsymbol{0} \tag{11.41}$$

其中，$\boldsymbol{X}=\mathrm{diag}(x_1,\cdots,x_n)$，$\boldsymbol{S}=\mathrm{diag}(s_1,\cdots,s_n)$，$\boldsymbol{e}=[1,1,\cdots,1]^{\mathrm{T}}$。注意KKT条件是原问题(11.35)的充分条件，因此原带约束的优化问题转化为如下带约束的线性方程组求解问题。

$$F(\boldsymbol{x},\boldsymbol{\lambda},\boldsymbol{s})=\boldsymbol{0}\quad \text{s.t.}\quad \boldsymbol{x}\geqslant\boldsymbol{0},\ \boldsymbol{s}\geqslant\boldsymbol{0} \tag{11.42}$$

假设 $F(\boldsymbol{x},\boldsymbol{\lambda},\boldsymbol{s})=\boldsymbol{0}$ 很难求解(否则立即可得到该解并判断其是否符合约束条件)，因此需要用迭代法逐渐逼近。牛顿法是常用的方法。这一方法可用图11-12解释。设有一元函数 $f(x)$，欲求使 $f(x)=0$ 的解 x^*。牛顿法从某一初值 x_0 开始搜索，设第 k 次迭代时的值是 x_k，则取该点处的切线与 x 轴的交点作为新的取值 x_{k+1}。注意该切线的斜率为 $f(x)$ 在 x_k 点处的导数 $f'(x_k)$，因而有

$$\frac{f(x_k)}{x_{k+1}-x_k}=-f'(x_k)$$

注意，公式中的负号表示当导数为正数时，$x_{k+1}<x_k$。记 $\Delta x\mid k=x_{k+1}-x_k$，上式可写成：

$$f'(x_k)\Delta x\mid k=-f(x)$$

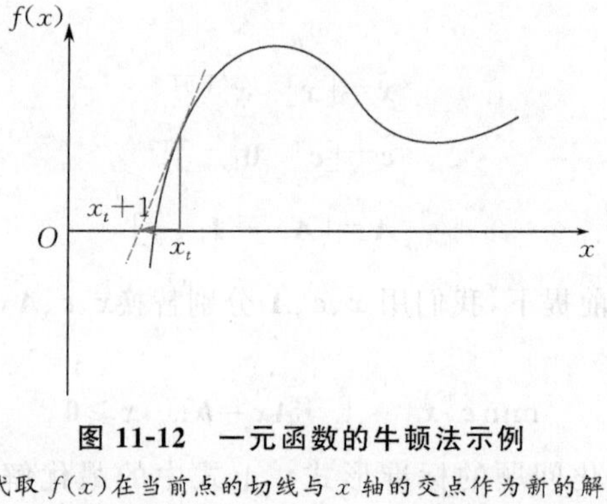

图11-12　一元函数的牛顿法示例

注：每次迭代取 $f(x)$ 在当前点的切线与 x 轴的交点作为新的解。

扩展到多元函数情况，牛顿法的更新形式如下：

$$\nabla F(\boldsymbol{x}_k)\Delta\boldsymbol{x}\mid k=-F(\boldsymbol{x}_k)$$

$$\boldsymbol{x}_{k+1}=\boldsymbol{x}_k+\Delta\boldsymbol{x}\mid k$$

将上式应用于式(11.42)，可得

$$\nabla F(\boldsymbol{x}_k,\boldsymbol{\lambda}_k,\boldsymbol{s}_k)\begin{bmatrix}\Delta\boldsymbol{x}\mid k\\ \Delta\boldsymbol{\lambda}\mid k\\ \Delta\boldsymbol{s}\mid k\end{bmatrix}=-F(\boldsymbol{x}_k,\boldsymbol{\lambda}_k,\boldsymbol{s}_k)$$

代入 $F(\boldsymbol{x},\boldsymbol{\lambda},\boldsymbol{s})$ 的形式(11.41)，有

$$\begin{bmatrix} \mathbf{0} & \boldsymbol{A}^{\mathrm{T}} & \boldsymbol{I} \\ \boldsymbol{A} & \mathbf{0} & \mathbf{0} \\ \boldsymbol{S} & \mathbf{0} & \boldsymbol{X} \end{bmatrix} \begin{bmatrix} \Delta \boldsymbol{x} \mid k \\ \Delta \boldsymbol{\lambda} \mid k \\ \Delta \boldsymbol{s} \mid k \end{bmatrix} = \begin{bmatrix} -(\boldsymbol{A}^{\mathrm{T}}\boldsymbol{\lambda}+\boldsymbol{s}-\boldsymbol{c}) \\ -(\boldsymbol{A}\boldsymbol{x}-\boldsymbol{b}) \\ -(\boldsymbol{X}\boldsymbol{S}\boldsymbol{e}) \end{bmatrix}$$

对上式进行求解，得到$[\Delta \boldsymbol{x} \mid k \Delta \boldsymbol{\lambda} \mid k \Delta \boldsymbol{s} \mid k]$之后，即可得到 $k+1$ 时刻的变量。

$$[\boldsymbol{x}_{k+1} \quad \boldsymbol{\lambda}_{k+1} \quad \boldsymbol{s}_{k+1}] = [\boldsymbol{x}_k \quad \boldsymbol{\lambda}_k \quad \boldsymbol{s}_k] + [\Delta \boldsymbol{x} \mid k \Delta \boldsymbol{\lambda} \mid k \Delta \boldsymbol{s} \mid k]$$

但上式有可能超出合法域，即违反 $\boldsymbol{x} \geqslant \mathbf{0}, \boldsymbol{s} \geqslant \mathbf{0}$ 的约束，因此需限制更新的幅度。这可以通过加入一个(0,1)之间的步长因子 α 实现，即：

$$[\boldsymbol{x}_{k+1} \quad \boldsymbol{\lambda}_{k+1} \quad \boldsymbol{s}_{k+1}] = [\boldsymbol{x}_k \quad \boldsymbol{\lambda}_k \quad s_k] + \alpha [\Delta \boldsymbol{x} \mid k \Delta \boldsymbol{\lambda} \mid k \Delta \boldsymbol{s} \mid k]$$

上述过程是 Primal-Dual 算法的基本原理。在实际实现时，有多种方法控制每一步的迭代步长，例如考虑当前点$(\boldsymbol{x}_k, \boldsymbol{\lambda}_k, \boldsymbol{s}_k)$对非负约束 $\boldsymbol{x} \geqslant \mathbf{0}, \boldsymbol{s} \geqslant \mathbf{0}$ 的“违反程度”，可用 $\mu_k = \boldsymbol{x}_k^{\mathrm{T}} \boldsymbol{s}_k$ 表示。显然，μ_k 越小表示当前取值点越接近合法区域的边界，因而需要减小步长。具体算法可参考文献[486]第 417 页。

11.3.4 二阶规划

二阶规划(Quadratic Programming, QP)是优化目标为二阶函数，约束为线性函数的优化任务，定义如下：

$$\begin{gathered} \min_{x} q(\boldsymbol{x}) = \frac{1}{2} \boldsymbol{x}^{\mathrm{T}} \boldsymbol{G} \boldsymbol{x} + \boldsymbol{x}^{\mathrm{T}} \boldsymbol{c} \\ \text{s.t.} \quad \boldsymbol{a}_i^{\mathrm{T}} \boldsymbol{x} = b_i, i \in \mathscr{E};\ \boldsymbol{a}_i^{\mathrm{T}} \boldsymbol{x} \geqslant b_i,\ i \in \mathscr{I} \end{gathered} \tag{11.43}$$

其中，$\mathscr{E}$是等式约束集，$\mathscr{I}$是不等约束集。和线性规划相比，二阶规划多出了一个二阶项 $\boldsymbol{x}^{\mathrm{T}} \boldsymbol{G} \boldsymbol{x}$。我们会看到，二阶规划任务的难度和二阶矩阵 $\boldsymbol{G}$ 直接相关，当 $\boldsymbol{G}$ 为正定矩阵时，其复杂性和线性规划相当，否则优化任务要复杂得多。二阶规划是非线性优化问题的特例，不仅本身有重要应用价值，而且是解决一般非线性优化问题的基础。后面我们会看到，一般非线性问题可以通过构造局部 QP 问题实现。

1. 等式约束

我们首先考虑比较简单的等式约束的情况，即

$$\min_{x} q(\boldsymbol{x}) = \frac{1}{2} \boldsymbol{x}^{\mathrm{T}} \boldsymbol{G} \boldsymbol{x} + \boldsymbol{x}^{\mathrm{T}} \boldsymbol{c} \quad \text{s.t.} \quad \boldsymbol{a}_i^{\mathrm{T}} \boldsymbol{x} = b_i, \quad i \in \mathscr{E} \tag{11.44}$$

上述问题的拉格朗日目标函数为

$$L(\boldsymbol{x}, \boldsymbol{\lambda}) = \frac{1}{2} \boldsymbol{x}^{\mathrm{T}} \boldsymbol{G} \boldsymbol{x} + \boldsymbol{x}^{\mathrm{T}} \boldsymbol{c} - \boldsymbol{\lambda}^{\mathrm{T}} (\boldsymbol{A} \boldsymbol{x} - \boldsymbol{b})$$

该问题的解应满足如下条件：

$$\frac{\partial L}{\partial \boldsymbol{x}} = \boldsymbol{G} \boldsymbol{x} + \boldsymbol{c} - \boldsymbol{A}^{\mathrm{T}} \boldsymbol{\lambda} = \mathbf{0}$$

$$\frac{\partial L}{\partial \boldsymbol{\lambda}} = \boldsymbol{b} - \boldsymbol{A} \boldsymbol{x} = \mathbf{0}$$

写成矩阵形式，有

$$\begin{bmatrix} \boldsymbol{G} & -\boldsymbol{A}^{\mathrm{T}} \\ \boldsymbol{A} & \boldsymbol{0} \end{bmatrix} \begin{bmatrix} \boldsymbol{x} \\ \boldsymbol{\lambda} \end{bmatrix} = \begin{bmatrix} -\boldsymbol{c} \\ \boldsymbol{b} \end{bmatrix} \tag{11.45}$$

可以证明，如果 $\boldsymbol{A}$ 是行满秩的，且 $\boldsymbol{G}$ 是正定的，则满足上式的 $\boldsymbol{x}$ 和 $\boldsymbol{\lambda}$ 即是原问题(11.44)的全局唯一最优解。如果 $\boldsymbol{G}$ 是半正定的(即其特征值中包含零值)，则该解是局部最优解；如果 $\boldsymbol{G}$ 是不定的(特征值中既包含正值，又包含负值)，则该解只是一个驻点，并非局部最优(例如可能是一个马鞍点)。

2. 不等约束

下面讨论引入不等约束的情形。依拉格朗日乘子法，QP 问题(11.43)的拉格朗日目标函数为

$$\min \frac{1}{2}\boldsymbol{x}^{\mathrm{T}}\boldsymbol{G}\boldsymbol{x} + \boldsymbol{x}^{\mathrm{T}}\boldsymbol{c} - \sum_{i \in \mathscr{E} \cup \mathscr{I}} \lambda_i (\boldsymbol{a}_i^{\mathrm{T}}\boldsymbol{x} - b_i) \tag{11.46}$$

对上式的优化解 $\boldsymbol{x}^*$ 及其对应的 $\boldsymbol{\lambda}^*$ 应满足如下 KKT 条件，即

$$\boldsymbol{G}\boldsymbol{x}^* + \boldsymbol{c} - \sum_i \lambda_i^* \boldsymbol{a}_i = 0 \tag{11.47}$$

$$\boldsymbol{a}_i^{\mathrm{T}}\boldsymbol{x}^* = b_i, i \in \mathscr{E} \tag{11.48}$$

$$\boldsymbol{a}_i^{\mathrm{T}}\boldsymbol{x}^* \geqslant b_i, i \in \mathscr{I} \tag{11.49}$$

$$\lambda_i^* \geqslant 0, i \in \mathscr{I} \tag{11.50}$$

$$\lambda_i^* (\boldsymbol{a}_i^{\mathrm{T}}\boldsymbol{x}^* - b_i) = 0, i \in \mathscr{I} \tag{11.51}$$

如果考察 $\boldsymbol{x}^*$ 点在不等约束上的满足情况，会发现该点在某些约束的边界上，因而这些约束退化成等式约束。这些以等式形式出现的约束称为**激活约束**，激活约束组成的集合称为**激活集**(Active Set)，记为 $\mathscr{A}(\boldsymbol{x}^*)$，即

$$\mathscr{A}(\boldsymbol{x}^*) = \{i \in \mathscr{E} \cup \mathscr{I} \mid \boldsymbol{a}_i^{\mathrm{T}}\boldsymbol{x}^* = b_i\}$$

因而前述的 KKT 约束可重写如下：

$$\boldsymbol{G}\boldsymbol{x}^* + \boldsymbol{c} - \sum_i \lambda_i^* \boldsymbol{a}_i = \boldsymbol{0} \tag{11.52}$$

$$\boldsymbol{a}_i^{\mathrm{T}}\boldsymbol{x}^* = b_i, i \in \mathscr{A}(x^*) \tag{11.53}$$

$$\boldsymbol{a}_i^{\mathrm{T}}\boldsymbol{x}^* > b_i, i \in \mathscr{I} \setminus \mathscr{A}(x^*) \tag{11.54}$$

$$\lambda_i^* \geqslant 0, i \in \mathscr{I} \cap \mathscr{A}(x^*) \tag{11.55}$$

可以证明，如果 $\boldsymbol{G}$ 是正定的，则满足式(11.52)～式(11.55)的 $\boldsymbol{x}^*$ 是二阶规划问题(11.44)的全局最优解。如果 $\boldsymbol{G}$ 不是正定的，则一般不存在全局最优解。仅考虑 $\boldsymbol{G}$ 是正定的情况；更复杂的情况请参考 11.5 节。

1) 激活集算法

直观上，如果我们能确定一个最优激活集，则可将不等约束的 QP 问题转化成等式约束的 QP 问题，即

$$\min \frac{1}{2}\boldsymbol{x}^{\mathrm{T}}\boldsymbol{G}\boldsymbol{x} + \boldsymbol{x}^{\mathrm{T}}\boldsymbol{c} \quad \text{s.t.} \quad \boldsymbol{a}_i^{\mathrm{T}}\boldsymbol{x} = b_i, i \in \mathscr{A}(x^*)$$

问题的复杂之处在于我们并不能事先知道这一最优激活集，因此需要进行搜索。最简单的办法是逐一列举所有可能的激活集，考察在某一激活集上是否存在满足所有 KKT 条件的解($\boldsymbol{x}^*,\boldsymbol{\lambda}^*$)，如果存在，则该解必为全局最优解。这种盲目搜索需要考察 2^m 个可能的激活集，其中 m 为约束个数，显然效率太低。

激活集算法基于一个迭代过程逐渐发现合理的激活集，并由此逐渐找到最优解。设第 k 次迭代时的解为 $\boldsymbol{x}_k$，激活集为 $\mathcal{W}_k$。我们将保持 $\mathcal{W}_k$ 中的等式约束对 $q(\boldsymbol{x})=\frac{1}{2}\boldsymbol{x}^{\mathrm{T}}\boldsymbol{G}\boldsymbol{x}+\boldsymbol{x}^{\mathrm{T}}\boldsymbol{c}$ 进行最小化。记新解的位移为 $\boldsymbol{p}=\boldsymbol{x}-\boldsymbol{x}_k$，并记 $\boldsymbol{g}_k=\boldsymbol{G}\boldsymbol{x}_k+\boldsymbol{c}$，则第$k$ 步的优化目标可写成：

$$q(\boldsymbol{x})=q(\boldsymbol{x}_k+\boldsymbol{p})=\frac{1}{2}\boldsymbol{x}^{\mathrm{T}}\boldsymbol{G}\boldsymbol{x}+\boldsymbol{x}^{\mathrm{T}}\boldsymbol{c}=\frac{1}{2}\boldsymbol{p}^{\mathrm{T}}\boldsymbol{G}\boldsymbol{p}+\boldsymbol{g}_k^{\mathrm{T}}\boldsymbol{p}+\rho_k \tag{11.56}$$

其中，ρ_k 是与 $\boldsymbol{p}$ 无关的量。

$$\rho_k=\frac{1}{2}\boldsymbol{x}_k^{\mathrm{T}}\boldsymbol{G}\boldsymbol{x}_k+\boldsymbol{x}_k^{\mathrm{T}}\boldsymbol{c}$$

因此对 $q(\boldsymbol{x})$的优化问题转化为

$$\min_{\boldsymbol{p}}\frac{1}{2}\boldsymbol{p}^{\mathrm{T}}\boldsymbol{G}\boldsymbol{p}+\boldsymbol{g}_k^{\mathrm{T}}\boldsymbol{p}\quad \text{s.t.}\quad \boldsymbol{a}_i^{\mathrm{T}}\boldsymbol{p}=0, i\in\mathcal{W}_k \tag{11.57}$$

上式是一个仅有等式约束的 QP 问题，可由前一节介绍的包含等式约束的 QP 问题的求解方法进行优化。设上述优化得到的解为 $\boldsymbol{p}_k$，则 $\boldsymbol{x}_k+\boldsymbol{p}_k$ 显然满足 $\mathcal{W}_k$ 外的所有等式约束，但未必满足 $\mathcal{W}_k$ 外的不等约束。为此，可以给定一个[0,1]的尺度因子 α_k 对 $\boldsymbol{p}_k$ 进行步长调整，即

$$\boldsymbol{x}_{k+1}=\boldsymbol{x}_k+\alpha_k\boldsymbol{p}_k \tag{11.58}$$

对一个不在激发集中的约束 i，如果 $\boldsymbol{a}_i^{\mathrm{T}}\boldsymbol{p}_k\geqslant 0$，则必然有

$$\boldsymbol{a}_i^{\mathrm{T}}\boldsymbol{x}_{k+1}=\boldsymbol{a}_i^{\mathrm{T}}\boldsymbol{x}_k+\alpha_k\boldsymbol{a}_i^{\mathrm{T}}\boldsymbol{p}_k\geqslant\boldsymbol{a}_i^{\mathrm{T}}\boldsymbol{x}_k\geqslant b_i$$

因此，该约束依然被满足。反之，如果 $\boldsymbol{a}_i^{\mathrm{T}}\boldsymbol{p}_k<0$，为使 $\boldsymbol{x}_{k+1}$ 满足不等约束，要求：

$$\boldsymbol{a}_i^{\mathrm{T}}\boldsymbol{x}_{k+1}=\boldsymbol{a}_i^{\mathrm{T}}\boldsymbol{x}_k+\alpha_k\boldsymbol{a}_i^{\mathrm{T}}\boldsymbol{p}_k\geqslant b_i\quad i\notin\mathcal{W}_k$$

这意味必须使 α_k 满足如下不等式：

$$\alpha_k\leqslant\frac{b_i-\boldsymbol{a}_i^{\mathrm{T}}\boldsymbol{x}_k}{\boldsymbol{a}_i^{\mathrm{T}}\boldsymbol{p}_k}$$

选择使所有不等约束满足的 α_k 的最大值，即

$$\alpha_k=\min\left(1,\min_{i\notin\mathcal{W}_k}\frac{b_i-\boldsymbol{a}_i^{\mathrm{T}}\boldsymbol{x}_k}{\boldsymbol{a}_i^{\mathrm{T}}\boldsymbol{p}_k}\right) \tag{11.59}$$

注意，如果 $\alpha_k<1$，则说明 $\boldsymbol{x}_k$ 的更新受到了某一个或多个不在 $\mathcal{W}_k$ 中的不等约束的限制。基于 α_k 的计算方法，可知 $\boldsymbol{x}_{k+1}$ 必然处在某一不等约束的合法区域边界，该约束对应的$\frac{b_i-\boldsymbol{a}_i^{\mathrm{T}}\boldsymbol{x}_k}{\boldsymbol{a}_i^{\mathrm{T}}\boldsymbol{p}_k}$取值最小。将这一约束加入 $\mathcal{W}_k$ 中作为新的激活约束，

因此有

$$\mathcal{W}_{k+1} = \mathcal{W}_k \bigcup \{j\}, \quad j = \underset{i, \boldsymbol{a}_i^\mathrm{T} \boldsymbol{p}_k < 0}{\mathrm{argmin}} \frac{b_i - \boldsymbol{a}_i^\mathrm{T} \boldsymbol{x}_k}{\boldsymbol{a}_i^\mathrm{T} \boldsymbol{p}_k} \tag{11.60}$$

上述过程重复进行,直到 $\boldsymbol{p}_k = 0$。记此时的激活集为 $\hat{\mathcal{W}}$,解为 $\hat{\boldsymbol{x}}$,对应的 $\hat{\lambda}_i$ 可由 KKT 条件(11.52)得到

$$\sum_{i \in \hat{\mathcal{W}}} \hat{\lambda}_i \boldsymbol{a}_i = \boldsymbol{G}\hat{\boldsymbol{x}} + \boldsymbol{c} \tag{11.61}$$

注意,上述 $\hat{\lambda}$ 值是以 $\hat{\mathcal{W}}$ 作为激活集对式(11.57)进行优化的结果,对 $\hat{\lambda}$ 的取值没有限制。然而,对原优化问题(11.46),如果在不等约束集 $\mathcal{I}$ 中的约束 i 包含在当前的激活集中,则应有 $\hat{\lambda}_i \geqslant 0$。因此,我们需要将 $\hat{\lambda}_i < 0$ 对应的约束从 $\hat{\mathcal{W}}$ 中去除,再基于新的 $\hat{\mathcal{W}}$ 重复前面的优化过程。上述对激发集进行增减的过程和 11.3.3 小节讨论过的 Simplex 方法中的转轴操作是类似的。事实上 Simplex 算法是激活集算法的一个特例,只不过当时的目标函数是线性的,且将所有不等关系集中到了单变量上。算法 11-2 给出了激活集算法的基本流程。

算法 11-2　激活集算法

1　Initialization: $\boldsymbol{x}_0, \mathcal{W}_0 = \mathcal{A}(\boldsymbol{x}_0)$;

2　**for** $k := 0, 1, 2, \cdots$ **do**

3　　Solve problem(11.57)to get $\boldsymbol{p}_k$;

4　　//get a reasonable solution assuming equal constraints

5　　**if** $\boldsymbol{p}_k = 0$ **then**

6　　　$\hat{\mathcal{W}} = \mathcal{W}_k$;

7　　　$\hat{\boldsymbol{x}} = \boldsymbol{x}_k$;

8　　　Compute $\hat{\lambda}_i$ by Equation (11.61);

9　　　**if** $\hat{\lambda}_i \geqslant 0 \quad \forall i \in \mathcal{W}_k \bigcap \mathcal{I}$ **then**

10　　　　$\boldsymbol{x}^* = \hat{\boldsymbol{x}}$;

11　　　　break;

12　　　**end**

13　　**else**

14　　　$j = \mathrm{argmin}_{j \in \mathcal{W}_k \cap \mathcal{I}} \hat{\lambda}_j$;

15　　　$\mathcal{W}_{k+1} = \mathcal{W}_k \backslash \{j\}$;

16　　**end**

17　**end**

18　//adjust equal constrains

19　**else**

20　　Compute α_k according to Equation (11.59);

21　　$\boldsymbol{x}_{k+1} = \boldsymbol{x}_k + \alpha_k \boldsymbol{p}_k$;

22　　**if** $\alpha_k < 1$ **then**

//add new constraint into the active set according to (11.60)

$\mathscr{W}_{k+1}=\mathscr{W}_k\cup\{j\},\quad j=\underset{i,\boldsymbol{a}_i^{\mathrm{T}}\boldsymbol{p}k<0}{\operatorname{argmin}}\dfrac{b_i-\boldsymbol{a}_i^{\mathrm{T}}\boldsymbol{x}_k}{\boldsymbol{a}_i^{\mathrm{T}}\boldsymbol{p}_k};$

end

else

$\mathscr{W}_{k+1}=\mathscr{W}_k$

end

end

end

2）内点算法

在线性优化问题中我们讨论过内点法。内点法在合法域内做局部优化并进行小尺度更新，同时保证每次更新满足约束条件。这一方法很容易扩展到 QP 问题中。为简便起见，仅考虑带不等约束的优化问题如下：

$$\min \frac{1}{2}\boldsymbol{x}^{\mathrm{T}}\boldsymbol{G}\boldsymbol{x}+\boldsymbol{x}^{\mathrm{T}}\boldsymbol{c} \quad \text{s.t.} \quad \boldsymbol{A}\boldsymbol{x}\geqslant\boldsymbol{b} \tag{11.62}$$

其 KKT 条件为

$$\boldsymbol{G}\boldsymbol{x}+\boldsymbol{c}-\boldsymbol{A}^{\mathrm{T}}\boldsymbol{\lambda}=\boldsymbol{0} \tag{11.63}$$

$$\boldsymbol{A}\boldsymbol{x}-\boldsymbol{b}\geqslant\boldsymbol{0} \tag{11.64}$$

$$(\boldsymbol{A}\boldsymbol{x}-\boldsymbol{b})_i\lambda_i=0,\ i=1,2,\cdots,m \tag{11.65}$$

$$\boldsymbol{\lambda}\geqslant\boldsymbol{0} \tag{11.66}$$

上式中条件(11.64)比较复杂，可引入一个松弛变量 $\xi\geqslant 0$ 将该式变成一个等式约束和一个不等约束。

$$\boldsymbol{G}\boldsymbol{x}+\boldsymbol{c}-\boldsymbol{A}^{\mathrm{T}}\boldsymbol{\lambda}=\boldsymbol{0} \tag{11.67}$$

$$\boldsymbol{A}\boldsymbol{x}-\boldsymbol{b}-\boldsymbol{\xi}=0 \tag{11.68}$$

$$\xi_i\lambda_i=0,i=1,2,\cdots,m \tag{11.69}$$

$$(\boldsymbol{\xi},\boldsymbol{\lambda})\geqslant\boldsymbol{0} \tag{11.70}$$

如果 $\boldsymbol{G}$ 是正定的，满足上述 KKT 条件的解$(\boldsymbol{x}^*,\boldsymbol{\xi}^*,\boldsymbol{\lambda}^*)$必是问题(11.62)的唯一全局最优解。将上述条件写成如下简单形式：

$$F(\boldsymbol{x},\boldsymbol{\xi},\boldsymbol{\lambda})=\begin{bmatrix}\boldsymbol{G}\boldsymbol{x}-\boldsymbol{A}^{\mathrm{T}}\boldsymbol{\lambda}+\boldsymbol{c}\\ \boldsymbol{A}\boldsymbol{x}-\boldsymbol{\xi}-\boldsymbol{b}\\ \boldsymbol{\Xi}\boldsymbol{\Lambda}\boldsymbol{e}\end{bmatrix}=\boldsymbol{0} \quad \text{s.t.} \quad (\boldsymbol{\xi},\boldsymbol{\lambda})\geqslant\boldsymbol{0} \tag{11.71}$$

其中，$\boldsymbol{\Xi}=\mathrm{diag}(\xi_1,\xi_2,\cdots,\xi_m)$，$\boldsymbol{\Lambda}=\mathrm{diag}(\lambda_1,\lambda_2,\cdots,\lambda_m)$，$\boldsymbol{e}=[1,1,\cdots,1]^{\mathrm{T}}$。

内点法通过迭代求解式(11.71)中的$(\boldsymbol{x},\boldsymbol{\xi},\boldsymbol{\lambda})$，并保证每一步求解满足$(\boldsymbol{\xi},\boldsymbol{\lambda})\geqslant\boldsymbol{0}$。和线性规划中的处理方法类似，我们可以利用牛顿法对上式进行求解。设第 k 次迭代的变量取值为$(\boldsymbol{x}_k,\boldsymbol{\xi}_k,\boldsymbol{\lambda}_k)$，依牛顿法有如下关系。

$$\nabla F(\boldsymbol{x}_k,\boldsymbol{\xi}_k,\boldsymbol{\lambda}_k)\begin{bmatrix}\Delta\boldsymbol{x}\mid k\\ \Delta\boldsymbol{\xi}\mid k\\ \Delta\boldsymbol{\lambda}\mid k\end{bmatrix}=-F(\boldsymbol{x}_k,\boldsymbol{\xi}_k,\boldsymbol{\lambda}_k)$$

代入 $F(\boldsymbol{x},\boldsymbol{\xi},\boldsymbol{\lambda})$ 的具体形式，有

$$\begin{bmatrix}\boldsymbol{G} & \boldsymbol{0} & -\boldsymbol{A}^{\mathrm{T}}\\ \boldsymbol{A} & -\boldsymbol{I} & \boldsymbol{0}\\ \boldsymbol{0} & \boldsymbol{\Lambda}_k & \boldsymbol{\Xi}_k\end{bmatrix}\begin{bmatrix}\Delta\boldsymbol{x}\mid k\\ \Delta\boldsymbol{\xi}\mid k\\ \Delta\boldsymbol{\lambda}\mid k\end{bmatrix}=\begin{bmatrix}-(\boldsymbol{G}\boldsymbol{x}_k-\boldsymbol{A}^{\mathrm{T}}\boldsymbol{\lambda}_k+\boldsymbol{c})\\ -(\boldsymbol{A}\boldsymbol{x}_k-\boldsymbol{\xi}_k-\boldsymbol{b})\\ -(\boldsymbol{\Lambda}_k\boldsymbol{\Xi}_k\boldsymbol{e})\end{bmatrix}$$

解上述方程组得到 $(\Delta\boldsymbol{x}|k,\Delta\boldsymbol{\xi}|k,\Delta\boldsymbol{\lambda}|k)$，即可计算 $k+1$ 时刻的变量值如下：

$$[\boldsymbol{x}_{k+1}\quad \boldsymbol{\xi}_{k+1}\quad \boldsymbol{\lambda}_{k+1}]=[\boldsymbol{x}_k\quad \boldsymbol{\xi}_k\quad \boldsymbol{\lambda}_k]+\alpha_k[\Delta\boldsymbol{x}|k\quad \Delta\boldsymbol{\xi}|k\quad \Delta\boldsymbol{\lambda}|k]$$

其中，α_k 是为满足非负约束 $(\boldsymbol{\xi}_{k+1},\boldsymbol{\lambda}_{k+1})\geqslant\boldsymbol{0}$ 所取的步长。

11.3.5 一般非线性优化

对一般非线性带约束优化问题，一般先将约束问题转化为无约束问题，再用无约束问题的求解方法求局部最优。另一种方法是将一般非线性带约束优化问题分解成一系列局部优化问题，每一个局部优化问题是一个相对简单的 LP 问题或 QP 问题。

1. 惩罚法

将约束问题转化成无约束问题的一种方法是将绝对约束转化成“软约束”，将约束项作为惩罚加入到目标函数中，从而将约束任务转化成无约束任务。当惩罚项在无约束任务的目标函数中比例越来越高时，软约束逐渐加强，趋向原约束任务。

设优化任务如下：

$$\min f(\boldsymbol{x})\quad \text{s.t.}\quad c_i(\boldsymbol{x})=0,i\in\mathcal{E};\quad c_i(\boldsymbol{x})\geqslant 0,i\in\mathcal{I}\tag{11.72}$$

对应的拉格朗日目标函数为

$$L(\boldsymbol{x},\boldsymbol{\lambda})=f(\boldsymbol{x})-\sum_{i\in\mathcal{E}}\lambda_i c_i(x)-\sum_{i\in\mathcal{I}}\lambda_i c_i(\boldsymbol{x})\quad \text{s.t.}\quad \lambda_i\geqslant 0,\quad i\in\mathcal{I}\tag{11.73}$$

将任务中的约束条件作为惩罚项加入到目标函数 $f(\boldsymbol{x})$ 中，从而将约束任务转化成无约束任务：

$$\min f(\boldsymbol{x})+\frac{\mu}{2}\sum_{i\in\mathcal{E}}(c_i(\boldsymbol{x}))^2+\frac{\mu}{2}\sum_{i\in\mathcal{I}}([c_i(\boldsymbol{x})]^-)^2\tag{11.74}$$

其中，μ 是惩罚系数，$(c_i(\boldsymbol{x}))^2$ 表示等式约束的违反度，$[c_i(\boldsymbol{x})]^-=\max(0,-c_i(\boldsymbol{x}))$ 表示非负约束的违反度。

显而易见，μ 越大对违反约束的惩罚越大，无约束任务(11.74)与原约束任务(11.72)越接近；当 $\mu\to\infty$ 时，二者趋向相同解。将约束任务转化为无约束任务，可充分利用无约束任务上已知的各种优化方法，简化了对约束任务的求解。在实际实现时，通常先取一个较小的 μ，基于该值对无约束问题(11.74)求近似解，以此近似解作为起点，增大 μ 值求解新一轮无约束问题。如此迭代进行，直到收敛。

式(11.74)中的惩罚项是二阶范数,因此上述方法也称为**二阶惩罚方法**(Quadratic Penalty Method)。另一种常用的惩罚是一阶范数,即

$$\min f(\boldsymbol{x})+\mu\sum_{i\in\mathcal{E}}|c_i(\boldsymbol{x})|+\mu\sum_{i\in\mathcal{I}}[c_i(\boldsymbol{x})]^- \tag{11.75}$$

其中,μ 是惩罚系数。可以证明,当 μ 足够大时(具体说,大于所有约束条件对应的拉格朗日乘子),原带约束问题(11.72)的解也是问题(11.75)的解(证明可见文献[486]Theorem 17.3)。

2. 增广拉格朗日方法:等式约束

当 μ 取有限值时,通过对二阶惩罚的目标函数进行优化得到的 $\boldsymbol{x}$ 显然并不完全满足限制性条件。首先考虑仅包含等式约束的情况,其优化任务为

$$\min f(\boldsymbol{x}) \quad \text{s.t.} \quad c_i(\boldsymbol{x})=0, i\in\mathcal{E}$$

对该任务构造带二阶惩罚的目标函数:

$$Q(\boldsymbol{x};\mu)=f(\boldsymbol{x})+\frac{\mu}{2}\sum_{i\in\mathcal{E}}\|c_i(\boldsymbol{x})\|^2$$

其中,μ 是惩罚参数。对上式进行优化得到$\hat{\boldsymbol{x}}$,可以证明 $c_i(\hat{\boldsymbol{x}})$系统地偏离零点:

$$c_i(\hat{\boldsymbol{x}})\approx-\lambda_i^*/\mu \quad \forall i\in\mathcal{E}$$

这说明对 $Q(\boldsymbol{x};\mu)$不论如何优化都无法满足约束条件。如果可以设计一种带惩罚的目标函数,其优化点$\hat{\boldsymbol{x}}$对约束的违反程度更小,则可基于较弱的惩罚(μ 较小)得到较好的结果。

增广拉格朗日方法(Augmented Lagrangian Method)即是这种方法[272]。通过对拉格朗日目标函数 $L(\boldsymbol{x},\boldsymbol{\lambda})$进行二阶惩罚,可使得到的$\hat{\boldsymbol{x}}$更符合约束条件。增广拉格朗日方法的目标函数形式如下:

$$L_A(\boldsymbol{x};\boldsymbol{\lambda},\mu)=f(\boldsymbol{x})-\sum_{i\in\mathcal{E}}\lambda_i c_i(\boldsymbol{x})+\frac{\mu}{2}\sum_{i\in\mathcal{E}}\|c_i(\boldsymbol{x})\|^2 \tag{11.76}$$

和 $Q(\boldsymbol{x};\mu)$相比,$L_A(\boldsymbol{x};\boldsymbol{\lambda},\mu)$中加入了一个约束项 $\sum_{i\in\mathcal{E}}\lambda_i c_i(\boldsymbol{x})$。特别要注意的是,这里的 $\boldsymbol{\lambda}$ 是一个参数,并不是一个和 $\boldsymbol{x}$ 同时优化的变量,因此 $L_A(\boldsymbol{x};\boldsymbol{\lambda},\mu)$并不是对拉格朗日目标函数的二阶惩罚,而是对该目标的一个近似函数的二阶惩罚。

和 $Q(\boldsymbol{x};\mu)$相比,$L_A(\boldsymbol{x};\boldsymbol{\lambda},\mu)$可减小 $c_i(\hat{\boldsymbol{x}})$的违反程度。为说明这一点,式(11.76)的优化值$\hat{\boldsymbol{x}}$需要满足:

$$\nabla L_A(\hat{\boldsymbol{x}};\boldsymbol{\lambda},\mu)=\nabla f(\hat{\boldsymbol{x}})-\sum_{i\in\mathcal{E}}[\boldsymbol{\lambda}_i-\mu c_i(\hat{\boldsymbol{x}})]\nabla c_i(\hat{\boldsymbol{x}})=\mathbf{0} \tag{11.77}$$

同时,对拉格朗日目标 $L(\boldsymbol{x},\boldsymbol{\lambda})$进行优化时,有

$$\nabla L(\boldsymbol{x}^*,\boldsymbol{\lambda}^*)=\nabla f(\boldsymbol{x}^*)-\sum_{i\in\mathcal{E}}\boldsymbol{\lambda}_i^*\nabla c_i(\boldsymbol{x}^*)=\mathbf{0} \tag{11.78}$$

比较式(11.77)和式(11.78),可知如果令 λ_i 和 λ^* 有如下关系:

$$\lambda_i-\mu c_i(\hat{\boldsymbol{x}})=\lambda_i^* \ \forall i\in\mathcal{E} \tag{11.79}$$

则对 $L_A(\boldsymbol{x};\boldsymbol{\lambda},\mu)$ 优化将得到局部最优解 $\boldsymbol{x}^*$，此时对约束的违反程度为

$$c_i(\hat{\boldsymbol{x}}) = -\frac{1}{\mu}(\lambda_i^* - \lambda_i)\ \forall i \in \mathscr{E}$$

显然，只要 $\boldsymbol{\lambda}$ 与 $\boldsymbol{\lambda}^*$ 足够接近，$c(\hat{\boldsymbol{x}})$ 对约束的违反程度将接近于零。因此，我们希望 $\boldsymbol{\lambda}$ 应尽可能向 $\boldsymbol{\lambda}^*$ 靠拢。然而，计算 $\boldsymbol{\lambda}^*$ 并不容易(否则直接优化 $L(\boldsymbol{x},\boldsymbol{\lambda}^*)$ 即可得到 $\boldsymbol{x}^*$)。式(11.79)给我们提供了一种迭代方法：

$$\lambda_{k+1,i} = \lambda_{k,i} - \mu_k c_i(\hat{\boldsymbol{x}}_k) \quad \forall i \in \mathscr{E} \tag{11.80}$$

即通过迭代使 $\boldsymbol{\lambda}_{k+1}$ 接近 $\boldsymbol{\lambda}^*$。这一迭代算法称为增广拉格朗日方法(Augmented Lagrangian Method)。算法 11-3 给出包含等式约束的增广拉格朗日算法的流程。

算法 11-3　包含等式约束的增广拉格朗日算法

Initialization：$\mu_0 > 0, \boldsymbol{\lambda}_0$；
for $k := 0, 1, \cdots$ **do**
　Solve $\hat{\boldsymbol{x}}_k$ by $\min_x L_A(\boldsymbol{x};\boldsymbol{\lambda}_k,\mu_k)$；
　if *Converged*$(\hat{\boldsymbol{x}}_k)$ **then**
　　Return $\hat{\boldsymbol{x}}_k$；
　end
　else
　　$\boldsymbol{\lambda}_{k+1} = \boldsymbol{\lambda}_k - \mu_k\, \boldsymbol{c}(\hat{\boldsymbol{x}}_k)$；
　　Set $\mu_{k+1} \geqslant \mu_k$；
　end
end

3. 增广拉格朗日方法：不等约束

增广拉格朗日方法同样可用于不等约束，设其任务如下：

$$\min f(\boldsymbol{x}) \quad \text{s.t.} \quad c_i(\boldsymbol{x}) \geqslant 0, i \in \mathscr{I} \tag{11.81}$$

对应的拉格朗日目标函数为

$$L(\boldsymbol{x},\boldsymbol{\lambda}) = f(\boldsymbol{x}) - \sum_{i\in\mathscr{I}} \lambda_i c_i(\boldsymbol{x}) \quad \text{s.t.} \quad \boldsymbol{\lambda} \geqslant \mathbf{0} \tag{11.82}$$

注意，即使写成拉格朗日目标函数，其中的变量 $\boldsymbol{\lambda}$ 也是受约束的。我们想办法将所有约束写在目标函数中。一种方法是定义如下目标函数：

$$F(\boldsymbol{x}) = \max_{\boldsymbol{\lambda}\geqslant 0}\left\{f(\boldsymbol{x}) - \sum_{i\in\mathscr{I}} \lambda_i c_i(\boldsymbol{x})\right\}$$

容易验证，当 $\boldsymbol{x}$ 处于合法域时，则所有约束 $c_i(\boldsymbol{x}) \geqslant 0$，因此 $\lambda_i = 0$ 将使上式最大化，这时有 $F(\boldsymbol{x}) = f(\boldsymbol{x})$。如果 $\boldsymbol{x}$ 处在非法区域，则总有某一约束 $c_i(\boldsymbol{x}) < 0$，因而有 $F(\boldsymbol{x}) = \infty$。因此，只需对 $F(\boldsymbol{x})$ 进行最小化，即可得到 $f(\boldsymbol{x})$ 在约束条件下的最优解。但 $F(\boldsymbol{x})$ 并不是一个连续函数，因此不适合迭代求解。一种方法是对这一函数进行平滑化，引入一个对 $\boldsymbol{\lambda}^*$ 的估计 $\boldsymbol{\lambda}_k$，使得在对 $\boldsymbol{\lambda}$ 更新时不能离 $\boldsymbol{\lambda}_k$ 过远。具体形式如下：

$$\hat{F}(\boldsymbol{x})=\max_{\boldsymbol{\lambda}\geqslant 0}\left\{f(\boldsymbol{x})-\sum_{i\in\mathcal{I}}\lambda_i c_i(\boldsymbol{x})-\frac{1}{2\mu}\sum_{i\in\mathcal{I}}(\lambda_i-\lambda_{k,i})^2\right\} \tag{11.83}$$

事实上，上式右侧括号中的项取值最大的 $\hat{\boldsymbol{\lambda}}_i$ 是可以直接计算出来的，结果如下：

$$\hat{\lambda}_i=\begin{cases}0 & \text{若} -c_i(\boldsymbol{x})+\lambda_{k,i}/\mu\leqslant 0\\ \lambda_{k,i}-\mu c_i(\boldsymbol{x}) & \text{其他条件}\end{cases} \tag{11.84}$$

取 $\boldsymbol{\lambda}_{k+1}=\hat{\boldsymbol{\lambda}}$，即可得到对 $\boldsymbol{\lambda}^*$ 更好的近似值。由此，我们得到增广拉格朗日方法在不等约束下的算法形式，如算法 11-4 所示。

算法 11-4　包含不等约束的增广拉格朗日算法

Initialization: $\mu_0>0,\boldsymbol{\lambda}_0$;
for $k:=0,1,\cdots$ **do**
　Solve $\hat{\boldsymbol{x}}_k$ by $\min_x \hat{F}(\boldsymbol{x};\boldsymbol{\lambda}_k;\mu_k)$;
　if *Converged* $(\hat{\boldsymbol{x}}_k)$ **then**
　　Return $\hat{\boldsymbol{x}}_k$;
　end
　else
　　Set $\boldsymbol{\lambda}_{k+1}$ by Eq.(11.84);
　　Set $\mu_{k+1}\geqslant\mu_k$;
　end
end

4. SQP

顺序二阶规划(Sequential Quadratic Programming)是非线性约束问题的另一种高效解法，其基本思路是对拉格朗日目标函数进行局部二阶近似，并对约束做局部一阶近似，由此计算局部最优值 $\boldsymbol{x}_k$ 和对应的拉格朗日乘子 $\boldsymbol{\lambda}_k$ [183]。

为简便起见，依然从等式约束开始讨论。设优化问题如下：

$$\min f(\boldsymbol{x}) \quad \text{s.t.} \quad \boldsymbol{c}(\boldsymbol{x})=0 \tag{11.85}$$

其拉格朗日目标函数为

$$L(\boldsymbol{x},\boldsymbol{\lambda})=f(\boldsymbol{x})-\boldsymbol{\lambda}^{\mathrm{T}}\boldsymbol{c}(\boldsymbol{x}) \tag{11.86}$$

对上式进行优化，优化的 $(\boldsymbol{x},\boldsymbol{\lambda})$ 应满足：

$$\boldsymbol{F}(\boldsymbol{x},\boldsymbol{\lambda})=\begin{bmatrix}\nabla f(\boldsymbol{x})-\boldsymbol{A}(\boldsymbol{x})^{\mathrm{T}}\boldsymbol{\lambda}\\ \boldsymbol{c}(\boldsymbol{x})\end{bmatrix}=\boldsymbol{0} \tag{11.87}$$

其中，$\boldsymbol{A}(\boldsymbol{x})=[\nabla c_1(\boldsymbol{x})\cdots\nabla c_m(\boldsymbol{x})]^{\mathrm{T}}$ 为在约束上的梯度。对上式可用牛顿法求解。设当前解为 $(\boldsymbol{x}_k,\boldsymbol{\lambda}_k)$，且记 $\boldsymbol{A}_k=\boldsymbol{A}(\boldsymbol{x}_k)$，$L_k=L(\boldsymbol{x}_k,\boldsymbol{\lambda}_k)$，则有

$$\begin{bmatrix}\nabla^2 L_k & -\boldsymbol{A}_k^{\mathrm{T}}\\ \boldsymbol{A}_k & 0\end{bmatrix}\begin{bmatrix}\Delta\boldsymbol{x}\\ \Delta\boldsymbol{\lambda}\end{bmatrix}=\begin{bmatrix}-\nabla f(\boldsymbol{x}_k)+\boldsymbol{A}_k^{\mathrm{T}}\boldsymbol{\lambda}_k\\ -\boldsymbol{c}(\boldsymbol{x}_k)\end{bmatrix} \tag{11.88}$$

可以证明，如果 $\boldsymbol{A}_k$ 是行满秩的，且 $\nabla^2 L(\boldsymbol{x},\boldsymbol{\lambda})$ 在限制条件的切线方向是正定的，则

式(11.88)有确定解。得到 $\Delta \boldsymbol{x}$ 和 $\Delta \boldsymbol{\lambda}$ 后，即可在新位置计算 $\nabla^2 L_k$ 和 $\boldsymbol{A}_k$。

上述推导过程基于牛顿方法，而该方法基于二阶近似。可以证明，上述方法等价于对 $f(\boldsymbol{x})$ 在 $(\boldsymbol{x}_k,\boldsymbol{\lambda}_k)$ 处做二阶近似，并对限制条件 $\boldsymbol{c}(\boldsymbol{x})$ 在 $\boldsymbol{x}_k$ 处做一阶近似：

$$f(\boldsymbol{p}) \approx f_k + \boldsymbol{p}^{\mathrm{T}} \nabla f_k + \frac{1}{2}\boldsymbol{p}^{\mathrm{T}} \nabla^2 L_k \boldsymbol{p}$$

$$\boldsymbol{c}(\boldsymbol{p}) \approx \boldsymbol{c}_k + \boldsymbol{A}_k \boldsymbol{p}$$

注意，上式中 $f(\boldsymbol{p})$ 的二阶近似中的二阶项基于 $\nabla^2 L_k$，而不是 $\nabla^2 f_k$。原优化问题转化为局部 QP 问题：

$$\min_{\boldsymbol{p}} \left\{ f_k + \boldsymbol{p}^{\mathrm{T}} \nabla f_k + \frac{1}{2}\boldsymbol{p}^{\mathrm{T}} \nabla^2 L_k \boldsymbol{p} \right\} \quad \text{s.t.} \quad \boldsymbol{A}_k \boldsymbol{p} + \boldsymbol{c}_k = 0$$

当 $\nabla^2 L_k$ 是正定矩阵时，上述 QP 问题有唯一解 $(\boldsymbol{p}_k,\boldsymbol{l}_k)$，其中 $\boldsymbol{l}_k$ 是拉格朗日乘子。这一解对应的 KKT 条件为

$$\nabla^2 L_k \boldsymbol{p}_k + \nabla f_k - \boldsymbol{A}_k^{\mathrm{T}} \boldsymbol{l}_k = 0$$

$$\boldsymbol{A}_k \boldsymbol{p}_k + \boldsymbol{c}_k = 0$$

将上式写成如下形式：

$$\begin{bmatrix} \nabla^2 L_k & -\boldsymbol{A}_k^{\mathrm{T}} \\ \boldsymbol{A}_k & \boldsymbol{0} \end{bmatrix} \begin{bmatrix} \boldsymbol{p}_k \\ \boldsymbol{l}_k \end{bmatrix} = \begin{bmatrix} -\nabla f(\boldsymbol{x}_k) \\ -\boldsymbol{c}(\boldsymbol{x}_k) \end{bmatrix} \tag{11.89}$$

和式(11.88)相对比可知：

$$-\boldsymbol{A}_k^{\mathrm{T}} \Delta \boldsymbol{\lambda} - \boldsymbol{A}_k^{\mathrm{T}} \boldsymbol{\lambda}_k = -\boldsymbol{A}_k^{\mathrm{T}} \boldsymbol{l}_k$$

因此有

$$\boldsymbol{l}_k = \boldsymbol{\lambda}_k + \Delta \boldsymbol{\lambda} = \boldsymbol{\lambda}_{k+1}$$

由此可知基于牛顿法得到的更新公式(11.88)事实上和对 $f(\boldsymbol{x})$ 基于当前解 $\boldsymbol{x}_k$ 做二次近似，并对约束 $\boldsymbol{c}(\boldsymbol{x})$ 做一阶近似得到的结果是一致的。由此，我们可以得到包含等式约束的 SQP 算法，如算法 11-5 所示。

算法 11-5　包含等式约束的 SQP 算法

Initialization: $\boldsymbol{x}_0,\boldsymbol{\lambda}_0$;
for $k := 0,1,2,\cdots$ **do**
　Compute $f_k,\nabla f_k,\nabla^2 L_k,\boldsymbol{c}_k,\boldsymbol{A}_k$;
　Compute $(\boldsymbol{p}_k,\boldsymbol{l}_k)$ by solving(11.89);
　$\boldsymbol{x}_{k+1} = \boldsymbol{x}_k + \boldsymbol{p}_k$;
　$\boldsymbol{\lambda}_{k+1} = \boldsymbol{l}_k$
end

上述对拉格朗日目标函数做一阶或二阶近似的思路具有重要意义，因为只要实现这一近似，即可利用在二阶规划一节中讨论的高效算法对通用非线性优化问题进行求解。这一思路也可以帮助我们将 SQP 扩展到包含非等约束的情况。设有如下非线性优化问题。

$$\min f(\boldsymbol{x}) \quad \text{s.t.} \quad c_i(\boldsymbol{x})=0, i\in\mathscr{E}; \quad c_i(\boldsymbol{x})\geqslant 0, i\in\mathscr{I}$$

对上式的拉格朗日目标函数做二阶近似，对条件做一阶近似，有：

$$\begin{aligned}\min_{\boldsymbol{p}} f(\boldsymbol{x}_k+\boldsymbol{p}) &\approx \min_{\boldsymbol{p}}\left\{f_k+\boldsymbol{p}^{\mathrm{T}}\nabla f_k+\frac{1}{2}\boldsymbol{p}^{\mathrm{T}}\nabla^2 L_k\boldsymbol{p}\right\}\\ \text{s.t.}\quad &\boldsymbol{p}^{\mathrm{T}}\nabla c_i(\boldsymbol{x}_k)+c_i(\boldsymbol{x}_k)=0, i\in\mathscr{E}\\ &\boldsymbol{p}^{\mathrm{T}}\nabla c_i(\boldsymbol{x}_k)+c_i(\boldsymbol{x}_k)\geqslant 0, i\in\mathscr{I}\end{aligned} \tag{11.90}$$

上式是一个带线性不等约束的二阶优化问题，可以用任何一种二阶规划算法求解，得到优化的 $\boldsymbol{p}_k$ 和 $\boldsymbol{l}_k$，即可计算 $\boldsymbol{x}_{k+1}$ 和 $\boldsymbol{\lambda}_{k+1}$。因此，算法 19 所示的流程可直接扩展到包含不等约束的情况，只需基于式(11.90)表示的 QP 任务计算($\boldsymbol{p}_k$,$\boldsymbol{l}_k$)。

值得说明的是，SQP 只是一个简单的计算框架，在实际实现时需要考虑各种复杂问题，特别是 SQP 基于局部一阶和二阶近似，由此得到的局部解未必在合法域中。因而可能需要采用线性搜索、信任域等方法来保证局部解的合法性，也可能需要评估这些局部解对约束条件的满足程度，以此决定是否接受该解。

11.4　本章小结

在机器学习中，绝大多数学习任务最后都归结为对目标函数的优化任务。本章介绍了机器学习中常用的几种优化方法。总体来说，这些优化方法可分为无约束优化和带约束优化两种。对于无约束优化问题，一般有两种优化策略：线性搜索和置信域优化。前者首先找到一个合理的优化方向，再确定在该方向的步长；后者首先确定一个信任域，在这一信任域内设计足够精确的近似函数，并对该近似函数进行优化。这两种策略事实上都基于同一个思路：对原函数进行一阶或二阶近似，前者基于目标函数的局部梯度信息，典型的如 SGD 方法，后者基于目标函数的局部曲率信息，典型的如 Newton 方法。二阶近似显然更加精确，但计算量更高。拟牛顿算法，如 BFGS、SR1 等算法用一阶信息的变化模拟二阶信息，通常效率更高，适合较大规模的优化任务。泰勒展开是无约束优化任务的核心。

对于带约束任务，拉格朗日乘子法是大多数算法的核心。这一方法的基本思路是将带约束任务转化成无约束任务。对于只包含等式约束的任务，拉格朗日乘子法可将带约束任务完全转化成无约束任务；对于包含不等约束的任务，基于拉格朗日乘子法进行优化时变量的约束依然存在。为了有效处理这一约束，研究者提出激发集(Active Set)方法和内点法(Interior)两种方法。激发集法构造不等约束的激发约束，沿这些约束确定的子区域进行优化；内点法求解拉格朗日目标函数的 KKT 条件，通过迭代逐渐满足 KKT 等式条件的同时，保证不等约束得到满足。激发集法和内点法对于一阶规划任务和二阶规划任务都有高效实现方法。对于一般带约束的非线性规划任务，一种方法是在优化目标函数时加入对违反约束的惩罚，并逐渐加大惩罚力度，以满足约束的要求；为提高约束在优化过程中的限制能力，可以在上述算法中加入近似拉格朗日乘子项，这一方法称为增广拉格朗日方法。一般带约束的非线性优化任务的另一种解法是对目标函数和约束条件进行局部一阶或二阶近似，从而可以利用一阶规划或二阶规划中的高效算法来计算局部近似解，并通过迭代逐渐趋近局部最优解。典型的如 SQP 算法。

本章所讨论的优化算法只是数值优化领域中非常基础的部分，但是我们相信这些已经可以让读者对优化问题有个初步概念，并对不同优化算法的对比优势有了初步印象。事实上，在大多数机器学习任务中，我们更加关注对实际任务的合理建模，至于优化算法本身，数值优化专家们已经做了非常深入的研究，也有很多软件资源可以利用，应该尽可能利用这些既有资源。

11.5 相关资源

- 本章绝大部分内容参考了 Jorge Nocedal 和 Stephen J. Wright 所著的 *Numerical optimization*[486]。
- 关于基础优化方法更详细的说明可参考文献[56,76,219]。
- 关于凸优化问题可参考 Boyd 等人所著的 *Convex optimization*[82]。Boyd 还提供了相应的 Matlab 计算包 CVX[235]。
- Nesterov 等人 2013 年所著的 *Introductory lectures on convex optimization：A basic course*[478] 也是学习凸优化的不错资料。
- 关于带约束优化，可参考 Bertsekas 2014 年所著的 *Constrained optimization and Lagrange multiplier methods*[59]。

参考文献

[1] 张江. 科学的极致:漫谈人工智能[M].北京:人民邮电出版社,2015.

[2] 周志华. 机器学习[M].北京:清华大学出版社,2016.

[3] Ackley D H, Hinton G E, Sejnowski T J. A learning algorithm for Boltzmann machines[J]. Cognitive Science, 1985, 9(1): 147-169.

[4] Agarwal A, Duchi J C. Distributed delayed stochastic optimization[C]. NIPS, 2011: 873-881.

[5] Ailon N, Charikar M, Newman A. Aggregating inconsistent information: Ranking and clustering[J]. Journal of The ACM, 2008, 55(5): 23: 1-23, 27.

[6] Akansu A N, Malioutov D, Palomar D P, Jay E, Mandic D P. Introduction to the issue on financial signal processing and machine learning for electronic trading[J]. IEEE Journal of Selected Topics in Signal Processing, 2016, 10(6): 979-981.

[7] Akbari R, Ziarati K. A multilevel evolutionary algorithm for optimizing numerical functions [J]. International Journal of Industrial Engineering Computations, 2011, 2(2): 419-430.

[8] Alain G, Bengio Y. What regularized auto-encoders learn from the data-generating distribution[J]. Journal of Machine Learning Research, 2014, 15(1): 3563-3593.

[9] Alain G, Bengio Y. Understanding intermediate layers using linear classifier probes[EB/OL]. ArXiv Preprint, 2016, ArXiv: 161001644.

[10] Aldous D J. Exchangeability and related topics[M]//Ecole d'Ete de Probabilites de Saint-Flour XIII. Berlin: Springer, 1983.

[11] Aler R, Borrajo D, Isasi P. Using genetic programming to learn and improve control knowledge[J]. Artificial Intelligence,2002,141(1):29-56.

[12] Alicia L D,Rubén Z C,Javier G D,T T D,Joaquin G R. An end-to-end approach to language identification in short utterances using convolutional neural networks[C]. Interspeech,2015.

[13] Amari S I. Natural gradient works efficiently in learning[J]. Neural Computation,1998,10(2):251-276.

[14] Amodei D, Ananthanarayanan S, Anubhai R, Bai J, Battenberg E, Case C, Casper J, Catanzaro B,Cheng Q,Chen G. Deep speech 2: End-to-end speech recognition in English and Mandarin[C]. ICML 2016:173-182.

[15] An G. The effects of adding noise during backpropagation training on a generalization performance[J]. Neural Computation,1996,8(3):643-674.

[16] Andrieu C, Nando D F, Doucet A, Jordan M I. An introduction to MCMC for machine learning[J]. Machine Learning,2003,50(1-2):5-43.

[17] Anthony M,Bartlett P L. Neural Network Learning: Theoretical Foundations[M]. Cambridge:Cambridge University Press,2009.

[18] Arel I, Rose D C, Karnowski T P. Deep machine learning—a new frontier in artificial intelligence research[J]. IEEE Computational Intelligence Magazine,2010,5(4):13-18.

[19] Arjovsky M, Chintala S, Bottou L. Wasserstein GAN[EB/OL]. ArXiv Preprint, 2017, ArXiv:170107875.

[20] Aronszajn N. Theory of reproducing kernels[J]. Transactions of The American Mathematical Society,1950,68(3):337-404.

[21] Artieres T. Neural conditional random fields[C]. AISTATS 2010:177-184.

[22] Ashish V,Noam S,Niki P,Jakob U,Llion J,Aidan N G,Lukasz K,Illia P. Attention is all you need[C]. NIPS,2017:5998-6008.

[23] Åström K J. Optimal control of Markov processes with incomplete state information[J]. Journal of Mathematical Analysis and Applications,1965,10(1):174-205.

[24] Bach F. Sparse methods for machine learning (tutorial at CVPR)[C].CVPR 2010.

[25] Bach F,Jenatton R,Mairal J,Obozinski G. Optimization with sparsityinducing penalties[J]. Foundations and Trends in Machine Learning,2012,4(1):1-106.

[26] Bach F R, Lanckriet G R G, Jordan M I. Multiple kernel learning, conic duality, and the SMO algorithm[C]. ICML 2004,ACM,2004:6.

[27] Badrinarayanan V, Kendall A, Cipolla R. Segnet: A deep convolutional encoder-decoder architecture for scene segmentation[J]. IEEE Transactions on Pattern Analysis and Machine Intelligence,2017.

[28] Bahdanau D,Cho K,Bengio Y. Neural machine translation by jointly learning to align and translate[EB/OL]. ArXiv Preprint,2014,ArXiv:14090473.

[29] Ballard D H. Modular learning in neural networks[C]. AAAI 1987:279-284.

[30] Baluja S,Caruana R. Removing the genetics from the standard genetic algorithm[C]. ICML 1995:38-46.

[31] Bansal N, Blum A, Chawla S. Correlation clustering[J]. Machine Learning, 2004, 56(1-3): 89-113.

[32] Banzhaf W, Nordin P, Keller R E, Francone F D. Genetic Programming: An Introduction, Vol 1[M]. San Francisco: Morgan Kaufmann, 1998.

[33] Barlow H B. Single units and sensation: A neuron doctrine for perceptual psychology[J]. Perception, 1972, 1(4): 371-394.

[34] Barricelli N A. Esempi numerici di processi di evoluzione[J]. Methodos, 1954, 6(21-22): 45-68.

[35] Barricelli N A. Symbiogenetic evolution processes realized by artificial methods[J]. Methodos, 1957, 9(35-36): 143-182.

[36] Bauer A, Bullnheimer B, Hartl R F, Strauss C. Minimizing total tardiness on a single machine using ant colony optimization[J]. Central European Journal of Operations Research, 2000, 8(2): 125-141.

[37] Baum L E, Eagon J A. An inequality with applications to statistical estimation for probabilistic functions of Markov processes and to a model for ecology[J]. Bulletin of The American Mathematical Society, 1967, 73(3): 360-363.

[38] Baum L E, Petrie T. Statistical inference for probabilistic functions of finite state Markov chain analysis[J]. The Annals of Mathematical Statistics, 1966, 37(6): 1554-1563.

[39] Baum L E, Petrie T, Soules G, Weiss N. A maximization technique occurring in the statistical analysis of probabilistic functions of Markov chains[J]. The Annals of Mathematical Statistics, 1970, 41(1): 164-171.

[40] Bayer J, Osendorfer C. Learning stochastic recurrent networks[EB/OL]. ArXiv Preprint, 2014.

[41] Bayes T. An essay towards solving a problem in the doctrine of chances[J]. Philosophical Transactions of The Royal Society of London, 1763, 53: 370-418.

[42] Bell N, Garland M. Implementing sparse matrix-vector multiplication on throughput-oriented processors[C]. SC, 2009: 18.

[43] Bellman R. A Markovian decision process[J]. Journal of Mathematics and Mechanics, 1957, 6(5): 679-684.

[44] Bengio Y. Neural Networks for Speech and Sequence Recognition[M]. London, International Thomson Computer Press, 1996.

[45] Bengio Y. Learning Deep Architectures for AI[M]. NOW publisher, 2009.

[46] Bengio Y. Deep learning of representations for unsupervised and transfer learning[J]. Journal of Machine Learning Research, 2012(27): 17-37.

[47] Bengio Y. Practical recommendations for gradient-based training of deep architectures[EB/OL]. Arxiv Preprint, 2012, ArXiv: 12065533.

[48] Bengio Y, Delalleau O. Justifying and generalizing contrastive divergence[J]. Neural Computation 2009, 21(6): 1601-1621.

[49] Bengio Y, Delalleau O. On the expressive power of deep architectures[C]. ALT, 2011: 18-36.

[50] Bengio Y, Simard P, Frasconi P. Learning long-term dependencies with gradient descent is

difficult[J]. IEEE Transactions on Neural Networks, 1994, 5(2): 157-166.

[51] Bengio Y, Ducharme R, Vincent P, Jauvin C. A neural probabilistic language model[J]. Journal of Machine Learning Research, 2003, 3(Feb): 1137-1155.

[52] Bengio Y, Louradour J, Collobert R, Weston J. Curriculum learning[C]. ICML 2009: 41-48.

[53] Bengio Y, Courville A C, Vincent P. Unsupervised feature learning and deep learning: A review and new perspectives[EB/OL]. ArXiv Preprint, 2012, ArXiv: 120655381.

[54] Bengio Y, Courville A, Vincent P. Representation learning: A review and new perspectives [J]. IEEE Transactions on Pattern Analysis and Machine Intelligence, 2013, 35(8): 1798-1828.

[55] Bengio Y, Yao L, Alain G, Vincent P. Generalized denoising autoencoders as generative models[C]. NIPS, 2013: 899-907.

[56] Bertsekas D P. Nonlinear Programming[M]. Belmont: Athena Scientific, 1999.

[57] Bertsekas D P. Dynamic Programming and Optimal Control, Vol Ⅰ[M]. Belmont: Athena Scientific, 2005.

[58] Bertsekas D P. Dynamic Programming and Optimal Control, Vol Ⅱ[M]. Belmont: Athena Scientific, 2012.

[59] Bertsekas D P. Constrained Optimization and Lagrange Multiplier Methods[M]. Belmont: Academic Press, 2014.

[60] Bertsekas D P, Tsitsiklis J N. Parallel and Distributed Computation: Numerical Methods [M]. Upper Saddle River: Prentice-Hall, 1989.

[61] Beyer H G, Schwefel H P. Evolution strategies—a comprehensive introduction[J]. Natural Computing, 2002, 1(1): 3-52.

[62] Bhansali R J. Wiener-Kolmogorov prediction theory[M/OL]//Wiley StatsRef: Statistics Reference Online. Hoboken: John Wiley & Sons, 2014.

[63] Bilen H, Vedaldi A. Integrated perception with recurrent multi-task neural networks[C]. NIPS, 2016: 235-243.

[64] Bilmes J A. A gentle tutorial of the EM algorithm and its application to parameter estimation for Gaussian mixture and hidden Markov models[T/OL]. Tech. Rep. TR-97-021, International Computer Science Institute, 1998. http://melodi.ee.washington.edu/people/bilmes/mypapers/em.pdf.

[65] Bishop C M. Mixture density networks[D/OL]. Tech. Rep. NCRG/94/004, Aston University, 1994. https://publications.aston.ac.uk/373/1/NCRG_94_004.pdf.

[66] Bishop C M. Neural Networks for Pattern Recognition[M]. Oxford: Oxford University Press, 1995.

[67] Bishop C M. Pattern Recognition and Machine Learning[M]. Berlin: Springer, 2006.

[68] Blei D M, Jordan M I. Variational inference for Dirichlet process mixtures[J]. Bayesian Analysis, 2006, 1(1): 121-143.

[69] Blei D M, Ng A Y, Jordan M I. Latent Dirichlet allocation[J]. Journal of Machine Learning Research, 2003(3): 993-1022.

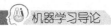

[70] Blei D M, Griffiths T L, Jordan M I. The nested Chinese restaurant process and Bayesian nonparametric inference of topic hierarchies[J]. Journal of The ACM, 2010, 57(2): 7.

[71] Bodlaender H L. A tourist guide through treewidth[J]. Acta Cybernetica, 1994, 11(1-2): 1.

[72] Bonabeau E, Dorigo M, Theraulaz G. Swarm Intelligence: from Natural to Artificial Systems [M]. Oxford: Oxford University Press, 1999.

[73] Bonyadi M R, Michalewicz Z. A locally convergent rotationally invariant particle swarm optimization algorithm[J]. Swarm Intelligence, 2014, 8(3): 159-198.

[74] Bordes A, Glorot X, Weston J. Joint learning of words and meaning representations for open-text semantic parsing[C]. AISTATS 2012, 127-135.

[75] Borgwardt K M, Kriegel H P. Shortest-path kernels on graphs[C]. ICDM 2005: 8.

[76] Borwein J, Lewis A S. Convex Analysis and Nonlinear Optimization: Theory and Examples [M]. Berlin: Springer Science & Business Media, 2010.

[77] Bottou L, Le Cun Y. SN: A simulator for connectionist models[C]. Neuronimes, 1998.

[78] Boulanger Lewandowski N, Bengio Y, Vincent P. Modeling temporal dependencies in high-dimensional sequences: Application to polyphonic music generation and transcription[EB/OL]. ArXiv Preprint, 2012, ArXiv: 12066392.

[79] Bourlard H, Kamp Y. Auto-association by multilayer perceptrons and singular value decomposition[J]. Biological Cybernetics, 1988, 59(4): 291-294.

[80] Bowman S R, Vilnis L, Vinyals O, Dai A M, Jozefowicz R, Bengio S. Generating sentences from a continuous space[EB/OL]. ArXiv Preprint, 2015, ArXiv: 151106349.

[81] Box GEP. Evolutionary operation: A method for increasing industrial productivity[J]. Applied Statistics, 1957: 81-101.

[82] Boyd S, Vandenberghe L. Convex Optimization[M]. Cambridge: Cambridge University Press, 2004.

[83] Braverman M. Poly-logarithmic independence fools bounded-depth boolean circuits[J]. Communications of The ACM, 2011, 54(4): 108-115.

[84] Bray A J, Dean D S. Statistics of critical points of Gaussian fields on large-dimensional spaces[J]. Physical Review Letters, 2007, 98(15): 150, 201.

[85] Broomhead D S, Lowe D. Radial-basis-functions, multi-variable functional interpolation and adaptive networks[J]. Complex Systems, 1988(2): 321-355.

[86] Brown D P, Jennings R H. On technical analysis[J]. Review of Financial Studies, 1989, 2 (4): 527-551.

[87] Broyden C G. The convergence of a class of double-rank minimization algorithms 1. general considerations[J]. IMA Journal of Applied Mathematics, 1970, 6(1): 76-90.

[88] Brueckner R, Schulter B. Social signal classification using deep BLSTM recurrent neural networks[C]. ICASSP 2014: 4823-4827.

[89] Bruna J, Mallat S. Invariant scattering convolution networks[J]. IEEE Transactions on Pattern Analysis and Machine Intelligence, 2013, 35(8): 1872-1886.

[90] Burges C J C. A tutorial on support vector machines for pattern recognition[J]. Data Mining

and Knowledge Discovery,1998,2(2):121-167.

[91] Byrd R H,Lu P,Nocedal J,Zhu C. A limited memory algorithm for bound constrained optimization[J]. SIAM Journal on Scientific Computing,1995,16(5):1190-1208.

[92] Campbell J P. Speaker recognition: A tutorial[J]. Proceedings of The IEEE,1997,85(9):1437-1462.

[93] Camps Valls G,Verrelst J,Munoz Mari J,Laparra V,Mateo Jimenez F,Gomez Dans J. A survey on Gaussian processes for earth-observation data analysis: A comprehensive investigation[J]. IEEE Geoscience and Remote Sensing Magazine,2016,4(2):58-78.

[94] Carmo M P d. Riemannian Geometry[M]. Basel: Birkhäuser,1992.

[95] Caruana R,Lawrence S,Giles L. Overfitting in neural nets: Backpropagation, conjugate gradient,and early stopping[C]. NIPS 2000:402-408.

[96] Castelvecchi D. Can we open the black box of ai[EB/OL]. Nature News, 2016, 538 (7623):20.

[97] Cauchy A L. Methode generale pour la resolution des systemes dequations simultanees[J]. CR Acad Sci Paris,1847(25):536-538.

[98] Cavnar W. Using an n-gram-based document representation with a vector processing retrieval model[C]. Proceedings of TREC 3,1995.

[99] Chan T,Jia K,Gao S,Lu J,Zeng Z,Ma Y. PCANet: A simple deep learning baseline for image classification[C]. IEEE Transactions on Image Processing,2015,24(12):5017-5032.

[100] Chan W,Jaitly N,Le Q,Vinyals O. Listen,attend and spell: A neural network for large vocabulary conversational speech recognition[C]. ICASSP 2016:4960-4964.

[101] Chang F,Chang Y. Adaptive neuro-fuzzy inference system for prediction of water level in reservoir[J]. Advances in Water Resources,2006,29(1):1-10.

[102] Chapelle O,Vapnik V,Bousquet O,Mukherjee S. Choosing multiple parameters for support vector machines[J]. Machine Learning,2002,46(1-3):131-159.

[103] Chawla S,Makarychev K,Schramm T,Yaroslavtsev G. Near optimal lp rounding algorithm for correlationclustering on complete and complete k-partite graphs[C]. STOC 2015, ACM,2015:219-228.

[104] Chen L,Papandreou G,Kokkinos I,Murphy K,Yuille A L. Deeplab: Semantic image segmentation with deep convolutional nets,atrous convolution,and fully connected CRFs[C]. IEEE Transactions on Pattern Analysis and Machine Intelligence, 2018, 40(4):834-848.

[105] Chen P H,Lin C J,Schölkopf B. A tutorial on ν-support vector machines[J]. Applied Stochastic Models in Business and Industry,2005,21(2):111-136.

[106] Chen T,Goodfellow I,Shlens J. Net2Net: Accelerating learning via knowledge transfer [EB/OL]. ArXiv Preprint,2015,ArXiv:151105641.

[107] Chen W L,Wilson J,Tyree S,Weinberger K,Chen Y X. Compressing neural networks with the hashing trick[C]. ICML 2015:2285-2294.

[108] Chen X,Lawrence Zitnick C. Mind's eye: A recurrent visual representation for image

caption generation[C]. CVPR 2015:2422-2431.

[109] Chen X,Eversole A,Li G,Yu D,Seide F. Pipelined back-propagation for context-dependent deep neural networks[C]. Interspeech 2012:26-29.

[110] Chen Y J, Guan T, Wang C. Approximate nearest neighbor search by residual vector quantization[J]. Sensors,2010,10(12):11,259-11,273.

[111] Chicco D, Sadowski P, Baldi P. Deep auto-encoder neural networks for gene ontology annotation predictions[C]. BCB 2014:533-540.

[112] Cho K, Van Merriënboer B, Bahdanau D, Bengio Y. On the properties of neural machine translation: Encoder-decoder approaches[EB/OL]. ArXiv Preprint,2014,ArXiv:14091259.

[113] Cho K,Van Merriënboer B,Gulcehre C,Bahdanau D,Bougares F,Schwenk H,Bengio Y. Learning phrase representations using RNN encoder-decoder for statistical machine translation[EB/OL]. ArXiv Preprint,2014,ArXiv:14061078.

[114] Cho K, Courville A, Bengio Y. Describing multimedia content using attention-based encoder-decoder networks[C]. IEEE Transactions on Multimedia,2015,17(11):1875-1886.

[115] Choromanska A, Henaff M, Mathieu M, Arous G B, LeCun Y. The loss surfaces of multilayer networks[C]. AISTATS 2015:192-204.

[116] Christianini N, Shawe Taylor J. Support Vector Machines and Other Kernel-based Learning Methods[M]. Cambridge: Cambridge University Press,2000.

[117] Chu C T, Kim S K, Lin Y A, Yu Y, Bradski G, Olukotun K, Ng A Y. Map-reduce for machine learning on multicore[C]. NIPS 2007:281-288.

[118] Chu P,Vu H,Yeo D,Lee B,Um K,Cho K. Robot reinforcement learning for automatically avoiding a dynamic obstacle in a virtual environment[C]. LNEE 2015,Vol 352: 157-164.

[119] Chung J, Gulcehre C, Cho K, Bengio Y. Empirical evaluation of gated recurrent neural networks on sequence modeling[EB/OL]. ArXiv Preprint,2014,ArXiv:14123555.

[120] Chung J,Kastner K,Dinh L,Goel K,Courville A C,Bengio Y. A recurrent latent variable model for sequential data[C]. NIPS 2015:2980-2988.

[121] Clemmensen L,Hastie T,Witten D,ErsbOll B. Sparse discriminant analysis[J]. Technometrics, 2011,53(4):406-413.

[122] Clerc M,Kennedy J. The particle swarm-explosion,stability,and convergence in a multidimensional complex space[C]. IEEE Transactions on Evolutionary Computation,2002,6(1):58-73.

[123] Coates A,Lee H,Ng A Y. An analysis of single-layer networks in unsupervised feature learning[J]. Proceedings of Machine Learning Research,2011(15):215-223.

[124] Coates A, Huval B, Wang T, Wu D, Catanzaro B, Ng A Y. Deep learning with cots hpc systems[C]. ICML 2013:1337-1345.

[125] Collobert R,Weston J. A unified architecture for natural language processing: Deep neural networks with multitask learning[C]. ICML 2008:160-167.

[126] Collobert R, Weston J, Bottou L, Karlen M, Kavukcuoglu K, Kuksa P. Natural language processing (almost) from scratch[J]. Journal of Machine Learning Research, 2011(12): 2493-2537.

[127] Cortes C, Vapnik V. Support-vector networks[J]. Machine Learning, 1995, 20(3): 273-297.

[128] Cortes C, Haffner P, Mohri M. Rational kernels: Theory and algorithms[J]. Journal of Machine Learning Research, 2004, 5(Aug): 1035-1062.

[129] Courbariaux M, Bengio Y, David J P. Binary Connect: Training deep neural networks with binary weights during propagations[C]. NIPS 2015: 3123-3131.

[130] Cox D R. The regression analysis of binary sequences[J]. Journal of The Royal Statistical Society Series B (Methodological), 1958, 20(2): 215-242.

[131] Crammer K, Singer Y. On the algorithmic implementation of multiclass kernel-based vector machines[J]. Journal of Machine Learning Research, 2001, 2(Dec): 265-292.

[132] Crevier D. AI: The Tumultuous History of The Search for Artificial Intelligence[M]. New York: Basic Books, Inc., 1993.

[133] Crosby J L. Computer Simulation in Genetics[M]. Hoboken: John Wiley & Sons, 1973.

[134] Csáji B C. Approximation with artificial neural networks[D]. Master's thesis, Faculty of Sciences, Budapest: Eötvös Loránd University, 2001.

[135] Dagum P, Galper A, Horvitz E. Dynamic network models for forecasting[C]. UAI 1992, Morgan Kaufmann, 1992: 41-48.

[136] Dagum P, Galper A, Horvitz E, Seiver A. Uncertain reasoning and forecasting [J]. International Journal of Forecasting, 1995, 11(1): 73-87.

[137] Dahl G E, Yu D, Deng L, Acero A[J]. Large vocabulary continuous speech recognition with context-dependent DBN-HMMs[C]. ICASSP 2011: 4688-4691.

[138] Dantzig G B. Origins of the simplex method[EB/OL]. Tech. Rep. SOL 87-5, PaloAlto: Standford University, Department of Operations Research, 1987, https://apps.dtic.mil/dtic/tr/fulltext/u2/a182708.pdf.

[139] Darwin C, Beer G. The Origin of Species[M]. London: J.M. Dent & Sons Ltd., 1951.

[140] Dauphin Y N, Bengio Y. Big neural networks waste capacity[EB/OL]. ArXiv Preprint, 2013, ArXiv: 13013583.

[141] Dauphin Y N, Pascanu R, Gulcehre C, Cho K, Ganguli S, Bengio Y. Identifying and attacking the saddle point problem in high-dimensional non-convex optimization [C]. NIPS, 2014: 2933-2941.

[142] Davidon W C. Variable metric method for minimization[J]. SIAM Journal on Optimization, 1991, 1(1): 1-17.

[143] Davis T E, Principe J C. A Markov chain framework for the simple genetic algorithm[J]. Evolutionary Computation, 1993, 1(3): 269-288.

[144] Dean J, Corrado G, Monga R, Chen K, Devin M, Mao M, Senior A, Tucker P, Yang K, Le Q V. Large scale distributed deep networks[C]. NIPS, 2012: 1223-1231.

[145] Dehak N, Kenny P J, Dehak R, Dumouchel P, Ouellet P. Front-end factor analysis for speaker verification[C]. IEEE Transactions on Audio, Speech, and Language Processing, 2011, 19(4): 788-798.

[146] Dekel O, GiladBachrach R, Shamir O, Xiao L. Optimal distributed online prediction using

mini-batches[J]. Journal of Machine Learning Research, 2012, 13(Jan): 165-202.

[147] Delalleau O, Bengio Y. Shallow vs. deep sum-product networks[C]. NIPS 2011: 666-674.

[148] Dempster A P, Laird N M, Rubin D B. Maximum likelihood from incomplete data via the EM algorithm[J]. Journal of The Royal Statistical Society Series B (methodological), 1977, 39(1): 1-38.

[149] Deng L. Dynamic Speech Models: Theory, Algorithms, and Applications[M]. Williston: Morgan & Claypool, 2006.

[150] Deng L, Yu D. Deep Learning: Methods and Applications[M]. Hanover: NOW Publisher, 2014.

[151] Deng Y, Kong Y, Bao F, Dai Q. Sparse coding-inspired optimal trading system for HFT industry[J]. IEEE Transactions on Industrial Informatics, 2015, 11(2): 467-475.

[152] Deng Y, Bao F, Kong Y, Ren Z, Dai Q. Deep direct reinforcement learning for financial signal representation and trading[C]. IEEE Transactions on Neural Networks and Learning Systems, 2017, 28(3): 653-664.

[153] Denil M, Shakibi B, Dinh L. Predicting parameters in deep learning[C]. NIPS 2013: 2148-2156.

[154] Denton E L, Zaremba W, Bruna J, LeCun Y, Fergus R. Exploiting linear structure within convolutional networks for efficient evaluation[C]. NIPS 2014: 1269-1277.

[155] Denton E L, Chintala S, Fergus R. Deep generative image models using a Laplacian Pyramid of Adversarial Networks[C]. NIPS, 2015: 1486-1494.

[156] Deuflhard P. A short history of Newton's method[EB/OL]. Tech. rep., Konrad-Zuse-Zentrum Für Informations technik, 2012, https://www.math.uni-bielefeld.de/documenta/vol-ismp/13_deuflhard-peter.pdf.

[157] Dhillon I S, Guan Y, Kulis B. Kernel k-means: Spectral clustering and normalized cuts[C]. SIGKDD 2004, ACM, 2004: 551-556.

[158] Domingos P. The Master Algorithm: How The Quest for The Ultimate Learning Machine Will Remake Our World[M]. New York: Baisc Books Inc., 2015.

[159] Donati A V, Montemanni R, Casagrande N, Rizzoli A E, Gambardella L M. Time dependent vehicle routing problem with a multi ant colony system[J]. European Journal of Operational Research, 2008, 185(3): 1174-1191.

[160] Donoho D L, Grimes C. Hessian eigenmaps: Locally linear embedding techniques for high-dimensional data[J]. Proceedings of The National Academy of Sciences, 2003, 100(10): 5591-5596.

[161] Dorigo M. Optimization, learning and natural algorithms[D]. PhD thesis, Milano: Politecnico Di Milano, 1992.

[162] Dos Santos C N, Gatti M. Deep convolutional neural networks for sentiment analysis of short texts[C]. COLING 2014: 69-78.

[163] Duchi J, Hazan E, Singer Y. Adaptive subgradient methods for online learning and stochastic optimization[J]. Journal of Machine Learning Research, 2011, 12(Jul): 2121-2159.

[164] Duda R O, Hart P E. Pattern Classification and Scene Analysis[M]. Hoboken: John Wiley & Sons, 1973.

[165] Eiben A E, Raué P E, Ruttkay Z. Genetic algorithms with multi-parent recombination[C]. PPSN 1994, Springer, 1994, 78-87.

[166] Eiter T, Mannila H. Distance measures for point sets and their computation[J]. Acta Informatica, 1997, 34(2): 109-133.

[167] Elad M. Sparse and Redundant Representations: From Theory to Applications in Signal and Image Processing[M]. Berlin: Springer, 2010.

[168] Elkan C. Deriving TF-IDF as a Fisher kernel[C]. SPIRE 2005, Springer, 2005, 295-300.

[169] Elman J L. Finding structure in time[J]. Cognitive Science, 1990, 14(2): 179-211.

[170] Erhan D, Manzagol P A, Bengio Y, Bengio S, Vincent P. The difficulty of training deep architectures and the effect of unsupervised pre-training[C]. AISTATS 2009, Vol 5: 153-160.

[171] Erhan D, Bengio Y, Courville A, Manzagol P A, Vincent P, Bengio S. Why does unsupervised pre-training help deep learning[J]. Journal of Machine Learning Research, 2010, 11(Feb): 625-660.

[172] Ester M, Kriegel H P, Sander J, Xu X. A density-based algorithm for discovering clusters in large spatial databases with noise[C]. KDD 1996, Vol 96: 226-231.

[173] Fabius O, van Amersfoort J R. Variational recurrent auto-encoders[EB/OL]. ArXiv Preprint, 2014.

[174] Fan Y, Qian Y, Xie F, Soong F K. TTS synthesis with bidirectional LSTM based recurrent neural networks[C]. Interspeech 2014.

[175] Fausett L V. Fundamentals of Neural Networks[M]. Upper Saddle River: Prentice-Hall, 1994.

[176] Ferguson T S. A Bayesian analysis of some nonparametric problems[J]. The Annals of Statistics, 1973: 209-230.

[177] Fernandez R, Rendel A, Ramabhadran B, Hoory R. Prosody contour prediction with long short-term memory, bi-directional, deep recurrent neural networks[C]. Interspeech 2014: 2268-2272.

[178] Ferreira C. What is gene expression programming[M]. //The Nonlinear Workbook. Singapore: World Scientific Publishing, 2008.

[179] Ferrer L, Lei Y, McLaren M, Scheffer N. Study of senone-based deep neural network approaches for spoken language recognition[C]. IEEE/ACM Transactions on Audio, Speech and Language Processing, 2016, 24(1): 105-116.

[180] Finetti B D. Funzione Caratteristica Di Un Fenomeno Aleatorio[J]. Academia Nazionale del Linceo, 1931.

[181] Fisher R A. The use of multiple measurements in taxonomic problems[J]. Annals of Human Genetics, 1936, 7(2): 179-188.

[182] Fletcher R. A new approach to variable metric algorithms[J]. Computer Journal, 1970, 13(3): 317-322.

[183] Fletcher R. The Sequential Quadratic Programming Method[M]. Berlin: Springer, 2010.

[184] Fletcher R. Practical Methods of Optimization[M]. Hoboken: John Wiley & Sons, 2013.

[185] Floreano D, Dürr P, Mattiussi C. Neuroevolution: from architectures to learning[J]. Evolutionary Intelligence, 2008, 1(1): 47-62.

[186] Fogel D B. Evolutionary Computation: The Fossil Record[M]. Hoboken: John Wiley & Sons, 1998.

[187] Fogel D B. Evolutionary Computation: Toward A New Philosophy of Machine Intelligence[M], Vol 1. Hoboken: John Wiley & Sons, 2006.

[188] Fogel L J, Owens A J, Walsh M J. Artificial Intelligence Through Simulated Evolution [M]. Hoboken: John Wiley & Sons, 1966.

[189] Földiák P, Young M P. Sparse coding in the primate cortex[M].//The Handbook of Brain Theory and Neural Networks.Cambridge: MIT Press, 1995: 1064-1068.

[190] Foster J A. Discipulus: A commercial genetic programming system[J]. Genetic Programming and Evolvable Machines, 2001, 2(2): 201-203.

[191] Fowlkes C, Belongie S, Chung F, Malik J. Spectral grouping using the Nystrom method [C]. IEEE Transactions on Pattern Analysis and Machine Intelligence, 2004, 26(2): 214-225.

[192] Fraser A, Burnell D. Computer Models in Genetics[M]. New York: McGraw-Hill, 1970.

[193] Frey B J, Dueck D. Clustering by passing messages between data points[J]. Science, 2007, 315(5814): 972-976.

[194] Friedman N, Murphy K, Russell S. Learning the structure of dynamic probabilistic networks[C]. UAI 1998: 139-147.

[195] Frydman C, Camerer C F. The psychology and neuroscience of financial decision making [J]. Trends in Cognitive Sciences, 2016, 20(9): 661-675.

[196] Fukunaga K. Introduction to Statistical Pattern Recognition[M]. San Diago: Academic Press, 2013.

[197] Fukushima K. Neocognitron: A self-organizing neural network model for a mechanism of pattern recognition unaffected by shift in position[J]. Biological Cybernetics, 1980, 36(4): 193-202.

[198] Gagné C, Price W L, Gravel M. Comparing an ACO algorithm with other heuristics for the single machine scheduling problem with sequence-dependent setup times[J]. Journal of The Operational Research Society, 2002, 53(8): 895-906.

[199] Garcia Romero D, McCree A. Stacked long-term TDNN for spoken language recognition [C]. Interspeech 2016: 3226-3230.

[200] Gärtner T. A survey of kernels for structured data[J]. ACM SIGKDD Explorations Newsletter, 2003, 5(1): 49-58.

[201] Gärtner T, Flach P, Wrobel S. On graph kernels: Hardness results and efficient alternatives[J]. Learning Theory and Kernel Machines, 2003, 2777: 129-143.

[202] Gauthier J. Conditional generative adversarial nets for convolutional face generation[EB/

OL]. Class Project for Stanford CS231N: Convolutional Neural Networks for Visual Recognition, Winter semester, 2014.

[203] Gauvain J L, Lee C H. Maximum a posteriori estimation for multivariate Gaussian mixture observations of Markov chains[C]. IEEE Transactions on Speech and Audio Processing, 1994, 2(2): 291-298.

[204] Geem Z W, Kim J H, Loganathan G V. A new heuristic optimization algorithm: Harmony search[J]. Simulation, 2001, 76(2): 60-68.

[205] Gehring J, Auli M, Grangier D, Yarats D, Dauphin Y N. Convolutional sequence to sequence learning[EB/OL]. ArXiv Preprint, 2017, ArXiv: 170503122.

[206] Gelfand A E, Smith A F M. Sampling-based approaches to calculating marginal densities [J]. Journal of The American Statistical Association, 1990, 85(410): 398-409.

[207] Gelly G, Gauvain J L, Le V B, Messaoudi A. A divide-and-conquer approach for language identification based on recurrent neural networks[C]. Interspeech 2016: 3231-3235.

[208] Geman S, Geman D. Stochastic relaxation, Gibbs distributions, and the Bayesian restoration of images[C]. IEEE Transactions on Pattern Analysis and Machine Intelligence, 1984, 6 (6): 721-741.

[209] Geng X, Zhang M, Bruce J, Caluwaerts K, Vespignani M, SunSpiral V, Abbeel P, Levine S. Deep reinforcement learning for tensegrity robot locomotion [EB/OL]. ArXiv Preprint, 2016.

[210] Genton M G. Classes of kernels for machine learning: A statistics perspective[J]. Journal of Machine Learning Research, 2001, 2(Dec): 299-312.

[211] Gers F A, Schmidhuber J, Cummins F. Learning to forget: Continual prediction with LSTM[J]. Neural Computation, 2000, 12(10): 2451-2471.

[212] Gershman S J, Blei D M. A tutorial on Bayesian nonparametric models[J]. Journal of Mathematical Psychology, 2012, 56(1): 1-12.

[213] Ghahramani Z. Learning dynamic Bayesian networks [M].//Adaptive Processing of Sequences and Data Strucutres. Berlin: Springer, 1998: 168-197.

[214] Ghosal S. The Dirichlet Process, Related Priors and Posterior Asymptotics[M]. Cambridge: Cambridge University Press, 2010.

[215] Ghosh Dastidar S, Adeli H. Spiking neural networks[J]. International Journal of Neural Systems, 2009, 19(04): 295-308.

[216] Ghoshal A, Swietojanski P, Renals S. Multilingual training of deep neural networks[C]. ICASSP 2013: 7319-7323.

[217] Giacobello D, Christensen M G, Murthi M N, Jensen S H, Moonen M. Sparse linear prediction and its applications to speech processing[C]. IEEE Transactions on Audio, Speech, and Language Processing, 2012, 20(5): 1644-1657.

[218] Giles M. Efficient sparse matrix-vector multiplication on cache-based GPUs[C]. INPAR 2012: 1-12.

[219] Gill P E, Murray W, Wright M H. Practical Optimization. San Diago: Academic Press, 1981.

[220] Glorot X, Bengio Y. Understanding the difficulty of training deep feed-forward neural networks[C]. AISTATS 2010, Vol 9:249-256.

[221] Glorot X, Bordes A, Bengio Y. Deep sparse rectifier neural networks[C]. AISTATS 2011, Vol 15:275.

[222] Glorot X, Bordes A, Bengio Y. Domain adaptation for large-scale sentiment classification: A deep learning approach[C]. ICML 2011:513-520.

[223] Glover F. Future paths for integer programming and links to artificial intelligence[J]. Computers & Operations Research, 1986, 13(5):533-549.

[224] Goldberg D E. Genetic algorithms in search optimization and machine learning[M]. New York: Addison-Wesley, 1989.

[225] Goldberg Y, Elhadad M. SplitSVM: Fast, space-efficient, non-heuristic, polynomial kernel computation for NLP applications[C]. ACL-HLT 2008, Association for Computational Linguistics, 2008:237-240.

[226] Goldfarb D. A family of variable-metric methods derived by variational means [J]. Mathematics of Computation, 1970, 24(109):23-26.

[227] Gönen M, Alpaydin E. Multiple kernel learning algorithms [J]. Journal of Machine Learning Research, 2011, 12(Jul):2211-2268.

[228] Gong Yc, Liu L, Yang M, Bourdev L. Compressing deep convolutional networks using vector quantization[EB/OL]. ArXiv Preprint, 2014, ArXiv:14126115.

[229] Gonzalez Dominguez J, Lopez Moreno I, Sak H, Gonzalez Rodriguez J, Moreno P J. Automatic language identification using long short-term memory recurrent neural networks [C]. Interspeech 2014.

[230] Goodfellow I, Pouget Abadie J, Mirza M, Xu B, Warde Farley D, Ozair S, Courville A, Bengio Y. Generative adversarial nets[C]. NIPS 2014:2672-2680.

[231] Goodfellow I, Bengio Y, Courville A. Deep Learning[M]. Cambridge: MIT Press, 2016.

[232] Goodfellow I J, Warde Farley D, Mirza M, Courville A, Bengio Y. Maxout networks[EB/OL]. ArXiv Preprint, 2013, ArXiv:13024389.

[233] Gori M, Tesi A. On the problem of local minima in backpropagation [C]. IEEE Transactions on Pattern Analysis and Machine Intelligence, 1992, 14(1):76-86.

[234] Grandvalet Y, Canu S. Comments on "noise injection into inputs in back propagation learning"[C]. IEEE Transactions on Systems, Man, and Cybernetics, 1995, 25(4): 678-681.

[235] Grant M, Boyd S, Ye Y. CVX: Matlab Software for Disciplined Convex Programming[EB/OL], 2017, http://cvxr.com/cvx/.

[236] Graves A. Generating sequences with recurrent neural networks[EB/OL]. ArXiv Preprint, 2013, ArXiv:13080850.

[237] Graves A, Fernández S, Gomez F, Schmidhuber J. Connectionist temporal classification: Labelling unsegmented sequence data with recurrent neural networks[C]. ICML 2006: 369-376.

[238] Graves A, Mohamed Ar, Hinton G. Speech recognition with deep recurrent neural networks [C]. ICASSP 2013:6645-6649.

[239] Graves A, Wayne G, Danihelka I. Neural turing machines[EB/OL]. ArXiv Preprint, 2014.

[240] Graves A, Wayne G, Reynolds M, Harley T, Danihelka I, Grabska Barwińska A, Colmenarejo S G, Grefenstette E, Ramalho T, Agapiou J. Hybrid computing using a neural network with dynamic external memory[J]. Nature, 2016, 538(7626):471.

[241] Gray F. Pulse code communication. US Patent 2632058[P]. 1953.

[242] Gregor K, Danihelka I, Graves A, Rezende D J, Wierstra D. DRAW: A recurrent neural network for image generation[EB/OL]. ArXiv Preprint, 2015, ArXiv:150204623.

[243] Gu S, Holly E, Lillicrap T, Levine S. Deep reinforcement learning for robotic manipulation with asynchronous off-policy updates[EB/OL]. ArXiv Preprint, 2016.

[244] Guan R, Shi X, Marchese M, Yang C, Liang Y. Text clustering with seeds affinity propagation[C]. IEEE Transactions on Knowledge and Data Engineering, 2011, 23(4): 627-637.

[245] Guo X, Hernández Lerma O. Continuous-time Markov Decision Processes[M]. Berlin: Springer, 2009.

[246] Guresen E, Kayakutlu G, Daim T U. Using artificial neural network models in stock market index prediction[J]. Expert Systems with Applications, 2011, 38(8):10389-10397.

[247] Gutstein S M. Transfer learning techniques for deep neural nets[D]. PhD thesis, The University of Texas at El Paso, 2010.

[248] Haasdonk B. Feature space interpretation of SVMs with indefinite kernels[C]. IEEE Transactions on Pattern Analysis and Machine Intelligence, 2005, 27(4):482-492.

[249] Haasdonk B, Bahlmann C. Learning with distance substitution kernels[C]. PRS 2004, Springer, 2004:220-227.

[250] Haasdonk B, Keysers D. Tangent distance kernels for support vector machines[C]. ICPR 2002, Vol 2: 864-868.

[251] Hamilton J D. Time Series Analysis[M]. Vol 2. Princeton: Princeton University Press, 1994.

[252] Han S, Pool J, Tran J, Dally W. Learning both weights and connections for efficient neural network[C]. NIPS 2015:1135-1143.

[253] Han S, Liu X, Mao H, Pu J, Pedram A, Horowitz M A, Dally W J. EIE: Efficient inference engine on compressed deep neural network[C]. Interspeech 2016:243-254.

[254] Han S, Mao H, Dally W J. Deep compression: Compressing deep neural network with pruning, trained quantization and Huffman coding[C]. ICLR 2016.

[255] Hannun A, Case C, Casper J, Catanzaro B, Diamos G, Elsen E, Prenger R, Satheesh S, Sengupta S, Coates A. Deep speech: Scaling up end-to-end speech recognition[EB/OL]. ArXiv Preprint, 2014, ArXiv:14125567.

[256] Hansen J H L, Hasan T. Speaker recognition by machines and humans: A tutorial review [J]. IEEE Signal Processing Magazine, 2015, 32(6):74-99.

[257] Hartman E, Keeler J D. Predicting the future: Advantages of semilocal units[J]. Neural

Computation,1991,3(4):566-578.

[258] Hassibi B, Stork D G. Second order derivatives for network pruning: Optimal brain surgeon[C]. NIPS 1992:164-171.

[259] Hassoun M H. Fundamentals of Artificial Neural Networks[M]. Cambridge: MIT Press,1995.

[260] Hastad J. Almost optimal lower bounds for small depth circuits[C]. STOC 1986:6-20.

[261] Hastie T,Tibshirani R,Friedman J. The Elements of Statistical Learning—Data Mining, Inference,and Prediction[M]. Berlin: Springer,2001.

[262] Hastings W K. Monte Carlo sampling methods using Markov chains and their applications [J]. Biometrika,1970, 57(1):97-109.

[263] Haussler D. Convolution kernels on discrete structures[EB/OL]. Tech.Rep.UCSC-CRL-99-10,Department of Computer Science, University of California at Santa Cruz, 1999, http://www0.cs.ucl.ac.uk/staffZm.pontil/reading/haussler.pdf.

[264] Haykin S O. Neural Networks and Learning Machines [M]. New York: Pearson Education,2009.

[265] He K,Zhang X,Ren S,Sun J. Deep residual learning for image recognition[C]. CVPR 2016:770-778.

[266] Hebb D O. The Organization of Behavior: A Neuropsychological Theory[M]. London: Psychology Press,1949.

[267] Heigold G,Vanhoucke V,Senior A,Nguyen P,Ranzato M,Devin M,Dean J. Multilingual acoustic models using distributed deep neural networks[C]. ICASSP 2013:8619-8623.

[268] Heigold G,Moreno I,Bengio S,Shazeer N. End-to-end text-dependent speaker verification [C]. ICASSP 2016:5115-5119.

[269] Herbrich R. Learning Kernel Classifiers: Theory and Algorithms[M]. Cambridge: MIT Press,2016.

[270] Hermann K M,Kocisky T,Grefenstette E,Espeholt L,Kay W,Suleyman M,Blunsom P. Teaching machines to read and comprehend[C]. NIPS 2015:1693-1701.

[271] Hertz J,Krogh A,Palmer R G. Introduction to The Theory of Neural Computation[M]. New York: Basic Books Inc.,1991.

[272] Hestenes M R. Multiplier and gradient methods[J]. Journal of Optimization Theory and Applications,1969,4(5):303-320.

[273] Hestenes M R,Stiefel E. Methods of Conjugate Gradients for Solving Linear Systems[R]. NBS Washington DC,1952.

[274] Hinton G, Srivastava N, Swersky K. Neural networks for machine learning[EB/OL]. Coursera,Video Lectures,2012.

[275] Hinton G,Bengio Y,Lecun Y. Deep learning (tutorial on NIPS'2015)[C]. NIPS 2015.

[276] Hinton G E. Training products of experts by minimizing contrastive divergence[J]. Neural Computation,2002,14(8):1771-1800.

[277] Hinton G E,Roweis S T. Stochastic neighbor embedding[C]. NIPS 2003:833-840.

[278] Hinton G E,Salakhutdinov R R. Reducing the dimensionality of data with neural networks

[J]. Science,2006,313(5786):504-507.

[279] Hinton G E,Salakhutdinov R R. Replicated softmax: An undirected topic model[C]. NIPS 2009:1607-1614.

[280] Hinton G E, Osindero S, Teh Y W. A fast learning algorithm for deep belief nets[J]. Neural Computation,2006,18(7):1527-1554.

[281] Hinton G E,Srivastava N,Krizhevsky A,Sutskever I,Salakhutdinov R R. Improving neural networks by preventing co-adaptation of feature detectors[J]. Computer Science,2012,3(4):212-223.

[282] Hinton G E, Vinyals O, Dean J. Distilling the knowledge in a neural network[C]. NIPS 2014.

[283] Hochreiter S,Schmidhuber J. Long short-term memory[J]. Neural Computation,1997,9(8):1735-1780.

[284] Hofmann T,Scholkopf B,Smola A J. Kernel methods in machine learning[J]. Annals of Statistics,2008,36(3):1171-1220.

[285] Holland J H. Adaptation in Natural and Artificial Systems: An Introductory Analysis with Applications to Biology, Control, and Artificial Intelligence [M]. Cambridge: MIT Press,1992.

[286] Holland J H, Reitman J S. Cognitive systems based on adaptive algorithms[J]. ACM SIGART Bulletin,1978,63(63):313-329.

[287] Hopfield J J. Neural networks and physical systems with emergent collective computational abilities[J]. Proceedings of The National Academy of Sciences,1982,79(8):2554-2558.

[288] Hornik K. Approximation capabilities of multilayer feedforward networks[J]. Neural Networks,1991,4(2):251-257.

[289] Hsu C C, Hwang H T, Wu Y, Tsao Y, Wang H M. Voice conversion from unaligned corpora using variational autoencoding wasserstein generative adversarial networks[EB/OL]. ArXiv Preprint,2017,ArXiv:170400849.

[290] Huang E H,Socher R,Manning C D,Ng A Y. Improving word representations via global context and multiple word prototypes[C]. ACL 2012:873-882.

[291] Huang J,Li J,Yu D,Deng L,Gong Y. Cross-language knowledge transfer using multilingual deep neural network with shared hidden layers[C]. ICASSP 2013:7304-7308.

[292] Huang P,Kim M,Hasegawajohnson M,Smaragdis P. Deep learning for monaural speech separation[C]. ICASSP 2014:1562-1566.

[293] Hunt E B. Concept Learning: An Information Processing Problem[M]. Hoboken: John Wiley & Sons,1962.

[294] Hüsken M, Stagge P. Recurrent neural networks for time series classification [J]. Neurocomputing,2003,50:223-235.

[295] Hussain A J,AlJumeily D,AlAskar H,Radi N. Regularized dynamic self-organized neural network inspired by the immune algorithm for financial time series prediction [J]. Neurocomputing,2016,188:23-30.

[296] Hutton D M. The Quest for Artificial Intelligence: A History of Ideas and Achievements [M]. Bradford: Emerald Group Publishing Limited,2013.

[297] Ioffe S. Probabilistic linear discriminant analysis[C]. ECCV 2006:531-542.

[298] Ioffe S,Szegedy C. Batch normalization: Accelerating deep network training by reducing internal covariate shift[EB/OL]. ArXiv Preprint,2015.

[299] Isik Y,Roux J L,Chen Z,Watanabe S,Hershey J R. Single-channel multi-speaker separation using deep clustering[EB/OL]. ArXiv Preprint,2016,ArXiv:160702173.

[300] Ising E. Beitrag zur theorie des ferromagnetismus[J]. Zeitschrift Für Physik,1925,31(1): 253-258.

[301] Jaakkola T,Haussler D. Exploiting generative models in discriminative classifiers[C]. NIPS 1999:487-493.

[302] Jaakkola T S. Tutorial on variational approximation methods[EB/OL]. 2000, http://people.csail.mit.edu/tommi/papers/Jaa-nips00-tutorial.pdf.

[303] Jaderberg M,Vedaldi A,Zisserman A. Speeding up convolutional neural networks with low rank expansions[EB/OL]. ArXiv Preprint,2014,ArXiv:14053866.

[304] Jaeger H. Tutorial on training recurrent neural networks,covering BPPT,RTRL,EKF and the "echo state network" approach[R/OL]. Tech. Rep. GMT Report 159, German National Research Center for Information Technology, 2002, http://minds.jacobs-university.de/uploads/papers/ESNTutorialRev.pdf.

[305] Jaeger H,Haas H. Harnessing nonlinearity: Predicting chaotic systems and saving energy in wireless communication[J]. Science,2004,304(5667):78-80.

[306] Janikow C Z,Michalewicz Z. An experimental comparison of binary and floating point representations in genetic algorithms[C]. ICGA 1991:31-36.

[307] Jegou H,Douze M,Schmid C. Product quantization for nearest neighbor search[C]. IEEE Transactions on Pattern Analysis and Machine Intelligence,2011,33(1):117-128.

[308] Jensen F V. An Introduction to Bayesian Networks[M]. London: UCL Press,1996.

[309] Jia X,Gavves E,Fernando B,Tuytelaars T. Guiding long-short term memory for image caption generation[EB/OL]. ArXiv Preprint,2015,ArXiv:150904942.

[310] Jin M,Song Y,Mcloughlin I,Dai L,Ye Z. LID-senone extraction via deep neural networks for end-to-end language identification[C]. ODYSSEY 2016.

[311] Joachims T. Text categorization with support vector machines: Learning with many relevant features[C]. ECML 1998,Springer,1998:137-142.

[312] Johnson M, Schuster M, Le Q V, Krikun M, Wu Y, Chen Z, Thorat N, Viégas F, Wattenberg M,Corrado G,et al. Google's multilingual neural machine translation system: Enabling zero-shot translation[EB/OL]. ArXiv Preprint,2016,ArXiv:161104558.

[313] Jordan M I. Attractor Dynamics and Parallellism in A Connectionist Sequential Machine [M].Mahwah: Lawrence Erlbaum Associates,1986.

[314] Jordan M I. Serial order: A parallel distributed processing approach[R/OL]. Tech. Rep. ICS Report 8604, University of California (San Diego), 1986, https://pdfs.

semanticscholar. org/f8d7/7bb8da085ec419866e0f87e4efc2577b6141.pdf.

[315] Jordan M I. An Introduction to Graphical Models[EB/OL]. 1997,http://www.cis.upenn.edu/mkearns/papers/barbados/jordan-tut.pdf.

[316] Jordan M I. Learning in Graphical Models[M]. Berlin: Springer Science & Business Media, 1998.

[317] Jordan M I, Mitchell T M. Machine learning: Trends, perspectives, and prospects[J]. Science,2015,349(6245):255-260.

[318] Jordan M I,Ghahramani Z,Jaakkola T S,Saul L K. An introduction to variational methods for graphical models[J]. Machine Learning,1999,37(2):183-233.

[319] Joseph-Frédéric Bonnans JCG,Lemarechal C,Sagastizábal C A. Numerical Optimization: Theoretical and Practical Aspects[M]. Berlin: Springer Science & Business Media,2006.

[320] Jouppi N P,Young C,Patil N,Patterson D. In-datacenter performance analysis of a tensor processing unit[C]. Interspeech 2017:1-12.

[321] Jozefowicz R,Zaremba W,Sutskever I. An empirical exploration of recurrent network architectures[C]. ICML 2015:2342-2350.

[322] Juang B H. Deep neural networks—a developmental perspective[C]. APSIPA Transactions on Signal and Information Processing,2016,5(e7):1-22.

[323] Kaelbling L P,Littman M L,Moore A W. Reinforcement learning: A survey[J]. Journal of Artificial Intelligence Research,1996,4(1):237-285.

[324] Kalman R E,et al. A new approach to linear filtering and prediction problems[J]. Journal of Basic Engineering,1960,82(1):35-45.

[325] Kang S,Qian X,Meng H. Multi-distribution deep belief network for speech synthesis[C]. ICASSP 2013:8012-8016.

[326] Karaboga D. An idea based on honey bee swarm for numerical optimization[EB/OL]. Tech.Rep. TR06, Erciyes University, Engineering Faculty, Computer Engineering Department, 2005, https://pdfs.semanticscholar.org/015d/f4d97ed1f541752842c49d12e429a785460b.pdf.

[327] Karpathy A,Johnson J,FeiFei L. Visualizing and understanding recurrent networks[EB/OL]. ArXiv Preprint,2015,ArXiv:150602078.

[328] Karush W. Minima of functions of several variables with inequalities as side conditions[D]. Master's thesis, Department of Mathematics, University of Chicago, Chicago, IL, USA,1939.

[329] Kasabov N K. NeuCube: A spiking neural network architecture for mapping,learning and understanding of spatio-temporal brain data[J]. Neural Networks,2014,52:62-76.

[330] Kashima H,Tsuda K,Inokuchi A. Marginalized kernels between labeled graphs[C]. ICML 2003:321-328.

[331] Kaufman L,Rousseeuw P. Clustering by Means of Medoids[EB/OL]. North-Holland; Amsterdam,1987.

[332] Kaufman L,Rousseeuw P J. Finding Groups in Data: An Introduction to Cluster Analysis [M]. Hoboken: John Wiley & Sons,1990.

[333] Kavukcuoglu K, Ranzato M, LeCun Y. Fast inference in sparse coding algorithms with applications to otject recognition[EB/OL]. ArXiv Preprint, 2010, ArXiv: 10103467.

[334] Kennedy J. Particle swarm optimization [M]//Encyclopedia of Machine Learning. Berlin: Springer, 2011: 760-766.

[335] Kenny P, Gupta V, Stafylakis T, Ouellet P, Alam J. Deep neural networks for extracting Baum—Welch statistics for speaker recognition[C]. ODYSSEY 2014: 293-298.

[336] Keshet J, Bengio S. Automatic Speech and Speaker Recognition: Large Margin and Kernel Methods[M]. Hoboken: John Wiley & Sons, 2009.

[337] Khalfan H F, Byrd R H, Schnabel R B. A theoretical and experimental study of the symmetric rank one update[J]. SIAM Journal on Optimization, 1993, 3(1): 1-24.

[338] Kim B K, Roh J, Dong S Y, Lee S Y. Hierarchical committee of deep convolutional neural networks for robust facial expression recognition [J]. Journal on Multimodal User Interfaces, 2016, 10(2): 173-189.

[339] Kim K. Financial time series forecasting using support vector machines[J]. Neurocomputing, 2003, 55(1): 307-319.

[340] Kim Y. Convolutional neural networks for sentence classification[EB/OL]. Preprint, 2014, ArXiv: 14085882.

[341] Kindermann R, Snell J L. Markov Random Fields and Their Applications [EB/OL]. American Mathematical Society, 1980.

[342] Kingma D, Ba J. Adam: A method for stochastic optimization[EB/OL]. Preprint, 2014, ArXiv: 14126980.

[343] Kingma D P, Ba J. ADAM: A method for stochastic optimization[C]. ICLR 2015.

[344] Kingma D P, Welling M. Auto-encoding variational Bayes [EB/OL]. Preprint, 2013, ArXiv: 13126114.

[345] Kinnunen T, Li H. An overview of text-independent speaker recognition: From features to supervectors[J]. Speech Communication, 2010, 52(1): 12-40.

[346] Kirkpatrick S, Gelatt C D, Vecchi M P, et al. Optimization by simulated annealing[J]. Science, 1983, 220(4598): 671-680.

[347] Kober J, Peters J. Reinforcement learning in robotics: A survey[J]. The International Journal of Robotics Research, 2013, 32(11): 1238-1274.

[348] Koehn P, Och F J, Marcu D. Statistical phrase-based translation[C]. NAACL 2003: 48-54.

[349] Kohonen T. Self-organized formation of topologically correct feature maps[J]. Biological Cybernetics, 1982, 43(1): 59-69.

[350] Kohonen T, Kaski S, Lagus K, Salojarvi J, Honkela J, Paatero V, Saarela A. Self organization of a massive document collection[C]. IEEE Transactions on Neural Networks, 2000, 11(3): 574-585.

[351] Kohzadi N, Boyd M S, Kermanshahi B, Kaastra I. A comparison of artificial neural network and time series models for forecasting commodity prices[J]. Neurocomputing, 1996, 10(2): 169-181.

[352] Kolbaek M, Yu D, Tan Z, Jensen J. Multitalker speech separation with utterance-level

permutation invariant training of deep recurrent neural networks[C]. IEEE/ACM Transactions on Audio, Speech and Language Processing, 2017, 25(10): 1901-1913.

[353] Koller D, Friedman N. Probabilistic Graphical Models: Principles and Techniques[M]. Cambridge: MIT Press, 2009.

[354] Kolmogorov A N. Foundations of The Theory of Probability[M]. New York: Chelsea Pubishing Company, 1956.

[355] Kolmogorov A N, Natarajan R S. The theory of probability[J]. Resonance, 1998, 3(4): 103-112.

[356] Kondor R, Jebara T. A kernel between sets of vectors[C]. ICML 2003: 361-368.

[357] Kondor R I, Lafferty J. Diffusion kernels on graphs and other discrete input spaces[C]. ICML 2002, Vol 2, 2002: 315-322.

[358] Kontschieder P, Fiterau M, Criminisi A, Rota Bulo S. Deep neural decision forests[C]. ICCV 2015: 1467-1475.

[359] Kotov M, Nastasenko M. Language identification using time delay neural network d-vector on short utterances[C]. SPECOM 2016: 443-449.

[360] Koutnik J, Greff K, Gomez F, Schmidhuber J. A clockwork RNN[C]. ICML 2014: 1863-1871.

[361] Koza J R. Genetic Programming Ⅱ: Automatic Discovery of Reusable Subprograms[M]. Cambridge: A Bradford Book, MIT press, 1994.

[362] Koza J R, Goldberg D E, Fogel D B, Riolo R L. Genetic Programming 1996: Proceedings of The First Annual Conference[M]. Cambridge: MIT Press, 1996.

[363] Kreutzer M, Hager G, Wellein G, Fehske H, Bishop A R. A unified sparse matrix data format for efficient general sparse matrix-vector multiplication on modern processors with wide SIMD units[J]. SIAM Journal on Scientific Computing, 2014, 36(5): C401-C423.

[364] Krizhevsky A, Sutskever I, Hinton G E. Imagenet classification with deep convolutional neural networks. NIPS 2012: 1097-1105.

[365] Krogh A, Hertz J A. A simple weight decay can improve generalization[C]. NIPS 1991, Vol 4, 1991: 950-957.

[366] Kuhn H W, Tucker A W. Nonlinear Programming[M]. Berkeley: University of California Press, 1951.

[367] Kumar N, Andreou A G. Heteroscedastic discriminant analysis and reduced rank HMMs for improved speech recognition[J]. Speech Communication, 1998, 26(4): 283-297.

[368] Kung S Y. Kernel Methods and Machine Learning[M]. Cambridge: Cambridge University Press, 2014.

[369] Lafferty J, McCallum A, Pereira F. Conditional random fields: Probabilistic models for segmenting and labeling sequence data[C]. ICML 2001: 282-289.

[370] Lagrange J L. Mécanique analytique[M]. 1788.

[371] Lang K J, Waibel A H, Hinton G E. A time-delay neural network architecture for isolated word recognition[J]. Neural Networks, 1990, 3(1): 23-43.

[372] Langdon W B. Size fair and homologous tree crossovers for tree genetic programming[J]. Genetic Programming and Evolvable Machines,2000,1(1-2):95-119.

[373] Langford J,Smola A J,Zinkevich M. Slow learners are fast[C]. NIPS 2009:2331-2339.

[374] Langley P. The changing science of machine learning[J]. Machine Learning,2011,82(3):275-279.

[375] Larochelle H,Bengio Y. Classification using discriminative restricted Boltzmann machines [C]. ICML 2008:536-543.

[376] Larochelle H,Murray I. The neural autoregressive distribution estimator[C]. AISTATS 2011:29-37.

[377] Larrañaga P, Lozano J A. Estimation of Distribution Algorithms: A New Tool for Evolutionary Computation[M] .Vol 2. Berlin: Springer Science & Business Media,2001.

[378] Lauritzen S L, Spiegelhalter D J. Local computations with probabilities on graphical structures and their application to expert systems[J]. Journal of The Royal Statistical Society Series B (Methodological),1988,50(2):194-224.

[379] Lawrence S,Giles C L,Tsoi A C. Lessons in neural network training: Overfitting may be harder than expected[C]. AAAI 1997:540-545.

[380] Le Q V. Building high-level features using large scale unsupervised learning[C]. ICASSP 2013:8595-8598.

[381] LeCun Y,Bengio Y. Convolutional networks for images,speech,and time series[M]//The Handbook of Brain Theory and Neural Networks. Cambridge: MIT Press,1998.

[382] LeCun Y, Boser B, Denker J S, Henderson D, Howard R E, Hubbard W, Jackel L D. Handwritten digit recognition with a back-propagation network[C]. NIPS 1989:396-404.

[383] LeCun Y,Denker J S,Solla S A. Optimal brain damage[C]. NIPS 1990:598-605.

[384] LeCun Y,Bottou L,Orr G,Muller K. Efficient backprop [M]//Neural Networks: Tricks of The Trade. Berlin: Springer,1998:546-546.

[385] LeCun Y,Bengio Y,Hinton G. Deep learning[J]. Nature,2015,521(7553):436-444.

[386] Lee C,Xie S,Gallagher P,Zhang Z,Tu Z. Deeply-supervised nets[C]. AISTATS 2015:562-570.

[387] Lee H,Ekanadham C,Ng A Y. Sparse deep belief net model for visual area V2[C]. NIPS 2008:873-880.

[388] Lee H,Grosse R,Ranganath R,Ng A Y. Convolutional deep belief networks for scalable unsupervised learning of hierarchical representations[C]. ICML 2009:609-616.

[389] Lee J W,Jangmin O. A multi-agent Q-learning framework for optimizing stock trading systems[C]. DEXA 2002:153-162.

[390] Legendre A M. Nouvelles Méthodes Pour La Détermination Des Orbites Des Comètes[M]. Paris: F. Didot,1805.

[391] Leggetter C J,Woodland P C. Maximum likelihood linear regression for speaker adaptation of continuous density hidden Markov models[J]. Computer Speech & Language,1995,9(2):171-185.

[392] Lei Y, Scheffer N, Ferrer L, McLaren M. A novel scheme for speaker recognition using a phonetically-aware deep neural network[C]. ICASSP 2014:1695-1699.

[393] Leung Y, Gao Y, Xu Z. Degree of population diversity-a perspective on premature convergence in genetic algorithms and its Markov chain analysis[C]. IEEE Transactions on Neural Networks, 1997, 8(5):1165-1176.

[394] Levenberg K. A method for the solution of certain non-linear problems in least squares[J]. Quarterly of Applied Mathematics, 1944, 2(2):164-168.

[395] Levenshtein V I. Binary codes capable of correcting deletions, insertions, and reversals[J]. Soviet Physics Doklady, 1966, 10: 707-710.

[396] Levine S, Pastor P, Krizhevsky A, Quillen D. Learning hand-eye coordination for robotic grasping with deep learning and large-scale data collection[EB/OL]. ArXiv Preprint, 2016.

[397] Li B, Sainath T N, Weiss R J, Wilson K W, Bacchiani M. Neural network adaptive beamforming for robust multichannel speech recognition[C]. Interspeech 2016:1976-1980.

[398] Li C, Ma X, Jiang B, Li X, Zhang X, Liu X, Cao Y, Kannan A, Zhu Z. Deep speaker: An end-to-end neural speaker embedding system [EB/OL]. ArXiv Preprint, 2017, ArXiv:170502304.

[399] Li J, Chang H, Yang J. Sparse deep stacking network for image classification[EB/OL]. ArXiv Preprint 2015, ArXiv:150100777.

[400] Li J, Zhang T, Luo W, Yang J, Yuan X T, Zhang J. Sparseness analysis in the pretraining of deep neural networks[C]. IEEE Transactions on Neural Networks and Learning Systems, 2016, 28(6):1425-1438.

[401] LiL, Lin Y, Zhang Z, Wang D. Improved deep speaker feature learning for text-dependent speaker recognition[C]. APSIPA 2015:426-429.

[402] Li L, Chen Y, Shi Y, Tang Z, Wang D. Deep speaker feature learning for text-independent speaker verification[EB/OL]. ArXiv Preprint, 2017, ArXiv:170503670.

[403] Li L, Wang D, Rozi A, Zheng T F. Cross-lingual speaker verification with deep feature learning[C]. APSIPA 2017:1040-1044.

[404] LiX, Wu X. Modeling speaker variability using long short-term memory networks for speech recognition[C]. Interspeech 2015:1086-1090.

[405] Li Y, Yosinski J, Clune J, Lipson H, Hopcroft J. Convergent learning: Do different neural networks learn the same representations[C]. ICLR 2016.

[406] Liang X, Hu Z, Zhang H, Gan C, Xing E P. Recurrent topic-transition GAN for visual paragraph generation[EB/OL]. ArXiv Preprint, 2017, ArXiv:170307022.

[407] Lin G, Shen C, Van Den Hengel A, Reid I. Exploring context with deep structured models for semantic segmentation [C]. IEEE Transactions on Pattern Analysis and Machine Intelligence, 2018, 40(6):1352-1366.

[408] Lin M, Chen Q, Yan S. Network in network. ArXiv Preprint, 2013, ArXiv:13124400.

[409] Ling Z, Deng L, Yu D. Modeling spectral envelopes using restricted Boltzmann machines for statistical parametric speech synthesis[C]. ICASSP 2013:7825-7829.

[410] Ling Z, Kang S, Zen H, Senior A, Schuster M, Qian X, Meng H M, Deng L. Deep learning for acoustic modeling in parametric speech generation: A systematic review of existing techniques and future trends[J]. IEEE Signal Processing Magazine, 2015, 32(3): 35-52.

[411] Liou C, Lin S. Finite memory loading in hairy neurons[J]. Natural Computing, 2006, 5(1): 15-42.

[412] Liu By, Wang M, Foroosh H, Tappen M, Pensky M. Sparse convolutional neural networks [C]. CVPR 2015: 806-814.

[413] Liu C, Zhang Z, Wang D. Pruning deep neural networks by optimal brain damage[C]. Interspeech 2014: 1092-1095.

[414] Liu M, Breuel T, Kautz J. Unsupervised image-to-image translation networks[C]. NIPS 2017: 700-708.

[415] Lodhi H, Saunders C, Shawe Taylor J, Cristianini N, Watkins C. Text classification using string kernels[J]. Journal of Machine Learning Research, 2002, 2(Feb): 419-444.

[416] Long M, Wang J. Learning transferable features with deep adaptation networks[EB/OL]. ArXiv Preprint, 2015, ArXiv: 150202791.

[417] Lopez Moreno I, Gonzalez Dominguez J, Plchot O, Martinez D, Gonzalez Rodriguez J, Moreno P. Automatic language identification using deep neural networks[C]. ICASSP 2014: 5337-5341.

[418] Lowe D, Broomhead D S. Multivariable functional interpolation and adaptive networks[J]. Complex Systems, 1988, 2(3): 321-355.

[419] Lowel S, Singer W. Selection of intrinsic horizontal connections in the visual cortex by correlated neuronal activity[J]. Science, 1992, 255(5041): 209-212.

[420] Lu J, Behbood V, Hao P, Zuo H, Xue S, Zhang G. Transfer learning using computational intelligence: A survey[J]. Knowledge-Based Systems, 2015(80): 14-23.

[421] Luo H, Shen Rm, Niu Cy. Sparse group restricted Boltzmann machines[EB/OL]. ArXiv Preprint, 2010, ArXiv: 10084988.

[422] Maaten LVD, Accelerating t-SNE using tree-based algorithms[J]. Journal of Machine Learning Research, 2015, 15(1): 3221-3245.

[423] Maaten Lvd, Hinton G. Visualizing data using t-SNE[J]. Journal of Machine Learning Research, 2008(9): 2579-2605.

[424] MacQueen J. Some methods for classification and analysis of multivariate observations [M]. Oakland: BSMSP 1967, Vol 1: 281-297.

[425] Mairal J, Bach F, Ponce J. Sparse Modeling for Image and Vision Processing[M]. New York: Now Publisher, 2014.

[426] Makhzani A, Frey B. A winner-take-all method for training sparse convolutional auto-encoders[C]. NIPS 2014.

[427] Mansimov E, Parisotto E, Ba J L, Salakhutdinov R. Generating images from captions with attention[EB/OL]. ArXiv Preprint, 2015, ArXiv: 151102793.

[428] Mao J, Xu W, Yang Y, Wang J, Huang Z, Yuille A. Deep captioning with multimodal

recurrent neural networks (m-RNN). ArXiv Preprint,2014,ArXiv:14126632.

[429] Mao X,Li Q,Xie H,Lau R Y,Wang Z,Smolley S P. Least squares generative adversarial networks[EB/OL]. ArXiv Preprint,2016,ArXiv:1611040762(5).

[430] Markoff J. Computer wins on 'jeopardy!': Trivial,it's not[N/OL]. New York Times. https://www.nytimes.com/2011/02/17/science/17jeopardy-watson.html.

[431] Markov A A. An example of statistical investigation of the text eugene onegin concerning the connection of samples in chains[R]. Bulletin of The Imperial Academy of Sciences of StPetersburg,1913,7(3):153-162.

[432] Martens J. Deep learning via Hessian-free optimization[C]. ICML 2010:735-742.

[433] Martens J,Sutskever I. Learning recurrent neural networks with hessian-free optimization [C]. ICML 2011:1033-1040.

[434] Martin V,Omar V,Franco R. A Q-Learning Approach for Investment Decisions[M]. Berlin: Springer,2016.

[435] Martins A F,Astudillo R F. From softmax to sparsemax: A sparse model of attention and multi-label classification[C]. ICML 2016:1614-1623.

[436] Matsuoka K. Noise injection into inputs in back-propagation learning [C]. IEEE Transactions on Systems,Man,and Cybernetics,1992,22(3):436-440.

[437] McCarthy J,Feigenbaum E A. In memoriam: Arthur samuel: Pioneer in machine learning [J]. AI Magazine,1990,11(3):10.

[438] McCorduck P. Machines Who Think[M]. Wellesley: AK Peters,Ltd.,2004.

[439] McCulloch W S,Pitts W. A logical calculus of the ideas immanent in nervous activity[J]. The Bulletin of Mathematical Biophysics,1943,5(4):115-133.

[440] Mcdonald R,Mohri M,Silberman N,Walker D,Mann G S. Efficient large-scale distributed training of conditional maximum entropy models[C]. NIPS 2009:1231-1239.

[441] McPhee N F,Poli R,Langdon W B. A Field guide to genetic programming [EB/OL],2009.

[442] Mercer J,Forsyth A R. Functions of positive and negative type,and their connection with the theory of integral equations[C]. Proceedings of The Royal Society of London,Series A 83,1909.

[443] Meshoul S,Batouche M. Ant colony system with extremal dynamics for point matching and pose estimation[C]. ICPR,2002(3):823-826.

[444] Metropolis N,Rosenbluth A W,Rosenbluth M N,Teller A H,Teller E. Equation of state calculations by fast computing machines[J]. The Journal of Chemical Physics,1953,21 (6):1087-1092.

[445] Mi H,Sankaran B,Wang Z,Ittycheriah A. Coverage embedding models for neural machine translation[EB/OL]. ArXiv Preprint,2016,ArXiv:160503148.

[446] Miao Y,Gowayyed M,Metze F. EESEN: End-to-end speech recognition using deep RNN models and WFST-based decoding[C]. ASRU 2015:167-174.

[447] Mikolov T. Statistical language models based on neural networks[D]. PhD thesis,Brno University of Technology,2012.

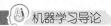

[448] Mikolov T, Karafiát M, BurgetL, Cernocký J, Khudanpur S. Recurrent neural network based language model[C]. Interspeech 2010:1045-1048.

[449] Mikolov T, Chen K, Corrado G, Dean J. Efficient estimation of word representations in vector space[C]. ICLR 2013.

[450] Mikolov T, Sutskever I, Chen K, Corrado G S, Dean J. Distributed representations of words and phrases and their compositionality[C]. NIPS 2013:3111-3119.

[451] Mikolov T, Yih Wt, Zweig G. Linguistic regularities in continuous space word representations [C]. NAACL-HLT 2013:746-751.

[452] Minai A A, Williams R D. Back-propagation heuristics: A study of the extended delta-bar-delta algorithm[C]. IJCNN 1990:595-600.

[453] Minka T P. Expectation propagation for approximate Bayesian inference[C]. UAI 2001: 362-369.

[454] Minsky M. Minsky interview videos on SNARC[EB/OL]. 2014, http://www.webofstories.com/play/marvin.minsky/136.

[455] Minsky M, Papert S. Perceptrons[M]. Cambridge: MIT Press, 1969.

[456] Mirza M, Osindero S. Conditional generative adversarial nets[EB/OL]. ArXiv Preprint, 2014, ArXiv: 14111784.

[457] Mitchell M. An Introduction to Genetic Algorithms[M]. Cambridge: MIT Press, 1998.

[458] Mitchell T M. Machine Learning[M]. New York: McGraw-Hill, 1997.

[459] Mizutani E, Dreyfus S. An analysis on negative curvature induced by singularity in multi-layer neural-network learning[C]. NIPS 2010:1669-1677.

[460] Mnih V, Kavukcuoglu K, Silver D, Rusu A A, Veness J, Bellemare M G, Graves A, Riedmiller M, Fidjeland A K, Ostrovski G, et al. Humanlevel control through deep reinforcement learning[J]. Nature, 2015, 518(7540):529-533.

[461] Mohamed A, Yu D, Deng L. Investigation of full-sequence training of deep belief networks for speech recognition[C]. Interspeech 2010.

[462] Montavon G, Orr G B, Müller K R (eds). Neural Networks: Tricks of The Trade[M]. Berlin: Springer, 2012.

[463] Montufar G F, Pascanu R, Cho K, Bengio Y. On the number of linear regions of deep neural networks[C]. NIPS 2014:2924-2932.

[464] Moreno P J, Ho P P, Vasconcelos N. A Kullback-Leibler divergence based kernel for SVM classification in multimedia applications[C]. NIPS 2004:1385-1392.

[465] MOZER M. Induction of multiscale temporal structure[C]. NIPS 1992:275-282.

[466] Muller K R, Mika S, Ratsch G, Tsuda K, Scholkopf B. An introduction to kernel-based learning algorithms[C]. IEEE Transactions on Neural Networks, 2001, 12(2):181-201.

[467] Miiller P, Mitra R. Bayesian nonparametric inference-why and how[J]. Bayesian Analysis, 2013, 8(2).

[468] Murphy J J. Technical Analysis of the Financial Markets: A Comprehensive Guide to Trading Methods and Applications [M].London: Penguin, 1999.

[469] Murphy K P. An Introduction to Graphical Models[EB/OL]. 2001, https://www.cs.ubc.ca/murphyk/Papers/intro_gm.pdf.

[470] Murphy K P. Dynamic Bayesian networks: Representation, inference and learning[D]. PhD thesis, University of California (Berkeley), 2002.

[471] Nair V, Hinton G E. Implicit mixtures of restricted Boltzmann machines[C]. NIPS 2009: 1145-1152.

[472] Nash S G. A survey of truncated-Newton methods[J]. Journal of Computational and Applied Mathematics, 2000, 124(1): 45-59.

[473] Naumov M, Chien L S, Vandermersch P, Kapasi U. Cusparse library[C]. GTC 2010, 2010.

[474] Neal R M. Markov chain sampling methods for Dirichlet process mixture models[J]. Journal of Computational and Graphical Statistics, 2000, 9(2): 249-265.

[475] Neely C, Weller P, Dittmar R. Is technical analysis in the foreign exchange market profitable? a genetic programming approach[J]. Journal of Financial and Quantitative Analysis, 1997, 32(4): 405-426.

[476] Neftci S N. Naive trading rules in financial markets and Wiener-Kolmogorov prediction theory: A study of technical analysis[J]. Journal of Business, 1991, 64(4): 549-571.

[477] Nesterov Y. A method of solving a convex programming problem with convergence rate o (1/k2)[D]. Soviet Mathematics Doklady, 1983, 27(2): 372-376.

[478] Nesterov Y. Introductory Lectures on Convex Optimization: A Basic Course[M]. Berlin: Springer Science & Business Media, 2013.

[479] Neuhaus M, Bunke H. An error-tolerant approximate matching algorithm for attributed planar graphs and its application to fingerprint classification [M]//Joint IAPR International Workshops on Statistical Techniques in Pattern Recognition (SPR) and Structural and Syntactic Pattern Recognition (SSPR) 2004. Berlin: Springer, 2004: 180-189.

[480] Neuhaus M, Bunke H. Edit distance-based kernel functions for structural pattern classification[J]. Pattern Recognition, 2006, 39(10): 1852-1863.

[481] Newton I. De analysi per aequationes numero terminorum infinitas[M], 1711.

[482] Ng A Y, Jordan M I, Weiss Y. On spectral clustering: Analysis and an algorithm[C]. NIPS 2002: 849-856.

[483] Ngiam J, Khosla A, Kim M, Nam J, Lee H, Ng A Y. Multimodal deep learning[C]. ICML 2011: 689-696.

[484] Nguyen A, Yosinski J, Clune J. Deep neural networks are easily fooled: High confidence predictions for unrecognizable images[C]. CVPR 2015: 427-436.

[485] Nilsson N J. Introduction to machine learning [M]. Palo Alto: Stanford University Press, 1998.

[486] Nocedal J, Wright S J. Numerical Optimization 2nd[M]. Berlin: Springer, 2006.

[487] Northoff G. Unlocking The Brain, Volume 1: Coding[M]. Oxford University Press, 2014.

[488] Novikoff ABJ. On convergence proofs for perceptrons [EB/OL]. Symposium on

Mathemtaical Theory of Automata, 1962.

[489] Novikov A, Podoprikhin D, Osokin A, Vetrov D P. Tensorizing neural networks[C]. NIPS 2015: 442-450.

[490] Nowozin S, Cseke B, Tomioka R. F-GAN: Training generative neural samplers using variational divergence minimization[C]. NIPS 2016: 271-279.

[491] Oftadeh R, Mahjoob M J, Shariatpanahi M. A novel meta-heuristic optimization algorithm inspired by group hunting of animals: Hunting search[J]. Computers & Mathematics with Applications, 2010, 60(7): 2087-2098.

[492] O'grady P D, Pearlmutter B A. Convolutive non-negative matrix factorisation with a sparseness constraint[C]. MLSP 2006: 427-432.

[493] Olshausen B A, Field D J. Emergence of simple-cell receptive field properties by learning a sparse code for natural images[J]. Nature, 1996, 381(6583): 607-609.

[494] Olshausen B A, Field D J. Sparse coding with an overcomplete basis set: A strategy employed byV1[J]. Vision Research, 1997, 37(23): 3311-3325.

[495] Ong C S, Mary X, Canu S, Smola A J. Learning with non-positive kernels[C]. ICML 2004, ACM, 2004(81).

[496] Oord Avd, Dieleman S, Zen H, Simonyan K, Vinyals O, Graves A, Kalch-brenner N, Senior A, Kavukcuoglu K. Wavenet: A generative model for raw audio[EB/OL]. ArXiv Preprint, 2016, ArXiv: 160903499.

[497] Oquab M, Bottou L, Laptev I, Sivic J. Learning and transferring midlevel image representations using convolutional neural networks[C]. CVPR 2014: 1717-1724.

[498] Ou P, Wang H. Prediction of stock market index movement by ten data mining techniques [J]. Modern Applied Science, 2009, 3(12): 28-42.

[499] Palm G. On associative memory[J]. Biological Cybernetics, 1980, 36(1): 19-31.

[500] Pan SJ, Yang Q. A survey on transfer learning[C]. IEEE Transactions on Knowledge and Data Engineering, 2010, 22(10): 1345-1359.

[501] Pan Y, Xing C, Wang D. Document classification with spherical word vectors [C]. APSIPA, 2015: 270-273.

[502] Park C, Irwin S H. The profitability of technical analysis: A review[R/OL]. Tech. Rep. AgMAS Project Research Report 2004-04, AgMAS, http://chesler. us/resources/academia/AgMAS04_04.pdf.

[503] Park J, Sandberg I W. Nonlinear approximations using elliptic basis function networks[J]. Circuits, Systems and Signal Processing, 1994, 13(1): 99-113.

[504] Parkhi O M, Vedaldi A, Zisserman A, et al. Deep face recognition[C]. BMVC 2015, 6.

[505] Pascanu R, Bengio Y. Revisiting natural gradient for deep networks [EB/OL]. ArXiv Preprint 2013, ArXiv: 13013584.

[506] Pascanu R, Mikolov T, Bengio Y. On the difficulty of training recurrent neural networks. ICML, 2013(28): 1310-1318.

[507] Pascanu R, Dauphin Y N, Ganguli S, Bengio Y. On the saddle point problem for non-convex

optimization[EB/OL]. ArXiv Preprint,2014.

[508] Pastore A,Esposito U,Vasilaki E. Modelling stock-market investors as reinforcement learning agents[C]. EAIS,2015:1-6.

[509] Paul A,Venkatasubramanian S. Why does deep learning work? -a perspective from group theory[EB/OL]. ArXiv Preprint,2014.

[510] Payne R B,Sorensen M D. The Cuckoos[M]. Vol 15. Oxford: Oxford University Press,2005.

[511] Pearl J. Bayesian networks: A model of self-activated memory for evidential reasoning[R/OL]. Tech. Rep. CSD-850021,University of California (Los Angeles),1985,http://ftp.cs.ucla.edu/pub/staCser/r43-1985.pdf.

[512] Pearl J. Probabilistic Reasoning in Intelligent Systems: Networks of Plausible Inference [M]. San Francisco:San Francisco Morgan Kaufmann,2014.

[513] Peemen M,Mesman B,Corporaal H. Speed sign detection and recognition by convolutional neural networks[C]. IAC,2011:162-170.

[514] Perronnin F,Dance C. Fisher kernels on visual vocabularies for image categorization[C]. CVPR 2007:1-8.

[515] Pfanzagl J. Parametric Statistical Theory[M]. Berlin: Walter de Gruyter,1994.

[516] Pham D T,Ghanbarzadeh A,Koc E,Otri S,Rahim S,Zaidi M. The bees algorithm-a novel tool for complex optimisation problems [M]//Intelligent Production Machines and Systems.Amsterdam: Elsevier,2006.

[517] Philipp K,Hieu H,Alexandra B,Chris C B,Marcello F,Nicola B,Brooke C,Wade S,Christine M,Richard Z,Chris D,Ondrej B,Alexandra C,Evan H. Moses: Open source toolkit for statistical machine translation[C]. ACL 2007:177-180.

[518] Pitman J. Combinatorial stochastic processes[EB/OL]. 2006,https://www.stat.berkeley.edu/aldous/206-Exch/Papers/pitman_CSP.pdf.

[519] Poli R. Exact schema theory for genetic programming and variable length genetic algorithms with one-point crossover[J]. Genetic Programming and Evolvable Machines,2001,2(2):123-163.

[520] Poli R. General schema theory for genetic programming with subtree swapping crossover [C]. ECGP 2001,Springer,2001:143-159.

[521] Poli R. A simple but theoretically-motivated method to control bloat in genetic programming [M]//Genetic Programming,Springer,2003:204-217.

[522] Polyak B T. Some methods of speeding up the convergence of iteration methods[J]. USSR Computational Mathematics and Mathematical Physics,1964,4(5):1-17.

[523] Poria S,Cambria E,Gelbukh A F. Deep convolutional neural network textual features and multiple kernel learning for utterance-level multimodal sentiment analysis[C]. EMNLP 2015,2539-2544.

[524] Potra F A,Wright S J. Interior-point methods[J]. Journal of Computational and Applied Mathematics,2000,124(1-2):281-302.

[525] Poultney C, Chopra S, Cun Y L, et al. Efficient learning of sparse representations with an energy-based model[C]. NIPS 2006:1137-1144.

[526] Povey D, Zhang X, Khudanpur S. Parallel training of deep neural networks with natural gradient and parameter averaging[EB/OL]. ArXiv Preprint, 2014, ArXiv:14107455.

[527] Powell W B. Approximate Dynamic Programming: Solving The Curses of Dimensionality [M]. Hoboken: John Wiley & Sons, 2007.

[528] Prasanna V K, Morris G R. Sparse matrix computations on reconfigurable hardware[J]. Computer, 2007, 40(3):58-64.

[529] Prechelt L. Automatic early stopping using cross validation: Quantifying the criteria[J]. Neural Networks, 1998, 11(4):761-767.

[530] Prechelt L. Early stopping-but when? [M]//Neural Networks: Tricks of The Trade. Berlin: Springer, 1998:55-69.

[531] Prince SJD, Elder J H. Probabilistic linear discriminant analysis for inferences about identity[C]. ICCV, 2007:1-8.

[532] Pring M J. Technical Analysis Explained: The Successful Investor's Guide to Spotting Investment Trends and Turning Points[M]. New York: McGraw-Hill, 2002.

[533] Priigel Bennett A, Shapiro J L. An analysis of genetic algorithms using statistical mechanics[J]. Physica D: Nonlinear Phenomena, 1997, 104:75-114.

[534] Puskorius G V, Feldkamp L A. Neurocontrol of nonlinear dynamical systems with Kalman filter trained recurrent networks[C]. IEEE Transactions on Neural Networks, 1994, 5(2): 279-297.

[535] Qian B, Rasheed K. Stock market prediction with multiple classifiers [J]. Applied Intelligence, 2007, 26(1):25-33.

[536] Qian Y, Fan Y, Hu W, Soong F K. On the training aspects of deep neural network (DNN) for parametric TTS synthesis[C]. ICASSP 2014:3829-3833.

[537] Qiao Q, Beling P A. Inverse reinforcement learning with Gaussian process[C]. ACC 2011: 113-118.

[538] Qiao Q, Beling P. A. Decision analytics and machine learning in economic and financial systems[J]. Environment Systems and Decisions, 2016, 36(2):109-113.

[539] Quattoni A, Wang S, Morency L P, Collins M, Darrell T Hidden conditional random fields [C]. IEEE Transactions on Pattern Analysis and Machine Intelligence, 2007, 29(10): 1848-1852.

[540] Quinlan J R. Discovering rules by induction from large collections of examples[J]. Expert Systems in The Micro Electronics Age, 1979.

[541] R C, L N, Strominger, J R, Demarest, Ruggiero D A. Auditory and vestibular system [M]//The Human Nervous System. Totowa: Humana Press, 2005.

[542] Rabiner L R. A tutorial on hidden Markov models and selected applications in speech recognition[J]. Proceedings of The IEEE, 1989, 77(2):257-286.

[543] Rabiner LR, Juang B. An introduction to hidden Markov models [J]. IEEE ASSP

Magazine, 1986, 3(1): 4-16.

[544] Radford A, Metz L, Chintala S. Unsupervised representation learning with deep convolutional generative adversarial networks[EB/OL]. ArXiv Preprint, 2015, ArXiv: 151106434.

[545] Raina R, Battle A, Lee H, Packer B, Ng A Y. Self-taught learning: Transfer learning from unlabeled data[C]. ICML 2007: 759-766.

[546] Raina R, Madhavan A, Ng A Y. Large-scale deep unsupervised learning using graphics processors[C]. ICML 2009: 873-880.

[547] Raitio T, Lu H, Kane J, Suni A, Vainio M, King S, Alku P. Voice source modelling using deep neural networks for statistical parametric speech synthesis[C]. EUSIPCO 2014: 2290-2294.

[548] Ramalhinho Lourengo H, Serra D. Adaptive search heuristics for the generalized assignment problem[J]. Mathware & Soft Computing, 2002, 9(2-3).

[549] Ranzato M A, Boureau Y, Cun Y L. Sparse feature learning for deep belief networks[C]. NIPS 2007: 1185-1192.

[550] Rao C R. Information and the accuracy attainable in the estimation of statistical parameters [M]//Breakthroughs in Statistics. Berlin: Springer, 1992.

[551] Rasmussen C E. Gaussian processes in machine learning [M]//Advanced Lectures on Machine Learning. Berlin: Springer, 2004: 63-71.

[552] Rasmussen C E, Williams CKI. Gaussian Processes for Machine Learning[M]. Cambridge: MIT Press, 2006.

[553] Rattray M, Saad D, Amari S. Natural gradient descent for on-line learning[J]. Physical Review Letters, 1998, 81(24): 5461.

[554] Rechenberg I. Evolutionsstrategie-Optimierung Technischer Systeme Nach Prinzipien Der Biologishen Evolution[M]. Stuttgart: Frommann-Holzboog, 1973.

[555] Reed R. Pruning algorithms-a survey[C]. IEEE Transactions on Neural Networks, 1993, 4 (5): 740-747.

[556] Reed R, Marks RJ, Oh S. Similarities of error regularization, sigmoid gain scaling, target smoothing, and training with jitter[C]. IEEE Transactions on Neural Networks, 1995, 6 (3): 529-538.

[557] Reed S, De Freitas N. Neural programmer-interpreters[EB/OL]. ArXiv Preprint, 2015, ArXiv: 151106279.

[558] Ren M, Kiros R, Zemel R. Exploring models and data for image question answering[C]. NIPS 2015: 2953-2961.

[559] Reynolds D A. An overview of automatic speaker recognition technology[C]. ICASSP 2002: 4072-4075.

[560] Rezende D J, Mohamed S, Wierstra D. Stochastic backpropagation and approximate inference in deep generative models[EB/OL]. ArXiv Preprint, 2014, ArXiv: 14014082.

[561] Rifai S, Mesnil G, Vincent P, Muller X, Bengio Y, Dauphin Y, Glorot X. Higher order contractive auto-encoder[J]. Machine Learning and Knowledge Discovery in Databases,

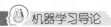

2011(6912):645-660.

[562] Rifai S, Vincent P, Muller X, Glorot X, Bengio Y. Contractive autoencoders: Explicit invariance during feature extraction[C]. ICML 2011:833-840.

[563] Robbins H, Monro S. A stochastic approximation method[J]. The Annals of Mathematical Statistics, 1951:400-407.

[564] Romero A, Ballas N, Kahou S E, Chassang A, Gatta C, Bengio Y. FitNets: Hints for thin deep nets[EB/OL]. ArXiv Preprint, 2014, ArXiv:14126550.

[565] Rosenblatt F. The perceptron: A probabilistic model for information storage and organization in the brain[J]. Psychological Review, 1958, 65(6):386, 408.

[566] Roux NL, Fitzgibbon AW (2010) A fast natural Newton method[C]. ICML 2010:623-630.

[567] Roweis S, Ghahramani Z. A unifying review of linear Gaussian models[J]. Neural Computation, 1999, 11(2):305-345.

[568] Roweis S T, Saul L K. Nonlinear dimensionality reduction by locally linear embedding[J]. Science, 2000, 290(5500):2323-2326.

[569] Rumelhart D E, Hinton G E, Williams R J. Learning representations by back-propagating errors[J]. Nature, 1988, 323(6088):696-699.

[570] Russell S, Norvig P. Artificial Intelligence: A Modern Approach[M]. New York: Pearson, 2009.

[571] Saad E W, Prokhorov D V, Wunsch D C. Comparative study of stock trend prediction using time delay, recurrent and probabilistic neural networks[C]. IEEE Transactions on Neural Networks, 1998, 9(6):1456-1470.

[572] Sak H, Senior A W, Beaufays F. Long short-term memory recurrent neural network architectures for large scale acoustic modeling[C]. Interspeech 2014:338-342.

[573] Salakhutdinov R, Hinton G. Semantic hashing[J]. International Journal of Approximate Reasoning, 2009, 50(7):969-978.

[574] Salton G, Wong A, Yang C. A vector space model for automatic indexing[J]. Communications of The ACM, 1975, 18(11):613-620.

[575] Samuel A L. Some studies in machine learning using the game of checkers[J]. IBM Journal of Research and Development, 1959, 3(3):210-229.

[576] Saul L K, Roweis S T. An introduction to locally linear embedding[J]. Journal of Machine Learning Research, 2000(7).

[577] Saxe A M, McClelland J L, Ganguli S. Exact solutions to the nonlinear dynamics of learning in deep linear neural networks[EB/OL]. ArXiv Preprint, 2013, ArXiv:13126120.

[578] Schmidhuber J. Deep learning in neural networks: An overview[J]. Neural Networks, 2015 (61):85-117.

[579] Schölkopf B, Smola A J. Learning with Kernels: Support Vector Machines, Regularization, Optimization, and Beyond[M]. Cambridge: MIT Press, 2001.

[580] Schölkopf B, Smola A, Müller K R. Nonlinear component analysis as a kernel eigenvalue problem[J]. Neural Computation, 1998, 10(5):1299-1319.

[581] Schölkopf B, Tsuda K, Vert J P, Istrail D S, Pevzner P A, Waterman M S, et al. Kernel Methods in Computational Biology[M]. Cambridge: MIT press, 2004.

[582] Schroff F, Kalenichenko D, Philbin J. FaceNet: A unified embedding for face recognition and clustering[C]. CVPR 2015: 815-823.

[583] Schultz T, Waibel A. Language-independent and language-adaptive acoustic modeling for speech recognition[J]. Speech Communication, 2001, 35(1): 31-51.

[584] Schwenker F, Kestler H A, Palm G. Three learning phases for radial basis function networks[J]. Neural Networks, 2001, 14(4): 439-458.

[585] Secomandi N. Comparing neuro-dynamic programming algorithms for the vehicle routing problem with stochastic demands[J]. Computers & Operations Research, 2000, 27(11): 1201-1225.

[586] Seeger M W, Gaussian processes for machine learning[J]. International Journal of Neural Systems, 2004, 14(2): 69-106.

[587] Seide F, Li G, Chen X, Yu D. Feature engineering in context-dependent deep neural networks for conversational speech transcription[C]. ASRU 2011: 24-29.

[588] Seide F, Fu H, Droppo J, LiG, Yu D. 1-bit stochastic gradient descent and its application to data-parallel distributed training of speech DNNs[C]. Interspeech, 2014.

[589] Seide F, Fu H, Droppo J, LiG, Yu D. On parallelizability of stochastic gradient descent for speech DNNs[C]. ICASSP 2014: 235-239.

[590] Serban I V, Sordoni A, Lowe R, Charlin L, Pineau J, Courville A, Bengio Y. A hierarchical latent variable encoder-decoder model for generating dialogues [EB/OL]. ArXiv Preprint, 2016.

[591] Serre T, Kreiman G, Kouh M, Cadieu C, Knoblich U, Poggio T. A quantitative theory of immediate visual recognition[J]. Progress in Brain Research, 2007(165): 33-56.

[592] Sethuraman J. A constructive definition of Dirichlet priors[J]. Statistica Sinica, 1994, 639-650.

[593] Setiono R. A penalty function approach for prunning feedforward neural networks[J]. Neural Computation, 1997, 9(1): 185-204.

[594] Shan Y, McKay R, Essam D, Abbass H. A survey of probabilistic model building genetic programming [M]//Scalable Optimization Via Probabilistic Modeling. Berlin: Springer, 2006, 121-160.

[595] Shang L, Lu Z, Li H. Neural responding machine for short-text conversation[EB/OL]. ArXiv Preprint, 2015, ArXiv: 150302364, 1577-1586.

[596] Shanno D F. Conditioning of quasi-Newton methods for function minimization [J]. Mathematics of Computation, 1970, 24(111): 647-656.

[597] Shawetaylor J, Cristianini N. Kernel Methods for Pattern Analysis [M]. Cambridge: Cambridge University Press, 2004.

[598] Shelhamer E, Long J, Darrell T. Fully convolutional networks for semantic segmentation [C]. IEEE Transactions on Pattern Analysis and Machine Intelligence, 2017, 39 (4):

640-651.

[599] Shewchuk J R. An introduction to the conjugate gradient method without the agonizing pain[R/OL]. Tech. rep., Carnegie Mellon University, 1994, https://www.cs.cmu.edu/quake-papers/painless-conjugate-gradient.pdf.

[600] Shi J, Malik J. Normalized cuts and image segmentation[C]. IEEE Transactions on Pattern Analysis and Machine Intelligence, 2000, 22(8): 888-905.

[601] Shi Q F, Petterson J, Dror G, Langford J, Smola A, Vishwanathan S. Hash kernels for structured data[J]. Journal of Machine Learning Research, 2009, 10(Nov.): 2615-2637.

[602] Shi X, Knight K, Yuret D. Why neural translations are the right length[C]. EMNLP 2016: 2278-2282.

[603] Shi Y, Eberhart R. A modified particle swarm optimizer[C]. ICEC, 1998: 69-73.

[604] Shi Y, Eberhart R C. Parameter selection in particle swarm optimization[C]. EP 1998, Springer, 1998: 591-600.

[605] Shimodaira H, Noma Ki, Nakai M, Sagayama S. Dynamic time alignment kernel in support vector machine[C]. NIPS, 2002: 921-928.

[606] Shu C, Zhang H. Neural programming by example[EB/OL]. ArXiv Preprint, 2017, ArXiv: 170304990.

[607] Shweta M J, Sass R. A hardware-software co-design approach for implementing sparse matrix vector multiplication on FPGAs[J]. Microprocessors and Microsystems, 2014, 38(8): 873-888.

[608] Sietsma J, Dow R J. Neural net pruning-why and how[C]. ICNN, 1988: 325-333.

[609] Silver D, Huang A, Maddison C J, Guez A, Sifre L, George VDD, et al. Mastering the game of go with deep neural networks and tree search[J]. Nature, 2016, 529(7587): 484-489.

[610] Silver D, Schrittwieser J, Simonyan K, Antonoglou I, Huang A, Guez A, Hubert T, Baker L, Lai M, Bolton A, et al. Mastering the game of go without human knowledge[J]. Nature, 2017, 550(7676): 354.

[611] Simonyan K, Zisserman A. Very deep convolutional networks for large-scale image recognition[EB/OL]. ArXiv Preprint, 2014, ArXiv: 14091556.

[612] Simonyan K, Vedaldi A, Zisserman A. Deep Fisher networks for large-scale image classification[C]. NIPS, 2013: 163-171.

[613] Sindhwani V, Sainath T, Kumar S. Structured transforms for small footprint deep learning[C]. NIPS, 2015: 3088-3096.

[614] Skiena S S. The Algorithm Design Manual, Vol 1[M]. Berlin: Springer Science & Business Media, 1998.

[615] Smolensky P. Information processing in dynamical systems: Foundations of harmony theory[R/OL]. Tech. Rep. CU-CS-321-86, University of Colorado Boulder, 1986, https://apps.dtic.mil/dtic/tr/fulltext/u2/a620727.pdf.

[616] Snyder D, Ghahremani P, Povey D, Garcia Romero D, Carmiel Y, Khudan-pur S. Deep neural network-based speaker embeddings for end-to-end speaker verification[C]. SLT,

2016:165-170.

[617] Socher R, Huang E H, Pennington J, Ng A Y, Manning C D. Dynamic pooling and unfolding recursive auto-encoders for paraphrase detection[C]. NIPS, 2011:801-809.

[618] Socher R, Pennington J, Huang E H, Ng A Y, Manning C D. Semi-supervised recursive autoencoders for predicting sentiment distributions[C]. EMNLP, 2011:151-161.

[619] Socher R, Perelygin A, Wu J Y, Chuang J, Manning C D, Ng A Y, Potts C, et al. Recursive deep models for semantic compositionality over a sentiment treebank[C]. EMNLP, 2013: 1631-1642.

[620] Song I, Kim H, Jeon P B. Deep learning for real-time robust facial expression recognition on a smartphone[C]. ICCE, 2014:564-567.

[621] Song Y, Jiang B, Bao Y, Wei S, Dai L. I-vector representation based on bottleneck features for language identification[J]. Electronics Letters, 2013, 49(24):1569-1570.

[622] Sontag E D, Sussmann H J. Backpropagation can give rise to spurious local minima even for networks without hidden layers[J]. Complex Systems, 1989, 3(1):91-106.

[623] Srinivas M, Patnaik L M. Adaptive probabilities of crossover and mutation in genetic algorithms[C]. IEEE Transactions on Systems, Man, and Cybernetics, 1994, 24(4): 656-667.

[624] Srivastava N, Hinton G, Krizhevsky A, Sutskever I, Salakhutdinov R. Dropout: A simple way to prevent neural networks from overfitting [J]. Journal of Machine Learning Research, 2014, 15(1):1929-1958.

[625] Srivastava R K, Greff K, Schmidhuber J. Highway networks[EB/OL]. ArXiv Preprint, 2015, ArXiv:150500387.

[626] Storn R, Price K. Differential evolution—a simple and efficient heuristic for global optimization over continuous spaces[J]. Journal of Global Optimization, 1997, 11(4):341-359.

[627] Strang G. Calculus[M]. Cambridge: WELLESLEY-Cambridge Press, 1991.

[628] Strigl D, Kofler K, Podlipnig S. Performance and scalability of GPU-based convolutional neural networks[C]. PDP, 2010:317-324.

[629] Strom N. Scalable distributed DNN training using commodity GPU cloud computing[C]. Interspeech, 2015:1488-1492.

[630] Struik D J. A Source Book in Mathematics[EB/OL]. Princeton Legacy Library, 1971.

[631] Sun X, Nasrabadi N M, Tran T D. Supervised multilayer sparse coding networks for image classification[EB/OL]. ArXiv Preprint, 2017, ArXiv:170108349.

[632] Sun Y, Wang X, Tang X. Deep learning face representation from predicting 10,000 classes [C]. CVPR, 2014:1891-1898.

[633] Sun Y, Liang D, Wang X, Tang X. DeepID3: Face recognition with very deep neural networks[EB/OL]. ArXiv Preprint, 2015, ArXiv:150200873.

[634] Sundermeyer M, Schlüter R, Ney H. LSTM neural networks for language modeling[C]. Interspeech, 2012:194-197.

[635] Sussillo D, Abbott L F. Random walks: Training very deep nonlinear feed-forward

networks with smart initialization[EB/OL]. ArXiv Preprint,2014,284:286.

[636] Sutskever I, Tieleman T. On the convergence properties of contrastive divergence[C]. AISTATS,2010(9):789-795.

[637] Sutskever I, Martens J, Hinton G E. Generating text with recurrent neural networks[C]. ICML,2011:1017-1024.

[638] Sutskever I, Martens J, Dahl G, Hinton G. On the importance of initialization and momentum in deep learning[C]. ICML,2013:1139-1147.

[639] Sutskever I, Vinyals O, Le Q V. Sequence to sequence learning with neural networks. NIPS,2014:3104-3112.

[640] Sutton C, McCallum A, et al. An introduction to conditional random fields[J]. Foundations and Trends® in Machine Learning,2012,4(4):267-373.

[641] Sutton R S, Barto A G. Reinforcement Learning: An Introduction[M]. Cambridge: MIT Press,2018.

[642] Szegedy C, Zaremba W, Sutskever I, Bruna J, Erhan D, Goodfellow I, Fergus R. Intriguing properties of neural networks[EB/OL]. ArXiv Preprint,2013.

[643] Szegedy C, Liu W, Jia Y, Sermanet P, Reed S, Anguelov D, Erhan D, Vanhoucke V, Rabinovich A. Going deeper with convolutions[C]. CVPR,2015:1-9.

[644] Szepesvari C. Algorithms for Reinforcement Learning [M]. Williston: Morgan & Claypool,2010.

[645] Taigman Y, Yang M, Ranzato M, Wolf L. Deepface: Closing the gap to human-level performance in face verification[C]. CVPR,2014:1701-1708.

[646] Tang D, Qin B, Liu T. Document modeling with gated recurrent neural network for sentiment classification[C]. EMNLP,2015:1422-1432.

[647] Tang Y. Deep learning using linear support vector machines[EB/OL]. ArXiv Preprint, 2013, ArXiv:13060239.

[648] Tang Y, Eliasmith C. Deep networks for robust visual recognition[C]. ICML, 2010, 1055-1062.

[649] Tang Y, Salakhutdinov R R. Learning stochastic feedforward neural networks[C]. NIPS, 2013:530-538.

[650] Tang Z, Wang D, Pan Y, Zhang Z. Knowledge transfer pre-training[EB/OL]. ArXiv Preprint,2015, ArXiv:150602256.

[651] Tang Z, Li L, Wang D. Multi-task recurrent model for speech and speaker recognition[C]. APSIPA,2016:1-4.

[652] Tang Z, Shi Y, Wang D, Feng Y, Zhang S. Memory visualization for gated recurrent neural networks in speech recognition[EB/OL]. ArXiv Preprint,2016, ArXiv:160908789.

[653] Tang Z, Li L, Wang D, Vipperla R, Tang Z, Li L, Wang D, Vipperla R. Collaborative joint training with multitask recurrent model for speech and speaker recognition[C]. IEEE/ACM Transactions on Audio, Speech and Language Processing,2017,25(3):493-504.

[654] Tang Z, Wang D, Chen Y, Chen Q. AP17-OLR challenge: Data, plan, and baseline[C].

APSIPA,2017:749-753.

[655] Tang Z, Wang D, Chen Y, LiL, Abel A. Phonetic temporal neural model for language identification[C]. IEEE/ACM Transactions on Audio, Speech, and Language Processing, 2018,26(1):134-144.

[656] Taylor B. Methodus Incrementorum Directa Et Inversa[M]. Encyclopaedia Britannica, 1715.

[657] Taylor M E, Stone P. Transfer learning for reinforcement learning domains: A survey[J]. Journal of Machine Learning Research, 2009(10):1633-1685.

[658] Taylor M P, Allen H. The use of technical analysis in the foreign exchange market[J]. Journal of International Money and Finance, 1992, 11(3):304-314.

[659] Teh Y W. A hierarchical Bayesian language model based on Pitman-Yor processes[C]. ACL, 2006:985-992.

[660] Teh Y W. Dirichlet processes: Tutorial and practical course[EB/OL]. https://www.stats.ox.ac.uk/teh/teaching/npbayes/mlss2007.pdf.

[661] Teh Y W. Dirichlet process [M]//Encyclopedia of Machine Learning. Berlin: Springer, 2011:280-287.

[662] Teh Y W, Jordan M I. Hierarchical Bayesian nonparametric models with applications [M]//Bayesian Nonparametrics in Practice. Cambridge: Cambridge University Press, 2010.

[663] Teh Y W, Jordan M I, Beal M J, Blei D M. Sharing clusters among related groups: Hierarchical Dirichlet processes[C]. NIPS, 2005:1385-1392.

[664] Tenenbaum J B, De Silva V, Langford J C. A global geometric framework for nonlinear dimensionality reduction[J]. Science, 2000, 290(5500):2319-2323.

[665] Tesauro G. Temporal difference learning and TD-Gammon[J]. Communications of The ACM, 1995, 38(3):58-68.

[666] Thomas S, Seltzer M L, Church K, Hermansky H. Deep neural network features and semi-supervised training for low resource speech recognition[C]. ICASSP, 2013:6704-6708.

[667] Tian Y, He L, Liu Y, Liu J. Investigation of senone-based long-short term memory RNNs for spoken language recognition[C]. ODYSSEY, 2016:89-93.

[668] Tibshirani R. Regression shrinkage and selection via the LASSO[J]. Journal of The Royal Statistical Society Series B (Methodological), 1996:267-288.

[669] Tieleman T. Training restricted Boltzmann machines using approximations to the likelihood gradient[C]. ICML 2008, ACM, 2008:1064-1071.

[670] Tipping M E. Sparse Bayesian learning and the relevance vector machine[J]. Journal of Machine Learning Research, 2001, 1(Jun):211-244.

[671] Tipping M E, Bishop C M. Probabilistic principal component analysis[J]. Journal of The Royal Statistical Society: Series B (Statistical Methodology), 1999, 61(3):611-622.

[672] Tipping M E, Faul A C. Fast marginal likelihood maximisation for sparse Bayesian models [C]. AISTATS, 2003.

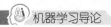

[673] Tkac M, Verner R. Artificial neural networks in business: Two decades of research[J]. Applied Soft Computing, 2016, 38: 788-804.

[674] Torgerson W S. Theory and Methods of Scaling[M]. Hoboken: Wiley, 1958.

[675] Torralba A, Fergus R, Weiss Y. Small codes and large image databases for recognition[C]. CVPR, 2008: 1-8.

[676] Tsitsiklis J, Bertsekas D, Athans M. Distributed asynchronous deterministic and stochastic gradient optimization algorithms[C]. IEEE Transactions on Automatic Control, 1986, 31 (9): 803-812.

[677] Tsuda K, Kawanabe M, Rätsch G, Sonnenburg S, Müller K R. A new discriminative kernel from probabilistic models[C]. NIPS, 2002: 977-984.

[678] Turian J, Ratinov L, Bengio Y. Word representations: A simple and general method for semisupervised learning[C]. ACL, 2010: 384-394.

[679] Turing A M. Intelligent machinery[M]. Amsterdam: North Holland, 1948.

[680] Turing A M. Computing machinery and intelligence[J]. Mind, 1950, 59(236): 433-460.

[681] Ueda Y, Wang L, Kai A, Ren B. Environment-dependent denoising auto-encoder for distant-talking speech recognition[J]. EURASIP Journal on Advances in Signal Processing, 2015(1): 92.

[682] Uetz R, Behnke S. Large-scale object recognition with CUDA-accelerated hierarchical neural networks[C]. ICIS, 2009: 536-541.

[683] Urbanowicz R J, Moore J H. Learning classifier systems: A complete introduction, review, and roadmap[J]. Journal of Artificial Evolution and Applications, 2009(1).

[684] Ushveridze A. Can Turing machine be curious about its Turing test results? three informal lectures on physics of intelligence[EB/OL]. ArXiv Preprint, 2016.

[685] Valiant L G. A theory of the learnable. Communications of The ACM, 1984, 27(11): 1134-1142.

[686] Van Den Bergh F. An analysis of particle swarm optimizers[D]. PhD thesis, University of Pretoria, 2007.

[687] Vanhoucke V, Senior A, Mao M Z. Improving the speed of neural networks on CPUs[C]. NIPS, 2011: 4.

[688] Vapnik V N. The Nature of Statistical Learning Theory[M]. Berlin: SpringerVerlag, 1995.

[689] Vapnik V N. Statistical Learning Theory[M]. Vol 1. Hoboken: Wiley-Interscience, 1998.

[690] Variani E, Lei X, McDermott E, Moreno I L, Dominguez J G. Deep neural networks for small footprint text-dependent speaker verification[C]. ICASSP, 2014: 4052-4056.

[691] Vasconcelos N, Ho P, Moreno P. The Kullback-Leibler kernel as a framework for discriminant and localized representations for visual recognition[C]. ECCV 2004, Springer, 2004: 430-441.

[692] Venkatasubramanian S. Moving heaven and earth: Distances between distributions[N]. ACM SIGACT News, 2013, 44(3): 56-68.

[693] Venugopalan S, Xu H, Donahue J, Rohrbach M, Mooney R, Saenko K. Translating videos to natural language using deep recurrent neural networks[EB/OL]. ArXiv Preprint, 2014,

ArXiv:14124729.

[694] Vesely K,Karafiát M,Grezl F,Janda M,Egorova E. The language independent bottleneck features[C]. SLT,2012:336-341.

[695] Vincent P. A connection between score matching and denoising autoencoders[J]. Neural Computation,2011,23(7):1661-1674.

[696] Vincent P, Larochelle H, Bengio Y, Manzagol P A. Extracting and composing robust features with denoising autoencoders[C]. ICML,2008:1096-1103.

[697] Vincent P, Larochelle H, Lajoie I, Bengio Y, Manzagol P A. Stacked denoising autoencoders: Learning useful representations in a deep network with a local denoising criterion[J]. Journal of Machine Learning Research,2010,11(Dec):3371-3408.

[698] Vintsyuk T K. Speech discrimination by dynamic programming[J]. Cybernetics,1968,4(1):52-57.

[699] Vinyals O,Toshev A,Bengio S,Erhan D. Show and tell: A neural image caption generator[C]. CVPR,2015,3156-3164.

[700] Vishwanathan SVN, Schraudolph N N, Kondor R, Borgwardt K M. Graph kernels[J]. Journal of Machine Learning Research,2010,11(Apr):1201-1242.

[701] Von Luxburg U. A tutorial on spectral clustering[J]. Statistics and Computing,2007,17(4):395-416.

[702] Vu N T,Kraus F,Schultz T. Cross-language bootstrapping based on completely unsupervised training using multilingual A-stabil[C]. ICASSP,2011:5000-5003.

[703] Wainwright M J,Jordan M I,et al. Graphical models,exponential families,and variational inference[J]. Foundations and Trends ® in Machine Learning,2008,1(1-2):1-305.

[704] Wallach H M. Conditional random fields: An introduction[R/OL]. Tech. Rep. MS-CIS-04-21, University of Pennsylvania,2004,http://dirichlet.net/pdf/wallach04conditional.pdf.

[705] Wan L,Zeiler M,Zhang S,Cun Y L,Fergus R. Regularization of neural networks using dropconnect[C]. ICML,2013:1058-1066.

[706] Wang D,Zheng T F. Transfer learning for speech and language processing[C]. APSIPA, 2015:1225-1237.

[707] Wang D,Vipperla R,Evans N,Zheng T F. Online non-negative convolutive pattern learning for speech signals[C]. IEEE Transactions on Signal Processing,61(1):44-56.

[708] Wang D,Liu C,Tang Z,Zhang Z,Zhao M. Recurrent neural network training with dark knowledge transfer[EB/OL]. ArXiv Preprint,2015.

[709] Wang D,Zhou Q,Hussain A. Deep and sparse learning in speech and language processing: An overview[C]. BICS,2016:171-183.

[710] Wang D,Li L,Tang Z,Zheng T F. Deep speaker verification: Do we need end to end[C]. APSIPA,2017:177-181.

[711] Wang Q,Luo T,Wang D,Xing C. Chinese song iambics generation with neural attention-based model[EB/OL]. ArXiv Preprint,2016,ArXiv:160406274.

[712] Wang Y,Wang D,Zhang S,Feng Y,Li S,Zhou Q. Deep Q-trading[R]. Tech. rep.,CSLT,

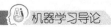

Tsinghua University, 2017, http://cslt. riit. tsinghua. edu. en/mediawiki/images/5/5f/Dtq.pdf.

[713] Ward JJH. Hierarchical grouping to optimize an objective function[J]. Journal of The American Statistical Association,1963,58(301):236-244.

[714] Watkins C. Dynamic alignment kernels[C]. NIPS 1999,MIT Press,1999:39-50.

[715] Watkins CJCH. Learning from delayed rewards[D]. PhD thesis,University of Cambridge England,1989.

[716] Weinberger K,Dasgupta A,Langford J,Smola A,Attenberg J. Feature hashing for large scale multitask learning[C]. ICML,2009:1113-1120.

[717] Weinberger K Q,Saul L K. Unsupervised learning of image manifolds by semidefinite programming[J]. International Journal of Computer Vision,2006,70(1):77-90.

[718] Werbos P J. Generalization of backpropagation with application to a recurrent gas market model[J]. Neural Networks,1988,1(4):339-356.

[719] Weston J, Chopra S, Bordes A. Memory networks[EB/OL]. ArXiv Preprint, 2014, ArXiv:14103916.

[720] Whitley D. A genetic algorithm tutorial[J]. Statistics and Computing,1994,4(2):65-85.

[721] Wigner E P. On the distribution of the roots of certain symmetric matrices[J]. Annals of Mathematics,1958:325-327.

[722] Williams C. The junction tree algorithm[EB/OL]. http://www. inf. ed. ac. uk/teaching/courses/pmr/slides/jta4up.pdf.

[723] Williams CKI, Rasmussen C E. Gaussian processes for regression[C]. NIPS, 1996: 514-520.

[724] Williams R J,Zipser D. Gradient-based learning algorithms for recurrent networks and their computational complexity [M]//Backpropagation: Theory, Architectures, and Applications. Mahwah: L. Erlbaum Associates Inc.,1995,433-486.

[725] Wilson D R,Martinez T R. The general inefficiency of batch training for gradient descent learning[J]. Neural Networks,2003,16(10):1429-1451.

[726] Wilson S W. Classifier fitness based on accuracy[J]. Evolutionary Computation,1995,3(2):149-175.

[727] Wipf D P,Nagarajan S S. A new view of automatic relevance determination[C]. NIPS, 2008:1625-1632.

[728] Wolfe P. A duality theorem for non-linear programming[J]. Quarterly of Applied Mathematics,1961,19(3):239-244.

[729] Wolpert D H. The lack of a priori distinctions between learning algorithms[J]. Neural Computation,1996,8(7):1341-1390.

[730] Wolpert D H, Macready W G. No free lunch theorems for optimization[C]. IEEE Transactions on Evolutionary Computation,1997,1(1):67-82.

[731] Woznica A,Kalousis A,Hilario M. Distances and (indefinite) kernels for sets of objects [C]. ICDM,2006:1151-1156.

[732] Wu J, Qiu S, Kong Y, Chen Y, Senhadji L, Shu H. MomentsNet: A simple learning—free method for binary image recognition[C]. ICIP, 2017: 2667-2671.
[733] Wu JCF. On the convergence properties of the EM algorithm[J]. The Annals of Statistics, 1983: 95-103.
[734] Wu Y, Schuster M, Chen Z, Le QV, Norouzi M, Macherey W, Krikun M, Cao Y, Gao Q, Macherey K, et al. Google's neural machine translation system: Bridging the gap between human and machine translation[EB/OL]. ArXiv Preprint, 2016, ArXiv: 160908144.
[735] Xiong W, Droppo J, Huang X, Seide F, Seltzer M, Stolcke A, Yu D, Zweig G. The Microsoft 2016 conversational speech recognition system[EB/OL]. ArXiv Preprint, 2016.
[736] Xu Y, Du J, Dai L, Lee C. A regression approach to speech enhancement based on deep neural networks[C]. IEEE Transactions on Audio, Speech and Language Processing, 2015, 23(1): 7-9.
[737] Xue J, Li Jy, Gong Y F. Restructuring of deep neural network acoustic models with singular value decomposition[C]. Interspeech, 2013: 2365-2369.
[738] Yahya A, Li A, Kalakrishnan M, Chebotar Y, Levine S. Collective robot reinforcement learning with distributed asynchronous guided policy search[EB/OL]. ArXiv Preprint, 2016.
[739] Yang F, Shiyue Z, Andy Z, Dong W, Andrew A. Memory—augmented neural machine translation[C]. EMNLP, 2017.
[740] Yang H, Chan L, King I. Support vector machine regression for volatile stock market prediction[C]. IDEAL, 2002: 391-396.
[741] Yang X. Nature-inspired Metaheuristic Algorithms[M]. Beckington: Luniver Press, 2010.
[742] Yang X, Deb S. Cuckoo search via lévy flights[C]. NABIC, 2009: 210-214.
[743] Yang Z, Chen W, Wang F, Xu B. Improving neural machine translation with conditional sequence generative adversarial nets[EB/OL]. ArXiv Preprint, 2017, ArXiv: 170304887.
[744] Yann L. Modeles connexionnistes de l'apprentissage (connectionist learning models)[D]. PhD thesis, Universite Paris 6, 1987.
[745] Yao A C. Separating the polynomial-time hierarchy by oracles[C]. SFCS, 1985: 1-10.
[746] Yildirim I. Bayesian inference: Gibbs sampling[EB/OL], 2012.
[747] Yin S, Liu C, Zhang Z, Lin Y, Wang D, Tejedor J, Zheng T F, Li Y. Noisy training for deep neural networks in speech recognition[J]. EURASIP Journal on Audio, Speech, and Music Processing, 2015(2).
[748] Yu D, Deng L. Automatic Speech Recognition: A Deep Learning Approach[M]. Berlin: Springer, 2014.
[749] Yu D, Seide F, Li G, Deng L. Exploiting sparseness in deep neural networks for large vocabulary speech recognition[C]. ICASSP, 2012: 4409-4412.
[750] Yu Z, Zhang C. Image based static facial expression recognition with multiple deep network learning[C]. ICMI, 2015: 435-442.
[751] Zazo R, Lozano Diez A, Gonzalez Dominguez J, Toledano D T, Gonzalez Rodriguez J. Language identification in short utterances using long short-term memory (LSTM)

recurrent neural networks[J]. PloS ONE,2016,11(1).

[752] Zeiler M D. ADADELTA: An adaptive learning rate method[EB/OL]. ArXiv Preprint, 2012,ArXiv:12125701.

[753] Zeiler M D,Fergus R. Visualizing and understanding convolutional networks[C]. ECCV, 2014:818-833.

[754] Zen H, Senior A. Deep mixture density networks for acoustic modeling in statistical parametric speech synthesis[C]. ICASSP,2014:3844-3848.

[755] Zen H,Senior A W,Schuster M. Statistical parametric speech synthesis using deep neural networks[C]. ICASSP,2013:7962-7966.

[756] Zeng D,Liu K,Lai S,Zhou G,Zhao J,et al. Relation classification via convolutional deep neural network[C]. COLING,2014:2335-2344.

[757] Zhang B T, Ohm P, Muhlenbein H. Evolutionary induction of sparse neural trees[J]. Evolutionary Computation,1997,5(2):213-236.

[758] Zhang D,Wang D. Relation classification: CNN or RNN[C]. ICCPOL,2016:665-675.

[759] Zhang D, Yuan B, Wang D, Liu R. Joint semantic relevance learning with text data and graph knowledge[C]. ACL/IJCNLP,2015:32-40.

[760] Zhang J, Maringer D. Using a genetic algorithm to improve recurrent reinforcement learning for equity trading[J]. Computational Economics,2016,47(4):551-567.

[761] Zhang J,Marszalek M,Lazebnik S,Schmid C. Local features and kernels for classification of texture and object categories: A comprehensive study[J]. International Journal of Computer Vision,2007,73(2):213-238.

[762] Zhang J,Zong C,et al. Deep neural networks in machine translation: An overview[J]. IEEE Intelligent Systems,2015,30(5):16-25.

[763] Zhang J, Feng Y, Wang D, Abel A, Wang Y, Zhang S, Zhang A. Flexible and creative Chinese poetry generation using neural memory[C]. ACL 2017.

[764] Zhang M,Chen Y,Li L,Wang D. Speaker recognition with cough,laugh and "wei"[EB/OL]. ArXiv Preprint,2017,ArXiv:170607860.

[765] Zhang S,Zhang C,You Z,Zheng R,Xu B. Asynchronous stochastic gradient descent for DNN training[C]. ICASSP,2013:6660-6663.

[766] Zhang S,Chen Z,Zhao Y,Li J,Gong Y. End-to-end attention based text-dependent speaker verification[C]. SLT,2016:171-178.

[767] Zhang S,Wang J,Tao X,Gong Y,Zheng N. Constructing deep sparse coding network for image classification[J]. Pattern Recognition,2017(64):130-140.

[768] Zhang W, Zhao D, Wang X. Agglomerative clustering via maximum incremental path integral[J]. Pattern Recognition,2013,46(11):3056-3065.

[769] Zhang W,Li R,Zeng T,Sun Q,Kumar S,Ye J,Ji S. Deep model based transfer and multi-task learning for biological image analysis[C]. KDD,2016:1475-1484.

[770] Zhang X, Lapata M. Chinese poetry generation with recurrent neural networks[C]. EMNLP,2014:670-680.

[771] Zhang Z, Luo P, Loy C C, Tang X. Facial landmark detection by deep multi-task learning [C]. ECCV, 2014:94-108.

[772] Zhang Z, Xu Y, Yang J, Li Xl, Zhang D. A survey of sparse representation: Algorithms and applications[J]. IEEE Access, 2015, 3(15138339):490-530.

[773] Zhao M, Wang D, Zhang Z, Zhang X. Music removal by convolutional denoising autoencoder in speech recognition[C]. APSIPA, 2015:338-341.

[774] Zhou C, You W, Ding X. Genetic algorithm and its implementation of automatic generation of Chinese Songci[J]. Journal of Software, 2010, 21(3):427-437.

[775] Zhou Z, Feng J. Deep forest: Towards an alternative to deep neural networks[EB/OL]. ArXiv Preprint, 2017, ArXiv:170208835.

[776] Zhu X. Semi-supervised learning literature survey[R/OL]. Tech. Rep. Computer Science TR 1530, University of Wisconsin-Madison, 2008, http://pages.cs.wisc.edu/jerryzhu/pub/ssLsurvey.pdf.

[777] Zinkevich M, Weimer M, Li L, Smola A J. Parallelized stochastic gradient descent[C]. NIPS, 2010:2595-2603.

[778] Zirilli J S. Financial Prediction Using Neural Networks[M]. London: International Thomson Computer Press, 1996.

[779] Zou H, Hastie T, Tibshirani R. Sparse principal component analysis[J]. Journal of Computational and Graphical Statistics, 2006, 15(2):265-286.